BESSER MACHEN – ARBEITEN AN MOTORRÄDERN

Carl Hertweck

Motor
buch
Verlag

Einbandgestaltung: Sven Rauert

Dieses Buch wurde nach den geltenden Vorschriften der General Product Safety Regulation (GPSR) entwickelt. Bei Fragen oder Problemen wenden Sie sich bitte an den Verlag unter folgender E-Mail-Adresse: gpsr@paul-pietsch-verlage.de

ISBN: 978-3-613-04815-7

1. Auflage 2025

Sie finden uns im Internet unter www.motorbuch-verlag.de

Druck und Bindung: Graspo CZ, 763 02 Zlín
Printed in Czech Republic

INHALT

Besser machen

begann als Artikelserie „Mach's doch selber" im MOTORRAD, die jetzt, wenn dieses Buch erscheint, über zwei Jahre läuft. Natürlich spielte ich von Anfang an mit dem Gedanken, aus der Serie ein Buch zu machen – das Dasein eines Redakteurs ist aber von einer Art, die dem Bücherschreiben ganz und gar nicht förderlich ist. Es war also ein sehr bläßlicher Gedanke, daß daraus einmal ein Buch würde, die Zeit mußte erweisen, ob sich das verwirklichen ließ. Wie man sieht, hat sie erwiesen.

Wohl aber sind noch einige Worte über den Zweck dieses Buches nötig, wie eine ganze Menge Leserzuschriften auf die Artikelserie hin gezeigt hat. Als es der bundesdeutschen Motorradindustrie noch gut ging, sah man es dort gar nicht gern, wenn der Kunde an seiner Maschine selbst etwas tat, und man braucht eigentlich nur einen Blick in die Betriebsanweisungen zu werfen, um zu wissen, wie die Herren, die da Motorräder verkauften, aber im Wagen fuhren, sich die Welt vorstellten. Im Grunde genommen sollte dem Fahrer eigentlich nur Sprithahn und Zündschlüssel überlassen bleiben, für den Rest war die Fachwerkstatt zuständig. Wie die Wirklichkeit aussah, wissen wir alle. Von den Herren mit diesen abstrakten Meinungen tun die meisten heute etwas anderes, wir aber haben uns mit ihren Produkten herumzuschlagen, und von den Fachwerkstätten, auf denen einst ein Kundendienst von der Wiege bis zur Bahre beruhen sollte, ist auch nicht viel mehr übriggeblieben - nur daß wir heute das selbst wieder in Gang bringen müssen, was deren Künstler verdorben haben.

Womit wir ja mittendrin wären: In der Fachmanns-Schlamperei! Da oben in der 10. Zeile steht „selbst etwas tat, und man braucht" – genau hinterm zweiten t von tat habe ich erst mal meine Schreibmaschine auseinandergepult. (Setzer, stimmt's?) (Ja, es stimmt! Das Manuskript beweist es.) Diese Schreibmaschine kam nämlich soeben aus der Jahres-Grundüberholung zurück, Rechnungsbetrag etwas über 40 Mark, reiner Arbeitslohn. Dafür war aber ein Stoßdraht für den Farbbandtransport nicht eingehakt – der Mann hatte nicht mal die Bandumschaltung kontrolliert. Gewiß, Fehlleistungen müssen jedermann zugebilligt werden, es kommt aber sehr auf deren Häufigkeit an und da wäre doch zu sagen, daß die heutige Zeit der Vollbeschäftigung solche Fachschlamperei ganz ungewöhnlich begünstigt. Welcher Chef kann es sich denn erlauben, einen Schlawiner auch nur zur Rede zu stellen? Selbst wenn er ihn feuert, ist an der nächsten Ecke irgend eine Bude, die den Schlawiner unbesehen wieder einstellt.

Man muß sich doch heute wahrhaft glücklich schätzen, wenn man eine Werkstatt kennt, deren Chef nicht nur am Ladentisch klebt, sondern in der Werkstatt laufend wenigstens aufkreuzt, wenn er nicht gar selbst mitarbeitet – dort hat man Aussicht, einigermaßen ordentlich versorgt zu werden.

Ein beliebter „Fach"-Einwand ist, ein Laie, der selbst zu arbeiten versucht, verderbe mehr, als er gutmachen könne. Das mag sein, aber zerbrochene und in den Kurbelkasten gefallene Kolbenringe, ausgewürgte Stehbolzen, schiefgewürgte Leichtmetallgewinde kennen wir schließlich auch bei Werkstattarbeit. Auf der einen Seite der „Fach"-Arbeiter, uninteressiert an der fremden Maschine, mit zeitgemäßen Rosinen im Kopf, die alles betreffen, nur nicht das Arbeitsobjekt, aber dafür ein paar Handgriffe gelernt, wenn auch nicht allzuviel und das Wenige mehr schlecht als recht. Auf der anderen Seite der Laie ohne viel handwerkliche Ausbildung, aber mit dem Interesse an der eigenen Maschine, das nun einmal durch nichts zu ersetzen ist, und mit der fünffachen Zeit. Gerade das Interesse am Eigentum ist es, das einen Mann *genau* arbeiten läßt – man braucht ihm nur zu sagen, wie genaue Arbeit aussieht.

Ich habe gefunden, daß schon „Holzwürmer", Tischler, Zimmerleute und derlei, mit Motorenarbeit anstandslos fertig werden – wenn sie *gute* Holzwürmer (mit Kopf) sind. Und selbst absolute Handwerkslaien, Buchhalter, Pastöre und Strumpfvertreter, lernen binnen kurzem, mit Werkzeug richtig umzugehen – man muß ihnen nur sagen, wie. Das Interesse am Eigentum und das – fast sportliche – Interesse an der sauberen eigenen Leistung ist nun einmal durch nichts zu ersetzen. Man muß nur erklären, *wie* richtig gearbeitet wird – und das ist der Zweck dieses Buches.

Nicht zu vergessen ist aber auch die soeben erwähnte Zeit: Eine Arbeitsstunde der Werkstatt erscheint mit vier bis fünf Mark auf der Rechnung. Für den Kunden ist das ein Mordsbetrag, vor allem, wenn er etwa selber weniger – netto! – in der Stunde verdient, als ihm die Werkstatt nun einmal berechnen muß. Das heißt also, daß die Werkstatt auf Schnellarbeit angewiesen ist, wenn sie ihre Kunden nicht verlieren will, und daß manches nicht gemacht wird, was der Besitzer der Maschine machen würde, wenn er davon wüßte. Dieser Besitzer läuft aber in *seiner* Bude genauso um fünfe abends weg, wie der Schlosser aus der Motorradwerkstatt – aber für ihn hat der Tag noch weitere vier Stunden, in denen er in Gemütsruhe, mit Liebe und noch mehr Genauigkeit das macht, weswegen der Werkstattschlosser hätte eine halbe Stunde länger bleiben müssen.

Für den Besitzer ist der Samstag ein Tag, an dem er in zehn Stunden mit doppelter Sorgfalt das macht, wofür die Werkstatt nicht mehr als fünf Stunden hätte brauchen und nicht mehr als 25 Mark hätte anschreiben dürfen. Nur daß dieser Besitzer diese Arbeit nicht als Last und nur nebenbei als Ersparnismöglichkeit betrachtet – in der Hauptsache betrachtet er es doch als Liebhaberei. Von wegen Ersparnis: Da kommt jeder schnell genug dahinter. Arbeiten, die länger als sechs bis sieben Stunden „auf einen Ritt" in Anspruch nehmen, die man also an einem freien Tag nicht vollständig hinter sich bringt, läßt man besser in der Werkstatt machen, da fängt nämlich deren Wirkungsmöglichkeit an. (Wohl dem, der überhaupt noch eine gut arbeitende Werkstatt weiß!) Sobald es eben aktuell wird, einen eigenen, bezahlten Arbeitstag zu verlieren, weil man selber bastelt, merkt man ganz automatisch, daß man im eigenen Beruf das Geld schneller verdient, als es durch Bastelei gespart wird. Rentabel – bei einem normal verdienenden Mann –

ist Bastelei dann nicht mehr, sobald sie den Rahmen erholsamer Freizeitbeschäftigung überschreitet. (Falls man nicht das besagte Interesse an der eigenen Maschine doch noch vornean stellen muß, etwa dann, wenn man keine gewissenhaft arbeitende Werkstatt mehr kennt.)

Wer natürlich mit einem gerissenen Drahtzug in die Werkstatt geht, oder mit ähnlich unrentabler Popelsarbeit, tut damit weder sich noch der Werkstatt einen Gefallen. Ihm geschieht ganz recht, wenn er das bezahlen muß, was die Werkstatt für solche Popelsarbeit berechnen muß.

Es gibt aber noch eine Tätigkeit, bei der eigene Arbeit durch nichts zu ersetzen ist, weil sie in der Werkstatt ein Vermögen kosten würde: Der Leistungstrimm. Der schon beim Einfahren einer neuen Maschine anfängt. Einen Vergaser und eine Zündung richtig einzustellen, einen Kolben vollgasfest hinzubekommen und einen Motor auf die Spitzenleistung zu bringen, die nur von den besten Exemplaren seiner Gattung erzielt wird, kostet so viel geduldige Kilometer, Stoppungen, Versuchseinstellungen und kleine Nachhilfen, daß man das wirklich nur selber machen kann. Ich bedauere jeden, der seine Maschine in eine Werkstatt gibt – es gibt Werkstätten, die solches immer noch versprechen – und erwartet, daß diese nun mit Zaubernocken, Superschnellrennvergaser und polierten Kanälen mindestens hundertfünfzig erziele. Ihm geschieht ganz recht, Dummheit wird am besten mit Geld gesühnt. Schnell machen kann man eine Maschine nur mit eigenen Händen.

So ungefähr läuft also die Abgrenzung zwischen Werkstattarbeit und eigener Arbeit – letztlich bestimmt wird sie eben dadurch, ob eine wirklich zuverlässige Werkstatt erreichbar ist und ob man die Eigenarbeit nicht etwa als Last betrachtet. Dann wäre natürlich dringend abzuraten.

Und damit wäre noch eine Warnung auszusprechen: Ich habe diese Artikelserie und dieses Buch für den geschrieben, der *will*, oder mindestens gerne möchte. *Unter ganz und gar keinen Umständen möchte ich Jünger für eine neue Weltanschauung werben,* mit Do-it-yourself-„Bewegung“ und so, ich will nicht einmal den Zweifelnden überreden, denn nicht nur in Ostpreußen fährt aus einem verzagten – – kein fröhlicher – –. Wenn aber jemand mit dem Gedanken spielte – weil er vielleicht schon mal einen Vergaser zerlegte und beim Zusammenbau nichts übrigbehielt –, an Hand so bewiesenen relativen Geschicks etwa den Kopf abzureißen und mal nach den Ringen zu sehen, und wer nach der Lektüre der diesbezüglichen Kapitel dieses Buches zu der Einsicht kommt, es wäre ja wohl gelacht, wenn er das nicht auch schaffte, *der ist richtig,* für den ist dieses Buch geschrieben. Vielleicht knackt ihm mal ein Ring weg, vielleicht zerfledert er eine Dichtung, reißt gar einen Bolzen aus – was tut's? Wir haben das alle auch mal gemacht – und dann gewußt! Vielleicht übersieht er irgend einen Griff, der irgendwo anders in diesem Buche steht, an den er nicht mehr gedacht hat – auch das ist uns allen schon mal passiert, ohne daß wir darüber gestorben wären.

Das wäre es also – jeder muß letztlich selber wissen, was er sich zutrauen darf und was nicht, Jünger will ich keine werben.

Nur noch eine letzte Bemerkung: Dieses Buch verdankt sein Entstehen ja nicht dem finsteren Entschluß, ein Buch zu schreiben – es ist aus einzelnen Artikeln eben so zusammengewachsen. Mithin ist da keine rechte „Linie“ drin, und der Mann der Ordnung, der alles kapitelweise nach Plan abgehandelt zu sehen wünscht, wird das als Mangel betrachten. Sei's drum, ich bin überzeugt, daß das die Benutzer weniger stört, denen ist es lieber, daß dieses Buch wenigstens überhaupt geschrieben wurde als gar nicht. Wer das Buch aber noch für unvollständig hält, möge sich gedulden – es kommt noch mehr. Auch aus dem derzeit im MOTORRAD laufenden „Kupferwurm“ wird noch ein Buch werden.

Dem aufmerksamen Beobachter wird auch kaum entgehen, daß dieses Buch unmenschlich viel Bilder enthält, fast dreimal mehr, als man sich sonst bei Büchern leistet. (Nur ganz nebenbei: Da ist kein Werkbild drunter, aus denen andere Leute sonst Bücher zu machen pflegen – das sind mit drei oder vier Ausnahmen alles eigene Bilder!) Diese vielen Bilder machen aber ein Buch teuer, und wenn es nicht noch annähernd vier Mark mehr kostet, als Sie dafür bezahlt haben, dann wegen eines Kunstgriffes beim Umbruch, der in der Klischeeanstalt Arbeit sparte. Deshalb sind die Bilder nicht gestreut, sondern blockweise zusammengefaßt, deshalb sind gelegentliche „Stolperer“ in der Nummernfolge und ebenso auch Anschnitte im Satzspiegel. Ich wollte das nur gesagt haben, falls jemand auf die Idee kommt, wir hätten jetzt auch noch verlernt, anständige Umbrüche zu machen. Wir sind deshalb auch bei dem gerade noch lesbaren Petit-Satz geblieben und haben das dünnste für die Bildwiedergabe gerade noch geeignete Papier genommen. Wären wir den üblichen Methoden des Büchermachens gefolgt und hätten wir so gesetzt und umbrochen, wie das etwa bei den dicken Motorrad-Bibeln alter Brauch ist, dann wäre dieses Buch auf rund 420 Seiten gekommen, sehr schön dick geworden, hätte imponierend ausgesehen, und so mancher hätte daraufhin sogar gerne die dann nötigen 22 Mark bezahlt, der jetzt nur etwas über 15 Mark auszugeben braucht. So ist das also – wer eine Chrom-Oberfläche als technische Fälschung betrachtet, verwendet auch keinen Quadratzentimeter mehr Papier, als er unbedingt muß.

Wohlerzogene Autoren bedanken sich in ihren Vorwörtern für anderer Leute Hilfe – ich will mich da nicht ausschließen. Nur habe ich mich eben bei meinen MOTORRAD-Lesern zu bedanken, die während des ganzen Selbermach-Bandwurmes in zahllosen Briefen auf mir noch unbekannte Möglichkeiten hingewiesen, Tricks verraten und Erfahrungen mitgeteilt haben. Erfahrung ist bei uns aber alles, Schulweisheit dagegen höchst verdächtig. Ich stehe nicht an, zu behaupten, daß niemand dieses Buch hätte schreiben können, der nicht so wie meine Redaktionskollegen und ich vor dem täglich sich auch noch erneuernden Sisyphus-Berg der MOTORRAD-Post steht.

Im März 1959

C. Hertweck

Werkzeuge
und
Werkzeuggebrauch

Erst noch sündteures Werkzeug kaufen? Wer so denkt, sei nachdrücklich vorm Selbermachen gewarnt. Wenn eine gute Werkstatt für die Lohnstunde fünf Mark verlangt, hat das natürlich seine Gründe, einer davon ist das vorhandene mehr oder weniger gute Werkzeug. Man soll nicht glauben, „billig" selbermachen zu können, mindestens nicht im Anfang. Da ist immer mal ein Zwanzigmarkschein fällig, den man im Werkzeugladen läßt – in meiner Reisetasche stecken so drei Hundertmarkscheine. Wenn man das aber mal hat, ist man auch für buchstäblich Jahrzehnte versorgt, dann ist die Liebhaberei, ein Motorrad zu besitzen, nicht mehr teuer. Denn es ist - seien wir uns klar darüber - eben doch eine Liebhaberei. Wenn das jemandem jetzt noch nicht einleuchtet, merkt er es eben später.

Gutes Werkzeug und Bordwerkzeug

Zu jedem Motorrad gehört zwar ein Satz Werkzeug, meist ist das aber nur so genanntes Werkzeug und rein theoretischer Natur. Es läßt sich heute nicht mehr feststellen, woran es z. B. liegt, daß etwa die Sachs-Einbaumotoren seit 1933 eine Art Werkzeug mitgeliefert bekommen, das seltsamerweise auch von allen Sachs-Einbauern als Werkzeug betrachtet wird und das bestimmt schon Noah beim ersten Versuch der Benützung über Bord warf Bei dieser Gelegenheit muß es mit in den postdiluvianischen Spaltungs-, Zeugungs- und Vermehrungsprozeß geraten sein, so daß es heute den doch sonst ganz reputierlichen Sachsmotoren anhaftet wie die Laus der Odaliske. Kommen wir also überein, diese kümmerlichen Blechstänzlinge von Bild 1 hinfort nicht mehr mit dem Ausdruck „Werkzeug" zu beehren. Komme aber nun keiner und sage, das sei kein Blech, sondern eigens und sorgfältig gehärteter Stahl. Möglicherweise steht so etwas sogar in der Rechnung, in Wirklichkeit sieht die Härtung aber so aus, wie das Bild 2 zeigt. Für Schraubenzieher, Zangen und derlei gilt das gleiche – Bordwerkzeug ist nur im Ausnahmefall ernst zu nehmen, und wer selber etwas arbeiten will, sich selber um Vergaser, Zündung oder gar den Kolben kümmern will, muß sich also eigenes Werkzeug kaufen.
Zuerst muß ich da warnen: Werkzeuge kaufen macht leicht süchtig, es ist schwer, wieder aufzuhören, es gibt da Werkzeugkataloge, zum Beispiel den von Belzer, Wuppertal-Cronenberg, dicke Bücher, von denen man sich nur schwer wieder losreißt. Weil ich das aus eigener Erfahrung kenne, werde ich darauf auch hier Rücksicht nehmen. Allerdings: 1930 kaufte ich meinen ersten Satz blanker Chrom-Vanadium-Schlüssel, er ist heute noch tadellos. Es zahlt sich schon aus, nicht unbedingt am Groschen zu sparen, aber nicht alles, was heutzutage blank ist, hat auch die gehörige Chrom-Vanadium-Qualität. Umgekehrt gibt es für den, der auf den Pfennig achten muß, auch hochfeste Chrom-Vanadium-Werkzeuge *schwarz*, die *wesentlich* billiger sind als blank. Man läßt sich da vom Jüngling in der ländlichen Eisenhandlung nicht erst viel erzählen, sondern besorgt sich einen Katalog von Belzer, von Hazet, von Dowidat, von Gedore und stöbert da mal gründlich drin – dann kann man selbst beurteilen, was der Jüngling einem da hinlegt.
Apropos blankes Werkzeug: Nicht nur mir geht es so, daß ich das Gefühl habe, mit tadellos blankem Werkzeug und auf einem sauberen Tisch bessere Arbeit leisten zu können, obwohl ich mir doch sagen muß, daß mit dem um wenigstens ⅓ billigeren schwarzen Werkzeug – notabene immer beste Chrom-Vanadium-Qualität vorausgesetzt – dieselbe Arbeit möglich wäre. Andere Leute fühlen sich nur mit Schlips wohl – das stört wieder mich nicht. An-

1

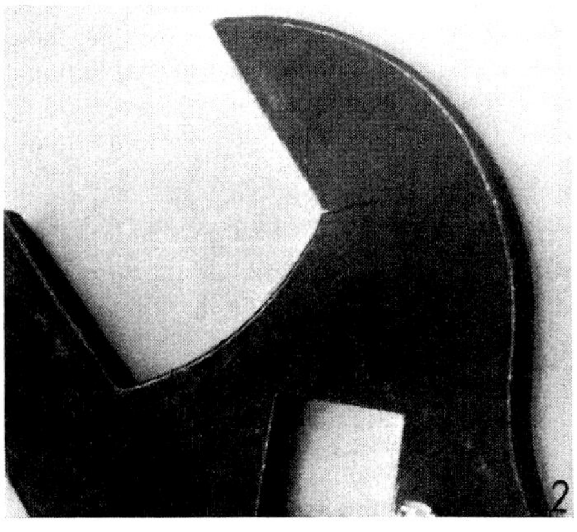
2

sonsten gibt es nur einen einzigen realen Grund für blank-verchromtes Werkzeug – man kann es getrost naßregnen lassen, in den Beutel werfen und erst nach einer Woche sich wieder drum kümmern, ohne daß alles in einer fuchsroten Brühe schwimmt.
Tip: Man kann sich erstklassiges Werkzeug leisten, wenn man es nicht gleich satzweise, sondern stückweise kauft, so, wie man es an der jeweiligen Maschine tatsächlich braucht. Man sagt, Geld mache nicht glücklich – aber ein erstklassiges Stück Werkzeug macht glücklich, wenn es nach bald dreißig Jahren Gebrauch immer noch erstklassig ist. Fangen wir aber schon an, zunächst wichtig sind die

Schlüssel

Beim Wort „Schlüssel" taucht sofort als Begriff das auf, was man unter der Bezeichnung „Gabelschlüssel" versteht, Bild 3, wo auch gleich die Maulformen zu vergleichen sind, auf die es ankommt. Die linke Form findet man in den besseren Bordwerkzeugen, nicht direkt schlecht, wenn auch nicht für alle Arbeiten geeignet. Aber billig, ein 14/17 ist um eine ganze Mark zu haben. Der Schlüssel daneben ist schon Vanadium-Qualität und kostet 14/17 rund 2,50 DM. Dieser Schlüssel hat nicht nur ein wesentlich schlankeres Maul, erlaubt also, auch an versteckte Schrauben heranzukommen, er besitzt auch eine weit größere Festigkeit, biegt sich nicht so leicht auf, wenn man mal richtig zudrückt. Das ist die Sorte, die ich vorhin meinte, hochfest, aber anspruchslos im Äußeren, meist schwarz. Der eigentliche Luxus beginnt dann erst bei den blanken Sachen mit den langen, dünnen Schäften und extralangen Mäulern, von denen die 14/17-Größe bis zu 3,50 DM kostet. Worauf es dabei ankommt, zeigt der Maßvergleich Bild 4.
Gemeinhin hat man die Vorstellung, daß ein ganzer Satz Schlüssel nötig sei – natürlich ist es schön, einen Satz zu haben, er ist aber mitnichten nötig. Die tatsächlich meistgebrauchten Schlüsselweiten bei Motorrädern sind 11, 14, 17 und 19 mm, nur gibt es diese Maulweiten eben nicht in zwei Schlüsseln vereinigt, man muß also wenigstens vier Schlüssel haben, 10/11, 14/15, 16/17 und 18/19, von denen man die 13er, 15er, 16er und 18er Mäuler praktisch nie braucht – diese Muttergrößen kommen nämlich kaum einmal vor. So verlockend nun ein ganzer Satz Gabelschlüssel aussieht und so stolz ich auf meinen Satz auch bin, bei klarer Besinnung muß ich sagen, daß es Schlaueres gibt. Nämlich die modernen Steckschlüsselsätze nach Bild 5. Auch hochfest aus Chrom-Vanadium. Grundsatzvorzug: Der Kopf oder die Mutter wird an allen sechs Kanten gefaßt und nicht zerdrückt, wenn sie mal etwas fester sitzt als sonst. Auch beim Anziehen federt nichts, man spürt, wie fest man zieht. Mit Verlängerungsstücken kommt man auch an tief sitzende Muttern heran, es gibt sogar Drehstücke mit Schraubenzieherheft und als Winde. Hätte ich es nochmal zu tun, würde ich keinen Satz Gabelschlüssel mehr kaufen, sondern einen Satz solcher Steckschlüssel, ein 14er Einsatz kostet 1,90 DM, ein 17er 2,15 DM, beide zusammen sind also praktisch

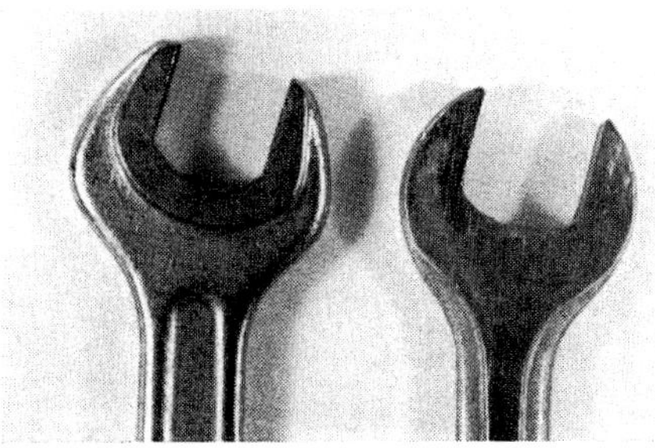
3

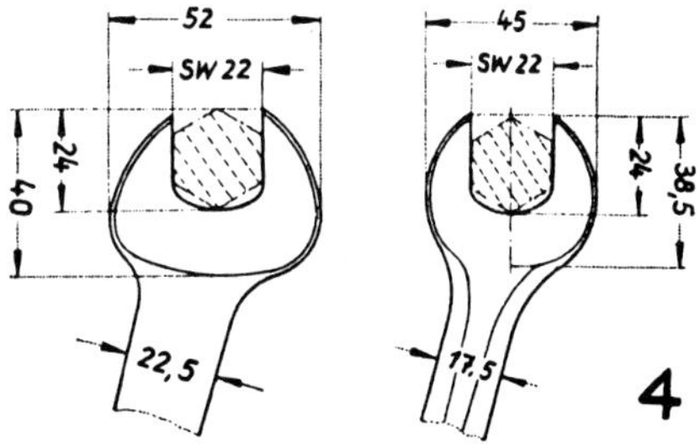

4

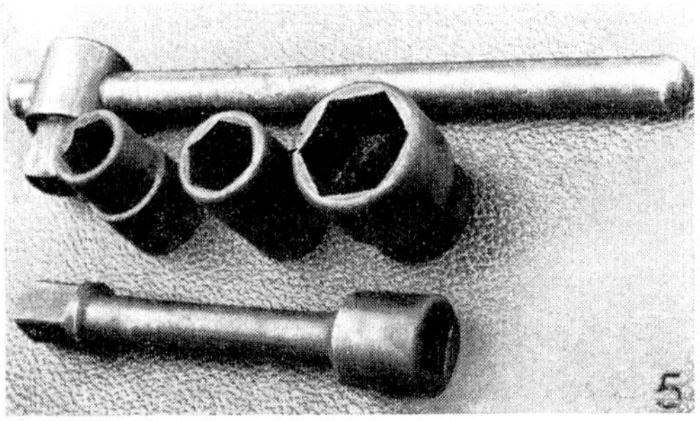

5

gleich teuer wie zwei Gabelschlüsssel mit zwei doch nie gebrauchten Maulweiten. Die Steckschlüssel sind aber weit nützlicher – die genannten Preise gelten übrigens für Zwölfkant, die in Bild 5 gezeigten Sechskante sind wesentlich billiger. Es gibt in dieser Form, organisch zu den Drehstücken passend, auch Kerzenschlüssel und Schraubenzieher, auch für Kreuzschlitzschrauben. Wer erst anfängt, legt sich also besser stückweise solche Steck-Einsätze zu, gehen hübsch eng zusammen und sind viel brauchbarer als Gabelschlüssel. Noch'n Tip: Wir reichen mit ⅜ Zoll Antrieb aus, ¼ Zoll ist für Motorenarbeit zu schüchtern, ½ Zoll nicht nötig, ¾ Zoll zu deftig.

Nur wenige Motoren zeigen – etwa zur Zylinderkopfbefestigung oder an Vergaserflanschen – Muttern, bei denen wirklich nur mit einem Gabelschlüssel beizukommen ist, es ist ja doch aber kein Problem, für diese spezielle Weite einen einzelnen Gabelschlüssel zu haben.

Wenn es schon um einzelne zu kaufende Sonderschlüssel geht, kann man auch an die Ausführung Bild 6 denken, bei Belzer als „Super-Block“ bezeichnet. Maul und Zwölfkant gleiche Weite, Trick beim Zwölfkant zeigt Bild 7, bei der alten Form war der Zwölfkantring nur abgewinkelt, jetzt ist er – rechts – abgewinkelt und noch gekröpft – der gegebene Schlüssel für eine Einzelverschraubung als Einzelwerkzeug.

Als ich den Dreh mit den vorhin beschriebenen Steckschlüsseln noch nicht raushatte, legte ich mir einen Teilsatz – von 12/13 bis 18/19 – der seltsamerweise „Simplex“ genannten Belzer-Sorte nach Bild 8 zu. Bei jeder Zu-zweit-Bastelei zeigte sich dann, daß immer der andere grade den Simplex hatte, den man selber brauchte – Beweis dafür, wie gewandt sich damit arbeiten läßt. Dabei gewann ich die Überzeugung, daß man Gabelschlüssel tatsächlich nur im Ausnahmefall für ausgefallene Verschraubungen braucht, mit Steckschlüsseln arbeitet man schneller und weit bequemer (und genauer!). Diese Simplexe sind aber nicht billig, der 14/15er kostet 7,25 DM! Dafür kriegt man schon drei Weiten zum Steckschlüsselsatz Bild 5.

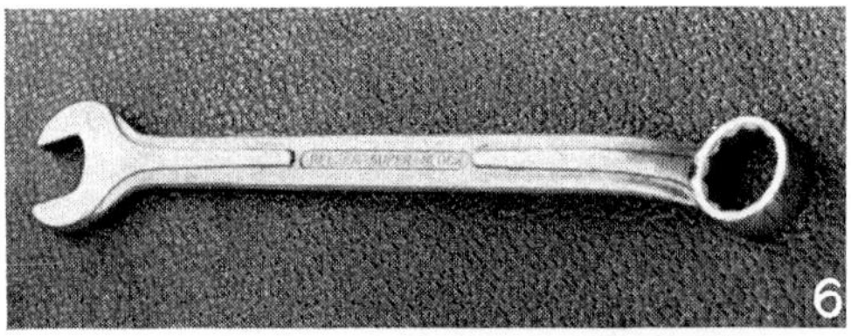

6

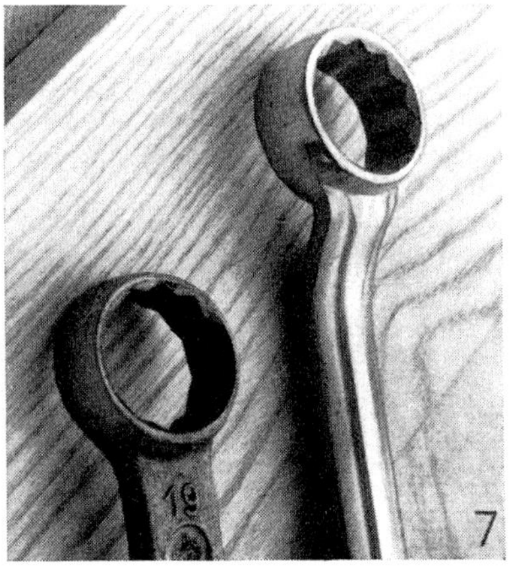

7

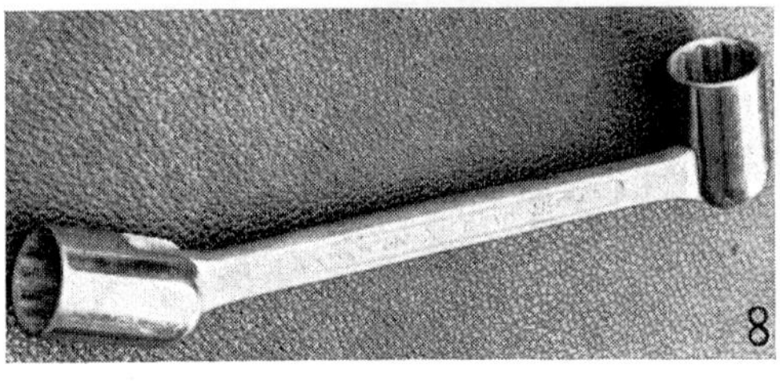

8

Noch ein Argument gegen den kompletten Gabelsatz: Man kommt damit noch nicht aus, man braucht auf jeden Fall ein paar Steckschlüssel dazu, meist 11er, 14er und 17er. Gibt es im Werkzeugladen billigst, aus Sechskantrohr, zwischen 0,70 und 1,20 DM. Sind auch danach, einmal richtig drücken, und sie reißen auf oder runden aus. Chrom-Molybdän, Bild 9, ist sicherer, kostet dann aber als 14/15 schon 3,– DM. Also warum nicht gleich die kleinen Steck-Einsätze? Sind eben doch universeller, als es auf den ersten Blick aussieht.

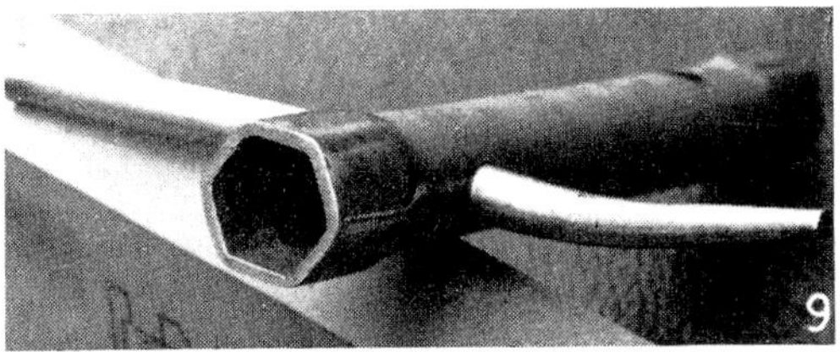
9

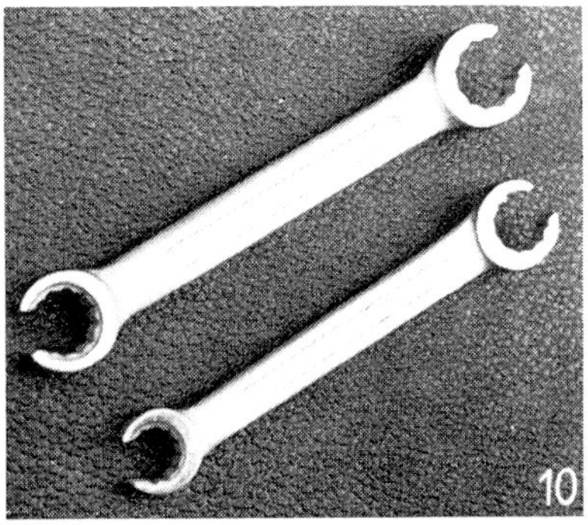
10

12

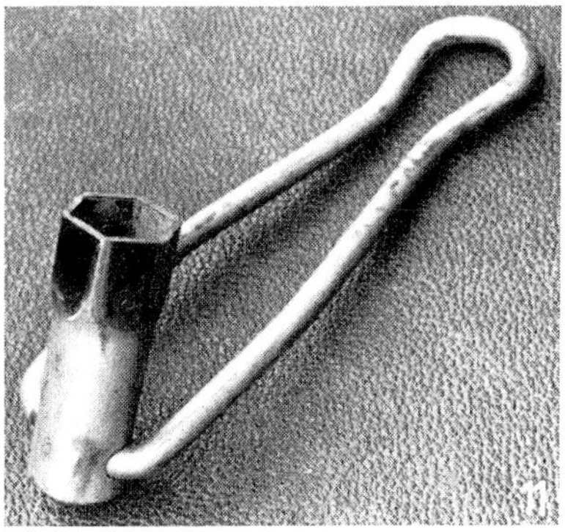
11

Spezialschlüssel: Wenn man öfter mit Bremshydrauliken zu tun hat, sind da die offenen Ringschlüssel von Bild 10 sehr schön, man kauft natürlich nur die eine tatsächlich gebrauchte Weite. Greifen so schön wie ein Innenzwölfkant, man hat enorm viel Kraft und zerdrückt dennoch die Hohlmuttern nicht wie mit einem Gabelschlüssel, der Ringausschnitt geht gerade über den Bremsschlauch. Über Kerzenschlüssel Bild 11 ist eigentlich nichts zu sagen, liegt bei mir nicht im Werkzeug, sondern in der Tanktasche und hat Federchen im Sechskant zum Festhalten der Kerze.

Kleine Schlüssel: Für Zündergeschichten und Batterieanschlüsse braucht man die Größen 6–9 mm, Bild 12 zeigt den Unterschied zwischen den für Zünderarbeit zu klobigen Junioren eines großen Schlüsselsatzes und den viel handlicheren sogenannten „Liliput“ oder „Elektro“-Schlüsseln. Da man sowieso nur die Größe für den eigenen Unterbrecher und die eigene Batterie braucht, kauft man sich auch nur den Einzelschlüssel.

Verstellbare Schlüssel: Sehen schlau aus, sind aber ganz großer Mist. Man findet sie deshalb auch nur in Geschenkpackungen. Wer so etwas um sein eigenes Geld kauft, verdient es nicht besser. Zudem: Für Motoren- und Motorradarbeit völlig überflüssig. Es gibt nur eine einzige Sorte verstellbarer Schlüssel, für die eine Entschuldigung angeführt werden kann: Der

gute alte klobige „Engländer“, den man wenigstens mit beiden Fäusten zuknallen kann und auf den man danach ein dickes Wasserleitungsrohr steckt – entweder bricht dann der Bolzen oder wird der ganze Motorradrahmen krumm. So etwas ist mindestens 35 cm lang, wird allenfalls mal für die Seitenwagenmontage gebraucht und im Bastelhaushalt viel zu selten ausgenützt. Lohnt nicht. (Ich weiß das, ich habe einen, kostete 17,50 DM.)
Ein Schlüssel, wie ihn Bild 13 zeigt, ist dagegen grausam, er sitzt nie genau, ganz gleich, wie die Verstellmechanik auch aussehen mag, ganz abgesehen davon, daß das Maul für die meisten Verwendungszwecke doch viel zu klobig ist.
Noch ein Sonderschlüssel, den man sich als Einzelstück anschaffen sollte: Ein Gabelschlüssel für die Steuerkopfmutter, immer irgend etwas jenseit 28 mm Maulweite, muß an der Maschine eigens festgestellt werden, kostet leider einen guten Zehnmarkschein. Lohnt sich aber, wenn man seine Steuerlager selbst in Ordnung halten kann.
Umgang mit Schraubenschlüsseln: Mit Steckschlüsseln kann man kaum etwas falsch machen, Gabelschlüssel setzt man so an, daß der Schraubenkopf möglichst weit hinten im Maul sitzt – so federt das Maul am wenigsten auf. Nicht murksen und versuchen, eine 17er Mutter mit einem 18er Maul abzunuddeln – Mutter wird zerdrückt und ist nachher auch mit einem 17er Maul nicht mehr zu greifen. Wenn eine Schraube einmal sitzt wie angeschweißt: Sieh nach, ob das nicht etwa ein Linksgewinde ist! Gibt es zuweilen bei Kurbelwellenstümpfen, vor Abtriebsritzeln und derlei. Kann man bei Muttern meist am Anschnitt sehen, wenn man genau genug hinsieht, wo der erste Gang in die Mutter kriecht. Leider steht so etwas nur selten im Handbuch. Wenn links oder rechts feststeht und die Mutter sich dennoch nicht rührt: Wenn man Zeit hat, ein paar Tropfen Caramba aufs Gewinde und Feierabend bis zum andern Tag. Dabei geht wenigstens nichts kaputt. Wenn es aber sein muß und die Mutter um jeden Preis runter muß, dann hilft noch Schlagen. Dreh: Schraubenschlüssel ansetzen und wirklich hart in der gewünschten Richtung *drücken – dann erst* Hammerschlag.

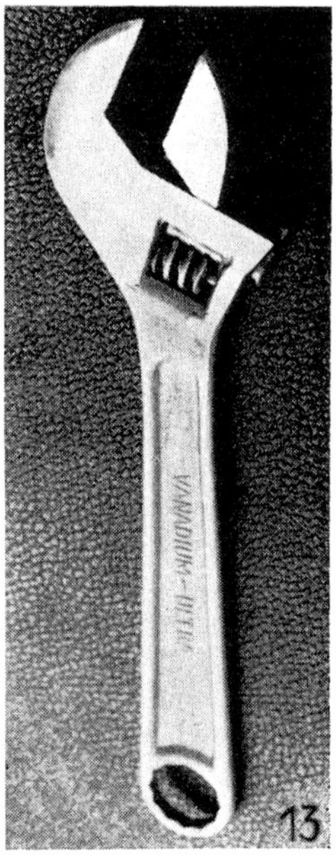

Also nicht auf den klappernden, losen Schlüssel schlagen. Nutzlos, versaut nur zu leicht die Mutter. Hammer: Ja nicht zu klein, der sonst so handliche und praktische 300-Gramm-Hammer ist von 19 aufwärts zu leicht, besser sind 800 Gramm, und dann *ein* Schlag, aber mit Braß. Entweder bricht dabei der Bolzen – der wäre aber sonst auf jeden Fall auch gebrochen – oder die Mutter „kommt". Es ist aber nicht gesagt, daß sie mit zehn Minuten Klopperei mit dem 300er Hämmerchen gekommen wäre. Bild 14 zeigt, wie man den Schlüssel ansetzt und wie groß ein 800er Hammer ist – 3,20 DM kostet so etwas, mit feinstem Eschenstiel, der bloß immer zu dick ist. Wie man damit umgeht, kriegen wir aber später. (*Ganz kleine Nebenbemerkung: Den MOTORRAD-Lesern kann man bekanntlich nichts vormachen, die merken es, wenn bei einer Totale von Mann und Maschine der Zündschlüssel 5 mm weiter rausguckt als sonst. Die haben auch gemerkt, daß auf Bild 14 „verkehrtrum" gekloppt, also angezogen wird, während hier im Text von Lösen die Rede ist. Natürlich hätte ich das Bild andersrum aufnehmen müssen, wäre dann aber mit der Kamera trotz Selbstauslöser nicht mehr herangekommen, war gerade allein, als ich die Bilder machte.*)
Wir können dieses Schlüsselkapitel aber nicht beenden, ohne noch an einen recht häufig anzutreffenden Irrtum zu denken: Alle handelsüblichen Gabelschlüssel haben – gewöhnlich um 15 Winkelgrade – abgekröpfte Mäuler und deswegen gerät der kleine Moritz immer wieder auf die Idee, man könne einen Gabelschlüssel falschrum und richtigrum ansetzen, etwa so, wie man eine „Hexenzange" falschrum ansetzen kann. In Wirklichkeit ist aber ein Schlüsselmaul symmetrisch, es kann – sofern das Material genügend fest ist – nach keiner Seite leichter als nach der anderen aufbiegen. *(Wenn es aufbiegt, ist eben das Material schlecht und dann biegt das Maul prompt nach jeder Seite gleich weit auf.)*
Wenn man also irgendwo ein Bild wie unser Bild 15 sieht, dann hat da jemand in Unkenntnis dieser Tatsache Zeilen fabriziert. Die Kröpfung hat man aus einem ganz anderen Grund erfunden:
In Bild 16 sieht man, wie die Mutter auf der Horizontallinie genau „über Eck" steht, man kann an dem rechts schraffiert gezeichneten Hindernis vorbei gerade den Schlüssel ansetzen. Man müßte nun, wie in Bild 17 angegeben, gerade um 60 Grad drehen können, damit die Mutter wieder über Eck steht und der Schlüssel neu angesetzt werden kann. Da ist aber ein Hindernis, man kann nur so weit drehen, wie das Bild 18 zeigt, dabei bleibt die Mutter so stehen, daß man den Schlüssel nicht zurücksetzen könnte – wenn er nicht verkröpft wäre. Weil er aber verkröpft ist, kann man ihn vor dem Zurücksetzen umklappen, Bild 19, und hat jetzt schön Platz, um erneut anzusetzen. Dreht man dann um weitere 30 Grad, Bild 20, dann befindet sich die Mutter wieder in einer

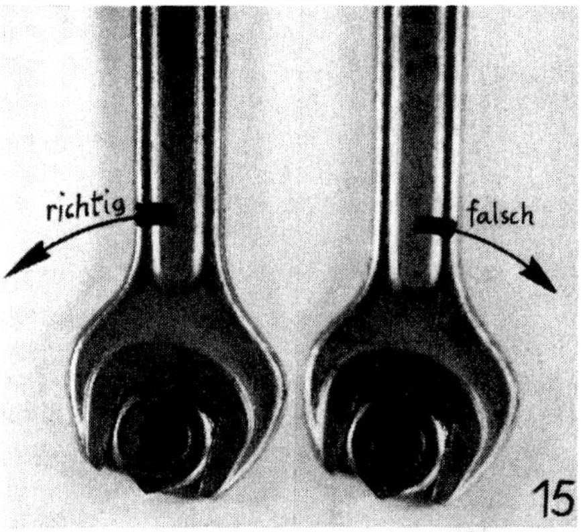

15

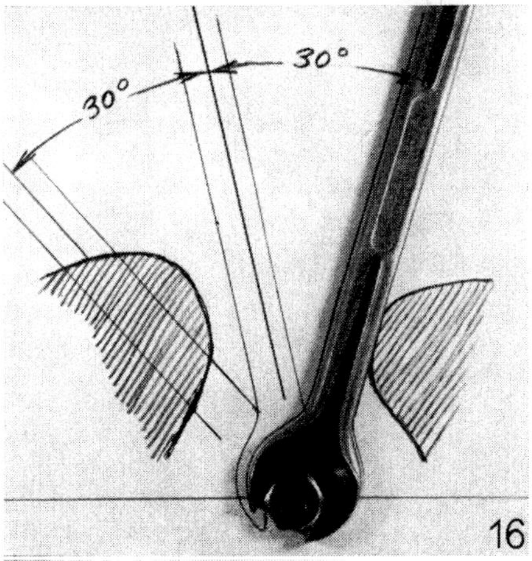

16

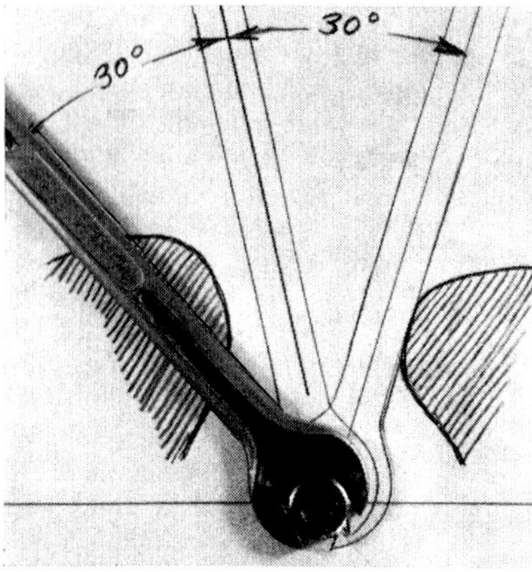

17

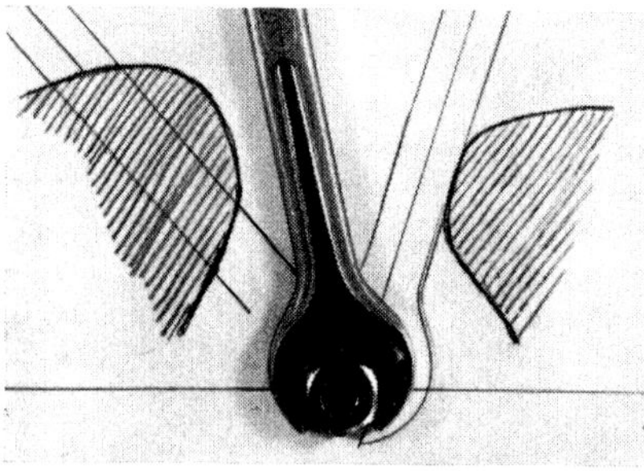

18

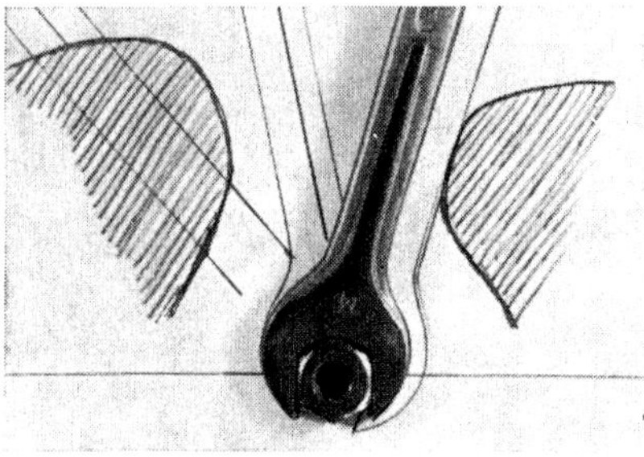

19

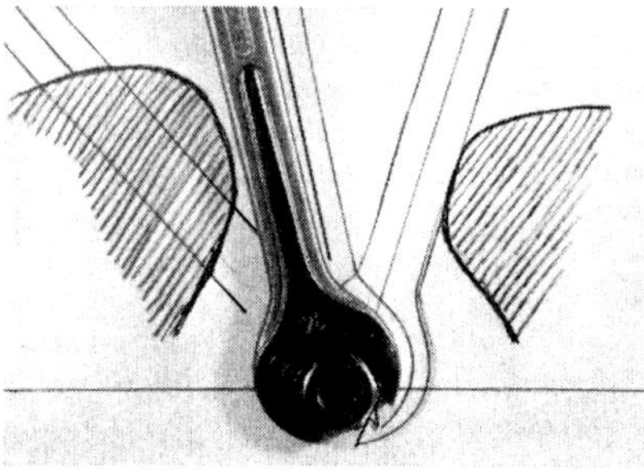

20

Stellung, daß man den Schlüssel wieder in der ursprünglichen Lage ansetzen kann, man braucht ihn nur noch einmal umzuklappen. Das ist also der ganze Witz mit der Verkröpfung – sie soll ein Umklappen des Schlüssels ermöglichen, so daß man eine Schraube oder Mutter auch dann noch drehen kann, wenn da harte Dinge sind, deretwegen man nicht um volle 60 Grad drehen kann. (Wenn man es weiß, sieht's natürlich banal aus, aber irgendwann muß man es doch lernen, nicht mal alle „Fach"-Schreiber haben bis jetzt davon gehört.)

Diese Verkröpfung um 15 Grad ist normal und findet sich bei 99,9% aller Gabelschlüssel. Wie die Bilder zeigen, muß man dabei immer noch einen hindernisfreien Drehwinkel von etwas mehr als 30 Grad haben. Den man nicht immer hat. Infolgedesssen gibt es auch noch Gabelschlüssel mit Verkröpfungen um 7,5, um 22,5 und um 82,5 Grad. Wie man sich leicht ausrechnen kann, muß jeder solcher Schlüssel mit einem 15-Grad-Schlüssel gemeinsam bzw. abwechselnd benutzt werden, dann kriegt man eine Schraube noch herum, bei der nur noch knapp 20 Grad Drehwinkel hindernisfrei blieben. Diese Schlüssel mit abweichendem Kröpfungswinkel findet man kaum einmal im Laden, man muß sie schon eigens bei der Fabrik bestellen oder bestellen lassen, auch wenn der Verkäufer im Laden ein dummes Gesicht dabei macht, weil er noch nie von solchen Schlüsseln gehört hat. Trostreich dabei: Ich wüßte nicht, bei welchem Motorrad eine Verschraubung vorkäme, deretwegen man sich auf diese Weise einen abbrechen müßte.

Aber etwas ganz anderes: Unsere deutschen Millimeter-Schlüssel passen weder für englische Motorräder noch für amerikanische Außenborder. Jede Werkzeugfabrik – aber nicht jeder Werkzeugladen! – hat Schlüsselsätze mit Zoll-Weiten. Da bleibt nichts übrig, als hinzugehen und die genauen Zollweiten zu kaufen, zumal englische Bordwerkzeuge genau derselbe kümmerliche Plunder sind wie deutsche. Mit Millimeterschlüsseln an Zollschrauben zu arbeiten, ist garantiert Murks und führt zu nichts als versauten Muttern. Ein Schraubenschlüssel auch bester Qualität lebt davon, daß er genau paßt, ja, es ist schon Murks, eine Mutter nur mit den Spitzen der Gabelzinken zu fassen – ein Schlüssel wird nun mal so aufgesetzt, daß sich Mutter oder Schraubenkopf tief im Gabelgrund befinden. Nur dann ist man sicher, daß das Maul sich nicht aufbiegt. Dementsprechend ist es auch Mumpitz, einen „Mehrfach"-Schlüssel nach Bild 21 machen zu wollen – ausgerechnet die größte Maulweite für die größte Mutter, an der mit der größen Kraft zu würgen ist, sitzt am weitesten außen, wo sich das Maul garantiert – und wenn elastisch – aufbiegt. Dieser sagenhafte Schlüssel wurde einmal jahrelang als „ideales Werkzeug für den eleganten Rollerfahrer" angepriesen. Mit Rollerfahrern kann man das ja machen.

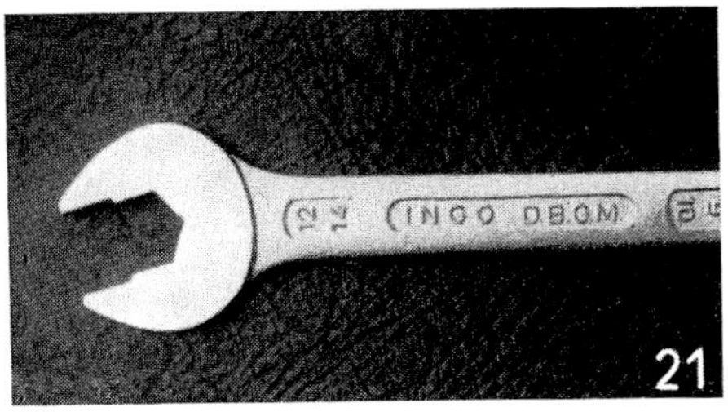

21

Die richtigen Zangen

In jedem Bordwerkzeug findet man unweigerlich die Kombizange nach Bild 22, die ihren Namen davon hat, daß man sie im Grunde genommen zu keiner richtigen Arbeit brauchen kann. Die flachen Backen vorn sind im allgemeinen zu klobig, als daß man da hinfassen könnte, wo es wirklich darauf ankommt. Die runde, gezahnte Ausnehmung paßt nur im Ausnahmefall zu dem Stück, das man gerne damit fassen möchte, die Seitenschneiderbacken schließen nicht, man kann damit kaum Zaundraht glatt durchschneiden und im übrigen geht das Ding meist so schwer, daß es kaum mit zwei Händen zu handhaben wäre. (Man soll aber auch dies Ding nicht wegwerfen, man findet bestimmt jemanden, den man damit glücklich machen kann und den man von da ab im Laufe der nächsten drei Jahre nicht mehr trifft.)

Dennoch ist der Besitz einer Flachzange von erheblichem Nutzen, nur muß es dann eben auch eine *richtige* Flachzange sein. Bild 23 zeigt deutlich den Unterschied zur klobigen Kombizange, denn die richtige Flachzange hat ein wesentlich schlankeres Maul, obwohl man damit genau denselben Druck ausüben kann. Es gibt nun Flachzangen, die im Maul einen Hieb haben, ebenso wie es solche mit glattem Maul gibt. Wir sind auf den Hieb angewiesen, leider arbeitet sich der verhältnismäßig schnell glatt, von da an soll man die Zange ebenfalls

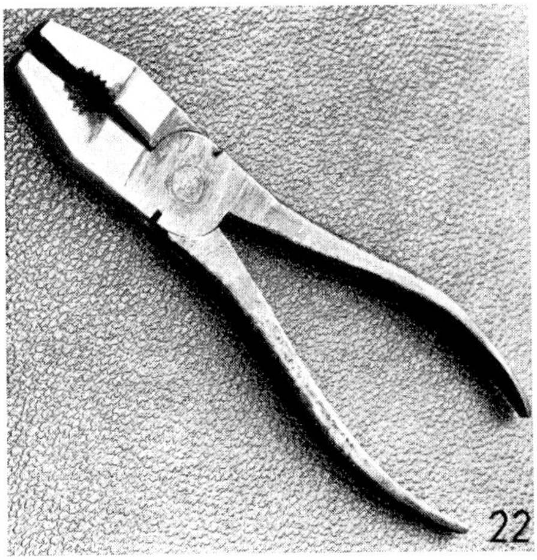
22

23

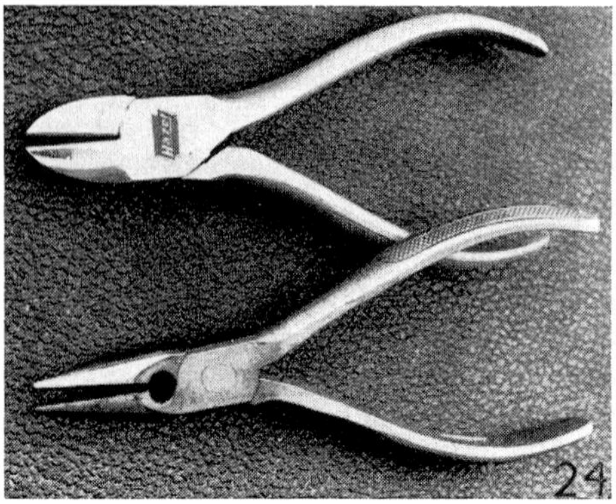

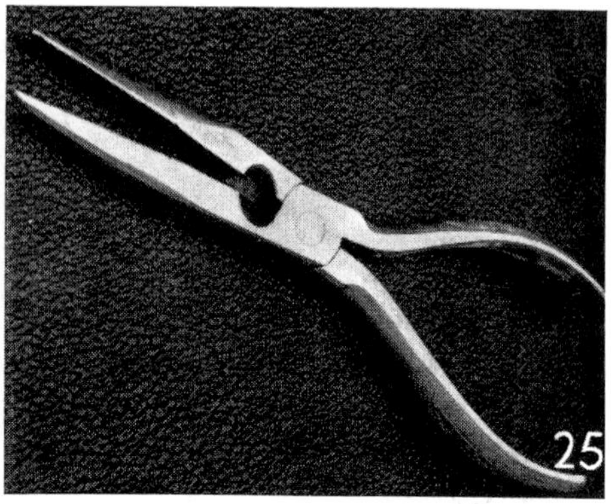

wieder verschenken. Man soll ferner eine derartige Flachzange nicht kürzer als 13 cm wählen, länger als 15 cm braucht sie wieder nicht zu sein. Es gibt diese Zangen auch schwarz, sie kosten dann irgend etwas zwischen zwei und drei Mark, blank in Chrom-Vanadium kosten sie irgend etwas zwischen 4,50 und 5,– DM.

Es lohnt sich, wenn man sich noch zwei andere Zangen zulegt, nämlich eine sogenannte Feinmechanikerzange oder auch Spitzrundzange genannt und einen regelrechten Seitenschneider dazu, Bild 24.

Die Feinmechanikerzange ist gut für Arbeiten an Zündern, im Scheinwerfer, an der Kabelei und für alle feineren Sachen, sie ist normalerweise, wie ja auch im Bild 24 zu sehen, mit einem Seitenschneider kombiniert. Ich habe bisher nur gefunden, daß alle diese an anderen Zangen sozusagen „angebauten" Seitenschneider nicht richtig funktionieren. Ich bin nie dahintergekommen, an was das liegt, die Dinger schneiden eben alle nicht sauber, vor allem keine Bowdenseelen. Deshalb kommt man um den speziellen Seitenschneider, ebenfalls wie in Bild 24 gezeigt, nicht herum, nur kann man den dann auch als ausgesprochenes Spezialstück kaufen und ist dann sicher, daß man damit auch 2 mm starke *Stahl*drahtseelen von Bowdenzügen abknipsen kann, ohne daß die dabei auffusseln. Spitzrundzangen gibt es beim Händler schon um drei Mark, bei erstklassiger Chrom-Vanadium-Qualität muß man allerdings schon irgend etwas zwischen sechs Mark und sechsfünfzig anlegen. Entsprechend lang hält dann aber auch der Hieb und entsprechend sicher ist man, nicht eines Tages eine Spitze abzubrechen. Beim Seitenschneider soll man auf keinen Fall sparen, denn wenn man ungefähr 5,50 DM dafür anlegt, dann kann man damit weichen Draht bis knapp 2 mm Stärke schneiden und harten Stahldraht bis 1 mm Stärke, man kann damit also gerade den Zug für eine Kupplung mit Aussicht auf Erfolg abschneiden. Sobald man aber einmal wirklich harten Draht erwischt und den abzuknipsen versucht, zerdrückt man die Schneide und ärgert sich fortan uferlos, bis man die Zange um die guten 5,50 DM doch noch wegwirft. Hätte man von vornherein 11,– DM ausgegeben, dann könnte man damit ebenso uferlos weichen Draht bis 3 mm und gehärteten Stahldraht bis 2 mm schneiden und wäre so allem gewachsen, was einem bei einem Motorrad überhaupt nur vorkommen kann. Ein solcher Seitenschneider gehört dann auch ins Bordwerkzeug.

Wobei sich höchstens noch die Frage erhebt, ob man diese drei Zangen mit Isolierung kaufen soll, zumal es diese Isolierung heute – sehr im Gegensatz zur Zeit noch vor wenigen Jahren – in absolut schlagfester Ausführung gibt. Immerhin macht aber so eine Isolierung eine Zange um irgend etwas zwischen 2,– DM und 3,– DM teurer, auf der anderen Seite ist die Isolierung für uns wiederum kaum nötig, man kann sich diese Ausgabe also tatsächlich sparen. Eine Zange, die man zwar nicht unbedingt braucht, die zu besitzen aber sehr angenehm ist, die man sich also gelegentlich zu Weihnachten selber schenken könnte, ist die Langschnabel-

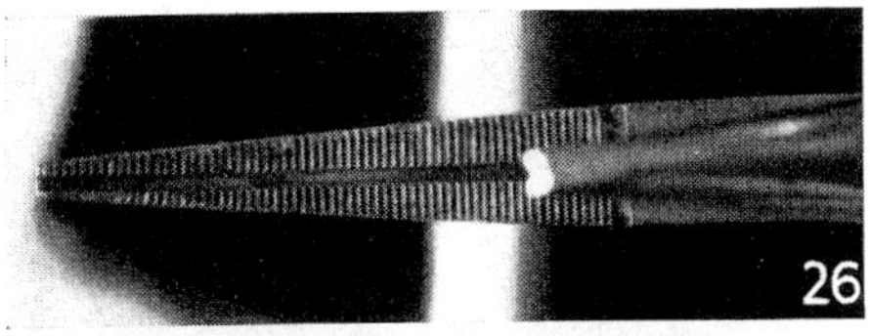

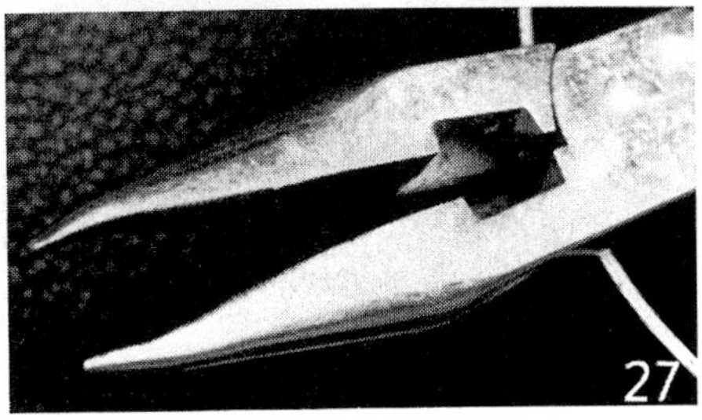

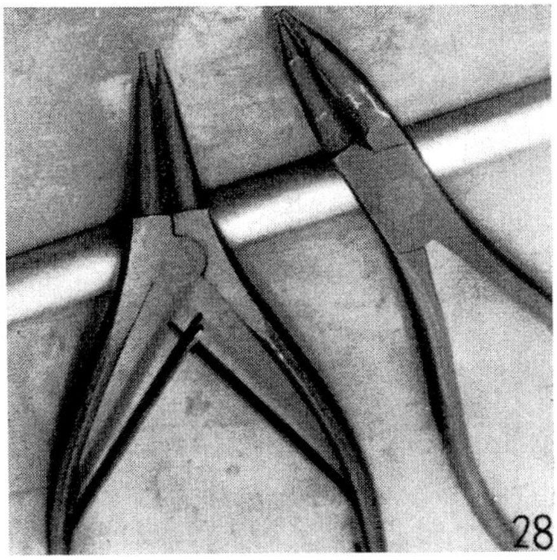

zange, Bild 25. Man soll so etwas nicht zu klein nehmen, 20 cm Gesamtlänge sind ungefähr richtig, wieder in Chrom-Vanadium kostet so etwas zwischen 8,– DM und 9,– DM. Man achte aber darauf, auch die richtige Ausführung zu bekommen, die Backen müssen nämlich aussehen, wie Bild 26 das zeigt, also lange Mittelrille und ausgesprochen *grober* und scharfer Hieb. Die Benutzungsweise einer solchen Zange liegt ja wohl auf der Hand, man kann damit an versteckte Stellen fassen, kann Drähte damit geraderichten, kann aufgezwieselte Drahtseelen wieder zusammenzwieseln, und wenn man es erst einmal raus hat, ist das eine der meistbenutzten Zangen überhaupt.

Für Motorenarbeit besonders wichtig erscheinen die sogenannten Seegerzangen. Das sind, sogar im Belzerprospekt, Zangen wie Bild 27, eine Art Spitzzange mit eingezogenen Spitzen, und zum Lösen von Seegerringen absolut unbrauchbar. Wenn man den Ring überhaupt rauskriegt, hüpft er einem bestimmt höhnisch klingelnd in die dunkelste Ecke. An diesen Zangen herumschleifen hat auch nicht viel Sinn, früher habe ich mir die Spitzen einer ganz gewöhnlichen Rundzange zurechtgeschliffen, aber auch das ist nur ein Notbehelf. Die richtigen Seegerzangen zeigt Bild 28, dort ist ja deutlich zu sehen, worauf es ankommt – auf einen zylindrischen Anschliff der Spitzen, wobei die Zylinderenden parallel stehen müssen. Damit läßt sich der Ring sicher fassen und zusammenholen oder spreizen, er hüpft einem auch nicht mehr von der Zange. Man braucht nicht unbedingt zwei verschiedene Zangen für innen- und außenspannende Ringe, normalerweise tut es die rechte Zange von Bild 28, die man für einen innenspannenden Ring dann eben auseinanderspreizt. Es gibt solche Zangen auch mit gekröpften Spitzen, natürlich auch in unterschiedlichen Größen, und wenn der dörfliche Eisenladen keine hat, dann gibt es die garantiert echten Seegerzangen bei ORBIS GmbH, Schneidhain/Taunus, Chrom-Vanadium, schwarz und blank.

Die Hexenzangen

Für diese Art von Zangen gibt es gar keine offizielle, allgemeingültige Bezeichnung, Hexenzangen heißen sie eben bei uns, sonst findet man dafür auch noch die Bezeichnung „Wasserpumpenzange" – ich weiß nicht, warum gerade ausgerechnet Wasserpumpe – manchmal werden sie Mutterzangen genannt, bei Belzer führen sie die Bezeichnung Polygrip.

Diese Zangen gibt es herunter bis zu 120 mm Länge, Bild 29 zeigt dies ja, nur habe ich gefunden, daß man von diesen kleinen Zangen nicht den richtigen Nutzen hat, den man sich davon versprach. Ich habe zwar so ein Ding, habe es aber unendlich viel öfter wieder aus

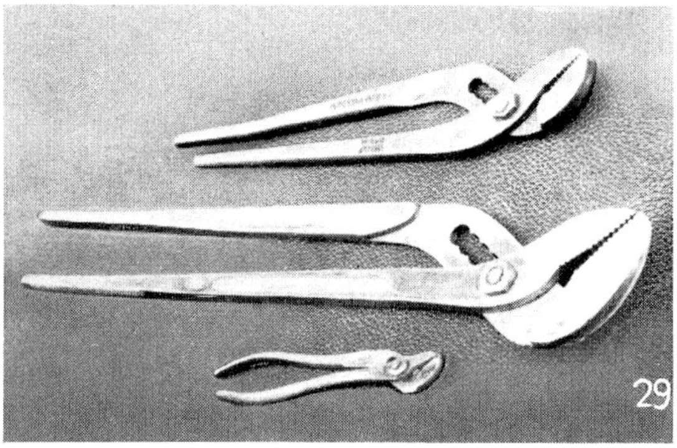

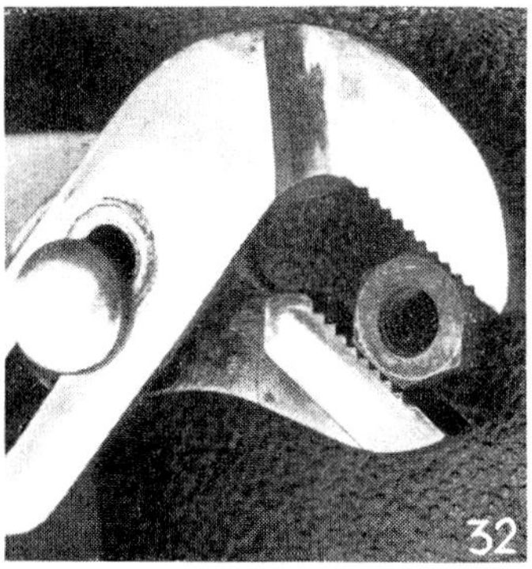

der Hand gelegt, als ich es tatsächlich hätte anwenden können. Von dieser kleinen Größe rate ich also ab. Ungewöhnlich nützlich ist aber die Mittelgröße mit ungefähr 230–250 mm Länge, in erstklassiger Chrom-Vanadium-Qualität kostet so etwas rund 7,– DM.
Eben diese Qualität ist aber auch das allermindeste, was man sich bei einer Hexenzange leisten sollte, billige Hexenzangen können tatsächlich ungewöhnlich Ärger verursachen. Von dieser mittleren Größe besitze ich mehrere, eine in der Bütow-Tasche, eine im großen Werkzeug, das immer nur im Seitenwagen oder im Wagen mitgenommen wird, eine in der Barbourtasche und eine vierte ist immer gerade ausgeliehen. Überaus nützlich, bei mir seit Jahren in Gebrauch und unweigerlich auf jeder größeren Reise zusammen mit einem großen 800-g-Hammer mit dabei ist die im Bild 29 in der Mitte gezeigte große Zange, die ist reichlich 50 cm lang und spannt Dinge bis zu 80 mm Breite, sie hat allerdings auch mal 25,– DM gekostet. Dafür ist das aber ein so unwahrscheinliches Werkzeug, daß man ruhig sagen kann: Was diese Riesenzange nicht zu greifen und nicht zu würgen vermag, das ist überhaupt nicht mehr zu greifen.
Diese Hexenzangen gelten nun unter Fachleuten als ausgesprochenes Murkswerkzeug, in der Tat kann man damit auch die unwahrscheinlichsten Dinge vermurksen, wenn man mit der Zange nicht sachgemäß umgeht. Zum sachgemäßen Umgehen gehört zunächst eine genaue Einstellung, man muß sich also die Mühe machen, die Zange auch so einzustellen, daß die Schenkel weder zu weit klaffen noch zu eng zusammenstehen, denn in beiden Fällen

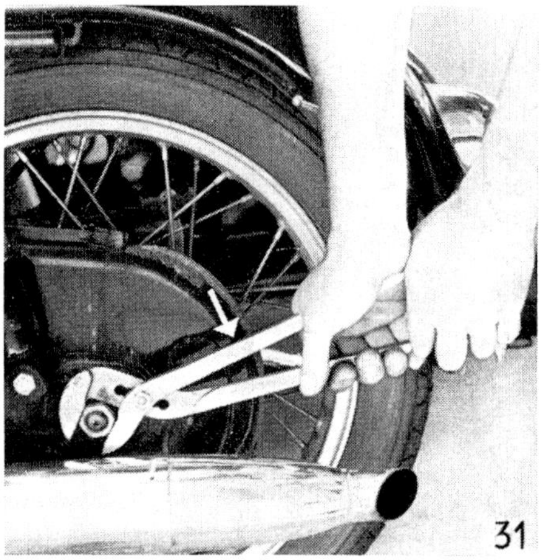

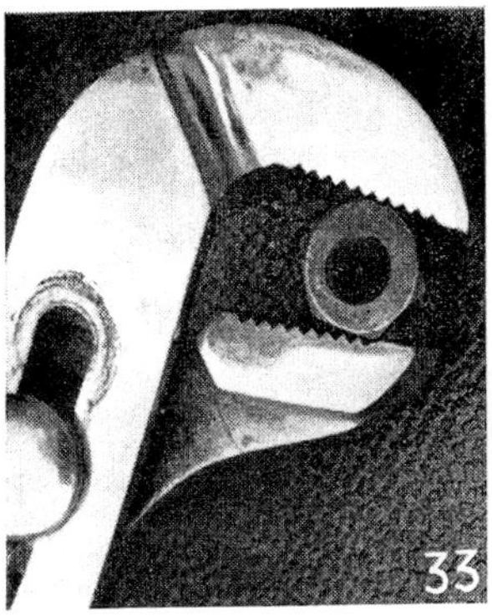

33

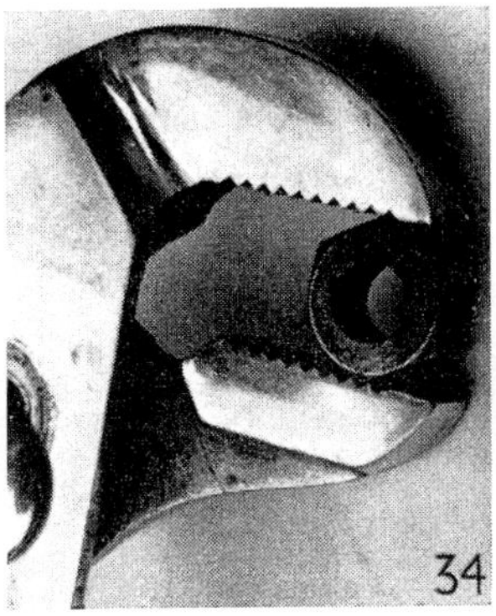

34

35

hat man ja nicht die gehörige Handkraft. Sodann muß eine solche Zange auch richtigherum angesetzt werden, man kann mühelos selber ausprobieren, wie so etwas geht:
In Bild 30 ist die Zange für die beabsichtigte – siehe Pfeil – Drehrichtung falsch herum angesetzt, man muß die Zangenschenkel mit fast übermenschlicher Kraft zusammenpressen und ist dann doch nicht sicher, ob sich die Zange am Ende nicht doch noch aufdrückt. Dann sind die Kanten der Mutter naturgemäß weg. Setzt man die Zange aber nach Bild 31 an, dann merkt man deutlich, daß man sehr viel weniger Schließdruck braucht und die Zange kaum die Tendenz zeigt, aufzuklaffen.
Nun gelingt es aber nicht immer, eine Hexenzange so einzustellen, daß eine Mutter wirklich so genau gepackt wird, wie dies Bild 32 zeigt. Meist sieht das dann aus wie Bild 33, in der Hand des Unkundigen gibt das tatsächlich leicht zerschundene Kanten. Nur aus diesem Grunde ziehe ich Mutterzangen mit besonders grobem Hieb der Backen vor, wie diesen ja auch unsere gesamten Bilder zeigen. Dieser grobe Hieb erlaubt es nämlich, eine auf den Flachseiten nicht genau zu greifende Mutter so zu greifen, wie dies Bild 34 zeigt. Durch den groben Hieb faßt man die Kanten mindestens ebenso genau, wie man sie mit einem gut passenden Gabelschlüssel fassen würde, den Mutterkanten passiert also nicht das mindeste. Je größer der Hieb, desto eher kann man sich sogar noch ein Fassen nach Bild 35 erlauben, das ist dann aber immerhin schon das Äußerste der Gefühle, nur bei gröbstem Hieb möglich. Wenn man weiß, was man will, wenn man die Zange entsprechend fest zupreßt, dann ist allerdings gar nichts dabei, ich habe mir in dieser Lage bei versteckten Muttern schon oft helfen können, wo mit einem Schlüssel nicht beizukommen gewesen wäre.
Es ist auch wohlüberlegt, daß ich *meine* Mutterzangen stets mit *flachem* Maul aussuche, obwohl es da noch sehr raffinierte Zangen wie etwa Bild 36 gibt, mit so schön schlankem Maul, wie ich mir das auch oft wünschen würde. Mich stört aber die runde Ausnehmung der Backen, ich bin gerade der Meinung, daß diese runde Ausnehmung zum Murksen verführe, sie hindert nämlich, eine Mutter so scharf und so genau übereck zu fassen, wie dies die Bilder 34 und 35 zeigen.

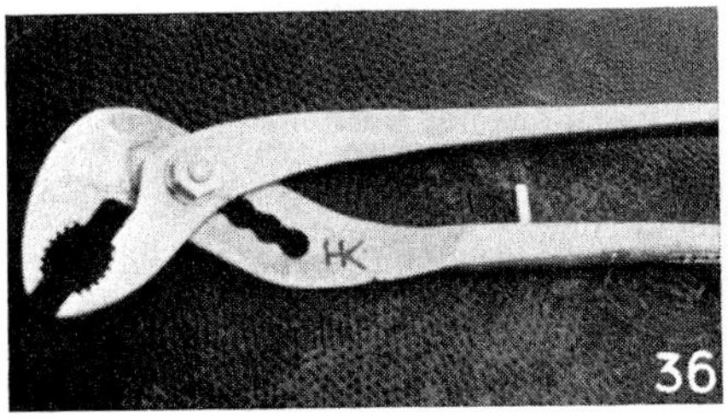

36

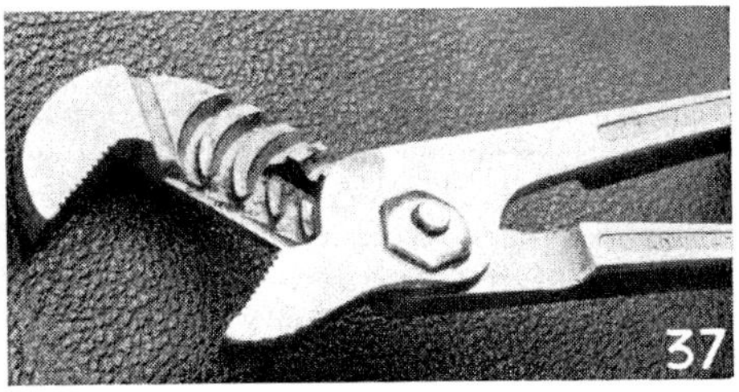

37

38

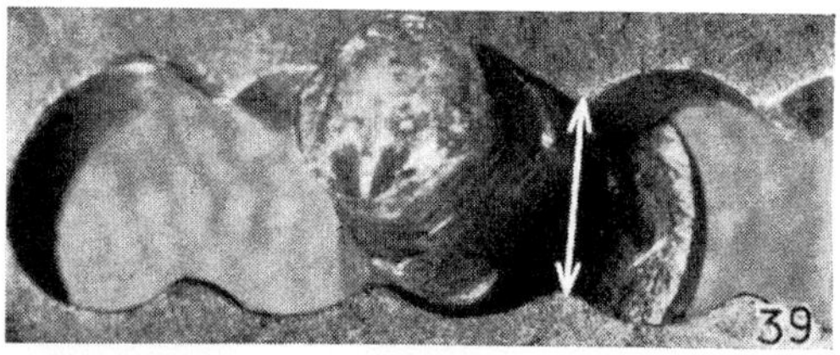

39

40

Schließlich wäre noch an eine vor ungefähr zwei Jahren in Aufnahme gekommene Ausführung zu denken, die Bild 37 zeigt und die bei Belzer gemacht wird. Die Zange ist annähernd 25 cm lang, kostet runde 10,– DM und hat ein sogenanntes „Nutengewerbe" (Unter Gewerbe versteht man bei einer Zange das Gelenk beziehungsweise das Scharnier). Dieses Nutengewerbe ermöglicht einen ungemein sicheren Griff, leider gibt es diese Nutengewerbe noch nicht für die allergrößten, 50 cm langen Zangen, wo man es am nötigsten brauchen würde.
Hexenzangen ohne dieses Nutengewerbe erleiden nämlich einen natürlichen Tod in der Form, daß der durchgesteckte Scharnierbolzen im Laufe der Monate und Jahre zerwürgt wird und dann nicht mehr greift, beim Zudrücken überschnappt also eine solche Zange. Auch wenn man die Zange nicht genau genug eingestellt hat und dann blindlings zudrückt, kann es passieren, daß der Gelenkbolzen angeschoren und derart schief zerdrückt wird, wie dies Bild 38 zeigt. Damit ist die Zange aber noch lange nicht wegschmeißreif, man braucht sich nur im Eisenladen einen Schraubenbolzen zu besorgen, dessen Gewinde nicht ganz bis zum Kopf durchgeschnitten ist, wobei der zylindrische Teil annähernd den Durchmesser hat, der von den in Bild 39 angedeuteten Durchmessern der Zangenschenkel bedingt wird. Natürlich nimmt man dazu nicht den billigsten Bolzen, den man im Eisenladen kriegen kann, sondern tunlichst einen hochfesten, vergüteten Bolzen, was man daran erkennen kann, daß auf dem Bolzenkopf eine „60" oder eine „80" aufgestempelt ist. Den zylindrischen Schaft feilt man flach zurecht, aber wieder nicht *so* flach, wie dies beim Originalbolzen in Bild 40 der Fall war – das war nämlich der Tod dieses Bolzens. Die Fläche wird also nur so dünn gefeilt, daß sich der Bolzen längelang durch die in Bild 40 bezeichneten Abstände durchbewegen läßt. (Ist der Bolzen dann doch etwas zu dick geraten, dann macht es ja keine Mühe, ihn nach Bedarf und möglichst wenig dünner zu feilen.) Meist muß man das Gewinde weiter herunterschneiden, aber auch hier empfiehlt sich eine gewisse Vorsicht, weil bei zu tief heruntergeschnittenem Gewinde und festgezogener Mutter die beiden Zangenschenkel unbeweglich festgepreßt würden. Es ist schon ein bißchen Arbeit, bis man für eine Hexenzange einen neuen Bolzen gemacht hat, schließlich kostet so ein Ding ja aber auch runde 10,– DM, da kann man schon ein bißchen Arbeitszeit aufwenden.
Wie gesagt gelten Hexenzangen als Murkswerkzeug – man muß allerdings damit umgehen können. Was man dann aber kann, ist erstaunlich. Nur allzugut ist mir vom Anfang des Krieges ein Fall erinnerlich, da hatten wir einen 2,5-l-Renault-Vierzylinder mit zunächst nicht reparierbaren Schäden aus einem Pkw herauszunehmen. Einen genau gleichen Motor,

der aber den Vorzug hatte, noch funktionsfähig zu sein, haben wir aus einem Lieferwagen herausmontiert und in unseren Pkw wieder hineingesetzt, als einzige Werkzeuge besaßen wir dazu eine einzige solche 25-cm-Hexenzange und einen Bosch-Taschenschraubenzieher! Allerdings hatten wir unendlich viel Zeit und waren auch zu viert, einer konnte arbeiten, die anderen drei mußten den Kran ersetzen.
Seitdem lasse ich nichts mehr auf Hexenzangen kommen und auf den Bosch-Taschenschraubenzieher erst recht nichts.

Schraubenzieher

Weil wir gerade so schön dabei sind, können wir auch gleich auf die Schraubenzieher speziell eingehen. Nicht nur im Bordwerkzeug, sondern gelegentlich sogar in ausgesprochen teueren Werkzeugsortimenten findet man erstaunlich häufig Schraubenzieher nach Bild 41, die sogar noch besonders ernst genommen werden wollen. Bei der Erschaffung dieser Art von Schraubenziehern scheint der Gedanke maßgebend gewesen zu sein, daß man auf einen solchen Schraubenzieher hinten auch mit dem Hammer draufklopfen kann – nur ist das eben nicht die richtige Verwendung für einen Schraubenzieher. Übel an dieser Art von Schraubenziehern ist die konische Form, die es verhindert, daß man damit tatsächlich einen schweren Druck ausüben und gleichzeitig noch drehen kann. Wir haben damit wieder mal ein Werkzeug vor uns, mit dem man besser andere beglückt, für sich selber kauft man Zweckmäßigeres. (Muß eigentlich noch drauf hingewiesen werden, daß auch das unmögliche Blechgebilde von Bild 42 niemals als Schraubenzieher zu gebrauchen ist?) In meinem Bordwerkzeug habe ich schon seit langer Zeit einen sogenannten Einsteckschraubenzieher nach Bild 43, und zwar den gröbsten, den ich bekommen konnte, er hat auf der einen Seite 10 mm und auf der anderen Seite 7 mm Klingenbreite, man ist damit auch den stärksten Gehäuseschrauben gewachsen. Das Holzheft liegt gut in der Hand, man kann damit sowohl einen großen Druck in axialer Richtung wie auch eine große Drehkraft ausüben, zudem ist das Ding auch noch billig. Ferner kann man die Klinge auch in das Futter einer Bohrwinde, einer sogenannten „Brustleier", spannen und damit eine *noch* größere Kraft ausüben. In Bild 43 erkannt man an beiden Klingenenden einen fischgrätenartigen Hieb, dieser Hieb ermöglicht es, den Schraubenzieher ganz einfach mit geraden Flanken zu schleifen, wie dies die beiden Zeichnungen in Bild 44 zeigen. Ohne diesen Hieb müßte man die Schraubenzieherklinge hohl schleifen, weil eine glatte, nur keilförmig geschliffene Schraubenzieherschneide sich zu leicht wieder aus dem Schraubenzieherschlitz herausdrücken würde. Man soll sich aber nun von diesem Fischgrätenhieb auch keine Wunderdinge versprechen, so

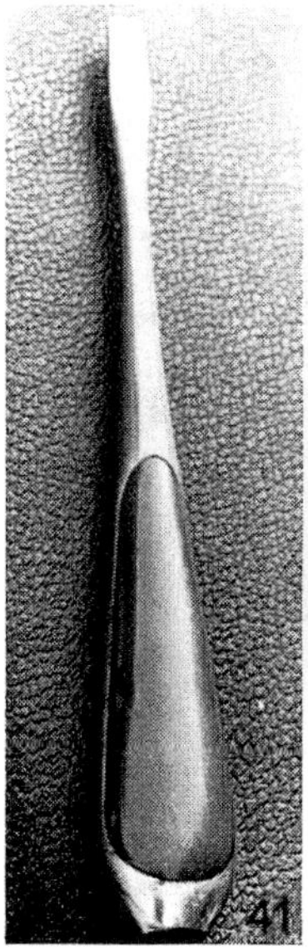

43

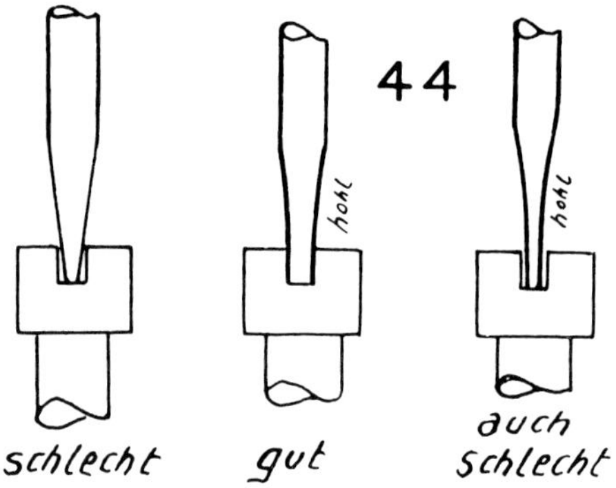

44

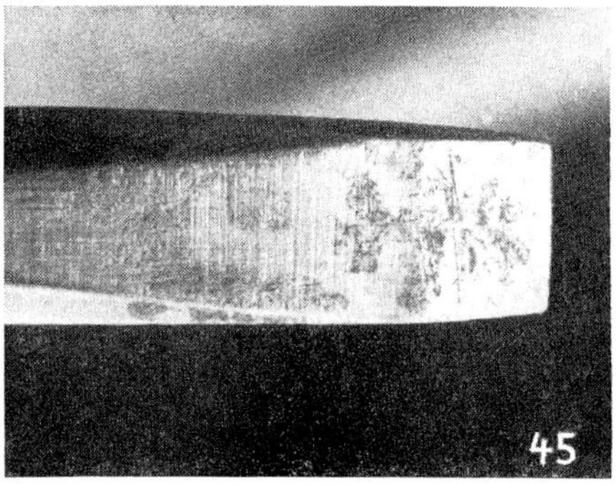
45

habe ich jetzt einen ganz erstklassigen Belzer-Schraubenzieher im fünften Jahr in Benützung, allerdings bei weitem nicht regelmäßig, eine fünfjährige Benützungsdauer bei mir mag so ungefähr einem Vierteljahr rauhen Werkstattgebrauch entsprechen. Wie man in Bild 45 sieht, ist bei dem guten Stück der Fischgrätenhieb so gut wie verschwunden, ich müßte den Schraubenzieher jetzt also hohl schleifen, wenn er noch mit Nutzen weiterverwendet werden sollte.

Für die Verwendung von Schraubenziehern gilt, daß die Klinge lieber etwas zu breit als zu schmal sein sollte, dies gilt sogar für Senkschrauben, zumal wenn sie in Aluminiumgehäusen sitzen. Ein zu schmaler Schraubenzieher erlaubt nicht die Anwendung voller Gewalt, bei festsitzenden Schrauben verdirbt man nur zu leicht den Kopf oder bricht den Schraubenzieher aus. Ebenso faßt ein Schraubenzieher um so besser, je besser er die Breite des Schlitzes ausfüllt, er soll eben möglichst satt und möglichst genau passen.

Damit ist noch nicht gesagt, daß die Handkraft zum Lösen einer festgesetzten Schraube ausreicht, man murkst dann nicht lange herum, sondern bringt das Werkstück in eine Lage oder sucht für sich selber eine Stellung, in der man sich mit vollem Gewicht, womöglich gegen eine Wand gestemmt, auf den Schraubenzieher lehnen kann. Es kommt alles darauf an, in der Längsachse des Schraubenziehers möglichst viel Kraft anwenden zu können, also in Pfeilrichtung von Bild 46. Wenn sich Schrauben mit Erfolg gegen das Losdrehen sträuben

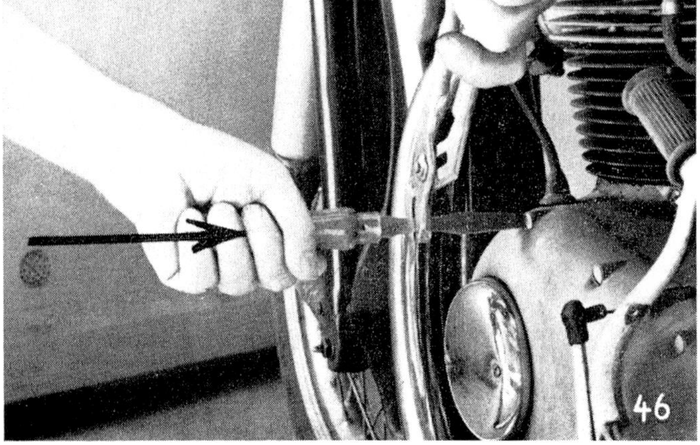
46

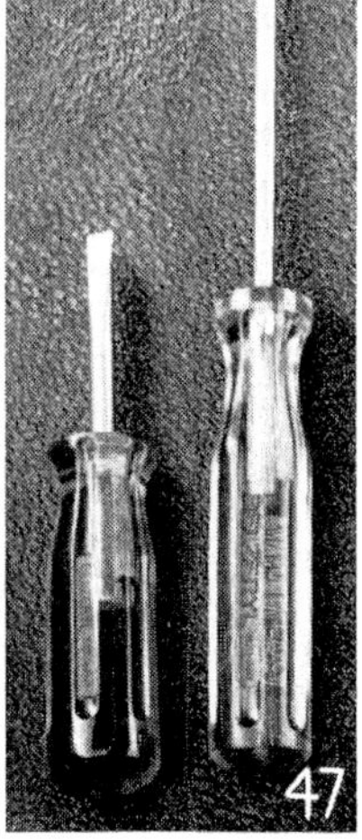
47

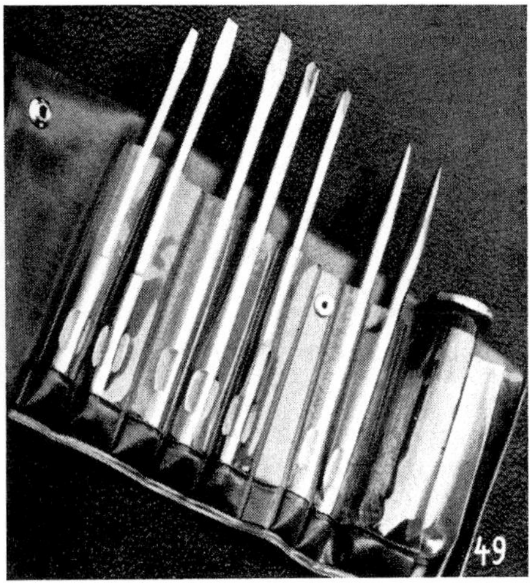

können, wenn gar Schraubenköpfe verdorben werden, dann immer nur, weil man entweder einen zu kleinen Schraubenzieher hatte oder nur ungenügend Kraft in Längsrichtung auszuüben vermochte. Sobald diese Kraft aber reicht, ist es gar nicht schwierig, den Schraubenzieher mit einer angesetzten Hexenzange oder mit einem Schraubenschlüssel mit einem kurzen Ruck zu drehen. (Wenn dabei natürlich der Schraubenkopf ausbricht, ist Hopfen und Malz verloren, man hat dann aber auch den Trost, daß die Schraube auch auf keine andere Art loszubekommen gewesen wäre.)

Immerhin gibt es aber in der Werkstatt auch noch eine andere Möglichkeit, festgefressene Schrauben ohne allzuviel Gewaltanwendung loszubekommen, vor allem wenn die Köpfe auszuplatzen drohen und wenn man dann auch noch genügend Zeit hat. Man bringt dazu das Werkstück in eine Lage, die es einem erlaubt, auf den Schraubenkopf Caramba zu träufeln oder zu spritzen, so, daß tunlichst ein kleines Pfützchen stehenbleibt, das im Laufe der Nacht und des folgenden Tages Zeit hat, zwischen Schraubenkopf und Unterlage einzusickern. Dieses Caramba ist von erstaunlicher Wirkung, es kommt im Laufe vieler Stunden auch an Stellen durch, wo man das nie für möglich gehalten hätte. Das Zeug kriecht auch in Fugen, durch die beispielsweise Benzin nie durchkriechen würde, auf diese Art kommen gewöhnlich am folgenden Tag, mindestens aber am zweiten Tag auch völlig festgefressene Bolzen wieder lose.

Schlitzschrauben sind an heutigen Motorrädern nicht mehr allzuhäufig, man findet sie grob eigentlich nur noch als Gehäuseschrauben und etwas kleiner zur Befestigung von Lichtmaschinendeckeln und derlei. Kleine Schlitzschrauben kommen dafür aber haufenweise in der Elektrik vor, nur denkt dummerweise bei der Industrie kein Mensch daran, daß zu den in der Elektrik jeweils verwendeten Schlitzschrauben auch eine ganz bestimmte Schraubenziehergröße gehört. Infolgedessen findet man im Bordwerkzeug gewöhnlich nur ein Pfennigding, das nicht zu den vorhandenen Schrauben paßt. Also stellt man fest, was man an der eigenen Maschine für Schrauben in der Elektrik hat und kauft sich dann im Werkzeugladen den beziehungsweise die *zwei* genau passenden Schraubenzieher, *auch* in Chrom-Vanadium-Qualität, die werden dann wenigstens nicht so schnell rund.

Ich habe nun eine Schwäche für lange Schraubenzieher, man ist damit nicht so unangenehm dicht an der Arbeit dran, dennoch braucht man für die Arbeit etwa im Scheinwerfer am Zündhalter einen besonders kurzen Schraubenzieher, siehe Bild 47 und 48, weil man einen zu langen Schraubenzieher hier immer schräg ansetzen müßte und dabei die Schrauben verderben würde. Bei vielen modernen Motorrädern ist nun zwar glücklicherweise nicht der gesamte Kabelkram im Scheinwerfer fest zusammengehängt, sehr häufig findet man auch unterwegs irgendwo am Rahmen Klemmleisten, die es erlauben, einen Teil des Bordnetzes abzutrennen, ohne daß man gleich in den Scheinwerfer hinein müßte. Leider paßt aber der für den Zündschalter nötige Schraubenzieher nicht auch für die Madenschrauben in der Klemmleiste, man braucht also dazu schon noch mal ein Schraubenzieherchen, mit dem man dann in der Klemmleiste arbeiten kann. Also bleibt nichts anderes übrig, als aus dem Zündschalter eine Schraube herauszudrehen, ebenso aus der Klemmleiste, mit diesen beiden Schräubchen in den Werkzeugladen zu wandern und für jedes einen genau passenden Schraubenzieher zu kaufen. Sehr schön ist natürlich auch ein Schraubenzieher-Satz, wie ihn Bild 49 zeigt und wie er in normaler Qualität schon um DM 6.– bis DM 7.– im Laden zu kaufen ist. Bei Belzer kostet so etwas – allerdings dann auch in luxuriöser Chrom-Vanadium-Qualität – runde DM 12.–, ist aber immer noch haushoch sein Geld wert. Zu diesen Sätzen gehören gewöhnlich auch noch zwei oder drei Schraubendreher für Kreuzschlitzschrauben, die in letzter Zeit auch bei Motorrädern stark in Aufnahme gekommen sind. Bild 50 zeigt, wie ein solcher Schraubenzieher aussieht, es kommt dabei nicht nur auf die Dicke der Kreuzgrate an, sondern auch auf den Neigungswinkel, amerikanische Kreuzschlitzschrauben haben nämlich andere Abmessungen als deutsche Kreuzschlitze. Noch sind aber auch bei deutschen Maschinen Kreuzschlitzschrauben keineswegs weit verbreitet, es ist nicht so, daß man sich einen kompletten zweiten Satz Schraubenzieher für Kreuzschlitzschrauben zulegen müßte. Selbst bei DKW-Motoren kommt man im Bordwerkzeug mit einem einzelnen solchen Schraubendreher aus. Wohl aber wird jetzt wieder etwas anderes wichtig:

Eingangs bei der Besprechung der notwendigen Schraubenschlüssel haben wir darauf hingewiesen, daß es heutzutage empfehlenswerter sei, das eigene Werkzeug auf einen Satz Zwölfkantschlüssel abzustellen als auf einen mehr oder weniger vollständigen Satz von Gabelschlüsseln. Für eben diese Zwölfkant-Steckschlüsselwerkzeuge gibt es auch komplette Sätze sowohl von flachen, herkömmlichen Schraubendrehern wie auch von Kreuzschlitzschraubendrehern. Diese Steckeinsätze kann man dann sowohl handhaben wie einen langen Schraubenzieher mit Heft, man kann sie aber auch wie einen Gabelschlüssel benützen oder

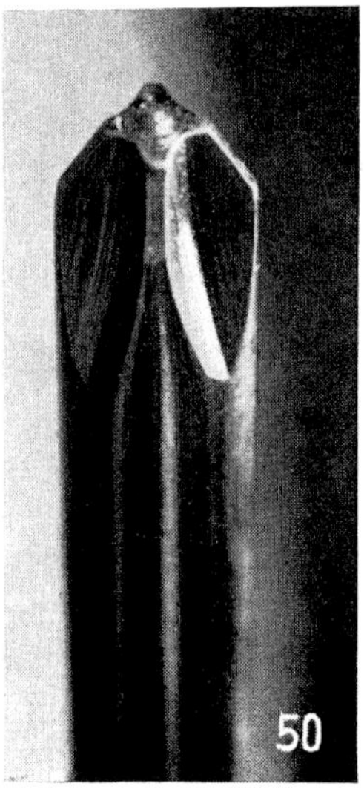
50

51

wie eine Brustleier. Gerade dies ist der Grund, weswegen ich mir heute nicht mehr einen Satz komplette Gabelschlüssel zulegen würde, wenn ich ihn nicht schon hätte. Die Zwölfkantsteckschlüssel zusammen mit einem Satz Kreuzschlitzschraubendreher sind eben doch weitaus universeller.

Schließlich kann ich es mir nicht verkneifen, noch das Bild eines Schraubenziehersatzes zu bringen, der mir seit 1938 sozusagen in der Hosentasche festgewachsen ist. Leider ist das Ding nicht zu kaufen, das gab es nur früher einmal bei Bosch für die Freunde des Hauses, mir hat man es 1938 anläßlich einer Presse-Arbeitstagung in die Hand gedrückt. Ich mache sonst vor allen derartigen Kombinationswerkzeugen drei Kreuze, denn der schwache Punkt aller dieser Kombinationen ist immer nur die Steckvorrichtung beziehungsweise deren Verriegelung – wenn man da einmal wirklich würgt, biegt man die Verschlüsse auf und das ganze Zeug ist wegschmeißreif. Bei Bosch gibt es so etwas natürlich nicht; wie man sieht, handelt es sich hier um ein wundervolles Achtbackenspannfutter, das die einzelnen Werkzeuge so faßt, wie sie überhaupt nur gefaßt werden können. Es ist mir bis jetzt nicht gelungen, dieses Werkzeug kaputtzumachen, obwohl in langen Kriegsläuften damit noch weit rauhere Arbeiten gemacht wurden als etwa der anfangs erwähnte Motorenwechsel.

Schraubenzieher haben nun die Eigenschaft, im Laufe des Gebrauches sehr schnell stumpf zu werden und zu verkommen, man muß einen Schraubenzieher ebenso scharfkantig halten, wie man ein Messer scharf zu halten pflegt, man muß also laufend nachschleifen. Dennoch soll dies nicht hier geschildert werden, sondern später, wenn von Schleifwerkzeugen die Rede ist.

In den Keller gefallen

Aus den Zeiten der schon bald der Sage angehörenden Puch S 4 habe ich eine Gewohnheit übrigbehalten, die mir inzwischen schon manches Mal zustatten kam – ein Magnet im Werkzeug. Wenn einem bei den Püchen mal ein Kolben durchbrannte – man war dann allerdings immer selber dran schuld, weil man zu mager reguliert hatte – dann erschütterte einen das nicht weiter, denn ein zweiter Auslaßkolben gehörte damals zum Rucksackinhalt. (In Österreich ist das heute noch ähnlich, man scheint dort zu jeder Tages- und Nachtzeit

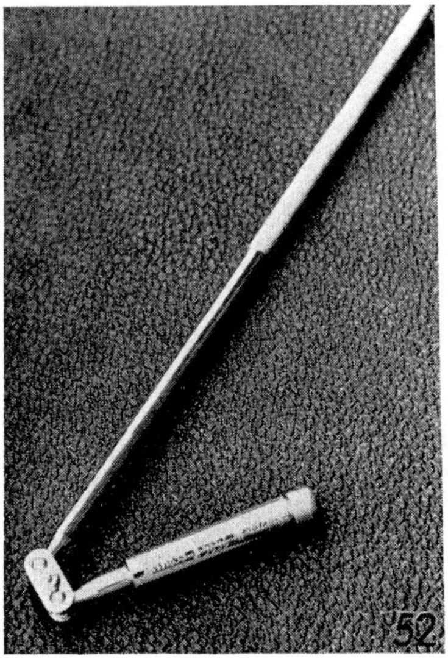

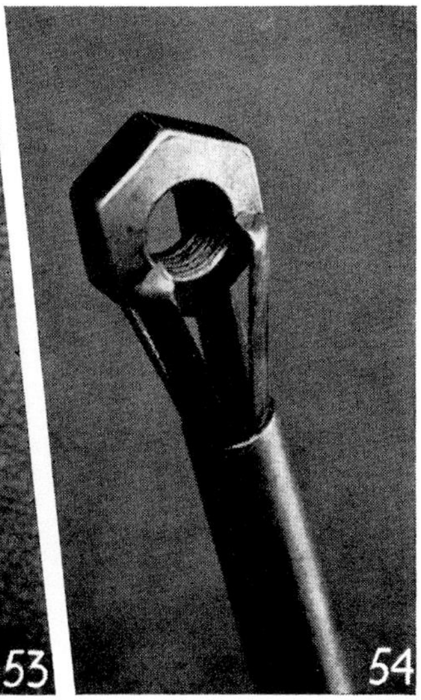

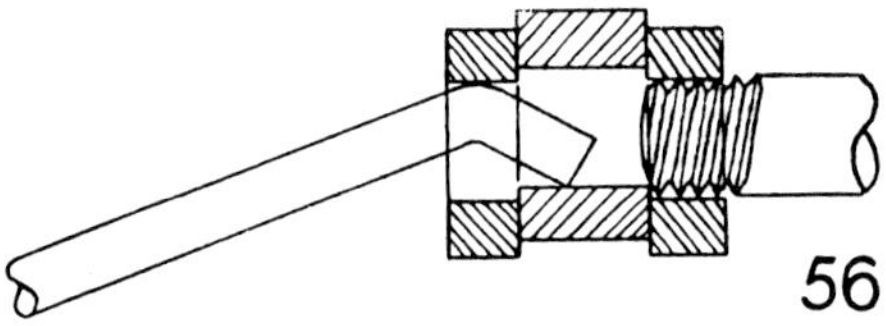

56

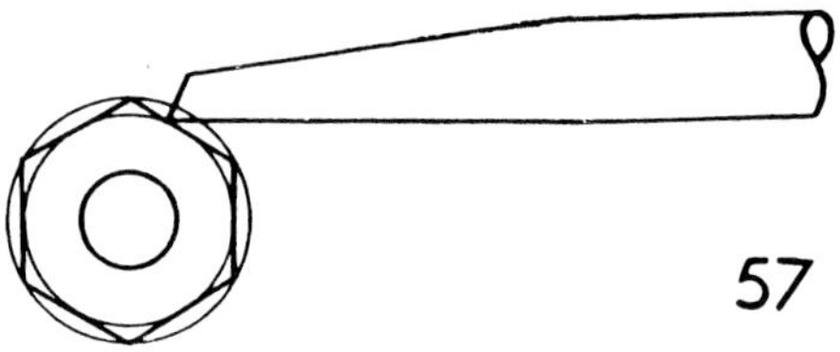

57

Puchkolben kaufen zu können, die man einbaut, wie man andere Schnürsenkel einzieht.) Damals habe ich gelernt, was für eine Schweinerei das sein kann, wenn ein Kolbenringbruchstück oder eine Bolzensicherung ins Kurbelgehäuse fällt, und wie schön man die wieder rauskriegt, wenn man einen Magneten mithat. Sogar ein Spielzeug-Hufeisenmagnet, an den Rand der Schwungmasse gelegt und mit dieser und Bindfadensicherung vorsichtig herumgedreht, fängt am Grund des Kurbelkastens liegende Eisensplitter sicher heraus. Das heutige Magnetmaterial flutscht noch ganz anders, da tut es schon ein wenige Zentimeter langes Stückchen am Ende einer Drahtspirale, mit der man überall hinfassen kann. Bei Belzer gibt es aber auch einen solchen Magnetsucher, der gelenkig an einem steifen Schaft sitzt, Bild 52, kostet runde vier Mark und reicht selbst für große 500er-Kurbelgehäuse. Gibt es aber mit Teleskopschaft, ziemlich 70 cm lang auszuziehen.
Lediglich der Vollständigkeit halber sei noch auf den Greifer nach Bild 53 und 54 hingewiesen, gibt es auch bei Belzer, sowohl starres Rohr wie auch in der Art eines Bowdenzuges, in unterschiedlichen Längen, kostet zwischen drei und acht Mark, je nach Größe. Der Vorteil dieser Klauengreifer liegt weniger im Suchen von Dingen, die in den Keller gefallen sind, als darin, daß man Muttern und Kopfschrauben damit schön fassen und an einem Ort sauber einsetzen kann, den man mit den Fingern nie erreichen würde.

Dorne und Drehstifte

Zu jedem Satz Rohrsteckschlüssel gehört natürlich ein Drehdorn, und weil jeder Schlüssel eine andere Lochweite hat, sind diese Drehdorne drei- bis fünffach hübsch gestuft. Ich habe aber noch keinen Drehdorn gesehen, der nicht schon am folgenden Tag an einer solchen Stufe abgebrochen wäre. Deshalb gehört sogar in mein Bordwerkzeug ein ganzes Bündel

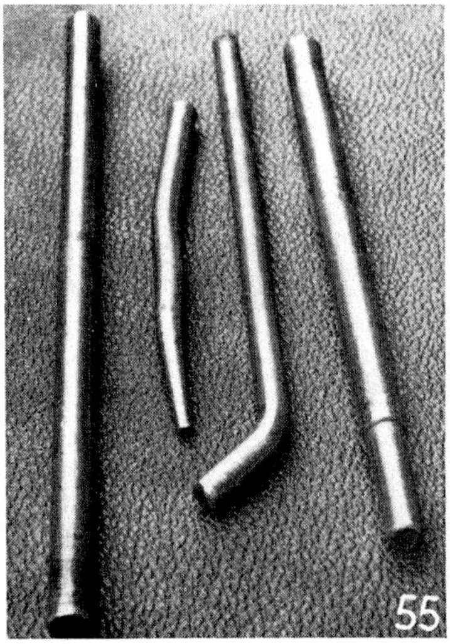

55

58

Dorne, am schönsten sind konische Dorne, irgendeiner wird schon für das passen, was man gerade vorhat, Bild 55. Als überaus wichtig hat sich der gekröpftte Dorn erwiesen – der ist nicht verbogen, sondern so geschmiedet; die Kante am gekröpften Ende ist sogar sorgsam scharfgeschliffen, um nicht abzurutschen. Mit diesem Dorn kann man nämlich Bauteile, durch die ein Schraubenbolzen gesteckt werden soll, nach Bild 56 von innen zurechtdrücken, bis der Bolzen durchgeht. Ebenso nützlich ist manchmal ein Dorn, dessen gehärtete Spitze man nach Bild 57 leicht schräg anschleift – dieser Anschliff beißt sich in der Flanke einer sonst unzugänglichen Mutter fest, daß man sie mit dem Hammer losschlagen kann.

Sachen zum Festhalten

Theoretisch muß sich jede Motorenarbeit mit Schlüsseln, Schraubenziehern und passenden Abziehern erledigen lassen – praktisch bleibt es einem aber nicht erspart, mal irgend etwas fester packen zu müssen, als man es mit einer Zange zu packen vermag, meist weil der Brocken bearbeitet, zurechtgeklopft oder sonst etwas damit geschehen muß. Seit Urzeiten steckt in meinem großen Bordwerkzeug ein Feilkloben, Bild 58, der im Eisenladen schon um drei Mark zu haben ist. (Man soll den Feilkloben nicht klauen, weil das abgewirtschaftete Zeug in den Werkstätten keinen scharfen Hieb mehr auf den Backen hat und abrutscht – den Feilkloben kauft man neu.) Damit lassen sich Bolzenenden fassen und rauswürgen, damit kann man auch kleinste Nippel zart anfassen und zum Löten auf die Werkbank legen, ohne daß sie forthüpfen; so ein Feilkloben ist eine dritte, aber eben sehr starke stählerne Hand, gerade für unsere doch immer irgendwie behelfsmäßige Stegreifbastelei. Wenn festgefressene Dinge losgewürgt werden müssen, Muttern mit zerschundenen Flanken und derlei, wo keine Hexenzange mehr greift, tut es vielfach der Feilkloben, Bild 59, sofern er einen noch scharfen Hieb auf den Backen hat – deshalb die Warnung, sich das Ding neu zu kaufen und nicht irgendwo mitgehen zu lassen. Für jemanden, der sich mangels Werkbank oder auch nur Arbeitstisch einen Schraubstock nicht halten kann, ist ein nicht zu kleiner Feilkloben wenigstens ein bescheidener Ersatz. (Weil gerade wieder vom Bordwerkzeug die Rede war: Natürlich nicht in der Botanisiertrommel der 100er-Fox, aber in der großen Ledertasche, die auf Langreise hinten im Seitenwagen liegt und deren Inhalt schon manchmal allein dadurch kostbar war, daß das Zeug da drin eben in bestem Zustand, scharf geschliffen und nicht abgenützt war. Das Problem der Durchschnittswerkstätte ist ja, daß die Leute mit abgenütztem Werkzeug herumhantieren)
Inzwischen ist der Feilkloben, der doch reichlich schwer und klotzig ist, wieder auf die

59

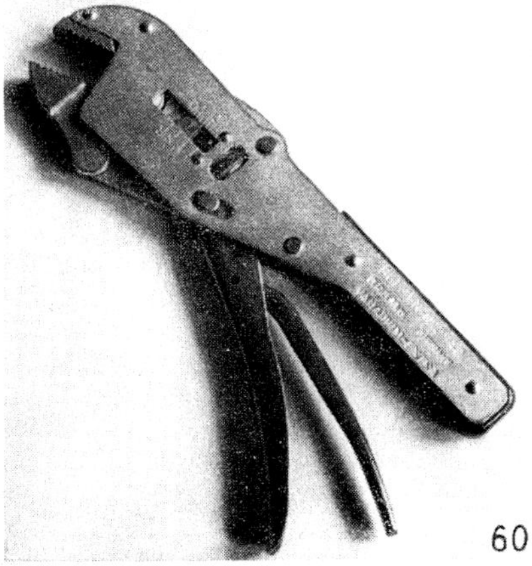

60

heimatliche Werkbank gewandert und im Bordwerkzeug durch die „Lock-Grip"-Zange, Bild 60, ersetzt worden. Dies ist nicht so schwer und packt sich vor allem viel flacher, paßt sogar in die Botanisiertrommel. Die Backen dieser Zange spreizen sich zwar zunächst wie bei jeder Zange im Winkel, die Entfernung der Backen läßt sich aber stufenlos mit einem Daumenrändel einstellen, so daß die scharf angezogenen Backen doch wieder parallelstehen. *Scharf* angezogen – die zugepreßte Zange bleibt nämlich zu! Ausgelöst wird der Griff mit einem Fingerhebel im dünnen Zangenschenkel.

Billig ist das Ding nicht, kostet bei Belzer einen runden Zwanziger, ist aber von einer universellen Brauchbarkeit, hinter die man erst ganz kommt, wenn man sich in der Wildnis damit helfen kann. Wo gibt es schon eine Zange, die man zudrückt und die dann von selber hält, daß die Hand wieder frei wird? Dazu kommt eine unwahrscheinliche Hebelübersetzung im Innengedärm, man kann die Zange ziemlich so hart zuspannen wie einen Feilkloben. Sogar die Backen sind noch einigermaßen schlank, man kann so exponiert zufassen wie mit einem „Eckschweden", man kann dank dem harten Griff noch Stehbolzen losdrehen, an denen die Hexenzange schon rutscht, und man kann kleinste Stahlstifte und derlei damit fassen, um damit an ländlich eiernde Schmirgelscheiben heranzugehen, ohne daß es einem das Zeug in die F . . . . haut. Selbst ein Drahtseilauge kann man mit der Zange so zusammenquetschen, daß man daran einen Flaschenzug aufhängen kann. Ich habe sonst eine heilige Scheu vor allem, was wie ein verstellbarer Schraubenschlüssel aussieht, und ich muß sagen, daß diese Zange auf den ersten Blick eine verdächtige Ähnlichkeit mit dem Plunder hat, der da zusammen mit Gurkenhobeln, ewigen Bügelfalten und Eidechse-Schälkur auf den Fluren von Ausstellungen werbegewandt vertrieben wird – sie ist aber das genaue Gegenteil davon. Gibt es mit glatten Backen, für feine Rohrmechaniker und für Karossiers sogar mit Fibrebacken, für uns am besten sind aber die ganz grob gefrästen Backen, die auch Bild 60 zeigt. Wie gesagt, ein runder Zwanziger – den ist diese Zange aber wert.

Schärfen und Schleifen

Es war bisher des öfteren von „scharf geschliffen" die Rede – im Laufe der Zeit sollte man sich auch ein paar Schleifsachen zulegen, zumindest einen Schmirgelstein. Natürlich wäre es schön, ein kleines Schleifböckchen zu haben, die gibt es für den Handbetrieb schon sehr billig, um knappe zehn Mark, sogar mit zwei verschieden gekörnten Steinen, sie zahlen sich auch schnell aus, denn scharf geschliffene Spiralbohrer sind eben doch etwas anderes als das übliche ausgebrochene Zeug, das sich in den meisten Bastelkisten findet. Zum Nach-

61

62

schärfen von Schraubenzieherkanten, von Schabern, von Dornkanten und derlei kommt man aber mit einem flachen Schmirgelstein wie in Bild 61 besser hin. So ein Ding kostet mit zwei Körnungen fünf bis sechs Mark und kann – etwa zum Überschleifen angefressener Nockenbahnen und derlei – wie eine Feile gebraucht werden. Solche Schmirgelsteine unterschiedlicher Feinheit und Härte gibt es unter der Bezeichnung „Schmirgelfeile" auch rund, dreikantig, flach, Bild 62 zeigt das ja. Damit bekommt man angefressene Unterbrecherkontakte wirklich wieder eben, damit kann man gehärtete Teile glätten oder auch Abbrech-Ritzen einschleifen. Nur eines soll man mit Schmirgelsteinen oder Schmirgelfeilen nicht tun – trocken arbeiten. Im äußersten Notfall tut es reichlich Spucke, häufig erneuert, eigentlich gehört dazu dünnes Schmieröl oder Dieselöl. Bild 62 gibt einen Begriff, was passiert, wenn man trocken arbeitet – der Stein schmiert zu und packt dann nicht mehr. Regulär wird wie gesagt mit Dieselöl geschliffen – auch mir ist das widerwärtig, das kann man sich zu Hause leisten, wo der Stein in seiner Blechschachtel liegt, unterwegs ist das aber eine entsetzliche Schmiererei. Ich habe aber gefunden, daß es Wasser genau so tut, man darf damit nur nicht sparen, und ein lediglich nasser Stein trocknet wieder, ohne seine Nachbarschaft zu durchfetten.
Gewußt wie: Auch mit dem feinsten Schmirgelstein kann man zwar hotelüblich stumpfen Tischmessern eine Art Schnitt beibringen, ohne unterdessen zu verhungern, aber so den *richtigen* Schliff, den man für ein Metzgermesser, das Zigarrenmesserchen oder die Putzhobelklinge braucht, den kriegt man erst hin, wenn man hinter dem Schliff mit dem allerfeinsten Schmirgelstein noch eine Viertelstunde mit dem „belgischen Brocken" drangibt. Die sind doppelt so teuer wie der teuerste Schmirgel, scheinbar glatt wie ein Kinderpopo und zu nichts weniger als zum Schleifen geeignet – am kohlschwarzen Abrieb sieht man doch, daß die Dinger packen. Ich schleife damit Reibahlenmesser unter fließendem Wasser, würde mich aber nicht wundern, wenn jemand käme und sagte, daß mit Spindelöl, Bardahl-Zusatz und den Wessobrunner Zaubersprüchen ein noch weit feinerer Schliff zu erzielen sei. Der Reihe nach: Ein feines Flachsteinchen, scharfkantig, ist überaus nützlich, ein Dreikantstein ebenfalls, muß bloß mit einem Dorn zusammen verpackt werden, um nicht zu zerbrechen. Ein ordentlich großer Stein ist nicht unbedingt nötig, aber im Laufe der Zeit schon lohnend, ein belgischer Brocken ist Luxus für feinste Sachen, die schon nicht mehr zur Schlosserei gehören. Es wird niemals trocken geschliffen, mindestens mit viel Spucke, besser mit viel Wasser, Öl scheint nicht nötig zu sein. (Ich lasse mich gern korrigieren, wer weiß es besser?)

Hämmer

Nicht von ungefähr steht das Wort hier in der Mehrzahl, denn mit einem einzigen Hammer ist eigentlich mehr Unheil zu stiften als Nutzen – für die an einem Motorrad vorkommenden Arbeiten kann man gut und gern wenigstens *drei* Eisenhämmer brauchen, wenn man nicht murksen will. Zwar lebt auch ein Hammer von der Formel $\frac{m \cdot v^2}{2}$, aber man soll nicht glauben, das m, die Gramme, beliebig durch v, die cm/sec, ersetzen zu können. In der Werkzeugtasche habe ich den für die meisten Zwecke gerade ausreichenden 400-Gramm-Hammer, für Motorenarbeit ist der insofern universell, als ein nicht allzu ungeschickter Mann diese 400 Gramm mit Muskelkraft auch in Grenzfällen noch halbwegs schadlos handhaben kann. Man kann damit noch zart einen festgebackenen Zylinderkopf losklopfen, aber auch gerade noch einen halbwegs ausreichenden Treibschlag auf einen festgefressenen Bolzen oder Konus geben. Auf Langreise liegt aber hinten im Seitenwagen noch ein 1000-Gramm-Hammer, mit besonders langem Stiel, mit dem man *richtig* zuschlagen kann. Mit diesem Hammer sind bisher noch keine zwanzig Schläge geführt worden – aber gerade *dazu* hat man den großen Hammer. Mit dem kleinen 400er zerschlägt man im Ernstfall nämlich nur die Schlagfläche, ohne daß sich der betreffende Teil löst, mit dem klassischen

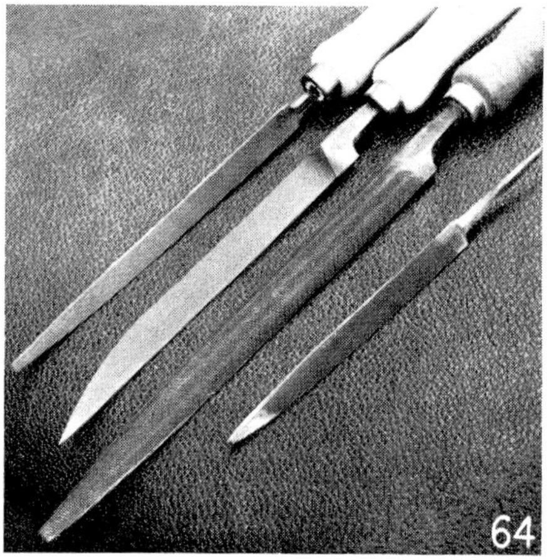

einen Schlag mit dem großen Hammer löst sich aber gewöhnlich der Teil, ohne daß die Schlagfläche allzusehr verdorben wird. In der Werkstatt hängt dann noch ein 100-Gramm-Hämmerchen, mit dem sich kleine Sachen hinklopfen, Bleche spannen und Pusselsachen zart hintreiben lassen.

Man sollte nicht glauben, daß es auch bei den Hämmern Qualitätsunterschiede gibt, die einfachen Schlosserhämmer von Bild 63 kosten – allein die 400-Gramm-Größe – zwischen 2.50 und 6.50! Die teuren aus legiertem Stahl haben dann aber auch gehärtete Stahlflächen, die keine Schlagnarben annehmen.

Ein Fehler ist allen Hämmern, auch den teuersten, gemeinsam – der viel zu klobige Stiel. Ich habe gewiß keine Mädchenhände, aber mit zu dicken Hammerstielen kann ich nun mal nicht arbeiten, schon in der Zeit meiner Schlosserpraxis habe ich meine Hammerstiele heimlich auf 20 mm Dicke heruntergehobelt und die Hobelflächen kunstreich wieder dreckig gemacht, damit es niemandem auffiel. (Nachher liehen sich meine Banknachbarn immer meine Hämmer, keiner merkte aber, daß man mit denen bloß wegen der flachen Stiele besser arbeiten konnte.) Damit ist das Wichtigste eigentlich schon gesagt: Ich lasse jeden Hammerstiel in der Originalbreite, gegebenenfalls bis zu 40 oder 45 mm, hoble ihn aber flach bis auf 20, höchstens 25 mm. So ein flacher Stiel gibt eine tadellose Führung, man trifft damit genauer, wenn es mal auf den berühmten „einen“ Schlag zusammengeht, der absolut sitzen muß.

Früher spielten Holzhämmer und Gummihämmer eine große Rolle – das war vor Erfindung der Kunstharze. Man brauchte sie, um empfindliche Sachen los- oder auch festschlagen zu können, ohne sie zu zerschlagen. Zwar gibt es sowohl Gummihämmer wie Holzhämmer auch heute noch, aber mehr aus lieber Gewohnheit – es steckt kein rechter Zug dahinter, man muß damit rumprügeln, wo man einen zügigen Schlag brauchte. Seit vielen Jahren gibt es aber bei Belzer Kunststoffhämmer mit stählernem Mittelteil, das mit seiner Masse den „Zug“ bringt. Der schlagfeste Kunststoff bildet also nur noch die Hammerbahnen, man kann damit getrost auch auf den Gewindeanschnitt etwa einer Getriebewelle losdreschen. Zwei solcher Belzerithämmer, und zwar von 250 und 1500 Gramm, sind bei mir seit fünf Jahren im häufigen Gebrauch, kosten zwischen fünf und zwanzig Mark. (Wenn ich wieder mal Geld habe, kaufe ich noch einen mit rund 500 Gramm dazu.) Diese Hämmer hinterlassen keine Schlagspuren und nehmen selbst viel weniger Schlagmarken an als Pockholz- oder sogar Gummihämmer. Inzwischen gibt es ein noch verbessertes Material, Belzeryl, die Einsätze daraus kann man einzeln kaufen und auf einen alten Belzerithammer selbst aufsetzen.

Feilen und Sägen

Ganz ohne Feile kommt man nur in der Theorie aus – in der Praxis ist immer etwas mindestens zerschunden und bedarf der Nacharbeit, es muß ein Grat nachgefeilt werden, das ballig, aber scharfkantig abgestochene Ende einer Steckachse oder eines Führungsbolzens muß auf 3–4 mm Breite konisch gefeilt werden, eine Kolbenkante muß nachjustiert werden, ein Vergaserflansch muß planiert werden – man hat immer etwas zu feilen.

Es gibt da die alte Schlosserregel, daß mit zu kleinen Feilen nur gepfuscht wird – die gilt auch heute noch, sofern man am Schraubstock arbeiten kann. Zu Hause hängen die Feilen mit 12–16 Zoll am Brett, nur im Bordwerkzeug stecken vier Feilen mit 6–8 Zoll, weil mehr eben nicht Platz hat. Von diesen kleinen Feilen tut es für die Gelegenheitsarbeit eine Halbrundfeile mit Bastardhieb, so lang, wie man sie eben noch unterbringen kann. Halbrund deshalb, weil man damit sowohl Dellen wie Flächen feilen kann und weil man damit gleich zwei sägeähnliche Schneidekanten hat – ist für Behelfsarbeit unterwegs weit nützlicher als eine Flachfeile. (Auch zu Hause ziehe ich für Bastelarbeit bei den großen Feilen die Halbrundform vor, wir würgen damit ja längst nicht so viel rum wie in der Werkstatt und haben meist viel kniffligere Stellen nachzuarbeiten!) Zum Glätten und zur sauberen Nacharbeit bedarf es noch einer Flachfeile mit Doppelschlicht-Hieb, also möglichst fein, aber auch da nehme ich keine gewöhnliche Flachfeile, sondern eine Messerfeile – die scharfe Kante kann man häufig gut gebrauchen. Traditionell für Arbeit an Freßstellen bei Kolben ist eine Dreikantfeile, der Steifigkeit wegen, wobei man zwischen „Sägefeilen“ unterscheiden muß, wie sie Bild 64 vorn ohne Heft zeigt, und den normalen, schlanken Schlosserfeilen, ganz hinten in Bild 64. Die Sägefeilen sind für uns praktischer, sie haben ballig gerundete Spitzen ohne Hieb, die sich prima als Schaber zurechtschleifen lassen. Für Feilen gibt es zwei Regeln:

- Niemals ohne Feilenheft benützen
- Niemals ohne Kreide feilen

Natürlich kann man auch die nackte Feile ohne Heft in die Hand nehmen – das gibt aber immer Murks, weil die sichere Führung fehlt. Ein Feilenheft aus Holz wird für die Feilen-

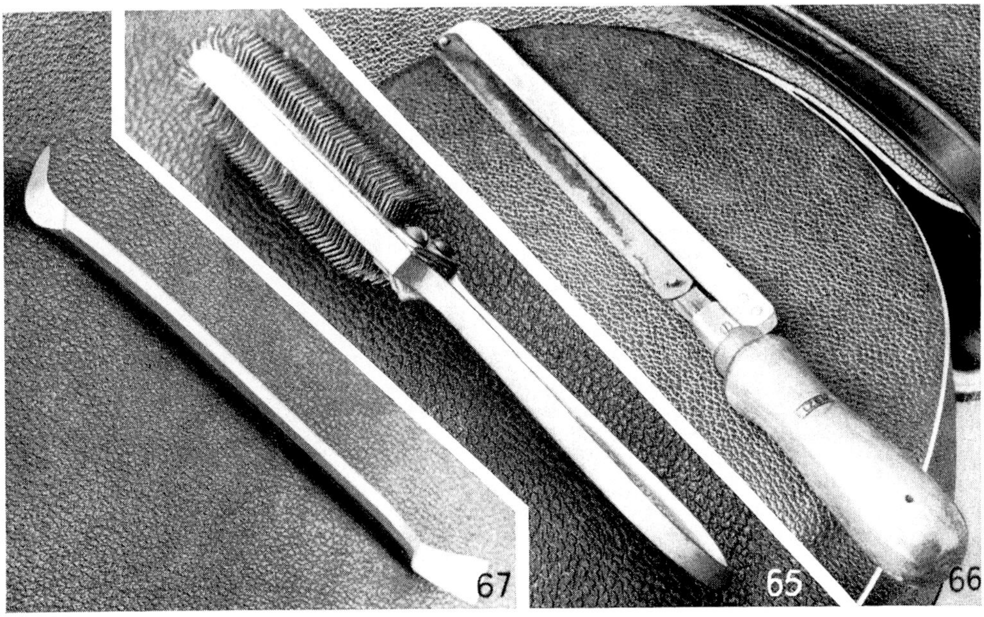

angel nicht aufgebohrt, sondern aufgebrannt. Wenn nicht anders, dann wird zu Hause in der Gasherdflamme die Feilenangel glühend gemacht und in das Heft eingebrannt – man stützt das Heft gegen die Wand und lehnt sich mit Macht auf die Feile, dann kriegt man den Qualm nicht so in die Nase. Notfalls wird der Vorgang zwei- oder dreimal wiederholt, die Angel schön lang glühend gemacht, bis das Heft satt sitzt.
Meine Feilen im Bordwerkzeug sind in ein dickes Flanelltuch gewickelt, die Hefte werden für sich gepackt, dazu gehört dann auch ein Stück Kreide, mit dem es folgende Bewandtnis hat: Jedes gefeilte Material, selbst spröder Grauguß, erst recht Leichtmetall, gibt in mehr oder weniger großer Zahl „Flöhe", also Späne, die sich aufrollen und hinter den Feilenzähnen sich verklemmen. Viele solcher Flöhe nehmen der Feile den Schnitt, man schindet sich, feilt nicht mehr gerade und hinterläßt auf der Fläche sogar grobe Kratzer. Deshalb wird jede Feile – nur gefräste Feilen für Leichtmetall haben das nicht nötig – mit einem Stück Kreide leicht berieben. Man fühlt ja, wenn die ersten zwei oder drei Flöhe drinsitzen, und bürstet diese dann in Richtung des Hiebes mit der Feilenbürste wieder aus, kreidet neu und feilt wieder. Sieht entsetzlich umständlich aus, geht aber viel schneller als wildes Drauflos-würgen, vor allem bekommt man tadellose Flächen. Feilenbürsten gibt es zwar im Werkzeugladen um Pfennige zu kaufen, bei Belzer gibt es diese aber supervornehm mit Metallgriff und auswechselbarem Band, Bild 65. (Feilenbürste liegt bei mir zu Hause, für die paar Feilenstriche unterwegs geht es auch ohne Bürste, da tun es die gut gekreideten Feilen auch so).
Wirklich wertvoll ist auch eine Eisensäge, dann aber in der richtigen Form, nicht als Schlossersäge mit schwerem Bogen – obwohl mit dieser am Schraubstock naturgemäß am mühelosesten und genauesten zu sägen wäre (zu Hause habe ich die schwerste Säge, die ich bekommen konnte, ein richtiger Totschläger mit gewaltigem Bügel – die sucht sich selber ihren Weg, das Blatt flattert nicht, es sägt sich fast von selber). Für knifflige Bastelleistungen gibt es – auch bei Belzer – die Miniatursäge Bild 66, die mit abgenommenem Heft sogar im Bordwerkzeug Platz hat. Wenn wir als Bastler schon zu sägen haben, dann ist das meist an unmöglichen Stellen in unmöglicher Haltung, und da ist diese Belzersäge von Bild 66 mir schon oft die noch einzig mögliche Rettung gewesen.
Bei den Sägeblättern gibt es Unterschiede: Es gibt sie aus „legiertem" Stahl, da steht zuweilen etwas von „Wolfram" und so dabei, im Eisenladen kostet so ein doppelschneidiges Blatt etwas zwischen sechs Groschen und einer Mark. Das sind die Plebejer-Blätter. Feine Leute benützen aber „SS"-Blätter – nicht was Sie denken, heißt „Schnell-Schnitt" –, davon kostet das Blatt nicht unter drei, meist vier oder gar fünf Mark, außerdem muß man eine ganze Weile danach fragen, nicht jeder Werkzeugladen hat diese SS-Blätter (gibt's aber auch bei Belzer).
Wenn man erst einmal zügig zu sägen gelernt hat, also mit der Säge nicht mehr „eckt", daß ganze Halbmonde herausbrechen, dann zahlen sich die SS-Blätter aus, die behalten ewig und noch eine Weile dazu den Schnitt, sparen *viel* Muskelkraft, beim Sägen an versteckten Stellen sparen sie noch mehr Flüche und man kann damit auch mal an Dinge herangehen, die zwar nicht gerade glashart sind, aber doch schon als „Stahl" bezeichnet werden. Meine kleine Liliputsäge hat ein SS-Blatt, die große Säge an der Werkbank hat gemeine Blätter, werden eben öfter mal weggeschmissen – da sägen zuweilen auch Freunde damit und die sollen mir die teuren SS-Blätter nicht kaputtmachen. Noch etwas: Meine Sägeblätter sind alle geölt, auch der Sägeschnitt wird häufig geölt.
Ganz am Rande wären hier auch noch Schaber zu erwähnen – mir tut es an sich das zugeschliffene Ende der Sägefeile. Für Kolbenböden und Zylinderköpfe gibt es aber ganz billig bei Belzer den Flach- und Löffelschaber, Bild 67, der mit dem Schmirgelstein scharfgehalten wird. Es sieht lächerlich aus, sich dazu ein eigenes Werkzeug zu halten, wenn man nur seinen eigenen und einzigen Motor zu verarzten hat, es arbeitet sich aber so schön damit und man kann das Ding auch noch zu so viel anderer Kratzerei gebrauchen, daß man schon nach wenigen Wochen genau darauf achten muß, daß es nicht irgendwo im Haushalt –

und wenn im Küchenschrank – verschwindet. Gott sei Dank ist es als Ohrenreiniger um eine Kleinigkeit zu breit, man müßte es sonst wohl noch im Badezimmerschränkchen suchen.

Blechscheren

Die gehören schon zum richtigen Bastelwerkzeug, wenn man den Ehrgeiz hat, auch mal etwas ganz Neues zu basteln. Meine erste eigene Blechschere habe ich mir organisiert, sie war auch danach, Bild 68. Diese orthodoxe Scherenform, die merkwürdigerweise immer noch gemacht wird, ist gerade gut, Blechränder dünn zu beschnippeln, sonst aber außerordentlich häßlich, weil das abgeschnittene Blech gewaltsam hochgedrückt werden muß, Bild 69. Sehr viel besser ist die doppelt gekröpfte Schere, Bild 70 – man erkennt bei genauer Betrachtung den Unterschied zur gewöhnlichen Schere, ist nur unbedeutend teurer. Den Vorteil sieht man aus Bild 71 – der abgeschnittene Rand wird fast nur elastisch verbogen, der Rand bleibt brauchbar, außerdem bleiben beide Scherenbeine oberhalb des Werkstückes, man gerät auch bei langen Schnitten nicht mit der Hand in Bedrängnis. Damit kann man so ziemlich alles schneiden, was bei uns in Frage kommt, von Stahlblechen noch die Kotflügel- und Kettenkastenqualität. (Hervorragendes Bastelmaterial findet man übrigens auf dem Schrottplatz von Karosseriewerkstätten in Gestalt von Autotüren, Dächern und Seitenteilen zerknautschter Wagen – man schneidet das nicht Zerknautschte eben heraus.) In meinem Bordwerkzeug habe ich noch eine sehr kräftige, kleine Handschere, Bild 72, gekrümmte Schneiden, mit der sich Konservenbüchsenblech noch schneiden läßt, aber auch dicke Dichtungen, weiche Kupferdrähte usw., die aber auch noch fein genug ist, dünne Papierdichtungen zu schneiden – gibt es auch bei Belzer.

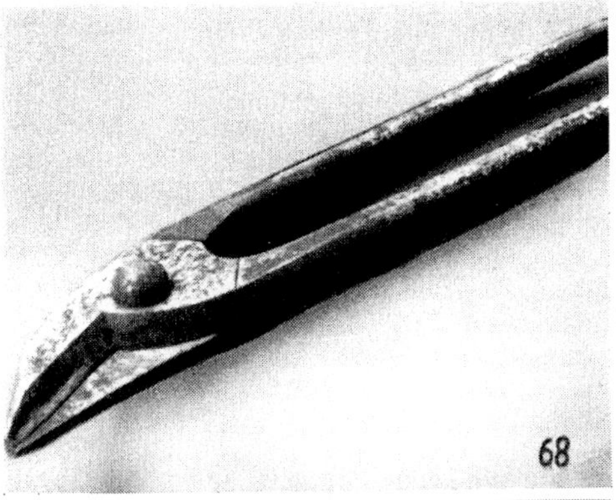
68

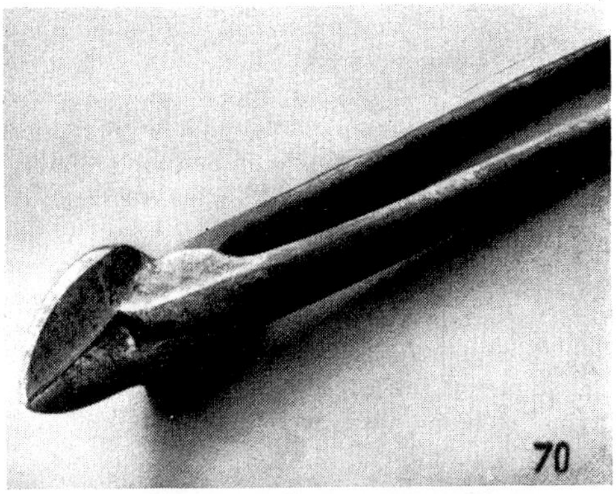
70

69

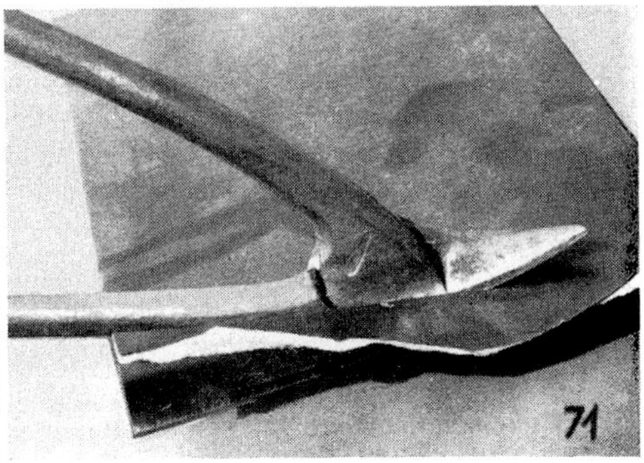
71

Abzieher

Früher brauchte man bei Motorrädern nur für den Schwungmagneten einen Abzieher und dazu noch einen ganz billigen Universalabzieher für die Ritzel. Heute wird ungleich viel mehr gepreßt und man tut gut daran, beim Händler, bei dem man die Maschine gekauft hat, sich einmal umzutun, was das Werk für den jeweiligen Typ an Spezialabziehern vorgesehen hat. Meist ist das gar nicht teuer, man muß den Mann eben dazu bringen, daß er einem die Werkzeugliste zeigt und die Abzieher bestellt. (Allmählich werden ja auch die Werke so vernünftig, einem auf Anfrage die Abzieher direkt zu verkaufen.)
Es muß also schon ein ausgesprochener Notfall sein, der einen heute noch veranlassen kann, sich einen Universal-Abzieher zuzulegen, den es dreibeinig schon von fünf Mark ab im Eisenladen gibt – er ist dann auch danach, nur Temperguß, aber wenn man das Ding nicht zu klein nimmt, kommt man bei der eigenen Maschine ziemlich lang damit zurecht, bis mal eine der Krallen bricht. Mein Tempergußabzieher hat drei Motorräder überstanden, bis er brach, Bild 73 zeigt so ein billiges Ding, wie es für unsere Ritzel und derlei ausreicht, hinterdrein kam der teure Universalabzieher von Belzer, Bild 74, kostet ganze 27.– Mark und ist dafür auch geschmiedet. Die Haken sind für Außengriff und Innengriff umzuhängen, stehen unter Federdruck und können nachgerichtet werden, Bruchgefahr scheint es da nicht mehr zu geben. Arbeit mit dem Abzieher: Bloß nicht hasten! Sich Zeit nehmen, den Abzieher schön symmetrisch und möglichst genau in Achsrichtung aufsetzen. Bei Ritzeln ist das zuweilen nicht einfach, wenn man einerseits einen Zahn und gegenüber nur eine Lücke hat – da probiert man es mit Unterlagen aus Flacheisen, auch wenn man dazu erst eine Viertelstunde lang sägen muß – der Abzieher muß eben so symmetrisch und so fluchtend wie möglich eingerichtet werden. Dann zieht man die Spindel an, erst mal sachte, und beobachtet genau, ob die Krallen gut fassen oder Tendenz zum Rutschen zeigen. Notfalls wird mit Unterlagen nachgeholfen, bis die Krallen bombensicher sitzen. Dann erst knallt man die Spindel an, soweit das möglich ist, ohne den Abzieher dadurch wieder runterzudrehen – man spürt es ja, wenn die Spindel knallhart sitzt. Dann würgt man nicht weiter, sondern gibt mit einem *mittleren* Hammer einen sehr scharfen Prellschlag auf die Spindel – das Ritzel sagt dann knack und fällt samt Abzieher runter. Manchmal fällt aber auch nur der Abzieher allein runter – da hat man dann nicht aufgepaßt und den Abzieher schlecht angesetzt.
Bis ein Abzieher richtig sitzt, kann man gelegentlich schon mal eine Stunde zubringen, bis also die Unterlagen schön passen, richtig hinterfeilt sind, die Krallen nicht abrutschen können – ich habe mich nie geniert, die Abzieherarme mit einem Drahtrödel oder gar einer Tischler-Schraubenzwinge zusammenzuhalten oder sie auch mit Holzkeilen auseinanderzupressen, helfe eben, was da helfen mag. Man darf da nicht hastig pfuschen und primitiv

72

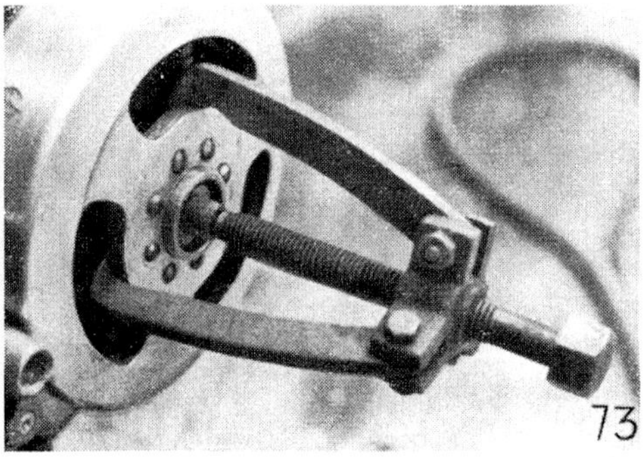
73

zaubern wollen – eine Viertelstunde lang *richtige* Beilagen zu machen, spart eine Stunde vergeblicher Behelfsbastelei, bei der meist sogar noch irgend etwas Wichtiges beschädigt wird. Im übrigen gilt auch bei „gefressenen“ Preßsitzen: Nichts ist so dicht, daß auf die Dauer (!) nicht doch Caramba hineinkröche! Man legt die Teile beiseite, sprüht oder pinselt allabendlich eine Spur – wirklich nur eine Spur! – Caramba auf die zugänglichen Fugen und nach einer Woche löst sich der Kram. Geht natürlich nicht in der Werkstatt, aber bei Bastelei hat man ja Zeit. Auch Hitze kann helfen, mit großer Lötlampe oder Schweißbrenner auf zahm gestellt, dabei wird der Abzieher immer wieder mal nachgespannt – es kommt da nicht mal sehr auf unterschiedliche Dehnungswerte an, ich habe den Eindruck, daß da einfach die Festigkeit der Freßstelle in der Hitze zurückgehe, so daß der aufgepreßte und gefressene Teil „kommt“.

Verdorbene Gewinde

Wenn man sich darauf beschränkt, die eigene Maschine nur instand zu halten, dann sind Gewinde nur in den Fällen ein Problem, wo man mit dem Hammer einen Gang zerschlug – deshalb habe ich im Bordwerkzeug eine kleine „Vogelzunge“, Bild 76, mit der sich der zerquetschte Gang sauberfeilen läßt, daß die Mutter wieder geht. Ist ein Gewinde angeschlagen, dann geht es auch immer nur um den Entschluß, *gleich* mit der Messerfeile zu säubern, das geht bedeutend schneller als Murksversuche, die Mutter mit Gewalt draufzuwürgen. Natürlich ist ein nachgefeiltes Gewinde kein ehrliches Schlosserhandwerk, es ist eine klare Räubermethode, aber man kann sich damit den Umständen angemessen soliderweise helfen. Bei Belzer gibt es für solche Fälle eine besonders raffinierte Sache, eine Art Fräserfeile, Bild 75, auf acht Seiten acht verschiedene Zahnteilungen, entsprechend den verschiedenen

74

75

76

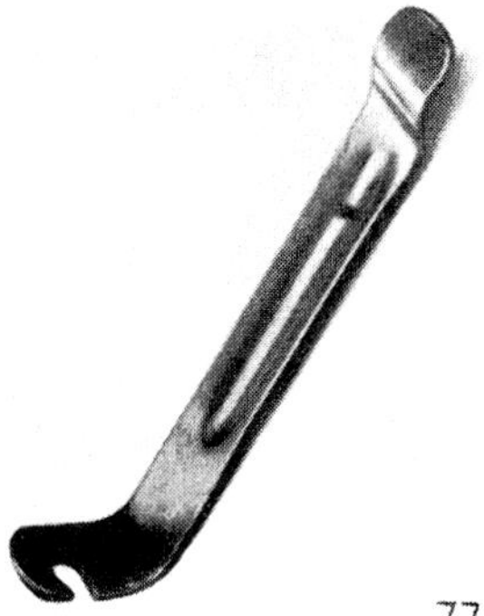

77

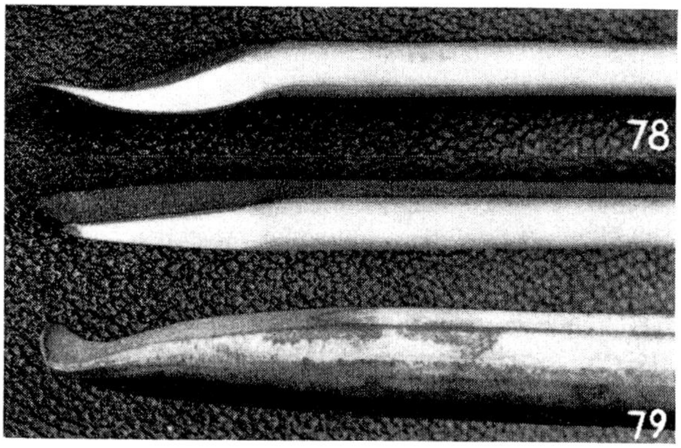

78

79

Gewindesteigungen unterschiedlich starker Schrauben – damit kann auch ein Waldindianer ein beschädigtes Gewinde nachfeilen, ein Jugoslawe würde auf dem Besitz dieser Fräserfeile vielleicht eine Schraubenfabrik aufmachen.
Sobald man aber selbständig zu basteln anfängt, genügt das natürlich nicht mehr, da kommt man um den Besitz eines Gewindeschneidzeuges von ungefähr 5 bis 12 mm metrisch kaum herum. So etwas ist in einfacher Form heute gar nicht mal mehr teuer, man muß aber damit umgehen können.

Montiereisen

Im Bordwerkzeug taugen nächst den Schraubenziehern die Montiereisen gewöhnlich am wenigsten, dennoch habe ich in meiner großen Tasche das grauslige Blechding Bild 77 – weil das den Haken hat, mit dem man es an einer Speiche aufhängen kann. Ich bin nämlich kein besonders geübter Reifenmonteur und gerate außerdem immer an solche Decken, die auch noch besonders eng sind und entsprechend schlecht über die Felgenhörner gehen. Ich lasse es also gar nie auf eine Rekordmontage ankommen, hole zuvor immer sehr tief Luft und arbeite besonders langsam und überlegt. Da ist dieses Hakeneisen von Vorteil, es hält den einmal hervorgezuzelten Reifenrand zuverlässig fest und man kann mit Ruhe und beiden Händen daneben weiterwürgen. Wenn man sich gute Reifenheber kauft, ist es ziemlich

80

gleichgültig, wie die aussehen – die richtigen kriegt man doch nicht zu kaufen, man muß sie sich doch zurechtschmieden. Der gerade Reifenheber von Bild 78 ist zu nichts zu gebrauchen, der gekrümmte ist wenigstens scharf genug, aber auch noch nicht das Wahre. Da bleibt nur übrig, sich mit einem Schmied anzufreunden, damit der einen das Ende warm so zurechtkloppen läßt wie Bild 79. (Das ist nicht auf meinem Mist gewachsen, das Eisen fehlt vielmehr seit 1952 in der Sportabteilung bei Zündappens, seitdem kann ich aber verhältnismäßig ordentlich Reifen montieren.)

Ein ordentlicher Mensch

muß seinen Kram auch wo lassen. Natürlich gibt es dazu die schönsten Stecktaschen zu kaufen, nur passen die eben nicht richtig und sind für einen größeren Werkzeugbestand auch zu klein. Also selber machen. Meine eigene Wickeltasche, Bild 80, ist aus ganz dickem Segeltuch, Faltboot-Oberdeckstoff. Kriegt man natürlich nicht im Stoffladen, aber im Branchentelefonbuch findet man unter dem Stichwort „Planen und Zelte" immer ein paar Firmen, wo man dieses dicke Segeltuch kaufen kann. Genäht wird selber, ganz dicke Nadel, ganz weit gestellter Stich. So eine Wickeltasche mit individuellen Fächern für jedes Stück hat den Vorteil, daß man nichts liegenläßt – ein leeres Fach fällt beim Zusammenräumen sofort auf. Trick dabei: Umschlag der Plane auch unten, *sehr breiter* Umschlag oben, daran fehlt es bei gekauften Wickeltaschen immer.
Weil nicht alles in der Wickelrolle Platz hat – schließlich sind da noch Reifenflickbüchsen, Vorräte von Drahtzugkabel, Dichtungskitt, Feilenhefte, Hämmer, sogar zwei leibhaftige Tischler-Schraubzwingen, Reservekerzen, gemeines Isolierband und stark klebendes „Lenkerband" (gibt's im Fahrradladen) und was sich so im Laufe der Jahre noch findet – landet man schließlich bei einer richtigen groben Handtasche, Bild 81. Die liegt bei mir auf Langreise hinten im Seitenwagen der KS und wandert seit Jahren in jedes Fahrzeug, mit dem wir über Deutschlands Grenzen fahren, sei das Boot oder Wagen. Der Plumps, mit dem die Tasche da in eine Ecke knallt, hat so etwas Beruhigendes, er gibt das Gefühl, daß einem außer abgerissenen Pleueln und Achsenbrüchen eigentlich nichts mehr zustoßen könne, was man nicht mit ein bißchen Geduld und Phantasie selber wieder in Gang brächte.

81

Ventiltrieb bei Viertaktern

Wer nicht geradezu vom Bau ist, der fürchtet sich gewöhnlich vor einem Viertakter. Der Ventilkram im Kopf und der Zahnrad-Nockenwellenkram unten erwecken nur allzuleicht das Gefühl, daß man das „nie wieder hinkriegt", wenn es mal auseinander ist. Gewiß, es gehört ein bißchen Geduld und Sorgfalt dazu, das ist aber noch lange kein Grund, sich einen Viertakter nicht zu kaufen, wenn man bisher nur Zweitakter besaß. Zwar kommt man mit Bordwerkzeug nicht aus, aber gutes Normalwerkzeug hat man ja sowieso und ein Universalabzieher kostet nicht die Welt. Sich noch diesen oder jenen Sonderschlüssel zurechtzuschleifen oder vom Werk einen Spezialabzieher zu besorgen, ist wohl auch kein Problem – damit ist jeder Viertakter in der bastlerischen Reichweite des Privatmannes. Nur die Max macht da eine Ausnahme: Erstens weigert sich das Werk bis heute, Instandsetzungsanweisungen an Privatleute zu verkaufen, und zweitens braucht der Max-Motor wirklich ungewöhnlich viel Gewußt-Wie. Dem hat aber Klacks abgeholfen, es gibt für die Max eine Sonderanweisung, nur auf Serienwerkzeug abgestellt. (Müßte als Broschüre annähernd fertig sein, wenn dieses Buch ausgedruckt ist. Gibt es auch bei MOTOR-PRESSE-BUCH, Stuttgart, Postfach 1042.)

Das Abmontieren

Jede Montiererei an Viertaktern ist so umfänglich und kostet besonders für den Neuling so viel Zeit, daß es immer „drin“ ist, Tank und Sattel abzubauen, bevor man an den Motor herangeht. Man kann dann doch sehr viel besser am Motor arbeiten (Offen gestanden: Ich mache das noch heute, einfach weil ich nicht gern unter einem Tank rumkrieche, auf die zwanzig Minuten für Auf- und Abbau kommt es wirklich nicht an. Außerdem ist meine zweitwichtigste Sorge eine Kiste oder ein Hocker, um darauf zu sitzen. Sieht dämlich aus, wenn man das so hinschreibt, aber ein Mann, der bequem sitzt, arbeitet besser und genauer als einer, der da in der Hocke rumkriecht. Schließlich kommt es ja darauf an, *genau* zu arbeiten.) Aus dem Vergaser zieht man den oder die Schieber heraus, werden in einen Lappen gewickelt und irgendwo beigebunden, wo sie nicht stören und wo sie nicht eingeklemmt werden können. Der Vergaser wird anläßlich der Abnahme zunächst einmal gereinigt, vor allem innerlich natürlich, und beiseite gelegt. Würde man den Vergaser dreckig beiseite legen, hätte man später keine Geduld mehr zum Reinigen und würde ihn dreckig wiedermontieren – also lieber gleich reinigen und alles durchputzen.

Die Verschraubung des Auspuffrohres ist immer häßlich, da sie gewöhnlich festgebrannt ist – hoffnungslos, sie mit dem Hakenschlüssel los*drehen* zu wollen. Ich klopfe mit dem 400-Gramm-Hammer erst ein paarmal ausführlich rundherum, nur so stumpf, wie man Rost klopft, danach läßt sich die Ringmutter gewöhnlich losdrehen. Meist muß das ganze Auspuffrohr samt Topf auch noch runter – zuweilen entdeckt man da die tollsten Befestigungspunkte – hilft nix, muß alles weg. Man kann ja die Gelegenheit benützen und auch mal innen im Dämpfer nachsehen, ob und was da schon rausgerostet ist und ersetzt werden muß. Ebenso benützt man die Gelegenheit, im tiefsten Punkt des Auspufftopfes – den man schon zuvor bei auf den Rädern stehender Maschine angezeichnet hat, falls der anders liegt als bei aufgebockter Maschine – zwei oder drei höchstens 3 mm weite Löcher zu bohren. Ablauflöcher für Kondenswasser! Bekommt der Lebensdauer des Blechtopfes ungemein. Natürlich: Löcher auch da, wo der tiefste Punkt bei aufgebockter Maschine ist. Ja nicht zu übersehen: Die Asbestdichtung zwischen Rohr und Zylinderkopf wird genau untersucht, ob sie noch gut ist, desgleichen werden Dichtungen zwischen Rohr und Dämpfer untersucht. Solche Dichtungen sind billig, Asbestschnur kostet noch nicht mal fünf Pfennig pro Meter. Dichtungsfehler machen sich durch wildes Auspuffgeknalle beim Gaswegnehmen bemerkbar – ist *das* Indiz für Dichtungsfehler. Manche – besonders gute – Motoren sind da sogar sehr empfindlich, feinste Undichtigkeiten speziell zwischen Rohr und Zylinderkopf können schon Knallerei geben. Auspuffdichtungen sollte man sich schon im Vorrat zulegen, sind ja eh

Links: Wenn man den Auspufftopf schon in der Hand hat, bohrt man auch gleich Wasserablauflöcher am tiefsten Punkt, der aufgebockt aber wo anders sein kann als auf den Rädern stehend.

Unten: So kann ein Ringschlüssel dünner geschliffen werden, um damit eine versteckt sitzende Mutter unterfahren zu können.

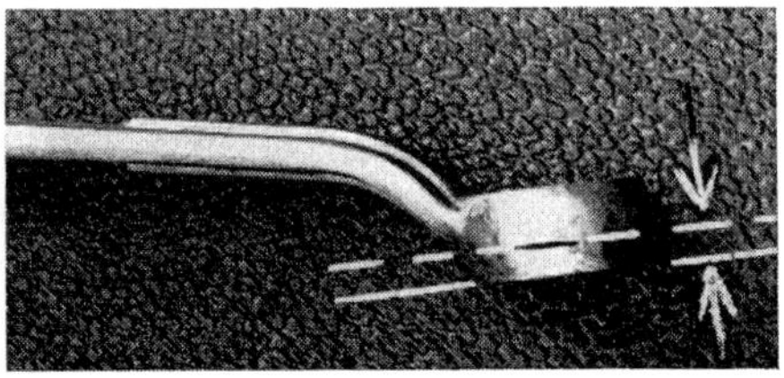

Eine gefressene Mutter wird losgeschlagen, indem man erst ziemlich radial schlägt und dann erst den Meißel langsam in die Drehrichtung schwenkt.

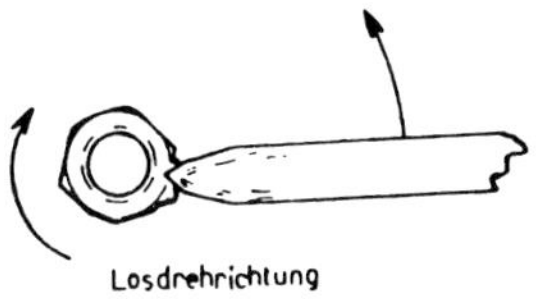

billig. Natürlich sitzt da überall Rost – wird sauber abgekratzt, alle Schrauben werden gangbar gemacht, die Ringmutter wird mit der Schaberspitze gesäubert. Das ist zwar alles eine doofe Kuliarbeit, aber unerläßlich, deshalb macht man sie auch zuerst, später nimmt man sich doch keine Zeit mehr dafür. Zerschundene Schrauben, aufgebogene Federringe, zerschrammte Unterlagsscheiben werden in eine besondere Schachtel geworfen – damit man im Eisenladen den Ersatz auf einmal kaufen kann. Nur die ganz guten Schrauben und Kleinteile kommen in eine zweite Schachtel.

Den Deckel des Ventilantriebes kriegt man meist anstandslos herunter, da ist nie etwas festgebrannt, allenfalls hat mal ein Vorbesitzer die Schraubenköpfe zerwürgt, vielleicht kommt einem auch gleich ein ganzer Stehbolzen entgegen, den der Gute aus dem Grund gerissen hat. Da hilft dann nur ein neuer, größerer Bolzen, das ganze Ventilgehäuse muß also auch noch runter, sofern nicht wie bei modernen Leichtmetallköpfen der Kopf schon die Unterseite des Ventilgehäuses ausmacht. Wenn sich der Ventilkastendeckel nicht unterm oberen Rahmenrohr herausziehen läßt, weil da innen irgend etwas hakt, versucht man einmal den Motor in den Totpunkt zu drehen, bei dem beide Ventile angehoben sind – meist geht es dann, so z. B. bei den Residents.

Bei stehenden Zylindern passiert bis jetzt nichts, weil da das Öl im Ventiltrieb einfach ins Gehäuse zurückläuft. Bei Boxern bleibt aber in den Abdeckkappen ein sehr reichlicher Schluck Öl stehen, der rausläuft, sobald der Deckel loskommt – und Öl auf Garagenböden ist nicht schön. Also an einen alten, flachen Kochtopf denken und unterstellen.

Man hat jetzt den Ventilantrieb offen vor sich liegen. Bei Stoßstangenantrieb ist der Fall klar, bei obenliegenden Nockenwellen ist Nachdenken nötig: Die Maxen brauchen einige Kunstgriffe zum Abnehmen des Antriebs, hat Klacks in MOTORRAD Nr. 11/58 bis 19/58 ausführlich beschrieben. Bei den Horexen läßt sich die Steuerkette öffnen – Vorsicht, gleich mit Draht abfangen, daß die Enden nicht in den Keller fallen!

Eine Zahnscheibe hat viele und schärfere Zähne als ein Federring, es ist eine viel zuverlässigere Sicherung.

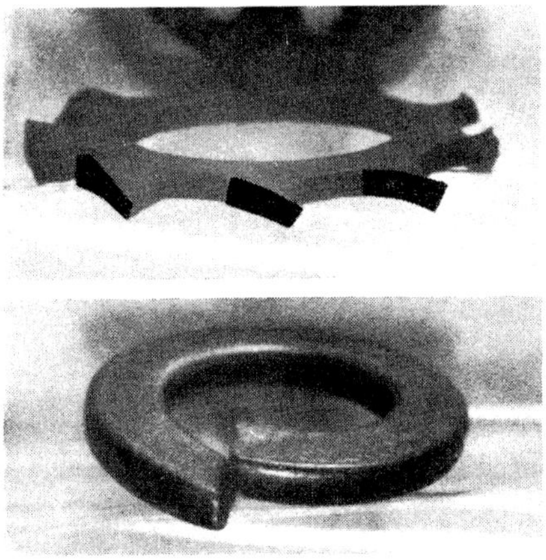

Zahnscheiben mit Außenzähnen halten besser als solche mit Innenzähnen, Federringe halten viel schlechter.

Worauf man sich zu entscheiden hat: Bei Vorhandensein einer Werkbank wird der Kopf insgesamt abgenommen und das Ventilgedärm auf der Werkbank gelöst. Wer in der Garage montieren muß, nimmt den Kipphebelkram ab, solange der Kopf noch auf dem Motor sitzt. (Da kann man nämlich mit den Schlüsseln Kraft ausüben und braucht nichts festzuhalten.) Die ganzen Muttern und Schrauben im Ventiltrieb sind alle mit Blechen gesichert – diese Bleche werden vorsichtig aufgeklopft, mit Dorn oder Schraubenzieher, und ja nicht weiter, als das unbedingt nötig ist, damit man mit dem Schlüssel heran kann. Hier ist auch der zweite Entschluß fällig: Alle diese Schrauben sind angeknallt, mit dem Gabelschlüssel kriegt man sie zwar auf, aber die Kanten leiden doch. Man sollte den Mut haben, erst mal die Schlüsselweite festzustellen, über das Ganze einen sauberen Lappen zu decken und dann in den Eisenladen zu wandern, um einen passenden Ring- oder Steckschlüssel zu kaufen. Es lohnt sich!

Bevor man aber die Hände wäscht und die Jacke anzieht, sieht man auch am Zylinder nach: Wie ist der Kopf am Zylinder und wie der Zylinder am Kurbelgehäuse befestigt? Sind da durchgehende Zuganker oder jeweils einzelne Bolzen? Man versucht, mit dem vorhandenen Gabelschlüssel alle diese Schrauben um wenigstens eine Vierteldrehung zu lösen – dabei entdeckt man nämlich, ob etwas gefressen hat oder gar schon zerschunden ist. Hat wirklich

Oben links: Blechsicherungen sind am zuverlässigsten, sie werden nur so weit aufgebogen, wie unbedingt nötig und nach dem zweiten Aufbiegen ersetzt.

Oben rechts: Zum Ausdrehen eines hinderlichen Stehbolzens wird eine zweite Mutter aufgesetzt, gekontert und dann der Bolzen an der unteren Mutter herausgedreht.

Links: Die Kipphebel der besseren Motoren haben Nadellager, man muß da genau aufpassen, daß einem die nicht auseinanderfallen, jede verlorene Nadel muß unbedingt ersetzt werden.

eine Mutter gefressen und schon zerschundene Kanten, dann kauft man sich gleich ein schmales, langes Meißelchen, um die Mutter an- und aufschlagen zu können. Desgleichen kauft man auch für diese Muttern einen passenden Ringschlüssel und vor allem gleich einen Satz ganz neuer Muttern mit gedrehten Unterlegscheiben. (Es gibt auch gestanzte, die sind billiger, aber nicht plan, außerdem sind metrische Unterlagsscheiben schwerer zu kriegen als Zoll-Scheiben.) Der Ringschlüssel wird meist zu breit sein, als daß er sich zwischen Mutter und Kühlrippe schieben ließe – also schleift man ihn eben flacher, bis er hineingeht. Selbst wenn er zum Schluß nur noch 5 mm breit ist, bekommt man damit die Muttern noch knallfest und auch wieder los, ohne daß den Kanten etwas geschieht, was bei Gabelschlüsseln nur allzuleicht vorkommt. Dieser Gang zum Eisenladen spart viel Verdruß und ist gewöhnlich mit einem Zehnmarkschein alles in allem zu bezahlen.
Sind irgendwo als Muttersicherung einfache Federringe verwendet, dann fliegen die grundsätzlich raus – so ein Federring ist billig, tut es aber meist nur einmal. Federnde Zahnscheiben sind besser, die kann man mit gutem Gewissen fünf- bis zehnmal abnehmen und sie sichern immer noch.
Will man die Ventile nachsehen, dann müssen auf jeden Fall erst mal die Kipphebel runter – auch wenn die Befestigungsmuttern losgedreht sind, sitzen die Wellen gewöhnlich noch sehr fest in den Halterungen. Also ein sanfter Schlag mit der flachen Bahn des 400-Gramm-Hammers in die Richtung der Kipphebelwelle, und diese wird sich jetzt mit den Fingern abheben lassen. Vorsicht: Wenn man nicht aufpaßt, rutscht die Welle samt ihren Nadellagern aus dem Kipphebel heraus, und man kann die Nadeln aus dem Dreck aufklauben. Also hübsch beiseite legen, dahin, wo keiner drüberfällt. Eine Kennzeichnung der Kipphebel ist meist nicht nötig, Einlaß und Auslaß sind unverwechselbar – bei Zweizylindern legt man die Dinger aber so, daß jeder Zylinder wieder seine *eigenen* Hebel bekommt, so daß auch eine zuweilen mögliche über-Kreuz-Verwechslung vermieden wird.
Zum Abnehmen des Zylinderkopfes werden die vorhandenen vier bis sechs Muttern oder die Zuganker wenigstens ungefähr über Kreuz gelöst – also die erste Viertel-Umdrehung – und dann erst ganz aufgedreht. Der Kopf wird meist festgebrannt sein, aber einem gelinden Puff mit dem Hammerstiel nachgeben. Dichtungen zwischen Kopf und Zylinder werden heutzutage kaum mehr verwendet, wenn vorhanden, aber mit Sorgfalt abgenommen und tunlichst neu beschafft. Während für alle anderen Dichtungen glattes Packpapier geht, sollte man die Kopfdichtung doch im Original beschaffen – gleich drei oder vier, man braucht sie später doch.
Bei dieser Gelegenheit wäre noch an den Umgang mit Stehbolzen zu denken: Darunter versteht man einen Schraubenbolzen, dessen eines Ende stumpf im Zylinderkopf oder im Kurbelgehäuse eingeschraubt ist, indessen das freie Ende die Befestigungsmutter aufzunehmen hat. Leider ist das heutzutage alles aus Leichtmetall und deswegen ist mit diesem Stehbolzen nicht zu spaßen. Zwar haben unsere deutschen Motorenbauer inzwischen zugelernt und machen ihre Stehbolzen bedeutend stärker, als sie rein festigkeitsmäßig sein müßten, sie sparen auch nicht mit Gewindelänge, aber erstens ist das noch gar nicht lange so, und außerdem habe ich bei nichtdeutschen Motoren erst recht einen heiligen Respekt vor Stehbolzen in Leichtmetall. Der ist so groß, daß ich als Besitzer eines solchen Motors bei den ersten Demontagen jeden Stehbolzen herausdrehen, das Loch so tief wie nur möglich nachbohren und das Gewinde nachschneiden würde, nur um neue Bolzen mit längeren Gewinden einsetzen zu können. Nur zu leicht reißt man die Gewinde im Leichtmetall aus, da ist jeder Millimeter Bolzenstärke und jeder Gewindegang Einschraubtiefe wichtig. Wenn ich es bei modernen, deutschen Motoren umgehen kann, einen Stehbolzen herauszudrehen, dann lasse ich ihn sitzen, auf die Gefahr hin, eine Viertelstunde länger bauen oder einen Spezialschlüssel kaufen zu müssen, nur weil der Stehbolzen schlecht an eine wichtige Stelle herankommen läßt. Wenn es dann aber gar nicht anders geht und der Bolzen heraus *muß*, dann setzt man auf das freie Ende zwei Muttern, kontert diese und dreht den Bolzen so heraus – also nicht erst mit Zange und derlei zu würgen versuchen.

Gewinde in Leichtmetall

An sich ist ein Gewinde in einem Leichtmetallstück, das eine Stahlschraube aufnehmen soll, eine konstruktive Unzulänglichkeit. Es ist bekannt, daß bei einer Schraubverbindung fast die Hälfte der Gesamtlast schon vom ersten tragenden Gewindegang übernommen wird – der wird aber schon beim ersten „Anknallen“ der Schraube angerissen und dieser Anriß marschiert bei jedem Lösen und erneuten Anziehen tiefer, bis nichts mehr da ist, Bild. Leichtmetall ist da ungleich anfälliger als Stahl, dennoch schneidet man treu und brav Gewinde hinein. Hinzu kommt, daß man beim Hineindrehen einer Stahlschraube in ein Alu-Gewinde nicht spürt, wenn der Anzug da ist. Das schraubt sich so eigenartig stumpf, man weiß nie, ob noch Lose drin ist oder schon genügend angezogen ist – ein Stahlgewinde sagt im Vergleich dazu schon beinahe deutlich „Klack – es ist genug“.

Andererseits gab es bislang auch kaum eine Möglichkeit, Gewinde in Leichtmetall zu vermeiden, weil ja durchgehende Schrauben nur im Ausnahmefall möglich sind. Hinzu kommt noch, daß jeder, dem noch ein solches Gewinde in der Hand blieb, sich genierte, darüber zu maulen – man ließ sich verlegen als Maurer ansehen, obwohl man das nicht nötig hätte.

Hatte man nun bislang ein Gewinde in Leichtmetall ausgerissen, dann war der billige gute Rat ziemlich schlecht. Man konnte viererlei tun:

1. Über das zerstörte Gewinde das nächstgrößere Whitworth-Gewinde schneiden, sofern man den Bohrer dazu hatte und einen passenden Bolzen auftreiben konnte. Ich habe das viele Jahre lang gemacht und gefunden, daß das Zollgewinde weit weniger leicht wieder ausriß als das frühere metrische Gewinde. Das Gefühl, Murks zu machen, bin ich dabei aber nie los geworden.
2. Das zerstörte Gewinde wird sauber ausgebohrt und das nächstgrößere metrische Gewinde eingeschnitten, ebenso ein stärkerer Bolzen besorgt. Das ist zwar korrekt – der stärkere Bolzen reißt aber erfahrungsgemäß genauso leicht aus wie der frühere schwache Bolzen.

Hier ist der Bolzen schwächer als das Muttergewinde – der erste Gang reißt aus, trägt nicht mehr, die nächsten Gänge brechen nach. Bei uns ist es umgekehrt, da reißen die Gänge im Muttergewinde.

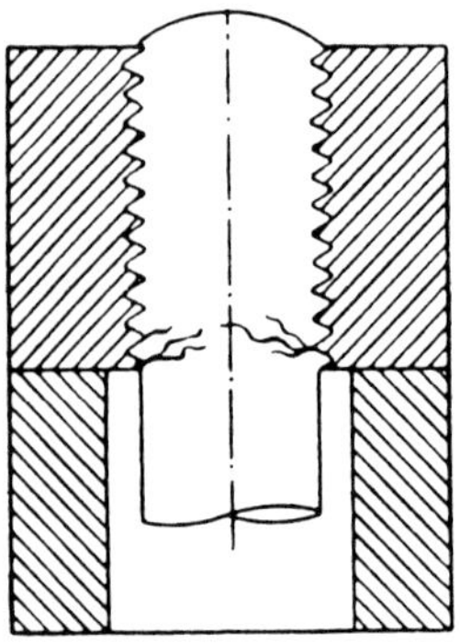

So sieht die Heli-Coil-Wendel aus, der letzte eingezogene Gang mit Mitnehmerzapfen wird für das Eindrehwerkzeug gebraucht, wird weggeschlagen, wenn der Bolzen – wie bei Kerzengewinde – ganz durchgedreht werden soll.

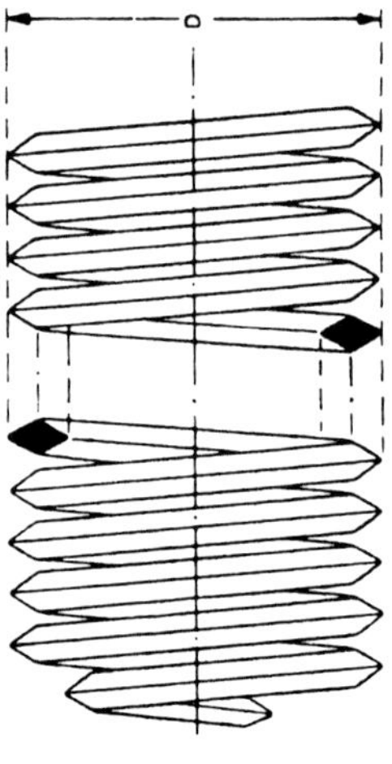

So sitzt die Wendel im Gewindeloch – am Oberteil erkennt man, daß das Sackloch nur auf Bolzenstärke aufgebohrt und dann das Übermaßgewinde eingeschnitten wurde, so viel Fleisch ist überall vorhanden.

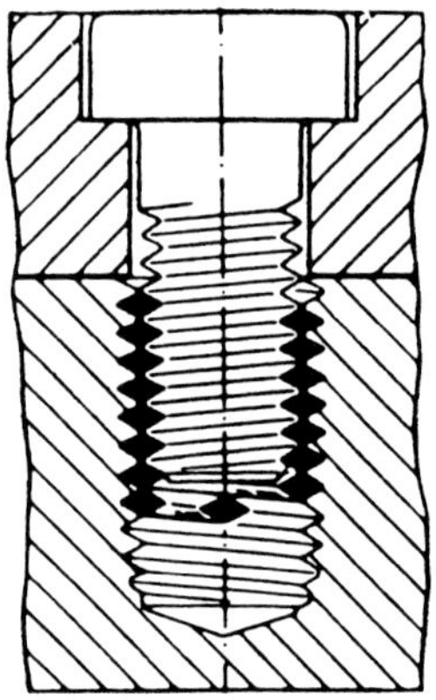

3. Man kann das ausgerissene Loch zuschweißen, neu bohren und neu schneiden – eine blödsinnig umständliche Arbeit, die nicht viel nützt, weil das Gewinde demnächst ja wieder ausreißt.
4. Man könnte das ausgerissene Loch *sehr* weit aufbohren, eine *große* Bronze- oder Rotgußbüchse einsetzen und da ein Gewinde mit dem ursprünglichen Durchmesser hineinschneiden. Wird bei ausgerissenen Kerzenlöchern häufig gemacht, ist technisch einwandfrei, nur fehlt meist der Platz für die notwendigerweise starke Bronzebüchse.

Das alles braucht jetzt keine Sorge mehr zu sein, geht neuerdings ganz anders, mit einem Gewinde-Einsatz aus hochlegiertem Stahl, der sich HELI-COIL betitelt. Geht folgendermaßen vor sich:

Angenommen, eine M 6 sei ausgerissen, dann wird das Loch mit einem gewöhnlichen Spiralbohrer mit 6,0–6,2 mm glatt ausgebohrt. Danach wird mit einem *Spezial*-Gewindebohrer, der für M 6 einen Durchmesser von 7,35 mm hat, ein größeres Gewinde eingeschnitten. In dieses Spezialgewinde wird ein Wickel aus besagtem Chromnickelstahl hineingedreht und *in* diesem Wickel greift jetzt der alte, ausgerissen gewesene Bolzen anstandslos, der braucht also nicht stärker gemacht zu werden.

Die Bilder zeigen, wie das aussieht. Die Wendel ist aus Draht mit rhombischem Querschnitt gewickelt, Flankenwinkel 60 Grad, dabei ist die noch nicht eingebaute Wendel etwas dicker – hier 0,3 bis 0,5 mm – als der zugehörige Gewindebohrer, die Wendel sitzt also eingebaut mit etwas Spannung. Eingedreht wird die Wendel mit einem besonderen Werkzeug und für den seltenen Fall, daß die Wendel mal wieder raus müßte, gibt es auch ein höchst einfaches Ausdrehwerkzeug.

Damit liegt auch der Aufwand fest: Will man einen ausgerissenen Bolzen im Heli-Coil-Verfahren wieder einbauen, dann braucht man den zugehörigen Spezial-Gewindebohrer – den gibt es in keinem regulären Schneidsatz – und das Einsetzwerkzeug. Das ist Sache eines kleinen Zwanzigmarkscheins und der paar Tage, bis man das Zeug herbeitelefoniert hat.

Ist einem aber erst mal *ein* Bolzen ausgerissen, dann ist es amtlich, daß die *übrigen* Bolzen über kurz oder lang *auch* ausreißen. Also bohrt man gleich alle Alu-Gewinde aus und setzt *überall* Heli-Coils ein, das Werkzeug kostet ja nur einmal was. Für die Mühe tauscht man einen wesentlichen Vorteil ein:

In den stählernen Wendeln laufen die Bolzengewinde „wie Gift" und man spürt wie bei jedem Stahlgewinde, wenn die Schraube „auf Anzug" sitzt. Mir scheint die Flickmöglichkeit mit Heli-Coil noch nicht mal so wichtig wie die Tatsache, daß man binnen einer Stunde *alle* Leichtmetallgewinde eines Motors auf Heli-Coil-Einsätze umstellen kann und daß man dann sein Leben lang Ruhe hat. Denn:

Der angenommene M 6-Bolzen riß aus und er würde immer wieder ausreißen, weil er sich nie richtig anziehen läßt, er ist entweder lose oder überdreht. Würde man statt M 6 auf

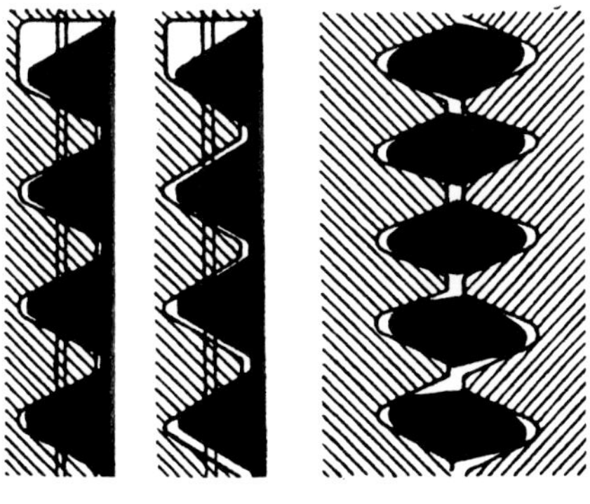

Links zwei Beispiele schlecht tragender Gewinde, außen Winkelfehler der Gewindeflanken, daneben Steigungsfehler zwischen Muttergewinde und Bolzen. Bei Stahlschrauben nur bei sehr hoch belasteten Verbindungen kritisch, bei Verbindungen Stahl-Leichtmetall aber verhängnisvoll. Die nachgiebige Heli-Coil-Wendel vermag beide Fehler weitgehend auszugleichen.

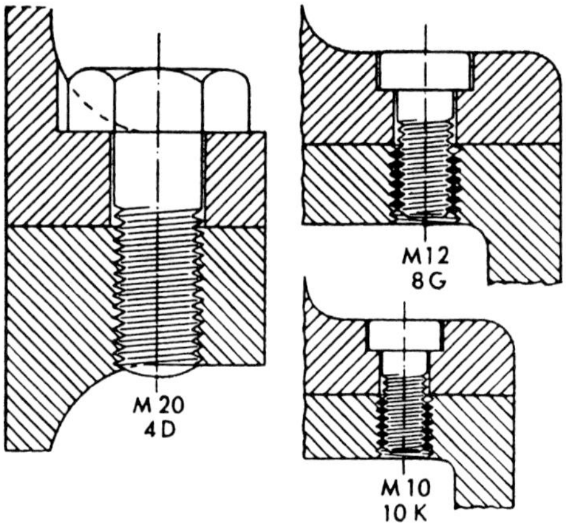

Größenvergleich dreier Schraubverbindungen für gleiche Last unter der Voraussetzung, daß das Muttergewinde im Leichtmetall gleich beansprucht wird – mit dem Heli-Coil-Einsatz sind viel kleinere Schrauben bei naturgemäß höherer Festigkeit des Schraubenwerkstoffes möglich.

M 8 aufschneiden, dann hielte der stärkere Bolzen natürlich mehr – aber nicht viel, denn der alte Jammer mit Stahl auf Aluminium ist ja nicht behoben, das läuft weder richtig noch läßt es sich genau anziehen. Hat man aber den Heli-Coil-Einsatz drin, dann hält der alte Bolzen wieder und er hält *mehr* und *sicherer* als ein M 8-Bolzen hielte, vor allem kann man den Bolzen jetzt beliebig oft wieder rausdrehen und wieder einsetzen. Der Umstand, daß der alte, dünne Bolzen jetzt mehr aushält, ist darin begründet, daß Bolzen und Gewindebohrer nie das identische Gewinde haben, also nie genau tragen. Siehe Bilder vorhergehende Seite. Die Stahlwendel aber „vermittelt" Ungenauigkeiten zwischen dem vom Gewindebohrer geschnittenen Gewinde und dem Bolzengewinde.
Dieser Effekt geht sehr weit: Wenn z. B. zur Übertragung einer bestimmten Kraft durch das Leichtmetallgewinde eine M 20 nötig war, einfach damit die tragenden Gewindegänge die nötige Fläche bekamen, dann konnte man eine Wald-Wiese-Schraube mit 37 kg Festigkeit verwenden, die tat das immer. Büchst man aber das Leichtmetall von vornherein mit einer Heli-Coil-Wendel aus, dann hält plötzlich eine M 10-Schraube, die aber jetzt für 100 kg Festigkeit gut sein muß. Einen Größenbegriff geben die Bilder oben.
Daneben gilt immer noch die frühere Feststellung, daß die M 20-Schraube hinsichtlich Lösen und Wiederanziehen äußerst kitzlig ist, während die M 10 in der Stahlwendel beliebig oft lösbar und selbst vom Chefredakteur einer Motorradzeitschrift kaum auszureißen ist.
Es lohnt sich mithin, *alle* im Leichtmetall sitzenden Gewinde eines Motors bei erster Gelegenheit auf Heli-Coil-Einsätze umzustellen, man ist dann endgültig das ganze Gfrett los. Dies gilt besonders für die öfter zu lösenden Feingewinde von Ölleitungsnippeln und derlei, auch wenn man dazu *noch* einen weiteren Gewindebohrer braucht. Solche Sonderstärken mit abweichenden Steigungen gibt es ebenfalls, man ist also nicht auf die Allerwelts-DIN-Reihe angewiesen. Man braucht auch nicht überflüssig viel Sorge zu haben, ob wohl das bei einem ausgerissenen Loch verbliebene „Fleisch" überhaupt noch reicht, um die Stahlwendel aufzunehmen: Was beim Schneiden des Spezialgewindes noch steht, das hält auch nachher bei der Schraube.
Bei ausgerissenen Kerzengewinden war es bisher nicht einfach, einen Gewindeschneider etwa für die nächstgrößere Kerze aufzutreiben, ein Ausbüchsen des ausgerissenen Kerzenloches macht noch mehr Umstände, ein Zwanzigmarkschein ist da schnell vertan. Dafür gibt es aber schon das nötige Heli-Coil-Werkzeug und damit ist man dann ein für allemal versorgt, zumal es Wendel für jede gebräuchliche Kerzen-Gewindelänge gibt.
Geht es ums Herkriegen: Deutscher Lizenznehmer ist Böllhoff & Co., Bielefeld, Postfach 245.

Ein anderes Verfahren zum Ausbüchsen ausgerissener Gewinde in Leichtmetall: Dieser Einsatz schneidet sich sein Gewinde selbst, der Anschnitt ist wie bei einem Gewindebohrer gestaltet, dazu gehört nur ein Eindrehwerkzeug, sonst nichts. Hersteller: Kerb-Konus-Vertriebs-GmbH., Schnaittenbach/Oberpfalz.

Dort gibt es ausführliche Drucksachen mit Maßangaben für den, der es genau wissen muß. Lokale Vertreter sitzen in allen größeren Städten – man braucht also nur im Branchen-Telefonbuch unter „Werkzeug“ oder „Schrauben“ zu suchen und der Reihe nach anzurufen, was da steht, irgendeiner wird die Heli-Coil-Vertretung schon haben.
Die bei uns meist verwendete Gehäuseschraube bzw. Stehbolzenstärke ist M 6, bei der sich das Heli-Coil-Werkzeug ohne weiteres auszahlt. Bei den selteneren Abmessungen, wie Ölnippeln und Zündkerzen, leuchtet es nicht ohne weiteres ein, daß man sich des einen Gewindeloches wegen eigens Gewindebohrer und Eindrehwerkzeug kaufen soll, immerhin ist das aber schon bei einem einzigen Gewindeloch billiger als jede andere Art der Reparatur.

Der Ventilausbau

Zum Ausbau der Ventile gibt es zwar Sonderwerkzeuge, wir hier machen das anders: Mit einer Tischler-Schraubzwinge! In unseren Bildern ist als Zwischenlage zum Niederdrücken des oberen Federtellers ein Kerzenschlüssel zu sehen – man kann sich aber auch ein Stück Rohr von 25 mm innerer Weite zurechtsägen, in das man Querlöcher von wenigstens 10 mm Weite bohren läßt. Um den ganzen Apparat zusammenzubauen, setze ich mich auf meine Kiste, nehme den Kopf in den Schoß wie eine Mutter ihr Baby, und dann wird die Schraubzwinge mit dem Zwischenrohr angesetzt und sanft angezogen. Was noch nicht ganz sitzt, läßt sich jetzt noch mit dem Hammer zurechtklopfen, danach schraubt man die Zwinge zu, die Federn werden zusammengedrückt und die Keilchen lassen sich mit einem dünnen Schraubenzieher beiseite drücken. Ebenso läßt sich die Schraubzwinge auch öffnen, ohne daß einem die Federn ins Gesicht springen.
Bei älteren Maschinen sind die Ventilfedern meist erheblich zusammengedrückt – leider wird die Originallänge in keiner Ersatzteilliste angegeben, man ist also darauf angewiesen, auf Gedeih und Verderb neue Federn zu besorgen, Original, um nachprüfen zu können, ob die alten Federn nachgelassen haben. Man macht das so, daß man die alte und die neue Feder hintereinander in die Schraubzwinge spannt, etwas anzieht – ungefähr 8 mm Hub pro Feder – und dann nachmißt.
Die alte Feder darf nur unbedeutend kürzer sein als die neue, sonst muß sie ersetzt werden. Bei sehr alten Motoren, die mehr als 100 000 km auf dem Buckel haben, sind zuweilen auch die Ringkeile in die oberen Federteller tief eingeschlagen – so etwas ist aber auch nur zu beurteilen, wenn man einen neuen Teller und neue Keile zum Vergleich hat. Ob das heute

überhaupt noch vorkommt, weiß ich nicht, zuletzt hatte ich das vor dem Kriege bei meiner alten MAG, da fielen die Keile durch einen Teller sogar durch und hüpften auf die Straße – habe sie sogar wieder gefunden, das Loch im Teller mit Lachsdosendeckelblech aufgefüttert, wieder eingesetzt und bin nach Hause gefahren.

Es gibt heute wohl keinen Motor mehr, bei dem Einlaß- und Auslaßventil nicht aus verschiedenen Werkstoffen wären und also nicht verwechselt werden dürfen. Neue Ventile sind mit „Ein" und „Aus" gezeichnet, bei gelaufenen Ventilen ist das aber nicht mehr zu lesen. Entscheidend ist das Aussehen: Das Einlaßventil ist immer schwarz und hat gegen den Schaft zu eine speckig-kohlige „Tulpe", das Auslaßventil, das ja viel heißer geht, ist am Teller ganz hell gebrannt mit einer dicken Schicht Bleidreck, typisch grüngelb, hart und splittrig, die Tulpe ist allenfalls gerade noch schwarz, aber nicht speckig und vor allem nur ganz dünn bekohlt. Meist reißt man einem Motor ja erst dann den Kopf ab, wenn die Kompression abhanden kam: Kommt dann ein Ventilteller – immer Auslaß – mit so komischen Dellen im Rand zum Vorschein, dann ist die Sache klar, verbranntes Ventil, meistens zu knappes Spiel eingestellt gewesen. Also mal vorneweg neu, ist durch Schleifen nicht zu machen. Im Anfangsstadium des Verbrennens, wenn also Dellen im Tellerrand noch

Oben: So setzt man eine Tischler-Schraubzwinge zum Ausziehen der Ventile an – billiger als ein Spezialwerkzeug und zu tausend anderen Arbeiten auch noch verwendbar, etwas zum Festhalten kann man immer gebrauchen.

Links: Das ist zwar nur ein alter Kerzenschlüssel, und ein anständiger Mensch hätte da größere Ausschnitte drin, aber man kriegt da doch die Keile heraus und mit der Pinzette auch wieder hinein – auch bei uns geht eben nicht alles streng nach Etikette wie bei feinen Leuten.

Selbst in einem so lahm gefahrenen und deshalb völlig verdreckten Motor ist das Auslaßventil hellgebrannt und daran kenntlich.

nicht zu sehen sind, kann das Ventil auf der Spezial-Schleifmaschine ganz zart überschliffen werden – Zylinderschleifereien und Kurbelwellen-Spezialisten haben solche Schleifmaschinen, ist eine Pfennigarbeit. Verschlissene Ventilschäfte gibt es heutzutage kaum mehr – zur Zeit der alten MAGs, Rudges und OSLs mit ihren völlig offenen Ventiltrieben wurden die Schäfte durch den Straßendreck und den Mangel an Schmierung rapid dünner. Wohl aber verschleißen auch heute noch die Führungen: Also gesäubertes Ventil in die Führung

Um Federlängen und -lahmheit vergleichen zu können, müssen die Federn etwas zusammengespannt werden.

So sehen „eingeschlagene" Ventilkeile aus.

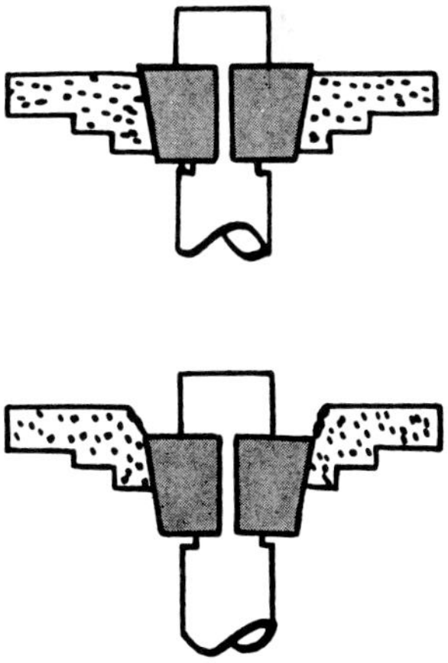

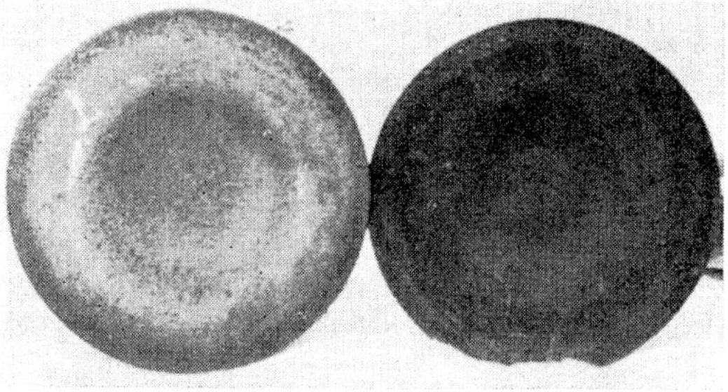

Oben links: Auch im scharf gefahrenen Motor ist das helle Auslaßventil vom dunklen Einlaß zu unterscheiden.

Links: Bei neuen Ventilen ist eingestempelt, ob Einlaß oder Auslaß – Verwechselung läßt das falsche Auslaßventil rapid verbrennen.

Oben rechts: Das läßt sich durch Schleifen nicht mehr retten, wegschmeißreif! Folge von zu wenig Ventilspiel.

stecken und versuchen, ob sich das Ventil in der Führung wackeln läßt – es darf zwar leicht gleiten, darf aber überhaupt nicht merkbar wackeln, man muß bei Fingerdruck auf den Schaft das Gefühl haben, das Ventil säße ganz satt in seiner Führung – es muß aber auch von selbst rausfallen, wenn man den Kopf so hält, daß das Ventil senkrecht hängt.
Wenn ein Einlaßventil in der Führung wackelt, darf man sich nicht wundern, daß die Maschine ziemlich viel Öl brauchte – eigentliches Kriterium für Ölverlust durch die Einlaß-

Das dürfte die Grenze einer Verbrennung sein, die sich gerade noch retten läßt.

Das ist einwandfrei ein Schmiedefehler, Einlaß, muß ersetzt werden. Nicht immer so deutlich wie hier, genaue Kontrolle ist immer angebracht.

So werden mit einer selbstgemachten Zugschraube Führungen ausgezogen – zum Einziehen braucht man ein weiteres Rohr B, das n e b e n dem Ventilsitz VS aufliegt, gezogen wird dann eben andersherum.

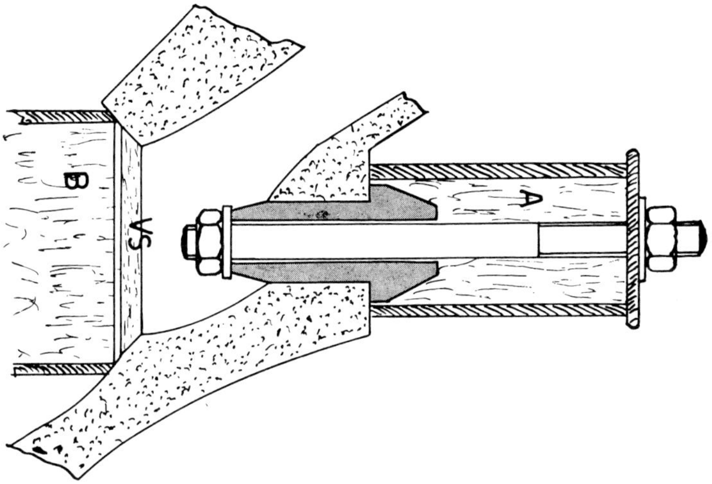

Führung ist aber blauer Ölqualm. Allerdings: Es gibt da seltsame Grenzfälle! Wenn bei Max und Maxi ein Ventil in der Führung so geht, daß ich dazu beim besten Willen nur „genau richtig" sagen kann, dann saufen diese Motoren das Öl literweise und qualmen wie die allerschönste Puch. Deshalb bekamen diese Motoren schon vor längerer Zeit Gummidichtungen auf die Ventilschäfte, die von den unteren Federtellern festgehalten werden und dabei haben wir vor wenigen Tagen die putzigste Sache erlebt: Eine Test-Maxi fing fröhlich an zu qualmen, Kopf runter, nachgesehen – nichts! Kolben prima, Ventile prima, kein Spiel in der Führung – nur die Dichtung, also da konnte man meinen, eine neue Dichtung säße vielleicht noch etwas strammer. Der Mechaniker in der NSU-Vertretung wollte nicht erneuern, ich bestand aber mangels anderer denkbarer Möglichkeit darauf – und siehe, die Qualmerei war weg. Das gibt es also. *Wenn* nun eine Maschine hohen Ölverbrauch zeigt, dann braucht das nicht etwa notwendig die verschlissene Einlaß-Ventilführung zu sein, es *kann* aber möglicherweise diese Führung sein. *Sicher* ist es die Führung, wenn der Motor blau qualmt. (Qualmen auf Grund flatternder oder falsch eingesetzter Kolbenringe ist sehr selten. Dazu gehört dann auch immer schlechte Leistung.)
Ventilführungen sind immer eingepreßt, zum Ausdrücken muß man sich aus einem Rohrstück und einem Bolzen eine Vorrichtung bauen, wenn man die Arbeit nicht komplett machen lassen will. Man zieht die Führung nicht kalt und brutal heraus, sondern setzt erst mal die Zugvorrichtung an und wärmt dann den Kopf auf dem Gasherd gut spuckheiß an, daß man ihn mit einem Lappen noch festhalten kann – die Führung wird dann mit wenig Kraftanwendung kommen. Die neue Führung wird mit derselben Vorrichtung, nur eben umgekehrt, in den *noch einmal erhitzten* Kopf eingezogen. Man soll mit Wärme nicht sparen, lieber einen dickeren Lappen nehmen, um so leichter zieht sich die Führung ein, um so weniger leicht zieht man etwas schief.
In der neuen Führung müßte der Ventilschaft eigentlich gerade gut laufen, also korrekte Passung haben. Wenn der Schaft zu stramm geht, muß mit der Reibahle aufgerieben werden, bis das Ventil gerade läuft, ohne fühlbar wackeln zu können. Es soll Leute geben, die ein zu stramm gehendes Ventil in die Bohrmaschine spannen und mit Schleifpaste den Schaft in die Führung einzuschleifen versuchen – lieber nicht, Reibahle ist besser.
Wer bisher den Eindruck bekam, das sei doch alles eine Affenarbeit für den Küchentisch eines Bastlers, dem sei das nicht ausgeredet – es genügt ja, wenn man den Kopf selber ab-

nimmt, die vorhandenen Mängel feststellt und dann den ganzen Plunder mit genauer Anweisung, was zu machen ist, an die Werkstatt gibt, etwa so:

1. *Verbranntes Auslaßventil erneuern, Ventilsitz sauberfräsen, gegen Kopf-Innenfläche Sitz freifräsen, Ventil einschleifen.*
2. *Einlaßventil einschleifen.*
3. *Beide (bzw. die gerade verschlissenen) Ventilführungen auswechseln.*
4. *Beide Federn Auslaßventil (je nachdem!) erneuern, bei Einlaßventil Dichtung erneuern.*

Dann kriegt man den Kopf mit eingesetzten Ventilen wieder zurück, man nimmt nur die Ventile noch mal heraus, um sich vom richtigen Sitz der Schäfte in den Führungen zu überzeugen.

Es geht ja nicht darum, nun mit aller Gewalt alles selbst zu machen, wichtiger ist es, entscheiden zu können, was gemacht werden soll und dann dem richtigen Mann den genauen Auftrag zu geben.

Schleifen und Fräsen

Gerade war vom Einschleifen die Rede – zwar benützt man die Gelegenheit der Demontage stets zum Schleifen, es dreht sich aber darum, ob man nicht fräsen muß. Zwar bleibt das Einlaßventil sozusagen ewig gut, wenn aber das Auslaßventil stark verbrannt ist, hat meist auch der Sitz mehr oder weniger tiefe Brandnarben, da muß dann zuweilen gefräst werden, eine Arbeit, die ich fürchte. Also Probe: Eine winzige kleine Büchse mit Vorschleifpaste und mit Polierschliff ist um höchstens vier Mark zu haben (Teroson) und wird doch immer wieder gebraucht, also her damit. Wenn man die Paste erst hat, probiert man erst mal, ob sich mit der groben Vorschleifpaste und mit dem alten Ventil die Narben nicht doch wegschleifen lassen. Es gibt zwar die schönsten Schleifvorrichtungen, die zeichnen sich aber alle dadurch aus, daß man sie nicht hat. Also Behelf. Empfohlen wird da immer der Gummisauger, wie er an den Pfeilen von Kindergewehren sitzt – wenn der Ventilteller glatt genug ist, hält er sogar, bei mir hat noch nie einer gehalten. Wohl aber gibt es heute in Haushaltsgeschäften so etwas ähnliches zu kaufen, Kunststoff, mit Haken für Wäscheleine. Der Haken kommt

Die klassische Schleifmethode mit dem Gummipfeil in der Handbohrmaschine. Geht, wenn man den Ventilteller tadellos metallblank schleift.

So schmal sollen die eigentlich tragenden Flächen bei einem Ventilsitz sein.

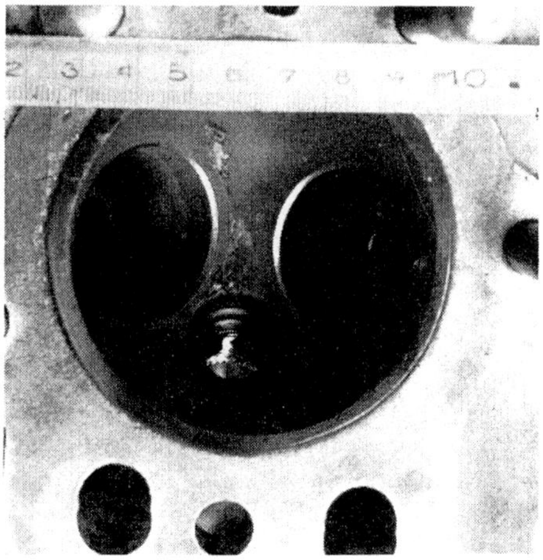

Oben: Das ist die Grenze! Auslaßventil mehrmals nachgeschliffen, da muß bald an Freifräsen gedacht werden.

Rechts oben: Dieser schwer verbrannte Sitz ist erst mal zu einer sauberen Fläche gefräst, aber jetzt viel zu breit, muß jetzt noch beiderseits freigefräst werden.

Rechts: Hier ist nach dem Kopf zu freigefräst, man sieht, wie sich die eigentlichen Dichtflächen wieder als schmales graues Band abheben.

raus, ein 4–5 mm Bolzen rein, der Sauger wird mit Uhu auf den Ventilteller gepappt und der Bolzen wird in die Handbohrmaschine gespannt. Der Ventilsitz wird mit Grobschliff, den man mit reichlich Spucke schön dünnflüssig gemacht hat, reichlich eingesalbt und dann wird lustig geschliffen – immer eine ganze oder halbe Drehung mit der Bohrmaschine, Ventil leicht anheben, damit der Saft wieder reinlaufen kann, wieder drehen, wieder anheben, auch mal rückwärts drehen, auch wieder vorwärts, so mal zwei bis drei Minuten lang, man spürt ja, wie das Schleifmittel kratzt. Neues Schleifmittel draufgeben oder das alte wieder auf den Sitz kratzen, und immer schön drehen – abheben – drehen – abheben. Dann nachsehen: Wenn nach fünf Minuten Schleifarbeit alle Brandstellen nur noch wie kleine Pockennarben in einer zusammenhängenden grauen Schleiffläche sitzen, dann lohnt es sich, noch mal zehn Minuten Schleifarbeit dranzugeben, dann wird mindestens der Ventilsitz im Kopf wieder glatt. Nur wenn da Krater oder Brandrinnen sich durch die ganze Breite der Sitzfläche ziehen, muß gefräst werden – dazu muß dem Motor aber schon sehr übel mitgespielt worden sein. Wichtig: Dieser Probeschliff kann nur gemacht werden, wenn die Ventilführung noch ganz tadellos oder gar schon erneuert ist. Falls gefräst werden muß: Auftrag geben, nur ganz zart zu fräsen, damit der Sitz eben gerade sauber wird. Würde

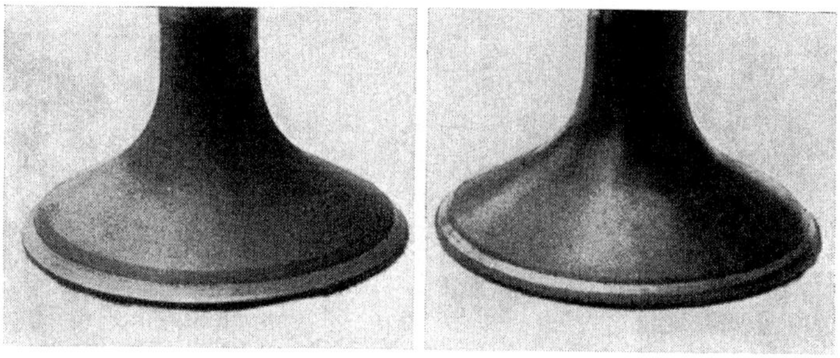

Das Gegenstück bei den Ventilen, links zu breiter, rechts korrekter Sitz.

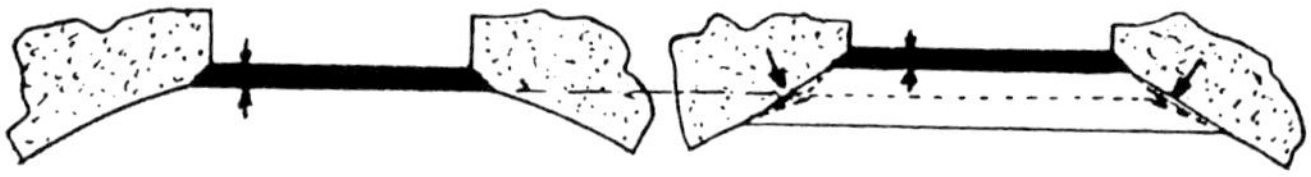

Links ursprünglicher Sitz, rechts durch Nachfräsen tiefer gerückt, angrenzende Kopfflächen freigefräst.

viel weggefräst, so käme das Ventil zu tief und man hätte nachher Schwierigkeiten mit den Kipphebeln.

Wenn sehr stark geschliffen oder gar gefräst werden mußte, dann wird der eigentliche Ventilsitz zu breit, er wird dann zwei oder gar drei Millimeter breit und es ist kaum möglich, einen so breiten Sitz einwandfrei dicht zu kriegen, er verbrennt rapid immer wieder. Deshalb muß ein nachgefräster Sitz auch innen *frei*gefräst werden. Ein richtig freigefräster Ventilsitz ist höchstens 1 mm breit – gerade von dieser Tatsache überzeugt man sich erst mal, wenn man die Arbeit machen lassen mußte.

Im allgemeinen werden die Sitze aber nur leicht fleckig sein, allenfalls winzige Grübchen haben, so daß es schon genügt, die Ventile nur ganz kurz und sofort mit Polierschliff zu schleifen. Dazu ist kaum einmal Bohrmaschine und Saugnapf nötig, ich fasse das Ventil einfach mit Feilkloben oder Lock-Grip-Zange und schleife aus dem Handgelenk, bis im Kopf und am Ventil die tragende Fläche gleichmäßig grau und völlig pockenfrei ist. Trick: Paste nicht zu trocken, lieber dazwischendrin mal ein bißchen draufspucken, damit die Paste schön auf den Sitz läuft – man spürt ja, wie nach jedem Anheben neue Schleifkörnchen greifen und kratzen. Zum Kontrollieren wird die weiße Paste einfach mit dem Lappen weggewischt – nach Ende der Schleiferei wird der Kopf aber unter der Wasserleitung tadellos saubergespült.

Bei alt gekauften Motoren weiß man ja nie, wer die in der Hand hatte und was dran gemurkst wurde – es ist da nach Augenschein gar nicht immer zu entscheiden, ob der Sitz eines Ventils zu tief nachgefräst wurde – strömungsmäßig genügt es, wenn der Sitz gegen die Kopf-Innenfläche hin schön breit freigefräst wurde. Leider kommt aber das Ventil im Kopf nicht nur tiefer, es schiebt sich auch gleich weit dem Kipphebel entgegen und macht dort Schwierigkeiten – das gleich in doppelter Beziehung:

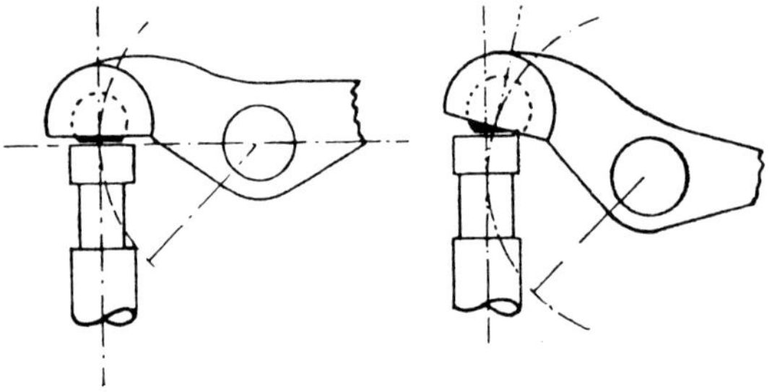

Links richtig stehendes Ventil bei halber Hubhöhe, rechts infolge Sitznachfräsens zu hoch gerückter Ventilschaft, auch bei halber Hubhöhe.

1. Sitzt das Ventil tiefer als früher, dann ragt der Schaft in Richtung Kipphebel weiter heraus, die Ventilfedern bekommen also weniger Spannung, das Ventil kehrt langsamer auf seinen Sitz zurück und neigt erst recht zum Verbrennen. Dem ließe sich zur Not mit Unterlagscheiben unter den Federn abhelfen.
2. Der Ventilschaft macht eine gradlinige Bewegung, der Kipphebel eine Kreisbewegung. Beide vertragen sich hinreichend, wenn die Verbindungslinie Kipphebelachse–Auflagepunkt bei *halb* angehobenem Ventil genau senkrecht auf der Ventilachse steht. Ist das Ventil zu tief eingefräst, dann muß der Kipphebel zu hoch eingestellt werden und der Auflagepunkt gleitet zu weit auf dem Ventilschaftende. Das gibt unerwünschte Seitenkräfte auf die Ventilführung und auf die Kipphebelachse. Abhelfen läßt sich dem nicht.

Bei Verdacht auf zu tief gefräste Ventile bleibt also nichts übrig als ein provisorischer Zusammenbau des Zylinders mit Kopf und Ventiltrieb und Kontrolle durch Augenschein. Man muß nur richtig hingucken: Selbst wenn der Kipphebel auf dem Ventilschaft nicht mit einem starren Schuh, sondern mit einer abgeplatteten Kugel aufliegt, ist eine leichte Querbewegung zwischen Kipphebel und Ventilkappe zu sehen. Bei richtigem Ventilstand muß diese Verschiebung während des ganzen Ventilhubes, also von „ganz zu" bis „ganz auf" aus einem deutlichen Vor und Zurück bestehen. Ist das Ventil zu tief eingefräst worden, dann bewegt sich der Kipphebel auf der Ventilschaftkappe während des vollen Hubes nur vorwärts und geht erst beim Schließen wieder zurück. Also genau hinsehen:

1. Sobald Druck auf das noch geschlossene Ventil kommt und das Ventil um ca. 1 mm angehoben wird, muß der Kipphebel auf der Schaftkappe quer ein bißchen wandern, muß aber um den gleichen Betrag wieder zurückwandern, wenn das Ventil voll angehoben ist, also offensteht. Beim Schließen muß sich wieder dieses Hin und Zurück ergeben. Dann steht das Ventil noch richtig.
2. Wenn während der Ventilbewegung von ganz zu bis ganz auf der Kipphebel auf dem Ventilschaft nur in *einer* Richtung wandert und erst beim Schließen des Ventils die Rückwanderung stattfindet, ist der Kopf verdorben.

Man könnte an einzusetzende Ventilsitzringe denken – das ist aber weit außerhalb jeder Bastelarbeit, ein ganz neuer Kopf ist meist billiger, wenn man nicht zufällig eine darauf spezialisierte Werkstatt kennt – zuweilen machen Zylinderschleifereien so etwas.

So wild sich diese Sache nun auch ansieht – mancher nimmt sich daraufhin vielleicht sogar vor, niemals einen Viertakter zu kaufen – so selten ist sie auch. Selbst wenn man sich ein Hobby daraus macht, alle 15 000 bis 20 000 die Ventile einzuschleifen, dann wird man doch immer nur Polierschliff dazu brauchen und bei 100 000 sind die Ventile noch keine $^2/_{10}$ mm tiefer gerutscht. Nur muß man eben von der Möglichkeit dieses Fehlers wissen, um bei einer „Gebrauchten" kontrollieren zu können.

Ventile einstellen

Wenn man das Ventilspiel richtig einstellt, dann gibt es erst gar keine Verbrennungen, erst recht keine schweren Verbrennungen, und man kommt mit einfachem Nachschleifen alle 15 000 reichlich aus. Am richtigen Ventileinstellen hängt also einiges:

Meist geht es nicht in einem Arbeitsgang! Hatte man viel demontiert, etwa die Nockenwelle raus und derlei, und hat man noch so gewissenhaft wieder zusammengebaut, dann tut man gut, das Ventilspiel ziemlich reichlich einzustellen. Sind 0,2 mm vorgeschrieben, kann es dabei zwar bleiben, statt vielleicht vorgeschriebener 0,1 mm gibt man aber besser 0,15 und statt vorgeschriebener 0,05 mm auf jeden Fall zunächst 0,1 mm. Der Ventiltrieb wird damit vielleicht ein bißchen laut, aber der Motor läuft und vor allem passiert den Ventilen noch nichts, wenn man jetzt erst mal 20–30 km fährt. Man braucht nicht gerade mit Höchstgeschwindigkeit zu fahren, aber wenn ein Berg da ist, fährt man da hinauf, womöglich ein bißchen schaltfaul, damit der Motor schön warm wird. Er darf nachher ruhig wieder kalt werden, er muß nur überhaupt erst mal warm werden. Nachher zieht

man alle Befestigungsschrauben von Zylinder und Kopf noch mal nach, denn diese paar Kilometer Lauf dienen nur dazu, alle Verbindungen sich „setzen“ zu lassen, Dichtungen drücken sich endgültig zusammen, Grate laufen sich ab – 0,05 mm Maßänderung sind schnell beisammen. Wenn man nach diesem kurzen Lauf bei kalt gewordenem Motor das Ventilspiel erneut kontrolliert, wird man meist finden, daß das ursprünglich reichliche Spiel jetzt schon ziemlich seinen Sollwert hat!
Gerade das wird in Werkstätten meist versäumt – die Werkstatt hat keine Zeit und will auch das Risiko nicht tragen, diese 20–30 km selbst zu fahren, der Kunde hat kein Verständnis dafür, daß er zum endgültigen Einstellen noch mal kommen soll, und so wird er eben mit 08/15-Einstellung weggeschickt. Nachher wundert er sich, wenn alle 5000 die Ventile verbrannt sind. Nach einer größeren Montagearbeit, wobei der Zylinder herunter und der Nockenwellenantrieb auseinander war, *muß* das Ventilspiel auf zweimal eingestellt werden, das zweitemal nach einer längeren Fahrstrecke mit vorsichtshalber sehr reichlichem Spiel.
Kontrolliert wird das Ventilspiel mit dem Spion, bei kalter Maschine, in aller Ruhe. Nicht nach Gefühl! Man wird sich wundern, wieviel etwa $^1/_{10}$ mm ist! Im Zweifelsfalle gibt man lieber etwas mehr Spiel als zu wenig. Hat man den Eindruck, daß auch der sehr heiße Motor zuviel Ventillärm zeige, gibt es noch eine Kontrolle: Bei *sehr* heißem Motor – gibt leicht verbrannte Finger, es hängt aber wirklich daran, daß der Motor *sehr* heiß ist und daß keine Zeit verplempert wird – nimmt man die Einstell- oder Abdeckkappen ab und prüft, ob die Stoßstangen bzw. Kipphebel klappern können. Wenn ja, nimmt man so viel Spiel heraus, daß der Trieb zwar nicht direkt klappert, daß aber die Stoßstangen sich mit den Fingern anschnipsen und sehr leicht rumwirbeln lassen – jetzt schwimmt ja alles in heißem, dünnem Öl. Zumachen, weiterjagen, nach Hause fahren, in die Ecke stellen, kalt werden lassen. Am andern Tag in Ruhe frühstücken, in Ruhe vor den Motor hocken, schön langsam den Gehäusedeckel runter und den Spion zwischen Ventilschaft und Kipphebel schieben – und siehe, was so gefährlich unübersichtlich schien, löst sich in Wohlgefallen auf, das Ventilspiel laut Handbuch wird genau da sein.
Handwerkskniff: Die eigentliche Stellschraube wird mit Schlüssel oder Winkelschraubenzieher festgehalten, wobei man sich die Stellung des Schlüssels merkt (falls er einem nachher doch verrutscht!), dann erst wird die Kontermutter gelöst – nicht weit, nur eben sanft

Der ganze Trick beim Ventileinstellen besteht darin, die Konterung zu lösen, ohne die Stellschraube zu verdrehen. Dann erst wird die Stellschraube um 30 oder 45 Grad gedreht und wieder gekontert.

Ohne Spion geht es wirklich nicht, Rasierklingen sind ein trauriger Behelf, ein verbranntes Ventil ist teurer als der ganze Spion.

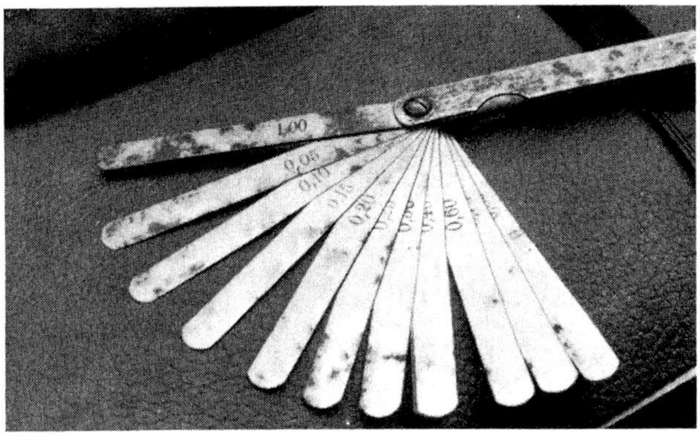

gelöst. Dann wird die Stellschraube in der gewünschten Richtung verdreht – und da liegt der Kniff: Meist sind das Feingewinde mit 0,5–0,6 mm Steigung pro volle Umdrehung, schon eine Verdrehung der Stellschraube um weniger als 45 Grad bringt da die entscheidenden 0,05 mm Spiel zu viel oder zu wenig. Deshalb gerät man bei der Spieleinstellerei so leicht ins Schwimmen, bis man eben raus hat, wie wenig die Stellschraube verdreht werden darf, um ein festgestelltes Spiel auf das notwendige Maß zu ändern. Es ist deshalb auch nötig, sich einen Spion zuzulegen, nur damit kann man einwandfrei feststellen, wie groß das Ausgangsspiel ist, das auf das richtige Maß gebracht werden soll.
Es geht bei einem Viertakter nur darum, die *Methodik* des Ventileinstellens zu beherrschen. Man darf erst einstellen, nachdem ein frisch zusammengebauter Motor sich nach etlichen Kilometern „gesetzt" hat und man *kann* nur einstellen, wenn man das vorhandene falsche Spiel in seiner Größe mit dem Spion ermittelt hat und wenn man weiß, wie wenig Bolzendrehung für 0,05 mm Spieländerung nötig ist. Wenn es bei einem dieser Punkte fehlt, wird nie etwas Rechtes draus, wenn man das aber beherrscht, hat man merkwürdigerweise nie mehr Ventilkummer und braucht sich 10 000 und 20 000 Kilometer weit nicht mehr um die einmal richtig eingestellten Ventile zu kümmern.
Bei Motoren der Nachkriegszeit und vielen Vorkriegsmotoren sind die richtigen Ventilspiele bekannt bzw. bei den Werken zu erfragen. Bei unbekannten Motoren stellt man zunächst mal auf gut Glück den Einlaß auf 0,15–0,2, den Auslaß auf 0,2–0,25 und fährt den Motor heiß. Dann Kontrolle bei heißem Motor, ob noch Spiel da ist, tunlichst gleich Nachstellung auf gerade-noch-leicht-drehen der Stoßstangen. Wenn die nicht zugänglich sind, dann wenigstens auf das 0,05-Blättchen des Spions. Wieder zumachen, noch mal jagen, sehr heiß, schnell öffnen, schnell mit 0,05-Blättchen prüfen und mit 0,1-Blättchen kontrollieren. Wenn 0,05 geht und 0,1 sicher nicht geht, stimmt das Spiel. Wieder zumachen, nach Hause, auskühlen lassen, am anderen Tag das vorhandene Kalt-Spiel mit dem Spion feststellen und aufschreiben für später, dann weiß man's!
Das ist die ganze Kunst des Ventileinstellens – das muß der Besitzer selber machen, wenn es hinhauen soll. Von der Werkstatt kann man diese Genauigkeit nicht verlangen, es sei denn, man bezahlte den entsprechenden Zeitaufwand.

Abnützungen

Bei älteren Motoren gibt es nun auch noch gewisse Abnützungen, die beachtet werden müssen: Zunächst stauchen sich die Stoßstangen, die Köpfe nützen sich ab, Pfannen laufen aus.
Bei Motoren, die weniger als 50 000 auf dem Buckel haben, pflegt das nicht kritisch zu sein, wenn da auch gelegentlich mal etwas vorkommt, wie im Bild zu sehen. Aus irgendeinem rät-

Oben links Kipphebel mit intakter Druckkugel, rechts mit eingeschlagener Druckkugel, wegschmeißreif, ganz rechts abgenützter Kopf einer Stoßstange – auf so geringe Unterschiede kommt es an, mehr als 1,5 mm Abnützung lassen sich mit den Stellschrauben nicht mehr herausstellen.

selhaften Grunde hat sich da die Halbkugel des linken Kipphebels tief in die Pfanne eingeschlagen, so daß der Bördelrand auf dem Ventil aufsetzte und auch richtig anbrach – das ist aber keine reguläre Abnützung, sondern schon ein Ausnahmefall. Regulär beträgt bei Stoßstangen so eine Abnützung, die jenseits 50 000 schon mal vorkommen darf, höchstens 1–2 mm – so etwas läßt sich durch Nachstellen noch unschädlich machen, wenn der Längenverlust nicht größer ist als höchstens 2 mm, zwar stimmt auch dabei die Lage der Pfanne nicht mehr genau zur Kipphebelbewegung, wie wir das beim Ventil gesehen haben, nur ist das hier nicht so gefährlich. Bei älteren Motoren braucht man also schon eine neue Stange zum Vergleich, da die Sollmaße in den Ersatzteillisten nicht drinzustehen pflegen. Am anderen Ende des Ventiltriebes ist Abnützung bei der Nockenwelle möglich. Der Nocken selbst ist unverdächtig, solange er eine polierte Oberfläche zeigt, die zwar Laufspuren aufweist, aber keine Riefen. Ich weiß nicht, ob es bei modernen Motoren mit Umlaufschmierung noch angefressene Nocken gibt, ich habe wenigstens schon lange keinen mehr gesehen. (Da gehen Kolben und Kurbelwelle früher in den Eimer.) Früher bei der Frischölschmierung gab es gelegentlich angefressene Nocken. Sind wegschmeißreif. Auf den Nocken laufen entweder Schlepphebel, in die sich auch heute noch tiefe Dellen einlaufen können – der Betrag fehlt nachher an der Länge der Stoßstangen, Ersatz ist nötig – oder aber Stößel mit sehr dicken Schäften. Diese Stößel haben besonders harte Köpfe, blankpoliert – da dürfen Laufspuren drauf sein, aber keine Riefen. Die Stößelschäfte dürfen ebenfalls Laufspuren zeigen, sollen aber eine riefenfreie Oberfläche zeigen, ähnlich wie ein ganz „junger" Kolben, auf dem man im schrägen Licht die ganz feinen Schleifriefen sieht und in Bewegungsrichtung darüber die Laufspuren, die aber höchstens ebensofein sind wie die Bearbeitungsspuren. Abnützungen an diesen Stellen sind selten, wohl aber gibt es eine andere ebenso wirksame wie wenig bekannte Lärmquelle: Die Nockenwellenlager.

Bei der Generalüberholung älterer Motoren, wenn man also die Ventilführungen und Ventile samt Federn erneuert, wenn man womöglich neue Kipphebellager stiftet, Kurbelwelle erneuert, neuen Kolben samt Bolzen gewissenhaft einpaßt und jede Lärmquelle beseitigt zu haben glaubt, kann es dennoch sein, daß der Motor nach wie vor lärmt wie eine Dreschmaschine. Dabei läßt sich dann auch deutlich ein Lärmmaximum feststellen, indem man die Maschine aufbockt und das Hinterrad mitlaufen läßt. Man kann dann mit der Bremse einen Berg bzw. schweres Ziehen nachahmen, man kann auch – wenigstens sekundenlang – mit dem bißchen Schwungkraft des Hinterrades den kritischen Übergang zwischen Ziehen und Schieben darstellen. Dieses Lärmmaximum sucht man erst mal herzustellen und dann wird der Motor abgehorcht: Man braucht dazu einen langen Schraubenzieher, dessen Griff man gegen das Ohr drückt. Mit der Klinge tastet man den Motor ab, man hört dann das Klapp-Klapp des Kolbens, das dumpfe Wurgeln des Kurbelwellenlagers auf jeder Seite, das Klikkern und Schlagen der Ventile im Kopf und auch das Rasseln der Nockenwelle bzw. ihrer Antriebsräder auf der Steuerseite. Man kann diese Geräuschquellen schön lokalisieren, bevor man den Motor wieder aufmacht, und weiß dann gleich, wo man hinfassen muß. Erlebt habe ich das schon bei einer 350er Horex, als sie noch nicht Regina hieß – da hatte die Nockenwelle in beiden Bronzebüchsen gerade fühlbares Spiel, neue Buchsen brachten Abhilfe, der Motor war wieder absolut leise.

Buchsenausziehen und Einsetzen: Abziehvorrichtung, wie bei den Ventilführungen beschrieben. Nicht mit Gewalt machen, Abzieher erst mal ansetzen und festziehen, dann die ganze Gehäusehälfte in kochendes Wasser und in der Hitze die Büchse vollends ausziehen. Wer sich in der Küche nicht sehen lassen darf und den Einkochtopf erst recht nicht kriegt – Ölspuren kriegt man mit Pril anstandslos wieder raus –, muß wohl oder übel mit der großen Lötlampe das *ganze* Gehäuse, nicht bloß die Handbreit um die Buchse rum, gut spuckheiß heizen. Die neu eingesetzten Buchsen sind meist zu eng und müssen mit einer Verstell-Reibahle vorsichtig aufgerieben werden, bis die Nockenwelle gerade eben läuft. – Vorsicht – Reibahle nicht einseitig drücken, damit nicht schief gerieben wird. Gut ist es auch, wenn man die neu eingesetzte Buchse wenigstens eine halbe Stunde lang samt Gehäuse auf den 100 Grad des kochenden Wassers halten kann, obwohl man dazu eigentlich die 130–140 Grad bräuchte, die mit Öl zu erzielen sind. Diese Lagerbronzen pflegen zuweilen bei höherer Temperatur zu wachsen und dieses Wachstum wird dann gleich mit ausgerieben. Wir werden einer ähnlichen Erscheinung später bei den Pleuelbüchsen wieder begegnen.

Dieses Bild ist nur so groß gemacht, damit man die geringen Laufspuren auf Nocken und Pilzen der Stößel noch erkennt, da sind 35 000 Kilometer drauf!

Ausreibmaß: Man reibt, bis die Nockenwellenzapfen ohne fühlbares Spiel laufen – das Klapperspiel der alten Buchsen war ja deutlich fühlbar. Spiel in Achsrichtung darf nicht vorhanden bzw. eben gerade fühlbar sein, hier müssen also notfalls geschliffene Stahlscheiben beigelegt werden. Damit wären wir mit dem Ventiltrieb durch – sieht gewaltig kompliziert aus, glücklicherweise kommt das alles zusammen aber nie vor. Man wird immer nur den einen oder anderen Mangel finden, muß aber natürlich die ganze Litanei durchbeten, bis der vorhandene Fehler gefunden ist.

Kurbelwellen

Kurbelwellen erfordern für Bearbeitung und Reparatur nun einmal Einrichtungen, die weit außerhalb des Bereiches eines Privatmannes liegen. Ausgesprochene Reparaturbetriebe für Kurbelwellen sind zwar zahlreich, aber nur wenige verstehen sich heute noch auf Motorrad-Kurbelwellen – sagen wir es schon unverblümt: Auch mit Kurbelwellen wird schwer gemurkst. Das nachstehende Kapitel ist also keine Reparaturanweisung, es will nur ein paar bescheidene Hilfen geben. Wer eine zuverlässige Reparaturfirma für seine Kurbelwelle sucht, weil etwa der Motorradfabrikant nicht mehr existiert, möge sich an die MOTORRAD-Redaktion wenden, wir wissen noch ein paar Leute, die so etwas können.

Pleuellagersorgen

Bei der Kurbelwelle klingt das „Mach's doch selber" fehl am Platze – sie ist der Bestandteil des Motors, an dem man als Bastler am wenigsten selbst ausrichten kann. *Wenn* einer Kurbelwelle tatsächlich etwas fehlt, dann ist die Sache *immer* reif für die Werkstatt, also für den Kurbelwellenspezialisten. Die Feststellung aber, *ob* der Kurbelwelle überhaupt etwas fehlt, ist sehr wohl im Bereich des Bastlers, man braucht sich da keineswegs immer auf fremde Leute zu verlassen.
Immer, wenn es in einem Motor zu klappern anfängt, denkt man zuallererst an „Kurbelwelle hinüber"! Der nächste Gedanke müßte allerdings sein, welche Laufzeit eigentlich die angeblich klappernde Kurbelwelle hat. Glücklicherweise gibt es dafür sehr verläßliche Anhaltspunkte, die folgendermaßen aussehen:

- Völlig unabhängig von der Literleistung kann man sagen, daß bei heutigen Motoren für das von allen Lagern am höchsten gefährdete Pleuellager eine Laufzeit von 25 000 km als Mindestleistung zu betrachten ist. Natürlich liegt diese Laufzeit weit außerhalb jeder Garantiefrist, die meisten Hersteller von Motorradmotoren pflegen aber Pleuellagerschäden bei Laufzeiten unterhalb von 25 000 km stillschweigend und ohne besondere Berechnung zu reparieren. Das heißt also, daß man bei einem Pleuellagerschaden, der nach einer Laufzeit von 24 000 km auftritt, eine kostenlose Reparatur zwar nicht mehr *verlangen* kann, daß aber ein höflicher Brief ans Werk mit der Bemerkung, 24 000 km seien doch ein bißchen wenig, einen gewissen Erfolg haben wird. Bei üblichem Straßenbetrieb kann man eine Standzeit von wenigstens 50 000 km erwarten.

- Bei modernen Hochleistungsmotoren von 80 PS/l aufwärts können Laufzeiten von 25 000 km *auch* noch erwartet werden, vor allem dann, wenn die Maschinen nicht *dauernd* gejagt werden, schließlich hat man in den letzten Jahren sowohl beim Entwurf von Kurbelwellen zugelernt, wie man auch in der Dimensionierung der Wälzlager zugelernt hat. Es ist also ein gewisser Unterschied, ob man eine Super-Max von 1957 vor sich hat oder ob man eine OSL von 1950 auch auf annähernd 70 PS/l gebracht hat. Wenn deren Kurbelwelle die Hochbelastung nicht mehr als 15 000 km mitmacht, darf man sich darüber nicht wundern.

- Etwas anderes ist es, wenn ein Motor *auf die Dauer* wettbewerbsmäßig gefahren wird, etwa so, wie bei uns Testmaschinen gefahren werden. Diese Motoren bringen ja so ungefähr Dreiviertel ihrer gesamten Lebenszeit bei hohen Drehzahlen zu, arbeiten also praktisch dauernd an der Grenze ihrer Belastungsfähigkeit. Wenn dann dazwischen auch mal ein paar italienische und englische Maschinen mit anders angeordneter Getriebeschaltung gefahren werden, kann es gar nicht ausbleiben, daß man bei Höchstdrehzahl im Dritten gern in den Vierten möchte und ausgerechnet den Zweiten erwischt. Es gehört keine Phantasie dazu, sich auszumalen, was dabei an Lagerbelastung passiert. (Bei den Parilla-Versuchen habe ich mich seinerzeit fast bei jeder Nürburgring-Runde einmal auf diese Weise verschaltet, die Parilla ist aber dennoch nicht auseinandergeflogen.) Bei dieser Art Schinderei ist eine Pleuellager-Lebensdauer von 20 000 km schon ganz anständig, es wird wohl auch kaum jemanden geben, der unter diesen Fahrbedingungen 20 000 km für zu kurz hält.

Es gibt nun an sich *mehrere* Ursachen, warum einzelne Kurbelwellen auf eine Lebensdauer von weniger als 25 000 km kommen. Früher war es in hervorragendem Maße die Korrosion, die wieder im Kaltbetrieb beziehungsweise Kurzstreckenbetrieb der Motoren begründet war. Zwar werden die meisten Motoren auch heute noch zu kalt gefahren, nur wird eben durch die modernen, hoch legierten Öle eine Korrosion weitgehend hintangehalten. Bei Vier-

taktern ist auch weiter nichts gegen diese hoch legierten Öle einzuwenden, bei Zweitaktern sind sie wenigstens dann einwandfrei, wenn man irgendein HD-Öl von mindestens SAE 40 in alter Väter Weise in der Mischkanne mit dem Kraftstoff mischt. Von den Selbstmischerölen wird nun behauptet, sie besäßen auch korrosionsverhütende Eigenschaften, was hier gar nicht bezweifelt sei. Wohl aber gibt es bei diesen Selbstmischern einen Schlag von hinten ins Genick: Die Schmierfähigkeit gerade dieser Selbstmischer scheint nicht immer das zu sein, was man billigerweise zu erwarten hat. Es ist nun einmal erwiesen, daß eine ganze Anzahl von Motortypen mit Selbstmischerölen *nicht* zufrieden sind, weil dabei die Pleuellager nur noch auf eine Lebensdauer zwischen 10 000 und 15 000 km kommen. Ich will hier nicht erst Namen nennen, zumal nach unserem Befund zwar immer wieder bei den gleichen Motoren dieselben Lagerschäden auftreten, aber bezeichnenderweise mit den Selbstmischerölen so gut wie jeder Herkunft, nach unserer Erfahrung scheint es also kein bestimmtes Ölfabrikat zu geben, das nun unbedingt sicher wäre. In allen Fällen von Kurbelwellenschwierigkeiten geben wir deshalb auch seit langem immer denselben Rat: Kein Selbstmischeröl verwenden, statt dessen entweder ein beliebiges hoch legiertes Markenöl von mindestens SAE 40, ordnungsmäßig in der Mischkanne angerührt, oder ganz gewöhnliches offenes Zweimark-Öl, auch mindestens SAE 40, und als Korrosionsschutz dazu noch Desolite, eher ein bißchen zu wenig als zuviel, und in Ermangelung von Desolite den Motor eben schön warm fahren, dann passiert der Kurbelwelle bestimmt nichts.
Hier müssen auch einige Worte zu speziellen Hochleistungszusätzen, wie etwa Bardahl gesagt werden: Die korrosionsverhütende Wirkung genau wie die reibungsverbessernde Wirkung von Bardahl ist ja nun einmal erwiesen, daran soll auch nicht gerührt werden. Nun ist aber bekannt, daß die erheblich schmierungsverbessernde Wirkung dieser Zusätze auf einer Aggression der Metalloberflächen beruht. Wie das nun in einem extrem hochbelasteten Pleuellager aussieht, weiß bis jetzt niemand zu sagen. Man hat ungefähr drei Jahre gebraucht, um dahinterzukommen, daß Selbstmischeröle gelegentlich einmal die Schmierung der Pleuellager in Frage stellen. Man wird also wohl oder übel abwarten müssen, wie sich diese Pleuellager bei konsequenter Anwendung von Bardahl verhalten.
Glücklicherweise ist an einem ausgelaufenen Wälzlager fast immer zu sehen, *woran* es nun

Solche Punkte sind unverkennbare Korrosionsspuren, das geht immer zu Lasten des Besitzers, kein Garantiefall.

Das riecht schon eher nach Garantiefall, abgelaufene Härteschicht – Ölmangel kann es nicht sein, weil da die Kolben viel früher festgegangen wären.

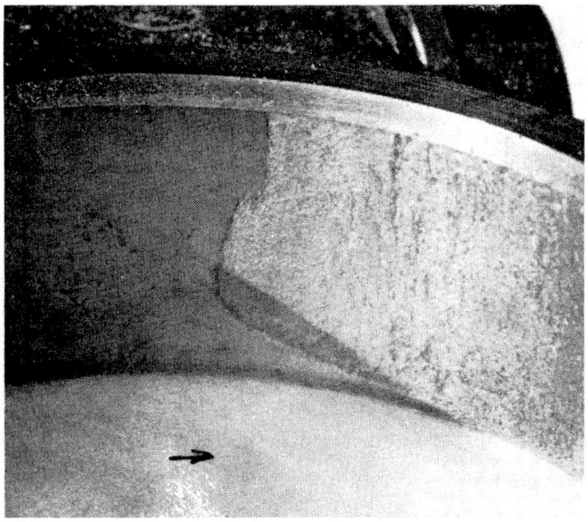

eigentlich kaputtgegangen ist. Das Lager läuft ja nicht rundherum gleichmäßig aus, es sind immer Teile der Wälzkörperlaufbahn nicht abgenützt beziehungsweise nicht zerstört und zeigen noch die ursprüngliche Oberflächenpolitur, in der dann gewöhnlich Korrosionsspuren in Gestalt von Narben vorhanden sind, die untrüglich beweisen, daß der zerstörte Teil der Laufbahn infolge solcher Korrosionsspuren zerstört wurde. Überlastungsschäden, wie sie durch langzeitiges Fahren bei extremen Drehzahlen entstehen, hinterlassen auch unzweideutige Spuren auf den Laufflächen, die ganz genauso aussehen, wie sie bei Verwendung unzulänglicher Stahlqualitäten für die Lagerringe entstehen. Dieselben Oberflächenzerstörungen treten auch dann auf, wenn zwar reichlich Öl vorhanden war, dessen Schmierfähigkeit aber nicht ausreichte, siehe Selbstmischeröl. Wenn dagegen die Schmierung überhaupt aussetzte, finden sich im zerstörten Lager auch Wärmespuren in Gestalt von Anlauffarben, so daß man dem Besitzer eines solchen Motors also sagen kann, er habe entweder das Öl ganz vergessen oder nicht rechtzeitig für Filterreinigung gesorgt. Man denke zum Beispiel an die Max-Kurbelwellen, bei denen sich bisher nahezu alle Pleuellagerschäden dadurch erklären ließen, daß die Reinigung der Schlammhülsen in den Kurbelwangen vergessen worden war. Die Hülsen setzten sich ganz mit Ölschlamm zu und das Pleuellager bekam eben kein Öl mehr. Das „schlicht" ausgelaufene Lager, das sozusagen seine pensionsfähige Altersgrenze erreicht hat, zeigt dagegen keine der hier genannten Spuren. Die Laufflächen sind zwar nicht mehr jungfräulich blank, zeigen aber auch keinerlei groben Angriff oder gar strukturelle Zerstörung, das Lager hat lediglich bedeutend mehr Spiel als es haben dürfte.

Dieses reichliche Spiel ist es nun, ganz gleich, woher es immer rühren möge, was man als Fahrer zuerst merkt. Nun sind Geräusche schlecht zu definieren, wir können hier also nicht gut beschreiben, wie sich ein ausgelaufenes Pleuellager mit zuviel Spiel anhören muß. Der Fahrer stellt zunächst nur fest, daß der Motor eben laut geht, daß er klappert oder daß es da drin bei bestimmten Drehzahlen, vor allem ohne Last, mehr oder weniger laut klickert. Es ist aber gar nicht gesagt, daß solches Geräusch ausgerechnet dem Pleuellager zuzuschreiben sei, in neunundneunzig von hundert Fällen ist es gar nicht das Pleuellager, sondern der Kolben. Ein klappernder Kolben beruhigt sich aber unverkennbar in dem Maße, wie er heißgefahren wird. Sobald also die Klapperei bei heißem Motor deutlich geringer ist als bei

In dieser Richtung darf kein fühlbares Spiel vorhanden sein, es müssen aber wenigstens 0,01 mm Luft da sein.

So herum muß sich das Pleuel kippen lassen, wenigstens um 3–5 mm nach jeder Seite, mehr wird bedenklich.

Achsial muß unbedingt Spiel da sein, 0,2–0,3 mm bei Viertaktern, 0,5 bis sogar 1,0 bei Zweitaktern.

kaltem Motor, dürfte höchstwahrscheinlich der Kolben die Ursache sein. Ein klapperndes Pleuellager wird aber durch Wärme nicht beeinflußt, das klappert immer gleichmäßig. Bei Viertaktern ist aber noch ein weiteres Indiz möglich: Ein ausgelaufenes Pleuellager klappert fast gar nicht, wenn der Motor schwer ziehen muß, weil da die längste Zeit Druck auf dem Kolben steht und das Pleuellager mit Ausnahme des Auspuff-Totpunktes immer einseitig angepreßt ist. Sobald man aber bei höherer Drehzahl das Gas wegnimmt, also der Kompressionsdruck fortfällt, geht eine dunkle Polterei los. Noch kritischer ist Bergabfahren, und zwar so, daß der Motor noch nicht ausgesprochen als Bremse wirkt, man läßt also zwar die Maschine rollen, gibt aber dabei so viel Gas, daß der Motor sozusagen nicht weiß, ob er ziehen soll oder ob er sich antreiben lassen soll. Gerade in diesem Übergangszustand zwischen Ziehen und Geschobenwerden gibt ein Pleuellager mit zuviel Luft sein wildestes Gepolter her. Gelingt es einem also, in diesem Übergangszustand ein lautes Poltern durch geschicktes Gasgeben herzustellen, dann ist der Verdacht auf ein ausgelaufenes Pleuellager bereits zwingend genug, daß sich ein Abnehmen des Zylinders lohnt, denn jetzt muß gründlich nachgesehen werden.

Wenn ein Pleuel sich wie im Bild auf der linken Seite ganz außen auf und ab bewegen läßt, also mit den Fingern fühlbar eine obere und eine untere Anlage gibt, dann braucht man sich über die vorhergehende Polterei den Kopf nicht mehr zu zerbrechen, dieses Pleuellager ist dann garantiert auswechslungsreif.

Das nächste Kriterium ist, ob sich das Pleuel wie im mittleren Bild gezeigt in Pfeilrichtung hin und her kippen läßt. An sich muß sich jedes Pleuel etwas kippen lassen, denn wenn es sich gar nicht kippen ließe, dann hieße das, daß nicht einmal das *notwendige* Spiel im Wälzlager vorhanden ist. Leider lassen sich nun keine bestimmten Maße geben, um wieviel Millimeter nach jeder Seite ein Pleuel zu kippen sein muß, denn das hängt nicht nur von der Pleuellänge ab, sondern auch von den Abmessungen des Lagers selbst. Als roher Anhaltspunkt möge aber genügen, daß ein Kippen von ungefähr 5 mm nach jeder Seite sowohl notwendig wie auch unbedenklich ist. Selbst wenn man ein langes Pleuel 10 mm nach jeder Seite kippen kann, braucht man noch nicht unnötig Angst zu haben, vor allem dann nicht, wenn der Motor mit dieser Kurbelwelle noch nicht polterte. Sobald aber die Kipp-

Unten: Wenn solche Ölkanäle da sind, kommt auch ein Zweitaktpleuel mit wenig Achsialspiel aus.

Rechts: So läßt sich Radialspiel messen, eine gute Werkstatt besitzt Meßuhr und Befestigungsgeschirr.

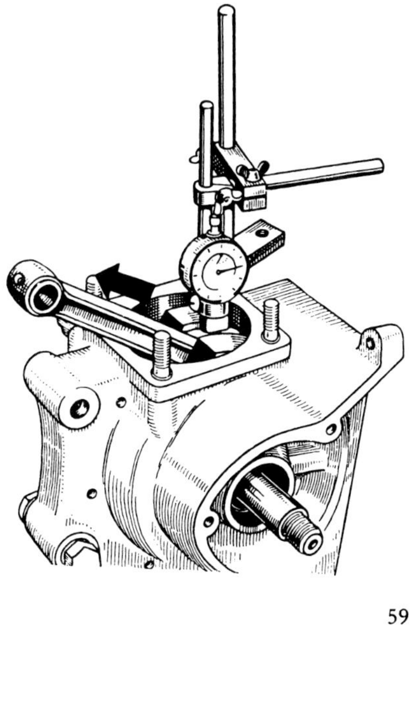

möglichkeit nach jeder Seite 15 mm erreicht, der Motor braucht auch dann noch nicht sehr laut zu poltern, tut man doch gut, einmal genau zu *messen.*
Dazu braucht man dann aber schon eine Meßuhr, die einem Bastler normalerweise nicht zur Verfügung steht. Am Vorhandensein dieser Meßuhr in der Werkstatt und vor allem am Vorhandensein der dazu nötigen Befestigungseinrichtungen kann man aber auf die Zuverlässigkeit der Werkstatt schließen. Gemacht wird die Messung, wie dies das Bild auf der vorhergehenden Seite zeigt, man zieht dabei das Pleuel in Arbeitsrichtung auf und ab, der Stift der Meßuhr sitzt dabei unten in der Kehle zwischen Pleuelschaft und Pleuelauge. Beim nagelneuen, richtig eingesetzten Pleuellager muß nun durch Ziehen am Pleuelschaft mit den Fingern zwischen einem halben bis zu einem ganzen Teilstrich Schwankung in der Meßuhr festzustellen sein. Wenn die Uhr bei einer gelaufenen Welle zwischen einem und drei Teilstrichen schwankt, also zwischen 0,01 und 0,03 mm Luft, dann ist das ganz normal, ab 0,04 mm Spiel beginnt die Sache bei Rollenlagern aber bedenklich zu werden. Es *muß* dann zwar noch nicht erneuert werden, aber man denkt doch zweckmäßig einmal darüber nach, ob man nicht lieber jetzt schon freiwillig erneuern soll, oder ob man warten will, bis nach längstens weiteren 10 000 km zu einer womöglich ungelegenen Zeit unbedingt erneuert werden *muß.* Sind bei der Kurbelwelle allerdings Nadellager verwendet, dann sind auch 0,04 bis 0,05 mm noch unbedenklich, erst bei 0,06 mm wird man sich wieder fragen, ob man nicht lieber gleich erneuern soll oder erst später.
Die hier genannten 0,04 mm bei Rollenlagern und 0,06 mm bei Nadellagern sind nun nicht so viel, daß das Pleuellager dabei ausgesprochen hörbar poltern würde – ein so großes Spiel besagt lediglich, daß das Pleuellager am Rande seiner Lebensdauer angelangt ist und, daß es bei viel Jagerei noch 5000, im zahmen Straßenbetrieb auch noch mal 10 000 km halten wird.
Ein Spiel in *Achsrichtung* des Hubzapfens, wie auf Seite 58 angedeutet, muß bei einem Pleuellager auf jeden Fall vorhanden sein, hier darf ein Spiel bis zu 0,5 mm meßbar sein, also auf jeder Seite 0,25 mm. Dieses Spiel ist sogar notwendig, bedeutet es doch bei Zweitaktern vielfach die einzige Zutrittsmöglichkeit für das Öl! Bei zu geringem Spiel, in der Größenordnung von nur 0,1 mm, mit dem zwischengeschobenen Spion ohne weiteres festzustellen, darf man sich nicht wundern, wenn man eines Tages durch Ölmangel Verdruß bekommt, der dann sogar unter allen möglichen Verkleidungen auftreten kann. Bekommt man also eine reparierte Kurbelwelle zurück, dann muß diese erstens einmal für das Pleuel wenigstens 0,05 mm Spiel in Hubzapfenrichtung zeigen, ebenso muß das Pleuel gerade eben merkbar

zu kippen sein. Ist das Pleuel nicht zu kippen, dann besteht aller Anlaß dazu, vor dem endgültigen Zusammenbau des Motors die Meßeinrichtung Seite 59 aufzubauen, und wenn dabei weniger als 0,01 mm Höhenspiel in Pleuelrichtung festgestellt wird, dann läßt man sich vom Reparateur der Kurbelwelle ausdrücklich und schriftlich bestätigen, daß das so sein müsse. Mindestens schreibt man dem Kurbelwellenreparateur vorsorglich einen Brief des Inhalts, daß man bei der Prüfung weniger als 0,01 mm Spiel festgestellt habe, und daß man sich eine entsprechende Reklamation vorbehalte, falls das Pleuellager im Laufe der nächsten 5000 km Laufzeit Beanstandungen ergibt.

Diese Beanstandungen bei zu eng eingebauten Wälzlagern können nun mancherlei Art sein:

- Im anspruchslosesten Fall kommt der Motor einfach nicht auf Leistung, über Halbgas ist nichts zu wollen, es ist keinerlei Reaktion auf Zündpunktänderung oder Vergasereinstellung da, bis es einem zu dumm wird und man den Zylinder abnimmt, um das Pleuellager auf Höhenspiel zu prüfen. Die ausgebaute Kurbelwelle kann dann sogar rund um das Hubzapfenauge herum blaue Anlauffarben zeigen, schön wie im Bild. Ein solcher Fall ist ja wohl eindeutig klar auf zu geringes Einbauspiel und damit Überhitzung des Lagers zurückzuführen. (Ich glaube nicht, daß so etwas auf Grund von einfachem Ölmangel zu produzieren ist, mindestens nicht bei einem Zweitakter.)

- Das Pleuellager braucht gar nicht erst infolge von Überhitzung auszulaufen und mit viel Spiel zu poltern, es kann auch als Folge der Überhitzung urplötzlich festgehen, das fühlt sich dann genauso an wie ein gefressener Kolben. Wenn man nicht sehr viel Erfahrung hat – aber wer hat schon Erfahrung mit gefressenen Pleuellagern? – dann kann man rein äußerlich ein gefressenes Pleuellager von einem gefressenen Kolben nicht unterscheiden, denn beide werden nach einer gewissen Ruhezeit wieder lose, der Motor läßt sich wieder durchdrehen, er läuft sogar wieder, bis er dann erneut festgeht. Erst das Abnehmen des Zylinders, bei dem ein tadelloser Kolben zutage gefördert wird, verschafft einem die Sicherheit, daß das Pleuellager hinüber ist. Gefressene Pleuellager gibt es nun ebensogut bei Zweitaktern wie bei Viertaktern, Grundursache dürfte aber wohl jedesmal ein ursprünglich zu stramm eingepaßtes Lager gewesen sein. (Wer es besser weiß, möge sich melden, Fälle von gefressenen Pleuellagern sind ja immerhin selten genug, daß es auf jede einzelne Erfahrung ankommt, wir urteilen hier ja schließlich nur aus unserer bescheidenen Redaktionserfahrung heraus.)

Linke Seite ganz außen: Zu wenig Radialspiel heizt das Lager auf, hier ist sogar die Kurbelwange blau geworden.

Links: Wenn das Pleuellager bei Leichtmetallpleueln zu wenig Laufspiel hat und sich aufheizt, reißt gleich das ganze Pleuelauge auf, Leichtmetall verliert in der Wärme jede Festigkeit.

Rechts: So etwas nimmt einem keine Fabrik als Garantiefall ab: Schlechtes Öl, Staub, Kaltkorrosion – ist noch im Winter 1956 auf 1957 passiert.

- Das Pleuellager braucht aber zunächst weder polternd auszulaufen noch blockierend zu fressen, die unvermeidliche Überhitzung der Wälzkörper kann sich bei Viertaktern auch noch auf eine dritte Art ankündigen: Man findet beim ersten Ölwechsel im Ablaßöl „Goldflitter“! Vor allem wird man etwaige Ölfilter sehr genau untersuchen und deren Belag mit der Lupe kontrollieren. Diese Flitter können *nur* von einem Rollenkäfig herrühren und danach ist es dann wirklich Zeit, die Meßuhr nach Seite 59 anzusetzen.
- Eine weitere Möglichkeit, die es noch gar nicht sehr lange gibt, besteht bei Leichtmetallpleueln: Wenn da das im Leichtmetall eingepreßte Pleuellager zu stramm geht und sich dabei hochheizt, dann läßt die Festigkeit des Leichtmetalls naturgemäß enorm viel schneller nach als die eines Stahlpleuels, das Pleuelauge reißt zwar nicht ab, aber an irgendeiner Stelle auf, die Folgen können aber genauso verheerend sein wie sonst bei einem Pleuelbruch auch. Hier weiß man nur eines sicher: Das ist *immer* ein Garantiefall, es kann *nicht* von Ölmangel herrühren, weil da lange vorher der Kolben festgesessen hätte.
  Es gilt eben wieder einmal die alte Regel, daß Wälzlager von vornherein mit richtigem Spiel eingepaßt sein müssen. Ein auch nur wenig zu stramm gehendes Wälzlager läuft sich *niemals* ein, es heizt sich nur auf und geht in irgendeiner Weise zu Bruch, lange bevor die zu enge Passung sich hätte durch Abnützung erweitern können.

Wenn man also eine Kurbelwelle überholen lassen müßte, dann müßte man sie eigentlich vor dem Einbau auf das tatsächliche Vorhandensein des unerläßlichen Minimalspieles hin prüfen, wenn man vor Überraschungen ganz sicher sein will. Auch bei den berühmtesten Werkstätten läßt es sich nicht vermeiden, daß irgend jemandem einmal ein Fehler unterläuft, und noch viel weniger läßt es sich vermeiden, daß ein solcher Fehler auch noch so enge Kontrollen dennoch zu passieren vermag.

Die Hauptlager und die Dichtungen

Erstaunlich wenig Verdruß machen bei unseren Kurbelwellen eigentlich die Hauptlager, also die Lager, die rechts und links im Kurbelgehäuse sitzen. Das hängt damit zusammen, daß hier der Platz nicht die Rolle spielt wie beim Pleuellager, es fällt also leicht, diese Lager aus Sicherheitsgründen zu überdimensionieren. Man hört kaum einmal etwas von Anständen bei Hauptlagern, es sei denn, es handelte sich um das berüchtigte Mittellager bei Twin-Kurbelwellen. Bei der 200er Sachs beispielsweise, die bis dahin unbeanstandet in Rollergespannen gelaufen hatte, wurden schon vor drei Jahren die Kugellager durch Rollenlager ersetzt, es scheint aber, als habe es sich dabei mehr um eine mehr vorbeugende Maßnahme für die Verwendung des 200er Motors in Mobilen gehandelt. Wenn wir auch gelegentlich den boshaften Satz schreiben, manche Hersteller von Motorradmotoren hätten ihre eigenen Motoren erst richtig kennengelernt, als diese in Mobilen verwendet wurden, so muß doch auch gesagt werden, daß es sich bei diesem Kennenlernen eigentlich nie um die Kurbelwellenhauptlager gehandelt hat. Auch bei den Motoren der 250er und 300er Isetta haben die Hauptlager immer gehalten.
Ausgelaufene Hauptlager stellt man ganz einfach fest, indem man an den Zapfenenden zu wackeln versucht, die aus dem Kurbelgehäuse herausragen. Ein fühlbares Klappklapp bedeutet auf jeden Fall ein ausgelaufenes Lager, im Grunde genommen müßte aber auch hier wieder mit einer Meßuhr genau kontrolliert werden, die man mit den Zylinderbolzen auf dem Kurbelgehäuse verankert und mit dem Stift auf dem Kurbelwellenstumpf aufsitzen läßt. Bei älteren Rollenlagern ist ein Spiel von 0,04 mm *zulässig,* bei neuen Lagern ist ein Spiel von 0,01 mm *notwendig.*
Zu stramm gehende Hauptlager heizen sich naturgemäß auch auf, mit allen zugehörigen Folgen für Laufbahnen und Wälzkörper, zwar ist hier kein Leichtmetallpleuel da, das aufreißen

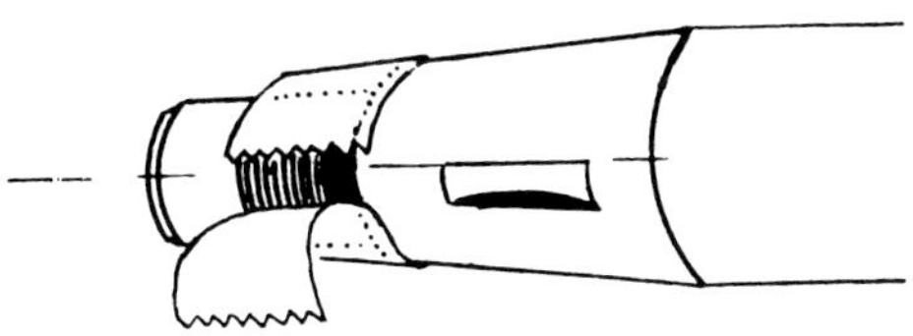

Gewindestutzen und Bünde werden mit Tesa-Film überklebt, dann passiert den Simmerringen nichts – muß nur wieder säuberlich entfernt werden.

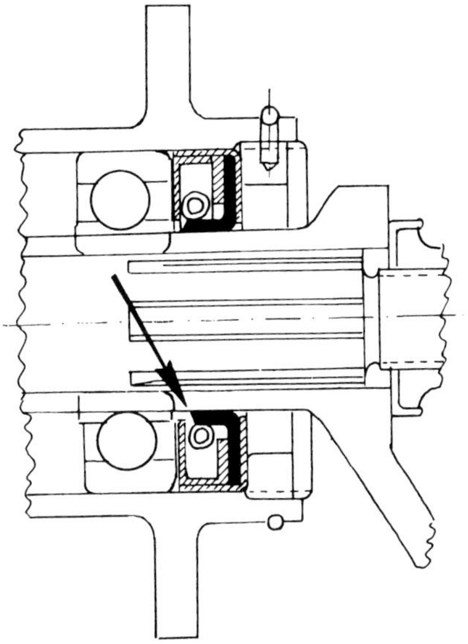

Rechts: Die scharfe Kante der Dichtlippe eines Simmerringes muß immer nach der Seite zeigen, von der ein Überdruck kommt, gegen die also gedichtet werden soll. Inzwischen gibt es Ringe, die nach beiden Seiten ziemlich gleich gut dichten.

könnte, wohl aber läßt in der Hitze die Festigkeit des Leichtmetalls auch des Kurbelgehäuses nach. So kann es kommen, daß der Außenring des zu heiß gewordenen Kugellagers sich in seiner Bettung im Leichtmetallgehäuse losschlägt.
Das Achsialspiel der Kurbelwelle darf ziemlich groß sein, es gibt Motoren, bei denen sogar zwei volle Millimeter noch zulässig sind.
Mit dem Zustand der Lager beziehungsweise der Kurbelwelle überhaupt gar nichts zu tun hat aber die *Dichtigkeit* der Hauptlager. Die Kurbelzapfen müssen ja dicht durch die Wände des Kurbelhauses durchgeführt werden, sowohl bei Viertaktern wie bei Zweitaktern, deshalb sitzen auf den Kurbelzapfen außer den Lagern auch noch Dichtungen. Früher waren das Filzringe, graphitierte Gewebepackungen, seit vielen Jahren aber, eigentlich lückenlos seit der Nachkriegszeit, werden als Dichtungen Simmerringe verwendet. Das Bild zeigt den grundsätzlichen Aufbau eines Simmerringes, es ist im Grunde genommen nichts weiter als eine scharfkantige Gummilippe, die von einer langen Schraubenfeder an die Welle herangedrückt wird. Wie im Bild angegeben, dichtet ein solcher Simmerring nur nach einer Seite, man tut also schon bei der ersten Demontage des Motors gut daran, sich genau aufzuschreiben, wie herum die Simmerringe in den Gehäusehälften gesessen haben. Hat man das versäumt, dann kommt man wenigstens noch mit der Überlegung weiter, wie herum der Simmerring eigentlich dichten sollte. Bei Zweitaktern muß die scharfe Lippe nach innen zeigen, denn im Zweitaktkurbelkasten ist ja während der längsten Zeit ein Überdruck vorhanden, der nicht nach außen durchblasen darf. Bei Viertaktkurbelwellen ist es genau umgekehrt, da ist im Kurbelgehäuse ein dauernder Unterdruck vorhanden, die Außenluft muß daran gehindert werden, am Kurbelzapfen entlang ins Innere des Kurbelgehäuses zu kriechen. Bei einem Viertakter müßte also die scharfe Lippe des Simmerringes nach außen zeigen.
Aber selbst wenn man sich darüber klar ist, wie herum der Simmerring nun sitzen muß, kommt es sehr darauf an, die Dichtlippe beim Einbau der Kurbelwelle beziehungsweise beim Zusammenbau des Getriebegehäuses nicht zu beschädigen, was nur allzuleicht der Fall ist, wenn die Kurbelzapfen scharfkantige Übergänge haben, die in die Simmerringe eingefädelt werden sollen. Manche Motorenhersteller haben für solche Einfädelei fingerhutähnliche Hilfswerkzeuge, die über den Kurbelwellenstumpf geschoben werden und es erlauben, den Stumpf in den Simmerring einzufädeln, ohne daß die Dichtlippe sich an der scharfgedrehten Kante aufhängt. Natürlich hat man einen solchen Fingerling nicht zur

Hand, wenn man ihn braucht; ich habe mir aber schon geholfen, indem ich über die scharfkantige Andrehung eine einfache Lage durchsichtiges Tesa-Band klebte, 2–3 mm Klebebreite genügen vollkommen, die überstehende Breite wird auf den dünneren Teil des Zapfens in einigen Falten heruntergedrückt und man hat so den schönsten Konus, mit dem sich der Wellenstumpf wunderschön in den Simmerring einfädeln läßt, ohne daß dessen Dichtlippe etwas passiert, Bild auf der vorhergehenden Seite.

Ob ein Hauptlager nun undicht geworden ist, läßt sich ganz sicher eigentlich nur auf der Zünderseite von Zweitaktmotoren feststellen, denn das herausblasende Gas überzieht die sonst trockenen Lichtmaschinenteile mit einer unverkennbaren, feinen Ölhaut. Normalerweise wird man also gelegentlich einer Unterbrechernachstellung auf diese Ölhaut aufmerksam, die Unterbrecherteile sind dann auch dick schwarz berußt, man weiß also, daß in nächster Zeit etwas mit der Dichtung geschehen muß. Ein Leistungsverlust ist mit diesem Durchblasen noch nicht verbunden, mir ist es sogar schon passiert, daß eine 250er Victoria immer noch ein bißchen mehr als ihre Solleistung hatte, als sich schon ein leibhaftiges Pfützchen flüssiges Schmieröl in der Lichtmaschinenkappe fand.

Wie man auf der Antriebsseite ein undichtes Hauptlager finden soll, weiß ich selber nicht zu sagen, denn weil da drüben schlechthin alles in Öl schwimmt, lassen sich Durchblasespuren nicht feststellen. Man muß sich also wohl oder übel darauf beschränken, bei einem Kurbelwellenausbau die Simmerringe genau zu untersuchen, ob die Dichtlippe noch rundherum schön scharfkantig ist, ob sie noch weich ist, keine Risse darin sind und ob die Spannfeder noch vorhanden ist.

Bei Viertaktern ist im allgemeinen nur das Lager abgedichtet, das zum Antriebritzel sozusagen „ins Freie“ führt, aber nicht einmal das ist immer der Fall, meist verläßt man sich darauf, daß der vom Entlüfter im Kurbelgehäuse aufrechterhaltene Unterdruck schon dafür sorgt, daß kein Öl nach außen austritt. Wenn eine Dichtung vorhanden ist, dann ist sie gemeinhin auch so eingebaut, daß die scharfe Kante der Lippe nach innen zeigt, sie ist also gegen Ölaustritt von innen her gemünzt und nicht umgekehrt, wie man meinen sollte, gegen das Eindringen von Luft von außen. So ängstlich man sonst darauf bedacht sein muß, Viertakter gegen das Eindringen von Außenluft schön abzudichten, so daß der Entlüfter nicht allzuviel Luft nach außen zu fördern braucht und dabei nicht unnötig viel Öl mit hinausgepustet wird, so wenig scheint es bei den Kurbelwellenlagern auf eine Dichtung anzukommen. (Es gibt im Motorenbau überhaupt eine ganze Menge Dinge, die mit einfachem Verstand nicht zu erklären sind und offensichtlich auf Gewohnheiten beruhen. Wie an anderer Stelle in den letzten fünf Jahren mit solchen Konstrukteursgewohnheiten aufgeräumt wurde, werden wir noch bei den Kolben sehen.)

Da man nun nachher, wenn die zerlegten Brocken vor einem liegen, nicht mehr auf Grund logischen Schlusses feststellen kann, wie sie zusammengehören, muß man einen Viertakter wohl oder übel schon mit dem Notizbuch demontieren, also bei jedem Handgriff genau aufschreiben, in welcher Reihenfolge man die Brocken heruntergenommen hat. Bevor man etwa eine Kurbelgehäusehälfte völlig herunterzieht, wobei Scheiben, Ringe und derlei herunterfallen können, ohne daß später noch jemand sagen kann, wie sie gesessen haben, wird so etwas zuerst einmal auseinandergeschoben und mit einem langen Schraubenzieher hineingefingert, ob sich da nicht etwas vor dem Herunterfallen bewahren läßt.

Für das Auseinandernehmen des Kurbelgehäuses gibt es noch einen Trick, dessen Beschreibung wir einem Leser verdanken und die wir gleich im Wortlaut bringen:

An verschiedenen Motoren sind zwar vom Werk an den Kurbelgehäuseflächen Anfräsungen angebracht, zwischen die man einen Schraubenzieher klemmen kann, um die Gehäusehälften auseinanderzudrücken, aber erstens werden sie nur selten benutzt, und zweitens sind auch sie *nicht* die wahre Liebe. (Kann man verstehen, dem Monteur rutscht nur einmal ein Schraubenzieher ab. Beim zweitenmal ist ihm das Fell auf seiner Hand wichtiger als die Kurbelwelle vom Herrn Hinterhuber.)

Dabei ist die Sache so einfach, wenn – Sie Ihren Motor selbst zerlegen. In einer Schlosserei leihen Sie sich einen Satz Gewindebohrer. (Meist wird es M 10 sein, aber das hängt von Ihrem Motor ab.)
Wenn Sie dem Mann in der Schlosserei sagen, daß Sie nur in Leichtmetallguß ein Gewinde schneiden wollen, wird er Ihnen die Bitte nur selten abschlagen. Natürlich wird er Pfand und wahrscheinlich auch eine kleine Leihgebühr haben wollen, aber das ist wohl selbstverständlich. Ich sagte absichtlich *Schlosserei* und nicht Motorradwerkstatt. Es könnte ja sein, daß man diesen Artikel dort ebenfalls liest und Ihre Schmutzkonkurrenz fürchtet. Zwar werden die Leute, die eine Werkstatt haben und das MOTORRAD dennoch lesen, genug Verständnis für Ihr Anliegen haben, aber es könnte doch noch einen schwarzen Raben geben.
Das Bild links unten zeigt die beiden Kurbelgehäusehälften im Schnitt an einer Stelle, an der sie durch die Gehäuseschrauben zusammengehalten werden. In den meisten Fällen wird es sich um Schrauben M 8 handeln. Die Gehäusehälfte A trägt dabei das Muttergewinde M 8.
In diesem Fall benötigen Sie einen Satz Gewindebohrer M 10. (Bei Gehäuseschrauben M 6 entsprechend M 7 – aber die werden schwer zu erhalten sein – und bei Gehäuseschrauben M 7 einen Satz Gewindebohrer M 8. Andere Größen kommen wohl nicht in Frage.) In zwei möglichst weit gegenüberliegende Bohrungen der Gehäusehälfte B wird jetzt das größere Gewinde geschnitten, wie das mittlere Bild zeigt. Solange der Motor noch zusammen ist, müssen Sie natürlich darauf achten, daß Sie das Gewinde *nicht ganz* durchschneiden, um die Gehäusehälfte A nicht zu beschädigen. Also Gehäusestärke messen und zwei bis drei Millimeter weniger tief Gewinde bohren. (Nach der Demontage des Motors können Sie das Gewinde ja vollends ganz durchschneiden.)
Jetzt werden von zwei Schrauben, die dem Gewinde der Befestigungsschrauben entsprechen, die Köpfe abgeschnitten und ein Schlitz eingesägt, so daß Sie zwei Madenschrauben haben. Dann prüfen Sie, wie weit sich zwei Schrauben M 10 in das neu geschnittene Gewinde einschrauben lassen, und schrauben die Madenschrauben so weit in die Gehäusehälfte A, rechtes Bild, daß die Abdrückschrauben noch etwa 10 Millimeter Luft bis zu ihrem untersten Gang haben. Die eingesetzten Abdrückschrauben lassen sich in fast allen Fällen mit der Hand so leicht drehen, daß man die Gehäusehälften schon damit auseinanderdrücken kann. Evtl. kann leicht und wechselseitig mit einem Schlüssel nachgeholfen werden. Ein Steckschlüssel *ohne* Stift ist dazu am besten, hiermit hat man das meiste Gefühl. Keinesfalls darf Gewalt angewendet werden! Wenn die Schrauben schwer gehen, dann stimmt etwas nicht. Dann noch einmal nachschauen, ob wirklich *alle* Gehäuseschrauben heraus sind, denn da gibt es bei manchen Motoren reizende Verstecke, von denen dann natürlich auch in keiner Arbeitsanweisung ein Sterbenswörtchen steht. Wenn aber wirklich alle Schrauben 'raus sind, „kommen" die Gehäusehälften wirklich mit Fingerkraft.

Selbstgemachte, behelfsmäßige Aufdrückvorrichtung für Gehäuse.

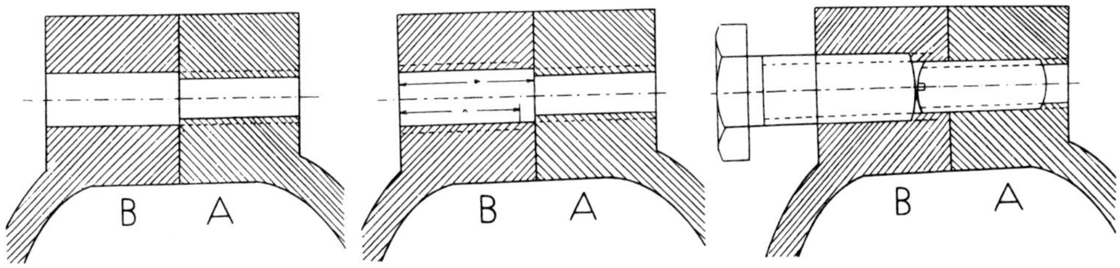

Das Kolbenbolzenauge

Wenn man nun die Kurbelwelle als Austauschwelle vom Werk bezog oder sie in einer erstklassigen Werkstatt überholen ließ, dann ist man sicher, dabei auch gleich ein tadelloses Pleuel bekommen zu haben. Darunter wird verstanden, daß die Hubzapfenachse und die Kolbenbolzenachse nicht nur in parallelen Ebenen liegen, sondern daß sie auch nicht windschief zueinander sind. Wenn also die Welle beim Verpacken oder beim Auspacken nicht etwas abbekommen hat, dann müßte die Parallelität beider Achsen noch erhalten sein. Diese unbedingte Parallelität ist wichtig, denn davon hängt nachher der richtige, fresserfreie Lauf des Kolbens ab. Darauf wird in jedem Lehrbuch mit ein paar Beispielbildern hingewiesen, ich habe bisher auch in jedem Testheft und in jedem Kolbenartikel auf die Möglichkeit eines krummen Pleuels hingewiesen, dennoch habe ich den stillen Verdacht, daß krumme Pleuel wahrscheinlich ebenso selten sind wie abgerissene Pleuel. Eines ist jedenfalls sicher: *Auch durch einen noch so schweren Kolbenfresser kann sich ein Pleuel nicht verbiegen.* Entweder war das Pleuel vorher schon krumm, dann ist der Fresser vermutlich dadurch erst entstanden, oder wurde das Pleuel beim ungeschickten Zylinderabnehmen nach dem Fresser erst nachträglich verbogen. Mir selbst ist es bisher noch nicht gelungen, ein Pleuel zu verbiegen, das letzte verbogene Pleuel hatte ich 1937 in der Hand, und damals ist es mir gelungen, nach fast einem Dutzend Versuchen, das Pleuel wieder geradezurichten, es gehörte zu einer 350er DKW SB. Bei der ganzen Richterei scheint das Pleuel nichts abbekommen zu haben, wenigstens habe ich später nichts mehr von einem Bruch gehört. Seitdem schleppe ich diese Richteanweisung von Artikel zu Artikel mit, habe sie in einer ganzen Menge von Büchern verwendet, die nicht mal alle unter meinem eigenen Namen erschienen sind, und wahrscheinlich haben das auch noch andere Leute von mir abgeschrieben. Ich vermag also auf Ehre nicht zu sagen, ob das verbogene Pleuel sich in den letzten zwanzig Jahren nicht zu einer bloßen Sage vom schwarzen Mann entwickelt hat, den es gar nicht mehr gibt. Um nichts zu versäumen, muß die Geschichte hier dennoch wiederholt werden:

In allen Lehrbüchern finden sich reichlich bebilderte Anweisungen, wie man mit Hilfe eines Lehrdorns, der in die Kolbenbolzenbüchse eingesteckt wird, und mit Hilfe eines Prismas, das auf den Kurbelgehäuseflansch aufgelegt wird, die Parallelität der Kolbenbolzenbohrung zu eben diesem Gehäuseflansch kontrolliert. Sogar in der ersten und zweiten Auflage von „Besser fahren auf NSU“ ist noch ein Bild drin, wie einer mit messerscharfem Blick über diesen Kaliberbolzen peilt, aus der dritten Auflage habe ich es dann herausgelassen, da genierte ich mich bereits. Als Bastler hat man ja weder Prisma noch Lehrdorn zur Verfügung, kann also doch nichts damit anfangen. Wohl aber stehe ich für ein Verfahren gerade, ein verbogenes Pleuel zu finden, mit dem ich eben diesen besagten letzten Fall eines verbogenen Pleuels ermittelt habe:

Dazu muß der Kolben ordnungsgemäß auf dem Pleuel montiert werden, ebenso muß der Zylinder auf das Kurbelgehäuse gesetzt werden, ohne daß aber zunächst dessen Fußschrauben festgezogen werden. Der Motor wird dann ein paarmal durchgedreht, damit der Kolben den zunächst noch losen Zylinder sich selbst zurechtschubsen kann, dann erst werden die Fußschrauben angezogen. (Falls da lange Zuganker zum Zylinderkopf sind, werden da eben Röhrchen drübergeschoben, die bis zum Gewindeansatz der Zuganker reichen, und dann die Muttern aufgesetzt.) Danach wird die Kurbelwelle so weit gedreht, daß der Kolben von unten nach oben wandert. Wenn er im letzten Drittel der Hubhöhe angekommen ist, hält man die Kurbelwelle an. Dann wird aus dem Spritzkännchen rundherum in den Winkel zwischen Kolbenboden und Zylinder ein *dicker* Wulst ebenso dicken Öls geträufelt, danach wird die Kurbelwelle vorsichtig weitergedreht, bis der Kolben im oberen Totpunkt angelangt ist. Überflüssiges Öl wird vorsichtig abgewischt, ohne daß man dabei unnötig viel auf den Kolben drückt. Man läßt jetzt jemanden die Kurbelwelle festhalten, damit der Kolben nicht versehentlich abhauen kann, denn er muß jetzt mit starkem Druck in Richtung

Rechts: Das ist der Mann mit dem messerscharfen Blick, der in allen Lehrbüchern fleißiger Autoren wiederkehrt – dieses Bild haben die Besatzer im NSU-Werk zu zertrampeln vergessen, und so kam es auf bis auf unsere Zeit.

Unten links: Wenn man außer einem Prisma noch einen genauen Dorn hätte, könnte man so kontrollieren – nur hat man den gemeinhin nicht, während es Prismen nicht allzu teuer zu kaufen gibt.

Unten rechts: Prüfung auf Verdrehung – kommt Gott sei Dank nur sehr selten vor und ist zudem ziemlich harmlos. Beide Bilder entstammen dem sehr guten „Werkstatthandbuch für Zweitaktmotoren" von Rauch, für DKWs erschöpfend.

des Kolbenbolzens zunächst gegen die eine Zylinderwand geschoben werden. Bild siehe nächste Seite.

Man sieht deutlich, wie dabei Öl zwischen Kolben und Zylinderwand hochquillt und dort wieder als Wulst stehenbleibt. Hört man jetzt auf zu drücken, so muß der Kolben auf der Seite kleben bleiben, gegen die man ihn gedrückt hat. Wenn er zurückfedert, dann sieht man das daran, daß der herausgedrückte Ölwulst wieder zurückgesaugt wird. Man wiederholt das Verfahren, indem man den Kolben jetzt gegen die andere Zylinderseite drückt und spätestens dabei stellt sich heraus, ob der Kolben an *jeder* Seite kleben bleibt oder ob er von einer Seite wieder zurückfedert. Die Seite, von der er zurückfedert, wird bezeichnet, denn auf die entgegengesetzte Seite zu ist das Pleuel gekrümmt.

Bei meinem geglückten Versuch 1937 habe ich das Pleuel mit zwei großen Engländern gefaßt und gebogen. Ich war zwar der Meinung, nur wenig Kraft dafür aufgewendet zu haben, war aber entsetzt, als selbst dieses Wenige sich schon als Zuviel erwies. Es ging dann eine Mordsgaudi los mit immer wieder Zylinderaufsetzen und Wiederabnehmen, weil ich mich ja jetzt nicht mehr traute, die zu große Biegung durch einen halbwegs energischen Druck wieder

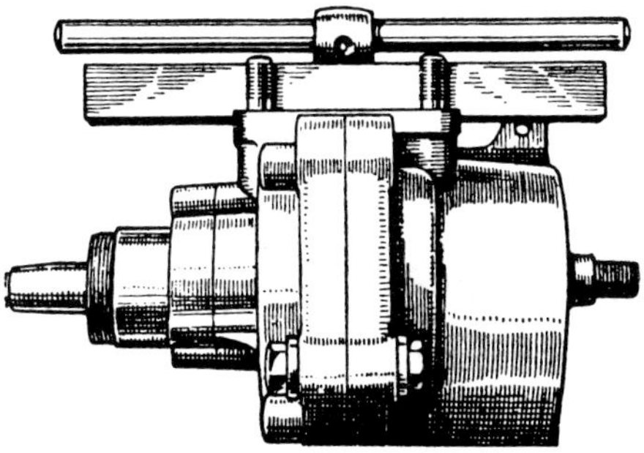

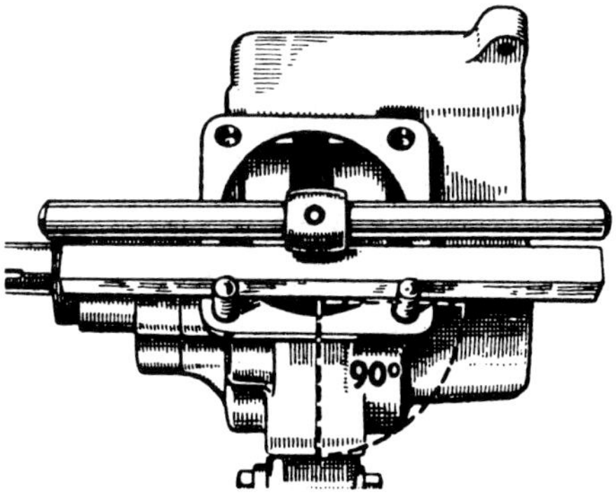

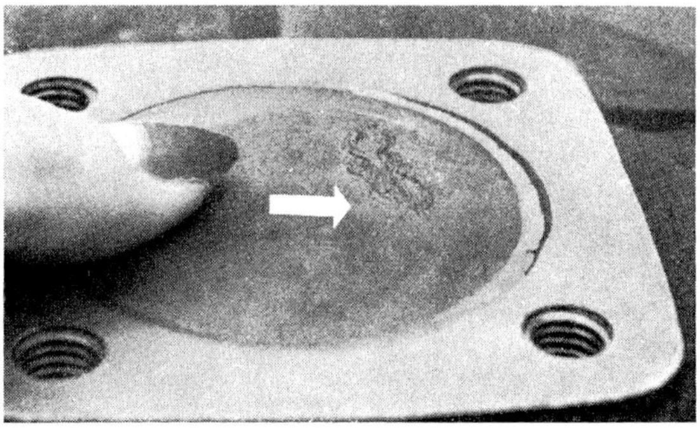

rückwärts zu bringen. Daher auch in allen meinen Artikeln darüber der Hinweis, daß diese Arbeit viel Geduld und viel Versuche erfordere. Ich weiß nur noch, daß ein ganzer langer Sonntag darüber hinging und daß wir fast verrückt wurden, bis zum Schluß der Kolben aber doch richtig saß und von keiner Seite mehr zurückfederte.

Weil wir nun damals in unserer kindlichen Harmlosigkeit zwei ganz gewöhnliche Engländer zum Herumhebeln des Pleuels verwendeten, habe ich nach dem Kriege, als ich Bilder brauchte, auch nur zwei ganz gewöhnliche verstellbare Schraubenschlüssel an ein Pleuel angesetzt und das geknipst, wobei eben auch das hier verwendete Bild herauskam. Falls das also jemand abgeschrieben hat, möge er zwecks Korrektur bei nächster Gelegenheit sehr genau auf das aufpassen, was ich jetzt zu sagen habe:

Anläßlich des abgerissenen Pleuels bei der 175er Catria schrieb ich einige Sätze über die relative Seltenheit von abgerissenen Pleueln. Das trug uns ein paar Zuschriften von Lesern ein, die von abgerissenen Pleueln zu berichten wußten, und diesen Fällen sind wir nachgegangen. Dabei wußte einer der Fabrikanten zu sagen: „Ja, wenn natürlich bei einer Kurbelwelle das Pleuel in den Schraubstock gespannt wird, dann ist es kein Wunder, wenn das Pleuel dabei Druckmarken bekommt und an den Druckmarken später Dauerbrüche ihren Ausgang nehmen!“

Die Sache ist nicht von der Hand zu weisen, denn Schraubstockdruckmarken treten nicht

Ganz links außen: So schiebt man den Ölwulst hoch, der nicht zurückgesaugt wird, wenn der Kolben nicht zurückfedert.

Links: So steht es in jedem Bastelbuch, ist aber gefährlich, wenn man es nicht gut kann.

Rechts: Englisches Rezept, braucht genauen Dorn, hölzernes Widerlager, auch mit Vorsicht zu genießen.

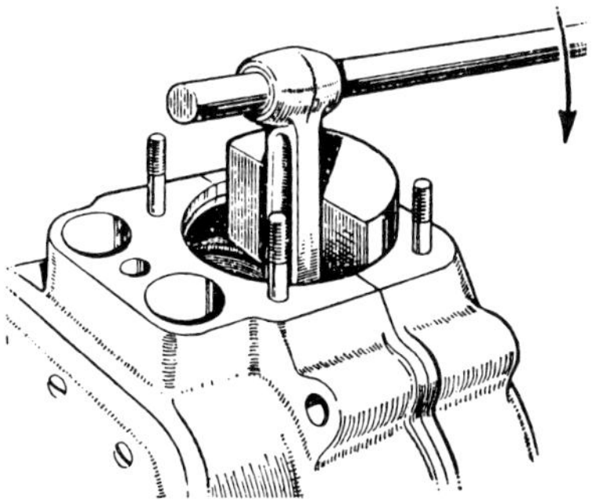

einzeln auf, das ist immer ein halbes Dutzend, und so sehr wird auch ein abgerissenes Pleuel nicht zerschlagen, daß man nachher nicht solch typische Schraubstockmarken noch feststellen könnte. Wenn ich nun bisher an einer ausgebauten Kurbelwelle die Pleuelbüchse zu wechseln oder auch nur nachzureiben hatte, dann habe ich das Pleuel regelmäßig in den Schraubstock gespannt, denn es geht nun einmal nichts über ein zuverlässig festgespanntes Werkstück, daran wird am wenigsten verdorben. Weil aber für mich Kurbelwellen und insbesondere verbogene Pleuel immer etwas Unheimliches an sich hatten, habe ich wahrscheinlich unbewußt immer dafür gesorgt, daß die ganze Kurbelwelle beim Zuspannen des Schraubstocks nicht etwa unter Druck geriet, ebenso grundsätzlich sind bei mir auf einem Schraubstock im Normalzustand stets Kupferbacken drauf, die nur ausnahmsweise entfernt werden, wenn es gar nicht anders geht. Wahrscheinlich haben deswegen Pleuel bei mir noch keine Druckmarken abbekommen, ohne daß ich viel darüber nachdachte. Was aber die scharfe Kante eines Schraubstocks vermag, das vermag auf jeden Fall auch die scharfe Kante eines verstellbaren Schraubenschlüssels, ich muß also vor dem Schraubenschlüsselverfahren warnen. Es dürfte aber keine Mühe bereiten, aus Kupferblech oder Aluminiumblech sich Auflagen für die Schraubenschlüsselbacken anzufertigen.
Man könnte nun noch fragen, warum denn unser SB-Pleuel, das doch bei der gewaltigen Biegerei mindestens ein halbes Dutzend Druckmarken abbekam, nicht gerissen ist. Erstens:

Links: Mit zwei Schlüsseln geht es gut und gefahrlos, Schlüsselbacken werden aber zweckmäßig mit Kupferblechen belegt, damit keine Druckmarken entstehen.

Rechts: Dieser Bruch nahm von einer winzigen Druckmarke (Pfeil) aus seinen Ursprung, kann auch ein Härteriß gewesen sein.

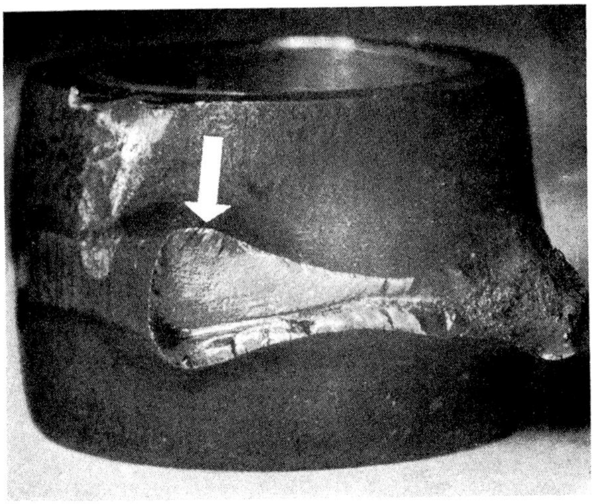

Wahrscheinlich ein weniger festes bzw. hartes Material und damit weniger druckmarkenempfindlich. Zweitens: Für die SB waren 4000 U/min schon gewaltig, außerdem war es ein Zweitakter, bei dem der Kolben stets gegen ein Kompressionskissen läuft. Unsere Viertakter von Catria-Maxi-Parilla-Rasse drehen immer mal auf 9000 hinauf, da zerren die fünffachen Kräfte am Pleuel, ohne daß im Spültotpunkt ein Kompressionskissen da wäre. Für ein Pleuel stellen Verdichtungs- und Verbrennungsdruck nur – kleine! – Teilkräfte dar, maßgebend sind die Verzögerungskräfte der vereinigten Pleuel- und Kolbenmassen in den beiden Totpunkten.
Bei Leuten, die sich mit dem Abschreiben weniger Mühe machen, findet man zuweilen auch die Anweisung, wie ein verbogenes Pleuel angeblich mit einem einzigen Schraubenschlüssel wieder zu richten sei. Ich würde dabei ganz entschieden für das Pleuellager fürchten!
Mehr Vertrauen verdient eigentlich ein Verfahren, das sich in englischen Büchern findet, dabei wird die Kurbelwelle in den unteren Totpunkt gestellt, zwischen Pleuel und Kurbelgehäuseseitenwand wird ein satt passendes Stück Hartholz geschoben und in die Pleuelbüchse ein möglichst genau passender, langer Dorn geschoben. An diesem Dorn kann man dann drücken, ohne daß dabei das Pleuellager verkantet wird. Was mit dem Kolbenbolzenauge selbst geschieht, wenn der Dorn nicht sehr genau paßt, steht aber dahin. Wenn also schon gebogen werden muß, wäre ich doch mehr für das Verfahren mit zwei Schraubenschlüsseln, entschärft durch Kupferauflagen auf den Schlüsselbacken.
Wie gesagt weiß ich aber nicht, woher ein krummes Pleuel kommen soll, wenn nicht irgendwer vorher beim Zylinderaufsetzen oder -abnehmen gewaltig dran gewürgt hat oder jemand gar die Kurbelwelle fallen ließ. Ich glaube nicht, daß eine Pleuelkrümmung auf irgendeine Art im motorischen Betrieb entstehen kann, lasse mich aber gern belehren, wenn das jemand besser weiß.
Bei einer überholten Kurbelwelle ist es dagegen dringend notwendig, die *Bohrung* der Kolbenbolzenbüchse zu prüfen, ob da der Bolzen des dafür bestimmten Kolbens auch tatsächlich richtig sitzt. Das ist gar nicht ohne weiteres gesagt, denn die Kurbelwellenwerkstatt kann sich dabei nur nach einem einzigen Nennmaß richten, während ja bekanntlich beim Kolbenhersteller die Kolben und die Bolzen in bestimmten Gruppen zusammengesucht werden, so, wie eben die Bolzenbohrungen in den Kolben ausfallen. Die Bolzenbüchse im Pleuel wird also sauber ausgewischt, mit dem Finger ein bißchen eingeölt, desgleichen wird der Kolbenbolzen eingeölt und nun muß sich der Bolzen spielfrei in die Büchse einschieben lassen, er darf also keinesfalls wackeln wie hier unten gezeigt. Ein mit dünnem Öl reichlich

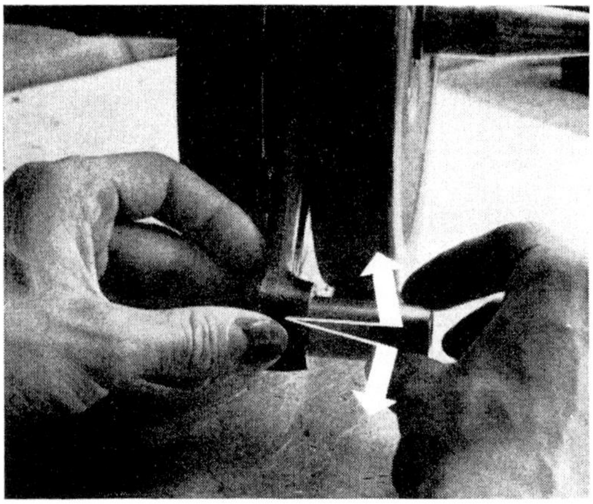

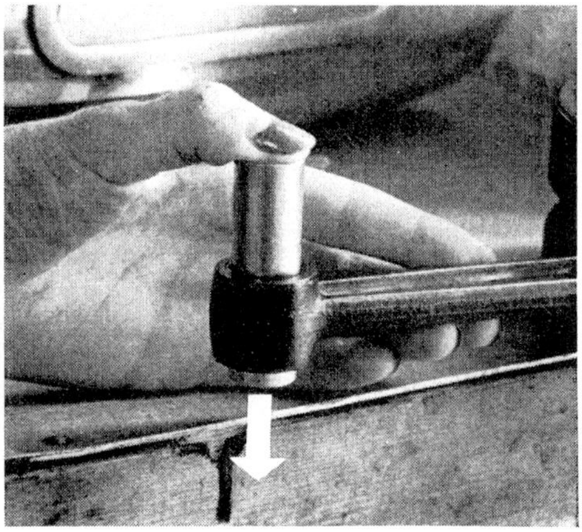

eingeölter Bolzen muß durch das Pleuelauge unter seinem eigenen Gewicht ganz langsam durchsinken, dazu darf höchstens ein ganz minimaler Fingerdruck gehören. Auf keinen Fall darf man ausgesprochen drücken müssen, wenigstens habe ich bis jetzt in *jedem* Fall Kolbenschwierigkeiten bekommen, wenn ein Bolzen durch das Pleuelauge nicht ausgesprochen *leicht* durchzuschieben war. Umgekehrt ist es mir auch einige Male passiert, daß Kolbenbolzen im Pleuelauge ausgesprochen so leicht gingen, daß man sich am Kopf kratzte und sagte: „Na, wenn der mal bloß nicht tickt und nach längstens 1000 km eine Klapperei losgeht!" – Keiner dieser Bolzen hat aber bis heute getickt, keiner hat das Pleuelauge weiter oder oval geschlagen. Wenn also ein Kolbenbolzen im Pleuelauge nicht geradezu wackelt, wenn er bloß ausgesprochen leicht geht oder sehr schnell durchsinkt, dann scheint das harmlos zu sein und ist eher erstrebenswert als eine enge, besonders gut saugende Passung. Vermutlich liegt das daran, daß da oben ausreichend viel Öl wichtiger ist als eine enge Passung, denn wenn infolge unzulässig enger Passung erst einmal das Öl fehlt, dann wird der Pleuelkopf warm, klemmt den Kolbenbolzen erst recht fest und damit geht die Wärmebildung mit Macht los, der Kolbenfresser läßt dann nicht mehr lange auf sich warten.

Man trachte also danach, für den später zu montierenden Kolbenbolzen diese lieber etwas zu weite als zu enge Passung herzustellen. Man macht das mit einer Schnellverstellreibahle, die es für die meist vorkommende Weite von 15,5–18 mm verstellbar schon um runde 14 Mark gibt. Dabei sind die Schneidmesser aus Werkzeugstahl, mit Schnellstahlmessern würde diese Ahle runde 18 Mark kosten, nur sind für uns Schnellstahlmesser eigentlich

Ganz links außen: So darf sich ein Kolbenbolzen nicht wakkeln lassen, nur winzigste Spuren können toleriert werden.

Links innen: Mehr als leiser Druck darf nicht nötig sein, am besten wäre es, wenn der Bolzen mit seinem eigenen Gewicht ganz langsam durchsinkt.

Rechts: Nach einigen hundert Kilometern scharfen Fahrens muß jeder Kolbenbolzen auf solche winzigen blauen Stellen untersucht werden – wenn vorhanden, ist Nachreiben der Büchse unerläßlich.

Unten: Ölbohrungen oder Schlitze ja nicht vergessen, sind ungewöhnlich wichtig.

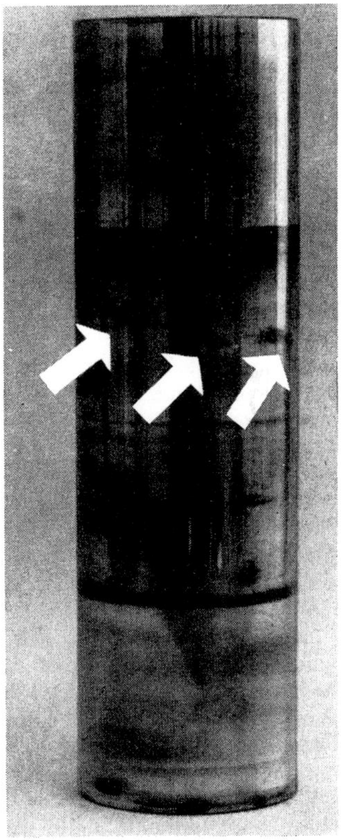

unrentabel, da wir ja auf Lebenszeit immer nur ein paar winzige Spänchen zu reiben haben. Viel wichtiger ist, daß die billige Reibahle höchstens 60 mm Schneidlänge hat, daß man damit also wirklich nur die Pleuelbüchse ausreiben kann, während man doch auch recht häufig später noch auf die Bolzenaugen im Kolben losgehen muß. Dazu wäre eine Langmesser-Reibahle bedeutend schöner, weil die bei 90 mm Schneidlänge im Kolben gleichzeitig beide Bolzenaugen erfaßt, man kann damit also nicht so leicht schief reiben. Eine solche Langmesser-Reibahle kostet allerdings schon 22–23 Mark und das scheint eine beträchtliche Ausgabe zu sein. Diese Anschaffung wird aber rentabel, wenn man daran denkt, daß diese 22 Mark die Versicherungsprämie dafür darstellen, daß es nachher *keine* blauen Kolbenbolzen und keine Kolbenfresser gibt. Die allerdings sind bedeutend teuerer, 50–60 Mark sind da schnell verpulvert.

Um nun eine etwas zu enge Pleuelbüchse ausreiben zu können, spanne ich mit Vorliebe das Pleuel in den Schraubstock, ich glaube nämlich, daß es dabei am leichtesten fällt, die Ahle beim Reiben nicht zu verkanten, also die ursprüngliche Bohrungsrichtung genau beizubehalten. Ich mache es auch so, daß ich die Ahle zunächst in die Büchse stecke, solange sie noch auf wesentlich zu kleinem Durchmesser steht, sie wird dann innerhalb der Büchse ganz leicht angezogen, gerade so, daß sie in der Büchse nicht mehr wackelt. Dann wird sie so zwei- bis dreimal um und um gedreht, man sieht ja danach, ob sich an den Messerkanten Bronzespuren abgesetzt haben, wobei für den Anfang wirklich *Spuren* genügen. Was zuviel herausgerieben ist, kann man ja nicht wieder hineinhexen, man darf es sich also nicht verdrießen lassen, ein gutes dutzendmal mit dem Kolbenbolzen immer wieder zu probieren und die Spannmutter der Ahle immer wieder nur um winzige Winkelbeträge nachzustellen, bis der Kolbenbolzen endlich so paßt wie beschrieben.

Die gebrauchte Reibahle wird tadellos gereinigt, mit *frischem* Öl eingeölt oder mit Caramba besprüht und *nicht* in der Werkstatt aufbewahrt, sondern im Schreibtisch, denn Feuchtigkeitsrost geht ja erst einmal auf die kostbaren Messerschneiden los, auf deren Erhaltung wir auf Jahre hinaus angewiesen sind, solange eben unser Motor leben soll und einer neuen Pleuelbüchse bedürfen wird.

Wenn bei reparierten Kurbelwellen eine neue Pleuelbüchse eingezogen wurde, dann ist nach den ersten tausend Kilometern Laufzeit des wieder zusammengebauten Motors *auf jeden Fall* eine Inspektion des Kolbenbolzens und des Pleuelauges notwendig, denn zuweilen kommt es vor, daß die Büchsenbronze in der Betriebswärme nachträglich noch wächst und so den Kolbenbolzen einklemmt. Es ist nun nicht so, daß der Kolbenbolzen bombenfest säße, bei kaltem Motor ist er doch immer noch mehr oder weniger beweglich, geht aber merklich strammer als beim ursprünglichen Einpassen, und gelegentlich findet man auf dem Bolzen sogar kleine blaue Druckmarken, die ein sicheres Zeichen dafür sind, daß der Kolbenbolzen mindestens zu gewissen Betriebszeiten ziemlich warm ging und festgehalten wurde.

Da rechtzeitig nachreiben zu können, bedeutet nicht mehr und nicht weniger als die Rettung des ganzen Kolbens und des Zylinders. Insofern lohnt sich also die Anschaffung einer passenden Schnellverstellreibahle auch für den Privatmann, der sie nur für den einen eigenen Motor braucht.

Man kann nun dieses Kapitel über Kurbelwellen nicht schließen, ohne auch an das zu denken, was auf die Kurbelwellenstümpfe aufgesetzt werden soll, nämlich Abtriebsritzel. Schwungräder und Lichtmaschinenanker. Diese Teile sitzen nur selten auf einem zylindrischen Schaft, meist auf einem Konus. Sowohl Ritzel wie Schwungscheiben sind außerdem noch aufgekeilt, wozu ebenso fast durchweg Segmentkeile benutzt werden, auch als Woodruffkeile bekannt. Es kommt nun darauf an, daß das Ritzel oder die Schwungscheibe nicht auf dem Keil reitet, siehe Bild, vielmehr muß der ganze Konus tragen und zwischen Keilaußenfläche und dem Grund der Keilnut im Rad muß ein deutlicher Abstand vorhanden sein. Es lohnt sich schon, vom Vorhandensein dieses Luftspaltes sich zu überzeugen, indem man mit einem dünnen Drähtchen in die Nut hineinzuangeln versucht. Man kann auch die obere Keilfläche mit einem farbigen Fettstift einreiben, das Rad darüberschieben, die

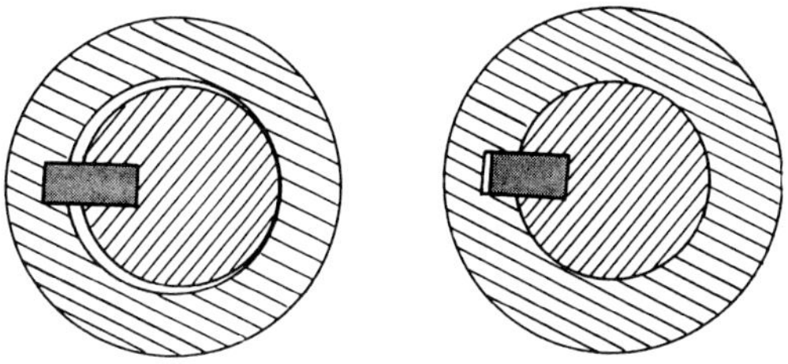

Oben: Auf dem linken Bild reitet die Nabe auf dem Keil, hält nicht, Keil wird immer wieder abgeschlagen.

Auf dem rechten Bild korrekter Sitz des Keils, hält, wenn die Konusflächen voll tragen.

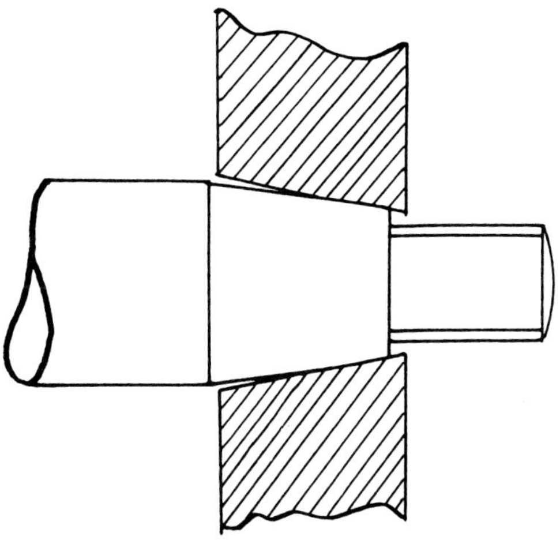

Rechts: Bei solchen Konusfehlern kann der Keil auch nicht halten, bei geringen Fehlern hilft aufschleifen.

Mutter anziehen, wieder lösen und das Rad wieder abziehen – man sieht ja dann, ob die Fettstiftfarbe auf der Keilfläche noch drauf ist oder ob sie heruntergeschunden wurde. Wenn das Rad auf der Keilfläche nur im geringsten reitet, dann muß der Keil das gesamte Drehmoment aufnehmen, denn die beiden Konusflächen tragen ja überhaupt nicht, man darf sich also nicht wundern, wenn der Keil immer wieder abgeschlagen wird. (Bei Zweitaktern mit viel Frühzündung und schweren Schwungmagneten gehört zum Abschlagen eines Keils gar nicht viel, dazu genügt es, wenn der Motor im Leerlauf mit einem ganz harmlosen Vergaserpatscher stehenbleibt.)

Wer das nicht weiß, setzt immer wieder neue Keile ein und ist ein Keil erst fünf- bis sechsmal abgeschlagen worden, dann ist auch der Konus so gründlich verdorben, daß bestes Einpassen des neuen Keils auch nichts mehr hilft. Zuweilen kommt es natürlich auch vor, daß der Anstellwinkel des Konus im Rad und der Anstellwinkel des Konus auf der Welle um eine Wenigkeit verschieden sind, dann können natürlich auch nicht die gesamten Konusflächen tragen, es trägt bloß ein schmaler Ring, siehe Bild, und auch da darf man sich nicht wundern, wenn des öfteren einmal der Keil abgeschlagen wird. Diese Sache mit der Keilabschererei habe ich nun nirgendwo abgeschrieben, früher gehörte das nämlich bei Bootsmotoren zum täglichen Brot. Nach dem Kriege habe ich es bei einigen Foxen auch noch erlebt, ich kann also aus tatsächlicher Erfahrung sagen, daß bei mir bis jetzt immer ein Aufschleifen der Konen geholfen hat. Genau wie beim Ventileinschleifen wird der Konus auf dem Kurbelzapfen zuerst einmal mit Vorschleife in viel Spucke bemalt, Rad oder Ritzel aufgesteckt und herumgedreht. Man zieht es genau wie ein Ventil immer wieder ein bißchen ab, steckt es wieder auf, dreht wieder und so weiter und so fort. Nach einer Weile nimmt man das Rad ganz ab, wischt den Stumpf sauber und sieht jetzt an den Schleifspuren, wo der Konus getragen hat und wo nicht. Es bedarf wirklich keiner besonderen Anweisung mehr, wie lange man mit Grobschliff weiterarbeiten muß, von wann ab man Polierschliff verwenden kann und von wann ab die Arbeit als fertig zu betrachten ist. Wenn erst einmal Keile abgeschlagen worden sind, dann besteht immer die Gefahr, daß der Kurbelzapfen von der Keilnut ausgehend bereits angerissen ist. Diese Anrisse können so fein sein, daß man sie nur mit der Lupe entdeckt, man muß also sowohl vor dem Aufschleifen der Konen wie auch nachher sehr genau untersuchen. Entdeckt man auch nur die winzigsten Anrisse, dann lohnt sich die Weiterarbeit nicht mehr, dann ist eine Wellenreparatur mit einem neuen Kurbelzapfen fällig. In Ermangelung einer Lupe gibt es übrigens noch einen recht brauchbaren Kniff: Man betupft die Ecken der Keilnut mit Caramba, weil das Kriecheigenschaften hat und binnen Minuten auch in einen noch so haarfeinen Spalt hineinkriecht. Das äußerlich anhaftende Caramba wird danach peinlich wieder abgewischt. (Ein Blättchen Lokuspapier tut dafür viel bessere Dienste als der ja immer etwas ölige Werkstattputzlappen, es kommt darauf an, die Konusfläche so frei von Öl zu bekommen, wie nur irgend möglich.) Sodann malt man rund um die Ecken der Keilnut herum ein bißchen Zahnpasta, aber wirklich nur sehr dünn, womöglich mit dem Aquarellpinsel. Bis eben eine ganz dünne, aber gleichmäßige Tüncheschicht auf dem Konus liegt. Man kann jetzt weiter nichts tun, als sich hinwegbegeben und am anderen Tag nachprüfen: Da ist dann die Zahnpaste tatsächlich zu trockener Tünche geworden, und falls im Konus wirklich Haarrisse waren, dann ist inzwischen das Caramba aus den Haarrissen herausgezogen und zeichnet sich in der hellen Tünche deutlich ab. Kurbelzapfen also wegschmeißreif.

Arbeiten, die man nicht selbst macht

Vielleicht wird man vermissen, daß in diesem Kurbelwellenbandwurm nicht geschildert wird, wie man eine Kurbelwelle mit der Meßuhr auf Schlag prüft, wie das vor allem in sämtlichen englischen Handbüchern zu finden ist. Bei der englischen Bauweise, wo Hubzapfen und Achszapfen mit Konen in den Schwungmassen sitzen, ist ein Richten zur Not noch im Bereich des Bastlers, nicht aber bei den meisten deutschen Kurbelwellen, die seit langem mit zylindrischen Zapfen zusammengepreßt werden. Wenn man da auch Schlag feststellt, kann man selbst eh nichts ausrichten, denn dazu genügt nicht einmal ein noch so langer Hebel zum Drücken, man muß auch wissen, wie der anzusetzen ist und wo man gegenhalten muß, um den Schlag nicht noch größer zu machen oder woanders einen ganz neuen Schlag hineinzubringen. Oder denke man an eine im Stück geschmiedete Zündapp-Welle – da erscheint jedes Selbstrichten hoffnungslos.
Nur noch ein Rat für Veteranenmaschinen, Rudge, MAG und so: Als diese Maschinen neu waren, wußte man noch nicht viel von Dauerbrüchen und Kerb-Anrissen. Da kommt es also immer mal vor, daß ein Pleuelzapfen mit typischem Dauerbruch von einer Ölbohrung ausgehend bricht. Dabei kann der Bruch ohne weiteres so liegen, daß die Konen in den Schwungscheiben *scheinbar* noch tadellos sind, man ist also versucht, lediglich einen neuen Zapfen zu verwenden, also die Schwungscheiben zu belassen. Vermutlich funktioniert das sogar ziemlich oft, denn in den ganzen Jahren, in denen ich selbst noch eine MAG fuhr, hörte ich nie, daß eine Kurbelwelle mit nicht sichtbar angeschlagenen Konen nicht reparierbar gewesen wäre. Jetzt macht uns aber ein Leser darauf aufmerksam, daß auch bei scheinbar nicht lädierten Konen diese doch so verdrückt sein können, daß der neue Hubzapfen in aller Kürze wieder bricht. Dann sind eben neue Schwungscheiben dran.
Auch über das Abziehen von Kugellagern kann hier nicht gut geschrieben werden, da deren Anbringung viel zu unterschiedlich ist. Zuweilen sitzen die Lager fest auf dem Zapfen und ziehen sich von selbst aus den Aufnahmen in den Kurbelgehäusehälften, zuweilen sitzen sie lose auf den Zapfen und fest in den Gehäusehälften, zuweilen bleibt auch nur der Innenring auf dem Zapfen, während Außenring und Käfig im Gehäuse bleiben. Ich helfe mir so, daß ich bei einem unbekannten Motor zunächst alle Gehäuseschrauben ziehe – man muß da sehr genau nachsehen, um keine versteckte Schraube zu übersehen – und mit dem Gummihammer die Gehäusehälften in der Trennfuge lockere. Bevor ich dann die Hälften wirklich auseinanderziehe, wird mit der Lötlampe rund um den Kurbelwellendurchtritt herum die eine Gehäusehälfte knapp spuckheiß gemacht. Da braucht man dann beim Auseinanderziehen weder besonders zu zerren noch kann etwas festhängen, und ist die Geschichte erst mal auseinander, dann sieht man ja, wie der Kram zusammenhängt und was sich von wem gut lösen läßt.

Ganz brutaler Riß, in dieser Deutlichkeit selten.

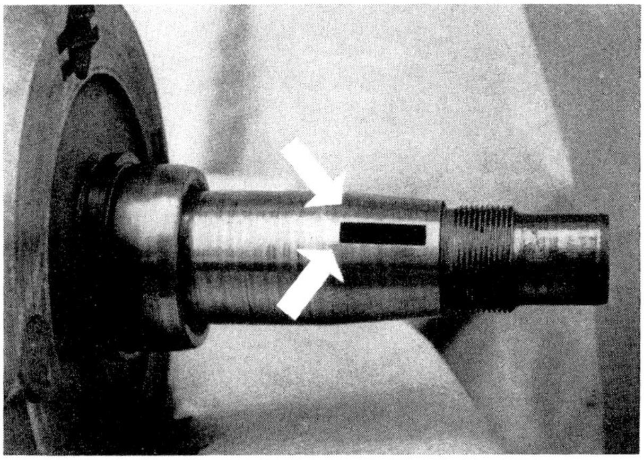

Erst geht es hier mit winzigen Anrissen los, mit Lupe untersuchen oder Ölprobe mit Zahnpaste.

Zum Schluß noch eine Warnung: Wenn man erst mit den Fingern in die Trennfuge fassen und eine Gehäusehälfte bald abheben kann, wird der Motor auf die Seite gelegt. Man achtet darauf, daß irgendwelche Beilagscheiben auf Kurbelwelle, Getriebewellen oder Schaltwellen nicht herunterfallen können und daß vor allem im Getriebe nichts durcheinanderfällt. Ich ziehe da immer nur millimeterweise und sehe immer wieder nach, ob von innen etwas mitgeht und ob sich das nicht wieder in die noch liegende Gehäusehälfte zurückschieben läßt. Die glücklich abgehobene Gehäusehälfte wird genau untersucht, ob da nicht irgendwelche Teile nur mit Öl festgepappt sind – es wird genau notiert, was da ist und wie herum es klebt und steckt. Ebenso wird notiert, was auf dem Kurbelwellenstumpf noch steckt und wie das Getriebegedärm zusammensteckt – das kostet samt Händewaschen längstens eine Stunde, spart aber zwanzig Stunden Probiererei beim Wiederzusammenbau, weil man so nichts falsch zusammenstecken kann.

Kolben

Vollgasfestigkeit

Einfahrsorgen

Warum erst lange darum herumreden: Ein Motorradmotor läuft selbst unter schwierigen Umständen in weniger als 500 Kilometern Laufstrecke tadelfrei ein. Im Ausnahmefall kann man noch einmal 500 km dazugeben – was aber dann nicht vollgasfest ist, das ist entweder mit Kolbenfehlern behaftet oder falsch einreguliert.

Die üblichen Einfahrvorschriften der Industrie dienen weniger dem Einlauf – das weiß man dort seit -zig Jahren –, sondern vielmehr dem Bedürfnis, ein Motorrad über die ersten 6 Monate bzw. 6000 km Garantiefrist wegzubringen und den Händlerwerkstätten keine Arbeit zu machen, der diese Werkstätten sowieso nicht gewachsen sind. Ob ein Motor Kolbenfehler hat, kann nur der Benützer feststellen, dessen Arbeitszeit nichts kostet. (Im Werk kann man deshalb Kolbenfehler auch nicht von vornherein vermeiden, die müssen in einem bestimmten Prozentsatz in Kauf genommen werden.) Kolbenfehler zu beseitigen ist zeitraubend, nachher eine sichere Einstellung zu finden ist noch zeitraubender. Würde man darauf bestehen, diese Arbeiten von Fabrik oder Werkstatt gemacht zu bekommen, dann müßte jedes Motorrad annähernd drei- bis vierhundert Mark mehr kosten.

Im hier folgenden Abschnitt steht zu lesen, wie man einen Motor absolut vollgasfest hinkriegt. Das kostet viele Fahr- und noch mehr Schlosserstunden. Wenn das jemandem zuviel ist, kann er es ja bleiben lassen – dann soll er aber nicht uns löchern, wenn sein Motor nach ein paar tausend bummeligen Einfahr-Kilometern immer noch nicht vollgasfest ist.

Neuer Motor oder ausgeschliffener Zylinder

Grundeigenschaft: Beide müssen eingefahren werden. Der Vorgang ist jedesmal derselbe, denn das, was sich der kleine Moritz auf Grund jahrelang angehörten Werkstattgeschwätzes unter einem Einlaufvorgang vorstellt, spielt sich ausschließlich zwischen dem Kolben, dessen Ringen und der Zylinderlauffläche ab. *Nur!* Nichts sonst bei einem Motorrad könnte überhaupt oder müßte gar einlaufen.
Unter „Einlaufen" wird verstanden, daß

- Fertigungsrauhe Flächen sich gegenseitig glätten und daß
- von der Fertigung her auf Gleitflächen befindliche Unreinigkeiten in Gestalt von Schleifkornsplittern und winzigen Spänen abgelöst werden, bis die gereinigte Oberfläche zurückbleibt.

Insoweit ist das landläufige Geschwätz sogar richtig, nur macht man sich gemeinhin falsche Vorstellungen über die Zeit und den Umfang beider Vorgänge.
Die einzigen fertigungsrauhen Flächen bei einem Motorradmotor finden sich auf der äußeren Lauffläche der Kolbenringe, die man mit voller Absicht *rauh* bearbeitet hat. Während Ober-, Unter- und Innenseite des Kolbenrings blank, ja sogar hochwertig geläppt – also poliert – sind, ist die Außenseite, die auf der Zylinderfläche läuft, samtig schwarz, also rauh. Das ist auch die einzige Fläche, die überhaupt glattlaufen *kann,* alle anderen Gleitflächen in einem Motor einschließlich der Zylinderbahn, können gar nicht mehr einlaufen, weil sie schon eine so hochwertige Oberfläche haben, daß die nicht mehr glatter, sondern höchstens rauher werden kann. Eine neue Zylinderbahn zeigt schon durch ihren Glanz, daß sie schon größtmögliche Glätte besitzt, sie wird im Laufe des Betriebes nicht mehr glatter, sondern nur noch rauher. Das heißt nicht mehr und nicht weniger als:

- **An einem Motorrad ist außer den Kolbenringen nichts einzufahren.**
- **Wenn auf irgendeine Beanstandung hin eine Werkstatt erklärt: „Das läuft sich noch ein, damit müssen Sie nur vorsichtig umgehen!" – dann ist das Unsinn, dahinter steht nur ein Murks, den die Werkstatt nicht beseitigen will oder von dem sie nichts ahnt. Die Behauptung, irgend etwas liefe sich noch ein, ist ein Trost für Laien.**

Auf die Gefahr hin, es wieder einmal mit einem „Fachverband" gründlich zu verderben, muß noch ein Trick verraten werden: Es gibt sogar Zylinderschleifereien, die bei schlechter Arbeit den reklamierenden Kunden erst mal dumm zu machen versuchen – zuletzt im Mai 1958 dagewesen. Irgend ein Kuli in der Schleiferei spannt den Zylinder auf, bohrt aus und vergißt, das Ding zum Honen zu geben. Der Kunde reklamiert den rauh-stumpf aussehenden Schliff, und der Meister weiß nichts Besseres, als da lang von Einlaufen und „Honen-unmodern-geworden" zu faseln, statt den Zylinder kurzerhand nachzuhonen, was zwar berechnet, aber vergessen worden war. Also: Ein neuer oder ausgeschliffener Zylinder hat eine spiegelnd blanke Innenfläche, und wenn da überhaupt Bearbeitungsspuren zu sehen sind, dann dürfen das erstens nur allerfeinste, nur in scharfem Seitenlicht sichtbare Riefen sein, die zudem nicht rundum, sondern deutlich in einer Art Schraubenlinien laufen, und zwar überkreuz –, das kommt von den Honsteinen. Gehont wird nach dem Feinschleifen seit den dreißiger Jahren, auch in hochglänzend gehonten Zylindern laufen neue Kolbenringe anstandslos ein, es gibt überhaupt keinen Grund, einen geschliffenen Zylinder nicht zu honen, und wer diesbezüglich daherredet, hat eine Schlamperei zu verbergen.
Für alles, was an einem Motorrad auftritt, läßt sich eine Erklärung finden und damit eine Abhilfe – nur kostet das eben eine Arbeitsleistung. Wenn irgend etwas stramm geht, muß da

nachgearbeitet werden, sei das Wälzlager, Buchsenlager, Zahnradpaar, Stößelführung oder was auch immer, weil alle diese zu engen Passungen niemals einlaufen, aber entweder bis zur Unbeweglichkeit festfressen oder durch häufiges stellenweises Fressen und Wiederlosbrechen in kürzester Frist abnützen.

Wenn also ein neugekaufter oder überholter Motor nicht auf Leistung kommt, wenn er sich hochheizt, daß alles dran raucht, daß man sich sogar am Kurbelgehäuse die Finger verbrennt, dann hat das nichts mit dem Einlaufzustand zu tun, sondern mit irgendeiner falschen Passung, da klemmt irgend etwas und heizt sich deshalb hoch. Also muß die Klemmstelle gesucht und beseitigt werden.

Nun hat der Motor eines neuen Motorrades im Werk wenigstens 10, meist 20 bis sogar 60 Minuten gelaufen, dabei ist er für einige Sekunden sogar mit Höchstleistung gelaufen. Hätte der Motor dabei die Höchstleistung nicht erreicht, wäre er gar nicht auf das Montageband weitergewandert – der Motor ist also zwischen Zylinderkopf und Abtriebsritzel einwandfrei, d. h. ohne *grobe* Fehler.

Hat ein bereits gelaufener Motor einen neuen Kolben und einen ausgeschliffenen Zylinder bekommen, blieb aber Kurbelwelle und Getriebegehäuse unberührt, dann müßten diese eigentlich noch fehlerlos sein, wie sie vor dem Ausschleifen waren – wenn niemand ein Stück Kolbenring oder derlei in das Kurbelgehäuse fallen ließ. Bevor man nun den neuen Kolben auf das alte Pleuel steckt, prüft man zwei Dinge:

1. Sitz des zum neuen Kolben gehörigen Bolzens in der Pleuelbüchse,

2. Sitz des Bolzens in den Kolbenaugen.

Gewöhnlich paßt der Bolzen nicht ins Pleuelauge. Geht er lediglich schwer oder gar nicht, dann reibt man auf – mit einer scharfen Reibahle mit wenig Vorschub bzw. Spannung, wie Seite 70 bis 72 beschrieben. Wackelt dagegen der neue Bolzen, dann muß im Pleuelauge die alte Büchse aus- und eine neue eingezogen werden. Behandlung ist im Kurbelwellenkapitel ausführlich beschrieben. Diese Arbeit verlangt sehr viel Geduld, die man von einem bezahlten Mann eigentlich nicht verlangen kann, schon gar nicht mit Preislisten-Richtzeiten, so etwas macht der feine Mann selbst.

Inzwischen geäußerter Lesereinwand: Es ist doch Murks, die feinstgebohrten, spiegelblanken Pleuelbüchsen mit der Reibahle zu vermetzgern! In der Tat, das ist Murks, die Ahlenmesser schaffen zwar auch eine blanke Fläche, die ist aber nie so gut wie die feinstgebohrte Fläche. Aber: Eine zu enge Passung ist noch sehr viel schlimmer als eine nicht tadellose Fläche. In einer zu engen Passung wird der Bolzen blau und frißt selbst die Feinstfläche in Kürze kaputt, so etwas wird auch nie wieder heil. Bei einer auf richtiges Spiel aufgeriebenen Fläche mit weniger gutem Spiegel bleibt aber der Bolzen heil und erfahrungsgemäß steht auch die geriebene Bohrung ewig und drei Tage. Auch bei schwer gejagten Hochleistungsmotoren.

Einige Leserzuschriften berichten von guten Erfahrungen mit Holzknüppeln und Schleifpaste oder rumgewickeltem feinstem (Polier-) Schmirgelleinen. Damit finden sie den entschiedenen Widerspruch altgedienter Maschinenbauer, für die es Grundsatz ist, Bronzelager niemals mit körnigen Schleifmitteln zu behandeln – ein zweifelsfrei guter Grundsatz, wenn es um Wellen, also *rotierende* Bewegung geht. Die aber bei Kolbenbolzen *nicht* gegeben ist. Nach allem, was sich da bisher feststellen ließ, scheint bei Bolzenaugen und Pleuelbüchsen auch ein Nach*schleifen* noch zulässig zu sein. Ganz ausgekocht ist aber der Trick eines anderen Lesers: Der reibt zwar mit einer scharfen Reibahle, bis der Bolzen nur noch eine winzige Idee zu stramm geht. Dann nimmt dieses kluge Kind eine Ahle mit stumpfen Messern und reibt damit noch mal durch, auf diese Art also weniger spanabnehmend als drückend, Oberfläche verdichtend. Sicher nicht schlecht, wenn ich natürlich auch noch keine Gelegenheit hatte, das zu probieren.

Oben: Schlagspuren ausgebrochener Ringsicherungen und abgebrochener Ringstücke, wahrscheinlich brutale Montage.

Rechts: Ganz unverkennbar herausgesprungene Stahldraht-Bolzensicherung, der Monteur war ein Schlamper, der Fahrer ein Barbar.

Richtiger Sitz: Der leicht geölte Bolzen muß langsam durch die Pleuelbüchse sinken, siehe Bild Seite 70.

Genau so wird beim nagelneuen Kolben der Bolzensitz geprüft. An einem Wintermorgen in der eisigen Werkstatt braucht der Bolzen im Kolben allerdings nicht zu laufen, er muß aber mit zwei Fingern – also nicht etwa mit starkem Handballendruck! – wackelfrei durchzuschieben sein, wenn der Kolben auf der Heizung so weit erwärmt wurde, daß man feststellt „grade warm, noch gut anzufassen, nicht ausgesprochen heiß". Geht aber der Bolzen erst durch, wenn der Kolben dazu richtig heiß gemacht werden muß, daß man ihn nur noch mit einem Lappen anfassen kann, dann müssen die Bolzenaugen wohl oder übel nachgerieben werden. Auch hier gilt, daß richtige Passung bedeutend wichtiger ist als feinstgebohrte Flächen. Also auch wieder winzigste Spänchen reiben. Und lieber zwanzigmal als nur zehnmal vergeblich probieren, ob der Bolzen nun endlich durch den höchstens „hosentaschenwarmen" Kolben gerade eben durchgeht.

Danach kann man den Kolben aufstecken – dazu sucht man aber einen etwa vorhandenen Pfeil auf dem Kolbenboden – der muß nach vorn zeigen, da hin, wo das Motorrad hinfährt. (Zwar ist das bei den meisten Motorradmotoren wurscht, aber nicht bei allen, weil bei einigen die Bolzenbohrung aus der Kolbenachse heraus seitwärts verlegt ist. Weil man nie weiß, ob das zutrifft – sehen kann man es nicht – läßt man den Pfeil immer in Laufrichtung zeigen.)

Ringsicherungen aus Federdraht lassen sich mit der Langschnabelzange einsetzen – darauf achten, daß sie auch wirklich sitzen. Seegerringe werden nicht mit der Spitzzange und schon gar nicht mit Reißnadel oder Schraubenzieher hineingewürgt, sondern mit einer richtigen Seegerzange – siehe Werkzeug-Kapitel. Hier empfiehlt sich größte Sorgfalt – lose, nicht richtig sitzende Bolzensicherungen schlagen die Bolzenaugen aus, in ganz unverkennbarer Weise.

Diese Ausprеßvorrichtung rechts gilt noch als ehrbares Handwerkszeug (Gott schütze die Kunst) und ist in jedem honorigen Werkzeugkatalog zu finden. Nur eine stets dem Fortschritt dienende, zielstrebig weiterentwickelnde Industrie konnte bis auf unsere Tage dem Grubenhund enger Bolzenpassung anhängen. Bitte nicht benützen, lieber mit der Lötlampe den Kolben aufheizen, bis der Bolzen sich von Hand ausdrükken läßt, dann nachreiben.

Bild unten: Galt noch 1954 als ehrbare Fabrikeinrichtung, um die Kolben anzuwärmen. Der Bolzen muß in den kalten Kolben einzuschieben sein.

Findet man so etwas wie die beiden Bilder auf der Seite hier drüben bei der Demontage eines Motors, dann kann man getrost Schadenersatzansprüche an den Mann stellen, der zuletzt den Zylinder herunter hatte – auch Bolzensicherungen werden nie von selbst lose, so etwas ist immer nur Schlamperei dessen, der den Kolben montiert hat.

Dieses Gabelbrettchen erleichtert das Zylinderaufsetzen erheblich, man sollte es sich zu allererst machen.

So lassen sich die Kolbenringe rundherum eindrücken, bis der Zylinder ganz von selbst drüberrutscht.

Sitzt endlich der Kolben, wird der Zylinder übergestülpt. Natürlich kann man das freihändig tun, zuweilen bleibt einem am Straßenrand nichts anderes übrig. Zu Hause sollte man aber nicht murksen, sondern aus einem flachen Holz, einem Sperrholzbrettchen oder so, eine zweizinkige Gabel machen, zwischen deren Zinken das Pleuel paßt und die man gerade zwischen die Zuganker auf dem Kurbelgehäuseflansch stecken kann. Da drauf ruht der Kolben sicher und man kann mit beiden Händen den noch so schweren Zylinder ohne weiteres bis zum obersten Kolbenring schieben, dort erst mal steckenlassen und in Ruhe diesen obersten Kolbenring mit einem Durchschlag oder einem Schraubenzieher rundrum in seine Nut drücken – dabei rutscht der Zylinder dann von selbst um diese Ringhöhe tiefer bis zum nächsten Ring. Dabei hatte ich noch nie die geringsten Schwierigkeiten – es ist mir unerfindlich, wie Leute es fertig bringen, dabei Ringe abzubrechen oder bei Zweitaktkolben gar Ringsicherungen herauszubrechen. So etwas sieht man aber nachher, das geht immer zu Lasten des Zylinderaufsetzers. Natürlich kann man sich auch einen Blechbügel selbst machen, mit dem man alle Ringe zugleich in ihre Nuten drückt, wobei der aufgesetzte Zylinder dann den Blechbügel wegschiebt – ein ordentlicher Mensch nimmt sich irgendwann mal bei den Ohren und macht so etwas. (Ich hatte noch keine Zeit dazu, ich muß viel zu viel Artikel über das schreiben, was ein ordentlicher Mensch eigentlich alles tun müßte.)

Der aufgesetzte Zylinder wird nicht sofort festgeschraubt – man setzt zwar die Fußmuttern auf – falls Zuganker da sind, wird eben der Kopf mit aufgesetzt und die Muttern lose draufgedreht – und dann wird etliche Male durchgetreten, damit der noch bewegliche Zylinder dem Kolben folgen kann, dann erst werden die Muttern angezogen.

Eigentlich müßte man jetzt als ordentlicher Mensch – schon wieder! – die bekannte Probe auf verbogenes Pleuel machen, siehe Kurbelwellenkapitel. Ich habe mich aber seit Jahren nur noch auf mein gutes Glück verlassen und siehe da, seitdem hatte ich auch kein krummes Pleuel mehr. Bei Zweitaktern kontrolliert man auch in unterer Totpunktstellung, ob die Kolbenoberkante die Schlitze ganz freigibt, man kann das sowohl von oben her sehen wie auch durch die Auspuffstutzen von außen her. Es ist zwar nicht handwerksüblich, aber technisch ohne weiteres zulässig, die Kolbenoberkante so weit zu befeilen, daß Auslaß- und

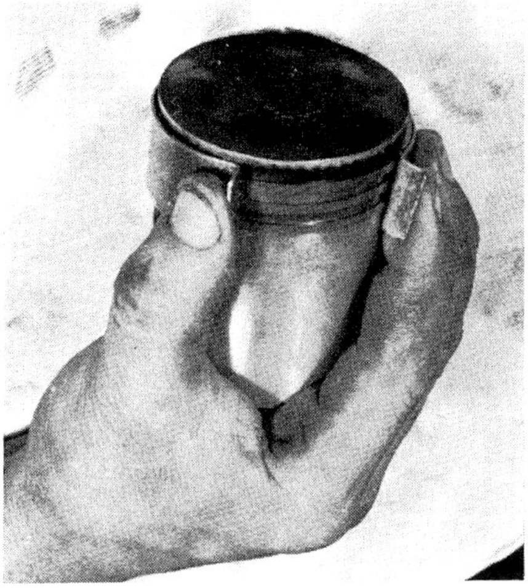

Feine Leute haben so ein Blech, das natürlich für jede Kolbengröße eigens gemacht werden muß.

Der Kolben kann dem Auslaßschlitz angepaßt werden. Scharfe Übergänge – Pfeile – sind zu vermeiden, gut ausrunden.

Überströmschlitze voll freigegeben werden. Man kann das aber ebensogut auch im Laufe der nächsten Einlaufinspektion machen.

Heute haben nur noch die wenigsten Motoren eine Kopfdichtung – wenn aber im Originalzustand eine drauf war, kommt wieder eine drauf. Und zwar eine *neue* Originaldichtung, ganz gleich, ob das eine Asbestgewebedichtung oder eine Lamellendichtung ist. Ist eine Originaldichtung um keinen Preis der Welt zu beschaffen, lasse man sich nie verleiten, etwa eine Aluminiumdichtung zu verwenden oder selbst aus einer Folie zu schneiden – Aluminium steht nicht, wird in der Hitze weich und quetscht sich friedlich heraus. Wenn eine Kopfdich-

Lamellendichtungen nur weiterverwenden, wenn der Innenbördel völlig unbeschädigt ist. (Brandspuren!)

Aluminiumdichtungen kriechen in der Hitze wie Gummi und dichten nicht mehr.

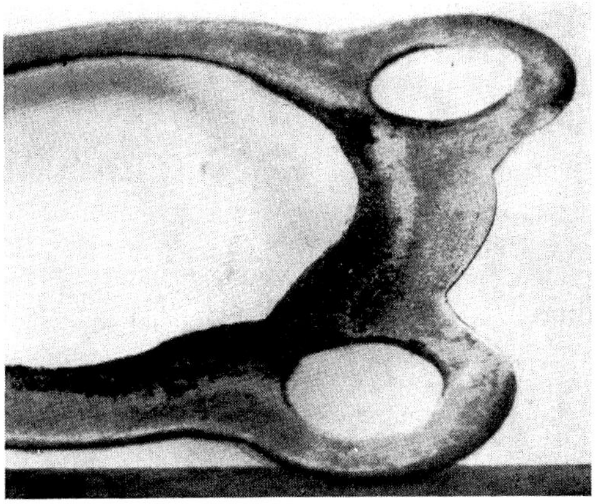

Nicht nur Dichtung, auch Wärmeisolierung, drückt sich zusammen, gelegentlich erneuern, ist besser.

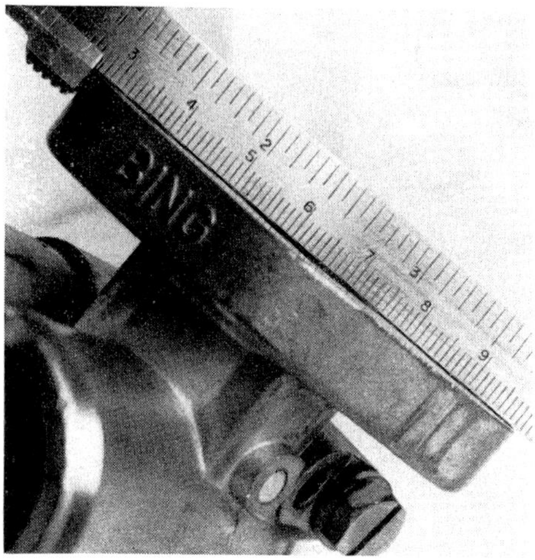

Vergaserflansch muß genau auf Ebenheit kontrolliert werden.

tung schon neu gemacht werden muß, dann aus Kupfer, das man in der Flamme des Gaskochers weichglüht – man kann es dann mit der Nagelschere genau ausschneiden, zwischen zwei Brettchen oder auf dem Küchenboden plan klatschen und danach noch mal kurz weichglühen.

War der Vergaser mit einem Flansch an den Zylinder angesetzt, dann kommt erst mal die alte, dicke Dichtung runter, eine neue Dichtung ist sicherer (Bild). Der Flansch am Zylinder ist gewöhnlich noch plan und braucht nur von Dichtungsresten gesäubert zu werden. Auf jeden Fall wird aber der Vergaserflansch kontrolliert, ob er noch plan ist, notfalls wird er mit einer großen und breiten Schlichtfeile wieder plan gerichtet – diese Vergaserflansche sind bei älteren Motoren gelegentlich schon mal krummgezogen (Bild oben).

Auch hier haben Leser wieder ihre Methoden beigesteuert: Was tut man, wenn man keinen Schraubstock hat? (Sauber feilen läßt sich ja nur, wenn man das Zeug wirklich festspannen kann.) Also: Tischplatte, darauf Glasplatte, weil die hinreichend eben ist, darauf ein Blatt Schmirgelleinen, „Gesicht" nach oben, und darauf wird der Vergaser mit der zu planierenden Fläche einfach rumgerieben. Das heißt natürlich, daß auch das nicht ganz so einfach ist, wenn man schief aufdrückt – da kann einer ganz schön ballige Flächen hinkriegen. Zwar ist die Methode für den Ungeübten etwas sicherer als Feilarbeit, wenn aber, tut man gut, abwechselnd in zwei annähernd zueinander rechtwinkligen Richtungen zu scheuern, da sieht man dann an den Riefen, ob man in einer Richtung schief gedrückt hat.

Das alles ist zwar für die Verhältnisse eines Anfängers ziemlich viel, wenn man auch nur bei der Montage eines ausgeschliffenen Zylinders darauf achten muß – es ist aber im Grunde doch einfach, denn es sind ja nie alle Fehlermöglichkeiten zugleich anzutreffen. (Man sieht aber, was alles vermauert werden kann, wenn eine Werkstatt nicht auf dem Kien ist.) Man kann jetzt zusammenbauen, Zündung einstellen nach Handbuchwert, Vergaser auch nach Handbuch, und mit dem Ding auf die Straße gehen.

Die ersten hundert Kilometer

Beim werksneuen Motor kein Problem. Man kann ihn – da er ja schon gelaufen hat – vom Fleck weg mit ziemlich viel Gas fahren. Richtwerte: In der Ebene im Vierten kann er mit 80% der Höchstgeschwindigkeit gefahren werden, sofern dazu nicht gerade Vollgas nötig ist. In Steigungen und bei viel Gegenwind ist die Geschwindigkeit gleichgültig, man zieht dann das Gas nur zu ⅔ auf, ganz gleich in welchem Gang und bei welcher Geschwindigkeit. Man fährt eben nicht Vollgas. Bummeln ist aber witzlos, damit tut man weder dem Motor noch sich selbst einen Gefallen, laufenlassen ist viel wichtiger, der Motor soll ja *unter Last* warm werden. Nach 25–30 Kilometern zieht man auf einem ebenen Stück mal Vollgas auf und achtet darauf, ob der Motor dieses Vollgas „annimmt", *ob er also lebhaft anzieht und beschleunigt.*

Fabrikneue Motoren werden das tun.

Ausgeschliffene und erstmals zusammengebaute Motoren werden es meist *nicht* tun – der Motor beschleunigt zwar, aber *sehr* müde. Dann wieder Gas zurück, auf ⅔ und noch mal 25 bis 30 km draufsetzen. Dann wieder Vollgas – da wird er schon wesentlich lebendiger wegziehen, denn nach 50–60 km tragen die Kolbenringe schon rundherum, wenn auch vielleicht noch nicht überall in der ganzen Höhe.

Hat der Motor diesen Beschleunigungsversuch mitgemacht, dann läßt man das Gas mal eine ganze Minute lang *voll* offen – zwei Finger auf der Kupplung, Kopf etwas gedreht, damit man den Motor gut hört, falls er den Ton ändert oder gar klemmen will – dann natürlich schleunigst Gas weg und auskuppeln. Aber auch nach einer glatt verlaufenen Vollgasminute Gas wieder auf ⅔ zurück, denn jetzt ändert sich die Fahrtaktik.

Falls die erste Vollgasminute vertragen wurde:

Ein bis zwei Kilometer mit ⅔ Gas, dann wieder eine Minute voll. Wieder zwei Kilometer mit ⅔ Gas, dann wieder eine Minute voll. Man wird nach einem halben Dutzend solcher Spiele – die rund 20–25 Kilometer in Anspruch nehmen – feststellen, daß der Motor von mal zu mal mit mehr Schwung wegzieht. Darauf läßt man Vollgas mal länger als eine Minute stehen, sagen wir mal zwei – immer Finger an der Kupplung und ein Ohr nach vorn. Es ist Geschmacksache, ob man auch das Zweiminutenspiel und dann ein Dreiminutenspiel exerzieren will – vielleicht bringt das ein höherer Ministerialbeamter fertig. Ich hatte dazu noch nie die Geduld. Wenn bei mir ein Motor im Laufe der ersten paar Minutenspiele immer lebendiger wurde, dann ließ ich noch immer – also gegebenenfalls schon nach fünfzig bis sechzig Gesamtkilometern – Vollgas gleich für mehrere Minuten stehen, vor allem auf der Autobahn, die sich hervorragend zum Einfahren eignet. Meist vertrugen die Motoren dieses Dauervollgas anstandslos, zuweilen wurden sie auch deutlich erst mal müde und änderten den Ton – dann natürlich weg mit dem Gas, ein paar Minuten ⅔ Gas, dann aber wieder langzeitig voll. Immer mit Finger an der Kupplung, Ohr nach vorn. Bis die ersten hundert Kilometer voll sind. (Bei Viertaktern ist jetzt der erste Ölwechsel fällig, der Saft wird schon ganz schön schwarz ablaufen!)

Falls die Vollgasminute nicht vertragen wurde:

Bei fabrikneuen Motoren ein böses Zeichen, da sitzt ein Wurm drin. Bei ausgeschliffenen Zylindern fast (aber nur fast!) die Regel. Da hilft dann nichts als noch mal 25–30 Kilometer mit ⅔ Gas oder 80% der Prospekt-Höchstgeschwindigkeit. Und erneuter Versuch mit Vollgasminute. Wird sie jetzt vertragen, reagiert der Motor also mit deutlicher Beschleunigung, dann wird weiter verfahren wie vorhin beschrieben. Also zwei bis drei bis sehr viele Vollgasminuten. Ist *noch* keine deutliche Beschleunigung da, dann noch mal 30 geduldige ⅔-Gas-Kilometer. Ist aber auch nach insgesamt 100 Laufkilometern noch keine deutliche Beschleunigung bei Vollgas da, dann stimmt entweder die Zündung nicht – also Zeitpunkt, Unter-

brecherabstand, Kondensator und Kerze prüfen bzw. wechseln – oder stimmt die Vergasereinstellung nicht – andere Hauptdüse probieren, entweder nächsthöher oder nächstkleiner. *(Vorausgesetzt wird, daß Kurbelwelle und Getriebe in Ordnung sind, daß da bei einem eventuellen Zusammenbau nichts vermauert wurde!)*
Wichtig ist allein, daß der Motor von ⅔ Gas bis Vollgas *lebhaft* anzieht. Dazu muß er gebracht werden, dann erst darf das Spiel mit den mehreren Minuten Vollgas gespielt werden.

Die unerläßliche Klemmerprobe

Nach 100 km Laufzeit hatte ich bislang noch immer rundherum tragende Kolbenringe. Wer ein übriges tun will, mag auch noch weitere 200 bis 400 Kilometer draufsetzen, in denen er recht scharf fahren darf, in denen er auch immer wieder mehrere Minuten lang Vollgas stehenlassen darf. *So mancher begnügt sich mit diesem Zustand auf Lebenszeit.*
Wer mehr verlangt, wer vor allem sein heiles Genick liebt, muß jetzt noch die Klemmerprobe machen:
An einem ruhigen Tag, womöglich auf der Autobahn, wird nach gründlichem Anwärmen über wenigstens 20 scharf gefahrene Kilometer Vollgas aufgezogen und *stehengelassen.* (Finger auf der Kupplung, Ohr nach vorn, Auge am Tacho.) Man läßt wirklich so stur wie ein Obergefreiter Vollgas stehen – bis der Motor müde wird, heiser lärmt oder gar klemmen will. Vielleicht gelingt es sogar, ihn noch ein bißchen kreischen zu lassen – da man darauf lauert, ist das weder für den Mann noch für den Motor gefährlich. Wichtig ist nur, daß man überhaupt eine Klemmneigung hervorzurufen versucht.

Merken: Bei fast allen Viertaktern und bei wenigstens 80 Prozent aller heutigen Zweitakter gelingt es nicht, eine solche Klemmneigung zu produzieren, die halten schon nach 100 Einlaufkilometern auch tausend Kilometer Vollgas aus!

Hat man aber eine Klemmneigung festgestellt, dann soll man sich darüber freuen, denn man weiß jetzt, nach wieviel Vollgasminuten die Klemmerei losgeht. Wenn man schon dabei ist, sollte man einen Tank voll Sprit dranrücken und 200–300 Kilometer scharf hetzen, immer wieder Vollgaseinlagen bis kurz vorm Klemmer – da drin im Zylinder soll nämlich alles, was nicht ganz koscher ist, sich schön aufheizen und deutlich sichtbare Spuren hinterlassen. Mit dem letzten Sprit fährt man nach Hause und öffnet den Motor noch mal zu dem, was wir vorhin „Einlaufinspektion" genannt haben.

Man soll nun nicht denken, die hier empfohlene Hetzerei sei Narretei für Verrückte, und selber habe man das nicht nötig, man fahre ja nicht dauernd wie ein Irrer. Bitte, also wenn Sie meinen, Frau Schulze – – – aber diese Hetzerei verfolgt nur den einen Zweck, verborgene Mängel ans Tageslicht zu bringen. Damit man sie beseitigen kann. Beseitigt man sie nicht, dann bleiben sie drin und eines schönen Tages, wenn man am wenigsten drandenkt, ist der Klemmer dann doch da, womöglich grade dann, wenn man einen Lastzug zu überholen gedachte und von vorn etwas kommt! Also wenn Sie meinen, Frau Schulze – – –
Manch einer denkt auch, das sei viel zu viel Kakelei, dafür gäbe es ja heute allerlei nützliche Präparate, Bardahl, Molykote, Liqui-Moli und so weiter, die man nur hineinfüllt. Auch hier möchte ich Frau Schulze nicht widersprechen, gerade weil einige dieser Mittel ganz erstaunliche Notlaufeigenschaften zeigen – aber das ist es ja gerade. Dieses Zeug muß jetzt noch herausbleiben, denn noch kommt es ja gerade darauf an, daß Mängel sich in Gestalt von Klemmern offenbaren, damit man sie beseitigen kann. Ein Motor mit kleinen Mängeln und Molybdän im Öl klemmt wohl nicht, dafür schießt er dann im Fall der Fälle gleich ein Loch in den Kolben – später mehr über diese Frage.

Die Einlaufinspektion

Nach etlichen Klemmversuchen kommt es an einem stillen Sonntagmorgen – man kann bis dahin aber gut und gern noch eine oder zwei Wochen ruhig zur Arbeit fahren! – der Zylinder runter. Bolzensicherung raus, Kolbenbolzen raus – geht der noch so schön raus wie damals, als man ihn montierte? Wenn nicht, dann nicht klopfen, sondern den Kolbenboden mit einem Spirituslötlämpchen eine Weile anheizen, bis die Wärme – gut spuckheiß – auch in die Bolzenaugen kriecht und der Bolzen sich rausschieben läßt. Dann beim handwarmen Kolben – grade noch warm, sehr gut anzufassen – wieder die Probe machen: Läßt sich der geölte Bolzen nicht schieben, wird wie geschildert nachgerieben. Bis er sich schieben läßt.

Danach Probe im Pleuelauge – dessen Bronze kann inzwischen auch gewachsen sein und den erst gut laufenden Bolzen jetzt kneifen. Also notfalls nachreiben. Den noch spiegelblanken Bolzen *genau* untersuchen: Sind da kleine blaue Fleckchen oder gar rundumlaufende Ringe? Sicheres Zeichen einer kneifenden Büchse, unbedingt nachreiben. (Siehe Kurbelwellenkapitel.) Man soll den Einfluß eines auch nur im geringsten klemmenden Kolbenbolzens ja nicht unterschätzen: Bei Viertaktern gibt es immer mal so rätselhaft riefige Kolben, die aussehen, als habe die Ölpumpe ausgesetzt, jeder taxiert diese Riefen als Ölmangel-Erscheinung (Bild). Ich habe dabei meist blaue Kolbenbolzen gefunden! (Die Anschaffung einer Schnellverstell-Reibahle erspart einem da viel Kummer, der Zwanziger ist gut angelegt.) An den Kolbenringen wird nichts zu finden sein, die sind sicher noch gut, vor allem werden sie jetzt an den Laufflächen spiegelblank sein.

Rechts: Ganz typische Klemmspuren bei zu enger Bolzenpassung im Kolben, schreit, gibt keine Spuren im Zylinder.

Unten: Sieht aus wie Ölmangel, ist aber Folge allgemeiner Kolbenüberhitzung, gibt es nur bei Viertaktern.

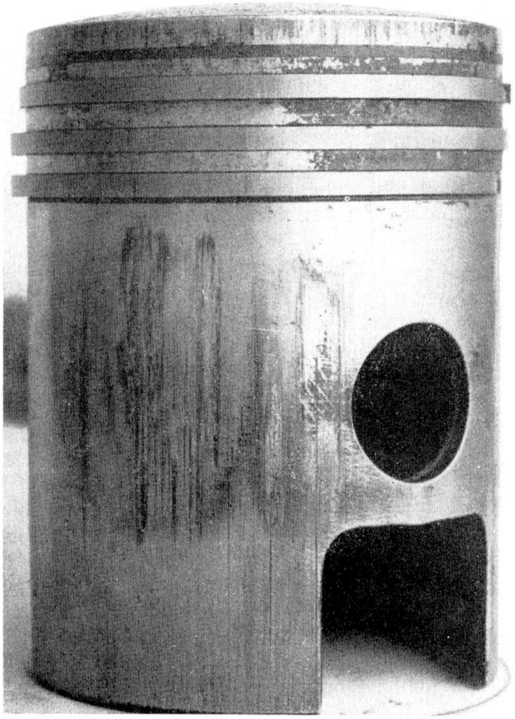

Hat nun der Motor bei der erbarmungslosen Klemmerprobe nicht nur heiser geröchelt, sondern laut gekreischt und ist er gar stehengeblieben, womöglich mit rutschendem Hinterrad, bevor man noch auskuppeln konnte, dann zeigt der Kolben Spuren:
Leichte Wischer links und rechts von den Bolzenaugen brauchen noch nicht bearbeitet zu werden, die verlaufen sich von selber wieder. Solche breite Reiber von lauten Kreischern wie im Bild hier oben hinterlassen aber gewöhnlich auch auf der Zylinderlaufbahn helle Spuren und müssen beseitigt werden. Auf dem Kolben werden die Reibstellen mit einer neuen, weil scharfen, und ziemlich feinen Dreikantfeile glatt überfeilt. Dabei sieht und spürt man, wie lausig hart diese Reiber gegenüber dem umgebenden, gesunden Kolbenmetall sind. Die harten Reiber müssen aber *gerade* weg, deshalb neue scharfe Feile und vor allem Dreikantfeile. Im Bild oben ist ein Kolben zu sehen, der mit einer viel zu biegsamen, dünnen Schlüsselfeile bearbeitet wurde: Man sieht deutlich, wie überall zwar gesundes Leichtmetall abgefeilt wurde, wie aber ausgerechnet der gefährliche Reiber stehenblieb. So geht's also nicht.
Die Reibespuren aus dem Zylinder gehen folgendermaßen raus: Man kauft sich in der Drogerie ein paar Stängelchen Ätznatron, sagen wir mal 100 Gramm, kostet Pfennige, und löst das in 200–250 ccm Wasser. Die Zylinderbahn wird mit etwas Trichloraethylen – auch in der Drogerie, auch Pfennige, gut als Fleckenentferner zu gebrauchen – fettfrei gemacht und dann werden die jetzt klar sichtbaren hellen Fresserspuren mit der Natronlauge betupft. Die wird milchig weiß, weil sie das aufgeriebene Leichtmetall abfrißt – der Grauguß ist für Ätznatron unangreifbar und bleibt stehen. Man spült öfter unter der Wasserleitung ab, betupft immer wieder neu, man sieht ja, wie die hellen Aluminiumflecke langsam verschwinden. Damit ist der Zylinder wieder gut, man muß aber sofort einölen, die entfettete Fläche bekommt sonst binnen Stunden schon roten Flugrost.

Links ganz außen: Schon etwas schlimmer, Nachsuche nach Spuren im Zylinder ist angebracht, aber immer noch harmlos.

Links: Hier sieht man deutlich, wie die Feile nur gesundes Material entfernte und die harten Reibestellen stehen ließ, die gerade hätten entfernt werden müssen.

Rechts: Mit einer Stufe im Kolbenrand erreicht man, daß im OT der Einlaß voll geöffnet wird – sehr wichtig, daran hängt meist eventuelle Minderleistung.

Früher habe ich das auch anders gemacht: Mit ganz feinem Schmirgelleinen über der Fingerspitze unter Zugabe von Öl gerieben, bis das Weiß des Leichtmetalls dem Grau des Zylindergusses gewichen war. Danach muß man gut mit Öl nachreiben, um keinen Schleifstaub zu hinterlassen. In großen Zylindern kann man auch schaben – aber das ist eine Lauseknackerarbeit im Vergleich zu der Ätzmethode, die narrensicher hinhaut, wie ich inzwischen selbst probieren konnte. (Woraus zu ersehen ist, daß auch diese Methode ein Leser mitgeteilt hat.)
Weil man aber jetzt im Zylinder schon sieht, wie weit der Kolben im OT hinaufläuft, schiebt man den Kolben erst mal wieder in den Zylinder, schiebt ihn genau in den OT und kontrolliert unten am Einlaßschlitz, ob der von der Kolbenunterkante auch wirklich ganz freigegeben wird. Wenn nicht, wird in den unteren Rand des Kolbens einfach eine Stufe gefeilt, bis der Einlaßschlitz völlig freigegeben wird.
Man ist jetzt sicher, nichts mehr versäumt zu haben, und kann nunmehr definitiv zusammenbauen. Allerdings sind auch jetzt noch etliche scharfe Probekilometer nötig, damit der Motor topfit wird.

Vollgasfeste Einstellung

Die Hauptregel für das Einfahren neuer Maschinen oder ausgeschliffener Zylinder haben wir schon zu Anfang in zwei Sätzen zusammengefaßt:

1. **Alles, was an einem Motorradmotor überhaupt einlaufen kann, sind nur die Kolbenringe, diese sind aber nach 100, höchstens nach 200 km schon gut, die man beträchtlich schnell herunterfahren kann. Alles, was sonst an Passungsfehlern vorhanden ist, läuft aber nicht ein, auch nicht in langen Laufzeiten.**

2. **Auch wenn der Motor bei gut tragenden Ringen schon volle Leistung kurzzeitig hergibt, braucht er noch nicht langzeitig hoch belastbar zu sein, es können noch Passungsfehler da sein, die man aber nur dann findet, wenn man es tatsächlich darauf ankommen läßt und so hart und so lang jagt, bis diese Passungsfehler sich bemerkbar machen. (Sonst kommen sie später doch zum Vorschein, wenn es verhängnisvoll werden kann.)**

Hat man nun dafür gesorgt, daß der Kolbenbolzen als kritischster Bauteil richtig paßt, wenn zudem noch alle Druckstellen an Kolben und Zylinder beseitigt sind, wenn die Ringe einwandfrei tragen und eigentlich alles in Butter sein müßte, kann es doch noch passieren, daß sowohl nach mehreren Vollgasminuten wie auch bei der berühmten, „ärztlich allgemein empfohlenen" Drosselfahrerei

1. bei Zweitaktern der Motor urplötzlich festgeht, ebenso,

2. daß ein Viertakter müde wird, zu rasseln anfängt und Kolbenlaufbilder wie bei schwerem Ölmangel zeigt.

Das hat dann keine *mechanische* Ursache, denn Passungsfehler sind ja mit Sicherheit beseitigt, wohl aber gibt es dafür eine andere Ursache, die früher unbekannt war:
Sowohl bei den Motorradherstellern wie auch bei den Mobilfabrikanten wird hoher Verbrauch gefürchtet wie's Feuer, seit drei oder vier Jahren ist daraus eine richtig panische Angst geworden. Man neigt also zu ausgesprochen mageren Vergasereinstellungen, nimmt die niedrigstmögliche Hauptdüse und hängt auch die Düsennadel tunlichst in den Keller. Die meisten in Kundenhand befindlichen Motoren vertragen das zwar, wahrscheinlich aber nur, weil sie *nie* gejagt werden. Da aber nicht alle Zweitakter gleich ausfallen und manche drunter sind, die eigentlich etwas fetter gehen müßten als ihre Serienbrüder, sind diese mit der serienmäßig schon etwas zu mageren Einstellung überhaupt nicht zu fahren, da muß also umgeregelt werden. Natürlich wissen davon die Werksvertretungen nichts, man findet auch in keiner Anweisung etwas davon, man kann mit dieser unbedingt nötigen Feineinstellung auch keine Werkstatt beauftragen – ich würde als Werkstattbesitzer so einen Auftrag jedenfalls ablehnen –, man muß das selber machen.
Voraussetzung für vollgasfeste Einstellung ist, wie gesagt, ein mechanisch in tadelloser Ordnung befindlicher Motor mit einwandfreier Bolzenpassung und einwandfreien Ringen.
Auf jeden Fall wird die Zündeinstellung noch mal kontrolliert, vor allem der Unterbrecherabstand und die Güte der Kontakte – da kann sich seit dem Zusammenbau ja einiges verstellt haben. Obwohl manche Motoren eine von der Norm abweichende Zündeinstellung verlangen, wird doch die normale Handbucheinstellung schön genau gemacht.
Merken: Verschmorte, ja sogar befeilte Kontakte können Ursache für Klemmer sein, ebenso Kondensatoren, die zwar noch nicht ganz durchschlagen sind, aber schon in der Isolation nachgelassen haben. Mätzchen wie „Zündverstärker" und ähnliches Schwindelzeug hat erst recht nichts am Motor verloren.
Der Vergaser wird zur Sicherheit noch mal gereinigt, man achtet darauf, daß der Schwimmer an der Nadel in der richtigen Kerbe sicher hängt und daß vor allem der ganze Vergaser nicht schief am Motor hängt.
Und dann fährt man eben.
Mit der listenmäßigen Vergasereinstellung.
Mit Vollgas.
Es ist dabei gleichgültig, ob wie ein Hausherr oder wie Geoff Duke – *nur muß man über die ganze Einstellerei weg eben die gleiche Haltung genau bewahren,* damit sich der Widerstand nicht unversehens ändert und falsche Ergebnisse liefert.
Wir wissen ja, daß zwei bis drei Minuten Vollgas schon drin sind – so lange fährt man auch voll, damit der Tacho Zeit hat, eine zuverlässige Maximalgeschwindigkeit anzuzeigen. (Tanzende Tachos lassen sich zuweilen durch Schmieren der Antriebswelle beträchtlich beruhigen!) Man achtet auch darauf, an welchem Straßenstück man die beste und höchste Anzeige bekommt, ebenso darauf, ob etwa während mehrerer Einstellfahrten Wind aufkommt – dann hört man besser auf. Die schönste-höchste Tachoanzeige schreibt man auf – so etwas kann kein Gedächtniskünstler genau genug behalten. *(Wirklich, kein Flachs, man sollte überhaupt jeden Druck aufschreiben, es ist unglaublich, was alles vergessen wird.)*

Ganz typisch für zu enge Bolzenpassung, harmloser Bauernmotor – schuppige Reibstelle, hat bestimmt Spuren im Zylinder hinterlassen.

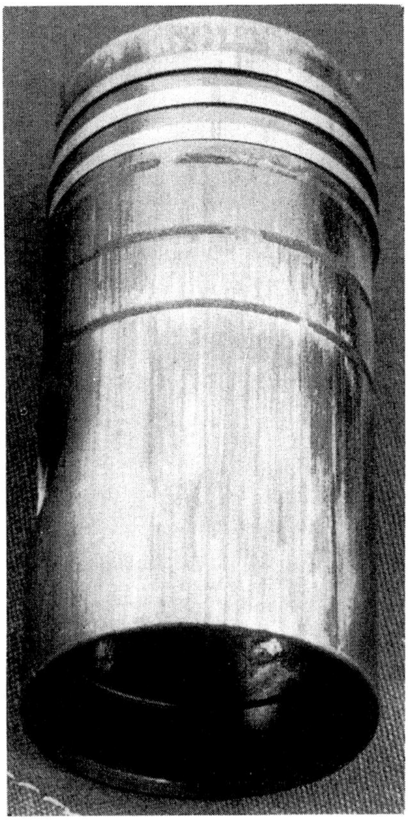

Rechts: Sieht aus wie Ölmangel, gibt es nur bei Doppelkölblern, zu mager reguliert, daher zu heiß gegangen, Öl verliert Schmierfähigkeit.

Zurück zum Ausgangspunkt, und jetzt – bitte nicht lachen! – statt der vorhandenen Hauptdüse eine andere mit *gleicher* Nummer einschrauben. (Da sind wirklich schon die erstaunlichsten Sachen passiert!) Noch mal fahren – man muß wieder als schönste-höchste Tachoanzeige dieselbe Geschwindigkeit kriegen. Mindestens. Wenn nicht noch mehr. Neue Anzeige wieder aufschreiben und zurück zum Start.
Jetzt kommt die Düse mit der nächst *höheren* Nummer, wieder wird gefahren. Entweder kommt jetzt eine *merklich* kleinere Spitze heraus – dann geht man auf die alte Düsengröße zurück. Oder ist die Spitze nur kaum feststellbar gesunken – dann bleibt diese größere Düse drin. Oder hat sich die Spitze nicht geändert – dann versucht man eine *noch* eine Nummer größere Düse.

Regel: Man läßt die Hauptdüse drin, bei der die Höchstgeschwindigkeit gerade noch nicht oder höchstens gerade feststellbar wieder sinkt. Das gilt für Viertakter wie für Zweitakter. Auch wenn dabei mal eine um zwei Nummern größere Düse gegenüber der Handbuchangabe herauskommt.

Der Verbrauch ändert sich dabei in keiner Weise, wohl aber bekommt man dadurch die Sicherheit, daß der Motor nicht infolge zu magerer Einstellung zu klemmen versucht.
Mit sechs bis höchstens acht Fahrten – die auf der Rückfahrt noch mal ebensoviel Gegen-

Klassischer Befund bei zu magerer Regulierung, Kolbenboden in der Hitze weich geworden und eingedrückt. Bauernmotor, k e i n Sportmotor.

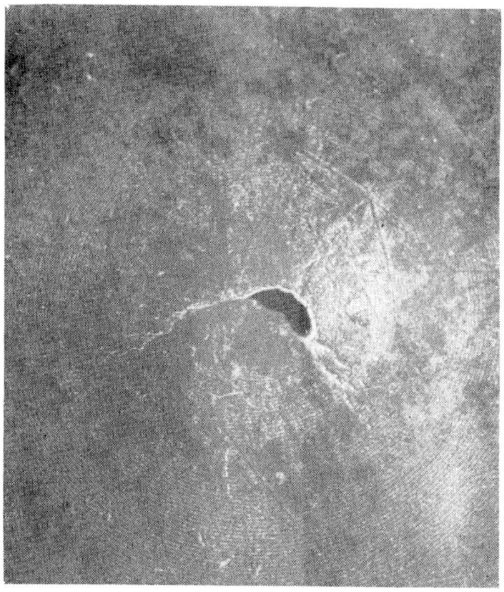

Noch keine Sparbüchse, erst gemeiner Hitzebruch, zu arm regulierter Bauernmotor.

werte liefern – sieht man bei drei bis vier auszuprobierenden Düsen schon sehr deutlich, welche Düse *zwar schon jenseits der Höchstleistung liegt, aber gerade noch keinen merklichen Abfall gibt – die ist dann richtig.*

Zweitakter sind in der Einstellung kritischer als Viertakter, etwa so: Wenn bei einem Zweitakter die 100er Düse beste Spitze gibt und mit der 105er schon ein recht deutlicher Abfall herauskommt, so daß man sich eigentlich eine 102er oder 103er wünscht (die es gar nicht gibt), dann verträgt ein Viertakter mit größter Spitze bei der 100er Düse anstandslos eine 105er, meist ist noch nicht mal bei 110 ein deutlicher Abfall zu merken.

Düsenlehre und Düsenreibahle: In der Fertigung werden Düsen nicht gemessen, sondern nach Flüssigkeitsdurchlaß sortiert – so genau kann man mechanisch gar nicht messen. Wer aber keine fünf Daumen an der Hand hat, ein paar Kontrollfahrten nicht scheut und es fertig bringt, eine verdorbene Düse wegzuschmeißen – statt sie mit der nicht mehr stimmenden Nummer jahrelang herumzuschleppen –, der kann sehr wohl aus einer 100er Düse eine Zwischengröße zur 105er hindeichseln. Man sollte eine solche Düse aber mit einem Feilstrich markieren, gerät sie erst mal in den Vorrat, dann findet da kein Mensch mehr durch.

Hat man jenseits der Höchstleistungsdüse die grade noch vertragene Übergröße herausgefunden, dann bleibt die drin. Man kann jetzt noch ein übriges tun, die vorhandene Zündeinstellung markieren und drei oder vier Meßfahrten mit einer sowohl auf Spät wie auf Früh *etwas* verschobener Einstellung versuchen. Zeigt sich dabei neuer Leistungsgewinn, dann wird weiterprobiert, bis man auch hier das Maximum hat. Man geht mit der Zündung so weit auf Früh – ohne Rücksicht auf den Handbuchwert –, wie der Motor das verträgt, ohne zu klingeln oder mit der Leistung nachzulassen. Frühestmögliche Zündung bedeutet niedrigere Zylindertemperatur, Spätzündung gibt immer höhere Temperaturen – **also ja nicht später, als unbedingt nötig.**

Oben und rechts: Nur so groß gemacht, damit jeder unzweifelhaft sehen kann, unter welche Feder das Distanzröhrchen gehört. Nicht zu dünn machen, darf sich nicht stauchen, sonst stimmt die Messung nicht mehr.

Sonderfälle

Es kommt wohl kaum einmal vor, daß ein Motor von Hause aus schon zu fett eingestellt wäre, vor allem würde ein solcher zu fett eingestellter Motor schwerlich zu Kolbenschwierigkeiten führen. Nach dem für die Einstellfahrten beschriebenen Verfahren ist es aber wohl ohne weiteres möglich, einen solchen zu fett eingestellten Motor zu erkennen und die Einstellung entsprechend zu korrigieren.
Vorhin habe ich auch empfohlen, bei Beginn der Einstellfahrten anstatt der vorhandenen Hauptdüse eine andere Düse, aber mit der gleichen Nummer zu verwenden: Dazu gibt es nämlich mehrfache Gründe, deren wichtigster ist, daß die bereits vorhandene Düse gar nicht mehr den Durchlaß entsprechend der aufgestempelten Nummer hat – das kommt gar nicht selten vor.
Es ist schon passiert, daß ein Motor mit ausgesprochener Klemmneigung an das Werk zurückging, dort einen neuen Zylinder und einen neuen Kolben bekam und in der Hand des Kunden alsbald wieder klemmte. Der Motor ging abermals zurück, bekam abermals einen neuen Zylinder und einen neuen Kolben und klemmte zum dritten Male. Zwar war der Austausch von Zylinder und Kolben kostenlos erfolgt, der Kunde hatte aber in Gestalt von Fracht und Montagekosten, die auf jeden Fall zu seinen Lasten gingen, bereits anderthalb Hundertmarkscheine auf den Tisch gelegt. Bis ein Freund des Kunden, diesmal aber ein MOTORRAD-Leser, auf den naheliegenden Gedanken kam, es einmal mit einer anderen Düse zu versuchen, mit einer 105er statt der vorhandenen 100er. Das hatte einen durchschlagenden Erfolg, der Motor war nicht nur klemmsicher geworden, sondern auch sehr viel schneller als vorher, und die Nachsuche ergab, daß die alte 100er Düse, mit der Düsenlehre gemessen, nur einer 80er Düse entsprach, vom tatsächlichen Durchlaß ganz zu schweigen.

Mir selbst sind auch schon einige Fälle vorgekommen, daß der Durchlaß von Düsen sich im Laufe der Jahre von selbst verändert hatte, offenbar durch Korrosion der Düseninnenfläche. Hat man gar einen Motor aus zweiter Hand, dann besteht auch die gegenteilige Möglichkeit, daß irgend jemand an der vorhandenen Düse einmal mit einer Reibahle herumgefummelt hat und daß deshalb die Bohrung nicht mehr stimmt.

Deshalb also bei Zweithand-Maschinen auf jeden Fall Kontrolle der vorhandenen Hauptdüse durch Austausch gegen eine neue Düse mit gleicher Nummer.

Einen anderen Grenzfall gibt es bei Boxermotoren, es ist ja bekannt, daß bei den Zündappen – gerade auch bei Solobetrieb – der rechte Zylinder eine um eine Nummer größere Hauptdüse bekommt als der linke Zylinder. In allen BMW-Handbüchern ist aber beharrlich für beide Zylinder die gleiche Düsengröße vorgeschrieben, ebenso bekannt ist aber, daß ein gewisser Prozentsatz der BMWs langzeitige Jagerei mit allmählichem Klappern des rechten Kolbens beantwortet, bei der Demontage ergibt sich dann das berühmte Laufbild, als habe im rechten Zylinder Ölmangel bestanden. Dabei bestand dieser scheinbare Ölmangel nur in Überhitzung, Kolben und Zylinder wurden so heiß, daß das Öl seine Schmierfähigkeit verlor und dadurch die Abnützung auftrat. Es ist nun gar nicht gesagt, daß ein Viertaktkolben dabei auch klemmen muß, obwohl große Einzylinder, also etwa die Regina, Resident usw. dies recht häufig tun. Bevor aber ein Viertakter klemmt, wird er lang vorher sehr müde, nur bei weitem nicht so rapid und so ausgeprägt wie beim Zweitakter. Wenn ein Viertakter langsam müde wird, dann guckt auch ein sehr erfahrener Mann zunächst einmal prüfend in die Gegend, ob etwa Gegenwind aufgekommen ist oder ob da eine „heimliche Steigung" vorhanden ist, es kann also schon eine volle Minute und noch mehr vergehen, bis der Mann dann endlich Gas zurücknimmt. In der Zwischenzeit ist es aber schon geschehen, der Kolben ist schon rauh geworden, der Zylinder ist nur noch zu retten, wenn man ihn abnimmt und sowohl Zylinder wie auch Kolben überarbeitet.

Hier hat natürlich eine Feile keinen Sinn, sie würde zuviel abnehmen, außerdem handelt es sich um keine schweren Fresser, man reißt eben einen schmalen Streifen von einem Blatt Schmirgelleinen ab, mindestens Nr. 000 oder sogenanntes „Polierleinen", und glättet damit die rauhgelaufene Kolbenhälfte, die Laufspuren befinden sich ja immer nur auf der Druckseite des Kolbens. Ob der Zylinder mit Ätznatron behandelt werden muß, hängt von dessen Aussehen ab, obwohl im allgemeinen kein Leichtmetall auf den Zylinder geschmiert worden sein dürfte. Immerhin kann man es ja versuchen, im schlimmsten Fall nützt es eben nichts, und ist doch Leichtmetall draufgeschmiert, dann wird das wenigstens heruntergefressen.

Warum nun bei diesen Boxern der rechte Zylinder – wohlgemerkt auch bei der Solomaschine – eine größere Hauptdüse braucht als der linke, weiß bis heute verbindlich kein Mensch zu sagen, immerhin beschränkt sich unsere Erfahrung aber auf Zündapp und BMW. Wie sich Viertakt-Twins benehmen, wissen wir bis jetzt noch nicht, wir hatten bis jetzt noch keinen, an dem die beiden Zylinder ungleich warm geworden wären.

Die Teillast-Einstellung

Die ganze bisher geschilderte Einstellerei galt ja nur der Hauptdüse, wodurch die *Vollgas*sicherheit des Motors bestimmt wird. Annähernd ebenso wichtig ist aber bei Zweitaktern auch die Einstellung für Teillast, die mit der Nadeldüse erfolgt. Leider gibt es keine einfache Methode, mit der man die richtige Nadelstellung zweifelsfrei bestimmen könnte, infolgedessen neigt alle Welt dazu, die Nadel zu tief zu stellen, in der – vergeblichen – Hoffnung, damit wenigstens den Verbrauch zu drosseln.

Bei Viertaktern macht das nicht viel aus, die beantworten eine zu tiefe Nadelstellung bei zu raschem Beschleunigen eben mit Zündaussetzern, mit Husten und derlei. Wenn sie aber langzeitig mit Teilgas gefahren werden, macht das denen überhaupt nichts aus. Anders Zweitakter: Wenn ein Zweitakter mit zu tiefer Nadelstellung langzeitig im Drosselbereich gefahren wird, dann kann er dennoch urplötzlich laut kreischend festgehen. Das ist zwar weniger bei Einzylindern der Fall, die werden erst merklich müde, und dann ändert der Fahrer die Gasstellung, ohne daß er etwas davon merkt. Bei Zweizylindern dagegen, seien das nun Ilos, Adlers oder Goggos, geht aber der magere Zylinder überfallartig fest, und der Fahrer ist dann entsetzt, wie das überhaupt sein konnte, wo er doch höchstens mit den ärztlich empfohlenen zwei Dritteln Gas gefahren ist. (Bei Zweizylindern, die aus *einem* Vergaser gespeist werden, geht *immer* ein Zylinder magerer als der andere, völlige Übereinstimmung gibt es da nie.)

Die eigentliche Ursache für das Festgehen des mageren Zylinders ist nun weniger eine Überhitzung des gefährdeten Zylinders infolge mageren Gemischs, sondern eine Erscheinung, die vor dem Kriege weit bekannter war, als sie heute ist – der magere Zylinder neigt bei Teilgas zum sogenannten „Dieseln". Näheres darüber stand einmal im MOTORRAD Nr. 2/56, hier genügt die Feststellung, daß das eben so ist und daß dieses äußerst häßliche Dieseln ohne weiteres zu vermeiden ist, wenn der betreffende Motor im Teillastbereich richtig eingestellt wird.

Da alle Twins mehr oder weniger als Hochleistungsmotoren zu betrachten sind und insbesondere in Mobilen, wie etwa beim Goggo, auch noch dazu langzeitig sehr hoch ausgefahren werden, lohnt sich schon eine spezielle Einstellung auf Teillast, obwohl das eine ziemliche Arbeit bedeutet.

Man muß sich dazu erst mal ein paar Zentimeter dünnes Messingröhrchen besorgen, das zwar gut in die Rückzugfeder des Vergaserschiebers hineinpaßt, aber doch hinreichend steif ist, daß es durch Zug am Gasgriff oder gar durch Druck aufs Gaspedal nicht zerdrückt werden kann. Dieses Röhrchen wird so lang gesägt beziehungsweise gefeilt, daß der Gasschieber sich nur reichlich zur Hälfte bis zu etwa zwei Dritteln öffnen läßt. Auf diese Art findet man sicher immer wieder die richtige Gasstellung, man dreht eben bis zum Anschlag auf. Das Verfahren selbst ist wieder genau wie bei der Hauptdüseneinstellung, man stellt also die erreichte Höchstgeschwindigkeit fest, wobei man wahrscheinlich verblüfft sein wird, wie schnell die Maschine trotz allem noch geht. (Was bei voller Öffnung 100 geht, geht bei ½ bis ⅔ Schieberöffnung immer noch an die 85, also beträchtlich schnell. Deswegen ist ja die Drosselstellung bei Zweitaktern so gefährlich, man glaubt, mit wenig Belastung und sehr sparsam zu fahren, fährt deshalb langzeitig in diesem Bereich und wundert sich dann, wenn der Motor heiß wird und festgeht.)

Man hat also nichts anderes zu tun, als mit der zufällig vorhandenen Nadeleinstellung zunächst einmal die erreichbare Höchstgeschwindigkeit festzustellen und wieder aufzuschreiben. Genauso, wie man früher systematisch Hauptdüsen gewechselt hat, ändert man jetzt die Nadelstellung, 'rauf und 'runter, und findet dabei ebenfalls nach 7 bis 8 Meßfahrten eine Nadelstellung, bei der man Höchstgeschwindigkeit bekommt. Man bleibt dann bei der nächst höheren Nadelstellung, bei der sich noch kein deutlicher Geschwindigkeitsabfall ergibt, man ist damit auch mit der Nadelstellung im *leicht* überfetteten Bereich angelangt, der Motor geht dabei kühl, und eine eventuell vorhandene Neigung zum Dieseln wird bestimmt verschwunden sein.

Auf diese Art den Übergang optimal einzustellen, empfiehlt sich natürlich von vornherein bei jedem Zweitakter, also auch bei Einzylindern, erst recht bei Doppelkölblern.

Diese spezielle Einstellarbeit für die Nadelstellung empfiehlt sich nicht nur zur Sicherung gegen unvermutete Klemmer bei Teillast, es zahlt sich auch noch in einer anderen Beziehung aus: Die Motoren kommen dadurch beim Gasaufziehen auf optimale Beschleunigung. Allerdings muß das auch richtig verstanden werden: Man bekommt dadurch optimale Beschleunigung in einem Geschwindigkeitsbereich, der etwa eine Gangstufe umfaßt. Wenn ein bestimmtes Fahrzeug angenommenerweise 100 geht, aus irgendeinem Grunde aber nur 60 bei Teilgas läuft, dann beschleunigt es aus diesen 60 heraus bei mäßig schnellem Gasaufziehen am besten, man ist nicht versucht, in den Dritten herunterzuschalten und den Motor

Erste winzige Schieß-Spuren einer zu niedrigen Kerze, außerdem reichlich magere Einstellung.

Beispielhafte Sparbüchse, mager reguliert, niedrige Kerze, bestrafter Geiz, daher der Name Sparbüchse.

erst mal hochzujubeln. Auch wenn man etwa nur mit 30 dahinbummelte, kommt man mit langsamem Gasaufziehen anstandslos wieder auf die 100 hinauf, wenn man natürlich auch bei einem so großen Geschwindigkeitsabfall besser in den Gängen hochbeschleunigen würde. Vielleicht ist hier aber auch der Platz, auf eine andere Sache hinzuweisen, über die jeder Anfänger immer wieder stolpert: Natürlich geht ein Fahrzeug, das im großen Gang 100 km/st geht, in eben diesem großen Gang auch noch 40 oder gar 30 km/st, ohne ausgesprochen zu rupfen. Wenn man aber aus dieser Tiefstgeschwindigkeit heraus nur mit Gas beschleunigen will, dann darf man allemale das Gas nur verhältnismäßig langsam aufziehen, denn plötzliches Aufreißen auf Vollgas würde der Motor mit Spucken und Niesen beantworten, wenn er nicht überhaupt nach wenigen Takten stehenbleibt. *Wie schnell* man nun Gas aufziehen darf beziehungsweise wie langsam man es aufziehen muß, *das bestimmt eben die Nadelstellung,* die nach den geschilderten Verfahren einreguliert wurde.

Kerzen als Klemmerursache

Bei Zweitaktern spielt schon von 60 PS/Literleistung ab die Kerze eine ausschlaggebende Rolle, man kann einen Motor allein schon durch eine falsche Kerze festjagen. Dazu gehört auch gar nicht immer eine im Wärmewert viel niedrigere Kerze, als im Handbuch angegeben ist, dazu genügt zuweilen schon eine Kerze gleichen Wärmewertes, aber abweichender Bauart.

Während man sich nun bei Viertaktern bei Kerzen auf den Wärmewert verlassen kann, der im Handbuch angegeben ist, gilt das nicht unbedingt für den Zweitakter, hier sind die meisten Handbuchverfasser der Gefahr ausgesetzt, einen etwas zu niedrigen Wärmewert anzugeben, weil mit den meisten Fahrzeugen ja gebummelt wird und infolgedessen nur eine niedrige Kerze hinreichend sauber bleibt. **Wenn man dagegen auf Höchstleistung des Motors losgeht, kann man bei allen Zweitaktern auf Anhieb mindestens den nächsthöheren Wärmewert verwenden, als er im Handbuch angegeben ist.** Man ist dann wenigstens sicher, daß der Kolben nicht durch eine zu niedrige Kerze zu hoch aufgeheizt wird und deswegen klemmt. Wenn die Kerze nicht *sehr* viel zu niedrig ist, dann brauchen sich auf dem Kolbenboden keineswegs Überhitzungsspuren zu finden, der Kolben kann nur ganz schlicht

Klemmneigung zeigen, die insofern rätselhaft aussieht, als keine der bisher geschilderten Maßnahmen irgendeine Abhilfe brachte. Es gibt also eine Faustregel:

Man verwendet grundsätzlich eine Kerze möglichst hohen Wärmewertes, so hoch, daß sie bei scharfem Fahren eben gerade noch hinreichend sauber bleibt.

Wenn ein Motor überhaupt Laufschwierigkeiten zeigte, daß also die ganzen bis jetzt geschilderten Bearbeitungen und Einstellmaßnahmen nötig waren, dann verwendet man mindestens für die Einstellarbeit eine nagelneue Kerze, da längere Zeit gefahrene Kerzen nicht nur in ihrem Wärmewert, sondern auch in ihrem allgemeinen Verhalten mehr oder weniger unkontrollierbar sind.

Es kann geschehen, insbesondere bei Zweitaktern, daß eine für Hetzfahrt geeignete hohe Kerze im Stadtbetrieb verdorben wird. Sie braucht dabei keineswegs etwa schwarz zu werden, also zu verrußen, der Kerzenstein bezieht sich aber bei diesem langsamen Betrieb mit einer dünnen Schicht von Bleirückständen, die glasartige Eigenschaften aufweisen. Wird eine solche Kerze ca. 1000 km im Stadtbetrieb gefahren, dann kann diese Glasschicht schon vorhanden sein. Sobald man mit dem Motor dann auf die Autobahn kommt und ihn aufzieht, fängt er zwar nach zwei bis drei Minuten Vollgas nicht an zu klemmen, wohl aber gibt es Zündaussetzer. Diese brauchen sich auch nicht einmal in Gestalt von Patschern aus dem Vergaser zu äußern, das kann sich auch lediglich so anfühlen, als halte einer die Maschine ruckweise von hinten fest oder als fahre man gegen gespannte Gummiseile. Nimmt man dann für eine Minute Gas weg, dann sind die „Gummiseile" verschwunden, der Motor verträgt wieder zwei oder drei Minuten Vollgas, bis die Geschichte von neuem losgeht. Die Bleischicht auf dem Kerzenstein wird nämlich – da sie ja Glaseigenschaften hat – in der Hitze des Vollgasfahrens leitend, daher die Zündaussetzer. Man kann eine solche Kerze im Sandstrahlgebläse reinigen und damit retten, man tut aber gut daran, diesem Motor – *nach unserer Erfahrung handelt es sich dabei immer um besonders leistungsfähige Stücke* – zur

Er wußte sich zu helfen: Sparbüchse mit Schraube zugemacht, Mutter mit Schweißpunkt gesichert, damit kommt man noch gut nach Hause.

Wo solche Ringunterbrechungen nicht von Hause aus da sind, sägt man sie eben ein, sind sehr wirksam.

Stadtfahrt eine niedrige Kerze zu stiften, die dann eben zur Fernfahrt oder zur Autobahnjagerei gegen die hohe Jagekerze ausgewechselt wird. Für Leute mit Motorenverstand bedeutet das ja weiter keine Belastung.

Es gibt zwar seit einiger Zeit Kerzen mit besonders breitem Wärmebereich, diese Kerzen müßten also für derartige Motoren, die für Stadtfahrt und für Jagefahrt zwei verschiedene Kerzenwärmewerte verlangen, besonders geeignet sein, offen gestanden haben wir aber damit noch keine ausreichende eigene Erfahrung. Falls jemand Erfahrung hat, wären wir für genauen Bericht dankbar.

Auch die Kerzen*bauart* kann eine gewisse Rolle spielen. (Worunter nicht etwa eine verschiedene Gewindelänge und derlei verstanden wird, die Kerze muß also von vornherein in den vorhandenen Motor passen.) Wohl aber gibt es trotz gleichen Wärmewertes Kerzen mit verschiedenen Elektrodenanordnungen, bei Bosch beispielsweise die Bauart T 11 und T 4. Wir besaßen einmal ein Goggomobil, für das 240 T 11 vorgeschrieben war. Wir brauchten dazu neuen Kerzen, ließen uns aber dazu verleiten, 240 T 4 zu verwenden und siehe da, der Motor hatte plötzlich nicht nur Klemmneigung, nach noch nicht 30 km war auch in einen Kolben das schönste Loch hineingeschossen. Mit diesem Loch wiederum hatte es aber wieder eine dritte Bewandtnis, für die ein besonderes Kapitel nötig ist.

So lange man Kerzen ausprobiert, kann man über eine seltsame Erscheinung stolpern: Man hat eine bestimmte Kerze, sagen wir mal 240, und damit eine ausgezeichnete Höchstgeschwindigkeit, sagen wir mal 115 km/st. Da sind aber auch eine leise Klemmneigung und leise Brandspuren, wie sie das Bild auf Seite 96 als unverkennbare Kerzenspuren zeigt. Also dreht man eine 260er Kerze hinein – bumm, es fehlen plötzlich 5 km/st, die Maschine geht nur noch mühsam auf 110 hinauf!

Die Erklärung ist einfach: Bei Kerzen hohen Wärmewertes beschränkte man sich früher darauf, die Elektroden tiefer in den Kerzenkörper hineinzuziehen. Bei manchen Motoren bedeutet das aber, daß der Funke nicht mehr im Frischgasstrom, sondern etwas seitab davon liegt und die Verbrennung dadurch langsamer anläuft.

(Kerzenmacher legen ihren Versuchen ja nie Motorradmotoren zugrunde, und Wagenmotoren sind zu harmlos, um solche Erscheinungen zu zeigen, deshalb wissen nur die ganz alten Kerzenmacher davon, ein Bosch-Werner und solche Leute, die heute fast ausgestorben sind. Offiziell weiß kein Kerzenmacher davon etwas und streitet es glatt ab, wenn man ihn anspricht, es ist also sinnlos, einen sogenannten Fachmann danach zu fragen, der schwafelt bestimmt nur irgendwas daher.)

Hat man also den Fall, daß die nächsthöhere Kerze einen merkbaren Leistungsverlust gibt, dann heißt es suchen:

Man braucht eine Kerze gleichen Wärmewertes, bei der die Elektroden aber weiter vorn, mehr nach dem Verbrennungsraum zu liegen. Die Zahl der Kerzenbauarten ist heute so groß, daß man mit ziemlicher Sicherheit etwas Passendes finden kann. Maßgebend ist natürlich der hohe Wärmewert, der garantiert sein muß.

Schon häßlicher ist die Frage nach dem Wärmewert bei Auslandskerzen, Champion, Lodge und was da sonst noch gehandelt wird – dort kennt man nur Phantasie-Typennummern und keine Wärmewerte. Eine solche Importkerze verdient erst dann ein gewisses Vertrauen, wenn der Verkäufer einem die Vergleichstabelle mit deutschen Wärmewerten hinlegen kann oder wenn er gar den entsprechenden Wärmewert *garantiert.* (Wenn er das nicht kann, klassifiziert er sich als Krämer, dann soll er seinen Pofel verkaufen, an wen er will, aber nicht an uns!)

Ich will damit keineswegs sagen, die Auslandskerzen seien schlecht, schließlich werden damit ja auch Rennen gewonnen, es kommt eben darauf an, daß der Verkäufer einem bestimmte Wärmewerte fest zusagen kann. Wenn er sie einem leichtsinnigerweise zusagt – selbst bei uns in der Redaktion melden sich zuweilen harmlose Gemüter, die glauben, wir probierten Muster nicht aus, bevor wir darüber schreiben – und die Kerze gibt nach einigen Kilometern die üblichen Vergaserpatscher, dann weiß man ja schließlich, was man von solchen Kaufmannsversicherungen zu halten hat.

Hexenmittel und Patentmedizinen

Alle bisher beschriebenen Methoden der Fehlerbeseitigung und der Einstellung beruhen darauf, daß der Motor möglichst langzeitig der höchsten erzielbaren Belastung ausgesetzt wird, wobei sich etwa vorhandene Passungsfehler und auch Einstellfehler durch allmähliche lokale Überhitzung und damit Klemmneigung offenbaren, so daß diese Fehler also Stück für Stück und nacheinander beseitigt werden können, bevor ein solcher Fehler bleibenden Schaden anrichten könnte.

Das heißt also, daß die Maschinen mit ganz normalen Kraftstoffen, bei sehr hohen Verdichtungen gegebenenfalls auch mit Superkraftstoffen, daß sie fernerhin mit ganz normalen Ölen, allenfalls also mit normalen HD-Ölen laut Handbuch betrieben werden.

In diesem Fahrstadium haben restlos alle Kraftstoffzusätze und alle Ölzusätze herauszubleiben.

Diese Vorschrift des *reinen* Betriebsstoffes und des *reinen* Schmieröls gilt unter allen Umständen, ganz gleich, ob das nun Bardahl, Desolite, irgendein Molybdän-Präparat, irgendein Obenschmiermittel oder gar das gute alte Kolloidgraphit sei. Ich will damit nichts gegen alle diese Mittel sagen, *sie müssen nur herausbleiben, so lange es gilt, irgendeinen verborgenen Fehler im Motor zu finden.* Erst wenn der Motor ohne alle diese Mittel völlig einwandfrei geht, ist es zulässig, eine Beimischung im Öl oder im Kraftstoff zu verwenden.
Das sieht zunächst absurd aus, die Überlegung dabei ist aber überaus einfach:
Nehmen wir allein den noch harmlosesten Fall von Kolloidgraphit oder eines Molybdän-Präparates an. Beide Stoffe geben ausgesprochene Notlaufeigenschaften, vor allem Molybdän ist da ganz besonders wirksam. Ist nun ein Motor zu mager eingestellt oder hat er die falsche Kerze, dann würde er ohne Molybdän alsbald klemmen und den Fahrer veranlassen, die Klemmursache zu suchen, wobei er ja unfehlbar auf die zu kleine Hauptdüse oder die zu niedere Kerze stoßen würde. Ist aber Molybdän drin, dann klemmt der Motor nicht, dank dessen Notlaufeigenschaft läuft der Motor fröhlich weiter, bis der Kolbenboden weich wird, durchbricht und der Motor mit dieser Sparbüchse stehenbleibt. (Auf diese Weise haben wir in den rechten Kolben eines Goggomobil-Motors ein herrliches Loch hineingebrannt, wir haben nicht mal 30 km dazu gebraucht, das Molybdän erwies sich dabei als außergewöhnlich wirksam. Der Motor dachte nicht mehr an Fressen, es brannte einfach schlicht ein Loch in den Kolben.) Siehe hierzu die Bilder Seite 96.

Alte Konstruktionen

Wir sind bisher davon ausgegangen, daß ein Motor von Hause aus für *hohe* Dauerbelastung geeignet sei. Bei älteren Motoren ist das nun keineswegs immer der Fall, nicht einmal dann, wenn diese Motoren nur 40 und noch weniger PS/Literleistung haben. Es handelt sich dabei zwar um Vorkriegskonstruktionen, die aber noch längere Zeit nach dem Kriege wieder gefertigt wurden, deren Erbauer und erste Käufer es aber für selbstverständlich hielten, daß man beispielsweise eine 200er mit nur 7 PS keineswegs langzeitig mit Vollgas fahre. Eine der Klemmursachen bei diesen Motoren sind zuweilen zu dünne Kolbenbolzen, ein Grundsatzfehler, der nicht abzustellen ist. Wir geben hier eine Aufstellung, welche Bolzenstärken früher verwendet wurden und wie sie heute verwendet werden, man kann danach abschätzen, ob der eigene Motor vielleicht einen etwas zu schwachen Kolbenbolzen hat, der sich durchbiegt, dadurch Kantenpressung gibt, erhöhte Wärme produziert und dadurch zu Klem-

So änderten sich seit 1952 die Kolbenbolzenstärken einiger wichtiger Maschinen:

	alte Ausführung	neue Ausführung
DKW RT 250	15 mm	20 mm
DKW RT 200	15 mm	18 mm
Horex Resident	18 mm	22 mm
Maico 175 ccm	16 mm	18 mm
Maico 200 ccm	16 mm	20 mm
Fichtel & Sachs, Stamo 280 ccm . . .	15 mm	18 mm
NSU 251 OSL	15 mm	18 mm (NSU Max)

mern Anlaß gibt. Das sind dann aber bei Zweitaktern niemals die berühmten Dreiviertelgasklemmer, es sind immer nur Vollgasklemmer, die obendrein erst nach mehreren bis sehr vielen Minuten Vollgas auftreten, man kann dem ja ohne weiteres in der Fahrweise Rechnung tragen.

Eine weitere Klemmursache bei diesen alten Konstruktionen stellen auch noch die Kühlrippen des Zylinders dar, damals dachte man noch nicht daran, die Rippen schon beim Guß zu unterbrechen, sie wirken also noch als regelrechte Schrumpfringe. Es ist kein Problem, wohl aber eine schweinemäßige Arbeit, an zwei bis drei Stellen über dem Zylinderumfang verteilt die Rippen bis möglichst tief hinunter auf den Zylinderkörper aufzusägen. Gerade für diese Arbeit, bei der meistens ein nahezu glasharter Guß zu bewältigen ist, lohnen sich die im Werkzeugkapitel empfohlenen SS-Hochleistungssägeblätter. Kann man die nicht auftreiben, dann spart man keinesfalls an den normalen Sägeblättern, man merkt ja selber, wie ein neues Sägeblatt wieder besser packt. Diese Sägeschnitte legt man so, daß ein Schnitt genau zwischen den meist vorhandenen beiden Auspuffstutzen sitzt, zwei bis drei weitere Sägeschnitte verteilt man möglichst gleichmäßig über den Zylinderumfang und setzt sie dahin, wo man vom Einlaßstutzen oder etwaigen Überströmkanaldeckeln gerade schön freikommt. Es ist ziemlich gleichgültig, *wohin* diese Sägeschnitte kommen, wünschenswert ist nur eine möglichst gute Symmetrie. Siehe auch Bild Seite 97, unten rechts.

Das wagte 1956 noch jemand zu konstruieren – er hat es nicht mehr überlebt, Triumph-Tessy, dieser Ring muß unfehlbar festbrennen. Kolbenschmidt hatte schon 1952 davor gewarnt.

Rechts: So wird das Stoßspiel kontrolliert, zu groß darf es sein, aber nicht zu klein.

Rechts außen: Mit dem Kolben wird der Ring an den oberen und unteren Totpunkt geschoben, beidemale muß Stoßspiel kontrolliert werden.

Eine dritte Ursache für Klemmerei nicht nur bei älteren Motoren, sondern auch bei mancher modernen Hochleistungskonstruktion ist ein etwas zu schmaler Feuersteg, also die Höhe des Kolbens oberhalb des obersten Kolbenrings. Wenn diese Höhe zu niedrig ist, dann schlägt beim Öffnen des Auslaßschlitzes die Flamme über den obersten Kolbenring weg, erreicht zuweilen noch den zweiten Kolbenring und brennt hier das dringend benötigte Schmieröl ab. Die Folge ist dann ein Fresser genau an der Stelle, wo der Kolben den Auslaßschlitz überstreicht, dieser Fresser ist sogar fast der Beweis dafür, daß der Feuersteg des betreffenden Kolbens zu niedrig ist. Eine grundsätzliche Abhilfe ist nicht möglich, sie würde die Sonderanfertigung eines Kolbens bedeuten, die man kaum bekommen wird. Wohl aber gibt es eine Abhilfe, die in leichteren Fällen gerade noch hinhaut, indem man etwas mehr Öl an die gefährdete Stelle hinschafft. Man gibt den Ringen etwas mehr Höhenspiel, sagen wir einmal 0,2 mm statt der sonst üblichen 0,1 mm, dadurch wird mehr Öl gepumpt und man hat die Aussicht, daß so an die gefährdete Stelle das gerade noch notwendige Öl hingelangt. Ich könnte mir auch vorstellen, daß in solchen Fällen, wo also einwandfrei der zu schmale Feuersteg die Schadensursache ist, ein Molybdän-Zusatz hinreichend viel Notlaufeigenschaften bringt, um Fresser zu verhüten.

Ringe und Laufflächen

Die nachstehenden Klemmursachen sind zwar bei werksneuen Motoren wunderselten, kommen aber gelegentlich vor, wenn ein Zylinder ausgeschliffen wurde und einen neuen Kolben bekam. Der Kolben wird dann immer schon mit Ringen geliefert, und kein Mensch kommt auf die Idee, daß das Stoßspiel dieser Ringe vielleicht zu gering sein könnte. Man müßte sich deshalb schon die Mühe machen, dieses Stoßspiel vor dem ersten Einbau des Kolbens zu kontrollieren, was folgendermaßen vor sich geht:
Alle Ringe werden vom Kolben vorsichtig abgenommen und entweder mit einem Fettstift auf den polierten Flächen markiert oder einfach in der richtigen Reihenfolge auf den Tisch gelegt. Danach wird jeder Ring in den Zylinder gesteckt und mit dem daraufgesteckten Kolben einmal an das obere und einmal an das untere Ende des Zylinders geschoben. Dadurch, daß man den Ring mittels des Kolbens hineinschiebt, beziehungsweise ihn vor dem Kolben herschiebt, wird der Ring auf Ebene ausgerichtet und man kann die Breite der Stoßöffnung beurteilen. Man soll dabei nicht unter 0,25 mm Stoßspiel gehen, gegebenenfalls hilft man also mit einem Strich der Schlichtfeile nach. Wenn dann 0,5 mm Spiel herauskommen, hat das gar nichts auf sich, im Gegenteil. Auf diese Art werden natürlich *alle* Ringe durch-

Keinesfalls überflüssig, das Höhenspiel ist sehr wichtig. Auch bei modernen, legierten Ölen.

Unten links: So wird der Ring auf einen tadellos ebenen Holzklotz geheftet.

Unten rechts: Gescheuert wird auf einem Blatt Schmirgel, aber ja nicht einseitig drücken.

probiert, man muß eben absolut sicher sein, daß kein Ring an keiner Stelle des Zylinders zuwenig Stoßspiel hat. Zuwenig Spiel gibt übermäßigen Anpreßdruck des Ringes, damit örtliche Überhitzung und Fresser oder die besagten „falschen" Ölmangelspuren.

Das Höhenspiel der Kolbenringe ist auch noch von Wichtigkeit, früher war man nämlich bestrebt, dieses Höhenspiel so gering wie möglich zu halten. Aber schon so um 1930 herum wußte man, daß das damals noch übliche laufende Festbrennen der Ringe sich am besten verhindern ließ, wenn man dem obersten Ring 0,1–0,2 mm Höhenspiel gab. Zwar wurde in allen Fachbüchern vor derlei Höhenspiel gewarnt, dadurch sollten sich angeblich die Ringnuten ausschlagen und wer weiß was noch alles, wir haben aber eigentlich nie entsprechende Fehler bemerken können. Heute ist es sogar branchenüblich, sowohl bei Zweitaktern wie auch bei Viertaktern mindestens dem obersten Ring 0,1 mm Höhenspiel von Hause aus zu geben. Hat man nun doch einmal einen Kolben, dessen Ringe zuwenig Höhenspiel zeigen, dann läßt sich das schon retten:

Man braucht einen tadellos ebenen Holzblock, in den man rundherum Nägel schlägt, zwischen denen sich der Kolbenring gerade festklemmt – die Nagelköpfe dürfen also nicht etwa

den Ring „herunterholen", der Ring soll nur *zwischen* den Nagelköpfen festgeklemmt sein. Dann wird ein Blatt Schmirgelleinen, ziemlich fein, auf eine möglichst tadellose ebene Unterlage gelegt und der Ring mit einigen Strichen darauf abgeschmirgelt. Es kommt darauf an, den Holzblock mit dem Ring nicht schräg aufzudrücken, daß also nicht einseitig zuviel Material abgezogen wird. Wenn man halbwegs Gefühl in den Fingern hat, dann genügt es, nach drei Zügen den Block um 180° zu drehen, der Ring wird dann schon hinreichend abgeschliffen sein. Viel mehr als ein Dutzend Züge braucht man sowieso nicht, 0,1 mm Höhe ist schnell herunter. Es wäre natürlich schon gut, mit einer Mikrometerschraube die Höhe kontrollieren zu können, ich habe aber bisher das berühmte Zehntel auch noch so immer ganz schön erraten. Eigentlich müßte die abgeschliffene Seite des Rings nun auf Polierleinen auch noch poliert werden, ich habe das aber nie gemacht und mich immer damit begnügt, den Ring so einzubauen, daß die abgeschliffene Seite nach unten zeigte. (Bei der Neufertigung von Ringen wird ja denkbare Sorgfalt darauf verwendet, die Ringflanken so hochwertig wie möglich zu läppen.) Bei dieser Gelegenheit gleich ein Hinweis:
Wenn ein Ring schon einmal gelaufen hat, also eine blanke Lauffläche zeigt, dann darf dieser Ring nicht mehr abgenommen werden. Das heißt: Abnehmen darf man ihn schon, man darf ihn nur nicht wieder aufsetzen, denn durch das Abnehmen wird er so weit verbogen, daß er nachher nicht mehr am Zylinder anliegt. Da seine Lauffläche aber schon blank gelaufen ist, läuft der Ring auch nicht mehr ein, er dichtet also nicht mehr ab. Wenn also ein gelaufener Ring abgenommen wird, dann muß er unbedingt durch einen neuen Ring ersetzt werden. Anders natürlich ein noch gar nicht gelaufener Ring, den kann man schon einmal abnehmen, um ihn in der geschilderten Weise auf richtiges Höhenspiel und auf richtiges Stoßspiel zu bringen.

Wenn ein gelaufener Ring von einem Unkundigen abgenommen und wieder aufgesetzt wurde, also nicht mehr dichtet, dann braucht man das keineswegs nur an einer verminderten Kompression zu merken, es braucht auch keinerlei Leistungsabfall da zu sein, es wird einem auch nicht immer gelingen, an einem solchen Ring Durchblasespuren festzustellen. Wohl aber kann das Nicht-mehr-Tragen des Ringes völlig ausreichen, die Wärmeabfuhr aus dem Kolben zu stören, so daß der Kolben jetzt heißer wird als vorher und nunmehr zum Klemmen neigt.

Zuweilen werden wir auch nach der Wirksamkeit von allen möglichen federnden Kolbenringen gefragt. Darunter sind Kolbenringe zu verstehen, die aus mehreren elastischen Teilen zusammengesetzt sind und deren Zweck es ist, sich unrund gelaufenen Zylindern anzupassen und darin noch eine Weile abzudichten. Solche Patentringe werden immer mal wieder erfunden, davon gibt es sogar einige, die korrekt ihren Dienst tun, bestimmt sind aber alle diese Ringe für Wagenmotoren, die höchstens halb soviel Literleistung haben wie unsere Maschinen. Zwar ist auch in unseren Hochleistungsmotoren ein Kolbenring da, um zu dichten, das ist aber keineswegs wie bei diesen Wagenmotoren niedriger Literleistung seine Hauptaufgabe, mindestens ebenso wichtig ist bei den Kolbenringen *unserer* Motoren die Wärmeübertragung vom Kolben an den Zylinder. Dieser Aufgabe wird eigentlich nur ein Kolbenring herkömmlicher Bauart gerecht, jedoch keiner dieser vielteiligen Sonderringe, man kann sich also von keiner dieser Sonderbauarten bei einem Hochleistungsmotor eine Wirkung versprechen.

Bei Motoren, die längere Zeit in der Hand eines zahmen Fahrers gelaufen haben, die also höchst selten einmal auf volle Leistung kamen und dann nie viel länger als 1–2 Minuten mit dieser vollen Leistung liefen, zeigt sich aber noch eine andere Erscheinung: An der Stelle, wo der Kolben im oberen Totpunkt seine Bewegungsrichtung umkehrte, hat sich der oberste Kolbenring eine deutliche Stufe gescheuert. Man fühlt diese Stufe mit der Fingerspitze am oberen Zylinderrand. *Diese Stufe ist daran schuld, wenn ein solcher Motor nach 15 000 oder 20 000 zahmen Kilometern nicht mehr auf Höchstleistung kommt.* Insbesondere Viertakter sind da empfindlich, weil dabei im Spültotpunkt der Kolben weiter hinaufzulaufen bestrebt ist als bei Zweitaktern, die ja immer gegen eine Kompression angehen. Wesentlich größer als die Kompressionskraft ist aber auch bei hochtourigen Zweitaktern die Trägheitskraft von Kolben und Pleuel, die bestrebt ist, den Kolben im oberen Totpunkt „durch den Zylinderdeckel fliegen" zu lassen. Die hier auftretenden Kräfte sind so groß, daß sie an die Grenze der Zugfestigkeit des Pleuels heranreichen, wenigstens wird das Pleuel nicht so sehr auf die Belastung durch den Verbrennungsdruck hin entworfen, sondern auf die Zug- und Druckkräfte, die der Kolben in den Totpunkten ausübt. Diese Kraft ist so hoch, daß sie durchaus geeignet ist, das Öl zwischen Pleuelbüchse und Kolbenbolzen wegzudrücken, sie ist erst recht groß genug, um den Schmierfilm im Pleuellager zwischen Wälzkörpern und Laufringen zu durchbrechen. Hinzu kommt noch eine recht bedeutende elastische Dehnung des Pleuels unter dem Einfluß der Zugkraft, aus allen diesen Teilwegen setzt sich sehr schnell ein Zehntel-Millimeter zusammen, um den der Kolben bei schnell drehendem Motor höher hinaufgetrieben wird als bei niedriger Drehzahl. Beim früher langsam und jetzt schneller gefahrenen Motor hämmert nun plötzlich der oberste Kolbenring gegen die gebildete Stufe und er tut das unter gebührender Wärmeentwicklung, man kann also nicht umhin, sich bei älteren, aus zweiter Hand gekauften Maschinen einmal um diese Stufe im oberen Zylinderrand zu kümmern. Bei großen Schiffsmotoren, wo ein Mann sich regelrecht in Lebensgröße in den Zylinder hineinstellen kann, geniert man sich sehr wenig, spannt eine veritable Schleifscheibe in eine große Handbohrmaschine und schleift die Stufe stehend freihändig ab. Dem würde es entsprechen, einem Motorrad-Motor mit dem Schaber die Stufe zu beseitigen, jedenfalls wäre das eine Arbeit für einen qualifizierten Mechaniker. Ich selbst habe mich nie daran gewagt und ganz einfach den obersten Kolbenring abgeschliffen, so daß der zwei bis höchstens drei Zehntel Millimeter Höhenspiel hatte. So läuft dann der oberste Kolbenring zwar gegen die Stufe, der Kolben kann sich aber im Ring vorwärtsbewegen, die ganze Geschichte hämmert nicht mehr und ich habe bis jetzt noch nicht beobachtet, daß ein Ring mit so extrem großem Höhenspiel nun auch den Kolbensteg breiter geschlagen hätte, wie man das in allen Lehr-

Da oben ist die Stufe, gegen die der oberste Kolbenring läuft – die Schlitze haben auch eine Säuberung **nötig.**

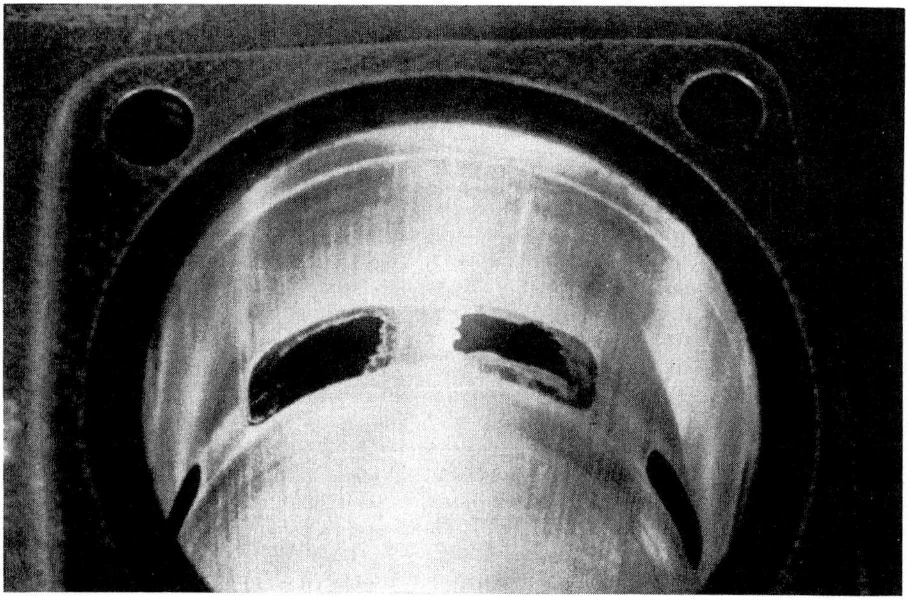

büchern findet. Bei mir hat die Geschichte mit dem niedrigeren Kolbenring also immer ganz ordentlich hingehauen.

Ein höchst privater Zusatz: Hier auf den Kolbenbildern und auch auf den Bildern im Kurbelwellenkapitel sind Hände zu sehen, die ja nun einwandfrei keine Schlosserpfoten sind. Das hat uns tatsächlich schon Leserbriefe eingetragen mit allerhand Zweifeln, lackierte Fingernägel und Motorenarbeit paßten schlecht zusammen. Natürlich passen die nicht zusammen, aber es braucht wohl nur wenig Phantasie, um sich auszumalen, daß man schlecht seine eigenen Finger fotografieren kann. Während der Entstehungszeit dieser Bilder hieß es immer wieder: „Komm doch eben mal runter und halte, damit ich einstellen und knipsen kann!" Daher die lackierten Fingernägel und die Hände, die keine Schlosserhände sind. Im übrigen ist die Besitzerin dieser Fingernägel als zum Haufen gehörig wohl hinreichend legitimiert, mindestens für die Leute, die sich im schweren Gelände herumzutreiben pflegen – es sind nicht die bequem zu erreichenden Attraktionen, wo dieses Mädchen an den schweren Pisten steht. Dennoch – man freut sich auch über solche Briefe, sind sie doch ein Zeichen dafür, daß man dem Leser nicht nur ein Blablabla vorgemacht hat, sondern auch noch seinen kritischen Verstand in Betrieb zu setzen vermochte.

Motoren mit langer Einlaufzeit

Am wenigsten kritisch ist glücklicherweise die Passung zwischen Kolben und Zylinder, die sich im allgemeinen höchstens darin äußert, daß manche Motoren besonders laut sind, also ein mechanisches Geräusch von sich geben, bei denen eben ein besonders kleiner Kolben mit einem besonders weiten Zylinder zusammengebaut worden ist. Das ist nichts weiter als ein Schönheitsfehler und hat an sich nichts auf sich. Für die Harmlosigkeit dieser Klapperei gibt es aber ein untrügliches Beweismittel: Der Motor klappert und ist laut, so lang er noch kalt ist, also jedesmal nach dem Start. Je wärmer der Motor aber wird, desto leiser wird er auch, bei völlig betriebswarmem Motor ist so gut wie kein Geklapper mehr zu hören.

Umgekehrt, wenn auch anscheinend viel seltener, kann es auch passieren, daß ein etwas zu großer Kolben in einen etwas zu engen Zylinder kommt. Zunächst einmal zeigt sich auch dies durch Müdewerden und durch gelegentliche Fresser an, die dann aber weniger als relativ kleine Flecken auftreten, wie etwa die Fresser infolge schlechten Kolbenbolzensitzes, vielmehr sind das schon sehr ausgedehnte rauhe Flächen, die wie Ölmangel aussehen. Natürlich kann man auch bei einem solchen Motor nicht auf Anhieb sagen, ob nun wirklich der Kolben zu groß ist oder ob nicht doch eine andere Fresserursache vorliegt, demnach wird systematisch auch bei einem solchen Motor der ganze Zauber durchexerziert, von der Kontrolle der Kolbenbolzenpassung bis zur vollgasfesten Einstellung. Erst wenn man sicher ist, daß keine der dort geschilderten Klemmursachen vorliegt, weil sie ja sonst gefunden worden wäre, ist der Schluß zulässig, daß man eben einen Motor mit großem Kolben und engem Zylinder erwischt hat. Das ist aber kein Grund zur Verzweiflung, sondern im Gegenteil, man hat dann die Wahl, den Kolben rundherum mit feinstem Schmirgelleinen zu glätten und dabei allgemach dünner zu machen, man kann sich aber auch darauf beschränken, die nächsten paar tausend Kilometer nicht gerade mit Vollgas, sondern ein bißchen sinniger zu fahren. Ein solcher zu großer Kolben ist nämlich *nie sehr viel* zu groß, im Laufe der natürlichen Abnützung wird er sich im Zylinder schon Platz verschaffen, und in diesem Maße wird auch der Motor zunehmend vollgassicherer. Bei englischen Viertaktern scheinen die Kolben sowieso ein bißchen eng eingepaßt zu werden, und daher rührt die für englische Motoren fast typische Erscheinung, daß so ein Motor 4000–5000 km zwar nicht gerade zahmen, aber doch verhaltenen Fahrens braucht, bis er endlich seine volle Leistung hergibt und dann auch anstandslos beliebig lang mit Vollgas gedroschen werden kann – vorausgesetzt, daß man alle übrigen Klemmermöglichkeiten vorher beseitigt hat. Auch bei einem Motor mit enger Kolbenpassung können ja beliebig viele andere Dinge auch noch nicht stimmen, begonnen bei der Kolbenbolzenpassung und aufgehört bei der falschen Kerzenbauart.

Räder

und Bremsen

Dieses Buch ist nicht so systematisch aufgebaut wie ein ehrbares Schulbuch, es verdankt sein Dasein ja auch einem puren Zufall – ich wollte doch gar kein Buch machen! Es wäre also über Motorenarbeiten noch eine Menge zu schreiben, grob geschätzt noch runde 150 oder gar 200 Seiten. Weil das aber noch nicht geschrieben ist und das Buch dennoch gemacht werden mußte, machen wir eben einstweilen mit den Rädern und Bremsen weiter. Da ist auch allerhand los, und mit Motorenarbeiten machen wir eben irgendwann später einmal weiter, wir nehmen ja alle an, auch nächstes Jahr noch zu leben und Motorrad zu fahren.

Speichen - Felgen - Naben

Bei den Laufrädern treten ja nun Fehler Gott sei Dank äußerst selten auf, wenn aber, dann können sie einen auch fast zur Verzweiflung bringen – denken wir nur an das chronische Speichenreißen. Fangen wir überhaupt damit an:
Eigentlich müßte man bei *jedem* Maschineputzen die Räder durchdrehen und jede Speiche mit dem Schraubenzieher anschlagen – aber wer tut das schon? (Ich auch nur alle Jubeljahre mal.) Man fände dann bestimmt eine erst mal gelängte Speiche, die klappert, statt zu singen, man zöge sie wieder bis zum Singen nach und alles wäre gut. Gelängt wurde die Speiche mal durch einen harten Schlag – kann passieren. Dabei wurde sie – und vielleicht auch ihre beiden Nachbarinnen rechts und links und die Base gegenüber – über die Elastizitätsgrenze gedehnt und *blieb* deshalb lang. Das läßt sich mit den Nippeln zwar zurückbringen, tut man es aber nicht, dann bleiben die Nachbarn überlastet und beim nächsten harten Schlag reißt zwar nicht die schon gelängte Speiche, sondern eine Nachbarin. Eine gelängte, stumpf klingende Speiche ist zunächst nicht mehr selbst gefährdet, aber ihre nächste Nachbarin ist dafür am Rande des Grabes.
Ist eine Speiche gar gerissen, so sind wieder deren anschließende Nachbarn auf der Abschußliste – deshalb gelingt es fast nie, durch bloßes Auswechseln einer gerissenen Speiche Ruhe zu bekommen, die Reißerei geht fortan rund ums Rad herum, jede Woche spießt so ein Ding in die Gegend. Man kann ja versuchen, nicht nur die gerissene Speiche, sondern auch deren beide Nachbarn und die Vettern auf der anderen Radseite auf einmal zu erneuern – bei mir hat das bis jetzt einmal, bei Freunden angeblich schon mehrmals funktioniert. Wenn man da also mit fünf bis sechs neuen Speichen wegen einer einzigen gebrochenen beifährt, dann markiere man die gewechselten Speichen, mit Farbe, mit Tesaband, mit Draht, egal wie, aber man markiere. Man wird sehen, daß die nächsten Speichenrisse sich rechts und links von den neu eingesetzten Speichen ereignen – das ist dann Signal, sich nicht mehr den Kopf zu zerbrechen, sondern *die ganze Radseite komplett neu einzuspeichen.* Geht viel schneller und ist billiger als chronisches Speichenreißen.
Wenn eine klappernde Speiche auf Singen nachgespannt oder wenn gar Speichen völlig ausgewechselt wurden, versäume man nicht die Kontrolle auf Rundlauf – bei verchromten Felgen mit Fettstift – sowohl auf Höhenschlag wie auch auf Seitenschlag. Früher waren Höhenschläge von 2 mm und Seitenschläge von 3 mm noch zu ertragen, da merkte man nicht viel davon – heute ist das etwas anderes. Gerade bei Schwingenmaschinen ist weniger als 1 mm Seitenschlag schon zu bemerken. Die Maschine „hat dann etwas“, ohne daß man sagen könnte, woher die Unsicherheit kommt.
Uns ist es schon passiert, daß eine der besten Langschwingen mit einem ganz neuen Reifen eines Fabrikates, das außer jedem Zweifel steht, ausgesprochen schlecht war. Wir suchten uns tot, bis zufällig ein Metzeler Krauß-Wiggerl draufkam – von Stund an lief das Vorderrad wie an der Schnur gezogen. Das gibt es also. Wer natürlich mit der Langschwinge genauso langsam fährt wie früher mit der Trapezgabel, merkt auch nichts, dem machen 5 mm Schlag noch nichts aus.
Diesen Schlag herauszuspannen ist – für mich wenigstens – eine verzweifelte Lauseknackerarbeit, ich kann da Stunden und Stunden popeln und nachher sind aus den ursprünglichen 2 mm Schlag an einer Stelle gewiß 4 mm an einer ganz anderen Ecke geworden. (Dämlich wird man ja wohl noch sein dürfen!)
Durch Herumfragen bei einigen Werkstätten läßt sich aber zuweilen feststellen, wo ein gewerbsmäßiger Radspanner sitzt, der macht dann die Arbeit in erstaunlich kurzer Zeit richtig, er macht nämlich in einer Viertelstunde genau das, wozu der Unerfahrene ohne Spannvorrichtung wenigstens 3 Stunden braucht.

Oben: Das versteht man unter „doppelt gekreuzten" Speichen, KS-Rad, verlangt sehr stark schräge Punzung der Felgen.

Rechts oben: Das sind einfach gekreuzte Speichen einer italienischen Rennmaschine. Die Gelehrten sind sich nicht darüber einig, welche Art vorzuziehen sei, dagegen besteht vielleicht weniger bei den Gelehrten, aber bei den Fachleuten keinerlei Zweifel mehr, daß diese Blechdinger auf der Bremsankerplatte reiner Mumpitz sind. Da soll zwar Kühlluft durch, um die Innereien der Bremse zu kühlen, die denkt aber nicht daran, da durchzuströmen. Diese ganzen Bremsbelüftungen sind nur frommer Glaube und absolut wirkungslos, wie jeder Strömungsfachmann sofort bestätigen wird.

Das ist der „Kraus-Wiggerl" benannte Metzeler Block C – wir haben keinen Anlaß, irgend eine Reifenreklame zu machen, aber wenn bei uns in den letzten vier Jahren eine Maschine lenkungsmäßig nicht ganz hasenrein schien, brauchten wir nur diesen Reifen aufzuziehen und sie lief wie an der Schnur gezogen.

Dabei gleich ein paar Worte über die eigentliche Funktion der Drahtspeichen – schließlich könnte man ja auch ebensogut und wahrscheinlich viel billiger Scheibenräder verwenden, wenigstens hat Zündapp-Grüttefien in einer KS mal längere Zeit versuchsweise ein Scheibenrad gefahren. Man könnte sich auch ausrechnen, daß bei Rekordmaschinen ein Scheibenrad mit etwas besserem Wirkungsgrad läuft als ein Speichenrad. Nach den damit gemachten Erfahrungen ist die Hauptaufgabe der Drahtspeichen nicht die Abstützung der Nabe gegen die Felgen schlechthin, sondern deren *elastische* Abstützung. Man kann also bei schwer belasteten Rädern – etwa bei viel Soziusbetrieb mit Zeltgepäck – ein begonnenes Speichenreißen nicht einfach damit bekämpfen, daß man *stärkere* Speichen einbaut. Die sind imstande, genauso schnell wie die dünneren Speichen weiterhin zu reißen. Wohl aber gibt es sogenannte Dickendspeichen, die genau die gleiche Schaftstärke haben wie die dünnen, bis jetzt verwendeten Speichen, deren Enden – sowohl an den Köpfen wie auch an den Nippelenden – ganz erheblich verdickt sind. Ein Übergang auf diese Dickendspeichen kann sehr wohl einen Nutzen bringen, allerdings gehören dazu bestimmte Voraussetzungen, auf die wir noch zu sprechen kommen werden.

Weil nun Drahtspeichen eine Art Federn darstellen, sind sie schwingungsfähig, sind damit auch resonanzfähig und darin kann eine, wenn auch seltene, weitere Bruchursache liegen. Nur scheint eben diese Bruchursache heute bei weitem seltener zu sein, als sie noch in den frühen dreißiger Jahren war, denn damals war uns durchaus geläufig, daß ein chronisches Speichenreißen, das auch bei tadellos zentrierten und immer wieder völlig neu eingespeichten Rädern immer mal auftrat, sich zuverlässig verhindern ließ, wenn man sämtliche Speichenkreuzungen mit 4–5 Windungen dünnen (0,6–0,8 mm) Kupferdrahtes oder Messingdrahtes umwickelte und diese Wickel noch weich verlötete. Wenn nicht grobe Fehler in den Nabenlöchern oder in der Felgenpunzung vorlagen, dann war dieses Mittel nahezu 100prozentig wirksam, es sei deshalb hier noch einmal in Erinnerung gerufen.

Die modernen, riesengroßen Naben ergeben natürlich wesentlich kleinere Speichenlängen als die früheren kleinen Naben, insbesondere bei 16″-Rädern, man soll aber dennoch die Schwingungsfähigkeit der Speichen nicht unterschätzen, auch diese Räder leben hinsichtlich ihrer Tragfähigkeit nur von der Speichenelastizität. Da man bei kleinen Felgen und großen Naben dennoch eine möglichst große Speichenlänge unterzubringen wünscht, stehen diese Speichen wesentlich schräger zur Felge und zur Nabe als bei den älteren Radbauarten, wie ja aus unseren Bildern zu sehen ist. Damit tut sich eine Speichenschwierigkeit auf, die man früher nicht kannte:

Bei einigen neuen Motorradtypen der letzten Jahre trat bei den ersten wenigen hundert oder tausend Exemplaren einer Serie zuweilen ein wildes Speichenreißen dergestalt auf, daß die Speichen unentwegt entweder an den Nippelenden, also unmittelbar am Gewindeansatz, brachen oder daß die Speichenköpfe an der Nabe wegplatzten. Diese Erscheinung ließ sich aber immer darauf zurückführen, daß beim Anlauf der Serienfertigung entweder die Punzung der Felgen nicht stimmte oder die Ansenkung der Nabenbohrungen. Unter Punzung versteht man die Eindellungen in der Felge, in denen dann innen in der Felge die Nippelköpfe sitzen. Die Richtung der Delle muß ziemlich genau stimmen, sonst trägt so ein Nippel nur mit einem Rand, dadurch wird die Speiche am Beginn des Nippelgewindes unter Spannung gesetzt und kann dort brechen. Sinngemäß passiert dasselbe, wenn in der Nabe die Aussenkung für die Speichenköpfe nicht stimmt, so daß so ein Speichenkopf also nur an einer Seite trägt. An sich soll ja nun ein solcher Speichenkopf überhaupt nicht tragen, er soll nur die Speiche vor dem Herausrutschen aus dem Loch bewahren, tragen soll die Umknickung der Speiche. Wenn aber der Kopf auf der anderen Seite der Nabe nur einseitig anliegt, kommt auch dadurch wieder Spannung auf den Kopf, und er kann abplatzen.

Nun kann so etwas natürlich nicht nur bei den ersten paar tausend Anlaufexemplaren einer Serie vorkommen, es kann sich im Laufe der Fertigungszeit auch mal eine nicht stimmende

Alte Pränafa-Nabe, primitiv, macht aber kaum Speichenkummer.

Rechts oben: Auf diese Aussenkungen kommt es an, wenn die nicht stimmen, platzen die Speichenköpfe wie Glas.

Rechts unten: Geradspeichen von BMW, sind sehr sicher, nur ist die Bremstrommel „wärmeisoliert" und die Bremse zeigt sanftes Fading.

Unten: Geradspeichen der MZ, Bremstrommel hat gute Wärmeabfuhr.

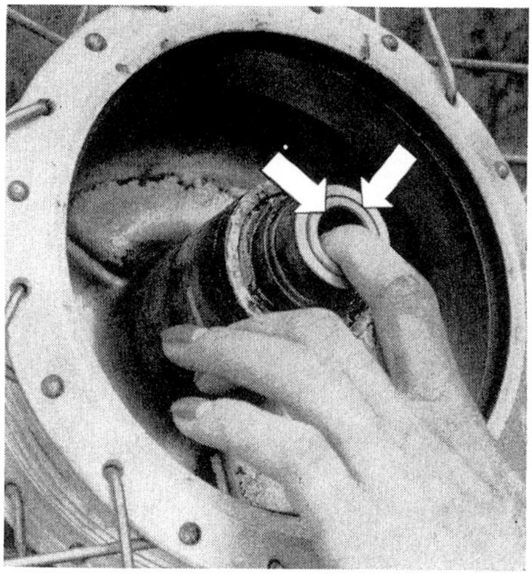

Sendung Felgen einschleichen, bei der Nabenherstellung kann sich ein Werkzeug verändern, ohne daß es bekannt wird, es können immer mal ein paar tausend Felgen und Naben draußen herumflanieren, die nicht stimmen. Es ist aber bei weitem nicht gesagt, daß diese paar tausend Maschinen nun ausnahmslos *alle* unter Speichenreißen zu leiden hätten. 90% aller Motorradfahrer fahren ja unverständlich zahm, unter denen halten also auch mittelmäßige und sogar fehlerhafte Räder. Wenn dann so eine Maschine in andere Hände übergeht, nun plötzlich schärfer gefahren wird, dann geht auch prompt das Speichenreißen los und alle Leute zerbrechen sich den Kopf, wieso das früher nicht war und jetzt plötzlich ist. Da bleibt also nur übrig, das Rad genau zu untersuchen, wie die Speichenköpfe eigentlich auf der Nabe sitzen und wie die Nippelköpfe in den Punzungen sitzen.
Es kann natürlich auch immer sein, daß man eine Maschine erwischt hat, die von Hause aus ein bißchen sparsam konstruierte Räder hat. Wenn so ein Ding jetzt in schwerem Soziusbetrieb oder gar mit einem Seitenwagen laufen soll, dann kann es sein, daß die vorher gerade noch haltenden Speichen nunmehr infolge Überlastung reißen. Da hilft dann wirklich nur die nächst dickere Speichensorte, manchmal kann es nötig sein, nicht nur schlicht die nächst dickeren Speichen zu verwenden, sondern ausgesprochene Dickendspeichen, also mit dünnen Schäften. Nun kann es aber wieder sehr wohl sein, daß die Bohrungen in den Naben nachgebohrt werden müssen, daß ebenso die Aussenkungen für die Speichenköpfe nachgesenkt werden müssen. Da darf man nun keinesfalls senkrecht bohren und senken, man kann die Nacharbeit zwar sehr wohl freihändig mit der Handbohrmaschine machen, sogar bedeutend besser als mit einer Säulenbohrmaschine, muß aber darauf achten, möglichst genau in der Richtung zu bohren und zu senken, die für die Umbiegung der Speichenköpfe notwendig ist. Die Tücke dieser Speichenköpfe, die ja aus dem Fahrradbau der neunziger Jahre übernommen wurden und dem *damaligen* Stand der Technik entsprechen, hat einigen Leuten schon länger keine Ruhe gelassen, so zum Beispiel verwendet man bei Puch schon seit Jahren wesentlich weniger stark gekröpfte Speichen, bei BMW verwendet man ebenso schon seit Jahren Geradspeichen, ebenso bei MZ, Zschopau, wie unsere Bilder zeigen. Diese Konstruktionen sind zwar vor den meisten Arten des Speichenreißens sicher, wenn natürlich auch nicht gegen Überlastung gefeit. Wenn man da allzu schwer in Wasserabschläge hinein oder auf Eisenbahnschienen draufkracht, kann auch das zu örtlichen Überlastungen und zu Speichenbrüchen führen. Nur weiß man dann eben von vornherein, woran man ist, da gibt es keine

Links außen: Bei Triumph und bei Puch hat man diese Art nur wenig gekröpfter Speichenköpfe, da genügt leichte Ansenkung der Speichenlöcher.

Links: Erste Kontrolle auf intakte Lager – das Innenrohr (linker Pfeil) muß wenige Zehntel länger sein als jeder Außenflansch (rechter Pfeil), damit kein Lager Seitendruck bekommt, wenn die Steckachse angeknallt wird.

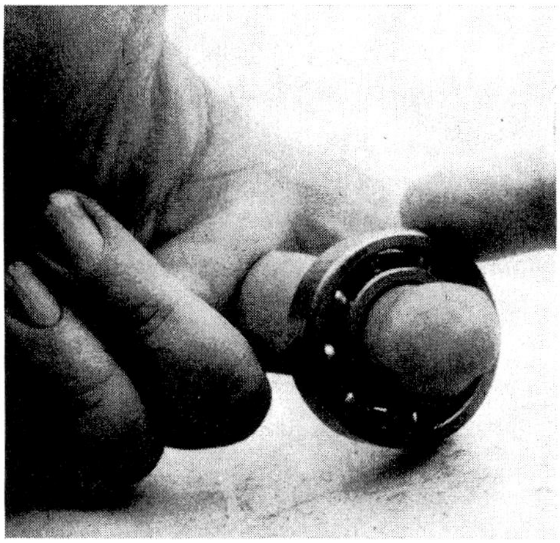

Rechts: Immer noch die sicherste Art, ein Lager auf einwandfreien Lauf zu kontrollieren.

fehlerhaften Aussenkungen. Wenn Felgen bei Durchschlägen etwa von Steinen und derlei angeschlagen worden sind, dann wird man natürlich versuchen, die Delle sofort an Ort und Stelle mit dem Hammer herauszuschlagen, soweit man das nur irgendwie hinkriegt. Nicht zuletzt habe ich aus *diesem* Grunde immer einen ziemlich schweren Hammer im Bordwerkzeug. Zwar ist das keine Reparatur, aber immer noch besser, mit einer annähernd ausgebeulten Felge zu fahren als mit einer tiefen Delle darin. Man hat dann wenigstens Aussicht, selbst noch heil nach Hause zu kommen, auch wenn über die nächsten Kilometer noch ein halbes Dutzend Speichen zum Teufel gehen und man für die letzten paar Kilometer aus der noch gesunden Radseite oder gar aus dem noch heilen Rad – über den Umfang wohl verteilt – fünf oder sechs Speichen herausstehlen muß, um das zerschlagene Rad links und rechts von der Beule damit notdürftig noch einmal stützen zu können. Immerhin gelangt man so wenigstens nach Hause. Man soll nicht versuchen, eine solche angeschlagene Felge retten zu wollen, die ist nun einmal hoffnungslos verspannt und wegschmeißreif, das kostet immer eine neue Felge.

Zuweilen fragt man uns auch, was zu Auslandsreisen am besten an Ersatzteilen mitzunehmen sei – ein Dutzend Speichen wiegt wenig und kann nie schaden, man kommt auch in schwierigen Fällen damit immer noch wenigstens bis an die Grenze, bis es wieder richtigen Ersatz gibt.

Ich will nun nicht sagen, daß es keine verzogenen Naben gäbe: Mir ist bloß noch keine begegnet. Unter diesen Umständen bin ich natürlich ungewöhnlich neugierig, einmal von unseren Lesern zu hören, was die von verzogenen Naben wissen. Möglicherweise ist das ähnlich wie mit den gerissenen Pleueln – daß davon unter Umständen viel mehr herumlaufen, als wir uns so träumen lassen. Nicht zentrisch laufende Bremstrommeln sind dagegen häufig, darauf kommen wir aber noch zu sprechen. (Wohl aber passierte es öfter mal, daß die Achsbohrung der Bremsankerplatte nicht zentrisch saß, daß dadurch zwar die ablaufende Backe anlag, aber nicht die auflaufende und daß infolgedessen der gesamte Wirkungsgrad der Bremse extrem schlecht war.)

Weitaus häufiger sind Lagerschäden an den Naben, kritisch dadurch, daß sie sehr lang nicht bemerkt werden. Ein Mann ist eher bereit, einen neuen Vergaser zu kaufen und unendliche Überholungsrechnungen für den Motor zu bezahlen, bevor er auf die Idee kommt, einmal seine Räder zu probieren, ob deren Lager noch einwandfrei sind.

Es gibt da eine sehr einfache Probe, man bockt die Maschine auf, vom Hinterrad muß man

Oben: Alle Steckachsen auf der Welt werden von Maschinenbauern gemacht und sind scharfkantig angeschnitten, sie verhaken sich deshalb grundsätzlich an Distanzbüchsen und derlei. Ich schleife jede Achse so an, wie hier angedeutet, sie fädelt sich dann von selbst ein.

Von diesen Flaschen sind bei mir fünf in Gebrauch: Für Benzin, zwei Sorten Öl, destilliertes Wasser und Bremsflüssigkeit. Gibt es in jeder Größe, ein Liter ist schon ziemlich unhandlich. Zu haben in Geschäften für Laborbedarf. Wer kein solches Geschäft weiß, kriegt sie auch im „Lädle", W. Dillenberg, Stuttgart-Vaihingen, Hauptstr. 106.

allerdings die Kette abnehmen und dafür sorgen, daß nirgendwo der Kettenkasten streift und daß auch zwischen Bremsankerplatte und Trommelrand sich keinerlei Dreck befindet. Ich nehme für diesen Zweck auch noch die Bremsankerplatten heraus und setze dann die Räder wieder ein. In diesem Zustand müssen sich die Räder zunächst mal überhaupt auf einen Schwerpunkt einstellen, also bis in eine Ruhestellung auspendeln. Bei einwandfreien Radlagern pendeln die Räder zum Schluß ganz langsam nur noch um etwa 5 cm hin und her, bis sie endlich stehenbleiben. Je geringer diese Ausschlagweite bis zum endgültigen Stillstand des Rades ist, desto besser sind die Lager, man hat hier ein direktes Maß für die Lagergüte. Wenn so ein Rad beispielsweise nur zwei- oder dreimal hin- und herpendelt, bis es nicht in der Mitte des letzten Schwunges, sondern an einem Ende womöglich mit einem deutlichen Rucker stehenbleibt, dann sind die Lager nicht in Ordnung und müssen heraus.
Man entfernt auf beiden Radseiten die etwa vorhandenen Dichtungen, seien das nun Filzringe oder Simmerringe, dann wird die ganze Nabe über einer Blechbüchse mit Benzin gut durchgespült. Mit einem Pinsel will das nicht so recht gehen, sehr schön ist aber der scharfe Strahl, den man mit einem mit Benzin gefüllten Spritzfläschchen erzielen kann. (Dieses Fläschchen ist schon eine Ausgabe, die sich lohnt.)
Man verwende pro Nabe wenigstens einen halben Liter Benzin, bis der gröbste Dreck herausgespült ist, mit einem weiteren halben Liter reinem Benzin wird nachgewaschen. Es kommt darauf an, da wirklich alles alte Fett herauszubekommen, mit nicht zu wenig Schwung,

damit auch etwaige Körner und Späne mit herausgespült werden. Man sieht ja am ablaufenden Benzin, wie weit das schon sauber bleibt, also die Nabe bereits gesäubert ist. Man macht dann erneut die Pendelprobe und wird feststellen, daß das Rad, obwohl völlig ohne jede Schmierung der Lager, Pendelschwünge von noch wesentlich weniger als 50 mm Weite ausführt.

Mißtrauische Leute machen da eine Gegenprobe, machen die Steckachse wieder lose, verdrehen sie um ein paar Grad und machen sie wieder fest, wobei das Ganze mehrfach wiederholt wird. Zuweilen findet sich dann eine Stellung, in der das Rad nicht mehr sauber auspendelt, sondern in einer Endstellung wieder so eigentümlich ruckend stehenbleibt. Da hat man dann wahrscheinlich eine bleibende Schädigung eines Laufringes oder eine kaputte Kugel entdeckt, die für diese Prüfung verwendete halbe Stunde hat sich gelohnt, denn dieses Lager wäre garantiert im Laufe der nächsten paar tausend Kilometer kaputtgegangen und hätte dann womöglich mehrstündiger Suche bedurft, bis man den Fehler gefunden hätte.

Kritische Lager werden ausgebaut, die Hülse für die Steckachse muß da, wo die Innenringe der Lager sitzen, ebenso wie die Nabe am Sitz der Außenringe genau untersucht werden, ob und was da für Halterungen für die Lager vorhanden sind. Das können ebensowohl einfach aufgeschobene Hülsen sein, es können große Seegerringe sein, es können ebensogut auch federnde Rundstahlschlingen sein, mit denen die Lager an Ort und Stelle gegen seitliches Verschieben arretiert werden. Es ist wirklich nicht möglich, hier die zahlreichen vorhandenen Konstruktionen anzugeben, es bleibt also nichts anderes übrig, als den eigenen Verstand anzustrengen und selbst nachzusehen, was da vorhanden ist. Der Augenschein zeigt auch, nach welcher Seite man gegebenenfalls ein bißchen klopfen muß, damit sich das Innenrohr samt mindestens einem Lager herausschieben läßt. Mehr als leichte Hammerschläge mit einem Holzdorn dürfen dazu nicht nötig sein, ebenso sind sie aber nötig. Wenn nach 2–3 leichten Schlägen in einer Richtung noch nichts gewichen ist, dann probiert man es eben anders herum, es wird schon etwas weichen, ohne daß man dabei etwas kaputt schlägt.

Ein ausgebautes Lager läßt sich natürlich erst richtig untersuchen, es wird zunächst noch mal genau gewaschen, dann wird es auf den Finger gesteckt und nun muß es wirklich rundherum und bei Druck auf jede beliebige Stelle absolut knirschfrei laufen. Das Verfahren ist ausgesprochen empfindlich, vor allem, wenn man ein völlig neues Lager zum Vergleich hat. Dabei geht einem dann auf, *wie* leicht ein Wälzlager überhaupt zu laufen vermag. In den Schaufenstern von Kugellagerhändlern sieht man ja zuweilen gewaltige Aufbauten mit 3 Dutzend Lagern und Wellen, die von einem ganz harmlosen Tischventilator über ein ebenso harmloses Windrädchen angetrieben werden. Dementsprechend rund und glatt muß auch ein Lager bei der Fingerprobe laufen. Wenn es auch nur im geringsten rauh geht, hat man zwar den geistlichen Trost, daß da noch ein Körnchen oder ein Spänchen drin sein könnte, man kann es also ruhig noch einmal auswaschen, nur habe ich bisher dabei noch nie Glück gehabt. Wenn ein solches Lager schon unsauber ging, dann war *immer* eine Kugel angefressen oder eine Laufbahn. Glücklicherweise sind diese Lager alle genormt und ausgesprochen billig, man sollte da also mit Ersatz nicht sparen.

Die Schmierung der Radlager ist ein Kapitel für sich. Glücklicherweise ist man ja seit mehreren Jahren davon abgekommen, seit es eben nur noch Vollnaben gibt, eine Nabe mit einem Schmiernippel für die Fettpresse zu versehen. Ein Wälzlager ist nämlich ungeheuer anspruchslos in bezug auf die Menge des Schmiermittels, noch anspruchsloser ist ein *Rad*lager angesichts der geringen Drehzahl, hier ist keine Fettzerstörung zu befürchten, wie etwa bei den Lagern schnellaufender Lichtmaschinen, bei Getrieben und derlei. Im Grunde genommen brauchen eigentlich die Kugeln nur gegenüber dem Kugelkäfig geschmiert zu werden, gerade diese Belastung ist aber ausgesprochen gering. Infolgedessen genügt es, ein frisch ausgewaschenes und wieder getrocknetes Lager mit einem höchstens haselnußgroßen Stückchen Fett zu versehen. Dieses Fett wird rundherum schön eingedrückt, aber mehr aus dem einzigen Grund, um es dünn genug zu verteilen, damit nicht an einer Stelle ein Batzen kleben bleibt,

der dann irgendwohin fortlaufen kann. An sich genügt auch das einfachste Allerweltsschmierfett, man kann sich aber auch gut ein Spezialfett leisten, wie zum Beispiel das Univiston RB-mittel von Klüber, München.
Eine erbsengroße Menge von diesem Klüber-Fett ist gut für 20 000 km, man ist dann endgültig die Lagersorgen los. Bei der Wiedermontage achtet man darauf, daß die Lager nicht verkantet eingedrückt werden, daß sie auch tief genug gesetzt werden und von nirgendwoher Druck kriegen. Hier wird also gegebenenfalls an der richtigen Stelle mit ein paar leichten Schlägen über einen Holzdorn nachgeholfen.
Auch wenn man nach dem Wiederzusammenbau der Nabe alles Nötige getan zu haben glaubt, erübrigt sich doch auf gar keinen Fall die letzte Kontrolle nach dem Einbau des Rades – wenn also das Rad wieder in der Maschine ist und sämtliche Verschraubungen der Steckachse voll angezogen sind, macht man wieder die Pendelprobe. Erst dann hat man die Gewähr, daß die Achshülse richtig trägt und kein Lager von einer Steckachsenverschraubung her Druck bekommt. Dieser Druck würde sich darin äußern, daß das Rad nicht völlig frei auspendelt, sondern in einer Endstellung mit dem berühmten Zittern stehenbleibt.
Wenn Sie also das nächste Mal dabei sind, Ihre Maschine wieder zu reinigen, dann machen Sie einmal eben diesen Pendelversuch, er ist maßgebend dafür, ob die Radlager noch in Ordnung sind.
Wir können dieses Kapitel nicht schließen, ohne noch an eine sehr böse Sache zu denken, die auch mit den Felgen zu tun hat:

Ausgerissene Reifenventile

An irgend einem schönen Tag tut es hinten einen ziemlich lauten Knall, die Karre schwimmt furchtbar und wenn man nicht zu Boden geht, hat man noch Glück gehabt. Befund einfach: Hinterreifen platt, Ventil fehlt. Grund ebenso einfach: Mit viel zu wenig Luftdruck gefahren. Dabei werden die Deckenwulste zu wenig an die Felgenhörner gepreßt und die Decke kann sowohl beim Bremsen wie auch beim Beschleunigen auf der Felge wandern. Dabei nimmt sie den Schlauch mit und eines Tages paßt das alles so hübsch zusammen, daß der Schlauch vom Ventil abgerissen wird. Vornehmlich passiert das bei Hinterrädern, soll aber auch schon bei Vorderrädern vorgekommen sein.
Wenn also jemandem das Ventil ausreißt, möge er zunächst mal den Fehler bei sich selbst suchen – Reifendruck nicht kontrolliert. Dem Vernehmen nach – ich habe das selbst noch nicht erlebt, bei mir war es immer zu geringer Luftdruck – rutschen aber zuweilen auch Decken, obwohl richtiger Luftdruck da ist. Insbesondere auf den superglatten Chromfelgen. *(Seife ist ein sehr wirksames Mittel, widerstrebende Decken zu montieren, hat aber naturgemäß auch noch Wirkung, wenn die Decke drauf ist, da darf man sich wahrscheinlich nicht wundern, wenn ein so montierter Reifen nachher wandert.)* Früher, als es nur lackierte Felgen gab, kannte man kaum wandernde Reifen. Also ist die wirksamste Abhilfe, die leere Felge innen mit Trichloräthylen oder Tetrachlorkohlenstoff (gibt's in der Drogerie) zu entfetten und mit irgend einem Lack innen zu lackieren. (Das Entfetten ist wichtig, sonst haftet der Lack zu schlecht und wird vom Reifen abgerebbelt.) Dann montiert man wieder und ist die Rutscherei mit denkbarer Sicherheit los. Noch eine Abhilfe: Die Felgenhörner rundum mit einem kleinen, scharfen Meißel alle 2 cm anzupicken. Geht schnell, braucht nicht zu trocknen und ist dennoch *sehr* wirksam – wenn man sich auf das verläßt, was man so hört. (Bei mir tat es wie gesagt noch immer der richtige Luftdruck.)
Es gibt eine Gelegenheit, wo mit *viel* zu kleinem Luftdruck gefahren werden *muß:* Beim Trial. Allerdings wird da auch nicht sehr wild gefahren, so daß schon deswegen die Gefahr des Wanderns und Ventilausreißens nicht groß ist. Man könnte sich mit Sicherungsbügeln helfen – die sind aber beim Reifenwechsel gemein lästig. Ich würde mir in solchem Falle erst

mal mit lackierter Felgeninnenseite zu helfen suchen und dazu sogar gewöhnlichen Öllack beim Maler besorgen – hat ja Zeit zum Trocknen und wird nie so glatt wie Nitro- und Kunstharzlack. Erst wenn Lack noch nicht ausreichte, würde ich mit Meißelhieben kommen – wahrscheinlich hält dann eine Decke auch bei Trial-niedrigen Luftdrucken.

Arbeiten an Bremsen

Es ist gar nicht immer die Bremse selbst

Vorab eine Entschuldigung: Natürlich müssen in einem Bremsenartikel auch ein paar Worte über das Aufnieten von Belägen gesagt werden, ich kann mich darum nicht drücken. Ich will aber versuchen, auch dabei Dinge zu schreiben, die in den 08/15-Bremsenartikeln der landläufigen Drogistenblättchen nicht drin sind. Im übrigen jedoch sollen hier mal wieder Dinge erörtert werden, an die sich nicht so leicht einer herantraut, der seiner Sache nicht sicher ist. Vor allem sind diese Dinge noch nirgends beschrieben worden, man konnte sie also bislang weder abschreiben noch „geistig verarbeiten" – das heißt natürlich, von jetzt ab kann man es.

Wir bekommen häufig Anfragen von Leuten, die aus Motorrädern aus der Dosendeckelzeit die unzulänglichen Bremsen rauswerfen und durch moderne Vollnabenbremsen ersetzen wollen. Das ist nicht nur teuer, sondern vielfach auch sehr schwierig und deshalb *noch* teurer. Wir raten dann grundsätzlich, den alten Dosendeckel drinzulassen und ihm anderweit auf die Beine zu helfen. Das geht nämlich – in der Hand des kundigen Selbermachers, der bereit ist, ein bißchen Liebe beim ersten Herrichten aufzuwenden und danach in gewissen Abständen auch mal nachzusehen, dann kommt auch aus einem Dosendeckel eine ganze Menge Bremsung raus. Zwar nach dem Prinzip „Soll das Ding doch ruhig glühen und stinken, wenn es nur bis Mauterndorf runter hält!" aber das geht ganz gut. Für die Kosten einer neuen Nabe kriegt man ziemlich dreißig Beläge auf die alte Bremse, da ist schon einiges drin.
Da man heute hochanständige Motorräder schon um den Schrottpreis kaufen kann, die sich mit wenig Geld wieder zu recht brauchbaren Alltagsmaschinen aufmöbeln lassen, wäre es schade, verfügbares Geld an falscher Stelle aufzuwenden – so eine alte Bremse läßt sich mit zwanzig Mark Materialkosten und allerdings zehn bis zwölf Arbeits- und Einstellstunden prima hinkriegen, nur hätten eben diese Stunden auf einer Werkstattrechnung einen Fünfziger verursacht.

Was wollen wir von einer Bremse?

1. Die Bremse soll bei einer 5–10 km langen und beliebig steilen Paßabfahrt, die einigermaßen schnell in 7 min 30 sec bis 15 min gefahren wird, das Fahrzeug für sich allein in jedem Augenblick auch ohne Motorbremse sicher halten, wobei die zweite Bremse nicht zu Hilfe genommen zu werden braucht, es sei denn, man wolle tatsächlich *völlig* anhalten. Mit der einen Bremse allein muß man jedenfalls imstande sein, auch noch die untersten Kehren langsam genug anzugehen, um mit Sicherheitsreserve herumzukommen.

2. Diese Abfahrtsleistung ebenso wie Notbremsung auf der ebenen Straße mit Höchstverzögerung – gekennzeichnet durch Reifenquietschen und Verzögerungswerte (bei Einzelbremse vorn!) über 4–4,5 m/sec^2 – muß mit einer so geringen Hand- bzw. Fußkraft erzielt werden, daß eigentliche Anstrengung nicht nötig ist. Die benötigte Muskelkraft muß so gering sein, daß jederzeit feinfühligstes Lockern und Wiederanziehen der Bremse möglich ist.

Bei oberflächlicher Betrachtung ist man geneigt, zu sagen, daß Punkt 1 mit einer Dosendeckelbremse wohl nicht zu erzielen sei – dann hätten wir ja keinen Bremsenkrieg zu führen und nicht Vollnabenbremsen zu propagieren brauchen. Aber: Wenn man bereit ist, einige Mühe in Kauf zu nehmen und eine gewisse laufende Sorgfalt aufzuwenden, dann kann man auch mit einer Dosendeckelbremse zwar keine Sechstagefahrt bestreiten, aber eine Ferien-

Oben: Die „Vollnabe" für sich allein macht noch keine gute Bremse, ausschlaggebend ist Durchmesser und Trommelbreite, in zweiter Linie die Wärmeabfuhr – hier wirkt der Speichenflansch als Kühlrippe. Alles, was hinter dem eigentlichen Bremsring kommt, ist für die Wirksamkeit der Bremse ohne Belang.

Rechts oben: Das ist die garantiert echte Dosendeckelbremse, von der schon der Lack abgebrannt ist. Trotz Kleinheit läßt sich etwas damit anfangen, dank moderner Bremsbeläge, man muß nur starke Abnützung in Kauf nehmen.

Rechts: Das allerdings ist bitter – die ganze Bremswärme heizt die Kette hoch, die sich im geschlossenen Kasten kaum abkühlen kann, DKW. Bremse zwar ausgesprochen gut, da groß, aber unvermeidlich Kettenfresser.

fahrt mit mindestens zehn 1600er Pässen nicht unter 25% Gefälle hinter sich bringen, ohne dabei irgend etwas riskieren oder der Bremsen wegen gar besonders langsam fahren zu müssen. Wer nun boshaft ist und den ziemlich letzten Test einer Maschine mit Dosendeckelbremsen nachliest, MOTORRAD 20/52, Victoria 250, wird dort finden, daß diese Bremsen sich „nicht ganz" für wettbewerbsmäßige Abfahrten eigneten, obwohl die Victoria-Fahrer usw. usw. – nun, da haben wir schon das, was hier unter der „gewissen laufenden Sorgfalt" verstanden wird.

Es gibt heute Bremsbeläge, die wesentlich höheren Betriebstemperaturen gewachsen sind als 1952 – man muß also erst mal so einen Belag draufbringen. Da Dosendeckelbremsen sich beim Heißwerden erheblich dehnen, muß man auch bereit sein, einen Bremshandhebel mit Schnellverstellung zu montieren und den *vor Beginn jeder Abfahrt* auf Optimalstellung zu bringen, die eine andere ist als für normalen Straßenverkehr.
Da bei Dosendeckeln infolge der hohen Temperaturen der Abrieb enorm ist, muß man bereit sein, etwa nach einer schnellen Glocknerabfahrt die Nockenhebel um einen oder zwei Zähne nachzustellen. Da der Abrieb in großen Mengen anfällt, muß man außerdem nach jeder dritten oder vierten Abfahrt das Rad herausnehmen und die Bremse ausstauben, und da endlich die ganze Nabe ziemlich gemein heiß wird, muß man zuvor die Lagerschmierung in Ordnung gebracht haben, damit da kein Fett ausblutet und die Beläge verschmiert. Man muß ferner vor einer größeren Pässefahrt neu belegen, ordentlich die Beläge einfahren oder einfeilen und nach der Fahrt muß man bereit sein, wieder neue Beläge zu stiften, weil an den alten nicht mehr viel dran ist.
Das sind zweifellos alles Maßnahmen und Arbeiten und Geldausgaben, die man bei einer Gebrauchsmaschine für gutes Geld *nicht* in Kauf nimmt, weil man schon 1952 um gutes Geld etwas Besseres erwarten konnte. (Weil ich das damals klipp und klar sagte, hatte ich bösen Verdruß mit der damaligen Victoria-Direktion. Nachher bekamen die Victorias zwar bessere Bremsen, aber die Vorstandsmitglieder, die mir diese häßlichen Schwierigkeiten machten, haben nicht nur unzulängliche Bremsen verkauft, sondern noch mehr unzulängliche Dinge. Sie sind inzwischen nicht mehr Victoria-Vorstände. Sonst könnte ich das immer noch nicht so simpel dahersagen.) Nun kann man aber heute so eine 52er und 53er Victoria um einen runden Hunderter kaufen – *dafür* wieder nimmt man eine Bremse in Kauf, die laufender freundlicher Hilfe und öfterer Belagerneuerung bedarf.
An diesem Victoria-Beispiel – das beliebig verlängert werden kann, da ist DKW, NSU, BMW von den Großen, von den zahllosen kleinen Machern und Pränafa-Kunden ganz zu schweigen – dürfte also klargeworden sein, daß man mit laufendem Aufwand und laufender Mühe auch eine Dosendeckelbremse ganz annehmbar an die Grundforderung ausreichen-

Natürlich ist das furchtbar blöd, aber viele Leute begreifen es dennoch nicht – wenn man so weit innen faßt, hat man keine Kraft, Bremse ist scheinbar schlecht.

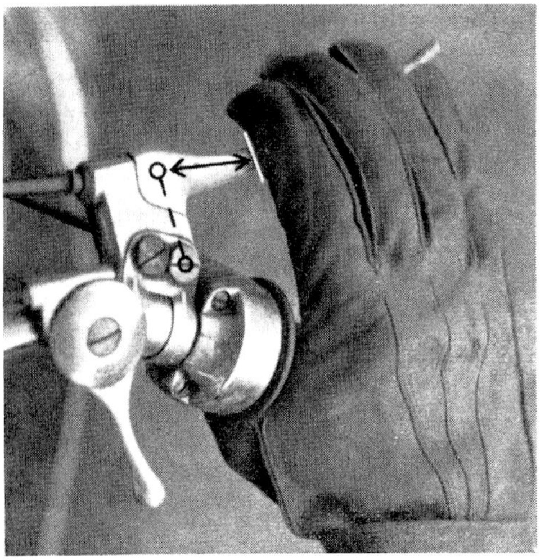

Doppelter Hebelarm und damit doppelte Kraft ist auf diese Weise billig – man muß es eben wissen.

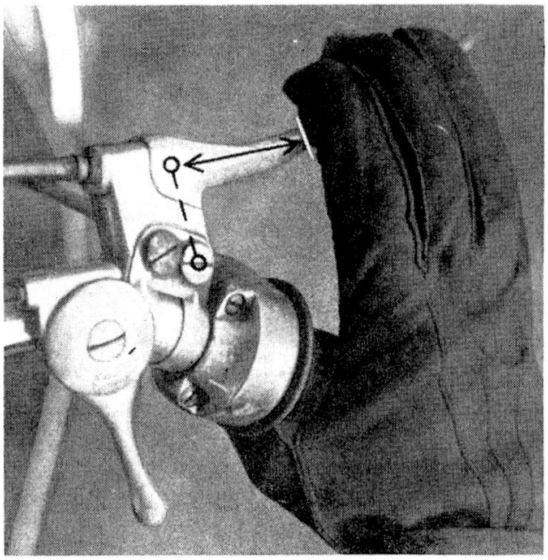

der *Dauer*belastbarkeit für schnelle Paßabfahrten heranbringt. Ich möchte mich verpflichten, mit einer sauber hingebauten alten Victoria-Bremse schneller die Katschberg-Südseite bis Rennweg hinunterzujubeln als mit einer Reginabremse, die nach 4000 km Laufzeit noch nicht ausgestaubt wurde. Damit ist Punkt 1 der Grundforderungen in praktisch gerade vertretbarer Weise erfüllt.

Da es sich bei Punkt 2 nicht um eine Dauerbelastung handelt, sondern um ausgesprochene Kurzbelastung, reduziert sich die ganze Aufgabe darauf, eine genügend große Betätigungskraft zu sichern – das ist insofern nicht allzu schwierig, als es sich nur darum handelt, primitive Originalausführungen mit heute verfügbaren Mitteln auf den Stand zu bringen, der 1952 hätte schon gegeben sein können. Wenn man eine alte Bremse, gekennzeichnet durch den Befund „Da kannste dran zerren wie'n Ochse, aba det Mädchen schiebt dir wech!", aufmöbeln will, daß sie wieder richtig zieht, fällt dabei auch immer etwas für die Dauerbelastbarkeit mit ab. Deshalb fangen wir hier mal systematisch mit der Verbesserung der Zugkraft an. Und nicht zu vergessen: Auch die höchstmodernen Vollnabenbremsen sind zur guten Hälfte nicht das, was sie sein könnten, auch sie sind für ein Aufmöbeln und Gewußt wie ganz dankbar. Ausstauben wie bei den Reginabremsen ist noch eine der mildesten Medizinen. Weil nun gewöhnlich die Vorderbremsen infolge beschränkter Handkraft am meisten hilfsbedürftig sind, ist im Folgenden wesentlich von Vorderbremsen die Rede.

Die Kraftübertragung

von den Fingern bis zur tatsächlichen Anpressung der Beläge an die Trommel geht über viele Ecken und Winkel. Von den Kilogrammen, mit denen man oben zieht, kommt nur ein Bruchteil unten an, wobei die früheren Konstrukteure sich meist weder über die geeigneten Übersetzungen noch über die Wirkungsgrade lang die Köpfe zerbrachen – man zeichnete bequemer nach, wie das bei anderen Motorrädern war.

Fangen wir bei der Hand an – es ist natürlich witzlos, einen hochmodernen Bremsgriff zu haben, den man wegen ungünstiger Montage nur in der Mitte fassen kann. Ein Bremsgriff

Rechts: Dieser Mann hat sich teure, lange Griffe geleistet, aber so angebracht, daß sie nichts nützen, da täten es kurze auch.

Unten: Der hier wußte aber, er hat den Griff so angebracht, daß er ganz außen fassen kann.

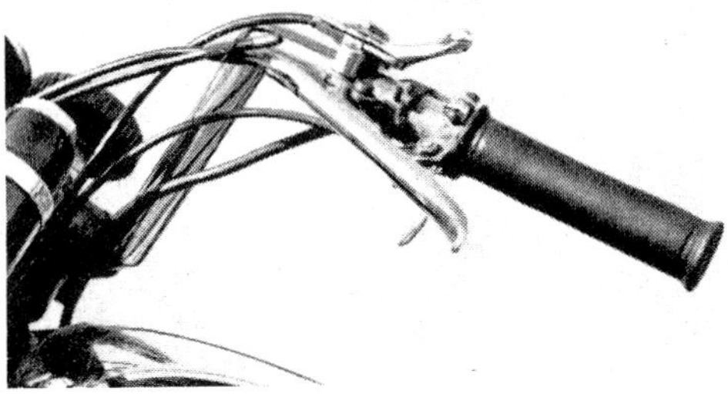

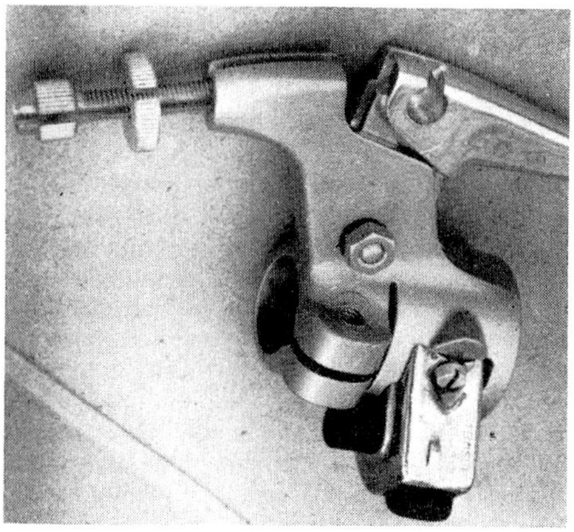 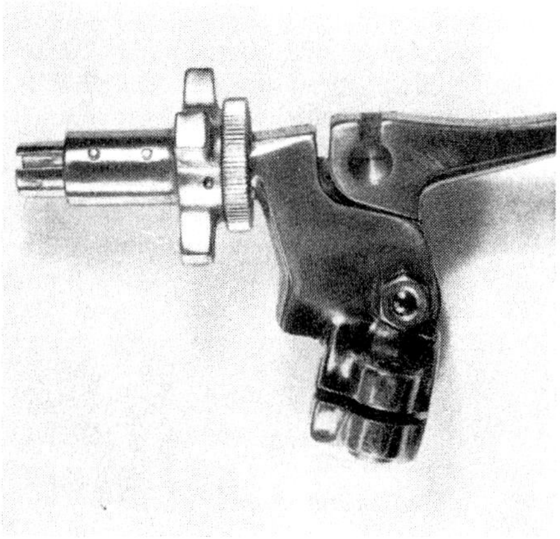

wird so am Lenker montiert, daß man ihn möglichst weit außen faßt, dadurch wird der Hebelarm von vornherein einmal lang.

Ich muß mich schon wieder entschuldigen: Natürlich ist dieser Hinweis unsagbar blöd, schließlich kommt mein Neunjähriger ganz von selber auf die Idee, den Bremshebel der KS – mit der er ab und zu mal einen Berg abrollen darf – ganz außen zu fassen. Offenbar kommen aber Erwachsene nicht mehr so leicht auf so banale Ideen. Ich darf für die nächsten 3,7 Jahre niemanden mehr beleidigen und muß auf beweisende Beispiele deshalb verzichten.

Allein durch zweckmäßige Montage eines selbständig anzubringenden Handhebels lassen sich im Verhältnis zur unglücklichen Montageweise 20 bis zu 40% Betätigungskraft bei gleicher Muskelkraft gewinnen.

Nun kann man aber auch an einer versteckten Stelle bis zu 25% Handkraft verlieren: Wenn man seine alte Mühle mit einer modernen Gasgriffkombination modernisiert, was aus den verschiedensten Gründen anzuraten ist. Diese Kombinationsgriffe erzwingen gegenüber dem alten Einzelgriff zuweilen einen größeren Abstand zwischen Drehachse des Griffes und Mitte Zugnippel. Die Magura-Leute, von denen praktisch alle diese Griffkombinationen stammen, waren da in einer konstruktiven Klemme, dieses größere Abstandsmaß ist durch äußere Umstände erzwungen und erschien tragbar durch die große Bremshebellänge moderner Vollnabenbremsen. Dennoch läßt sich bei alten Bremsen mit winzigen Hebellängen auch damit fertig werden.

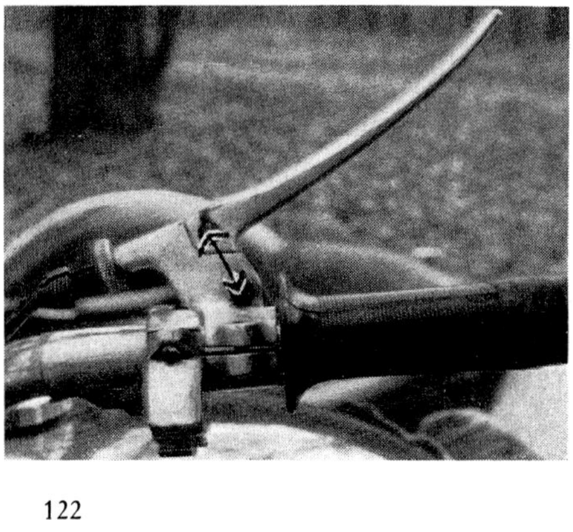 

Wenn man sich aber schon einen anständigen Bremshebel zulegt, dann auf keinen Fall ohne Schnellverstellung – gerade die ist nötig, wenn man aus einem alten Dosendeckel noch das letzte bißchen Stehfähigkeit herauspressen will.
Bevor die am Handhebel wirkende Kraft bei der Bremse unten ankommt, muß sie durch den Drahtzug – ich will hier nicht noch mal wiederholen, was seit Hahmeyers Artikel in MOTORRAD Nr. 11/55 selbstverständlich sein müßte, und lediglich sagen, daß es darauf ankommt, Winkelgrade zu sparen. Ein Drahtzug, der nur um 90 Grad Umschlingungswinkel gebogen zu werden braucht, läßt unten einen größeren Teil der hineingeschickten Kraft wieder erscheinen als ein Zug, der um 180 Grad gebogen wurde. In diesem Sinne sind also moderne Schwingenmaschinen gegen ältere Tele-Maschinen schlechter dran, die Schwinge erzwingt ja runde 180 Grad, während die Tele mit den 90 Grad am Lenker oben auskommt. Aber: Es lohnt sich auch bei einer Telegabel, den Bremsenzug *genau abzuschneiden*, so daß bei normal belasteter Maschine der Zug in einem glatten 90-Grad-Bogen nach abwärts führt. Ausgefedert knickt sich dann der Zug etwas – das wird in Kauf genommen, wenn der Knick nicht so hart ist, daß die Knickung bleibt. Das umgekehrte Verhältnis, also sauberer 90-Grad-Bogen bei unbelasteter Gabel und weitere Durchbiegung bei Belastung würde Bremskraft kosten. (Vorausgesetzt wird, daß wir auf der Jagd nach möglichst viel Bremskraft sind und dabei nichts verschenken dürfen.) Ein zu lang geschnittener Zug macht unnötige Bögen, die zusätzliche Winkelgrade und damit empfindliche (!) Kraftverluste bringen.
Noch ein Nebenbei: Wenn man schon Zeit in eine Bremsenverbesserung steckt, dann macht man auch gleich einen ganz neuen Bremsenzug, kostet eh nur Pfennige, aber neu ist nun mal neu. Man ist da sicher, daß weder Rost noch Schmirgeldreck noch verharztes Waldwiesenfett drin ist, oder daß die Drahtseele angefieselt oder die Nippel schlecht gelötet und kurz vorm Ausreißen sind.
Vorausgesetzt, daß der Zug *neu* ist, bringt Schmierung *nichts*, anscheinend weil die örtlichen Drücke so enorm sind, daß jedes Schmiermittel einschließlich den Molybdänen weggedrückt wird. Das hat Jürgen Goebel in bisher nicht widerlegter Weise in Nr. 3/57 dargetan. Ferner wissen wir mit gleicher Sicherheit, daß ein Drahtzug nicht mit Allerwelts-Abschmierfett

Linke Seite unten: Auf diesen Abstand zwischen Drehachse und Nippelachse kommt es an, wenn man Handhebel auswechselt, da machen 5 mm mehr oder weniger schon 2–3 kg Handkraft aus.

Linke Seite oben: Solche Schnellverstellhebel sollte man sich zu alten, kleinen Bremsen schon leisten, da fallen sie wirklich ins Gewicht. Beim ganz modernen, rechten Hebel braucht nicht einmal mehr gekontert zu werden (Magura).

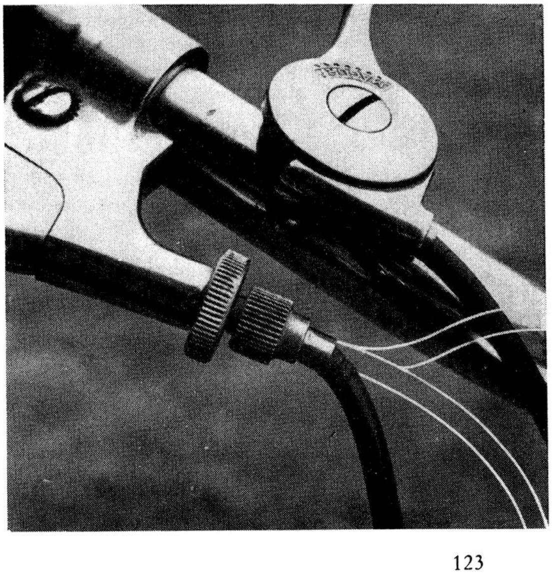

Rechts: Bei voll belasteter Maschine soll der Bremszug laufen, wie in der Mitte angedeutet, dann wird er bei ausgefedertem Rad gestreckt. Wäre der Bogen zu groß, wie im oberen Bogen angedeutet, bliebe da viel Handkraft stecken.

geschmiert werden darf, weil das ausgewaschen wird, harzt, verhärtet und im Grunde nur den Dreck festhält. Der berühmte Fettkragen, dieser alte Grubenhund, wäre zwar sehr schön, ist aber meist nur eine optische Täuschung, denn der Fettkragen entsteht nur an sichtbarer Stelle und täuscht darüber weg, daß an unsichtbarer Stelle vielleicht knallfeste, schmierlose und rotrostige Reibstellen bestehen! Wenn also Fettschmierung, dann gleich richtig: Univiston (Klüber-München, tubenweise bei Dillenberg) KB-Mittel, das harzt *nicht* und wird *nicht* ausgewaschen, es stellt eine praktisch lebenslängliche Ausfüllung des Drahtzuges dar, in den weder Wasser noch Staub eindringen können, weil eben das Univiston schon drin ist. Wer daran nicht glaubt, kann aber anstandslos der anderen zur Seelenruhe dienlichen Religion huldigen: Die neuen kleinen Kunststoffnippelchen von Dehne-Otto, so billig wie winzig wie narrensicher wie hübsch. Pfennigartikel. Drangemacht und dann öfter mit Öl geschmiert – das Öl gibt auf Wochen einen brauchbaren Wasser- und Rostschutz, Dreck wird herausgespült, weil man ja so viel Öl gibt, bis es unten raustropft. Also: Geschmiert wird nicht der Schmierung wegen, die bringt ja nichts, geschmiert wird nur des Dreck- und Rostschutzes wegen.
Damit wären wir glücklich am unteren Ende des Bremsenzuges angelangt. Man geniert sich wieder, so primitives Zeug zu schreiben, journalistische Müllkutscherarbeit, aber es muß geschrieben werden: Das untere Zugende steckt meist in einer Stellschraube und darf da nicht scheuern. Zwar ist die Schraube – wenn nicht aus Messing – aus weichem Automatenstahl, aber Drahtseelen werden da doch angescheuert und aufgefieselt. Also darauf achten, daß die untere Mündung der Stellschraube gut ausgerundet wird und daß die Seele nicht schief aus der Schraube austritt.
Die nächste Verlustmöglichkeit besteht wieder in einer ungünstigen Stellung des Nockenhebels. Richtig ist dessen Stellung, wenn der Winkel zwischen Zug und Nockenhebel bei mit Kraft angezogener Bremse 90 Grad beträgt. Da diese Stellung durch die Abnützung der Bremsbeläge diktiert ist, können die 90 Grad immer nur angenähert da sein. Wenn es dann allmählich auf 110 Grad oder andersrum auf 70 Grad zugeht, muß der Nockenhebel verstellt werden, bis wieder annähernd 90 Grad in der Kraftstellung da sind. Anständige Bremsen haben deshalb auf der Nockenwelle eine Feinverzahnung, die eine Verstellung von 10 zu 10 Grad erlaubt.
Unanständige Bremsen – „seit Jahrzehnten beliebt und gerne gekauft" – haben die Nockenwelle nur plattgefräst und den Hebel mit Ovalloch draufgesteckt. Das kostet einen Ent-

Linke Seite: Bei Schwingenmaschinen sind solche Bogen zwar unvermeidlich, man sollte aber um jeden Zentimeter und jeden Winkelgrad geizen, kostet alles Handkraft.

Rechts: Die allermodernsten und kleinsten Öl-Schmiernippelchen von Otto Dehne, Erklärung überflüssig, gibt es notfalls bei Dillenberg.

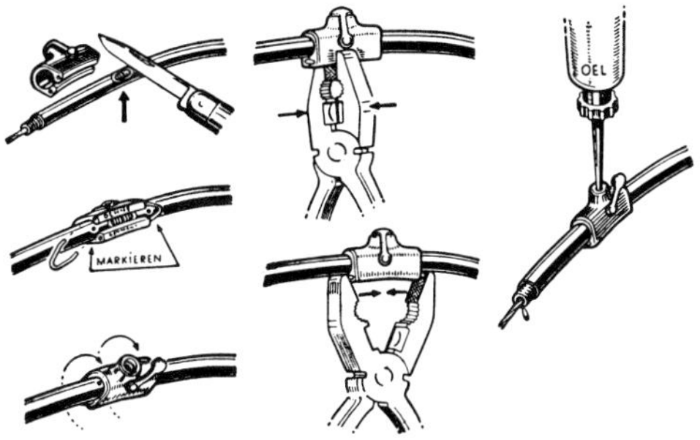

schluß: Der Bremsnocken wird ausgebaut und wir begeben uns auf Wanderschaft, bei der die Schrottkisten von Werkstätten und Schrottläden durchstöbert werden, bis wir aus einer Schrottbremse einen ungefähr passenden Bremsnocken mit Feinverzahnung und dazugehörigem Hebel erwischen und ausbauen können. Genau wird die kaum passen, weil sie ja aus einer völlig anderen Bremse stammt, das tut aber nichts: Die Welle bleibt der Feinverzahnung wegen unangetastet, was da nicht paßt, wird mit Hilfe einer Büchse passend gemacht. Die Büchse wird so aufskizziert und gedreht, daß die neue Nockenwelle genau paßt, und in der Ankerplatte der vorhandenen Bremse wird die alte Nockenwellenbohrung einfach so weit aufgebohrt, bis sich die Büchse mit Preßsitz eindrücken läßt. Auf den wahrscheinlich auch nicht passenden Nocken der neuen Nockenwelle nimmt man zunächst keine Rücksicht, der läßt sich später anstandslos passend zurechtfeilen.

Schmierung der Nockenwelle: Da sitzen auf den Bunden der Nockenwellenlagerungen immer so hübsche Schmiernippel und in der Tat ist auch ein gewisser Schmierbedarf vorhanden.

Wenn der Bremshebel erst mal so steht, ist die Grenze erreicht, der Hebel muß auf der Feinverzahnung um einen Zahn verstellt werden.

Verlängerte Bremshebel sind sehr schön und wirksam, nur muß auch das Zugwiderlager geändert werden, scheuert sonst.

So sieht die Feinverzahnung aus – auch ein altes Dosendeckelchen, das wieder brauchbar gemacht wurde.

Rechts: Auf diese tragende Länge des Nockenwellenlagers kommt es an, sie zu vergrößern lohnt schon beträchtlichen Aufwand.

Aber das geringste Zuviel – von wegen dem berühmten Fettkragen! – geht natürlich auch nach innen und dann gute Nacht: Deswegen braucht da gar nichts verschmiert auszusehen, da genügen Spuren von ausgeblutetem Öl, damit so eine altertümliche Dosendeckelbremse nicht mehr zieht. Wenn man also eine neue Büchse macht, nimmt man keine Rücksicht auf Schmierung und beschränkt sich darauf, die Welle beim Einsetzen mit Molykotepaste dünn einzusalben – das hält für Jahre.
Nockenwellenlagerung überhaupt: Bei alten Dosendeckelbremsen ist die Lagerlänge ein bißchen kurz, das waren ja wirklich nur Blechdeckel als Ankerplatten. Ein zu kurzes Lager gibt Seitendruck, wodurch erstens Handkraft nutzlos aufgefressen und zweitens die Büchse schnell ausgelutscht wird. Schon deswegen kann es nützlich sein, die kurze Nockenwelle einer alten Dosendeckelbremse zu ersetzen und bei dieser Gelegenheit in Gestalt einer eingesetzten Büchse die nötige Lagerlänge herbeizuzaubern. Richtwert: Nicht unter 30 mm Lagerlänge.
Hat man eine neue und womöglich längere Nockenwelle eingesetzt, dann stimmt höchstwahrscheinlich das zugehörige Zugwiderlager nicht mehr – also Kontrolle hinsichtlich möglicher Abknickung des Zugdrahtes, die Müllkutschersache von vorhin!
Die ganzen bisherigen Arbeiten galten nur dem Bestreben, die oben am Handhebel verfügbare Handkraft verlustlos an den Nocken herunterzubekommen. Dabei handelt es sich nicht um den Verlust von Arbeit, sondern um schlichten Verlust von *Kraft* – wir wollen nichts verlieren, weil wir möglichst wenig Kraft aufwenden wollen.
Die so vielgerühmte „Dosierbarkeit" einer guten Bremse, von der jeder Testschreiber so viel herzumachen weiß wie von der „ausgezeichneten Federabstimmung", hängt nämlich allein von einem geringen Kraftbedarf ab – sonst von gar nichts! Natürlich gibt es auch Bremsbeläge und sogar Bremsbauarten, die „giftig" greifen – aber so grobe Fehler hätten selbst diese gelehrten Tester wohl erkannt, davon pflegt man gemeinhin auf den Pinsel zu fallen. Eine Bremse kann infolge Fehlkonstruktion oder mechanischer Verwahrlosung „beißen" – das ist ein klarer Fehler, dessen Ursache gesucht und benannt werden kann. Eine Bremse kann auch infolge Fehlkonstruktion oder Verwahrlosung trotz größter Handkraft nur unzu-

länglich wirken – auch das ist ein klarer Fehler, dessen Ursache gesucht und gefunden werden kann. Dazwischen drin gibt es aber nichts, auch keine „Dosierbarkeit“ – eine in mechanischer Ordnung befindliche Bremse, und sei es der älteste Dosendeckel, ist so fein dosierbar, wie eine Bremse nun eben einmal sein kann, ist sie in genau dem Maße dosierbar, wie der Fahrer oben seine Muskelkraft beherrscht. Man hänge ein Fünfkilogewicht an einen Paketknebel und diesen an die gekrümmten Finger, der gebeugte Arm wird über eine Tischkante oder Stuhllehne gehängt, bis das Fünfkilogewicht eine auf dem Boden stehende Küchenwaage gerade berührt – und nun versuche man, durch leises Nachgeben der Fingerkraft auf der Küchenwaage 500 Gramm möglichst ruhig einspielen zu lassen. Die Waage wird ziemlich wild tanzen. Sodann hänge man an denselben Knebel nur 1 Kilogramm und versuche erneut, 500 Gramm einspielen zu lassen. Man wird die Küchenwaage fast spielfrei hinbekommen. Wir brauchen also bei einer vorhandenen Bremsanlage nichts weiter zu tun als deren Handkraftbedarf so weit wie nur möglich herunterzudrücken – dann ist sie ganz von selbst „fein dosierbar“. Wir haben uns zwar als Tester auch nie die Mühe gemacht, einen Kraftbedarf in kg zu ermitteln, aber nur, weil uns ums Verrecken nicht einfiel, auf welchen Nullpunkt wir diesen Kraftbedarf hätten beziehen können, um vergleichbare Werte zu bekommen. Statt dessen haben wir aber laut und lang genug nach der „Fingerspitzenbremse“ geschrien und deutlich genug gesagt, was wir unter einer Fingerspitzenbremse verstehen. Zudem war diese Bezeichnung gerade unseriös genug, daß andere schreibende Zeitgenossen sie nicht mehr zu übernehmen wagten. Statt dessen kam ja eben diese berühmte „Dosierbarkeit“ auf, die ungleich viel geheimnisvoller klingt.

Bevor man nun bei einer vorhandenen Bremsanlage die eigentliche Bremse grundsätzlich umbaut, werden erst einmal alle Verlustquellen beseitigt, deshalb die bisherige langatmige Beschreibung. Vielleicht war es sogar nötig, einen modernen Handhebel mit ungünstigerem Hebelverhältnis zu verwenden, so daß aller Anlaß vorhanden war, auf günstigste Kraftübertragung bis in die Nockenwelle hinein zu achten. Von hier ab, also schon von der Nockenwelle ab, beginnen nämlich die „schärferen“ Mittel, die zwar – richtig gemacht – gewaltig hinhauen, die aber ebenso ins Auge gehen können, wenn auf dem Kraftweg bis zur Nockenwelle etwas nicht stimmt.

Nocken und Backen

Meist kommt es bei einer alten Bremse darauf an, eine ungenügende Wirkung nach Punkt 2 unserer Grundforderungen, also bei Notbremsung, zu verbessern. Wir müssen *mehr* Kraft herunterbringen, als ursprünglich vorgesehen war. Natürlich wäre ein Mittel auf diesem Wege die Verlängerung des Nockenhebels. Das macht Schwierigkeiten, weil dazu eine meist nur schwer mögliche Veränderung des Zugwiderlagers gehören würde. Also läßt man den Nockenhebel in Ruhe und kümmert sich lieber um den Nocken selber. Bevor man aber am Nocken rumfeilt, ist eine banale Zwischenprobe angebracht: Wie sehen denn die Beläge aus?

Man bedenke, daß man auch mit dem kümmerlichsten Fox-, ZDB- und RT-Bremselchen einen Vorderreifen quietschen lassen kann. Wenn diese Bremseleinchen das aber dennoch so gut wie nie tun, dann meist nur, weil die Beläge mal Spuren von Fett abgekriegt haben. Wirklich, *Spuren* genügen und es gibt keine Bremshitze, die diese Spuren verdampfen ließe – nicht mal zum Verkohlen reicht's. Wobei mir wieder eine – inzwischen von der Konkurrenz „eingeschnaufte“ – Rollerzeitung einfällt, deren Bremsenfachmann (Du Spezialiist, du wissen!!) einmal als Mittel gegen Quietschen empfahl, die Beläge mit Zweitaktsprit anzufeuchten. Das gibt's natürlich auch. Sonst genügen aber Andeutungen, Spuren von Öl, die unter Bremshitze oder bei langer Standzeit aus dem Nabenfett heraussickern, dazu genügt die Spur Fett, die der Lehrjunge noch unterm Fingernagel hatte, als er die Steckachse gewissenhaft fettete und sich nachher sogar die Pfoten am Putzlappen abwischte. Dazu genügt auch das Sprühöl, das beim letzten Waschen auf die Ankerplatte gesprüht wurde und das um den Trommelrand herumkroch.

Da wäre also zuerst mal die Frage, ob wir die Backen nicht lieber gleich neu belegen wollen. Ich für meine Person tue das, will aber niemanden zu unnötiger Geldausgabe verleiten, zumal wenn die Beläge noch schön dick sind – was man vornehmlich daran sieht, daß die Nieten in den Belägen noch sehr tief sitzen. Da hilft dann bei Verfettung ein Auskochen in Imi-Lösung. Ich habe es selbst nicht probiert. Hahmeyer hat aber und andere vertrauenswürdige Leute haben auch. Mit Erfolg. Also müßte man sinngemäß die Bremsbacken in Imi-Lösung auskochen, pro Liter Wasser drei große Eßlöffel Imi, eine Viertelstunde kochen, dann frische Imi-Lösung, noch eine Viertelstunde, über Nacht tunlichst auf dem Ofen trocknen. Einstweilen auch die Bremstrommel peinlich reinigen, tadellos fettfrei machen. Ist sie noch spiegelblank? Riefige Trommeln kann man zwar ausdrehen, dazu muß aber die Nabe ausgespeicht werden und auch bei den Bremsbelägen ist Nacharbeit erforderlich. Unter Umständen ist es billiger, nach einer anderen, noch nicht riefigen Bremstrommel die berühmten Schrottkisten zu durchforschen.

Die ausgekochten Beläge werden mit einer Feilenbürste leicht überkratzt, daß sie also deutlich und gleichmäßig rauh werden. Man kann mit dem nötigen Gefühl und einer nicht zu groben Feile dasselbe erreichen, darf aber keine Flächen hineinfeilen – der Zweck ist erreicht, wenn die Beläge auf ganzer Fläche gerade eben „Wolle“ zeigen, auf der sich dann ein Laufspiegel abzeichnen kann.

Dann wird erst mal zusammengebaut und gefahren. Meist wird man das gute alte Bremseleinchen schon jetzt gar nicht mehr wiedererkennen. Falls aber der Eindruck über ein „na ja, bißchen besser isses ja, deswegen hätte der mit seinem Artikel aber nicht so'n Gedöns zu machen brauchen“ nicht hinausgeht, sollten wir die Probefahrt über 50 km auszudehnen versuchen. Dabei wird dann auch noch tunlichst rüde gefahren, etwa mit Vollgas und Bremse die Berge hinunter, damit das Ding schön heiß wird. Dazwischen geben wir die Bremse immer wieder fünf Minuten lang ganz frei, damit sie auskühlt.

Nach diesen rüden fünfzig Kilometern gestattet die Bremse einen Befund: Wie haben die eigens rauh gemachten Beläge einen Laufspiegel angenommen? Geht der Laufspiegel etwa nur in einem schmalen Streifen rund um beide Backen? Das deutet auf konische Backen oder konische Trommel, jedenfalls ist es kein Problem, die Backen erst mal umzudrehen, vielleicht gleicht sich dann eine Konizität gegen die andere aus. (Wird durch erneuten Fahrversuch kontrolliert.) Falls kein Ausgleich, ist es ja nicht schwierig, durch Befeilen der Beläge die nötige Flächenneigung herzustellen. Der Erfolg der Feilerei wird durch gelegentliche Probefahrten geprüft. Da sich die Beläge ja weitgehend selbst zurechtlaufen, braucht man nicht allzu genau zu feilen, man sieht ja schnell, wie sich der glänzende Laufspiegel nach jeder Probefahrt verbreitert.

Muß ich es eigentlich noch sagen: Der Laufspiegel bildet sich an den zu hohen Stellen aus, *die* werden abgefeilt. Beim nächsten Versuch ist wieder Laufspiegel da, diesmal breiter. Hat man zuviel gefeilt, bleibt die Stelle aber rauh und die Nachbarschaft wird spiegelnd. Ziel ist jedenfalls ein auf ganzer Fläche spiegelnd blanker Belag. Dabei fällt eine Menge Belagstaub in der Bremstrommel an – muß immer sauber ausgestaubt werden.

Nach dem ersten Fahrversuch mit gerauhten Belägen sieht man auch, ob die Backen von Anfang bis zu Ende tragen. Alte, schmutzige Backen täuschen einen Laufspiegel – aus poliertem Dreck – auch da vor, wo sie nicht getragen hatten. Deshalb rauhe ich jede zweifelhafte Bremse erst mal an und mache eine Probefahrt, um zu wissen, ob und wie die Beläge überhaupt tragen.

Wenn man auf beiden Backen einen Laufspiegel findet, der zwar nicht völlig lückenlos ist, aber von vorn bis hinten reicht und der nur noch rauhe Inseln sehen läßt, braucht man nichts mehr zu tun, *diese Bremse zeigt schon Höchstverzögerung.*

In der Tat: Die erreichbare Verzögerung hängt theoretisch gar nicht von der tragenden Belagfläche ab – es ist ein weit verbreiteter Grubenhund, eine Bremse mit größerer Belagfläche

Kommt selten vor, aber doch, und ist schwer zu entdecken, durch einfachen Augenschein schon gar nicht, Schublehre und Lichtspalt bringen es aber an den Tag, ein paar Feilenstriche schaffen Abhilfe, man macht eben den Belag so konisch wie die Trommel vielleicht schon ist.

halte mehr. Große Belagflächen macht man nur, um den Wärmedurchsatz für *Dauer*belastung zu erhöhen, damit verbessert man also die Paßbrauchbarkeit. Bei Notbremsung spielt die Wärmekapazität keine Rolle, da tun es ganz geringe Belagflächen. Die neuerdings über den Schellenkönig gelobten Scheibenbremsen arbeiten mit geradezu winzigen Belagflächen und abenteuerlichen Flächendrücken – und hauen hin, weil die Scheibe außerhalb der Belagflächen ihre Wärme gut los wird.
Wenn allerdings bei einer Trommelbremse die tragende Fläche sehr gering wird, wenn sie etwa bei konischer Trommel nur aus einem schmalen Ring besteht oder wenn nur der Kopf der auflaufenden Backe auf zwei bis drei Quadratzentimetern trägt, ist in scheinbarem Widerspruch zur Theorie ein starkes Nachlassen der Bremswirkung da: Da wird die örtliche Belastung so hoch, daß die Belagtemperatur bis in die Puppen steigt und der Reibwert in den Keller fällt.)
Das Ziel der ganzen Arbeit ist jedenfalls, durch abwechselndes Bearbeiten der Beläge und durch immer wieder eingeschobene Fahrten mit ausgiebigen Dauerbremsungen einen möglichst ausgedehnten Laufspiegel auf beiden Belägen zu erzielen. Natürlich dürfen dabei ohne weiteres im Laufspiegel rauhe Inseln vorhanden sein, wenn aber die geschätzte Gesamtfläche dieser rauhen Inseln nicht mehr als ein Drittel der gesamten Belagfläche ausmacht, ist die Arbeit getan, eine solche Bremse muß bereits ein Maximum der Verzögerung hergeben.
Dennoch kann man jetzt den Eindruck haben, daß zu diesem schon erreichten Verzögerungsmaximum noch eine zu große Handkraft nötig sei, *sie kann beispielsweise wesentlich größer sein als die der gleichen Bremse bei einer anderen Maschine desselben Typs.* Ich habe sogar den Eindruck, daß derartige Unterschiede nicht einmal so sehr bei den alten Dosendeckeln auftreten als gerade bei den ganz modernen Vollnabenbremsen mit ihren riesigen Belagflächen. Jedenfalls ist es mir gerade bei modernen Maschinen geläufig, daß der Handkraftbedarf von Maschine zu Maschine doppelt so groß sein kann. Das erscheint zunächst verwunderlich, hat aber eine recht einleuchtende Erklärung, es ist mir wenigstens bisher immer gelungen, übermäßigen Handkraftbedarf auf Grund dieser Erklärung auch abzustellen, was einigermaßen für deren Richtigkeit spricht. Um das zu verstehen, bedarf es aber einer Abschweifung:

Ungenaue Bremsenteile

Bei der normalen Bremse mit einem einzigen Nocken unterscheidet man zwischen dem auflaufenden Backen und dem ablaufenden Backen. Es ist nun so, daß der auflaufende Backen von der eingeleiteten Handkraft ungefähr *drei* Viertel in Bremskraft umsetzt, der ablaufende Backen setzt nur noch *ein* Viertel in Bremskraft um. (Daß dieses Verhältnis annähernd stimmt, läßt sich sehr schön an den großen Doppelnockenbremsen von R 60 und R 69 sehen, die rückwärts „überhaupt nicht“ halten.) Wenn jemand infolgedessen die so weitverbreitete Konstruktion der Zweibacken-Einnockenbremse für aufwendig und schlecht ausgenützt hält, ist dem nicht ohne weiteres zu widersprechen. Für die normale Bremsung bei Vorausfahrt ist der ablaufende Backen jedenfalls ohne einen ins Gewicht fallenden Nutzen. Anders natürlich, wenn man eine Maschine in einer Steilauffahrt mit der Handbremse halten muß – für diesen Fall wird natürlich der ablaufende Backen zum auflaufenden Backen und hält tadellos, während man bei einer Doppelnockenbremse am Handhebel verdammt ziehen muß und es durchaus nicht amtlich ist, ob in 20–25% Steigung die Doppelnockenbremse ein Gespann überhaupt hält. Außerdem ist eine Doppelnockenbremse in verschiedenen Beziehungen nicht die Ideallösung, für die man sie auf den ersten Blick zu halten geneigt ist, ich hüte mich also sehr davor, die Nullachtfünfzehn-Einnockenbremse als so schlecht und rückständig zu bezeichnen, wie sie auf den ersten Blick aussieht. *Es kann sogar Gründe geben, die einen veranlassen, eine Doppelnockenbremse wieder rückwärts umzubauen in eine Einnockenbremse.*
Das hier Gesagte gilt nun aber mal erst unter der Voraussetzung, daß beide Backen durch den gemeinsamen Nocken gleiche Anteile der eingeleiteten Handkraft kriegen – das ist aber gar nicht so ohne weiteres gesagt, ja, *dazu sind theoretisch gar nicht mal die nötigen Voraussetzungen da!*
Um das zu verstehen, müssen wir wieder mal umständlich-gründlich vorgehen: Unten links ist eine Schulbuchbremse gezeichnet. Werden da die Backen durch Verdrehen des Nockens gespreizt, dann sieht das aus wie rechts gezeigt. Man sieht, die Backen legen sich nicht – wie vielleicht auf den ersten Blick zu erwarten – zuerst mit den oberen Hörnern an, sondern hübsch mit der Belagmitte. (Das ist unbedingt als Freundlichkeit zu werten.) Entschieden

Bild rechts.
Das sind zwei scheinbar blöde Bilder, vor allem das Bild links. Aber erstens legen sich die Backen erstaunlicherweise schön mit den Mitten an, zweitens ist der nicht vermutete Pferdefuß am Nocken zu finden.

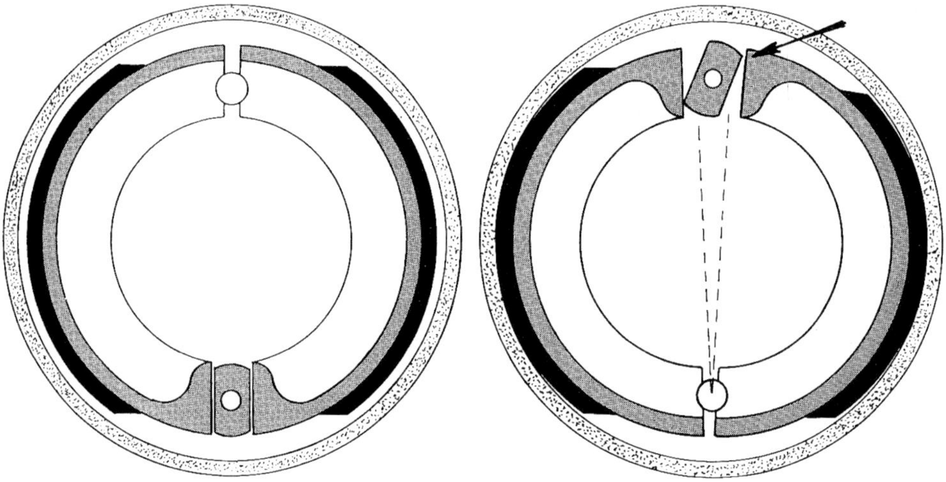

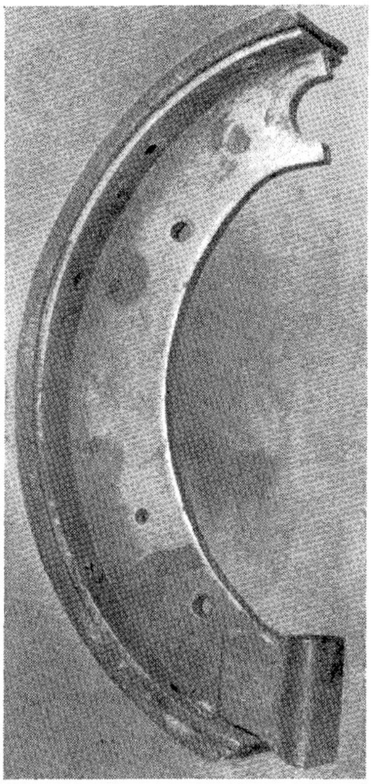

Oben: Das sind ordentlich steife Gußbacken, die sich nicht verziehen – an der Nabe eine wenig beachtete, heimtückische Fettquelle: Die Tacho-Schmierung. Muß man wissen.

Links: Diese Blechbäckelchen sind leider kaum hinzukriegen, da kann man höchstens mühsam einen zweiten, dickeren T-Steg dazuschweißen, wegen dessen man dann wieder mit den Nietlöchern in Bedrängnis kommt.

Unten: Man soll nicht zu stolz für solche Markierungen sein – sicher ist sicher!

Unten: Sieht wieder blöd aus, es haben aber schon viel gelehrtere Leute auflaufende und ablaufende Backen verwechselt – dieses Bild soll Zweifel ausschließen.

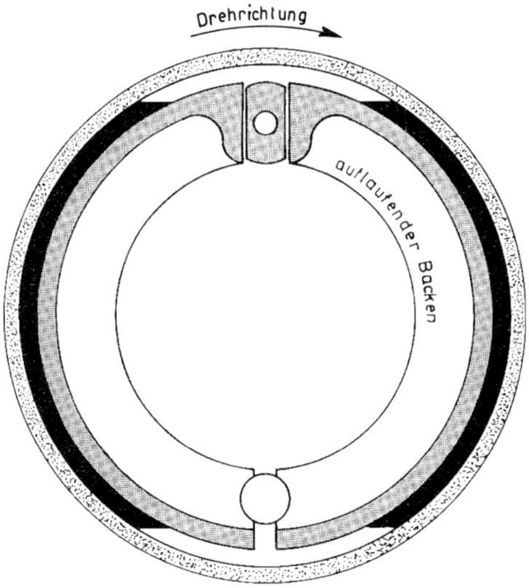

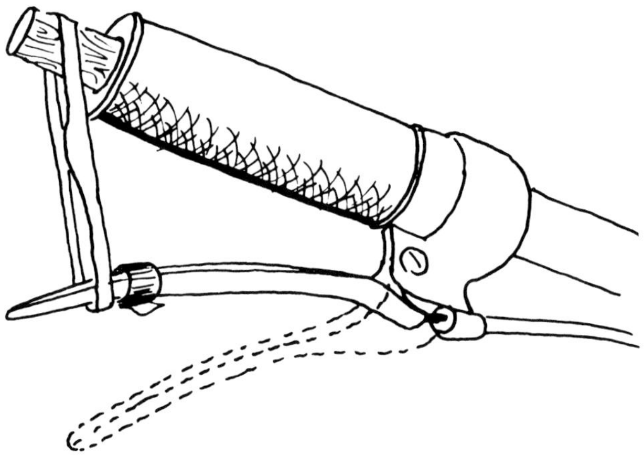

So geht das mit dem Gummiband. Muß gut ausprobiert werden, dauert eine Weile, dann geht es aber zuverlässig und schließt gefühlsmäßige Irrtümer aus, so kriegt man jede Bremse hin.

unfreundlicher ist aber, daß sich zuerst der Backen anlegt, der vom *inneren* Ende des Nockens betätigt wird. Der vom äußeren Nockenende bewegte Backen legt sich gar nicht mit Druck an und wenn man ihn von Hand anpreßt, dann ist zwischen Backenkopf und Nockenkante deutliches Spiel – siehe Pfeil im Bild. Das ist eine Tatsache, die bis heute in den berühmten weitesten Kreisen völlig unbekannt ist. Dennoch hat sie Folgen: Ist der von der inneren Nockenflanke betätigte Backen zufällig der ablaufende Backen, dann kann man da wirklich ziehen wie der berühmte Ochse, der ablaufende Backen bringt nur minimale Wirkung, und der auflaufende Backen gar keine – er erhält ja keine Kraft.
Das sieht so entsetzlich aus, daß man sich wundert, wie das so lange unbekannt bleiben konnte. (In keiner Veröffentlichung findet sich ein Hinweis darauf, obwohl schon seit dem Heldentod des heiligen Bremsiacus alle Bremsnocken symmetrisch gemacht werden. Daran ist er ja gerade gestorben.) Ermöglicht wurde das durch die Superpräzision, die seit Bremsiacus im Bremsenbau üblich ist. Da nimmt man blechgepreßte Bremsbacken, die sich in jede Eierform hinpressen lassen, und macht alle Bohrungen so weit und wackelig, daß sich die ganze Bremsankerplatte an jeden gewünschten Ort hinbegibt, bis auch der auflaufende Backen hinreichend Anpreßdruck bekommt, damit die Bremse halbwegs zieht. Hat man aber eine moderne Bremse mit formbeständigen Backen und anständig gelagerter Nockenwelle, dann zieht sich das *nicht* von selbst hin, die Bremse braucht trotz oder gerade *wegen* ihrer mechanischen Solidität unsinnig viel Handkraft. Aber:
Auch diese modernen, soliden Bremsen werden nicht viel genauer gemacht als die alten Dosendeckel, da sitzt mal die Achsbohrung der Ankerplatte gleich um ein paar Zehntel außermittig, da ist die Nockenwellenbohrung zwei oder drei Zehntel aus der Fluchtlinie Widerlager-Achsbohrung, da sind die Backen nicht genau spiegelgleich – nur ausgerechnet der Nocken, der eigentlich unsymmetrisch sein müßte, der *ist* symmetrisch, kann man Gift drauf nehmen. In 99 von 100 Fällen gleichen sich diese Fehler gegenseitig aus, im hundertsten Fall – oder sollte es etwa jeder zehnte Fall sein? – addieren sie sich aber und dann zieht die Bremse nicht ums Verrecken. Dann läuft sie sich auch nicht ein, trotz guten Laufspiegels, auch nicht über viele tausend Kilometer. Bis der ablaufende Backen endlich hinreichend abgenützt ist, damit auch der auflaufende Backen zum Tragen kommt, dauert es eben sehr lang. (Und wer hat schon genügend Erfahrung, dem immer vorhandenen schwachen Laufspiegel des ungenügend tragenden auflaufenden Nockens einen Unterschied zu dem des ablaufenden Backens anzusehen und danach zu feilen?)

Hier wird auch klar, daß dieser Fehler bei den alten Dosendeckelbremsen mit ihren meist reichlich wackligen Nockenwellen nie so ausgeprägt auftreten konnte wie bei einer modernen Bremse mit einer hochwertigen Nockenwellenlagerung und sehr steifen Backen. Diese Fehlerursache aber einwandfrei festzustellen, ist ziemlich schwierig, dazu sind zwei bis drei Probefahrten nötig:

Wenn es sich um die Handbremse handelt, muß man sich erst mal einen passenden Gummiring von einem alten Schlauch besorgen, mit dem man den Handbremsenhebel mit einer bestimmten Spannung gegen den Lenker ziehen kann. (Natürlich darf der Gummiring nicht über den Gasdrehgriff, da muß also erst mal der Stöpsel raus, der das Lenkerende verschließt. Dort wird dann irgend etwas hineingezaubert, und wenn man einen kurzen Holzpflock hineinschlägt, über das sich der Gummiring spannen läßt.) Die Stelle, an der der Gummiring sich über den Bremshandhebel schlingt, wird mit einem Isolierbandwickel genau markiert, damit man sie beim zweiten Versuch wiederfindet. Länge und Breite des Gummirings müssen so ausprobiert werden, daß die Bremse zwar angezogen wird, daß man aber mit der Maschine noch fahren kann. Man fährt dann auf irgendeiner Meßstrecke Vollgas und stellt fest, wieviel die Maschine damit geht. Man sollte danach trachten, die Bremse so weich anziehen zu lassen, daß die Maschine, die sonst vielleicht 100 km/h geht, mit angezogener Bremse noch 60–70 km/h geht. Mit ein paar Reserveringen und einer Schere läßt sich das unterwegs ohne weiteres hintrimmen, man schneidet eben ursprünglich zu breite Ringe immer schmäler, bis eben die Geschwindigkeit stimmt. Danach wird der so gewonnene Gummiring ausgehakt, sorgfältig aufbewahrt und man kann wieder nach Hause, jetzt geht die Geduldsarbeit los:

Man sollte nicht zu stolz sein, sich vor die Maschine zu setzen und auf der Bremsankerplatte ganz doof anzuzeichnen, *wie herum* das Rad sich bei *Voraus*fahrt dreht, denn das ist nachher an der auseinandergebauten Bremse durchaus nicht irrtumsfrei klarzustellen, jedenfalls nicht so leicht, wie es aussieht. Mit der Reißnadel wird auf der Ankerplatte auch gleich die Stellung des Nockenhebels angezeichnet, *die bei voll angezogener Bremse vorhanden ist.* Jetzt erst kommt das Rad heraus und die Ankerplatte wird abgezogen. Bild Seite 131.

Wenn wir nun die Bremsankerplatte umdrehen und den Nockenhebel von Hand in die angezeichnete Stellung bringen, dann sehen wir, wie weit sich überhaupt der Nocken in der Bremse verdreht. Nach der Anzeichnung auf der Vorderseite der Ankerplatte können wir auf der Rückseite jetzt auch zuverlässig den Backen anzeichnen, der bisher *auflaufender* Backen war. Man wird alsbald auch den Eindruck gewinnen, daß ein Bremsbacken nicht geradezu ein Präzisionsteil darstelle, es liegt also nahe, zuerst einmal die beiden Backen einfach zu vertauschen, also den bisher auflaufenden Backen auf die ablaufende Seite zu nehmen und umgekehrt.

Danach kommt wieder ein Fahrversuch mit unserem kostbaren Gummiband, da werden wir möglicherweise feststellen, daß wir mit genau dem gleichen Bremshebelzug wie vorhin gar nicht mehr aus dem dritten Gang herauskommen, die Maschine also im vierten Gang glatt abgewürgt wird, weil jetzt die Vorderbremse ganz gewaltig zieht. Damit wissen wir ja, daß wir es nur mit ungenauen Backen zu tun hatten, wir brauchen sie eigentlich nur in der jetzigen Stellung sitzen zu lassen, wobei nichts weiter passieren kann, als daß die Bremse vielleicht in Rückwärtsrichtung vorläufig nicht so recht zieht. Das behebt sich aber im Laufe der Zeit von selbst, so, wie der nunmehr auflaufende Backen sich mit wachsender Kilometerzahl abnützt.

Es kann beim zweiten Fahrversuch aber auch passieren, daß sich gegenüber vorher noch gar nichts geändert hat, dann haben wir zwar zwei genau gleiche Backen, aber vielleicht ungenaue Achsbohrungen. Dann bleibt nichts anderes übrig, als die Bremse noch einmal auseinanderzunehmen und von der Nockenkante, die am ablaufenden Backen anliegt, einige Feil-

striche wegzunehmen. Man braucht dabei nicht zimperlich zu sein, ein bißchen zuviel schadet nämlich nichts. Wieder zusammenbauen, wieder Versuch mit dem Gummiring, jetzt wird man mit Garantie feststellen, daß die Bremswirkung gewaltig gestiegen ist, denn jetzt kann ja der ablaufende Backen nicht mehr den Nocken daran hindern, den auflaufenden Backen genügend stark anzupressen. Hat man tatsächlich ein bißchen zuviel abgefeilt, dann zieht die Bremse vorläufig nur rückwärts nicht besonders, das gleicht sich aber in dem Maße aus, wie der Belag des auflaufenden Nockens sich im Laufe der Zeit abnützt, was verhältnismäßig schnell geht. (Auflaufend!)
Diese Gummiringprobe ist etwas umständlich, aber sicher, damit kommt auch jemand zurecht, der in der Beurteilung des Laufspiegels einer Bremse noch keine besondere Erfahrung hat. Es gibt eine ganze Anzahl ausgesprochener Fingerspitzenbremsen, etwa die Sachs-Bremsen, die Victoria-Bremsen ab 1954 und noch so manche andere Bremse, bei denen aber immer wieder Einzelstücke auftauchen, die nicht so recht wollen. Wenn aber alle bisher beschriebenen Verlustquellen durchkontrolliert und auch die Beläge garantiert fettfrei sind, dann kann der übermäßige Handkraftbedarf eigentlich nur noch daran liegen, daß durch eine Ungenauigkeit der ablaufende Backen den größten Teil der Handkraft herausfängt, so daß der wirksame auflaufende Backen zu wenig bekommt.

Korrektur von Ochsenbremsen

Nun sind aber naturgemäß nicht alle Bremsen von Haus aus als Fingerspitzenbremsen ausgelegt, viele Firmen und Konstrukteure hielten es ja bekanntlich für notwendig, eine Bremse

Wenn man hier auch nur 2 mm abnimmt, bringt das schon viel, vor allem läßt sich der Erfolg kontrollieren.

Mehr dürfte ein Nocken nicht gedreht werden müssen, notfalls müssen die Backen aufgefüttert werden.

„blockiersicher“ zu machen, sie also mit einem so großen Handkraftbedarf auszustatten, daß auch der allergrößte und allerdümmste Ochse das Rad nicht zum Blockieren bringt. (Weil er ein Ochse ist, fiele er ja bei solcher Gelegenheit herunter.) In solchem Falle bleibt einem wirklich nichts anderes übrig, als den Nocken zu bearbeiten, ihn also auf beiden Seiten abzufeilen. Mit wenig Feilarbeit ist dabei gleich ganz gewaltig viel Handkraft zu gewinnen, denn wenn so ein Bremsnocken beispielsweise 12 mm Halbmesser hat und man feilt davon 2 mm herunter, dann bedeutet das einen Gewinn von 20% Handkraft, und weitere 2 mm können die ursprüngliche Ochsenbremse bereits leicht „giftig“ machen.

Ich habe auf diese Art nun schon mehrfach Ochsenbremsen wirksamer gemacht, habe mich dabei aber nie besonders um die Nocken*form* gekümmert, mir kam es immer mehr auf den *Radius* an. Allerdings habe ich auch immer darauf geachtet, daß für den Nocken von Null-Stellung bis zu voller Anlage nie mehr als allerhöchstens 20° Verdrehwinkel nötig waren. Unter dieser Voraussetzung kann man es sich ohne weiteres leisten, die Nockenwelle etwa in das Dreibackenfutter einer Drehbank zu nehmen und nach Bedarf 2 bis allerhöchstens 3 mm vom Nocken herunterzudrehen. Auch wenn man von Hand feilt, genügt es völlig, sich zunächst nach Augenmaß an die Kreisform zu halten, deren Genauigkeit man ja nachprüfen kann, indem man die Nockenwelle wieder in die Bremsankerplatte steckt und gegen einen daraufgesetzten Anschlagwinkel durchdreht. Dann sieht man ja, wo noch zuviel dran ist und noch etwas weg muß.

Bei erneutem Zusammenbau sieht man auch, wie groß der Gewinn an Handkraft geworden ist, man macht das wieder mit dem Gummiband, dreht aber nach der ersten Versuchsfahrt den Nocken um 180° herum und vergleicht noch einmal. Wenn sich jetzt ein weiterer Kraftgewinn herausstellt, dann braucht man ihn nur so stehenzulassen, man hat ja, was man will. Stellt sich dagegen bei umgedrehtem Nocken eine wieder vergrößerte Handkraft heraus, dann dreht man eben wieder zurück und läßt so stehen.

Wenn die zunächst mal abgefeilten bescheidenen 2 mm zwar etwas gebracht haben, aber noch nicht genügend, dann kann man ruhig noch einen weiteren Millimeter herunterfeilen, von jetzt ab empfiehlt sich aber Vorsicht, **denn vom dritten abgefeilten Millimeter ab fällt auch ein halber Millimeter sehr ins Gewicht.** Vor allem muß man jetzt peinlichst darauf achten – deswegen haben wir nämlich vorhin mit der Reißnadel die Nockenhebelstellung in die

So wird kontrolliert, ob man bei freihändigem Feilen wenigstens eine gewisse Symmetrie zustande gebracht hat.

Dahin gehören Spuren von Fett, der Nocken darf in dieser Stellung nicht sperren, muß mit großer Kraft wieder zurückklappen.

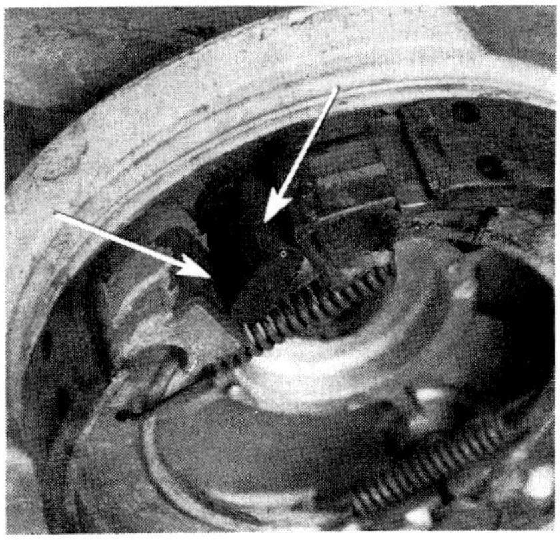

Ankerplatte geritzt –, daß man die maximal 20^0 Verdrehwinkel aus der Nullstellung bis zur Stellung maximaler Bremsung nicht zu überschreiten braucht. **Durch diese 20^0 erlaubten Drehwinkel wird nämlich die kleinste zulässige Nockengröße diktiert, hier findet die Feilerei nun eben einmal ihre Grenze.**

Die „beißende" Bremse

Eine Bremse mit zu kleinem Nocken und deshalb notgedrungen zu großem Drehwinkel des Nockens zeigt bereits wieder Untugenden: Sie löst unzuverlässig. Während das weiche Greifen einer Bremse weitgehend Sache eines geeigneten Bremsbelages und entsprechend geringen Handkraftbedarfes ist, ist das genaue Wiederöffnen der Bremse durchaus nicht immer so einfach hinzubekommen. Dabei ist gerade das Wiederöffnen eminent wichtig: Eine Bremse, die nicht beim *allergeringsten* Nachlassen der Handkraft *sofort* auch nachgibt, ist gefährlich, um so gefährlicher, je rutschiger die Fahrbahn ist. Das Wiederöffnen der Bremse geschieht nun durch die Rückzugsfedern, die aber nicht nur den Nocken wieder zurückdrehen müssen, sondern auch den ganzen Widerstand des Drahtzuges bis hinauf zum Handhebel. Wir hatten ein Interesse daran, möglichst schwache Rückzugfedern zu haben, um den Handkraftbedarf so weit wie möglich herunterzusetzen, das wird aber jetzt bedrohlich, weil die Bremse ja nur mit der in den Rückzugfedern gespeicherten Kraft wieder gelöst werden kann. Wird nun ein Nocken um höchstens 20^0 verdreht, dann ist die Rückstellkraft immer groß genug, daß da keine besonderen Schwierigkeiten auftreten. Dennoch pflege ich die Nocken meiner Bremsen tadellos zu polieren und blank zu halten, ebenso werden auch die Köpfe der Backen blank geschmirgelt und beides wird gut gefettet. (Natürlich nicht mit Wald-Wiese-Fett, sondern mit Univis.)

Bei älteren, schon lange Zeit gelaufenen Bremsen finden sich in den Backenköpfen so merkwürdige Dellen, beim einen Backen oben, beim anderen Backen unten – diese Dellen sind von den Nockenkanten eingeschliffen worden! Diese Dellen bedeuten aber auch einen großen Bedarf an Rückstellkraft, weil die Nockenkanten sich darin „verbeißen", man darf sich da nicht wundern, wenn so eine Bremse scheinbar zum Beißen neigt und das Rad immer mal wieder tückisch blockiert – die Bremse löst einfach nicht, wenn oben die Handkraft nachläßt. Wenn man seine abgenützten Bremsbacken nicht selber wieder belegt und im Umtauschverfahren gegen Rückgabe der alten Backen und ein paar Mark Zuzahlung sich neue Backen geben läßt, dann passiert es natürlich, daß man dabei schon gebrauchte Backen bekommt, die sich durch eben solche Dellen auszeichnen. Man braucht das aber nicht unbedingt hohnlachend zurückzugeben (obwohl ich das täte), vielleicht genügt es, die Backen nur so einzubauen, daß die Nockenkanten nicht in die Dellen hineinlaufen. (Dadurch verzichtet man allerdings auf die Möglichkeit, die Backen umstecken zu können, falls sie unsymmetrisch sind und der ablaufende Backen sich früher anlegt als der auflaufende.) Besser ist es jedenfalls, die eingedellten Backenköpfe glattzufeilen, bis die Dellen verschwunden sind. Es wird dann aber unbedingt kontrolliert, was danach für ein Drehwinkel für den Nocken vorhanden ist, bis die Beläge sich anlegen.

Im Notfall müssen die Backenköpfe eben aufgefüttert werden, was bei weitem nicht so schwierig ist, wie es aussieht, ich geniere mich nämlich gar nicht, so etwas weich zu löten. Der Backenkopf wird dünn verzinnt, ein schön eben ausgerichtetes Stückchen Schwarzblech wird auf einer Seite etwas dicker verzinnt, flach auf den Backenkopf gelegt und mit der Lötlampe einfach aufgeschmolzen. Wenn man mit der Schraubenzieherklinge draufdrückt, dann sieht man ja am Herausquellen des Zinnes, daß die Geschichte läuft, und geht mit der Flamme wieder weg. Dazu braucht man nicht einmal eine große Lötlampe, dazu tut es schon ein Fünfmarkding, das es heutzutage schon im Warenhaus gibt.

Von einem Leser eingesandter Bremsbacken, Pränafa. Ganz flache und sehr breite Delle, die den Nocken so „einfing", daß die Bremse nicht mehr zuverlässig löste. (Der Mann ist damit schon mehrfach zu Boden gegangen, bis er den Grund entdeckte.) Inzwischen wurde die Drehrichtung des Nockens umgekehrt und die Bremse löst wieder sauber. Aber: So etwas gibt es nur bei – hier grundlos – zu klein bemessenen Nocken. Gibt zu kleine Wege und damit zu große Drehwinkel. Grundlos: Es war da genügend Raum und Fleisch, den Nocken größer zu machen, wie man sieht. Und wenn man schon Nabenfabrik ist, dann kann man zum größeren Nocken auch den größeren Hebel machen – wer sonst, wenn nicht die Fabrik. Und so etwas hat man in hunderttausenden Stücken nicht an Laien, sondern an Motorrad„fabriken" verkauft. Kein Fehler, daß diese Zeiten vorbei sind. Deshalb mußte aber auch dieser Bremsenartikel so lang werden – so etwas zu beheben dürfte jetzt keine Kunst mehr sein.

Im Laufe fortschreitender Belagabnützung wird natürlich der Drehwinkel des Nockens auch größer, irgendwann steht man dann vor der Wahl, entweder die Backenköpfe in der beschriebenen Weise aufzufüttern oder neu zu belegen, bevor die Beläge voll abgenützt sind.
Zu Beginn des Bremsenbandwurmes sagte ich doch, man könne auch mit der ältesten Dosendeckelbremse 10 Pässe hintereinander abfahren, man brauche nur etwas Sorgfalt dafür: So ein Dosendeckel frißt natürlich das bißchen Belag rapid auf, und nach dem dritten Paß ist keine Nachstellmöglichkeit mehr drin, weil der Nocken bei angelegter Bremse schon fast um 45^0 Grad verdreht ist – dazu hat man dann eben Blechunterlagen für die Nockenköpfe vorbereitet, die den Nocken wieder in die Null-Grad-Stellung zurückbringen. Braucht man nicht zu löten, bei den alten Dingern genügt U-Form, daß man aufschieben und festklopfen kann. Das ist eben das bißchen Gewußt-wie – mich könnte man nicht mal mit einer um 100 Mark gekauften uralten Victoria schrecken, da wäre bei mir jederzeit die wildeste Gebirgsreise drin.

Die unrunde Bremstrommel

Ungenauigkeiten der Bremsankerplatte lassen sich in der geschilderten Weise entdecken und zwar nicht beseitigen, aber doch unwirksam machen. Etwas anderes ist das aber mit den unrunden Bremstrommeln. Diese unrunden Bremstrommeln sind weit häufiger, als man so denkt, sie bleiben nur deshalb so lange unentdeckt, weil sie bei Gewaltbremsungen keine besondere Rolle spielen und deshalb nicht bemerkt werden. Wohl aber machen sie sich auf Blaubasalt und Eis bemerkbar, wo sie die Bremsbarkeit einer Maschine überhaupt in Frage stellen. (Der Mann, der dabei herunterfällt, ist aber leicht geneigt, die Ursache in mangelnder Fahrkunst und nicht bei der Bremse zu suchen.)
Unrunde Bremstrommeln entdeckt man bei langsamer Fahrt und mäßiger Bremskraft, aber immer nur so auf die letzten paar Meter vor dem endgültigen Anhalten. Manchmal stellt man an Fußhebel oder Handhebel einen an- und abschwellenden Widerstand fest, meist aber bemerkt man zuerst und auch etwas deutlicher eine an- und abschwellende, ruckende Verzögerung, die synchron mit der entsprechenden Radumdrehung läuft. (Deshalb merkt man das auch nie bei schneller Fahrt, sondern erst kurz vorm Anhalten, wenn die Räder sich ganz langsam drehen.)
Solange man es nicht mit Blaubasalt und Eis zu tun hat, mag die Sache auf sich beruhen, es ist dann nicht mehr als ein Schönheitsfehler. Sobald es aber auf ausgesprochen feine Bremsung ankommt, so um das letzte Bißchen, wenn es auf Eis mal wirklich brennt, ist die unrunde Bremstrommel vernichtend, weil immer dann, wenn die enge Stelle über den auflaufenden Backen wegläuft, die Haftgrenze des Rades überschritten werden kann und die Rutscherei losgeht.
Woher nun das Unrundsein einer Bremstrommel kommt, ist uninteressant, ich finde es eher verwunderlich, daß es überhaupt gelingt, runde Bremstrommeln herzustellen. Ebenso ist es denkbar, daß in Leichtmetallbremsen sowohl mit eingeschrumpften wie auch mit eingegossenen Bremsringen Wärmespannungen vorhanden sind, die sich eines Tages bei einer langzeitigen Dauerbremsung „abreagieren“ und die ursprünglich runde Bremstrommel unrund hinterlassen. Wie dem auch sei, die Unrundheit muß heraus:
Es wäre unzweckmäßig, zum Rundschleifen die Nabe aus dem Rad auszubauen. Am besten läßt man sie in der Felge, noch besser wird das Rad sogar vorher ausgesprochen zentriert, damit wirklich die endgültige Speichenspannung drin ist, wenn man mit dem Ausschleifen beginnt. Es hätte nun keinen Sinn, die Nabe samt Felge etwa auf die Planscheibe einer Drehbank zu nehmen und dort zu zentrieren – das ist eine stundenlange Arbeit, aus der doch nichts Vernünftiges herauskommt. Natürlich ist es gut, wenn man eine große Drehbank zur Verfügung hat, jedenfalls **wird da aber nicht das Rad oder die Nabe eingespannt,** man braucht die Drehbank lediglich, **um die Steckachse einspannen zu können.**
Es hängt nun ausschließlich von den Umständen ab, wie man diese Steckachse auf der Spindelseite spannt, ob im Dreibackenfutter oder auf der Spitze, jedenfalls **wird das freie Ende auf der Reitstockspitze abgestützt.** Nur die Steckachse selbst muß zuverlässig gehalten sein, alles andere ist unwichtig, die Drehbank selbst kann so ausgeklappert sein, wie sie nur immer will. **Man läßt sie nämlich gar nicht laufen, sie dient nur schlicht zum Einspannen der Steckachse.** Einzig wichtig an der ganzen Drehbank ist eigentlich nur der Support, auf dem man entweder die zugehörige Schleifmaschine aufspannt oder in Ermangelung eines Besseren ganz einfach die kleine Bosch-Handbohrmaschine mit Schleifscheibe, Der Support dient zu nichts weiter als zum Nachführen des Schleifers. Man stellt zunächst so ein, daß man das Rad mit der Hand auf seiner eigenen Steckachse langsam durchdreht und darauf achtet, daß der Schleifstein nur gerade eben greift. Mit der linken Hand greift man dann zum Schleifen das Rad an der Felge an und läßt es beliebig schnell herumwirbeln, mit der rechten Hand dreht man den Support nach, bis die ganze Trommelbreite durchgeschliffen ist. Man sieht ja

an den Schleifstellen, wie sehr die Trommel unrund war und schleift eben so oft durch, bis die Trommel rund ist. Hat man keinen zuverlässigen Support, dann kann auch der Schleifer behelfsmäßig festgemacht werden, bis er die Bremstrommel gerade angreift. Das Rad läßt sich auf der Steckachse weit genug schieben, bis die Trommelbreite durchgeschliffen ist.
Sichtlich ist man nicht unbedingt auf eine Drehbank angewiesen, es geht eben darum, **nicht das Rad** einzuspannen, **sondern die Steckachse,** so daß das Rad auf der Steckachse von Hand gedreht werden kann. Die zweite Aufgabe besteht dann darin, auf irgendeine Weise einen Schleifer parallel zur Steckachse so zu befestigen, daß man ihn in Achsrichtung hin- und herkurbeln und auch in Radialrichtung um den benötigten halben Millimeter verstellen kann.
Es gibt wohl kaum eine Steckachse, die nicht beiderseits ihre Spitzenpunkte hätte, ein Leser machte uns aber erst dieser Tage darauf aufmerksam, daß auch bei dieser Art des Ausschleifens ein etwa vorhandenes Spiel der Achslager sich bemerkbar mache. Wenn das vorhanden ist, hat man ja aber ohnedies Grund, die Lager auszuwechseln und tut das dann eben *vor* dem Ausschleifen. Soviel ich sehen kann, dürfte aber auch bei *viel* Spiel in den Achslagern die einzige Fehlermöglichkeit dieselbe sein wie bei einem nicht genau rechtwinklig transportierenden Support bei einer ausgeklapperten Drehbank: Die Bremstrommel wird statt genau zylindrisch eben leicht konisch ausgeschliffen. Angesichts der geringen Breite der Bremstrommel kann diese Konizität nicht besonders groß sein, sie äußert sich später darin, daß die Bremsbeläge nur am äußersten Rande tragen und nun ihrerseits ein bißchen konisch gefeilt werden müssen und sich auch für die nächsten paar hundert Kilometer konisch abnützen müssen. Ich halte diese Konizität also nicht für besonders tragisch. (Immerhin habe ich aber in meiner Praxiszeit noch mit einer Drehbank zu tun gehabt, bei der man sich zum Feindrehen gegen den Support lehnen mußte, damit der Drehkörper endgültig zylindrisch wurde. Man denkt dann über vieles milder.)

Doppelnockenbremsen

Die hier schon einmal gewonnene Erkenntnis, daß bei einer Bremse eigentlich nur der auflaufende Backen etwas nützt und der ablaufende Backen höchstens gut ist, um eine Maschine an einer Steigung am Rückwärtsrollen zu hindern, hat die Leute immer wieder veranlaßt, Doppelnockenbremsen zu bauen, weil da ja *beide* Backen als auflaufende Backen wirken. In der Tat sind solche Doppelnockenbremsen auch ungewöhnlich wirksam, mir sind zwar bei Motorrädern aus der Vorkriegszeit keine Beispiele mehr erinnerlich, wohl aber hat an 1952 Triumph für die BDG im Vorderrad eine solche Doppelnockenbremse verwendet. Die normale BDG-Bremse, das 130-mm-Dosendeckelchen, war in der Wirkung ein bißchen bescheiden und insbesondere im Gespannbetrieb mußte diese Triumph-Bremse schon hervorragend in Ordnung sein, wenn man auf 3–4 m/sec^2 kommen wollte. (Man *kam* aber darauf, wenn die Bremse in Ordnung war, deswegen ja auch die Behauptung zu Beginn dieses Bremsartikels, daß man mit ein bißchen Mühe und Sorgfalt auch aus noch so alten Dosendeckelbremsen eine durchaus brauchbare Bremsung herausholen könne.) Wenn so eine Bremse sich aber in der Hand irgendeines Normalverbrauchers befand, dann gehörte gar nicht viel Verwahrlosung dazu, daß die Verzögerung unter 2,5 m/sec^2 sank und die Maschinen entweder bei der Zulassung oder bei der §-29-Prüfung beanstandet wurden. Eine größere Bremse zu machen war aber damals nicht möglich, also baute man bei Triumph kurzerhand auf die vorhandenen Ankerplatten den Doppelnockenmechanismus auf und lieferte diese Ankerplatten im Austausch gegen die serienmäßigen Ankerplatten, wenn jemand sich einen Seitenwagen an die BDG montieren wollte.
Ich habe an 1953 sehr lang ein BDG-Gespann mit dieser Doppelnockenbremse gefahren und kann nur sagen, daß die Wirkung absolut überzeugend war. Ich wollte die Bremse

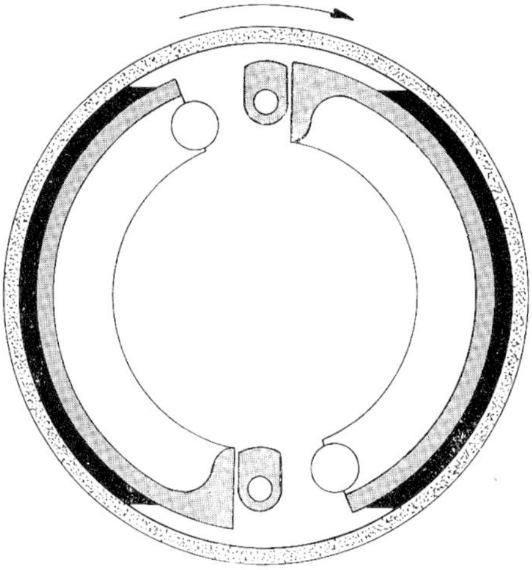

verkommen lassen, sie verkam aber nicht. Ich gewann daraus eine denkbare Hochachtung vor Doppelnockenbremsen und habe sie fortan in Artikeln und Büchern immer „wärmstens" empfohlen. Was hätte ich auch anderes tun sollen, die Sache war wirklich überzeugend, ich bekam anstandslos Verzögerungen – bei besetztem Gespann – mit der Vorderbremse allein, die immer über 4, und die bei unbesetztem Seitenwagen sogar bei 5,5 m/sec^2 lagen. Nach meiner heutigen Erfahrung möchte ich sagen, daß diese Doppelnockenbauart sich mit denkbarer Wahrscheinlichkeit für alle älteren, *etwas zu kleinen* Bremsen eignet. Die *Nachteile* der Doppelnockenbremse scheinen sich erst bei großen Bremsdurchmessern bemerkbar zu machen, wenigstens haben wir solche erstmals bei den sehr großen BMW-Bremsen der R 69 und der R 60 bemerken können. Natürlich fragt man sich, wieso denn eigentlich BMW ausgerechnet bei diesen Riesenbremsen dazu kam, da auch noch eine Doppelnockenbremse ins Vorderrad zu machen:
Die Antwort ist sehr einfach: Wie alle solche Entscheidungen bei der Industrie kam auch diese durch die Hintertüre. Eine BMW ist bekanntermaßen ein ausgesprochen teures Motorrad. Die dazugehörenden Seitenwagen sind auch nicht gerade billig, so ein Gespann liegt ohne weiteres in der Preislage eines neuen VW. Angesichts dieser Preise muß nun

Bild oben links: Der grundsätzliche Mechanismus einer Doppelnockenbremse, jeder Backen hat seinen Nocken und braucht ein eigenes Widerlager.

Bild oben rechts: So simpel sah das mal bei der Triumph-Bremse aus – und es haute obendrein ganz prima hin.

Triumph: Nocken und Widerlager des Gegenbackens. Die Schraube mit dem Exzenterkopf dient als verstellbarer Anschlag für den Nockenhebel, nicht unwichtig und sehr bequem.

Doppelnockenbremsen verlangen große Nachstellwege im Zug, weil sich beide Hebel gegeneinander bewegen – ein festes Widerlager bei Einnockenbremsen kommt mit halbem Weg aus.

Bei BMW steckt eine Menge Sorgfalt drin, da ist sogar dafür gesorgt, daß beide Backen genau gleich viel Kraft eingeleitet kriegen, daher die scheinbare Unsymmetrie der Nockenlage.

irgendein sehr kluger Händler auf den Gedanken verfallen sein, daß der Käufer eines solchen Gespanns nicht in der Lage sei, auf die 3500–4000 Mark auch noch den Hundertmarkschein für ein gebremstes Seitenrad draufzulegen. Dieser kluge Händler muß außerdem den BMW-Konstrukteuren so viel Löcher in den Bauch geschwatzt haben, bis die sich doch herbeiließen, da vorn eine Doppelnockenbremse anzubringen, nur damit die hundert Mark für ein gebremstes Seitenrad gespart werden. (Daß ein Gespann mit gebremstem Seitenrad sich insbesondere auf Schmiere und Eis aber dennoch haushoch viel besser bremst als mit nicht gebremstem Seitenrad: Woher sollte das auch ein Motorradhändler wissen, und wenn es schon seit 1952 zu unzähligen Malen groß und breit im MOTORRAD gestanden hat.) Auf diese Art kamen also die BMWs trotz ihrer großen Bremstrommeldurchmesser zur Doppelnockenbremse.

Grundsätzlicher Nachteil jeder Doppelnockenbremse ist nun, daß man im Handzug eine viel größere Federrückstellkraft gegenüber einer Einnockenbremse überwinden muß, was zunächst einmal die Feinfühligkeit der Bremse empfindlich herabsetzt. Zwar ist das gleichmäßige Anlegen beider Backen von vornherein sichergestellt, denn der Nockenhebel jedes Backens gilt ja als Zugwiderlager für seinen Bruder. Bei allen unseren Testmaschinen mit diesen großen Doppelnockenbremsen haben wir daran aber nie eine reine Freude gehabt, trotz häufigen Rumprobierens und allen möglichen Federn- und Federchenkunststücken. So etwas ging gelegentlich ein paar hundert Kilometer mal gut, dann ging es aber wieder los mit „Beißen", mit unsauberem Angreifen und vor allem mit unsauberem Wiederlösen. (Ich bewundere mich heute noch selbst, wie ich damals bei Spiegeleis auf der Autobahn von Ingolstadt nach München kam, ausgerechnet da hatte die Vorderbremse wieder mal ihren guten Tag.)

Nach der zusammengefaßten Erfahrung mit mehreren Testmaschinen dieser Baureihe möchte ich doch sagen, daß bei *dieser* Bremsengröße und vor allem bei *dieser* Bremsenwirksamkeit der Doppelnockenmechanismus bereits etwas zuviel des Guten ist. Man muß schon ziemlich viel Handkraft aufwenden, bevor die Bremse überhaupt anlegt, dank ihrer

enormen Wirksamkeit ist aber der zusätzliche Kraftbedarf vom Anlegen bis zur vollen Wirksamkeit so gering im Vergleich zur Anfangskraft, daß ein weniger gewissenhafter Beobachter ohne weiteres sagen würde, die Bremse „beiße“. In Wirklichkeit beißt sie natürlich nicht, dazu ist sie viel zu gut, dieses Beißen wird nur vorgetäuscht durch diese ungünstige Verteilung der Handkraft.
Im Gespann braucht einen das nicht zu stören, der Normalverbraucher fühlt sich wahrscheinlich auch bei der Solomaschine nicht gestört, wenn man aber versucht, diesen exzellenten Fahrwerken gerecht zu werden und das herauszuholen, was da drinsteckt, dann stört zumindest mich diese Bremscharakteristik. Besäße ich selbst eine Maschine dieser Baureihe, so würde ich mich keine Stunde besinnen, bei BMW eine unbearbeitete Ankerplatte zu kaufen und da still und friedlich wieder eine ganz normale Einnockenbremse drauf zu montieren.

Servobremsen

Im Sommer 1953 hat man bei Teves in Frankfurt sich gewaltig um die Verbesserung der Wirksamkeit von Motorradbremsen gekümmert. Da diese Leute etwas von ihrem Handwerk verstanden, war es für sie von vornherein klar, *daß eine Bremse um so besser sein würde, je weniger Betätigungkraft sie braucht.* Infolgedessen machte man Versuche mit einer Servo-Bremse, deren Wesen darin besteht, daß der **eine** vorhandene Nocken nur **einen** Backen betätigt, nämlich den auflaufenden Backen. Dieser auflaufende Backen ist aber nicht an einem festen Widerlager abgestützt, er stützt sich vielmehr über ein loses Gelenk und Druckstange gegen den Kopf des zweiten Backens, der dann erst seinerseits wieder am Gegenende fest abgestützt ist. Der erste, auflaufende Backen, der ja von der Bremstrommel mitgenommen wird, preßt den zweiten Backen an. Man hat also statt einem nicht nur zwei auflaufende Backen, was ungefähr der Wirksamkeit einer Doppelnockenbremse entsprechen würde, der zweite Backen bezieht auch eine enorm große Bremskraft vom ersten Backen her.
Die Wirkung dieser Einrichtung ist in der Tat enorm, dabei kommt nicht nur eine Fingerspitzenbremse heraus, sondern eine regelrechte Kleinfingerbremse. Ich habe mehrere Wochen lang so ein Ding in der Vorderbremse eines Regina-Gespanns gefahren, das Ergebnis war hinsichtlich Bremskraft mehr als überzeugend, allerdings war der Nachteil dabei, daß die Bremse geradezu gemein biß. Man mußte sehr vorsichtig damit umgehen, weil die Bremse sich nur ausgesprochen schlecht wieder löste. Mir brannten damals nun allerdings andere Dinge auf den Nägeln, ich hatte weder Zeit noch Kopf, mich mit dieser Servo-Bremse näher zu beschäftigen, ich bin aber der Meinung, daß diese Beißerei durchaus nicht etwa einen Grundsatzfehler darstellt.
Mein Teves-Versuchsstück war nämlich aufgebaut, wie im Bild nächste Seite oben gezeigt, nur eben mit Nocken statt mit Hydraulik – die Rückzugfedern waren jedenfalls genauso angeordnet. Hätte ich es heute noch mal zu tun, würde ich die Rückzugfedern so ankern, wie das in der Zeichnung angegeben ist: Vernünftiger Überlegung nach müßte dann die Feder A für exaktes Lösen des zweiten Backens sorgen, wobei man diese Feder ziemlich stark machen kann – sie verzehrt ja keine Handkraft, und Servokraft von dem ersten, „fliegenden“ Backen her ist ja in Menge vorhanden. Wichtig scheint mir aber ein einstellbarer Anschlag B, damit die Rückstellfeder den fliegenden Backen nicht von hinten andrückt. (Das ist zwar nicht gewaltig, braucht aber nicht zu sein.)
Wenn also jemand an eine Bremsenbastelei denkt – diese Servobremse ist bestimmt nicht schlecht und sicher um so leichter hinzukriegen, je kleiner die umzubauende Bremse ist. Nur: Rückwärts hält eine Servobremse so wenig wie eine Doppelnockenbremse.
Dieses Kapitel kann aber nicht geschlossen werden, ohne noch an die Innen**band**bremsen zu denken, Bild rechts unten.

So sahen die Versuchsbremsen von Teves aus – die Rückzugfedern saßen nur zwischen den Backen, daher keine sichere Rückbewegung. Der links sichtbare Nockenhebel bedient den im Steg des linken Backens sichtbaren Nocken, Handbremse. (Die Hydraulik ist mit der Fußbremse gekuppelt.)

Bild unten links: Der Mechanismus einer Servo-Bremse – der auflaufende Backen liefert die Anpreßkraft für den zweiten Backen.

Bild unten rechts: Die Innenbandbremse sieht theoretisch wunderbar aus, hat es aber in sich – so daß auch nachträglich nur schwer etwas zu verbessern ist.

Wie wir gesehen haben, ist die Zweibackenbremse in jeglicher Bauart mit Grundsatzfehlern behaftet, böse Menschen könnten sogar unwidersprechbar behaupten, eine Zweibackenbremse, gleich welcher Bauart, ginge überhaupt nur dank der innewohnenden Elastizitäten, Wackeleien und Ungenauigkeiten. Die Innenbandbremse nun benützt von vornherein ein elastisch sein sollendes Stahlband, auf das der Belag aufgebracht ist. Dieses Band macht jede Ungenauigkeit von Ankerplatte und Trommel mit, es gibt gegenüber der Zweibackenbremse eine mindestens dreimal so große, wirklich tragende Belagfläche her mit entsprechend geringer Abnützung.

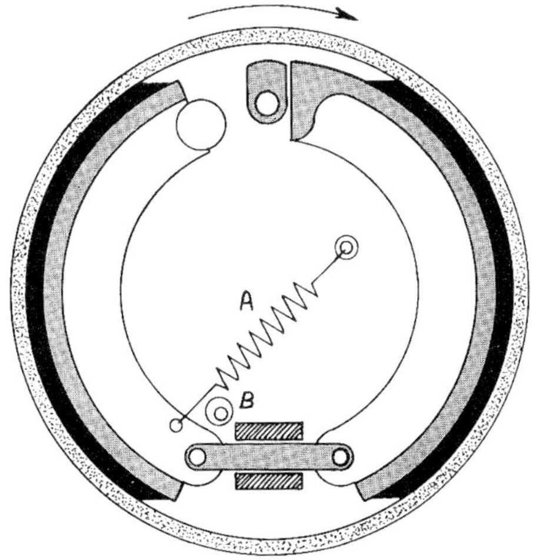

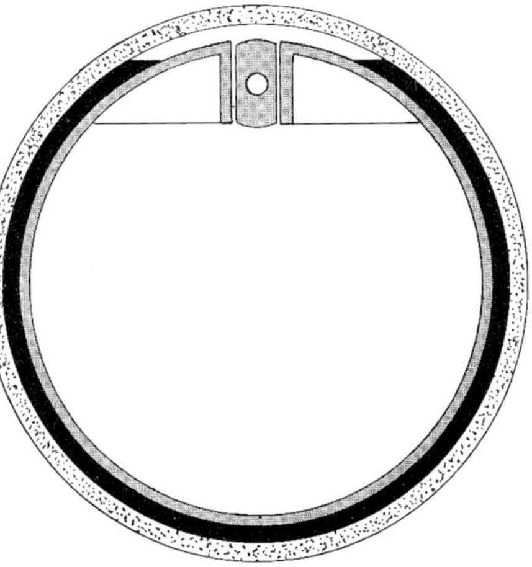

Aber: Wo soll man das ablaufende Ende des Bandes stützen? Stützt man es gegen den Nocken, wie im Bild, dann wird der Nocken mit großer Kraft rückwärts gedreht, was natürlich mit der Hand herausgefangen werden muß – großer Handkraftbedarf. Stützt man aber gegen ein festes Widerlager, dann wird die Bandbremse zu einer richtigen Servobremse, die vorwärts prächtig und rückwärts gar nicht zieht. In der Theorie.
In der Praxis: Das Band darf nicht zu steif sein, sonst tut's überhaupt nicht. Es darf aber auch nicht zu weich sein – dann scheint es sich falschrum, wellig, zu verbiegen und tut **auch** nicht. Da sind also **auch** Würmer drin. Zuletzt konnte man sich mit diesen Würmern bei der Victoria-Swing auseinandersetzen.
Übrigens eine Geschichte, die man heute ruhig erzählen kann: Auf der IFMA 1953 stand auf dem Victoria-Stand ein Roller – na ja, wir schrieben nie, **was** wir von diesem Roller sagten und dachten, wir wußten ja, wer ihn so kühniglich aufs Papier gemalt hatte. Bei der Winterfahrt 1954 liefen Motorräder nach diesem Bauprinzip – aha, die Leute nehmen es ernst, die versuchen offenbar, aus dieser Papierkonstruktion doch noch etwas zu machen. Man sah diese 200er dann noch da und dort, und so um März oder April 1955 war es so weit: Feierlicher Presseempfang in Nürnberg und Vorstellung der Swing. Infolge der übergroßen Bescheidenheit meiner Journalistenkollegen blieb die Dankesrede für Reisekosten, Hotel, drei Mahlzeiten und Drucksachen an mir hängen, und wenn die andern sich nicht trauten, ich traute mich zu sagen, daß die Entwürfe des Swing-Konstrukteurs einem normalen Mitteleuropäer schon immer den Schweiß auf die Stirn getrieben haben und daß ich infolgedessen nicht viel mehr tun könnte, als den Victoria-Werken von ganzem Herzen sehr viel Glück zu wünschen, auf daß aus der Swing doch noch ein Geschäft werde. Es hat dann – bis die ganze gezeichnete Konstruktionstat sich einigermaßen drehte – bis 1956 gedauert, und der in Nr. 11/56 gedruckte Test ist obendrein von Simsa gemacht worden. (Simsa ist ein freundlicher Mensch, er hat mir mehrfach das journalistische Dasein gerettet, indem er an Maschinen noch Vorzüge entdeckte, die ich vermöge meiner bekannten Unsachlichkeit übersehen hatte.) Inzwischen ist das Ergebnis ja publik – Victoria baut keine Motorräder mehr. Die Bergmeister war eine vorausgegangene Papierkonstruktion, die Hunderttausende verschlang, bis alle papierenen Kühnheiten beseitigt waren und die Kiste endlich reklamationsfrei lief, Peggy und Swing vollends kosteten noch mal die Millionen, die dann keine Wahl mehr ließen, als das Aktienkapital zusammenzulegen. Gleich zwei Papierkonstruktionen auf einmal hauen auch das stärkste Werk um, da nützt kein Heldenmut auch noch so tüchtiger Entwicklungs- und Fertigungsleute mehr. Zwar bestand noch die Hoffnung, aus der Swing dank überragender Bauerscher Fertigungskünste ein extrem billiges und damit marktfähiges Motorrad zu machen, aber dazu hätte die Swing bedeutend zuverlässiger und vor allem keine solche Papierkonstruktion sein müssen. Es gehört anscheinend zur Tragik des Journalistenberufes, daß man sein Leben lang immer wieder solchen Dingen zusieht – warnt man mit bescheidenen Worten, dann begreift es niemand, warnt man dringend, dann wird man abgeschossen oder mit Prozessen fertiggemacht, und stellt es sich zum Schluß heraus, daß man recht gehabt hatte mit den Warnungen, dann muß man gar noch selber am Mißerfolg schuld gewesen sein. Weil man den Markt vermiest hatte.

Die Bremsbeläge

1950 war es, als die Zündapper mit der KS auf dem Ring waren und Verschiedenes ausprobierten. Auch Bremsbeläge. Trotz der riesigen KS-Bremsen, die an sich eine niedrige Belastung ergaben, waren da doch Beläge, die nach sechs scharfen Runden unter Keitel oder Weiß aussahen wie unser Bild. (Übrigens gehört gerade dieses Fabrikat zu den besten *heutigen* Belägen!) Seitdem haben die Bremsbelagmacher aber gewaltig zugelernt, wie sie

auch immer heißen mögen. Deshalb steht hier nichts über Bremsbeläge – der ganze vorstehende Artikel setzt nämlich voraus, daß moderne, seit 1955 erhältliche Beläge verwendet werden. Hier steht auch nichts von dem lauwarmen Geschwätz „richtiger Reibpaarung", aus dem sich so um 1953 bis 1955 lukrativ Zeilen machen ließen. Endlich konnte ich nur wegen dieser gewaltig verbesserten Beläge auch die Behauptung wagen, daß man aus alten Dosendeckeln sehr wohl recht brauchbare Bremsen machen könne, wenn man laufende Sorgfalt dafür aufwende.

Im Grunde genommen handelt es sich darum, daß die heutigen Beläge ihre hohen Reibwerte auch bei hohen Temperaturen beibehalten, ein früher vernichtendes Fading – Nachlassen der Bremswirkung infolge Hitze bei längerer Bremsung – ist heute unbedeutend, die meisten Leute merken es gar nicht mehr. (Wer ist geneigt, zu glauben, daß selbst heutige BMW-Bremsen ein feststellbares Fading bei Bremsung aus 150 km/h bis zum Stillstand zeigen? Sie tun es.) Dieses Fading ist allerdings von einer Art, daß von einer bestimmten Temperatur ab – etwa nach der vierten Glocknerkehre – wieder ein Beharrungszustand mit erhöhter Handkraft da ist, der von den meisten Fahrern aber gar nicht bemerkt wird, die halten diesen Handkraftbedarf für normal. Trotz der auftretenden

Bild oben: Noch an 1950 gab es solche durch Hitze zerstörte Beläge, die anfangs sogar ausgezeichnete Reibwerte gezeigt hatten.

Bei den BMW-Rädern ist die Trommel durch den Speichenkranz regelrecht vor Wärmeabstrahlung geschützt – daher das Fading. Gibt nun mal hohe Trommeltemperaturen.

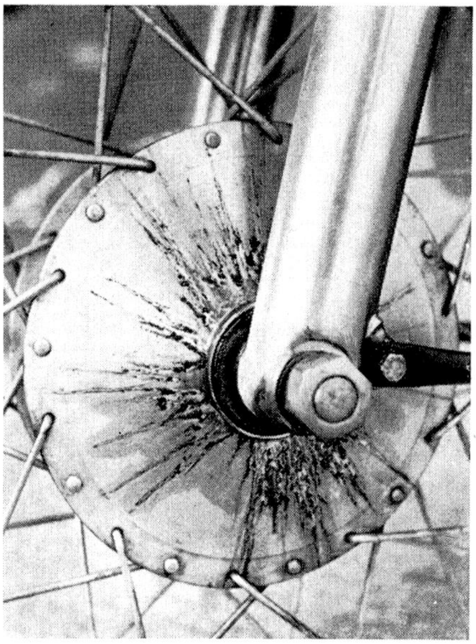

Werksneue Reginabremse, ein bißchen schnell von Degerloch an den Charlottenplatz gefahren – die Wärme schmilzt das ganze überflüssige Fett aus der Nabe. Wenn das innen reingerät – bei der Regina geriet es aber nicht innen rein.

Er wußte nichts von Bremsenpflege – diese Kloake kann nicht mehr bremsen, Belagstaub und Wasser schmieren sogar, eine gut gehaltene Bremse wird alle 4000–5000 km mal ausgestaubt. Das gibt es vornehmlich bei den sogenannten weichen Belägen, harte Beläge können aber schon auf Spuren von Staub sehr empfindlich reagieren.

hohen Temperaturen bleibt die Abnützung sehr bescheiden, ich habe den Eindruck, daß sie gegenüber den Belägen noch von 1952 wesentlich geringer sei. Diese hohen Temperaturen endlich sorgen auch dafür, daß die Wärmeabstrahlung der alten Dosendeckel sehr viel besser ist als früher – die wächst nämlich mit der vierten Potenz der Temperatur. So ein Dosendeckel stinkt zwar gewaltig, der Lack brennt weg, aber die Bremse hält. (Sonst hätte ich diesen Artikel nie geschrieben!)
Übrigens Fading: Man muß da richtig beobachten, sonst hält man etwas ganz anderes für Fading! Wenn man oben auf der Paßhöhe an der Bremse zieht, dann geht der Handhebel um ein bestimmtes Stück zurück. Je tiefer runter man kommt, desto heißer wird die Trommel, desto weiter dehnt sie sich und desto näher kommt der Handhebel dem Gasgriff. Auch bei der KS. Auch bei der R 69. Das ist aber *kein* Fading. Sobald man auch nur zwei Kilometer oder so wieder schnell fahren konnte, ohne zu bremsen, wird die Trommel wieder kalt und eng, jetzt scheint dafür der Bremshebel in seiner vordersten Stellung eingefroren zu sein, man „erlangt" ihn nur noch mit den Fingerspitzen. Nach abermals 10 km Fahrt hat sich das aber auch gegeben und alles ist wieder wie vorher auf der Paßhöhe. Bei alten Dosendeckeln natürlich kann die Sache noch ausgeprägter sein, geht auch nicht völlig wieder zurück, weil die Abnützung höher ist. Deshalb also schrieb ich eingangs von der Schnellverstellung am Handhebel, die gerade bei Dosendeckeln so wichtig ist. Und wer hat das nicht für blöd und für eine Magura-Reklame gehalten? Siehste! Es ist schon gut, wenn man da vor oder gar mitten in einer schweren Abfahrt schnell mal auf richtige Stellung nachregeln kann, ohne erst Werkzeug rauskramen zu müssen.

Hier ist wohl auch die richtige Stelle, um auf einen bösen Fachmanns-Aberglauben einzugehen, nämlich auf die Frage

harter oder weicher Belag?

Gerade die modernen Beläge, die auch bei höchsten Temperaturen ihren Reibwert nahezu voll beibehalten, deretwegen hier sogar behauptet wurde, man könne mit etwas Liebe auch das älteste Dosendeckelchen wieder zu einer recht passablen Bremse machen, sind ausnahmslos *harte* Beläge. Und sie sind teuer. Denn die Fertigung ist lang und kritisch. Und der in den Augen des Werkstattmannes vielleicht dringlichste Fehler dieser harten Beläge ist der, daß eine ganz frisch belegte Bremse meist „überhaupt nicht zieht". Dieser harte Belag trägt natürlich zunächst nur auf winzigen Flächen, man muß ziehen wie ein Ochse, und es dauert auch beträchtlich lang, bis sich ein solcher Belag schön rund ein- (Das tut natürlich nur der Selbermacher, keine Werkstatt feilt ein.) Wenn also irgend ein Werkstattkuli eine alte Bremse mit einem harten Belag neu belegt hat, dann gibt das bei der Laienkundschaft zunächst immer Reklamationen, die Bremse ziehe nicht, obwohl doch – – –

Man kann sich vorstellen, daß das einem Werkstattbesitzer mal zu dumm wird, er greift dann unweigerlich zum weichen Belag. Da hat beispielsweise so ein Würstchen seine Bremsen verkommen lassen, bei der § 29-Kontrolle hat ihn der Sachverständige wieder weggeschickt, die Bremsen neu belegen zu lassen, und nun eilt es. Der kluge Werkstattmann macht dem Würstchen weiche Beläge drauf und die ziehen von Anfang an gewaltig. Würstchen ist entzückt, Würstchen verkündet in weitem Umkreis die Tüchtigkeit dieser Werkstatt. Daß er alle Nase lang nachstellen muß, daß sich der Abrieb schaufelvollweise in der Bremse ansammelt, das kümmert Würstchen nicht, er nimmt das als gottgegeben hin.

> Das ist es: Der harte Belag verlangt eine mechanisch tadellos in Ordnung befindliche Bremse, er reagiert beispielsweise schon auf das Verdrehen eines Nockens oder auf zufälliges Vertauschen der beiden Backen, vor allem bedarf er längerer Einlaufzeit oder gar des Einfeilens, bis er voll trägt. Dafür hält er sehr lang, gibt wenig Dreck und hält auch bei höchsten Temperaturen.
>
> Der weiche Belag greift und hält sofort und er tut das auch bei mechanisch verkommenen Bremsen, wer einen weichen Belag montiert, erntet damit unweigerlich die Bewunderung seines Kunden. Aber der weiche Belag nützt sich rapid ab, schwindet gar bei hohen Temperaturen hin wie Butter an der Sonne und gibt endlich Unmassen furchtbaren Abriebes.

Es gibt nun keine Belag-Fabrik, die es sich leisten könnte, etwa *nur* harte Beläge zu machen – ihre Kundschaft, als welche ja Werkstätten zu betrachten sind, verlangt ausdrücklich weiche Beläge. Man kann es also keinem Belagmacher verdenken, wenn er $\frac{2}{3}$ weiche und $\frac{1}{3}$ harte Beläge verkauft, schließlich will er leben und nicht Mission
gelaufen hat, bis er überall Laufspiegel zeigt, es sei denn, man helfe mit Einfeilen nach.
treiben. Infolgedessen ist es der Intelligenz des Fahrers überlassen, wie und wo er für seine Bremsen die nötigen harten Beläge auftreibt. Für ganz kritische Fälle gibt es einen Tip: Den Geländefahrern ist der Name Kämpf ein Begriff, bis 1953 IFA, wo er sich mit seinen 350ern mit unseren im Vergleich dazu exquisit ausgerüsteten Leuten rühmlich herumschlug, später Versuchsmann bei Kreidler, seit einiger Zeit bei Energit. Kämpf weiß, auf was es ankommt, nicht nur so obenhin, sondern ganz speziell bei Motorradbremsen. Also Gang zum nächsten Energitladen, dem Verkäufer die Pistole auf die Brust (vorher durchladen) setzen und ihn so zwingen, bei Kämpf im Stammhaus in Stuttgart-Renningen nachzufragen, was für den Spezialfall in Frage kommt. (Energit-Laden: Gehört zum Afa-Komplex, hängt also meist gleich mit der Varta- und Champion- und Pertrix- und DEAC-Vertretung zusammen.)

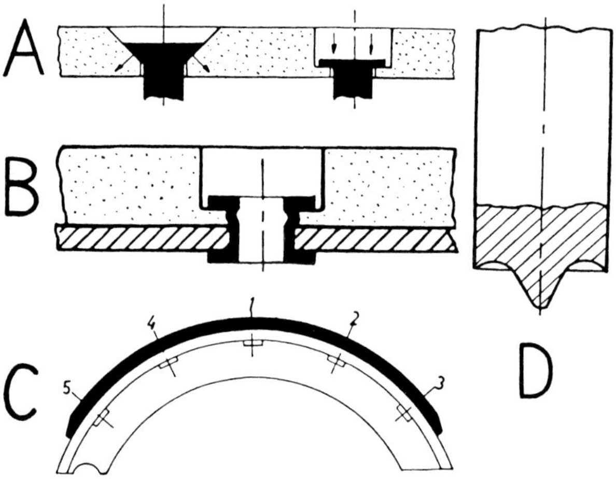

Muß man zum Belagnieten wissen: A = Senknieten drücken seitwärts und sprengen den Belag, Flachnieten halten. B = zu lange Nieten stauchen sich und können den Belag auch sprengen. C = so fängt man an zu nieten. D = mit einem solchen Döpper lassen sich Rohrnieten sicher umlegen, ohne sich zu stauchen.

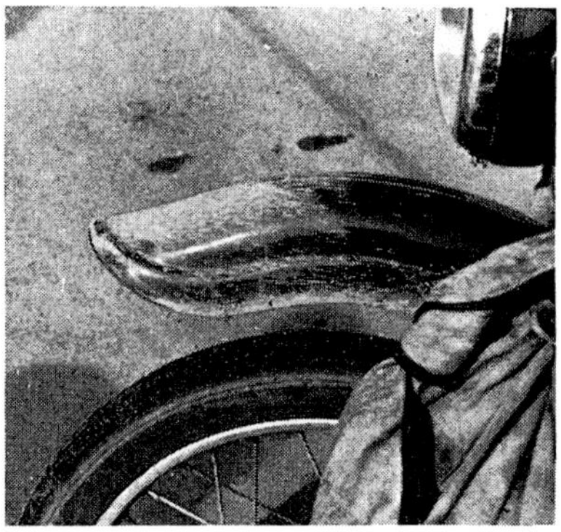

An diesen eingetrockneten Dreckspuren kann man gut erkennen, woher das störende Wasser kam und wohin es ging.

Nebenbei gesagt: Auch wenn viele Motorradmacher nicht mehr existieren, so doch noch deren Ersatzteilvorräte, wobei keineswegs gesagt ist, daß die jetzigen Besitzer der Ersatzteilvorräte wirklich Bescheid wissen. Es kann also sehr wohl sein, daß der Originalbelag vom Motorradmacher auf Originalbacken schon ein weicher Belag ist! Auch Motorradmacher gingen schon immer lieber den Weg geringsten Widerstandes und verwendeten recht häufig weiche Narrenbeläge. (Sonst würde ich auf diese Sache nicht so viele Zeilen verschwenden.)

Und da nun einmal schon von Abrieb die Rede war, gleich noch einige Erfahrungen: Man sollte Bremsen grundsätzlich immer mal ausstauben, gehört zur Pflege. Es gibt bestimmte Bremsen, so z. B. die Horex-Bremsen, die ausgesprochen staubempfindlich sind. So eine Bremse zieht, frisch gesäubert, ganz tadellos, um nach 4–5000 Kilometern sehr merklich nachzulassen. Man braucht dann gar nicht mal viel Staub drin zu finden, wenn man aber das Wenige herauspinselt, zieht die Bremse wieder wie neu. Kommt auch und sogar ganz speziell bei ausgesprochenen Hart-Belägen vor. Da muß dann eben immer mal ein Abend drangerückt werden, um die Bremsen wieder auszustauben.

Noch häßlicher ist aber eine andere Sache: Da baut sich jemand Beinschilde an seine Maschine, und von Stund an genügen zwanzig Kilometer Regenfahrt, daß die Vorderbremse nicht mehr zieht! Weil sie erstaunlicherweise jetzt immer voll Wasser läuft. Ich habe das selbst noch nicht erlebt, weiß es nur von Lesern, konnte deshalb keine Ursache ergründen. Grundsätzlich muß es Wasser sein, das früher, ohne Beinschilde, vom Kotflügel glatt nach hinten geweht wurde, auf die Beine des Fahrers und dran vorbei. Die Beinschilde geben nicht nur einen Stau, sie stören auch den Luftabfluß schon einige 30–40 cm vorher, und so scheint Wasser auf die Bremse zu gelangen, das vorher viel weiter hinten abtropfte. Ergründen läßt sich so etwas an Hand der Dreckspuren, die man nach einer längeren schnellen Fahrt auf nicht geteerten Straßen an Kotflügel und Verkleidung findet, auch im Scheinwerferlicht sieht man die Tropfenströme blinken

– so wäre also zu erforschen, wo das Wasser herkommt, das jetzt in die Bremse läuft, und wenn man den Ursprung hat, läßt sich auch eine Abhilfe finden.
Für ältere Maschinen die passenden Beläge zu erhalten, ist neuerdings nicht immer leicht – die sind beim Motorradhändler gar nicht mehr immer greifbar. Dann bleibt nichts übrig, als sich das Telefonbuch der nächsten Großstadt zu verschaffen und dort im Branchenteil unter „Bremsen" nachzusehen. Außer Bremswerkstätten – die aber nie auf Motorräder eingestellt sind – findet man da die Vertretungen von Energit, Textar, Ferodo usw., die man der Reihe nach mit den Bremsbacken in der Hand abklappert. Einer wird schon etwas in seinem Laden haben, was auf die Backen paßt oder passend gemacht werden kann – auch wenn man in die Backen neue Nietlöcher bohren muß. (Erbietet sich jemand, die Beläge zu kleben, dann lasse man kleben, das funktioniert heute sehr zuverlässig!)
Die Schwächung der Backen durch das Bohren neuer Löcher – weil die Löcher im zufällig erhältlichen Belag nicht passen – ist harmlos gegenüber dem Bohren neuer Löcher im Belag. Das Selbstbohren bei heutigen Belägen ist nämlich fast ausgeschlossen: Da man gemeinhin nur schräg aussenken kann, muß man Senknieten verwenden, wodurch man erstens nicht tief genug senken kann und abnützbare Belagstärke verliert, zweitens sind die heutigen hochwertigen Beläge meist so spröde, daß der Belag nur allzuleicht beim Nieten zersprengt wird. Die vorhandenen Löcher in den Belägen sind aber flach ausgesenkt, so daß man die „sicheren" Hohlnieten verwenden kann. Man versuche, beim Grossisten gleich die richtigen Hohlnieten zu bekommen, die nicht zu lang sein dürfen. Zu lange Nieten können sich ausgerechnet im Belag stauchen und den auch wieder sprengen. Einen passenden Döpper zum Nieten gibt es ebenfalls beim Belaghändler. (Der hat nämlich ein Interesse daran, daß seine Kunden richtiges Werkzeug kriegen.)
Mit dem Aufnieten beginnt man im Scheitelpunkt des Backens und schreitet abwechselnd nach den Enden zu fort. Es ist wichtig, den Belag satt anliegend auf die Backen zu kriegen, da dürfen keine Wellen drin sein. Wenn man mal draußen in der Wildnis aufnieten muß, wo sich die richtigen Hohlnieten nicht beschaffen lassen, trachte man danach, Kupfer- oder Messingnieten zu bekommen. Wenn man davon etwas an die Trommel geschmiert kriegt, ist das ungefährlich, Eisennieten fressen, Alunieten fressen sogar noch gemeiner, scheint mit Korundbildung bei Bremshitze zu tun zu haben. Zu Haus kommt das Zeug natürlich ehestens wieder runter und wird durch einen anständigen Belag mit Hohlnieten ersetzt.

Die schreiende Bremse

Keine Feier ohne Meyer – und ohne Bremsengeschrei kein Bremsenartikel. Kann aber kurz abgehandelt werden: Es gibt kein unbedingt wirksames Mittel gegen Bremsengeschrei. Kommt ganz darauf an, *was* da schreit, und gerade das ist meist nicht rauszukriegen. Da kann zum Beispiel die Blechtrommel schreien – die alten Schofföre wanden einen dicken Schweißdraht um die Trommel und hefteten den an drei oder vier Punkten der Trommel fest. Es kann auch die Ankerplatte schreien – unsere vielfach verrippten Leichtmetallplatten müßten eigentlich schwingungsunfähig sein, schreien aber möglicherweise doch. Ich wüßte nicht, was ich dagegen tun sollte. Die Backen können endlich schreien – es soll schon geholfen haben, die Rückzugfedern zu versetzen. Jeder hat da ein anderes Rezept, keines hilft unbedingt. Was *ich* mache? Ganz einfach, ich lasse *schreien!* Draußen stört es niemanden, und in der Stadt – die Leute machen einem sehr bereitwillig Platz. Gerade die sturen Bullenköppe, die da auf den Zebras ihre Unverletzlichkeit raushängen, „soll der ruhig bremsen, hier darf ICH!", pflegen auf Bremsengeschrei durch Flucht zu reagieren, so breit sind deren Nerven gar nicht. Zudem denken dann die anderen Fußgänger, man sei dieses Bullenkopps wegen mit allen Neunen in die Bremse gegangen. Ich habe also gar nichts gegen eine Bremse, die bei Bedarf so ein bißchen schreit.
Womit ja wieder glücklich ein Thema zu Ende wäre.

Bremshydraulik bei Seitenwagen

Wenn man einmal Gelegenheit hatte, ein Gespann mit gebremstem Seitenrad zu fahren, dann steht man nicht mehr an, ein ungebremstes Seitenrad als direkt gefährlich zu bezeichnen, so erheblich ist der Unterschied – ganz zu schweigen von Eis und Schmiere, wenn „mit Engelszungen“ gebremst werden soll. An Versuchen, das Seitenrad mechanisch, mit Drahtzug, zu bremsen, hat es nicht gefehlt und ich kann wohl sagen, alles ausprobiert zu haben, was da denkbar ist. Praktisch handelt es sich ja wohl immer um eine Koppelung der Seitenbremse mit der Hinterbremse: Im einfachsten Fall um eine direkte Koppelung ohne irgendwelche Ausgleichvorrichtung, wobei man sich mit einer einfachen Nachstellschraube für den Seitenzug begnügt. Diese Methode ist insofern noch verhältnismäßig sicher, als sie von der Elastizität im langen Seitenzug lebt und die Bremsung des Seitenrades im Laufe der Zeit immer nur schlechter werden kann. Unter „Lauf der Zeit“ sind ungefähr 200 wettbewerbsmäßig gefahrene Kilometer zu verstehen. In der Tat muß in solchen Abständen die Einstellvorrichtung nachgedreht werden. Mancher hat es auch schon mit Ausgleichsvorrichtungen versucht, Wagebalken oder Rolle. Beides ist – mit Verlaub – gleicher Mist. Es geht neu sehr schön und nach tausend Kilometern überhaupt nicht mehr. Von allen mechanischen Einrichtungen am besten geht noch immer der Doppelhebel: Am Längsrohr des Seitenwagens wird ein zweites Bremspedal befestigt, dessen Trittplatte genau gegenüber der Trittplatte des Maschinen-Fußhebels steht, so daß man also beide Hebel gleichzeitig treten kann, den Maschinenhebel mit dem großen Zeh, den Seitenwagenhebel mit dem kleinen Zeh. Es ist eine Geduldsarbeit, die Hebellängen und den Anlenkpunkt des Seiten-

Hier hat ein Künstler Hinterbremse und Seitenbremse parallel gelegt und ist dennoch nicht mit dem Fußschalthebel rechts (Regina) in Kollision geraten, die Bastelarbeit eines Lesers.

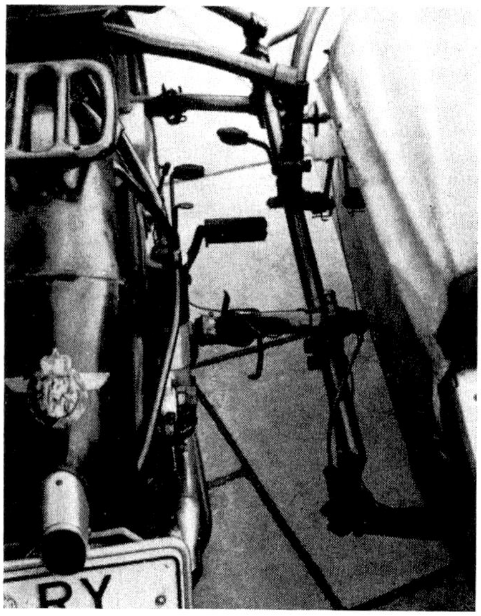

So sieht das von oben aus, mit Zivilschuhen kann wahrscheinlich sogar jeder Hebel für sich gedrückt werden, beide zusammen zu treten, ist auf jeden Fall gesichert.

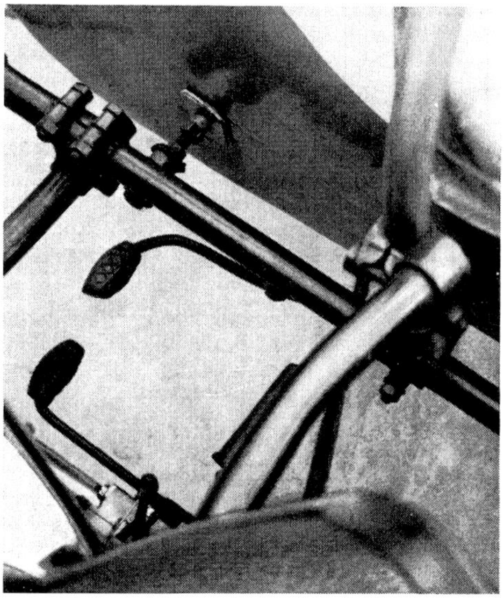

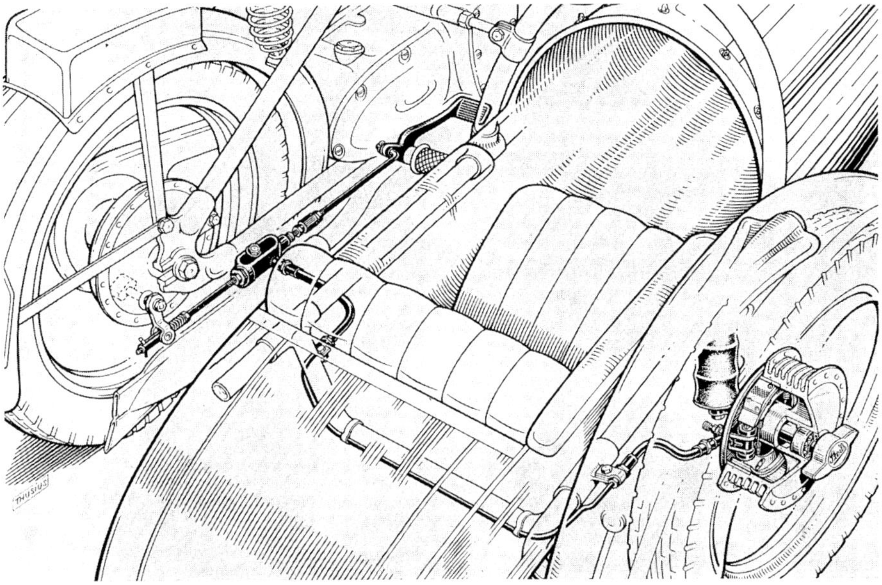

Die Grundsatzanordnung, der ATE-Steib-Hydraulik: Gestänge zur Hinterbremse durch (Zug-) Hauptzylinder unterbrochen, Arbeitszylinder im Seitenrad.

wagenhebels so hinzudeichseln, daß beide Bremsen sich gleichzeitig anlegen, gleich stark bremsen und die Hebel gleiche Wege machen. Kann zeitraubend werden. Wenn es aber einmal geht, dann gleich für lange Zeit und mit sehr wenig Nachstellung. *Bis* es aber richtig geht, hat man so viel Arbeitsstunden vertan, daß man dafür hätte gleich eine Hydraulik kaufen können. Diese Hydraulik gibt es bei Steib, die Hydraulikteile selbst macht Ate. Aber: Die alte Seitenradnabe ist auf jeden Fall unverwendbar, meist braucht man auch noch eine neue Achse oder gar einen kompletten Kurbelarm mit Achse. Dabei kommen beträchtliche Preise heraus – sobald man aber sein Gespann auch für die nächsten zehn Jahre noch zu behalten gedenkt, lohnt sich schlechthin *jeder* Preis für die Hydraulik. (Das merkt man schon im ersten Winter.) Umbau vorhandener Bremsnaben auf Hydraulik ist kaum möglich, denn da müßten die Bremsbacken mit geändert werden – ein ziemlich hoffnungsloses Unterfangen. Also bei Steib lieber neue Seitenradnabe mit Hydraulik und eventuell neue Achskurbel kaufen, das paßt wenigstens. (Bei BMW sind Royal-Seitenwagen verwendet, dort gibt es ebenfalls passende Naben.)
Man kann mit dem Umbau, ja nicht einmal mit der Wartung einer Seitenwagenhydraulik, keinesfalls zu einem „anerkannten" Bremsendienst gehen, auch wenn da zehn ATE-Schilder draußen hängen. Dieser Seitenrad-Zugzylinder ist den normalen Bremsenmechanikern absolut unbekannt, da kann keiner damit umgehen und nicht alle sind klug genug, das sofort zu sagen. Zwar bekommt man Radzylinder und Ersatzteile dazu, ebenfalls Schläuche und derlei anstandslos, aber spätestens da, wo der Schlauch in den Zugzylinder mündet, hört das Wissen des normalen Bremsenfachmannes auf, dazu hat er viel zu selten damit zu tun, da kann man nur selber weitermachen, wenn kein Steib-Vertreter zu erreichen ist. (In Stuttgart gibt es einen, Albert Vogg, Stuttgart-Feuerbach, Untere Querstr. 16, ein gemütlicher alter Herr, der durch nichts aus der Ruhe zu bringen ist und ganz genau weiß, wo die verstecktesten Fehler sein könnten.)

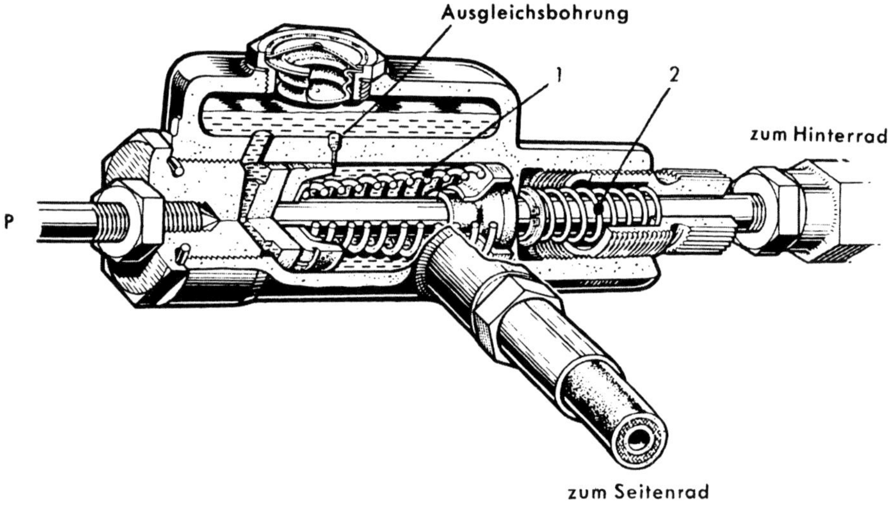

Schnittzeichnung durch den Hauptzylinder der ATE-Steib-Hydraulik, die Stange P führt zum Fußhebel; gezeichnet ist der Zustand, in dem die Bremse noch nicht betätigt ist.

Hier ist kein Platz, um die Wirkungsweise von Hydrauliken schulmäßig abzuhandeln – das stand im übrigen schon einmal im MOTORRAD, und zwar in Nr. 23/53, wer daran interessiert ist, möge dort nachlesen.

An sich brauchen wir von Hydraulik auch nicht viel zu wissen, denn der Hauptwitz der Hydraulik, die streng genaue Kraftverteilung auf mehrere Radbremsen, spielt bei uns nur sehr bedingt eine Rolle. Im Gegenteil, uns kommt es sogar darauf an, trotz egalisierender Hydraulik sogar eine Dosierung für ein einzelnes Rad herauszukriegen, weil man ja nie von vornherein weiß, welche Seitenradbremse mit welchem Hinterrad zusammenarbeiten wird. Es gibt Hinterradbremsen, die für ein und dieselbe Verzögerung Zugkräfte brauchen, die bis über 100 Prozent differieren. Bei seitenradgebremsten Gespannen besteht also von vornherein das Problem, trotz der an sich vorhandenen Nichteinstellbarkeit der Hydraulik nachträglich eine solche Einstellbarkeit zu erfinden. Dies war auch eines der Hauptprobleme, die beim Entwurf der Seitenwagenbremse von Steib-ATE bewältigt werden mußten.

Das Bild oben zeigt den Schnitt durch den Hauptzylinder; es handelt sich hier nicht, wie sonst allgemein und wie in der Hydraulik-Klippschule gezeigt, um einen *Druck*zylinder, sondern um einen *Zug*zylinder. Die Zugstange P führt zum Fußbremshebel, das entgegengesezte Ende sinngemäß zum Bremshebel des Hinterrades. Beim ersten leisen Druck auf den Fußhebel wird also das gesamte Gehäuse des Hauptzylinders nach vorn gezogen, wobei die Feder 1 den Kolben und die Feder 2 mittels des Seeger-Ringes die Stange unmittelbar auch mitnehmen und also zunächst die Hinterbremse *leicht* anziehen, nachdem die Rückstellkraft der Backenfedern der Hinterradbremse überwunden ist. Es wird also zunächst einmal die Hinterradbremse *angelegt* und erst bei weiter steigender Fußkraft werden die Federn 1 und 2 spürbar zusammengedrückt. Erst wenn die Ausgleichsbohrung durch den inzwischen ja 1–2 mm verschobenen Kolben verdeckt ist, kommt Druck auf die Ölleitung zum Seitenrad, wie dies das nächste Bild zeigt.

Wir halten also jetzt einmal diesen Zustand fest: Beide Bremsen sind angelegt, auf beiden Bremsen steht nun außerdem Druck, auf der Hinterbremse steht die *gesamte* am Fußhebel ausgeübte Zugkraft, denn gegen diese Hinterbremse stützt sich ja das gesamte System ab, daran ist alles aufgehängt. Auf der Seitenbremse steht aber nur ein Teil dieses Druckes, nämlich Gesamtzugkraft minus Zugkraft der Feder 1 und minus Zugkraft der Feder 2. Die

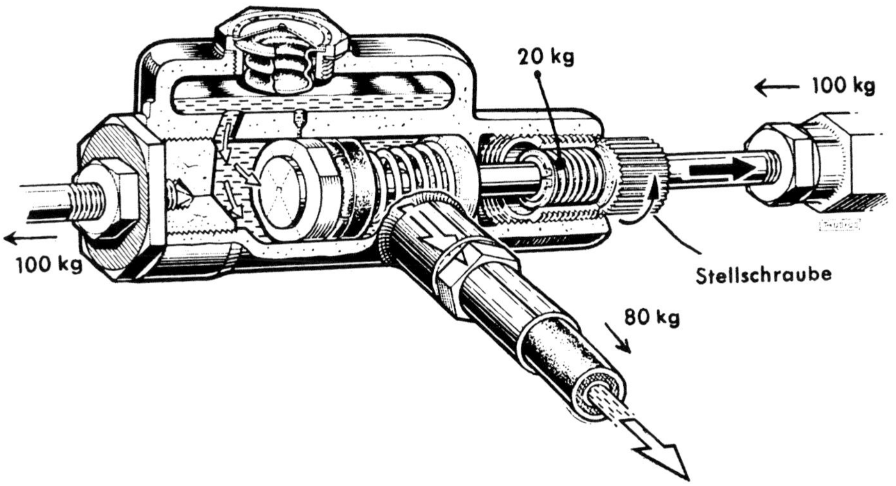

Schnittzeichnung bei gezogener Bremse, auf dem Pedal stehen 100 kg Zugkraft, die voll an die Hinterbremse weitergegeben werden, auf die Seitenbremse entfällt entsprechend der Einstellung der Stellschraube nur ein Bruchteil.

Feder 1 ist relativ schwach und nicht nachstellbar, ihr Einfluß ist praktisch kaum nachzuweisen. Dagegen ist die Feder 2 ziemlich steif, und sie ist außerdem mittels einer Schraubhülse in ihrer Vorspannung einstellbar, sie kann sogar bis zum Blockieren zusammengepreßt werden. Dreht man die Rändelschraube völlig heraus, so steht auf der Feder 2 sehr wenig Kraft, so wenig, daß man diese völlig vernachlässigen kann. Weil Feder 1 in ihrer Stärke ebenfalls vernachlässigt ist, werden also Hinterbremse und Seitenbremse mit gleich großer Kraft betätigt, und je nachdem, welche Bremse nun mit weniger Betätigungskraft zufrieden ist, wird auch das entsprechende Rad früher festgebremst. Dreht man die Rändelschraube weiter hinein, gibt man also damit der Feder 2 mehr Vorspannung, dann entfällt auf das Seitenrad als Betätigungskraft wie schon erwähnt nur die Differenz von Gesamtzugkraft am Fußhebel minus Spannkraft der Feder 2. Dreht man die Rändelschraube vollends bis zum Blockieren der Feder 2 ein, dann kann man die gesamte durch den Fußhebel auf den Hauptzylinder ausgeübte Kraft auf die Stange zur Hinterradbremse unmittelbar übertragen, ohne daß diese Stange und damit der Kolben sich im Hauptzylinder zu bewegen vermag, es wird also überhaupt keine Kraft mehr auf das Seitenrad übertragen.
Man hat es so in der Hand, die auf das Seitenrad übertragene Kraft zwischen 0 Prozent und 100 Prozent der auf das Hinterrad übertragenen *Betätigungs*kraft zu variieren. Dieser Variationsbereich reicht insofern aus, als man bei Steib eine sehr gute, von Aluminium-Walzwerk Singen gefertigte Eigenkonstruktion einer Bremsnabe verwendet hat, deren Bremsvermögen dem der meisten Motorradhinterräder, insbesondere alter Typen, *ganz erheblich* überlegen ist. Es kann sich also immer nur darum handeln, die stets überlegene Bremskraft des Steib-Seitenrades auf die ebenso stets schwächere Bremskraft des Maschinenhinterrades herunterzubringen.
Wider jedes Erwarten konnte ich nun bisher nicht feststellen, daß die soeben geschilderte Reguliermöglichkeit der Bremskraftverteilung auch notwendig ist, je nachdem, ob man mit besetztem oder leerem Seitenwagen fährt; man kann also beide Male genau dieselbe Einstellung beibehalten. Ich habe mir bloß inzwischen angewöhnt, die Seitenradbremse so stark greifen zu lassen, daß bei ausgesprochener Notbremsung das Gespann ganz leicht und gerade eben feststellbar nach der Wagenseite hinübergezogen wird. Mir erscheint es irgendwie trostreich, auf diese Art immer feststellen zu können, daß die Seitenradbremse tatsäch-

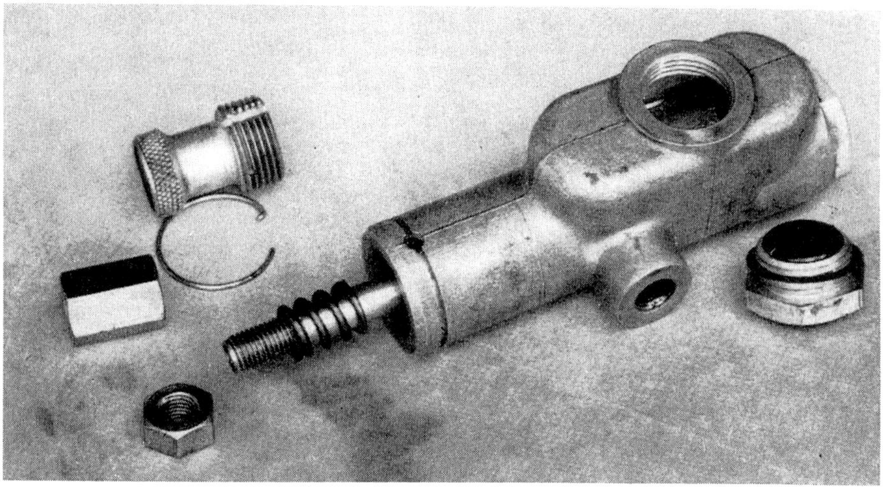

Der Hauptzylinder mit dem Verschlußdeckelchen – ganz rechts –, das so leicht zerdrückt und undicht wird, links die Rändel-Stellschraube, auf der Zugstange steckt noch die Regelfeder.

lich noch funktioniert, obwohl ich bisher noch keine von selbst aufgetretene Panne gehabt habe.
Infolge reichlicher Bastelei hat sich aber schon mehrfach die Notwendigkeit ergeben, die Hydraulik zu entlüften und dazu sind ein paar Worte nötig:
An sich ist das Entlüften einer Hydraulik kein Hexenwerk, man findet dazu überall Anweisungen, zumindest in der neuesten und im übrigen ganz ausgezeichneten Druckschrift von ATE „Hydraulische Bremsen". Die Sache geht so vor sich, daß man die am Radzylinder befindliche Entlüfterschraube mit einem Schlauch versieht, der in ein Gefäß mit Bremsflüssigkeit taucht, und daß man nun mit dem Hauptzylinder so lange pumpt, also Flüssigkeit nachdrückt, bis aus dem Schlauch keine Luftblasen mehr aufsteigen und nur noch Flüssigkeit gefördert wird. Das liest sich sehr schön, ich habe aber im Laufe vieler Enttäuschungen und entsprechender Selbstbeschimpfung folgendes als Voraussetzung für eine wirksame Entlüftung festgestellt:

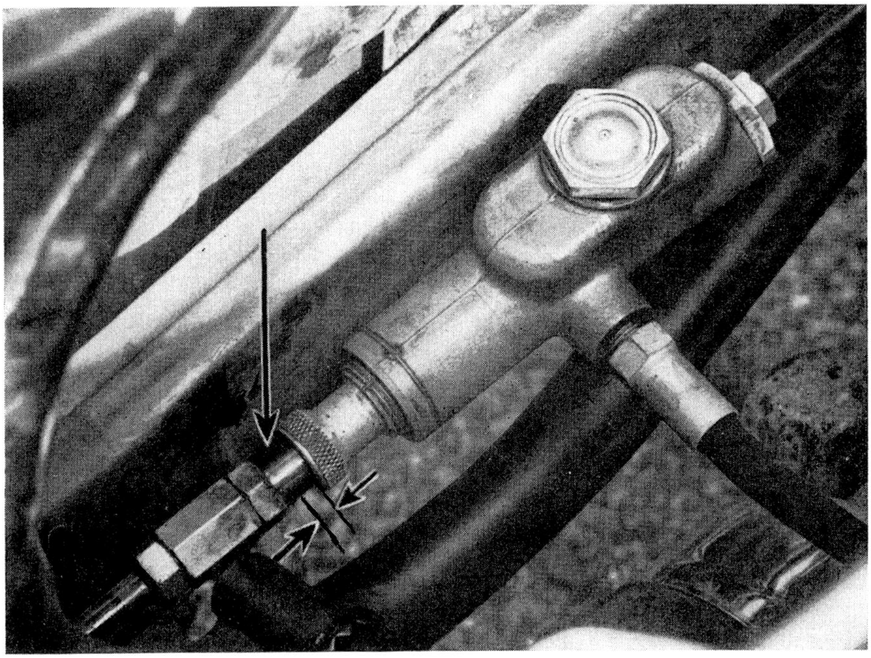

Bild linke Seite, links: Diese Schnellkupplung erlaubt das Lösen der Verbindung, ohne daß Luft eindringen könnte, gibt es bei ATE als normalen Serienteil.

Bild linke Seite, rechts: Die geschlossene Kupplung – inzwischen gibt es einen Hauptzylinder, bei dem die Kupplung schräg nach oben wegfährt, ist manchmal bequemer.

Bild oben: Bei richtig eingestellten Anschlägen für die Seitenrad-Bremsbacken und vollem Druck kommt die Zugstange nur wenig aus dem Hauptzylinder heraus. Sobald sie weit herauskommt, ist Luft in der Anlage.

Zunächst einmal sitzt die Bremsankerplatte bei der Steib-Bremse so, daß die Entlüfterschraube sich gar nicht im höchsten Punkt des Arbeitszylinders befindet, man muß also, wie in den Bildern zu sehen, die Bremsankerplatte lösen und so hindrehen, daß die Entlüfterschraube möglichst weit nach oben kommt. Nächste Voraussetzung ist, daß man für die Betätigung dieser Entlüfterschraube unter allen Umständen einen Helfer greifbar hat, der auf Kommando die Schraube eine halbe Umdrehung öffnet und wieder schließt. Zu Beginn des Pedaldrucks muß die Entlüfterschraube offen sein, bevor man das Pedal wieder losläßt, muß die Entlüfterschraube geschlossen werden, sonst saugt man immerzu wieder Luft oder Bremsflüssigkeit in die Bremse zurück. Wenn man selbst den Hauptzylinder beziehungsweise das Bremspedal betätigt, muß man auch noch darauf achten, die Vorratskammer des Hauptzylinders immer schön gefüllt zu halten, die Rändelschraube in Bild 1 muß *ganz* herausgedreht sein, Stellschraube der Hinterbremse muß ganz lose sein. Solange sich nun Luft im System befindet – wenn man es beispielsweise einmal auseinandergenommen hat –, kommen beim Entlüfterschlauch im Beobachtungsgefäß Luftblasen zum Vorschein, eben so lange, wie sich noch Luft im System befindet. Soviel ich bisher bemerken konnte, ist zu diesem Pumpverfahren offenbar viel Geduld nötig, um alle Luft aus dem System zu entfernen; man sollte sich nicht eher zufrieden geben, als bis man wenigstens 20 ccm luftfreie Flüssigkeit bis in das Beobachtungsgefäß durchgepumpt hat. (Ich

So sitzt die Ankerplatte bei den Steib-Naben, zum Entlüften nicht günstig, Ankerplatte wird am besten losgenommen und gedreht.

So steht die Ankerplatte schon besser, die Entlüfterschraube ist jetzt hoch oben, man kann jetzt enthaltene Luft sicher herausspülen.

Das ist die auch hier beschriebene Schulbuchmethode des Entlüftens, die bei mir nur noch nie funktioniert hat.

Statt dessen funktioniert diese Methode auf Anhieb – Bremsflüssigkeit wird von der Radbremse her mit der Pumpe durch die ganze Anlage gedrückt.

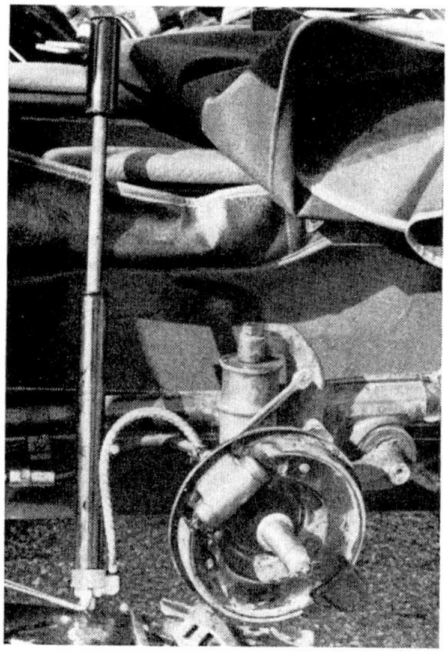

Es gibt unterschiedlich große Radzylinder zu kaufen, die Zahl gibt die mm-Durchmesser der Arbeitskolben an – je größer die Zahl, desto größer die Betätigungskraft bei gleicher Fußkraft.

Bild unten links: Das sind – bei Steib-Naben – die Einstellnocken, mit denen kleinster Arbeitsweg der Bremse eingestellt wird. Wenn diese richtig stehen, kommt die Zugstange nur wenig aus dem Hauptzylinder heraus – siehe vorhergehendes Bild.

Bild unten rechts: Die KSsen haben zur Grundeinstellung der Backen diese Rändelschrauben – so geht es natürlich auch, sichert aber minimalen Flüssigkeitsbedarf.

kann ja gestehen, daß ich diesen Satz genauso hinschreibe, wie ein Pastor über die Zehn Gebote predigt – *meine* Geduld hat nicht ausgereicht, ich bin vorher der Mühe überdrüssig geworden, kann also nicht sicher sagen, ob es auf diese Art überhaupt geht!) Bei Steib gibt es zwar ein Entlüftergerät, mit dem man mittels roher Gewalt bzw. Druckluft eine größere Menge Bremsflüssigkeit durch das System durchdrücken und alle etwa vorhandene Luft herausspülen kann. So wenig ich nun ein solches Entlüftergerät hatte und so wenig man im Fall der Fälle selbst eines greifbar haben wird, dachte ich mir, die Geschichte müßte ja schließlich auch andersherum gehen: Ich habe also eine ganz gewöhnliche Reifen-Luftpumpe einfach mit Bremsflüssigkeit gefüllt. Leider saugt eine Luftpumpe nicht von selbst Flüssigkeit an; man muß also schon eine Pumpe haben, die man auseinanderschrauben kann, um von oben die Bremsflüssigkeit einfüllen zu können. Man kann die gefüllte Pumpe nachher genauso entlüften wie eine Injektionsspritze. Der Pumpenschlauch wird ganz einfach über die Entlüfterschraube des Radbremszylinders geschoben

und nun drückt man friedlich in umgekehrter Richtung den Öl-Inhalt der Reifenpumpe in das Bremssystem. Man muß nur dafür sorgen, daß der Fußbremshebel auf der anderen Seite wirklich in der obersten Stellung steht und daß mithin die Ausgleichsöffnung vom Arbeitskolben tatsächlich freigegeben ist. Stellt man dann einen Beobachter hin, so wird einem der jubelnd verkünden, daß zu dieser Öffnung gewaltig Luft herausschäumt und daß zum Schluß ein massiver, blasenfreier Strahl Flüssigkeit kommt. Man braucht jetzt nur mit dem Pumpendruck aufzuhören, das System ist garantiert luftblasenfrei, und man kann alles wieder festschrauben. Das Verfahren kostet zwar 50–100 ccm Bremsflüssigkeit, die einem aus dem Hauptzylinder auf den Boden läuft, dafür ist es aber laut Erfahrung *absolut* sicher und *von einem Mann allein* auszuführen.

Nächst bemerkenswert für die Funktion der Hydraulik ist die Tatsache, daß bei der Steib-Bremse die festen Enden der Bremsbacken nicht in halbrundem Ausschnitt gelagert sind, wie das gemeinhin der Fall zu sein pflegt; die beiden Bremsbacken sind also, wie unsere Bilder zeigen, radial verschiebbar. Das ist ein Kunstgriff des Bremsenbauers, er bringt damit die Backen in ihrer ganzen langen Ausdehnung zum tatsächlichen Anliegen, und ich habe es vorteilhaft gefunden, diesen Backenlagerungen je eine Tröpfchen Öl zu geben, um die Beweglichkeit zu sichern. Man steckt also nach der Entlüftung die Nabe wieder auf, fährt erst ein Stück und macht dabei ein paar ausgesprochen rauhe Bremsversuche. Bei dieser Bremserei rücken sich die Backen von selbst in dieser Gleithaltung zurecht und es verbleibt damit nur noch die letzte Einstellnotwendigkeit:

Beide Bremsbacken weisen eine Einstellmöglichkeit mit Exzentern auf, die es erlaubt, die Backen bis kurz vor dem Greifen einzustellen. Infolgedessen ist zum eigentlichen Bremsen nur ein Minimum an Weg der Arbeitskolben im Bremszylinder notwendig. Man stellt ein, indem man die betreffende Backe zunächst schleifen läßt und mit dem Schlüssel den Einstellexzenter nur so weit verdreht, daß die Nabe gerade eben frei geht. Nach dieser Einstellung wird man bemerken, daß der Hauptzylinder nur noch einen ganz geringen Weg

So weit lassen sich die Backen bei den Steib-Naben im Widerlager verschieben. Muß sauber gehalten werden, auch gehört da eine Spur Fett hin.

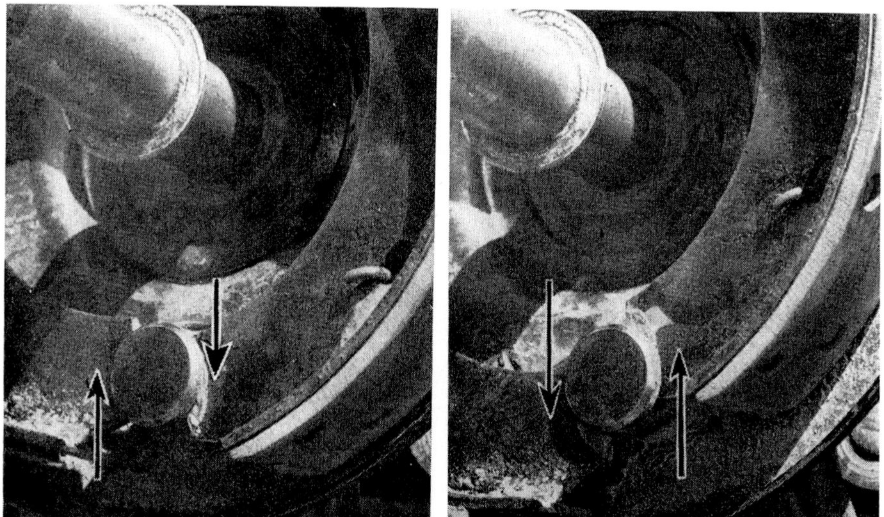

zu machen braucht, damit die Seitenbremse anspricht. Ein gelegentlicher Blick nach dem Hauptzylinder bei durchgetretener Bremse orientiert dann, ob die Bremsanlage noch in Ordnung ist oder ob man durch irgendeine Undichtigkeit Bremsflüssigkeit verloren hat und infolgedessen den Fehler suchen muß.
Diese Fehlersuche muß natürlich streng systematisch gemacht werden, also auf geknickte Rohre, geknickte und angescheuerte Schläuche und auf alle Verschraubungen losgehen. Wenn man Spuren ausgetretener Flüssigkeit entdeckt, dann weiß man ja, wo die hingeht und wo die Luft herkommt. Übrigens ist auch hier verdünnte Zahnpasta, als weiße Farbe um Verschraubungen gestrichen, ein ziemlich sicheres Mittel, einen Flüssigkeitsaustritt festzustellen. Eine Stelle allerdings ist tückisch: Das Deckelchen über der Einfüllöffnung des Hauptzylinders, in dem unten dieses Gummiventil sitzt. Das ist ein Leichtmetall-Sechskant, in das ein Stahlscheibchen eingerollt ist. Das Sechskant wird einmal leicht zerdrückt, das Deckelchen undicht und nun tritt da Bremsflüssigkeit in Spuren aus – hier sucht man natürlich keine Verluststelle und kann des Teufels werden, wenn man den Trick nicht kennt.
Die Schnellkupplung dagegen scheint sicher zu sein, wenigstens hat bisher der einzige Fall, wo ich die Schnellkupplung im Verdacht hatte, das besagte Deckelchen zur Ursache gehabt. Wenn man das mit der Entlüfterei einmal raus hat, dann ist es eine Minutenarbeit, man zaubert dann nicht lang, sondern drückt von der Radbremse her Saft in die Bremse, bis der Hilfsmann sagt, es kämen keine Luftbläschen mehr. Die herauslaufende Flüssigkeit kann man anstandslos auffangen, filtrieren oder auch nur absitzen lassen und wieder verwenden, man braucht ja nicht auch noch den allerletzten Bodensatz zu retten. Selbst die Fahrradpumpe verwende ich heute nicht mehr – ich habe für die Bremsflüssigkeit eines der berühmten Plastikfläschchen, mit dem man ganz einfach durch Handdruck den Saft in die Bremse preßt, selbst den kurzen Verbindungsschlauch vom Spritzrohr der Flasche zum Radzylinder kann man damit völlig entlüften, bevor man ihn aufsteckt.
Wie gesagt gibt es für die Hydraulik eigentlich nur einen Grundsatz: Niemals damit in eine Bremsenwerkstatt zu gehen. *Das muß man selber machen.* Wenn man sich dann nach den vorstehenden Anweisungen richtet, ist die Hydraulik für Jahre so gut wie wartungsfrei.

Ganz zuletzt noch eingeschoben:

Bücher sind wie Häuser, fertig sind sie eigentlich nie, es gibt immer noch etwas, was dran oder hinein müßte. Auch hier.

Im Absatz über die Bremsbeläge wurde ein Effekt nicht bedacht, der bisher bei Motorradbremsen unbekannt, bei sehr hochwertigen Wagenbremsen aber ganz geläufig ist – die „Morgenkrankheit". Man versteht darunter die Erscheinung, daß ein Fahrzeug nur eine Nacht oder so zu stehen braucht, meist bei nassem Wetter, damit die Bremsen am anderen Morgen beim ersten Antippen sofort sehr hart greifen und blockieren – schon bei der nächsten Bremsung gehen sie aber wieder so sanft wie die Tischrede des kommandierenden Generals eines Landsturmkorps. Das hat seine Ursache darin, daß der betreffende Bremsbelag – es ist immer ein „harter" – wegen seines Gehaltes an Stahlfäden oberflächlich regelrecht anrostet. Nur ganz dünn, wirklich nur in molekularer Stärke, aber diese Oberfläche greift eben ganz gewaltig. Dagegen machen kann man nichts, man kann sich höchstens freuen, daß man den Belag erwischt hat, es ist nämlich sonst der besten einer. Wenn man es aber weiß, dann hat man nichts weiter zu tun, als nach dem Wegfahren am Morgen auf griffigem Grund ganz sachte zu bremsen. So wild mit dem Blockieren ist das nämlich gar nicht – wenn man nicht überrumpelt wird und mit voller Absicht auf ein eventuelles Blokkieren wartet, dann beißt die Bremse höchstens etwas und nach einigen Radumdrehungen – das Gas bleibt dabei stehen – ist die Bremse wieder in Ordnung und so sanft wie zuvor.

Umgang mit Kupplungen

Es ist wirklich ein Segen, daß man mit Kupplungen nur ganz selten einmal Verdruß hat und daß dann auch meist die Ursache klar zu sehen und damit auch leicht abzustellen ist. Dieses Kapitel ist deshalb auch ziemlich kurz, wir brauchten ja nur die wenigen Mängel zu bedenken, die nicht geradezu geistiges Allgemeingut der Werkstätten sind. Nur auf eine Voraussetzung sei aufmerksam gemacht: Alle Motorradkupplungen werden mit Drahtzügen bedient. Dafür gilt genau dasselbe, was über Drahtzüge bei Bremsen gesagt wurde, Schmierung, Verlegung, Umschlingungswinkel und derlei. Bevor man auch nur eine Schraube aufmacht, um an die Kupplung zu gelangen, muß erst mal feststehen, daß der Drahtzug keinen, auch keinen versteckten, Fehler hat. Also mal da nachsehen. Genau. Dann erst die große Kupplungsschlosserei anfangen.

Gute und schlechte Kupplungen

In allen Lehrbüchern, begonnen beim Bussien bis herunter zur Nullachtfuffzehn-Dienstvorschrift, werden Kupplungen ausgesprochen stiefmütterlich behandelt. Das könnte einesteils dadurch erklärt werden, daß Kupplungen vielleicht ähnlich sicher funktionieren wie eine Schraubverbindung, schließlich findet man ja über Schrauben auch kein besonderes Kapitel. Kupplungen *haben* aber ihre Marotten, also bleibt nur die andere Erklärung übrig, daß so wenig über Kupplungen geschrieben wird: *Das Eisen ist zu heiß, und die Leute, die über Kupplungen schreiben könnten, wissen darüber zu wenig Bescheid.* Um es vorweg zu sagen: Ich rechne mich selbst zu den letzteren. Nur habe ich eben bisher auch noch keinen gefunden, der da genauer Bescheid wußte und der mir hätte etwas sagen können.

In der Kraftfahrtechnik gibt es eine ganze Anzahl von Problemen, die ähnlich wie das Kupplungsproblem bei weitem noch nicht gelöst sind, die sich aber in diesem ungenügenden Lösungszustand behaupten konnten, weil noch niemand da war, der klipp und klar zu sagen gewagt hätte: „So ist das Mist!"

Eines der treffendsten Beispiele dafür, wie schwierig eine solche Güteforderung festzulegen ist, bieten die BMW-Kupplungen: Es ist doch allgemein und vor allem jedem BMW-Fahrer bekannt, *wie* vorsichtig man mit dieser Kupplung umgehen muß. Wer zum erstenmal auf eine BMW kommt, hat ernstliche Schwierigkeiten damit, man kann aber auch in späteren Jahren noch so routiniert sein: Wenn man von irgendeiner anderen Maschine wieder auf eine BMW umsteigt, dann bedarf es mehrerer Tage, bis man die Kupplung wieder „in der linken Hand hat", und auch dann rutschen einem immer wieder gelegentlich unsaubere Kupplungsvorgänge dazwischen. So ist das von der allerersten BMW aus dem Jahre 1924 geblieben bis heute zur R 69, die um kein Haar anders ist. Es ist ein psychologisch äußerst interessanter Vorgang, daß diese Art der Kupplungsfunktion so viele Jahre beibehalten werden konnte, einfach weil die Fahrer sich imponieren und sagen ließen, daß man eben gefälligst zu lernen habe, mit einer solchen Kupplung hinzukommen. In der Tat, Generationen von Fahrern haben sich das sagen lassen, sie haben *nicht* über diese „giftige" Art einer Kupplung gemeutert, sie sahen im Gegenteil eine Bestätigung ihrer Männlichkeit und Fahrkunst dadurch gegeben, daß sie es endlich lernten, auch mit dieser Sorte von Kupplung einigermaßen umzugehen.

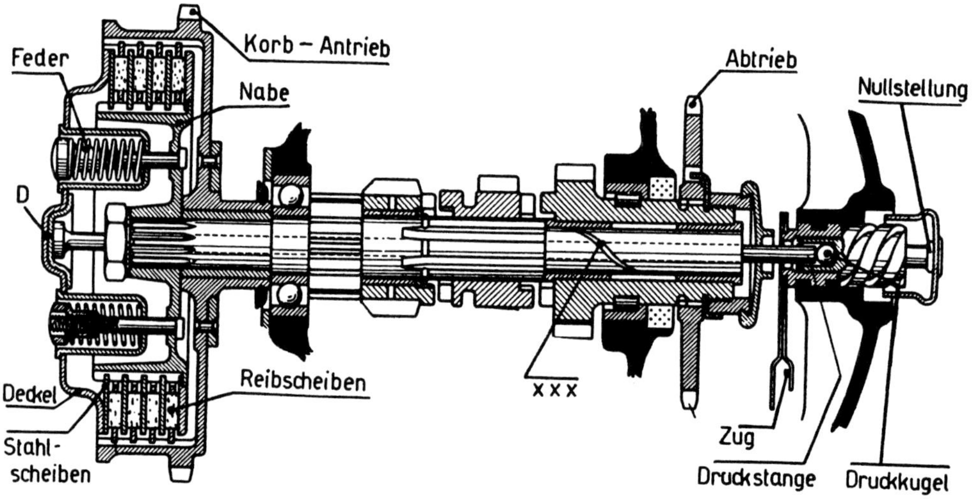

An sich ist dieser geistige Vorgang nichts Absonderliches, es ist genau dasselbe wie der Stolz des Soldaten, einer Truppe anzugehören, deren Mitglieder besonders wahnsinnig geschliffen werden, die Fachpsychologen wissen so einen Vorgang ohne weiteres zu klassifizieren.

Nun ist ja Technik nichts Absolutes, Technik erfüllt eine Forderung, die ein Mensch oder ein Kreis von Menschen stellt – wenn dieser Kreis von Menschen also eine bestimmte Forderung *nicht* stellt, dann besteht auch für die Technik kein Anlaß, die nicht gestellte Forderung zu erfüllen, und so konnte es geschehen, daß eine BMW-Motorrad-Kupplung von 1924 bis 1958 eben beißt.
In der Tat: Als diese Kupplung in den ersten 250er Isetten verwendet wurde, erwies sie sich als ernstlicher Hinderungsgrund für einen guten Verkauf, denn diese ersten Isetten kuppelten sich eben so, wie das mit dieser Kupplung bestenfalls zu machen war, nämlich grausam. Nur waren eben die Isetta-Fahrer von Tradition unbeleckt, die ließen sich nicht kommandieren, daß man das Kuppeln eben gefälligst zu lernen habe, wenn man ein BMW-Erzeugnis fährt. Sie kamen mit diesen Kupplungen nicht zurecht, und es hat erheblichen Verdruß gekostet, die Isetta-Kupplungen so hinzubekommen, daß ein normaler Mensch damit einwandfrei zu kuppeln vermochte.
Natürlich sagen jetzt wieder eine ganze Menge Leute, daß man beim MOTORRAD bekanntlich BMW nicht leiden könne und nur deshalb einen so großen Wind um die BMW-Kupplungen mache. Wenn es denn also sein muß: Auch andere Leute werden mit ihren Kupplungen nicht fertig! So ist bekannt, daß die ganzen kleinen Zündappen, also alles, was vor der Elastic liegt, einen besonders großen Handkraftbedarf haben und daß auch der Handkraftbedarf der heutigen kleinen Zündappen ebenso wie der der Elefanten immer noch recht beträchtlich ist. Ein wettbewerbsmäßiges Fahren mit dem Elefanten setzt eine Unterarmmuskulatur voraus, die nicht jeder hat und die selbst bei Vorhandensein nicht gerade selten die entsprechende Komplikation in den Sehnenscheiden mit sich bringt. Ebenso bekannt ist, daß man bei NSU ausgerechnet mit der bescheidensten Kupplung, die man im Hause erzeugte, nämlich der Fox-Kupplung, in vielen Jahren nicht fertig geworden ist, fast so lang, wie man normale Foxen baute. Die Fox-Kupplungen rupfen eigentlich immer, manchmal mehr, manchmal weniger, aber eine sauber greifende Fox-Kupplung ist mir noch nie untergekommen. Es ist die alte Geschichte: Die meisten Leute trauen sich nicht zu kritisieren und sind der Meinung, etwas lernen zu müssen (wenn sie es nicht vorziehen, so einen Schlitten erst gar nicht zu kaufen oder schleunigst wieder zu verkaufen), und die anderen – zu denen ich mich selber rechne – die trauen sich auch nicht, einen als solchen erkannten Fehler zu kritisieren, weil sie sich nicht in der Lage fühlen, auf der Stelle eine mögliche Abhilfe anzugeben.

◀

Grundaufbau einer Mehrscheibenkupplung
Der Kupplungskorb wird von der Primärkette angetrieben, die Reibscheiben laufen in den Nuten des Korbes, die Stahlscheiben in den Nuten der Nabe. Die Spannung der Druckfedern ist einstellbar. Statt der Druckfedern könnten auch Zugfedern verwendet sein – wie bei DKW –, die dann meist nicht einstellbar sind, ebenso könnte eine einzige Zentralfeder verwendet werden. Die Betätigung der Druckstange erfolgt hier durch eine Schnecke, wie praktisch bei NSU geübt, der Drahtzug greift senkrecht zur Bildebene an, toter Gang wird mittels der Nullstellung herausgestellt. Die Druckstange wird entweder von der Getriebewelle oder vom Kupplungsdeckel leicht mitgenommen, also gedreht – deshalb ist am Gegenende die Kugel da, die minimale Reibung auch unter Druck sicherstellen soll: man will ja beliebig lang mit eingerücktem Gang, aber ausgekuppelt, stehenbleiben können.

In den Gängen läuft das Abtriebsrad gegenüber der Getriebehauptwelle um – deshalb die Schmiernut XXX in der Bronzebüchse des Abtriebrades, die da Schmierung sichern soll. Meist tut sie es, wenn man genügend dünnes Öl im Getriebe hat. Gelegentlich frißt das aber auch, wenn man lange Zeit im Dritten gegen Wind oder im Ersten einen Berg hinaufackern muß. Hier könnte Molybdän oder Graphit eine Sicherung sein – dünnes Öl ist wichtiger und für die Kupplung ungefährlich.

Was die Kupplung können muß

Eine Kupplung ist im Grunde genommen nichts anderes als eine Bremse, nur daß eben die Bremse im Normalzustand offen ist, also nicht bremst, während die Kupplung im Normalzustand geschlossen ist, also bremst, vergleichbar einem blockierten Rad. Was das Rad möglichst gar nie soll, nämlich blockieren, das soll die Kupplung gerade tun, dennoch ist hier eine absolute Parallele festzustellen: Sowohl beim Rad wie auch bei der Kupplung kommt es auf die allerfeinste Dosierung des allerletzten Gleitstadiums zwischen Gerade-noch-Rutschen und Bereits-Blockieren ganz besonders an. Genau wie eine Radbremse schlecht ist, die von einem bestimmten hohen Grad der Bremsung nur noch zubeißt und das Rad blockiert, ist auch eine Kupplung schlecht, die von einem bestimmten Grad der Kraftübertragung ab auch zubeißt und völlig schließt. Bei Bremse wie bei Kupplung geht es darum, daß zwei aufeinander gleitende Flächen sich gegenseitig mitnehmen, weil der Übergang vom vollen Gleiten, also Kraftübertragung Null, bis zu vollem Greifen, also Kraftübertragung Voll, völlig kontinuierlich vor sich geht, ohne jeden Sprung, wobei die Dinge noch durch die Forderung schwieriger gemacht werden, daß gerade bei nahezu voller Kraftübertragung das letzte bißchen gegenseitigen Gleitens besonders genau beherrschbar sein soll. Es darf dabei auch nicht übersehen werden, daß hier wieder einmal die Technik ein Problem meistern muß, das allen physikalischen Lehrbüchern zufolge gar nicht gemeistert werden kann: Überall steht klipp und klar, daß die Reibung in der Ruhe größer sei als die Reibung der Bewegung

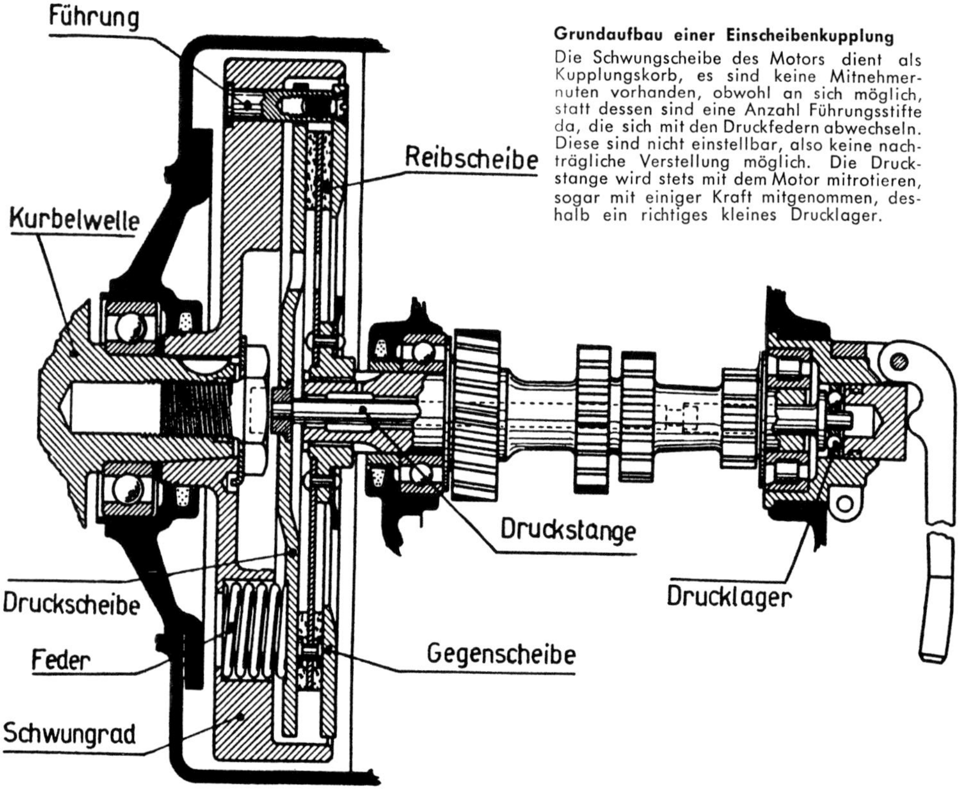

Grundaufbau einer Einscheibenkupplung
Die Schwungscheibe des Motors dient als Kupplungskorb, es sind keine Mitnehmernuten vorhanden, obwohl an sich möglich, statt dessen sind eine Anzahl Führungsstifte da, die sich mit den Druckfedern abwechseln. Diese sind nicht einstellbar, also keine nachträgliche Verstellung möglich. Die Druckstange wird stets mit dem Motor mitrotieren, sogar mit einiger Kraft mitgenommen, deshalb ein richtiges kleines Drucklager.

und daß es hier nur einen Sprung gebe. Immerhin hat die Technik inzwischen gezeigt, daß man diesen Sprung zwischen der Reibung der Ruhe und der Reibung der Bewegung außerordentlich klein machen kann, so klein, daß er physiologisch nicht mehr bemerkt wird, also noch kleiner ist als der Nerven-Muskelfehler, den der Fahrer mit sich bringt. Es ist also möglich, eine Bremse und eine Kupplung so zu bauen, daß der Übergang von letzter, langsamster Bewegung bis zu völligem Greifen, also Bewegung Null, so sanft vor sich geht, daß eine Stufe nicht mehr bemerkt wird. Das schaffen 90% aller höchst normalen Motorrad-Kupplungen, das schaffen 95% aller höchst normalen Wagenkupplungen, dabei gibt es sogar welche, die das nicht nur einmal im kalten Zustand tun, sondern beliebig oft und nahezu beliebig lang, auch bei allergrößten Belastungen, wenn also etwa der Motor bei Maximaldrehzahl am steilen Berg auf ein noch stillstehendes Getriebe gekuppelt werden soll. Dabei kann es schon mal darauf ankommen, daß so ein Ding an die 100 m rollen muß, bevor die Kupplung voll greifen darf, wie wir ja auch verlangen, daß eine Bremse bei Höchstgeschwindigkeit und in starkem Gefälle für wenigstens 100 bis höchstens ungefähr 200 m eine maximale Bremskraft übertragen soll, ohne daß die Räder blockieren und zu rutschen anfangen. Wir werden also immer sehen, daß eine Kupplung genau wie eine Bremse glattpolierte Stahlflächen aufweist, gegen die sich andere Flächen legen, die besondere Reibeigenschaften aufweisen. *An diesen Reibeigenschaften hängt es:* An der Grenzfläche zwischen Stahlscheibe und Reibscheibe entstehen partiell ganz gewaltige Temperaturen, bei denen reine Metalle ohne weiteres verschweißen würden. Es ist Aufgabe des Reibbelages, mit den Stahlflächen nicht zu verschweißen, und die zweite Aufgabe ist es, im letzten Grenzbereich zwischen Gerade-noch-Gleiten und vollem Greifen einen möglichst sanften Übergang zu ergeben.

Wie man nun die Stahlflächen zusammen mit den Reibflächen am besten anordnet, wie man sie vor allem dimensioniert, hängt ausschließlich von den Umständen ab, im Fahrzeugbau verwendet man fast ausschließlich eine Scheibenanordnung. (Natürlich kann man auch Konen verwenden, man kann auch Trommeln verwenden, gegen die man von innen oder von außen die Gegenflächen preßt, darauf kommt es nicht an.) Der einfache Hausverstand sagt einem auch, daß eine Kupplung vermutlich unterschiedlich groß sein müßte, wenn sie langsam läuft und eine sehr große Kraft zu übertragen hat, daß sie ebensogut wahrscheinlich räumlich klein sein könne, wenn sie bei hoher Drehzahl eine nur kleine Kraft zu übertragen hat. Demgemäß gibt es bei einem Motorrad drei Stellen, wo man eine Kupplung anbringen kann und wo sie überall schon angebracht worden ist:

1. Man kann die Kupplung direkt auf die Kurbelwelle setzen, wo sie mit hoher Drehzahl umläuft, aber nur das Drehmoment des Motors selbst zu übertragen hat, also nur ganz wenige mkg, von einem halben bis zu höchstens 4–4,5 mkg. Diese Kupplungen werden räumlich klein, sie brauchen wenig Anpreßkraft und kommen infolgedessen mit kleiner Handkraft zum Lösen aus. Muster solcher Kupplungen gibt es bei Adler und bei MZ, liebe kleine Dingerchen, ausgesprochen geringer Handkraftbedarf, zudem auch noch als Musterbeispiel ungewöhnlich zarten Greifens zu bezeichnen. Es ist also gar nicht so, daß eine mit Motordrehzahl umlaufende Kupplung nun unbedingt rupfen oder giftig sein müsse. Mit Kurbelwellendrehzahl laufen auch die Kupplungen der BMWs, der Zündappen und der Douglassen um, vermutlich eben die Kupplungen aller Boxer.

2. Die Kupplung kann auch auf dem Getriebe sitzen, was also heißt, daß die Kupplung mit der Hälfte oder allerhöchstens einem Drittel der Kurbelwellendrehzahl umläuft. Man gewinnt dadurch etwas, was sich vielleicht wie ein Vorteil ausnimmt: Der Geschwindigkeitsunterschied der gleitenden Platten untereinander ist geringer als bei der mit Motordrehzahl umlaufenden Kupplung, möglicherweise lassen sich dadurch Übergangsprobleme leichter lösen. Ebenso ist aber auch Tatsache, daß die Kupplung das doppelte bis dreifache Drehmoment übertragen muß, daß sie mithin eine entsprechend große Schließkraft braucht

und daß dazu wiederum eine zwei- bis dreifach höhere Lösekraft gehört. (Das heißt nicht unbedingt größere Handkraft, Kraft läßt sich ja durch Weg ersetzen, da die Hand aber auch nur über einen beschränkten Weg verfügt, heißt das unmittelbar, daß man unten in der Kupplung entsprechend weniger Weg zur Verfügung hat und entsprechend genauer bauen muß, um mit dem geringeren Weg auszukommen.)

3. Man kann die Kupplung anstandslos auch auf die Hinterachse setzen, wo sie mit Hinterraddrehzahl umläuft, also eine verhältnismäßig geringe Drehzahlspanne zu bewältigen hat, denn so ein Hinterrad läuft ja selten einmal über 1000 U/min. Dafür muß sie dann aber auch nicht bloß das Motordrehmoment übertragen, sondern die gesamte Schubkraft, also das durch das Getriebe übersetzte und vervielfachte Motordrehmoment, wobei mit Leichtigkeit einmal 50–60 mkg herauskommen können. Selbst diese Anordnung, Kupplung im Hinterrad, ist schon einmal gebaut worden, sogar viele, viele Jahre hindurch, bei der berühmten Puch S 4.

Wenn sich auch bei der letzteren Lösung, maximale Schubkraft bei minimaler Umlaufzahl, keine Grundsatzschwierigkeiten ergeben haben, scheinen doch alle Konstrukteure davor eine beträchtliche Scheu besessen zu haben, eine wirkliche Verbreitung hat diese Bauart nie erfahren. Am verbreitetsten ist die Bauart nach 2, was aber wiederum mehr darin begründet zu sein scheint, daß von Anfang an eine Arbeitsteilung zwischen Motorenbauern und Getriebebauern herrschte, wobei sich die Getriebebauer eben auch gleich der Kupplung bemächtigten. Dementsprechend findet man in der Neuzeit Kupplungen auf der Kurbelwelle auch nur bei Konstruktionen, die ohne Anlehnung an bestehende Vorbilder aus dem Nichts – meinetwegen auch aus dem vollen – geschaffen werden konnten, wie Adler und MZ.

Der Leser kann bis jetzt mit Recht sagen, ich hätte ihn mit endlosem Geschwätz aufgehalten, wo er doch wissen wolle, was mit seiner rupfenden oder rutschenden oder klebenden Kupplung anzufangen sei. Diese gewaltige Vorrede war aber dennoch nötig, es mußte einmal dargelegt werden, welche Anforderungen an eine Kupplung überhaupt zu stellen sind und welche Arbeitsbedingungen vorhanden sind. Es mußte einmal gesagt werden, was unter einer „giftigen" Kupplung verstanden wird, was unter einer rupfenden Kupplung verstanden wird und wo der große Handkraftbedarf beginnt. Manche der hier zu gebenden Ratschläge könnten außerdem widersinnig erscheinen, wenn nicht von vornherein festgelegt würde, unter welchen Voraussetzungen mit einer Wirkung nur zu rechnen ist.

Die Kupplungsbauarten

Bei den großen Boxern findet man so ziemlich durchweg Einscheibenkupplungen, man könnte also auf den Verdacht kommen, daß eine Einscheibenkupplung immer dann möglich oder nötig sei, wenn die Kupplung mit Kurbelwellendrehzahl umläuft. Das stimmt aber nicht, denn bei Adler und MZ laufen die Kupplungen ja auch mit Kurbelwellendrehzahl und es sind Mehrscheibenkupplungen. Wahrscheinlich waren die ersten Konstrukteure von Boxermotoren nur dadurch veranlaßt, Einscheibenkupplungen zu verwenden, weil bei ihnen der Durchmesser „nichts kostete", er war von Anfang an durch den notwendigen Durchmesser der Schwungscheibe gegeben. Sobald es um den Durchmesser geht, dieser also möglichst klein bleiben muß, bringt man eben die notwendige Größe der reibenden Flächen in mehreren Scheiben unter, im Prinzip macht das keinen Unterschied, man braucht eben für die Übertragung einer bestimmten Leistung eine bestimmte Anzahl von Quadratzentimetern reibender Flächen und dazu eine bestimmte Anpreßkraft. Es ist ohne weiteres zu sehen, daß man für die Druckstange mehr Weg braucht, um eine Mehrscheibenkupplung zu lösen, als bei einer Einscheibenkupplung, das macht aber keinen prinzipiellen Unterschied aus, man kommt dafür bei einer Mehrscheibenkupplung mit weniger Anpreß- bzw. Lösekraft aus, man kann

die Hebelei bis hinauf zum Handhebel anders übersetzen und im Endeffekt hat die Einscheibenkupplung der Mehrscheibenkupplung nichts mehr voraus. Unsere beiden Bilder zeigen ja zur Genüge, wie sehr ähnlich die beiden Kupplungsbauarten sind, und damit kommen wir zum Kern der Dinge:
Man kann nicht sagen, daß die Einscheibenkupplung der Mehrscheibenkupplung in irgendeiner Weise überlegen oder unterlegen sei, es gibt da keine grundsätzlichen Unterschiede, und wenn Gebrauchsunterschiede vorhanden sind, dann heißt das nur, daß die Konstrukteure die gegebenen Möglichkeiten nicht voll ausgenützt haben.
Es muß also nicht sein, daß eine Einscheibenkupplung giftig ist. Es ist auch nicht gesagt, daß eine Mehrscheibenkupplung rupfen müsse, es gibt eine Unmenge Mehrscheibenkupplungen, die nicht rupfen.

Die rutschende Kupplung

Der anscheinend weitaus häufigste Fehler bei einer Kupplung scheint tatsächlich zu sein, daß sie das vorhandene Drehmoment nicht beziehungsweise nicht mehr zu übertragen vermag und also rutscht. Eine rutschende Kupplung greift natürlich ungeheuer sanft, man kann damit wunderbar anfahren, es kann infolgedessen auch sehr lange dauern, bevor jemand dahinterkommt, daß seine Kupplung tatsächlich schon rutscht: Meist wird es zuerst am Berg bemerkt, wo der Motor wunderbar in den höchsten Tönen jubelt, aber die Maschine keinen rechten Fortgang mehr macht. Weniger wird es beim Beschleunigen bemerkt, vor allem nicht von gut bürgerlichen Fahrern, die nur selten die volle Beschleunigungsfähigkeit ihrer Maschine ausnützen. Ist man im Zweifel, ob die Kupplung bereits rutscht, wenn man also seinem Gehör noch nicht traut, dann gibt es eine Probe: Man steigt sachte in die Hinterbremse. Zwar wird dabei die Motordrehzahl weiter abfallen, wenn man aber dabei Vollgas gibt, wird man doch recht deutlich merken, wie die Maschine langsamer wird, der Motor aber „am Leben bleibt“.
Für die Rutscherei gibt es zwei Ursachen, aber eigentlich auch nur bei den Trockenkupplungen, welche bei uns tatsächlich fast nur noch bei den BMWs, den großen Zündappen

Bei DKW hat man keine Druckfedern, sondern Zugfedern – die werden zur Prüfung hintereinandergchakt, aufgehängt und belastet, daß sie grade zu „spielen“ anfangen. Die längere Feder ist die lahme!

und den NSUs existieren. Wenn also eine solche Trockenkupplung lange Zeit zur Zufriedenheit funktioniert hat und plötzlich zu rutschen anfängt, dann heißt das in 50 Prozent aller Fälle, daß das Kurbelwellenhauptlager zum Motor hin undicht geworden ist. Es muß sich schon um eine ziemlich beträchtliche Undichtigkeit handeln, denn Spuren von Öl werden ja zunächst einmal von der Schwungscheibe nach außen geschleudert, laufen am Gehäuse herunter und sammeln sich in Gestalt eines Pfützchens unten im Kupplungsgehäuse. Es gibt rauhe Gemüter, die dann einfach am tiefsten Punkt des Kupplungsgehäuses ein Abflußrohr bohren, damit das Öl herauslaufen und nicht zwischen die Kupplungsplatten gelangen kann. Bei den modernen russischen Nachbauten der alten BMWs ist das heute noch so, natürlich nicht konstruktionsmäßig, aber die Muschiks helfen sich eben so, weil es ihnen schwerfällt, das hintere Kurbellager genügend dicht zu kriegen. Wohl aber verölt eine BMW-Kupplung, wenn das Getriebelager undicht wurde – dieses Lecköl wird in die Kupplung richtig hineinzentrifugiert – und das sind dann die anderen 50 Prozent der Fälle. Die zweite Ursache für eine rutschende Kupplung kann also, wenn ein Verölen ausgeschlossen ist, nur ein Nachlassen der Federkraft der Anpreßfedern sein. Ich habe das bisher weder bei den BMWs noch bei den Zündappen selbst erlebt, wärmemäßig scheinen diese beiden Kupplungen also enorm viel zu vertragen, immerhin wäre aber ein Nachlassen der Federkraft durchaus möglich, denn insbesondere im wettbewerbsmäßigen Bergbetrieb muß man beim Schalten die Kupplung um ungefähr die zehnfach größere Wegstrecke rutschen lassen, bis die Kupplung wieder voll greifen darf, als man das in der Ebene täte. Bei öfterem Hin- und Herschalten können sich dann in der Kupplung schon einmal Temperaturen aufbauen, bei denen die Federn in ihrer Kraft bleibend nachlassen.

Die Mehrscheibenkupplungen aller anderen heutigen Motorräder laufen ausnahmslos von Hause aus in Öl, so daß also ein Verölen nicht mehr in Frage kommt. Natürlich setzt das Laufen in Öl die Reibung zwischen Stahlscheiben und Reibbelägen erheblich herab, es handelt sich hier um einen Betrag in der Größenordnung von 1 : 5, man braucht also erheblich größere Anpreßkräfte als bei einer trocken laufenden Kupplung.

Man sieht da wieder mal, was doch konstruktiv so zu leisten ist: Die im Ölbad laufenden Kupplungen brauchen trotz fünffach vergrößerter Anpreßkraft keine wesentlich größeren Handkräfte mehr, als unsere vor 25 Jahren üblichen trocken laufenden Kupplungen auch gebraucht haben.

Wenn also eine im Ölbad laufende Kupplung rutscht, dann kann daran eigentlich nur ein erhebliches Nachlassen der Federkraft schuld sein, es müssen also die Federn heraus, Prüfung ist nur möglich, wenn man eine völlig neue Kupplungsfeder zum Vergleich hat, da auch in den Ersatzteillisten keinerlei Federkennungen angegeben werden. Ein Nachlassen der Federkraft hat auch hier wieder die gleiche Ursache wie bei den Trockenkupplungen, es kann ent-

So wird mit der Linealkante eine Stahlscheibe auf Krümmung kontrolliert – man muß natürlich rundherum durchdrehen.

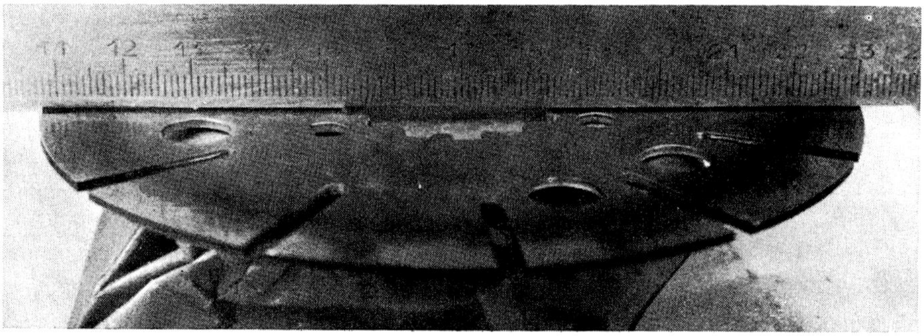

weder eine unzulängliche Federstahlqualität sein oder aber Überhitzung, die trotz der Kühlwirkung des Ölbades nicht selten zu sein scheint, ich glaube sogar fast, sie sei häufiger als bei den trocken laufenden Einscheibenkupplungen. (Das ist wieder einer der berühmten Widersprüche, nur ist das eben durch Beobachtung erhärtet.)
Hinzu kommen aber bei den im Ölbad laufenden Kupplungen andere Ursachen für die Rutscherei:
Alle die modernen Mittel und Mittelchen, mit denen man die Reibung in Motoren und Getrieben herabzusetzen versucht, sind für eine Kupplung naturgemäß Gift. Sei das nun Kolloidgraphit, sei es irgendein Molybdänpräparat oder sei es irgendein hochwirksamer Schmierzusatz wie etwa Bardahl. Alle diese Stoffe müssen aus Kupplungen beziehungsweise eben aus den Primärantrieben, in denen die Kupplungen gewöhnlich untergebracht sind, peinlich ferngehalten werden. Das ist gar nicht immer einfach, denn es genügt nicht, in die Schmiermittelfüllung des Primärantriebes dieses Zeug schlicht nicht hineinzutun. So mancher hat erst dadurch gemerkt, daß etwa das Kurbelwellenhauptlager zwischen Kurbelgehäuse und Primärantrieb nicht mehr dicht war, als seine Kupplung zu rutschen anfing, weil ein Graphitzusatz zum Motorschmieröl durch diese undichte Dichtung in den Primärantrieb und damit in die Kupplung zu gelangen vermochte. Das ist meine eigene Erfahrung aus der Vorkriegszeit, als es nur Kolloidgraphite gab, es muß aber genauso bei Molybdänpräparaten und müßte auch bei Bardahl auftreten. Dasselbe gilt natürlich, wenn zwischen Getriebe und Primärantrieb überhaupt keine absolute Dichtung besteht, beide also von dem gleichen Schmiermittelquantum versorgt werden. Zudem gibt es zahlreiche Motorenkonstruktionen, bei denen ein und dieselbe Ölfüllung nicht nur den Motor, sondern auch das Getriebe und damit den Primärantrieb samt Kupplung schmiert, *hier ist also jeder Hexenmittelzusatz von vornherein von Übel.*
Es fragt sich nur, was man macht, wenn einmal versehentlich ein solches Hexenmittel in die Kupplung gelangte: Es steht zu vermuten, daß Bardahl sich wieder auswaschen läßt, wenn man die Kupplung zerlegt, schon schwieriger ist das mit Graphit, da kommt man um ein Abschmirgeln der Stahlplatten und vor allem auch um ein Abschmirgeln der Reibbeläge nicht herum. Noch kritischer scheint das bei Molybdänpräparaten zu sein, die sind ja so unheimlich wirksam, daß man offenbar besser daran tut, die Reibplatten von vornherein wegzuschmeißen und auch bei den Stahlplatten scheint ein Abschmirgeln nicht unbedingt zu helfen. (Natürlich ist das eine Folge der extremen Wirksamkeit von Molybdänpräparaten als Freß-Sicherung, je wirksamer so ein Mittel in dieser Beziehung ist, desto vernichtender muß es sinngemäß für die Wirksamkeit einer Kupplung sein.)
Umgekehrt scheint es festzustehen, daß die unterschiedliche Viskosität eines Schmiermittels auf das Greif-Verhalten einer Ölbadkupplung ohne Einfluß ist. Es scheint also festzustehen, daß ein Öl von SAE 40 oder ein noch zäheres ausgesprochenes Getriebeöl auf die eventuelle Rutscherei so wenig Einfluß hat wie ein ausgesprochenes Winteröl von SAE 10, man braucht sich also bei Verdacht auf Kupplungsrutschen nicht erst mit Ölexperimenten abzugeben, festgestellte Rutscherei bedeutet auf jeden Fall Demontage der Kupplung und

1. Nachdenken, ob die Kupplung von irgendwoher ein Quantum Hexenmittel bekommen konnte, das eigentlich nur im Motor irgendwo die Reibung herabsetzen sollte. Ferner

2. Kontrolle, ob die Druckfedern in ihrer Federkraft nachgelassen haben, also niedriger – bzw. bei Zugfedern länger – geworden sind. Wie man so etwas kontrolliert, ist in Kapitel „Arbeiten an Viertaktern" bei der Kontrolle der Ventilfedern beschrieben worden. Seite 43.

Ist die Kupplung schon auseinander, dann werden auch die Stahlscheiben kontrolliert, ob sie noch tadellos eben sind. Man macht das mit einem Stahllineal, also mit dem Schaft der Schublehre, einem Anschlagwinkel oder derlei, man muß dabei sehr gewissenhaft vorgehen

Reibscheiben sind unterschiedlich gemacht, manche mit Stahlgerippe, manche massiv gepreßt. Sind durch Molybdän so unwirksam zu machen, daß nur wegschmeißen hilft.

und darf keineswegs etwa mit der schmalen Fläche des Stahllineals prüfen, sondern muß mit der Kante auf Lichtspalt prüfen, ebenso muß man auch die ganze Kupplungsscheibe an der Kante entlangdrehen, denn nur so kann man entdecken, ob die Stahlscheiben nicht doch an irgendeiner Stelle eine leichte Welle haben oder leicht konisch sind.

Bei dieser Prüfung ist allerdings spezielle Vorsicht notwendig: Zwar müssen bei 95 Prozent aller Kupplungen die Scheiben tadellos plan sein, so daß also eine leichte Welligkeit und Konizität als Ursache eventueller Rutscherei betrachtet werden muß. Es gibt aber auch Kupplungen, bei denen eine solche Welligkeit gar nichts besagen will, wo sie sich sogar vorteilhaft auswirkt, wie etwa bei den Fox-Kupplungen.

Das ist der zweite Fall eines Widerspruchs, es kommt eben auf die Gesamtverhältnisse an, ob eine leichte Welligkeit der Scheiben vernichtend ist und zu Rutscherei führt oder ob sie eine rupfende Kupplung lediglich zahm macht.

Es ist natürlich auch immer möglich, daß auf dem Wege vom Handhebel bis hinunter zur Andruckplatte irgend etwas hakt. Es kann sein, daß ein Schneckentrieb, wie etwa bei den NSUs sich nicht völlig öffnet, daß der Gehäusehebel irgendwo hakt und sich nicht völlig öffnet – dann ist natürlich im Drahtzug das erforderliche Spiel vorhanden, von dem in jedem Lehrbuch und jeder Betriebsanweisung zu lesen steht, die Kupplung kann aber dennoch nicht völlig schließen. So etwas kann nur durch sehr gewissenhafte Untersuchung gefunden werden, man wird natürlich erst dann danach suchen, nachdem feststeht, daß sowohl die Anpreßfedern ihre volle Federkraft haben wie auch, daß die Stahlplatten völlig in Ordnung sind. Immerhin gehören diese Fehler doch zu den großen Seltenheiten.

Diese Kupplungsnabe ist von den Nasen der Scheiben deutlich markiert, da kann eine Glättung schon mal nützlich sein.

Bild rechts außen: Ein Prachtexemplar eines angesägten Kupplungskorbes, Ardie, simples Blech, hat uns ein Leser überlassen.

Bild rechts: Heutzutage macht man Kupplungskörbe gerne aus Grauguß, gibt große Anlageflächen, wird nicht so leicht angenagt.

Hier wäre auch an einen Fehler zu denken, der gar nicht mal sehr selten ist, aber regelmäßig schweres Kopfzerbrechen macht:
Es gibt Motoren – nicht Typen, sondern Individuen –, die plötzlich anfangen, Druckstangen zu fressen wie der Fahrer die Bockwurst. Ganz gleich, ob das einteilige oder mehrteilige Druckstangen sind, ob sie gehärtete Köpfe haben oder nicht, ob man da Stahlkugeln dazwischenpackt oder nicht, man kommt aus dem Nachstellen des Kupplungszuges nicht mehr heraus und alle paar tausend Kilometer sind die Druckstangen um 2–3 Millimeter kürzer geworden. Das ist nur so zu erklären, daß die Druckstange womöglich unter Ölmangel dauernd mitrotiert, nur so entsteht ja die für eine Abnützung nötige Bewegung. Mitrotieren – mit Kraft – kann die Druckstange aber nur, wenn sie irgendwo mitgenommen wird. Fragt sich also im Einzelfall, wer oder was die Druckstange einklemmt und mitnimmt – zuweilen ist das eine krummgezogene Getriebe-Hauptwelle! Man sollte es nicht glauben, aber das gibt es.

(Überhaupt krumme Getriebewellen: Die scheinen nicht selten zu sein. Dabei braucht das Getriebe keinerlei Anzeichen von Schwergängigkeit aufzuweisen, es kann noch genügend Spiel da sein, daß weder den Zahnrädern noch den Schalträdern etwas anzumerken ist oder gar ein Schaden geschieht. Wenn aber ein Motor nach einer Grundüberholung, also Gesamtdemontage, nicht wieder so schnell ist wie vorher, wenn alle gangbaren Mittel der Vergaser- und Zündeinstellung kein Resultat zeigen, der Bock ganz einfach faul bleibt, dann besteht Verdacht auf Getriebeverluste, also schwergängiges Getriebe. Da hilft nur Teildemontage, Primärantrieb weg, so daß man mit den Fingern das Getriebe in allen Gängen auf Leichtgängigkeit prüfen kann, dann wird man schon merken, wo etwas schwer geht und auf die Dauer Lagerfresser oder gar Zahnbrüche gäbe. Da läuft sich auch nichts ein, die Ursache der Schwergängigkeit muß gesucht und beseitigt werden.)

Die nicht auslösende Kupplung

Die klebende Kupplung ist sehr häufig, immerhin ist die Ursache eindeutig stets derselben Natur: Es handelt sich um ein Verkleben der Scheiben durch ein zu zähes Schmiermittel. Infolgedessen findet man die Kleberei auch immer nur, solange der Motor kalt ist, dagegen hilft nur Auskuppeln und mehrfaches Hin- und Herschieben der Maschine gegen die Kompression bei eingeschaltetem Gang, bis die Kupplungsscheiben losgebrochen sind. Einmal lose, kleben sie in der nächsten Minute sehr viel weniger stark zusammen, es ist dann meist möglich, den Motor zu starten, mit ein bißchen viel Gas laufen zu lassen und den Gang mehr oder

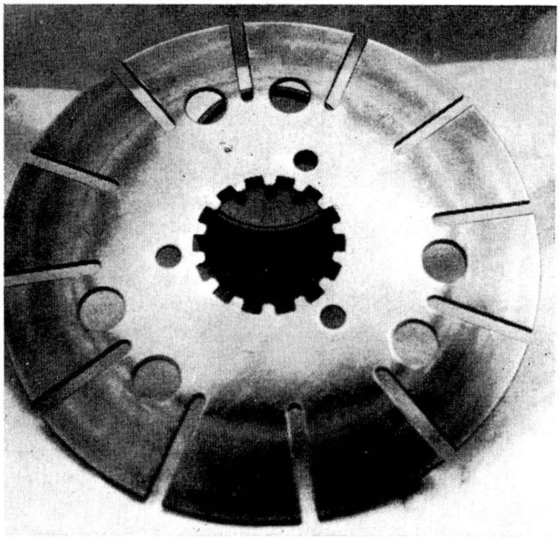

Bei Ölbadkupplungen kommen gelegentlich sogar mal blau angelaufene Stahlscheiben vor – das ist aber gar nicht tragisch, die sind anstandslos weiter zu verwenden. Und was war das früher für ein Fest mit den trockenen Korkkupplungen, wenn die mal stanken!

weniger krachend hineinzudrücken. Die Maschine bekommt dabei einen mehr oder weniger sachten Schubs nach vorn, im selben Augenblick ist die Kupplung aber auch schon wieder lose, und man hat dann nicht viel anderes zu tun, als sie ein paar Augenblicke gezogen durchdrehen zu lassen, dann hört die Kleberei schon auf und verschwindet völlig in dem Maße, wie der Schmiermittelinhalt des Primärantriebes warm wird.

Früher waren nun sehr steife Fette in den Primärantrieben durchaus üblich, beispielsweise bei den Vorkriegs-DKWs, die grundsätzlich mit einer Mischung von Ambroleum und Motorenöl geschmiert wurden. Das Ambroleum hatte nun die angenehme Eigenschaft, sich in felsenfesten Mauern da abzusetzen, wo es nicht gebraucht wurde, so daß man zum Schluß es nur noch mit mehr oder weniger verpantschtem Öl zu tun hatte, das unschädlich war und sogar schmierte. Bei den heutigen Ölen ist das etwas anders:

Es kommt zwar nicht darauf an, ob man in ein Getriebe beziehungsweise einen Primärantrieb, für den ein Motorenöl SAE 20 vorgeschrieben ist, einmal ausnahmsweise SAE 40 oder SAE 50 einfüllt. Das führt noch nicht zum Kleben. Selbst wenn man ein Getriebeöl SAE 90 einfüllt, wird davon eine Motorradkupplung schwerlich kleben. (Ich habe wenigstens noch nichts davon gehört, wer also Entsprechendes weiß, möge sich melden.) Wohl aber habe ich schon Fälle erlebt, wo aus irgendeinem Grunde in das Getriebe ein sogenanntes Fließfett gefüllt wurde. Von diesem Fließfett gelangte dann auch immer etwas hinüber in den Primärantrieb, von da an war es mit der Kupplung vorbei, die klebte hoffnungslos, sie klebte sogar auch noch in der Wärme. Dabei half nicht einmal ein Befüllen des Getriebegehäuses mit dünnem Öl und Wiederablassen nach einigen Betriebsstunden, da mußte schon der ganze Primärkasten und mußte vor allem die Kupplung auseinander, um ganz sorgfältig ausgewaschen zu werden.

Man tut also seiner Kupplung nichts Gutes an, wenn man in sein Getriebe ein Spezialöl füllt, das irgendwelche noch so gute Sondereigenschaften haben kann, sofern es die weitere Eigenschaft hat, ganz besonders zäh zu haften. Wahrscheinlich war bloß noch niemand so ungeschickt, in sein Getriebe einmal ein Hypoidöl zu füllen, ich könnte mir da ohne weiteres vorstellen, daß mit einem Hypoidöl die Kupplung nicht nur bei Maximalbelastung sanft rutscht, sondern daß sie am anderen Ende, also bei Kälte obendrein noch klebt.

Immerhin ist diese Kleberei noch harmlos, sie kann ohne mechanische Nachhilfe durch einfaches, aber gründliches Auswaschen des falschen Schmiermittels beseitigt werden. Ich würde dazu zunächst einmal noch gar nicht demontieren, sondern in Getriebe und Primärantrieb ein ganz dünnes Spülöl, vielleicht ein Winteröl SAE 10 einfüllen und die Maschine ungefähr eine Viertelstunde fahren, wobei ich die Kupplung recht oft und recht lange schleifen ließe, damit da unten schön Wärme produziert wird und das ganze zähe Zeug vom dünnen Öl herausgewaschen wird. Danach müßte eigentlich einfaches Ablassen und Einfüllen der richtigen Ölsorte genügen, so daß man nicht einmal einen Schraubenzieher anzufassen braucht. Die klebende Kupplung erkennt man wie gesagt daran, daß sie nur im kalten Zustand klebt, also eigentlich nur beim Starten einen Ruck gibt und daß die Kupplung bei warmem Motor völlig einwandfrei funktioniert, als sei nie etwas gewesen. Wenn die Kupplung aber auch im warmen Zustand und nach reichlicher Jagerei und Rutscherei immer noch schlecht aushebt, dann kann das nicht mehr ein durch ungeeignetes Schmiermittel bedingtes Kleben sein, da liegt eine mechanische Ursache vor, durch welche die Platten daran gehindert werden, in dem Maße auseinanderzugehen, wie durch die Druckstange die Anpreßfedern abgedrückt werden.

Nun haben ja die Kupplungsplatten am äußeren Rand oder am inneren Rand Nasen, die in Nuten sowohl des äußeren Kupplungskorbes wie auch der Kupplungsnarbe fassen. Wie schon bei den Bildern erklärt, ist es völlig Wurscht, ob nun die Reibscheiben nach innen verzahnt sind oder die Stahlscheiben, jedenfalls müssen die Nuten in der Nabe und im Kupplungskorb genau untersucht werden, ob sie nicht „angesägt" sind. In früheren Zeiten, als man Kupplungskörbe noch aus Tiefziehblech machte, war dieses Ansägen recht häufig, da konnte man millimetertiefe Anfressungen der Nutenkanten finden, heute sind solche Anfressungen sehr viel seltener und bei weitem nicht so ausgeprägt. Um was es sich dabei handelt, sieht man an den Bildern, eine Nacharbeit ist dabei kaum möglich. Man besorgt sich also besser eine neue Nabe oder einen neuen Korb, nachgearbeitet wird nur, wenn beides nicht mehr zu beschaffen ist, etwa bei einem Veteranen. Diese Nacharbeit ist sehr kritisch, denn wenn beispielsweise 8 Nuten vorhanden sind, dann müssen alle 8 Nuten genau gleich weit aufgefeilt werden. Wenn man eine Nut ein bißchen zu weit nachfeilt, dann trägt diese Nutenkante nicht mehr, was an sich zu verschmerzen wäre. Ist aber nur *eine* Nut zu wenig nachgefeilt, obzwar sie schon glatt ist, dann muß diese Nut die Last ihrer 7 unbelasteten Kameraden mittragen und sägt infolgedessen schnell wieder ein. Die Nacharbeit eines angesägten Kupplungskranzes ist also eine ziemliche Lauseknackearbeit, man kann daran Stunden und Stunden verbringen und darf sich eine dauernde Nachkontrolle nicht verdrießen lassen. Wenn schon die Nuten angesägt sind, dann geht das auch nicht spurlos an den Zähnen der Kupplungscheiben vorbei, die sind auch entsprechend abgenützt und sind meist ungleichmäßig abgenützt, man weiß also nicht so recht, was man mit wem kontrollieren soll, die Arbeit ist nicht nur ungewöhnlich zeitraubend, sondern auch in ihrem Erfolg höchst ungewiß. Ich würde mich schwer besinnen, ob ich eine angesägte Kupplung überhaupt nacharbeiten soll. Auch wenn ich keine Originalkupplung mehr bekäme, liefe ich viel lieber herum, bis ich wenigstens eine ungefähr passende Kupplung aufgetrieben hätte und würde die vollends ganz passend machen.

Die Kupplung rupft

Eine rupfende Kupplung ist ungefähr das Furchtbarste, was einem passieren kann. Wie sich bei den Foxkupplungen gezeigt hat, ist ein Wechsel der Art des Reibbelages kein unbedingt sicheres Mittel, es bringt zwar teilweise Abhilfe, aber nicht grundsätzlich, obwohl man das auf den ersten Blick vermuten müßte, vor allem, wenn man an das viele gelehrte Gerede von der richtigen Reibpaarung denkt. Der Rupferei ist auch mit Schmiermitteln nicht beizukommen, das heißt also nicht mit normalen oder legierten Ölen. Ob vielleicht nicht doch mit

Graphit oder Molybdän etwas zu erzielen ist, weiß ich nicht, ich habe wenigstens noch von niemandem etwas Entsprechendes gehört. (Zu der Zeit, als ich mich noch mit rupfenden Fox-Kupplungen herumschlagen mußte, waren Molybdänpräparate ja als Zusatzschmiermittel noch nicht üblich.) Wohl aber weiß ich umgekehrt von mehreren Bastlern, daß die ihre Fox-Kupplungen zu beruhigen vermochten, indem sie die Stahlscheiben ausbauten und verkrümmten. Die argloseren Gemüter machten das so, daß sie jede Stahlscheibe zweimal, jeweils im Winkel von 90°, über eine Tischkante ganz leicht abbogen, so daß die Scheibe also bei der Probe mit dem Stahllineal durchgewölbt erschien. Andere Leute machten das handwerklich vornehmer, indem sie jeder Stahlscheibe auf dem Innenrand auf der Fläche eines Ambosses oder einer Richtplatte einige kräftige Hammerschläge verpaßten, wodurch sich die Scheibe ja zur Kegelform verzieht, also zu einer Art Tellerfeder wird. Auch dieser Effekt braucht nur ganz geringfügig aufzutreten, man braucht ihn also bei der Lichtspaltprobe nur gerade eben feststellen zu können. Ich kenne so an die zwei Dutzend Fälle, jedesmal wurde die Rupferei aber *radikal* beseitigt, *ohne daß die Kupplungen später zum Rutschen neigten.*
Das endlich ist die dritte Widersprüchlichkeit: Wenn bei Einscheiben- beziehungsweise eben Trockenkupplungen die Scheiben und Lamellen verzogen oder durchgebogen sind, dann pflegt das eine ungewöhnlich eklige Rupferei im Gefolge zu haben, also nicht etwa die den BMWs zugeschriebene leichte Giftigkeit, sondern ganz gemeine, ruckelnde Rupferei. Bei Ölbadkupplungen, die von Hause aus genau plane Scheiben haben müssen, können verzogene Scheiben zu einem Rutschen führen, wobei allerdings ausgesprochene Rupferei noch nicht aufgetreten zu sein scheint. Bei den Foxen endlich mit ihren ewig rupfenden Kupplungen führt eine konische oder wellige Verbiegung der Scheiben zum gewünschten sanften, rupffreien Greifen.
Erklärungen dafür sind ohne weiteres möglich, es kommt eben nur darauf an, wie die ursprünglichen Verhältnisse in der Kupplung liegen, bei welchem Grenzzustand des Übergangs von Gleiten und Greifen die Kupplung normalerweise zu arbeiten pflegte. Es kann ebensowohl von Vorteil sein, in diesem Grenzzustand die reibende Fläche möglichst groß zu machen, also tadellos plane Flächen zu haben, wie es im Ausnahmefall einmal darauf ankommen kann, eine geringe Fläche mit hoher Belastung zu schaffen, also mit verbogenen Platten zu arbeiten. Vielleicht wird es jetzt klar, weshalb ich für das Kupplungskapitel diese ausnehmend lange Einleitung brauchte. Dementsprechend sind auch die hier angegebenen Rezepte zu werten, es sind Hinweise, auf welchem Wege zu suchen ist, wobei es ohne weiteres der Fall sein kann, daß eine der empfohlenen Abhilfen einmal nicht hinhaut. Von da an braucht es dann genauer, selbständiger Überlegung, um weiterzukommen, was sinngemäß immer nur in der Weise geht, daß man die möglichen Ursachen in gewissenhafter Arbeit Stück für Stück ausschaltet, dann muß ja zum Schluß die tatsächliche Ursache einmal übrigbleiben.

Umgang mit Vergasern

Dieses Kapitel ist gewaltig lang geworden und behandelt doch „so einfache“ Sachen, ich habe auch überlegt, ob sich da etwas kürzen läßt – es muß aber alles bedacht sein, was da steht, noch ist nichts überflüssig geworden. Im Gegenteil.

Die Mischaufgabe - was der Vergaser können muß

Bevor man irgendeine Apparatur auf Bauarten, Funktionsweise und derlei zu betrachten beginnt, lohnt es sich, zuerst einmal zu bedenken, was da geleistet, geschafft, erzielt werden soll. Man kann da nicht stupid genug fragen – je dämlicher gefragt wird, desto gründlicher muß der Antwortende überlegen und desto genauer wird dann die Antwort ausfallen. Was soll also ein Vergaser? Nun, er soll der vom Motor angesaugten Luft das jeweils nötige Quantum Kraftstoff beimischen, tunlichst auch noch zubereitet, vorgekaut.

Zweite Frage wäre nun, *wieviel* Sprit wohl der Luft zugemischt werden soll. Auch dafür gibt es Grundwerte, die zwar für jede Kraftstoffsorte – schließlich gehören Alkohol, Äther, Azetylen, Leuchtgas usw. auch zu den Kraftstoffen – anders sind, für die gebräuchlichen Fahrbenzine gilt aber, daß bei 5 Gewichtsprozenten Kraftstoff im Luftgewicht die motorisch ausnützbare Brennbarkeit gerade eben beginnt. (Natürlich brennen auch weniger als 5 Gewichtsprozente Kraftstoff – aber nur sehr langsam. Man kann beispielsweise mit dem Auge verfolgen, wie die Flammenfront von der Zündstelle aus in einem Glasrohr weiterläuft. Es ist sogar ein Verdünnungsgrad möglich, bei dem die Flamme gar nicht mehr selbst fortschreitet, wo es zur völligen Verbrennung des wenigen Kraftstoffes noch der künstlichen Zufuhr von Wärme bedarf, etwa mit Hilfe einer Glühspirale, die sich längelang durch das Rohr zieht.) Auf der anderen Seite hört die Brennbarkeit bei ungefähr 15 – 20 Gewichtsprozenten Kraftstoff im Luftgewicht wieder auf. Bei 20% wandert im erwähnten Glasrohr die Flammenfront nur noch ganz langsam durch das Rohr, es knallt nicht mehr und gibt höchstens gegen Ende noch einen mäßigen Puff. Motorisch die beste Verbrennung hat man bei ungefähr 7 – 8 Gewichtsprozenten Kraftstoff im Luftgewicht, eine Zahl, die zu merken sich schon lohnt.

Wir sprachen bis jetzt von Luft*gewicht* – für Chemiker selbstverständlich, die denken nur in Grammen, aber Motorenleute denken in Litern. Also umrechnen: 1 Liter Luft wiegt 1,3 Gramm. Verdammt wenig. (Und selbst das nur unter Einheitsbedingungen, obendrein aufgerundet.) Was sind 8% von 1,3 Gramm? Ganze 0,104 Gramm Sprit. In unserer Zeichnung sind zur Veranschaulichung der Mengen ein paar Würfel gezeichnet, aus denen die Gewichtsverhältnisse hervorgehn. Nun saugt unser Motor aber nicht jedesmal einen Liter an, eine 250er saugt z. B. im Optimalfall 250 ccm Luft an. (Optimalfall: Dazu gehört der Füllungsgrad 1, der vorläufig nur bei Viertaktern zu erreichen ist, und da auch wieder nur mit Zuhilfenahme von Resonanzeffekten. Die einzige bekannte Serienmaschine mit Füllungsgrad 1 ist wohl die NSU-Max. Rennmaschinen haben – auch Zweitakter – Füllungsgrade über 1, saugen also mehr an, als der Pumpwirkung des Kolbens entspricht.) Diese 250 ccm wiegen 0,325 Gramm, also gehören dazu wieder 0,026 Gramm Sprit. Das ist – neue Tücke – das Spritquantum für Vollgas und volle Leistung. Unser Motor soll aber auch im Leerlauf gehen – dazu gehört keine Leistungsabgabe mehr, der Motor soll nur seinen eigenen Reibungsverbrauch bei niedriger Drehzahl decken. Man kann wohl sagen, daß zum Leerlauf $^1/_{50}$ der Maximalleistung genügt, bei einer Max von 18 PS wären das also 0,36 PS. (Dieses $^1/_{50}$ ist ein Faustwert, Zweitakter brauchen weit weniger, Mehrzylinder mit Gleitlagern wesentlich mehr.) Sinngemäß wird dann auch nur noch $^1/_{50}$ des Kraftstoffes gebraucht, für jeden Saughub nur noch 0,00052 Gramm, also ein halbes Milligramm. (Es ist bloß gut, daß Benz und Daimler diese Rechnung nie angestellt haben, sie hätten sonst den Benzinmotorenbau als offenkundig aussichtslos gar nie angefangen.)

Ein Liter Luft wiegt 1,3 Gramm und nimmt den Raum des großen Würfels ein, ein Gramm (flüssiges) Wasser nimmt den Raum von 1 ccm ein – Vorderkante des Würfels. Bei Vollgas wird pro Liter angesaugter Luft nur das kleine Quantum von 0,026 Gramm Kraftstoff gebraucht.

Bild unten: Die verschiedenen Mischungsverhältnisse Kraftstoff–Luft und die dazugehörigen Laufzustände des Motors.

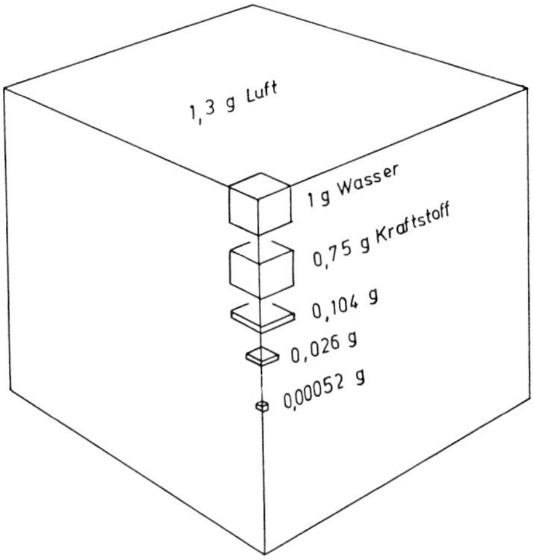

Wenn nun bei so einer Rechnung so „spinnete" Zahlen herauskommen, empfiehlt sich immer Rückrechnung. Die geht so: Angenommen Max mit 18 PS, die bei 6500 U/min da sind. Macht in der Minute 3250 Saughübe, wobei jedesmal 0,026 Gramm Sprit mitgehen. Macht 84,5 Gramm. In der Stunde sind das 5,06 Kilogramm, durch 18 geteilt gibt es 280 Gramm – das sind die g/PSh, die bei unseren Verbrauchsberechnungen eine so große Rolle spielen. Stimmen für die Max ziemlich genau. (± 10% Schwankung müssen zugestanden werden, denn die 8 Gewichtsprozente sind auch nur ein Faustwert. Wie man sieht – ein ziemlich genauer!)

So ist das also. Hoffentlich hat der Mann mitgelesen, der sich neulich Sorgen machte, weil seine R 51/3 nicht unter 6,5 Liter herunterzubringen war. Er kann ja jetzt nachrechnen 24 PS mal 280 Gramm macht 6,7 Kilogramm bzw. 9 Liter in der Vollgasstunde, in der 120 km Distanz gefahren werden, also 7,5 Liter pro 100 km. Bei 6,5 Litern darf er also gar nicht mal sehr aufdrehen.

Deshalb machen wir also diese blöde Rechnerei auf – nicht weil es uns Spaß macht oder weil es zum Verständnis der Vergaserei unerläßlich wäre, sondern nur wegen des noch blöderen Geschwätzes, das von „Fachleuten" in Umlauf gesetzt und von Laien brav geglaubt wird. So ist das also: Während bei Vollgas zwar noch ansehnliche Kraftstoffmengen, aber eben doch sehr genau dosiert werden müssen, werden diese Mengen im Leerlaufzustand un-

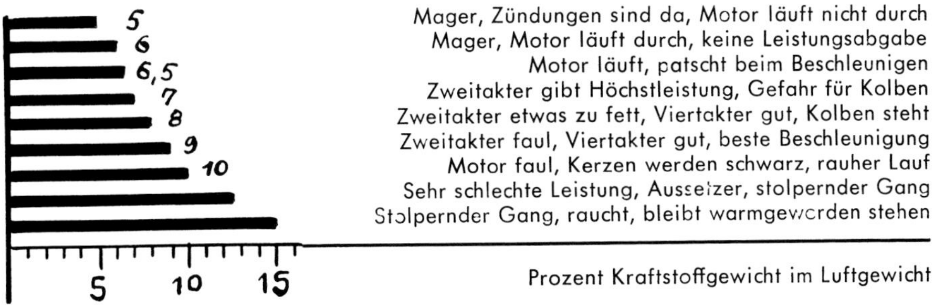

ansehnlich klein und müssen dennoch ebenso genau bemessen werden. Die Mengen werden so klein, daß sie als Flüssigkeit gar nicht mehr durch einen Düsendurchfluß bestimmbar sind, deshalb werden Leerläufe nur noch ganz grob durch Düsengrößen eingeregelt, fein regelt man durch den Luftzusatz, weil die dünnere Luft sich eben feiner regeln läßt. Und noch eine Lehre ist aus unserer Rechnung zu ziehen: Es sind trotz winziger Einzelmengen ganz schöne Kilobeträge, die da insgesamt herauskommen. So sollen durch eine 110er-Hauptdüse bei irgendeiner Maschine unter sturem Vollgasbetrieb 8 Liter durchlaufen. Bei einer 105er-Hauptdüse würden zwar nur noch 7,63 Liter durchlaufen – aber soll man deshalb seine Kolben gefährden, die bei einer 105er-Düse *weit* heißer gehen?
Wie man den Kraftstoff in die angesaugte Luft hineinkriegt, ist dem Motor grundsätzlich egal – der verlangt ihn eben wie die Putzfrau ihren Lohn. Er verlangt ihn auch nicht en bloc, sondern einigermaßen aufgeteilt, aber keineswegs in Gasform, der Sprit darf ruhig in Tröpfchen in den Zylinder gelangen, dort wird er ganz von selber zu Gas. Im Gegenteil – bei Hochleistungsmotoren, also von normalen Motorradmotoren aufwärts bis zu Rennmotoren, legt man sogar großen Wert darauf, den Kraftstoff zwar in kleinen, aber eben doch in *flüssigen* Tröpfchen in den Zylinder zu bekommen, damit er erst dort verdampft. Denn zu dieser Verdampfung ist Wärme nötig, die dem Zylinder und dem Kolben entzogen wird – *das ist die berühmte Innenkühlung.*
Bei Motoren hoher Leistung, die zudem ständig mit Teillast laufen, liegt das Problem aber genau umgekehrt – da gehen die Töpfe so kalt, daß man den Kraftstoff schon in Gasform liefern muß. Deshalb ist bei diesen Motoren schon in der Ansaugleitung eine besondere, meist auspuffgeheizte Platte da, auf der jeglicher Kraftstoff vergast, bevor er in die Zylinder gelangt. Findet man also bei allen Wagenmotoren, vor allem da, wo ein einziger Vergaser vier bis sechs Zylinder versorgen muß, die Ansaugwege also verschieden lang sind.
Flüssigen Kraftstoff in den Zylinder zu bringen ist im allgemeinen nur möglich, wenn jeder Zylinder seinen eigenen Vergaser hat, selbst ein einziger Vergaser für zwei Zylinder macht auch bei absoluter Symmetrie schon Schwierigkeiten – wie an den Adlers, der Horex-

Sieht natürlich blöd aus – aber bevor man Geld für einen Super-Luxusvergaser ausgibt, schafft man sich einen solchen Filterhahn an, der spart viel Ärger, weil er Wasser, Rostflitter und jeden Dreck erst mal rausfängt. Nur weil so ein Hahn zwei Mark mehr kostet, haben ihn Motorradfabrikanten gespart. (Sie sind inzwischen auch pleite.) Übrigens Schläuche: Durchsichtiges PVC vergilbt schnell und wird hart. Durchsichtiges Polypropylen bleibt jahrelang weich und durchsichtig. (Der Knulch beim Händler weiß aber meist nicht, was er da gerade verkauft.)

Imperator, an allen Engländern und an allen einschlägigen Mobilmotoren mühelos festzustellen. Es ist auch nur möglich, wenn der Motor heiß genug geht, dann allerdings erwünscht: Sprit in Tropfenform nimmt weit weniger Raum ein als Sprit in Gasform – der Luft draußen hält. Würde man den Sprit in Gasform ansaugen lassen, dann bekäme man in unserem Rechenbeispiel nicht 250 ccm Luft hinein, sondern nur 150 ccm, der Rest wäre Kraftstoffgas, man müßte auch die Kraftstoffmenge für 150 ccm Luft bemessen, also weit weniger, und der ganze Erfolg wären auch nur $^{3}/_{5}$ der sonst möglichen Leistung.
Man wird jetzt fragen, *wieviel* dieser Wärmeentzug durch Verdampfung im Zylinder ausmacht. Bei Benzin kühlt sich die Gasladung – also nicht etwa der ganze Motor! – um rund 20 Celsiusgrade unter die Temperatur ab, die sie bei Zumischung von fertigem Kraftstoffgas gehabt hätte, bei Benzol sind es 25–26 Celsiusgrade. Das ist nicht viel, an der gesamten Motortemperatur macht das noch keine 5 Grad aus. *Man kann also nicht sagen, daß man durch das bekannte Vergrößern der Hauptdüse eine vielleicht bestehende Klemmneigung durch die stärkere Kühlwirkung des zugeführten Mehr an Kraftstoff behoben habe – das ist ein Grubenhund.*
Zwar ist diese Kühlwirkung da, sie macht aber Bruchteile eines Celsiusgrades aus. Weit wichtiger bei diesem Trick ist der andersartige Verbrennungsablauf, bei dem die zeitliche Wärmeabgabe an den Kolben anders aussieht, so daß aus diesem ganz anderen Grund der Kolben kühler bleibt.

Renn-Kraftstoffe

Anders sieht es bei Alkohol-Kraftstoffen aus, Äthylalkohol kühlt die Gasladung um 80 Grad ab, Methylalkohol sogar um 140 Grad. Das sind schon andere Zahlen und der Erfolg ist in zweierlei Hinsicht deutlich nachweisbar: Dabei geht zunächst einmal der am meisten gefährdete Kolben um so viel kühler, daß die Bodentemperatur in der Mitte um runde 30 Grad niedriger ist, der Boden also etwas weiter von der Temperatur herunterkommt, bei der die Materialfestigkeit nachläßt und der Boden einsinken oder gar durchbrechen würde. Die Öltemperatur in der oberen Kolbenhälfte kann 20 Grad niedriger und damit gerade noch ausreichende Schmierwirkung da sein. Der Kolben kann also dank dieser hohen Verdampfungswärme gerade noch unterhalb der Gefahrengrenze bleiben.
Der zweite Effekt ist, daß die Verdampfungswärme zwar insgesamt dem Motor selbst, zu Anfang aber auch der angesaugten Luft entzogen wird – die wird kälter, zieht sich zusammen, und so hat mehr Luft im Zylinder Platz, die wieder mehr Leistung gibt. (Und natürlich wieder höher heizt – es wächst ganz von selber kein Baum in den Himmel.) Diese Luftzusammenziehung, auch „chemischer Kompressor" genannt, bringt bei Alkoholkraftstoffen rund 10–15% Mehrleistung. Manche Leute sind überzeugt, daß dabei weit mehr herauskomme, sie weisen dann Motoren vor, die mit Benzin auf der Bremse 12 PS geben, mit Alkohol aber 21 PS (Aschenbahnmotoren). Das stimmt sogar – nur ist dann bei diesem Benzinbetrieb der Motor notwendig so stark gedrosselt, daß er gerade eben nicht mehr festgeht. Würde man diesen Motor aber systematisch verbessern, Wärmeabfuhr und Kolben gut auskonstruieren, dann brächte man ihn auch im Benzinbetrieb ohne Gefahr des Festgehens auf wenigstens 18 bis 19 PS. Womit wir uns wieder mal etwas merken können:
Alkoholkraftstoffe bringen nennenswert nur bei solchen Motoren etwas, die von Hause aus wärmekrank, mindestens aber nicht gut auskonstruiert sind. Bei gut auskonstruierten Motoren liegt der Gewinn durch Alkohol noch unter 15% und steht in keinem Verhältnis mehr zu den Übelständen, die man bei Alkohol im Drosselbetrieb in Kauf nehmen müßte.
Es hat also schon etwas genützt, Alkoholkraftstoffe für Rennen zu verbieten, man erzielt heute mit Benzinkraftstoffen dieselben und teilweise sogar höhere Leistungen, als vor dem Verbot mit Alkoholkraftstoffen erzielt wurden.

Vergaserbauteile - der Reihe nach

Tropfenvergaser

Zu Anfang dieses Kapitels sagten wir, es sei dem Motor gleichgültig, wie man den Kraftstoff in das angesaugte Luftquantum hineinbringt, man kann ihn außerhalb des Zylinders beimischen, in Tropfen- oder in Gasform, und man kann ihn auch erst im Zylinder beimischen, auch in Tropfen- oder in Gasform. Macht also schon vier Arten, die alle praktiziert wurden oder – Gas in den Zylinder – werden könnten. In diesem Artikel soll aber nur das interessieren, was bei Motorradmotoren tatsächlich vorkommt: Beimischung des Kraftstoffes in flüssiger Form noch vor dem Zylinder.

Man kann das sehr einfach machen: Unser Bild zeigt ein Ansaugrohr, in das man aus dem Tank, mittels konischer Spindel dosiert, Sprit hineintropfen läßt. So unwahrscheinlich primitiv das aussieht, so nobel funktioniert das – wenn der Motor für lange Zeit mit einer fixen Drehzahl und Leistung laufen kann. Etwa ein Bootsmotor, vielleicht ein Seitenborder, der ja unentwegt mit einer einzigen Vollgas-Drehzahl geht. Auch wenn man drosselt, geschieht das immer für mehrere Minuten, man kann dann mühelos mit der Spindel auf geringeren Spritbedarf nachregeln. Zum Abstellen dreht man die Spindel ganz zu.

Dabei gibt es sogar noch eine Raffinesse: Man kann ein Schnüffelventil einbauen, wie es das nächste Bild zeigt: Ganz oben wird der Kraftstoffzulauf grob geregelt, der sich über dem kleinen Ventilkegelchen sammelt, also nicht sofort ins Ansaugrohr läuft. Sobald der Kolben saugt, entsteht im Ansaugrohr ein Unterdruck, der große untere Ventilteller wird angehoben und der gesammelte Sprit läuft ins Ansaugrohr – also bei jedem Hub. Das hat den Vorteil, daß man auch sehr stark – auf etwa 1: 2 bis 1: 4 – drosseln kann, ohne mit der Spindel nachregeln zu müssen, der Motor regelt sich selbst ganz annehmbar seinen Spritzulauf. Auch wenn man völlig abstellt, kann der Motor nicht alsbald mit Sprit vollaufen und ersaufen, weil das kleine Kegelventilchen ziemlich gut dicht ist, wenn man nicht allzusehr dran wackelt.

Solche sogenannte „Tropfenvergaser" waren einmal sehr wichtig, an kleinen Bootsmotoren sind sie auch heute noch nicht zu übertreffen, weil unerhört einfach und betriebssicher, bei jedem Mistkraftstoff. (Nur eben nicht idiotensicher, man muß schon wissen, wie das geht und darf sie nicht behandeln wie Schwimmervergaser.) Auch Motorräder hat es damit

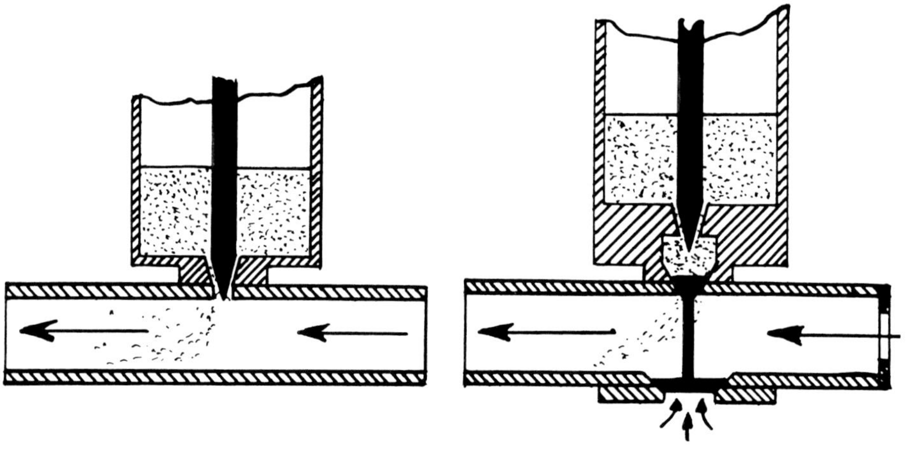

Bild linke Seite, links: Das ist die einfachste Form eines Tropfenvergasers, Motor ersäuft damit sehr leicht, man muß damit umgehen können, dann ist es aber ein prima Vergaser, an dem nie etwas kaputtgeht. Rechtes Bild: Das ist die nächste Stufe, auch Tropfenvergaser, aber mit Schnüffelventil, ist nahezu ersaufsicher. Mit so etwas sind wir in den zwanziger Jahren an Motorrädern und in den dreißigern an Seitenbordern jahrelang prima gefahren.

Bild rechts: Die Mariottesche Flasche – die Flüssigkeit läuft unabhängig vom Stand im Gefäß mit konstantem Druck aus, entsprechend der Höhe h. Das Gefäß muß natürlich im übrigen völlig luftdicht sein, Luftzutritt nur durch das Rohr.

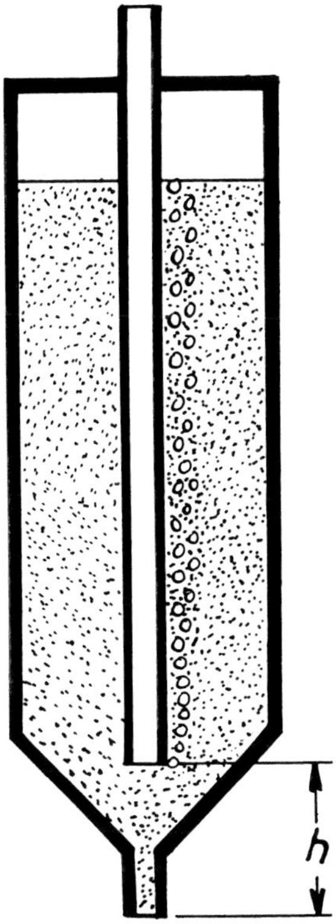

schon gegeben, mir persönlich in Erinnerung ist noch die – ich glaube 130-ccm – Evans, zur Zeit der roten Cockerell war das, muß 1924 gewesen sein. Wer weiß noch davon, oder hat gar Bilder? Man müßte das vor dem Untergang retten, gehört ins Zweirad-Museum.

Zum Gewußt-wie gehört bei diesen Tropfenvergasern die laufende – etwa in Viertelstundenabständen – Nachstellung der Regelspindel, denn so, wie der Kraftstoffspiegel im Tank durch Verbrauch sank, wurde auch der Druck geringer, und man mußte ein bißchen weiter aufdrehn. Dies und die Notwendigkeit einer prompten Bedienung des Tankhahnes sowie unüberwindbare Bedienungsschwierigkeiten bei Motoren über etwa 125 ccm bzw. 1,5 PS ließen ein anderes Verfahren suchen. Man mußte danach trachten, dem Motor den Kraftstoff zur Verfügung zu stellen, daß der Stand im Tank keinen Einfluß mehr hatte und daß auf keinen Fall – unabhängig von Erschütterung und klappernden Schnüffelventilen – mehr Kraftstoff zufließen konnte, als der Motor dies selbst wünschte. Viel bei Vollgas, wenig bei Drosselstellung, narrensicher gar nichts nach dem gänzlichen Abstellen, auch wenn man den Tankhahn zu schließen vergaß.

Die Niveau-Erhaltung im Tank wäre an sich eine Kleinigkeit gewesen, dafür gibt es die „Mariottesche Flasche", die unser Bild zeigt: völlig unabhängig von der Füllung der Flasche strömt da die Flüssigkeit aus mit einem Druck, der einer Fallhöhe vom Fußpunkt des Luftrohres bis zur Ausflußöffnung entspricht – da kann der Sprit auch zwei Meter hoch in der Flasche stehen. Verwendet worden ist das Verfahren meines Wissens nie – da ist allerdings auch noch der Haken mit dem stark veränderlichen Dampfdruck des Benzins, der einem bei Wärme beträchtlich viel Sprit durch das Luftrohr rückwärts nach außen befördern kann.

Noch sicherer ist es, aus dem großen Tank einen kleinen Tank zu versorgen, der sich notfalls mit Gewalt sein eigenes Niveau herstellt, also das zu tun, was sehr altmodische Spüllokusse noch – oder auch sehr neumodische superleise wieder – tun, nämlich ein schwimmergesteuertes Gefäß zu verwenden.

Die Schwimmerkammer

Wie das geht, zeigen wieder unsere Bilder: Aus dem Tank läuft zunächst Sprit in die Schwimmerkammer, bis der Schwimmer hinreichend weit angehoben wird, um das Kegelventil zuzudrücken. Es kann also nie mehr Sprit ins Schwimmergehäuse hinein, als der Hubkraft des Schwimmers entspricht. Erst wenn man unten etwas abzapft, kann von oben wieder etwas nachlaufen, das Niveau in der Schwimmerkammer bleibt konstant.

Hat die Schwimmerkammer Obenanschluß, dann versucht natürlich der abgeriegelte Kraftstoff, das Ventil aufzudrücken und das ist so tückisch wie wenig bekannt: *Bei gleichem Schwimmergewicht ist der Kraftstoffstand in der Schwimmerkammer deutlich verschieden, je nachdem, ob der Abstand vom Flüssigkeitsspiegel im Tank 40 oder 10 cm ist!*
Da hat schon mancher Rollermacher an seinem eigenen Verstand gezweifelt, wenn er den verwendeten Motorradmotor – dessen Einstellung für hohes Kraftstoffgefälle im Motorradtank galt – erheblich fetter umregulieren mußte, weil sein Rollertank runde 20 cm tiefer lag. So manche Klemmneigung von Rollermotoren bei fast leerem Tank erklärt sich durch diese Erscheinung, daß bei Obenanschluß und kleinen Schwimmern der Stand im Schwimmergehäuse sich bis zu 4 mm ändern kann. Muß man wissen.
Grundsätzlich unempfindlicher ist der Untenanschluß, wenigstens bei den in Motorrädern – auch mit sehr tief liegenden Boxer-Vergasern – üblichen Fallhöhen. In allen Fällen, wo der geringste Verdacht auf mangelhafte Schwimmerfunktion besteht, also immer, wenn die Regulierung unübersichtlich abläuft, empfehlen wir grundsätzlich Übergang zum Untenanschluß, sofern nur halbwegs Platz da ist. (Zuweilen kommt man bei Zweitaktern mit dem Getriebekasten in Konflikt.) Das hat bis jetzt noch immer geholfen. Ich kenne nur einen Fall, wo das nicht ging: Da sollte eine elektrische Pallas-Pumpe einen Außenbord-Vergaser versorgen, die drückte aber gleich dermaßen, daß das Schwimmergewicht nicht reichte, das Ventil wieder zu öffnen, so daß der Motor mit einer Zehnsekundenperiode Wiu-Wiu-Wiu lief – ging also mager und lahmte, bis so viel Sprit aus der Schwimmerkammer gesaugt war, daß das Schwimmergewicht ausreichte, gegen den Pumpendruck zu öffnen.
Es erscheint einleuchtend, daß diese Druckempfindlichkeit um so kleiner sein und evtl. völlig unbemerkt bleiben wird, je größer der Schwimmer ist. Nicht umsonst haben deshalb Sportvergaser ziemlich klobige Schwimmer und Schwimmerkammern. Für jedes Gramm Auftrieb – oder bei Untenanschluß Gramm Gewicht – *mehr* beim Schwimmer wird die ganze Mechanik für weitere 13 cm Sprithöhe unempfindlich bzw. um einen oder ein paar Millimeter Standhöhe in der Schwimmerkammer genauer.

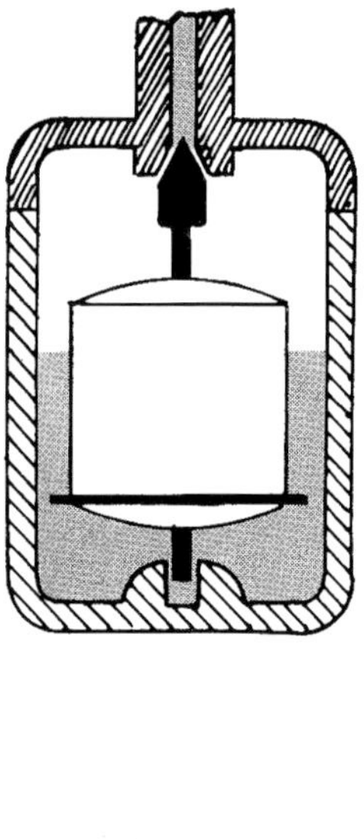

Obenanschluß: Der Druck aus dem Tank versucht, die Nadel runterzudrücken, bei vollem Tank kommt leicht zuviel Sprit.

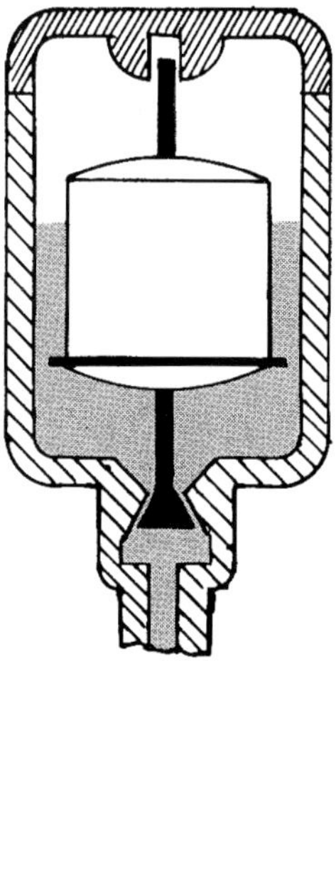

Untenanschluß: Der Tankdruck drückt das Ventil zu – bei ganz vollem Tank kann das Abmagerung bedeuten.

So ein Hebelventil sieht zwar zierlich aus, möchte auch vor Dreck bewahrt werden, ist aber fast unempfindlich gegen wechselnden Druck im Tank.

So sieht die Hebelmechanik (siehe Bild linke Seite, ganz rechts) bei den Dellortos aus, der Schwimmer wird im Gehäuse durch Rippen geführt.

Man kann dem Problem aber auch von hinten beikommen: Man braucht das Ventil ja vom Schwimmer gar nicht direkt bedienen zu lassen, man kann eine Hebelübersetzung einbauen, wie auch unser Bild zeigt. Dieses Verfahren ist bei englischen und italienischen Vergasern sehr häufig, aber eigentlich nur bei amerikanischen Bootsmotoren wird es „auf Gewalt" beansprucht – die drücken den Sprit aus dem Bootstank mit Auspuffüberdruck in den rund 60–80 cm höherliegenden Vergaser hinauf, dabei werden Drücke verwendet, die ein sehr robustes Funktionieren des Schwimmerventils voraussetzen. Bei Landmotoren gibt es einen anderen Grund für diese Hebelübersetzung: Man kommt mit kleineren Schwimmern aus. Gibt kleinere Vergaser. Aber: Die Hebelei bedingt auch kleinen Hub – es kann nicht viel nachlaufen. Funktioniert also nur bei kleinen Motoren, so von 125 ccm abwärts. Motoren mit viel PS saufen auch viel und lassen bei solchem Hebelventil den Brennstoffstand und damit den Schwimmer u. U. noch viel weiter absinken als bei einem Gradwegschwimmer. Da sind also durchaus Grenzen gezogen und man sieht auch eine Folgerung: Der so berühmte italienische Dellorto-Vergaser hat zwar ein Hebelventil, aber doch auch einen mächtigen Schwimmer in ebenso mächtigem Gehäuse. Für einen Durchfluß von zehn Litern in der Stunde braucht man eben andere Querschnitte und andere Hubkräfte als für die Regelung des Drittel-Liters eines Mopeds. Es erscheint sogar verwunderlich, daß alle deutschen Motorradmotoren, vom größten bis zum kleinsten, mit nur zwei Schwimmergrößen auskommen. (Bis auf die Grenzfälle.)
Noch ein Gewußt-was: Die Geradwegschwimmer sind gegen Neigung einigermaßen empfindlich, man möchte wirklich nicht mehr als 2 – 3 Grad neigen, weil sonst das Ventil nicht mehr sauber schließt und der Spritstand zu hoch steigt.
Als ich in Hockenheim bei den Junioren die Maschine von Luthringhauser sah, hätte ich mit jedem um jeden Betrag gewettet, daß das nie gehen könnte, sind das doch runde 20 Grad Neigung. Die Dellortos machten das aber anstandslos mit, und ich hatte wieder mal etwas zugelernt. (Ob sich die zugehörigen Fahrer darüber jemals Gedanken gemacht haben, fragt sich aber sehr, wahrscheinlich haben sie gar nichts gedacht, weil bei allen bekannten Vergasern für geneigte Ansaugrohre die Schwimmerkammern von vornherein schon schief angegossen sind und so automatisch senkrecht stehen. Wer nämlich denkt, baute bisher, bis zu dieser Erfahrung, die Schwimmerkammern immer peinlich senkrecht an.)
Durch die Schiefhängerei kommen wir überhaupt dazu, einmal grundsätzlich zu untersuchen, was Schiefbau überhaupt ausmacht, wozu wir das Problem von einer neuen Seite angehen müssen:

Bild links: Mit diesen schiefen Schwimmerkammern lief diese Maschine völlig einwandfrei und gewann Ausweisrennen – es sind übrigens je Vergaser zwei Schwimmerkammern da.

Bilder unten: Man sieht, was Schiefhängen am Kraftstoffstand ausmacht, um so mehr, je weiter das Schwimmergehäuse vom Düsenstock entfernt ist.

Wir haben mit dem Schwimmerverfahren die Möglichkeit, dem Motor unabhängig vom Tankinhalt einen ständig gleichen Kraftstoffstand anzubieten, von dem er sich nehmen kann, soviel er will. Wir haben gesehen, daß es gewisse Haken hat, den Sprit da aus dem Niveau hinunterlaufen zu lassen – es läuft auch, wenn nichts gebraucht wird. Also läßt man lieber saugen – dann saugt sich der Motor nur, wenn er wirklich etwas braucht. (Ich hätte schreiben können „und so viel er braucht" – gerade das ist aber gar nicht einfach und bedarf vieler Künste. Kriegen wir aber später.)
Dieses Saugen kann man so ausnützen, wie in unserem Bild gezeigt – der Sprit steht so hoch, daß in den Vergaser gerade nichts hineinläuft, also noch ein paar Millimeter Höhe fehlen. Sobald dann im Mischrohr J ein Unterdruck auftritt, wird der Sprit hinaufgesogen und von der Ansaugluft mitgerissen.
Vorhin sahen wir, daß es im Schwimmergehäuse darauf ankommt, das Niveau auf ungefähr 2 mm Höhe genau zu halten. Zu hoher Stand gibt zu fette Gemische, zu niedriger Stand gefährlich magere Gemische.
Damit ist unversehens schon wieder ein Grubenhundebaby dazwischengerutscht: Hier steht, es käme auf 2 mm Niveauhöhe an, aber jeder Vergaserfachmann wird einem kalt bestätigen, daß 5 mm Unterschied kaum oder gar nicht zu bemerken seien. Der Vergaserfachmann hat sogar recht – nämlich bei schön fett regulierten Viertaktern, da merkt man in der Leistung wirklich keinen Unterschied. Sobald man aber einen genauregulierten Zweitakter hat – oder einen mageren Viertakter, wie etwa der rechte Topf einer BMW –, kann man zwar über einen eventuellen Einfluß auf die Leistung streiten, nicht streiten läßt sich aber über

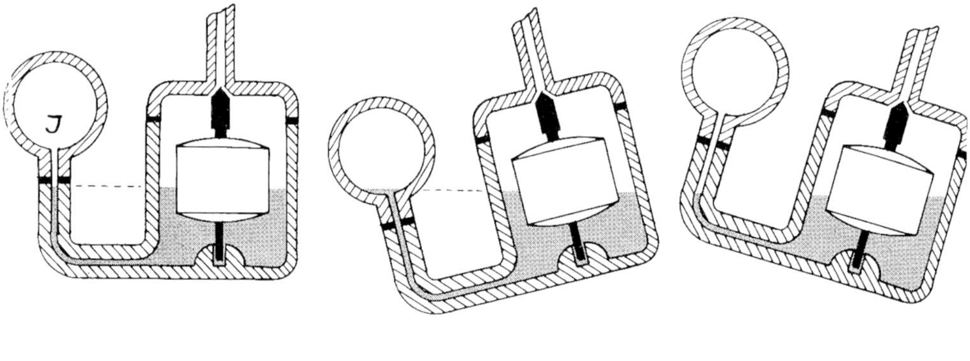

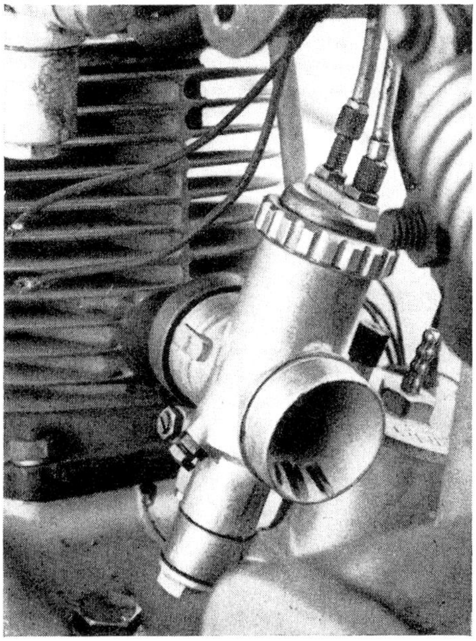

die Kolbenklemmer, die auftreten, wenn das Gemisch gerade eben zu mager wird, ohne daß sich schon ein Leistungsabfall bemerken ließe. Man kann also – insbesondere Zweitakter – einen Motor wunderschön klemmfrei hinkriegen, ohne ihn etwa zu fett einzustellen und braucht nur einem Lehrbuben – oder auch dem Meister – den Auftrag zu geben, einen neuen Gaszug einzuhängen. Der Vergaser wird dazu abgeklemmt, wieder angeklemmt, sitzt unbemerkt eine Winzigkeit schief und schon ist der Klemmer da!

Diese 2 mm Niveau-Unterschiede in der Schwimmerkammer machen sehr wohl etwas aus – sie sind im Handumdrehen da, wenn der Vergaser auch nur eine Wenigkeit schief hängt. Augenscheinlich – siehe unsere Bilder – ist der Einfluß des Schiefhängens um so größer, je weiter weg die Schwimmerkammer von der Mischkammer ist. Nicht zuletzt deshalb gießt man Mischkammern gern mit der Schwimmerkammer zusammen oder ordnet sie sogar so

Oben links: Wenn da die Schwimmerkammer links sitzt, ersäuft der Motor glatt im Stand.

Oben rechts: Ein bißchen übertrieben, aber wesentlich weniger Schiefsitz kann schon Ursache für Kolbenklemmer sein.

Bild rechts: Bei den alten Fischer-Amals gab es und bei Bing gibt es Schwimmerkammern, die sich mit besonderen Zwischenstücken in jeder erforderlichen Neigung einstellen lassen.

Oben: Bei englischen Vergasern wird der Schwimmer zuweilen durch eine mittlere Spindel geführt – am Schwimmer sieht man übrigens die Spuren des Ventilhebelchens, zugehöriger Deckel im Bild unten.

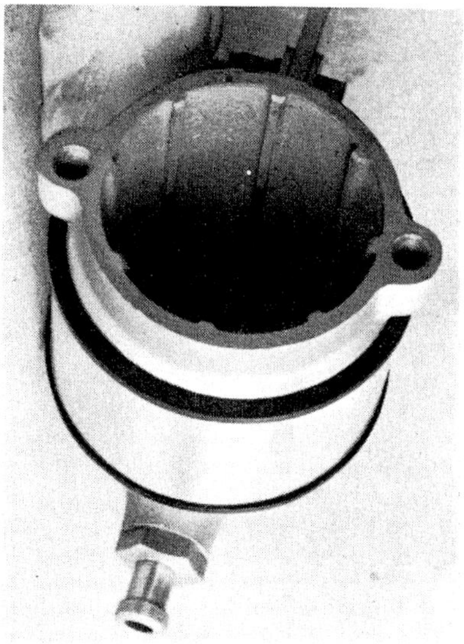

Rechts: So wird bei Dellorto der Schwimmer durch Rippen im Gehäuse geführt, an glatten Wänden würde er „kleben".

dicht überschneidend an wie beim englischen Amal-Monobloc. Die sind natürlich auch dem durchschnittlichen Kundendienst-Tagelöhner gewachsen.

Und noch etwas: Immer wieder wird es nötig, bei bestimmten Motoren die Schwimmerkammer vom Vergaser zu trennen und für sich am Rahmen aufzuhängen. Das ist an sich keine Kunst, aber mancher verzweifelte nachher bei der Einstellung, weil er bei der Aufhängung des Gehäuses nicht sorgfältig genug verfuhr. Man muß diese Aufhängung so machen, daß sie sich unter gar keinen Umständen verbiegen oder verschieben kann, nach jeder Demontage muß die Schwimmerkammer wieder auf 0,5 mm genau in derselben absoluten Höhe zum Motor sitzen. Es geht nicht, ein noch so breites Band etwa mit zwei M-6-Schrauben am Rahmen anzuschellen – die haben jede in kurzer Zeit 0,2 – 0,3 mm Luft und das gibt an der Schwimmerkammer 2 – 3 mm Niveau-Unterschied. Man braucht da also entweder Paßstifte oder statt des Bandes ein Dreieck mit breiter Grundlinie oder ein gut einzu-

Das besagte Hebelventil – für englische Vergaser ist der flache Anschluß des Zulaufes typisch, das braucht man bei den hochsitzenden Vergasern großer Viertakter.

Genau hinsehen: Es kommt nicht nur auf die richtige Schwimmergröße an, auch das (eingestempelte) Gewicht muß stimmen. Insbesondere für die KSen gab es immer verschiedene Gewichte.

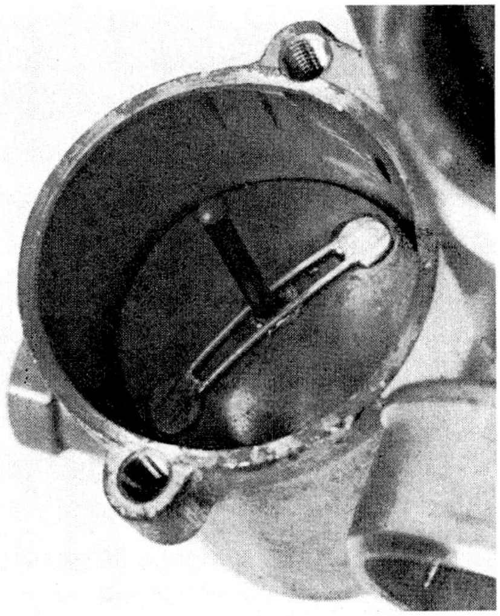

Das sieht kindisch aus, aber es kommt doch immer wieder vor, daß die Klemmfeder eben doch nicht in der Rast der Nadel gefaßt hat – also guckt man stur zuerst da hin.

stellendes Kontrollmaß, damit die Schwimmerkammer garantiert stets auf 0,5 mm Höhe genau hängt. Dann wird auch die Düseneinstellung zuverlässig und reproduzierbar, man kann sich heute und auch in vier Wochen auf die Einstellung verlassen, die man vor einem Monat ausprobiert hat.

Jedenfalls aber können wir als ganz allgemeine Lehre mitnehmen, daß der feine Mann speziell darauf achtet, den Vergaser genauestens senkrecht zu hängen. Grüner Schlips zu blauer Jacke ist eine Geschmacksfrage, aber ein schief hängender Vergaser kann lebensgefährlich werden. (Klemmer neben Lastzug beim Überholen --- das steht natürlich nicht im feinen Benimmbuch, aber in der Unfallstatistik.)

Wenn nun aber in Kurvenschräglage die ganze Maschine schräg hängt? Nun, das ist etwas ganz anderes, da gibt es einen ganz einfachen Versuch: Henkeltopf, Strippe dran, daß der Topf hängt wie der Sessel in einem Kettenkarussell. Mit Wasser füllen, schön voll, und nun den Topf Karussell fahren lassen, daß er schön weit hinausfliegt – das Wasser wird immer dem Topfrand parallel bleiben und nicht überfließen. So auch der Sprit im Vergaser in Kurvenschräglage.

Böse wird es aber, wenn in der Kurve die Maschine senkrecht bleibt, wie bei einem Gespann – da zieht dann die Fliehkraft den Sprit schief, saugt ihn in die Schwimmerkammer zurück oder drückt ihn mit Gewalt in die Düsenkammer hinein. Beispiel: Rechts-Seitenwagen in Linkskurve, die hart gefahren wird, Schwimmerkammer rechts von der Mischkammer. Die Fliehkraft drückt den Sprit in die Schwimmerkammer hinüber, der Motor patscht und spuckt infolge Abmagerung. Schwimmerkammer links von der Mischkammer: Der Sprit steigt in der Mischkammer hoch, das Gemisch wird enorm überfettet, der Motor wird faul, Zündungen setzen ganz aus und aus dem Auspuff schlägt das Feuer von Nachbrennern.

Um mit Gespannen durch Kurven fahren zu können, hat man Vergaser mit Ausgleichsgefäßen erfunden, deren Wirkung unsere Bilder zeigen. Natürlich mußte das billig werden,

Das ist das an die Mischkammer angegossene Ausgleichsgefäß bei den Bings. Man sieht auch, wie die Schwimmerkammer gleich schief angegossen ist, bestimmt für KS und die BMWs mit den geneigten Ansaug-Kanälen.

sollte auch nicht viel Platz kosten – man kann aber abschätzen, daß so ein Ausgleichsgefäß nicht für alle Kurvengeschwindigkeiten völligen Ausgleich ergibt – man kann also mit KSen und mit BMWs sehr wohl Aussetzer bei Kurvenfahrt produzieren, obwohl da Vergaser mit Ausgleichsgefäßen drin sind. Annehmbare Unempfindlichkeit bei Kurvenfahrt gibt es nur, wenn man völlig symmetrisch *zwei* Schwimmergehäuse verwendet – aufwendig und teuer, aber gut und vornehm.

Noch etwas: Ganz gleich, ob Ausgleichsgefäß oder zwei symmetrische Schwimmerkammern, aus der kurveninneren Schwimmerkammer läuft stets der Sprit weg, hinüber in die andere Kammer oder ins Ausgleichsgefäß. Also öffnet das Schwimmerventil dieser kurveninneren Schwimmerkammer. Und es läuft Sprit nach! Was zunächst gar nichts ausmacht, denn das Niveau im Düsenstock bleibt zunächst fast unbeeinflußt. Wenn die Kurve aber zu Ende ist, flutet der Sprit aus dem bisher kurvenäußeren Gefäß zurück, das kurveninnere Gefäß ist aber schon voll, also steigt der Sprit im Düsenstock – und überfettet das Gemisch. Man merkt das deutlich in Vollgaskurven, aus denen ein Gespann elend faul herauszieht. Man merkt es aber positiv beim Herausziehen aus langsamen Teilgaskurven, wo man wild aufreißen kann, ohne daß der Motor hustet, wie er das sonst bei hartem Aufreißen täte – er zieht mit Macht an, Folge der Überfettung.

Aber nicht nur in Kurven verschiebt sich der Sprit zwischen Schwimmerkammer und Mischkammer bzw. Düsenstock: Es kommt auch vor – etwa bei den Puchens – daß die Mischkammer in Fahrtrichtung gesehen genau vor oder hinter der Schwimmerkammer liegt. Da

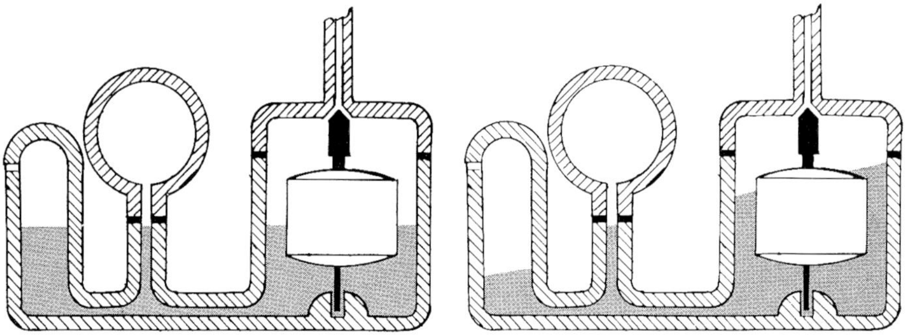

wirkt dann die Beschleunigungskraft ganz ähnlich wie die Fliehkraft: Liegt etwa die Schwimmerkammer in Fahrtrichtung vorn, dann wird beim Beschleunigen der Sprit nach hinten getrieben und steigt im Düsenstock hoch – gibt eine sehr nützliche Anreicherung, die genauso lang vorhält, wie die Maschine noch beschleunigt. Beim Verzögern wird der Sprit ab- und nach vorn gesaugt, das Gemisch abgemagert. Hat man einen Motor, bei dem die Schwimmerkammer in üblicher Weise neben der Mischkammer liegt, dann kann man sich das u. U. zunutze machen und sie weiter nach vorn verlegen, um so die Anreicherung beim Beschleunigen mitzukriegen.

Schließlich noch zwei wichtige Umstände: Eine Schwimmerkammer muß unter allen Umständen belüftet sein und es ist gar nicht gleichgültig, wo man diese Luft hernimmt. Meist tritt sie unsichtbar an der Durchführung des Tupfers mit ein – es braucht ja kaum etwas gefördert zu werden, es muß eben ein Druckausgleich mit der Außenluft da sein. Im allgemeinen geht das völlig unbeachtet vor sich, kein Mensch ahnt etwas davon. Bis sich manchmal Unübersichtlichkeiten beim Regulieren der Hauptdüse – also bei Vollgas – ergeben. Da kann es dann sein, daß der Schwimmergehäusedeckel an einer Stelle des Luftstromes liegt, wo gegenüber der Ansaug- und der Tankluft ein beträchtlicher Unterdruck da ist. Der kann den Kraftstoffstand urplötzlich gewaltig anschwellen lassen. Etwa so: 95er Hauptdüse zu mager, geht 105, Kerze weiß, Klemmneigung. 100er Düse gibt 108–109, Kerze dunkler, noch ganz wenig Klemmneigung – danach müßte eine 105er Düse immer noch 108–109, vielleicht gar 110 geben, die Klemmneigung müßte verschwinden. In der Tat, es sind sogar um eine Strichstärke mehr als 110 da. Klemmfrei. Man geht eine lange Autobahnsteigung an, die mit 90 gezogen wird, Schalten lohnt nicht – und da geht der Kolben fest! Eindeutig zu mager. Dürfte aber auf keinen Fall sein, dazu ist der Drehzahlunterschied zu gering. Erklärung: über 90 km/h baut sich um die Belüftung des Schwimmergehäuses herum ein Unterdruckfeld auf, das mit den genannten Düsen wegen hohen Kraftstoffstandes eine Anreicherung und damit die nötige Vollgasfestigkeit gibt, unter 90 bricht das Unterdruckfeld aber zusammen und die Düsen sind wegen jetzt niedrigeren – normalen – Kraftstoffstandes zu klein.

Abhilfe zuweilen einfach: Man baue um das Schwimmergehäuse eine Art Windschirm, hinter dem die Strömung in einem Wirbelfeld zusammenbricht, damit bricht auch der Unterdruck zusammen und man erzielt die früheren Vollgasergebnisse nicht mehr mit den Düsenstufen 95 – 100 – 105, sondern braucht jetzt 105 – 110 – 115. Und siehe da, noch bei 80, geschweige denn bei 90 bekommt der Motor in der Steigung sein korrektes Vollgasgemisch. Wie klein so ein Ofenschirmchen sein kann, zeigt auch wieder unser Bild.

Natürlich gibt es auch Abnützungsmöglichkeiten. Ziemlich beliebt sind undichte Schwimmer. Die oft wochenlang viel Kummer machen, bevor man den Fehler findet. Denn so ein Schwimmer wird beileibe nicht auf einen Ruck undicht, der braucht Wochen und Monate,

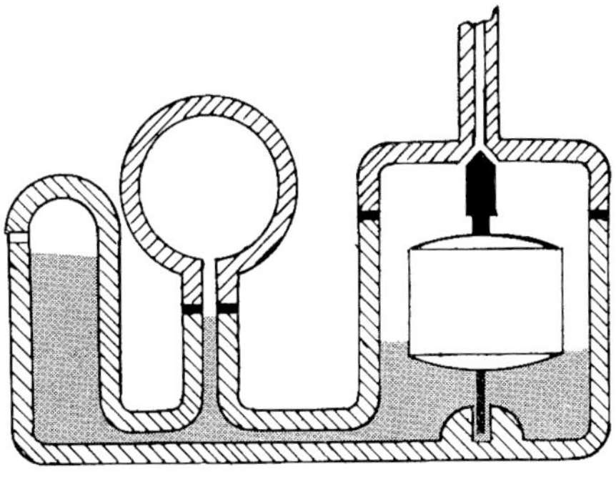

Bilder linke Seite: Ganz links Kraftstoffstand bei Geradeausfahrt, anschließendes Bild in Linkskurve, die Ausgleichskammer liefert Sprit nach, rechtes Bild Zustand in Rechtskurve, Ausgleichskammer nimmt Sprit auf, Stand im Düsenstock bleibt annähernd konstant.

Links: Schwimmerkammer v o r dem Vergaser gibt beim Beschleunigen erwünschte Anreicherung.

Oben: Die Windblende beim Puch-Vergaser ist wichtig, darf nicht wegbleiben.

in denen er sich Tröpfchen für Tröpfchen ansäuft, bis die Aussetzer dann unverkennbar da sind. Geht so: Man vergißt immer mal, über Nacht den Tankhahn zuzumachen. Am anderen Tag ist man entsetzt – Blick nach dem Vergaser: Trocken. (Ich vergesse oft genug, so daß ich diese Dichtheitsprobe nicht absichtlich zu machen brauche.) Eines Tages ist der Vergaser aber so merkwürdig naß glänzend, um den Düsenstock herum – da aber nirgendwo eine Pfütze ist, kann eigentlich nichts ausgelaufen sein, nicht mehr, als sofort wegzutrocknen vermochte. (Dafür stinkt die Garage grausig nach Sprit.) Na, man nimmt das zur Kenntnis und fährt los, und daß der Motor trotz Kälte ersoffen ist und nur mit Vollgas kommt, nimmt man auch zur Kenntnis und denkt sich weiter nichts dabei. So geht das ungefähr ein Vierteljahr lang – nur findet man allmählich erst winzige, später deutlichere Benzinpfützchen, wenn der Hahn mal offen blieb. Und irgendwann kommt dann Tag und Stunde, wo der Motor ganz aussetzt und der Sprit aus der Schwimmerkammer sprudelt. Natürlich, Dreck drin – denkt jeder. Deckel runter, sauber machen, Schwimmer schwimmt (daß er viel tiefer schwimmt als bislang, merkt nicht mal ein Pfarrer), Deckel druff – trieft wieder. Das ist ja die Gemeinheit – der Schwimmer schwimmt, man denkt gar nicht daran, daß der undicht sein könnte, putzt und montiert sich krüpplig, der Sprit trieft unentwegt.

Schwimmer runter, am Ohr schütteln – da hört man die Bescherung, da drin kluckerts. Reparatur sehr umständlich. Die Undichtigkeit zu winzig, als daß es selbst in der Hitze gelänge, den Sprit wieder herauszubringen. Allenfalls anbohren, rauslassen, Bohrloch plus Undichtigkeit wieder zulöten. Eine Afferei. Bei mir liegt so ein undichter Schwimmer seit Anfang Oktober auf der Heizung, jetzt ist Anfang Dezember – da ist noch kein Gramm Sprit daraus verdampft. Man kann nur versuchen, in der nächsten Kneipe zwei oder drei Flaschenkorken und ein Ende Bindfaden zu kriegen, Nähzwirn ist noch besser. Durch den einen Korken wird die Schwimmernadel gesteckt – nicht verbiegen, mit Schraubenzieher vorstechen! Die anderen zwei Korken – auch auf Länge geschnitten entsprechend der ursprünglichen Schwimmerhöhe – werden zu flachen Scheiten geschnitten und um den Zen-

tralkorken so herumgebunden, daß so etwas wie der alte Blechschwimmer entsteht. Fertig. Gibt natürlich eine wahnsinnige Einstellung, keinerlei Leerlauf oder Vollastregelung drin, läuft aber wenigstens bis zur nächsten Stadt, wo es mindestens ein Telefonbuch mit Branchenteil und einem Vergaserfritzen drin gibt. Denn welche Werkstatt hat heute schon noch Schwimmer paratliegen?
Sodann: Für die KSen beispielsweise gibt es Schwimmer mit zwei verschiedenen Gewichten, 7 Gramm und 11 Gramm. Der mit 11 Gramm gibt einen höheren Kraftstoffstand als der mit 7. Und damit fettere Einstellung. Und bessere Beschleunigung. Wenn man vorher fabriküblich mager eingestellt hatte. (Natürlich. Hätte man richtig reguliert gehabt, würden die 11 Gramm schon Überfettung geben und der Motor allenfalls faul!)

Oben links: Dieser Mann wunderte sich, daß sein Motor beim Beschleunigen verhungerte und patschte – Elementarfehler, und doch so leicht zu erdenken, wie es richtig sein müßte.

Oben rechts: Auch so eine Ahnungslosigkeit, dabei hätte die Schwimmerkammer direkt neben der Mischkammer Platz gehabt.

Rechts: Man sollte sich nie auf ein schmales Flacheisen verlassen, ein Trapez, wie gestrichelt gezeichnet, wäre sicherer.

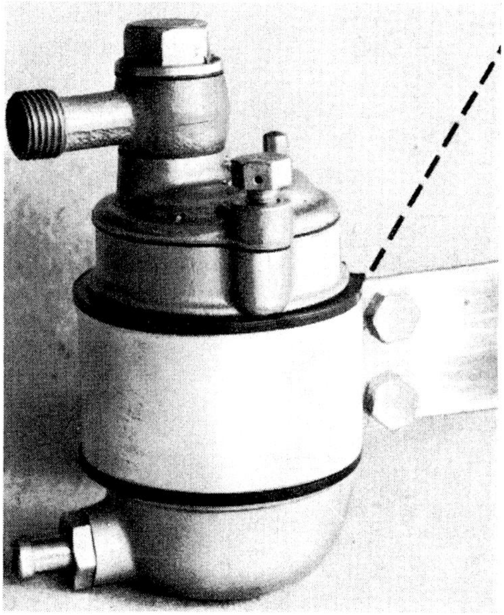

Es gibt nur einen Grund für schwerere Schwimmer: Ein Kraftstoff mit höherer Wichte und vielleicht niedrigerem Heizwert. Wie wir den zur Sechstagefahrt 1955 in Gottwaldov vorfanden. Da gab es böse Reguliererei, die sich vermeiden ließ, wenn man eine 10er stählerne Unterlagscheibe auf den Schwimmer legte – die ließ den Sprit hoch genug steigen, daß die alte Regulierung wieder stimmte.
Schließlich sind da auch noch die altbekannten angeschlagenen Nadeln und Nadelsitze: Ich habe da – weil mir das einmal in Reinzucht begegnete – viel darüber geschrieben, weil sich das so gehört. Habe aber nie wieder so schön ausgeschlackerte Nadeln gefunden wie damals, wo ich das zu knipsen versäumte. Die hier gezeigte Nadel ist zwar deutlich angeschlagen, aber noch keineswegs undicht. *Überhaupt möchte ich heute glauben, daß diese ausgeschlackerten Nadeln gar nicht so kritisch sind,* wie wir immer dachten – ein paar Kubikmillimeter Sprit in einem ganz fein undichten Schwimmer machen einem viel mehr Kummer, ohne daß man so leicht auf die Ursache käme. Wenn man die Nadel schon beäugt, versäume man also nicht, auch mal den Schwimmer zu schütteln – vielleicht gluckert es da drin doch.
Und das alles um eine lausige Schwimmerkammer – hätten Sie das gedacht? Es war aber notwendig, das alles zu schreiben, denn das sind Dinge, die man schon selber wissen muß. Welcher Lehrbub lernt das denn schon? Nachher ist er aber Geselle, tauscht an Ihrem Vergaser den Gaszug aus, und Sie wundern sich, warum der Motor kotzt oder der bisher lammfromme Kolben plötzlich kneift. Wir kommen jetzt zum ganzen Düsen- und Einstellkram – denken Sie aber daran, daß Sie sich sämtliche zehn Finger und noch ein Bein abregulieren können, wenn an der Schwimmerkammer etwas nicht stimmt. Immer, wenn an einem Motor auf der Spritseite etwas los sein könnte, muß jede Überlegung um eine Fehlerursache zwar beim Tankhahn beginnen, die Schwimmerkammer ist aber keineswegs simpel und bedarf gründlicher Nachsuche und Überlegung, bevor man sie als ungestört abtut und sich anderen möglichen Fehlerursachen zuwendet. Immer dann, wenn eine eilig vorgenommene Düsenänderung nichts zu bringen scheint oder sich sonst Widersinnigkeiten in der Regulierung ergeben, ist *fast immer* mit der Schwimmerkammer etwas los, was erst gefunden und beseitigt werden soll.
Damit sind wir aber immer noch nicht am Ende: Auch ein völlig in Ordnung befindlicher Vergaser kann böse Abmagerungserscheinungen zeigen, wenn die Zuleitung zum Obenanschluß eine S-Schlinge macht, wie in unserem Bild gezeigt. Kommt zwar kaum bei Motor-

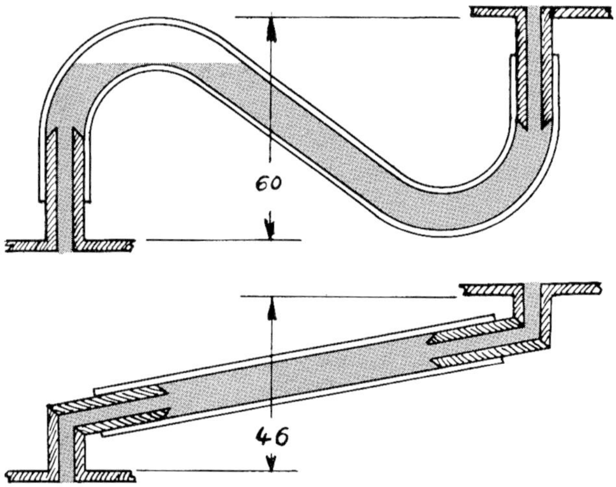

In solchen S-Krümmern sammelt sich immer Luft, die nie ausgespült wird, sie hemmt aber den Spritzulauf, der Motor hungert, wird überhitzt und bleibt als Zweitakter glatt stehen. Man kann da nur die Stutzen absägen, auf Gehrung schneiden, schief wieder anlöten (weichlöten genügt!) und kurzen Schlauch nehmen.

Oben: So hat Pohl die Schwimmerkammer höheneinstellbar gemacht, damit wurde auch die Beschleunigungs-Verhunger-Erfahrung gemacht, immerhin schon 1948!

Rechts: Auch so kann man eine Schwimmerkammer höheneinstellbar machen – hier liegt sie schon brav neben der Mischkammer.

rädern, aber häufig bei Rollern vor. (Wenn bei Motorrädern ein Vergaser sehr hoch und dicht unterm Tank sitzt, hat er auch immer Untenanschluß der Schwimmerkammer, da ist ja Platz genug.) Da sammelt sich in der oberen Bucht des Schlauches unweigerlich eine Luftblase, die in winzigsten Perlchen aus der Schwimmerkammer nach oben steigt, und diese Luftblase läßt nur den Spritbedarf für Teilgas durch. Der Spritstrom für Vollgas ist nicht stark genug, die Blase wegzuschwemmen, die ist aber dick genug, um ihrerseits den Spritzustrom empfindlich zu drosseln – Ergebnis sind Hungerpatscher am Berg, mindestens Vollgasklemmer. Muß man auch wissen. Abhilfe ist schwierig, wenn für einen Untenanschluß der Platz fehlt – manchmal glückt es, die Schlauchstutzen schief abzusägen und „in Gehrung" wieder anzulöten, so daß eine gleichmäßige Steigung vom Schwimmerkammerdeckel bis zum Tankhahn entsteht. Dann marschieren die Luftperlchen bis in den Tank und können sich zu keiner Blase mehr sammeln.
In den Zeichnungen und Fotos sind übrigens Schwimmer zu erkennen, die so einen sonderbaren Blechkragen tragen – das ist eine Erfindung der Nachkriegszeit mit ihren extrem schüttelnden Motoren, speziell Rollermotoren. Da kann es sein, daß ein Schwimmer im Rhythmus der Motorschüttelei zu tanzen anfängt und den ganzen Inhalt der Schwimmerkammer zu Schaum schlägt, wobei die ganze Regulierung umfällt. Der Blechkragen

Das hat nichts mit Winddruck (wie bei Puch) oder mit Strahlungshitze zu tun, aber mit Spritzwasser, das einem in die Luftbohrung der Ausgleichskammer hineinsaut – was haben wir das 1952 beim Cindap-Konvoi verflucht! Der hier wußte schon!

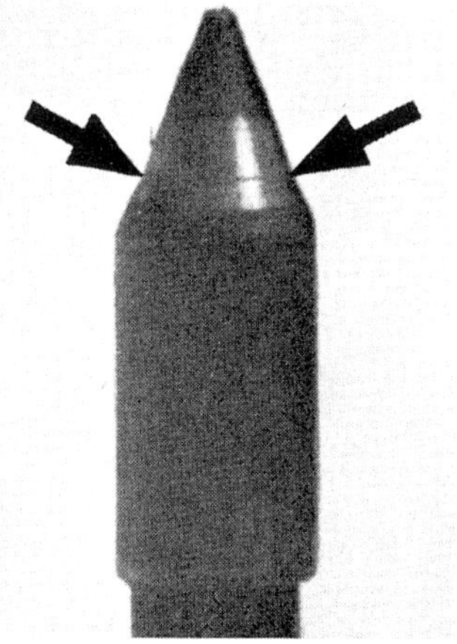

Da oben geht bei einer Schwimmernadel die Ringelei los und damit das leise Undichtwerden – und ständige leise Sabbern.

– Dämpferring – unterbindet das weitgehend, so daß der Vergaser wieder Regulierfähigkeit zeigt. In seltenen Fällen ist an beiden Schwimmerböden ein Dämpferring nötig – jedenfalls gibt es das bei Bing.

Bei Bing-Kleinvergasern gibt es inzwischen Schwimmerkammerdeckel mit waagerechtem Schlauchanschluß – ich habe nicht nachgeprüft, ob diese Deckel auch auf Rollervergaser passen, das kann einem aber der Vergaser-Spezialladen sagen.

Für Baumsägen und derlei gibt es nun noch schwimmerlose Vergaser, die aber *keine* Tropfenvergaser sind und die völlig lage-unabhängig arbeiten, notfalls um 90 Grad gekippt oder kopfunter. Sind sehr interessant und dabei kindisch einfach, holzknechtseinfach – können wir hier aber nicht besprechen, da an Fahrzeugen nirgendwo benutzt.

Und nun mal eine Minute nachdenken: Das sind jetzt schon wieder 14 geschlagene Seiten nur allein über diese lächerliche Schwimmerkammer. Rechnen Sie eigentlich noch damit, daß der mittels Gesellenprüfung auf Sachkunde ausgewiesene Mechaniker, den Ihre Werkstatt vorgestern eingestellt hat (weil sie für das Geld keinen anderen kriegen konnte), das alles auch weiß? Ich will beileibe niemanden schlechter machen, als er selber sein will – aber unsere Zeit ist ganz einfach über das Stadium der Technik hinaus, in dem man sich noch auf „Fachleute" verlassen konnte. Wer mehr als (mindere) Durchschnittsleistung haben will, kann das nur auf Grund eigener Sachkunde und eigenen Nachdenkens. Deshalb nimmt das hier so viel Seiten in Anspruch.

Die Mischkammer

Bevor wir auf die Schwimmerkammer losgingen, stellten wir fest, daß der Motor aus dem bereitgestellten Kraftstoff-Niveau sich das selber ansaugt, was er von Hub zu Hub braucht. So kurz diese Feststellung ist, so viel ist dabei zu bedenken. Es hilft nichts, wir müssen uns kurz der Physik der Rohrströmung zuwenden. Sonst ist das zwar eine umfangreiche Wissenschaft mit Spezialingenieuren, bei uns tun es aber wenige Grundregeln.

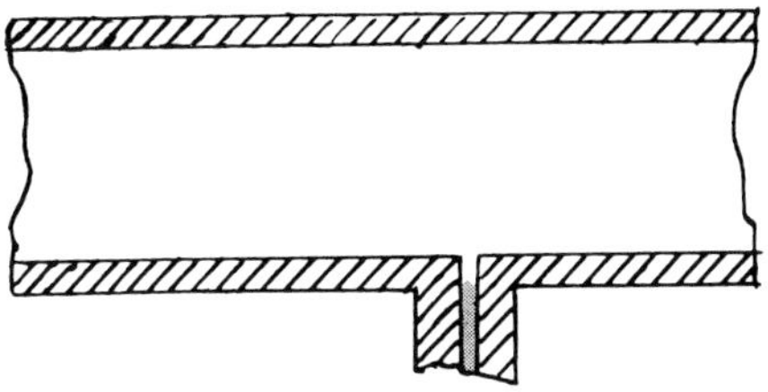

Hier kann im Rohr eine noch so gewaltige Strömung herrschen, mit dem Kraftstoff im Steigrohr passiert gar nichts.

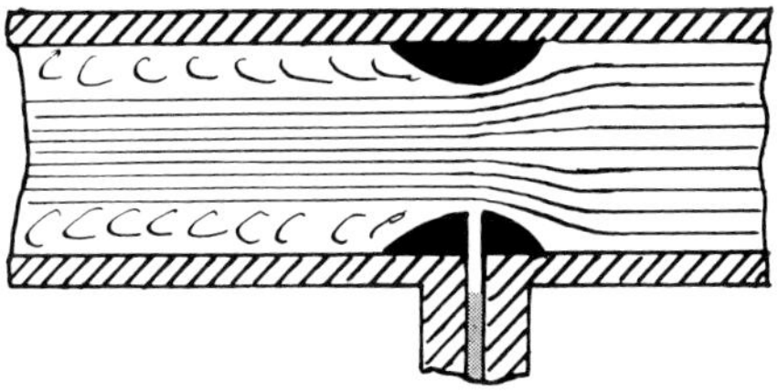

Hier ist das anders: Verengung gibt erhöhte Geschwindigkeit, diese ergibt statischen Unterdruck, Kraftstoff wird angesaugt.

(Niemand ist gezwungen, hier weiterzulesen. Etwas zu wissen hat aber noch nie geschadet.) Wir haben oben im Bild ein Rohr, das von einem Luftstrom von rechts nach links durchflossen wird, daran angesetzt ist ein anderes Rohr, in dem Kraftstoff steht. Was passiert? Gar nichts. Da kann man sehr stark saugen oder pusten, der Sprit im Steigrohr rührt sich nicht. Erst bei ganz gewaltigen Luftgeschwindigkeiten, die allenfalls bei Höchstdrehzahl eines Motors auftreten, wird da ganz bescheiden gesaugt. (Infolge Wandreibung im Hauptrohr.) Erst wenn man – Bild daneben – einen Wulstring in das Rohr setzt, der die Strömung etwas einschnürt, entsteht an der Wulstkuppe ein Unterdruck, der den Sprit in kräftigem Strom ansaugt. Das müssen wir uns merken: Überall, wo eine Strömung durch einen Engpaß muß, beschleunigt sie sich und genau da entsteht auch ein Unterdruck. Gase und Flüssigkeiten benehmen sich da entgegengesetzt wie Menschen – die *stauen* sich an einer Straßenenge und „fließen" langsamer, Flüssigkeiten strömen schneller und erzeugen keinen Stau, sondern einen Unterdruck. (Ein Flugzeugflügel ist ein „negatives" Rohr, da fließt die Luft nicht durch, sondern drum herum. Über der dicksten Stelle des Flügels fließt sie am schnellsten, da ist der große Unterdruck, der den Flügel hebt.)
Aber: Unbeschränkt macht die Luft das nicht mit. Ist der Wulst zu klobig, dann reißt die Strömung auf der Hinterseite ab, da löst sich ein Wirbelfeld, der Querschnitt bleibt praktisch so eng wie im Wulst selber – es ist zwar Unterdruck da, hinter dem Wulstring ist das Rohr aber „eng" geworden.
Man macht den Wulst demnach so, wie im Bild unten gezeigt – der Wulst läuft nach hinten ganz schlank aus. (Je schneller der Strom, desto schlanker muß das Wulstende sein.) Die Strömung liegt an, und hinten im Rohr ist es wieder ganz so, als sei da vorn niemals eine Verengung gewesen. Gut aufpassen: Auch wir predigen immer wieder, daß Gaskanäle von vorn bis hinten einen möglichst großen, verengungsfreien Querschnitt haben müßten. Das ist eine Faustregel für Schlosser, damit da keiner einen 30er Vergaser auf einen 24er Durchgang setzt. Wenn man es aber weiß, dann kann man sich beträchtliche Verengungen leisten,

Da sind die Knubbel vom vorhergehenden Bild in Strömungsrichtung schlank ausgezogen, vermeidet Wirbel, erhält den vollen Querschnitt und damit volle Füllung.

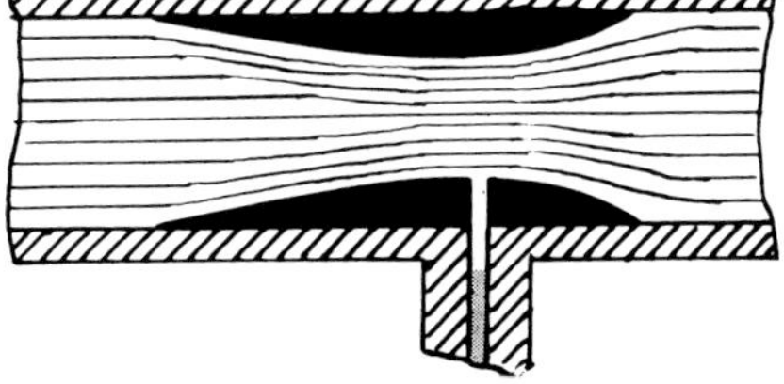

So könnte man das natürlich auch machen, gibt den erwünschten Unterdruck, der bleibt aber bis in den Zylinder erhalten und gibt schlechte Füllung.

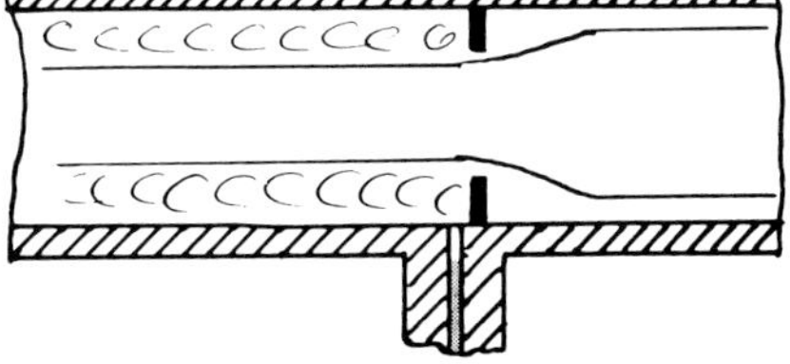

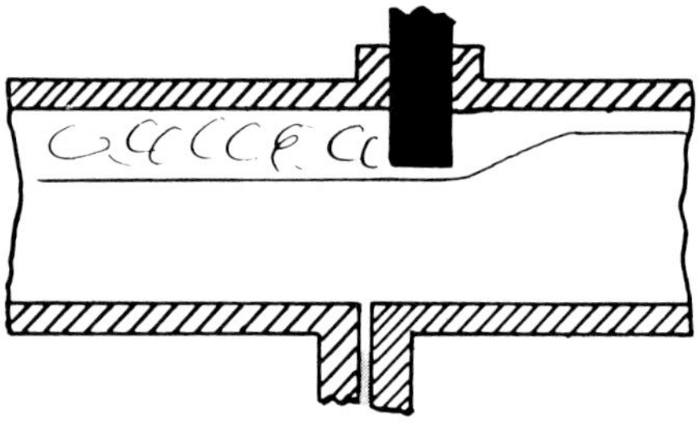

Wenn ein Vergaserschieber auch nur ein bißchen in den Kanal ragt, drosselt das gleich erheblich – deswegen ist es so wichtig, vor Vollgasversuchen dafür zu sorgen, daß der Schieber auch tatsächlich g a n z öffnet.

sofern man für einen schlanken Auslauf sorgt und die Wände sehr reibungsarm glatt macht. Der Auslauf muß aber wirklich sehr schlank sein.
Dieser Wulst, wie Seite 27 gezeichnet, führt nun in der Strömungstechnik die Bezeichnung „Venturi-Rohr", bei den Wagen-Vergasern wird er schlicht „Lufttrichter" genannt und als regelrechter Bauteil in das sonst glatte Mischrohr eingesetzt. Nur um Unterdruck zu erzeugen. Mit dem man den Sprit aus der Schwimmerkammer fördert.
Saudumme Frage des kleinen Moritz: *Wo iss'n beim Motorradvergaser der Lufttrichter?*
Tja. Das sucht man vergeblich auch in Lehrbüchern. Aber das geht so: Ein Motorradvergaser zeigt laut Augenschein bei völlig hochgezogenem Gasschieber zwar ein glattes Rohr von überall gleichem Querschnitt, da ist tatsächlich keinerlei Wulst und keinerlei Venturi-Düse, wenigstens nicht sichtbar. Aber unsichtbar! Da sind nämlich die scharfen Kanten der Schieberführung – *und das sind Hindernisse für die Strömung,* da entsteht Verwirbelung wie hinter einer Blende – siehe Seite 27 unten rechts, man sieht, wie hinter dem Blendenring ein Wirbelfeld den Strom einengt, Unterdruck entsteht, der Sprit saugt. Die Kanten der Schieberführung wirken regelrecht als „negative" Blende, geben Verwirbelung und erzeugen *auch* eine Einschnürung und damit fördernden Unterdruck. Deshalb also braucht ein Motorradvergaser keinen „Lufttrichter". (Zwar gibt es das bei uns auch, nur versteht man da etwas anderes darunter.)
Nachdem der kleine Moritz mit seiner ersten dummen Frage Erfolg hatte, schießt er jetzt die zweite dumme Frage ab: *Zwar ist das Wirbelfeld ein Mittel, Kraftstoff zu fördern, aber schließlich ist es doch behinderte Strömung, man müßte doch mehr Luft durch die Röhre kriegen, wenn da kein Wirbelfeld wäre. Wozu poliere ich kunstreich den ganzen Ansaugkanal, wenn dann doch eine Wirbelschicht über die Politur zieht?*
Tja. Man kann da nur sagen, daß dem tatsächlich so ist. In der Tat ist die ganze Kanalpoliererei eine sehr theoretische Sache. Es ist eine Weltanschauung. Man muß daran glauben. Nichts weiter. Meßbar gebracht hat das noch nie etwas. Es *schreibt* nur jeder, polierte Kanäle brächten etwas. Aber: Wenn man da vorn auf den Ansaugkanal keinen Vergaser mit Rillen, also „negativen" Blenden setzt, wenn dieses Luftansaugrohr wirklich ganz glatt und wirbelfrei bleibt, dann kriegt man tatsächlich mehr Luft durch, als wenn da ein rillendurchfurchter Vergaser säße. Das ist wohl sicherlich auch ein Grund dafür, weshalb Einspritzmotoren mehr Leistung geben als Vergasermotoren. Die kriegen durch den wirbelarmen Ansaugstutzen mehr Luft durch als durch einen noch so offenen, aber zerklüfteten Vergaser durchginge. Sichtlich nützt hier in der glatten Strömung auch eine glatte Kanalwand – hier hat Polieren Sinn. (Allerdings ist da noch ein Nebeneffekt: Bei Einspritzern gelangt der Sprit in Tropfenform gleich in den Zylinder, da kann nichts vorher vergasen und dabei Luft verdrängen, der Zylinder bekommt sein volles, unverkürztes Luftvolumen. Zudem macht sich die Verdampfungswärme im Zylinder nützlich.) Hier, in der glatten Strömung im Ansaugrohr, liegt eine wichtige Überlegenheit des Einspritzers gegenüber dem Vergasermotor begründet. Schließlich wäre da das Bild hier oben – da ist keine Blende mehr, sondern ein Schieber. Sichtbar läßt der ein gewaltiges Wirbelfeld hinter sich, mit ebenso gewaltigem Unterdruck, der mächtig Sprit fördert. Dieser augenscheinliche Eindruck trügt nicht – ein Vergaser, der bei

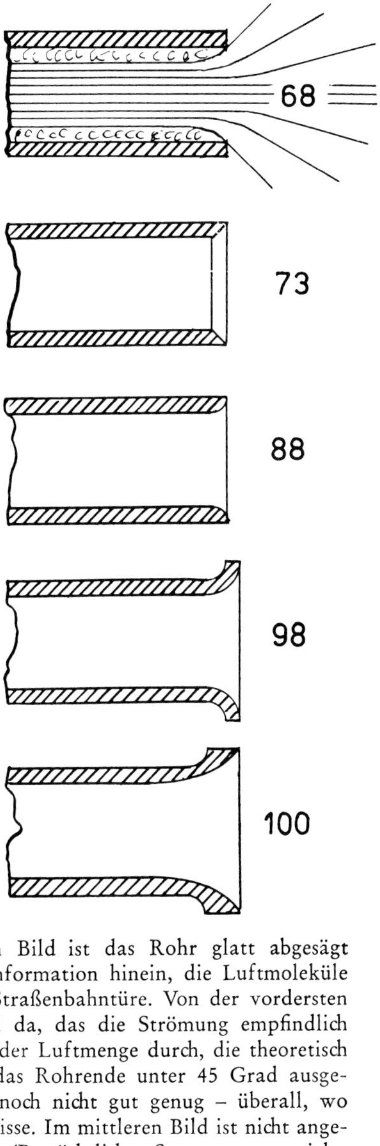

Loch ist keinesfalls gleich Loch – schon gar nicht, wenn in das Loch etwas hineinströmen soll. Bei ein und demselben Rohr strömen je nach Art der Mündung bei gleichem Unterdruck verschiedene Mengen ein, die Zahlen geben die Prozentsätze an. Man hat allen Grund, den Einströmtrichter mit Verstand zu gestalten.

ganz offenem Schieber und bei Vollgas prima funktioniert, aber für den Sprit keine weitere Steuermöglichkeit als eben die Weite des Spritförderrohres aufweist, würde schon bei leichtem Senken des Gasschiebers hoffnungslos überfetten und viel zu viel Sprit fördern.
Nur mit diesem Spritrohr *allein* – der Hauptdüse – geht es *nicht*.
Es geht übrigens auch nicht, wenn der Motor, der bei voll offenem Schieber und hoher Drehzahl gerade eben noch prima lief, von Drehzahl fällt, etwa weil wir ihm auf der Bremse mehr Last aufpacken oder uns einen Berg hinaufziehen lassen. Das werden wir aber gleich kriegen.

Weil wir gerade von Rohrströmung redeten, wollen wir die erst mal fertig machen, bevor wir uns der Düsensteuerung zuwenden.
Da ist also die nächste Bildserie – sichtlich sind das Rohrmündungen. Eben das vordere Ende eines Vergasers, wo die Luft einströmt. Bei dem obersten Bild ist das Rohr glatt abgesägt und wie man sieht, geht die Luft gar nicht in Marschformation hinein, die Luftmoleküle drängeln genau so blödsinnig wie die Leute an einer Straßenbahntüre. Von der vordersten Rohrkante an ist ein strömungshinderndes Wirbelfeld da, das die Strömung empfindlich behindert, man bringt durch das Rohr nur 68 Prozent der Luftmenge durch, die theoretisch durchzubringen wäre. Im zweiten Bild von oben ist das Rohrende unter 45 Grad ausgesenkt – gibt schon etwas mehr, 73 Prozent, ist aber noch nicht gut genug – überall, wo Strömungen strömen, sind scharfe Kanten eben Hindernisse. Im mittleren Bild ist nicht angeschrägt, sondern angerundet, wieder besser, 88 Prozent. (Beträchtlicher Sprung – man sieht, rund statt kantig bringt immer am meisten.)
Nächste Möglichkeit wäre, einfach den Rundungshalbmesser zu vergrößern – bringt noch mal 10 Prozent, jetzt kriegt man schon 98 Prozent durch.
Geht man noch einen Schritt weiter, rundet man nicht nach einem Kreisprofil aus, sondern annähernd – braucht aber nicht supergenau zu sein – parabolisch, dann kriegt man vollends 100 Prozent durch.
Wieder etwas gelernt: *Für Rohrströmung ist Loch nicht gleich Loch – da muß ein „Einlauftrichter“ her.*

Und noch etwas: Wir pflegen auch schematische Bilder nach Möglichkeit in Proportionen zu zeichnen, die der Wirklichkeit entsprechen. So auch diese Einlauftrichter. Da zeigen nun die beiden unteren Bilder ziemlich mäßige „Trichter“ bzw. Erweiterungen. In der Tat genügen die auch. Unsere heutigen deutschen Vergaser – im Gegensatz zu den meisten vor etwa 1937/38 gebauten Vergasermodellen – sind für das Ansetzen von Luftfiltern berechnet und tragen in der Mischkammerschnauze bereits diesen mäßigen Einlauftrichter. Von diesen modernen, vor allem Nachkriegsvergasern kann man den Lufttrichter getrost abnehmen,

Bild oben links: Das ist Bing, die Öffnung ist schon parabolisch ausgerundet, dieser Vergaser kann ohne zusätzlichen Lufttrichter gehen oder auch aus einem großen Filterraum ansaugen.

Oben rechts: Dellorto – geht nicht ohne Lufttrichter! Man erkennt die Schiebernut, die hier Verwirbelung und den für die Förderung nötigen Unterdruck bringt.

Bild links: Es ist einer der Vorzüge des Dellorto, daß man ihn in jeder Stellung mit dem Schwimmergehäuse zusammenbauen kann – der Mann hier wußte, was er tat. (Ich hätte bloß den Gaszug in einem Rohrkrümmer geführt!)

Dieser Halbtrichter vor dem Vergaser kann durchaus wirksam sein, scheint durch Erfahrung erzwungen. Der Abstand zum Schwimmergehäuse ist völlig irrsinnig, die Knäckebrotdichtung unterm Zylinderkopf ist so wirksam wie ein Heiligenbild im Krieg – 20 mm Überstand über den Zylinderbund hätten vollauf genügt.

Strömung wird nicht gestört. Bei den einfacheren Vorkriegsvergasern durfte man das nicht, da mußte das drauf, was man bis heute einen „Lufttrichter" nennt. (Siehste, da ist jetzt der Unterschied zu dem, was der Wagen-Vergaser unter einem Lufttrichter versteht!) Auch beim Dellorto darf man den großen Einlauftrichter nicht abschrauben – der ist da wirklich wichtig. Noch ein Vorbehalt, damit niemand auf dumme Gedanken kommt: Wenn man bei einem Bing oder Amal das Luft*filter* abklemmt oder bei KS und BMW die Knierohre entfernt, gehen die Dinger ganz gewaltig los, da sind ziemlich 10 bis 15 km/h drin, kein Pappenstiel. Aber: Das Luftfilter brachte als Strömungshindernis viel Unterdruck und zwang zu kleinen Düsen. Jetzt ist freier Strom da, der Unterdruck ist gering, die vorhandenen Düsen sind nunmehr viel zu klein, man darf sich über festgegangene Kolben binnen zwei Vollgasminuten gar nicht wundern.

Also Lebensregel: Wenn das Luftfilter oder eine strömungshemmende Luftleitung entfernt wird, muß unbedingt fetter umreguliert werden, sonst ist die Maschine hin.

So, das war die Rohrströmung – war das nun „blasse" Theorie oder ist jetzt klargeworden, was bisher bloß gelernte und wieder vergessene Katechismusregel war?

Diese – leere – Büchse vor der Vergasermündung dürfte wesentlich wirksamer sein als der Halbtrichter vom vorigen Bild – die Heiligenschein-Kopfdichtung hat mit Physik natürlich auch nichts zu tun, die Wärme denkt gar nicht daran, da hinzukriechen. (Rennfahrer scheinen von Thermochrom-Farbstiften noch nie gehört zu haben.)

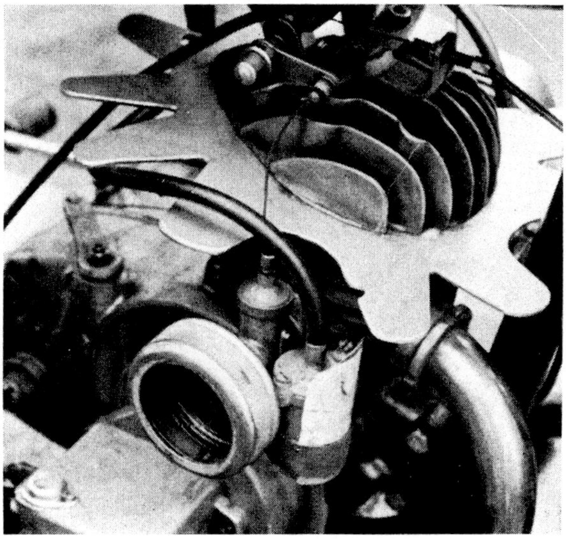

So ein Seidenstrumpf vor dem Lufttrichter ist sehr wirksam, einfach weil es unwahrscheinlich ist, was man auch auf einer Rennstrecke in den Vergaser kriegt, bis zu Geldstücken und M-18-Muttern. Aber: In den Strumpf gehört eine Art Matratzenfeder, damit er weit geöffnet bleibt!

Ansaugfilter - Ansaugdämpfer

Wenn wir schon einmal bei der Ansaugöffnung sind, können wir ebensogut gleich ein paar Worte über Luftfilter verlieren, einfach weil die in direktem Zusammenhang mit der Einströmöffnung des Vergasers stehen:
Zwar werden alle Renn- und Sportmaschinen mit einfachem, filterlosem Lufttrichter gefahren – schön ist das aber nicht, denn nicht nur am Biertisch werden wilde Geschichten über das erzählt, was so ein Rennmotor zuweilen ansaugt: Das passiert tatsächlich und bedeutet dann nicht nur Ausfall, sondern gewöhnlich auch beträchtlichen Reparaturaufwand. Man sieht deshalb bei erfahrenen Privatfahrern immer wieder, daß sie Seidenstrümpfe über die Lufttrichter ziehen, und das ist an sich gar nicht mal falsch gedacht. Beim Rennmotor soll ein solches Luftfilter zwar nicht wie beim Gebrauchsmotor eine längere Abnützungsdauer für Kolben und Zylinder einbringen, es soll vielmehr vor Überraschungen schützen. Natürlich wird eine Rennstrecke tadellos sauber gehalten – es sind aber immer Konkurrenten da, die vom Randstreifen her Sand auf die Piste ziehen, den man dann also auch selber in den Vergaser kriegen kann – da sind schon ganze Muttern, Unterlagscheiben, massive Steinchen angesaugt worden. *Und das soll der Seidenstrumpf verhüten.* Tut er auch. Aber: Es gibt Seidenstrümpfe unterschiedlicher Maschenfeinheit und dahinter kann sich zuweilen ein Unterdruck bilden, der den Strumpf „auf Nichts" zusammenzieht. Man muß tatsächlich einmal mit dem Fernglas auf einer Vollgasstrecke beobachten, wie diese Strümpfe „auf Nichts" zusammengesaugt werden! Wenn also Seidenstrumpf, dann ist das bestimmt gut und richtig, dazu gehört aber auch in den Seidenstrumpf hinein ein Krinolinengestell aus Schweißdraht, das in seiner Größe und vor allem Kurven-

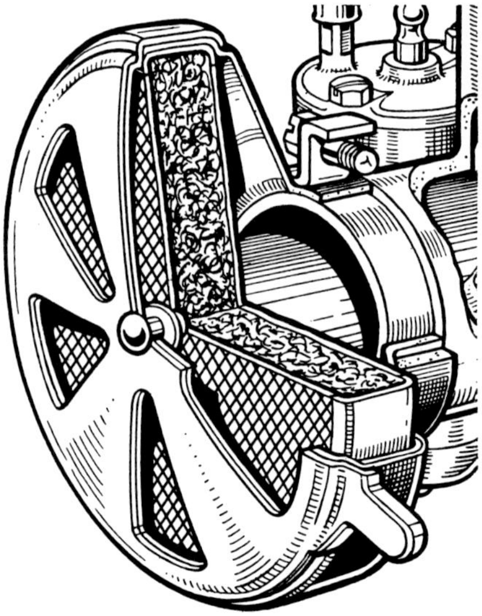

Das klassische Naß-Luftfilter, das körnchenweise den Dreck sammelt und ihn dann teelöffelweise zusammengeklebt in den Motor entläßt, wenn man nicht sehr häufig auswäscht, trocknen läßt und neu ölt.

In so einer Büchse lassen sich zwei Filter anbringen und zudem so, daß durchgedrungener verklebter Staub hinter den Filtern liegen bleibt. Außerdem ist das ein sehr wirksamer Lärmdämpfer, der keine Leistung kostet.

form ungefähr der Wade einer Zweizentner-Madame entspricht. Dann hat man Aussicht, keinen Druck- und damit Füllungsverlust mehr zu erleiden.

Bei Gebrauchsmaschinen sind von alters bzw. von der weiland großdeutschen Wehrmacht her noch die bekannten Naßluftfilter in Gebrauch. Die waren nun zwar besser als gar nichts, aber auch nicht gerade schön. Es gibt dafür eine Faustregel: Sie kosten in bestem Zustand, also neu oder frisch gereinigt, rund 10 % Leistung und damit 5 % Spitze. Das merkt man. Zudem: Wenn sie nicht ausgesprochen *sehr* häufig gereinigt werden, dann kosten sie erstens *noch* mehr Leistung, und zweitens liefern sie den Dreck, den sie zu Anfang aus der Luft ordnungsmäßig herausgefangen und gespeichert haben, gleich teelöffelweise in den Motor. Wenn also schon Luftfilter, dann tut man gut, auf die doppelten bis dreifachen Querschnitte zu gehen, als sie gemeinhin bei Naßluftfiltern üblich sind, und diese übergroßen Querschnitte muß man natürlich irgendwo unterbringen: Am besten an einer sehr großen Büchse, die man vor den Vergaser setzt. Richtwert für deren Größe: Mindestens fünffaches, am besten zehnfaches Volumen des Motor-Hubraumes. Man setzt die Filter auch möglichst an die Unterseite des Ansauggefäßes – dann kann man das Saubermachen ruhig auch mal vergessen, der Dreck fällt ja immer nach unten weg.

Ganz nebenbei: Ein solches großes Ansauggefäß mit übergroßen Filterquerschnitten ist ein ausgezeichneter Ansaug-Geräuschdämpfer. Zwar wird man die Gefäßwände aus Blech machen, einfach weil das für den Selbermacher am besten geht und weil damit auch schon ein beträchtlicher Erfolg zu erzielen ist. Es bringt darüber hinaus spürbar etwas, das Blech noch mit etwa 4 bis 5 mm Auflage aus Schaummaterial, etwa Moltoprenplatte, zu be-

Das war mal bei Triumph: Auch zwei Filter, durchgedrungener Dreck bleibt auch liegen, Lärmdämpfung s e h r wirksam. Schade, daß das zu spät kam, als Motorräder kaufmännisch schon tot waren.

Das sind die beiden Streckmetall-Luftfilter zu der Dämpferbox vom vorhergehenden Bild – man kann nur noch mal sagen schade drum, kam zu spät. Lohnt aber den Nachbau!

kleben und das Moltopren seinerseits noch mit einem Plastikbezug vor Verschmutzung zu bewahren. Man kann auch in einer Karosseriebude dick „Antidröhnpaste" aufspritzen lassen. Nach dem Trocknen kann man diese naturgemäß sehr rauhe Paste mit einer groben Raspel annähernd glätten, dann noch Spachtelmasse darüberkleistern, schleifen und lackieren – dann ist die Büchse vollends glatt und als Muster eines wirksamen Ansaug-Schalldämpfers zu bezeichnen. Wichtig bei jedem Gefäß ist natürlich der sorgfältig gerundete Übergang zum Ansaugtrichter des Vergasers – aber das dürfte doch jetzt wohl klar genug sein.

Vergaser nur für Vollgas

Bei den ganz alten Motorrädern – noch so um 1906 herum – kannte man wirklich nur Vollgas und regelte bei Bedarf nur mittels der Zündverstellung. Aber nicht deshalb wurde diese absonderliche Überschrift gewählt. Man versteht die Funktion eines Vergasers tatsächlich am schnellsten, wenn man am Vollgasende mit der Überlegung anfängt.
Bis jetzt haben wir zwei Voraussetzungen erfüllt:

- Dem Vergaser wird mit Hilfe der Schwimmerkammer ein festes Kraftstoffniveau angeboten, aus dem im Ruhezustand nichts auslaufen kann, aus dem aber bei Bedarf mittels selbsterzeugten Unterdruckes Kraftstoff gefördert werden kann.
- Wir kennen jetzt auch Einrichtungen, mit denen man Förder-Unterdruck erzeugen kann und wir wissen obendrein, wie man das macht, ohne allzuviel Strömungsverluste zu erleiden.

  Damit bleibt nur noch eine dritte Aufgabe zu bewältigen:
- Wir müssen dafür sorgen, daß der Kraftstoff in optimaler Menge im Verhältnis zur Luft gefördert wird.

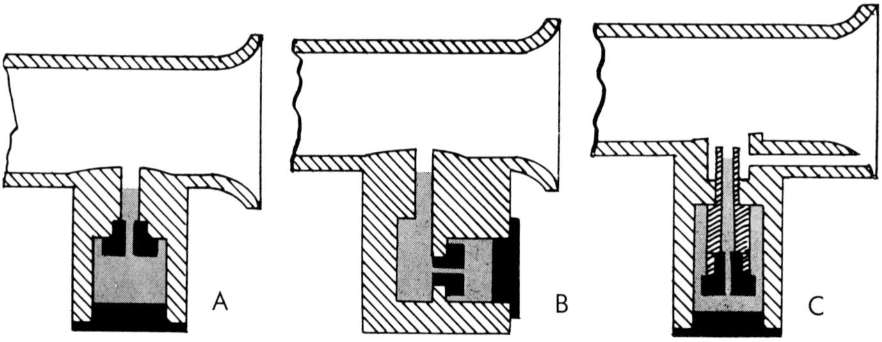

Das da unten ist der Verschlußstopfen, in dem bei Bing die Hauptdüse sitzt – man hat nicht immer Platz, ihn herauszunehmen, weil da gewöhnlich der Getriebekasten kommt.

Deshalb erfand man den Schrägdüsen-Vergaser, die Hauptdüse sitzt hinter der mit H gestempelten Schraube, die Gasschieber-Anschlagschraube sitzt in der Mitte, ist gekontert.

Das erscheint sehr einfach: Man setzt in den Kraftstoffzulauf eine Düse, die eben nicht mehr durchläßt, als optimaler Zusammensetzung entspricht. Wenigstens steht es so in allen Artikeln und Büchern, die bisher über Vergaser geschrieben worden sind. Das sähe dann so aus wie im Schemabild: Ein schlichter Stopfen mit einer genau bemessenen bzw. aus mehreren passend auszusuchenden Bohrung. Es ist nicht nötig, daß diese Düse nun genau so sitzt, wie im Bild A – so machte man das nur, bevor der Roller erfunden war. Man kann diese Düse auch irgendwo seitwärts hinsetzen, Bild B. Das hat keinerlei vergasertechnische Bedeutung und ist nur handwerklich wichtig: Wenn unter dem Vergaser – eben wie bei Roller-Zweitaktern – kein Platz ist, kommt man bei der üblichen Düsenanordnung schlecht heran, man kann da keine Stopfen rausschrauben oder gar an die Düse selbst heran, ohne gleich den ganzen Vergaser abzumontieren. Deshalb erfand man bei Bingens den „Schrägdüsen-Vergaser" – nur um bequem an die Hauptdüse heranzukommen. Das ist alles. Und wenn man die geläufigen Rollerkonstruktionen kennt, dann war diese scheinbare Banalität auch dringend nötig.

Linke Seite, Bild A: So sieht die einfachst mögliche Anordnung einer auswechselbaren Hauptdüse aus.

Linke Seite, Bild B: Die Hauptdüse kann anstandslos auch waagrecht oder ganz wo anders sitzen, ändert nichts an der Wirkung.

Linke Seite, Bild C: So sieht die „Bremsluft"-Zuführung aus, wie man sie bei europäischen Vergasern durchweg findet.

Bild rechts, D: So wird bei amerikanischen (Drosselklappen-) Vergasern die Bremsluft zugeführt.

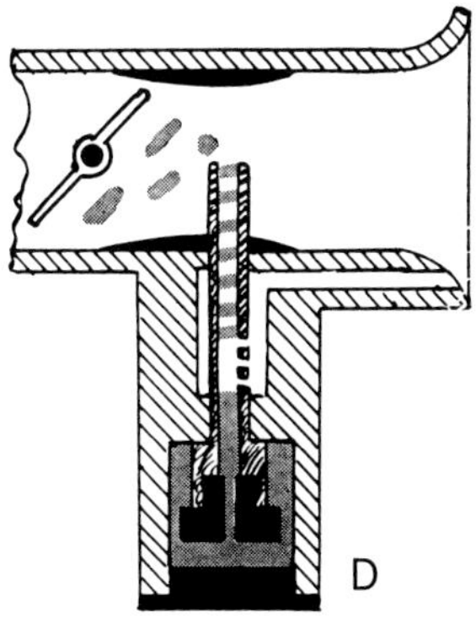

D

Oben: Man darf sich durch die Form nicht verwirren lassen – rechts die beiden Düsen-Bauarten von Bing, links Amal, und zwar schon Ausführung mit metrischem Gewinde, also Fischer-Amal, kenntlich an dem niedrigen zylindrischen Bund. Englisch-Amal mit Zollgewinde hat keinen Bund, ebenso die älteren Fischer-Amal.

Links: Da drin, unterhalb der Mischkammer, sitzt die Hauptdüse, schon allein an der großen Zahl kenntlich. Hier Bing.

Manchmal muß man die Hauptdüse ein bißchen suchen – deshalb die vielen Fotos auf diesen Seiten. Zuweilen findet man in einem Vergaser auch gleich zwei genau gleich aussehende Düsen, wenn man etwa beim Bing-Schrägdüsenvergaser auch noch die andere Sechskantschraube aufmacht, über der kein „H“ steht, sondern nur eine schwarze Schlitzschraube zu sehen ist. Ein ängstliches Gemüt verfällt dann in Gewissensnöte. Da gibt es eine Faustregel:
Selbst beim allerkleinsten Moped-Vergaser gibt es keine Hauptdüse, deren Durchlaßmaß unter „54“ wäre, normalerweise liegen die Hauptdüsengrößen von 60 aufwärts, bei 250er Zylindern beispielsweise zwischen 105 und 125. Diese zweite Düse im Schrägdüsenvergaser ist eine Leerlaufdüse, deren Größen nur zwischen 35, 40 und 45 wechseln, wobei 45 schon sehr selten sind. Dies aber nur zur Orientierung, der Leerlauf ist später dran.

Links: Bei den Amals sieht die Hauptdüse nur ein bißchen anders aus, ist höher.

Unten: Die Hauptdüse braucht nicht an der Spritzdüse zu sitzen, sie kann auch im Verschlußstopfen sitzen – hier Bing.

Man könnte nur einen Vergaser nach den Bildern Seite 34 bauen, und der Motor würde damit sogar laufen. Auf dem Prüfstand. Mit Vollgas. Etwa mit 6000 U/min. Aber: Man müßte die Größe der Düse sehr genau ausprobieren und man müßte vor allem die Last für den Motor sehr genau einstellen, *er müßte sehr genau mit 6000 U/min laufen.* Sobald man etwas mehr Last aufgäbe und die Drehzahl auf 5500 U/min – immer noch mit voll offenem Vergaser – sänke, würde eine ziemliche Patscherei losgehen, bei auch nur 5000 U/min würde der Motor mit allen Anzeichen des Verhungerns stehenbleiben. Man könnte einen solchen Motor also mit Vollgas am Berg nicht fahren, denn es sind tatsächlich lausige 15% Drehzahlunterschied, die einen solchen simplen Vergaser schon unbrauchbar machen. Umgekehrt: Würde man am Prüfstand die Last vermindern oder in der Praxis einen Berg hinunterfahren, wobei der Motor um auch nur 1000 U/min höher dreht, dann würde er unter schwerer Überfettung leiden und verrußt stehenbleiben.

Oben: Bremslufteinrichtung bei Dellorto. Ganz links die Kraftstoff-Spritzdüse, darauf – Mitte – lose aufgesteckt die Bremsluftdüse, man sieht unter dem Gewinde die Eintrittsöffnungen für die Bremsluft. Ganz rechts alles in die Mischkammer eingeschraubt, man sieht auch hier, wie tief die Spritzdüse im Vergleich zur Bremsluftdüse sitzt, ebenso blinkt eine Lufteintrittsöffnung hell hervor.

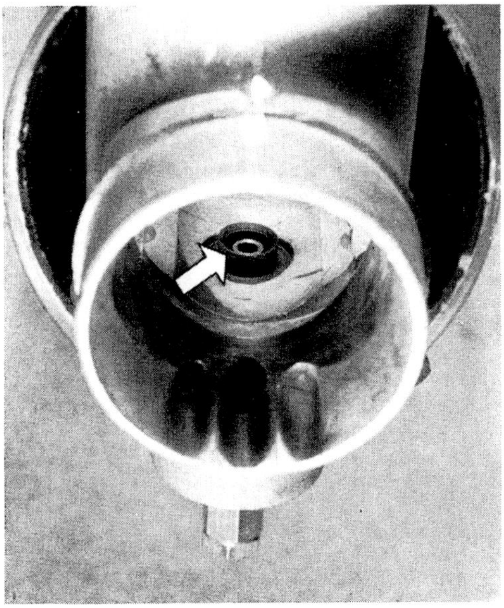

Rechts: So sitzt bei Bing die Kraftstoff-Spritzdüse in der wesentlich weiteren Bremsluftöffnung, merklich tiefer als deren oberer Rand. Mittlere Bohrung in der Mündung ist Bremslufteintritt, links Leerlaufluft.

So geht es also nicht – ein Vergaser mit einer einfachen Düse könnte seine Aufgabe nur bei einer ganz bestimmten Drehzahl voll erfüllen, schon bei geringen Über- oder Unterdrehzahlen ginge es nicht mehr. (Wir reden von Vollgas! Also voll offener Drossel.) Unterdrehzahl führt zum Verhungern, Überdrehzahl zum Überfetten. Die Lösung bringt die „Bremsluft", deren Wirkungsweise auf Seite 35 gezeigt ist: Da kommt von der Vergasermündung her eine Luftbohrung, die in einer Kammer rund um die Spritzdüsenmündung ausläuft. (Bitte jetzt wieder die vielen Fotos mit Unterschriften absuchen, da ist zu sehen, wie das in Wirklichkeit aussieht, ich kann da nicht erst mit dem Zeigestock rumzeigen!) Diese „Bremsluft" hat eine ganz eigentümliche Wirkung: Der Vergaser ist jetzt für einen viel breiteren Drehbereich zu gebrauchen. Man braucht zwar für eine bestimmte Drehzahl – etwa die 6000 U/min von vorhin – eine Hauptdüse mit anderem, viel größerem Durchlaß, aber dafür stimmt dieser Durchlaß dann auch noch, wenn man den Motor mit 3000 U/min im großen Gang einen Berg hinaufquält wie wenn man mit 9000 U/min die Fuchsröhre hinunterfährt, nur um zu sehen, ob das Pleuelauge wegfliegt. Mit dieser Bremsluft kann man sogar sehr viel mehr machen, das Schema zeigt einen amerikanischen Motorradvergaser, bei dem die Bremsluft nicht außerhalb der Spritzdüse angreift, sondern schon sehr tief unten. Damit kann man schon bis fast zum Leerlauf herunter auskommen, so funktionieren auch alle Wagenmotoren. Aber: Amerikanische Motorradmotoren hören von 750 ccm abwärts auf, wo europäische Motoren erst anfangen. Bei europäischen Motorradansprüchen war mit dieser reinen Bremsluftsteuerung nicht hinzukommen, deshalb findet man bei uns nur solche Bremsluftanlagen, die in ihrer Wirkung auf die obersten zwei Millimeter Höhe der Spritzdüse beschränkt sind.
Früher – etwa bei den alten Amals und Graetzins – holte man die Bremsluft ungeniert aus dem Freien, da ging eben irgendwo ein Loch durch die Mischkammer nach außen. Als in den Kriegsjahren der Afrikafeldzug und mit ihm der Staub und die Luftfilter aufkamen, verlegte man die Bremsluftöffnung nach innen, hinter das Luftfilter. Siehe die Fotos. Seitdem lassen Gebrauchsvergaser keine Öffnung mehr nach außen. Nur noch Sportvergaser.

Noch etwas: Für manche Motorräder gibt es Werksanweisungen zum Schnellermachen, und da drin steht ziemlich regelmäßig, man solle den vorhandenen Vergaser um 1–1,5 mm „aufbohren". Davor kann nicht dringend genug gewarnt werden. Wie unschwer zu erkennen ist, stimmt da nachher keine Düsenhöhe mehr. Wird wenig gebohrt, dann nützt das nichts, wird viel gebohrt, dann wird das Bremsluftsystem umgeschmissen – also Hände weg, der Vergaser wäre rettungslos hin. (Wer kein Geld für einen neuen, größeren Vergaser hat, soll die Bastelei lieber bleibenlassen, er macht sonst das wenige Geld nur auch noch kaputt.)

Damit können wir wieder mal zusammenfassen: Der Motorlauf bei voller Drosselöffnung mit den dabei in der Praxis auftretenden Drehzahlunterschieden wird von einer Kraftstoffdüse beherrscht, die mit dieser Aufgabe aber nur mit Unterstützung durch eine Bremsluftanlage fertig wird. Diese Kraftstoffdüse führt üblicherweise die Bezeichnung „Hauptdüse" und muß hinsichtlich ihrer Größe durch Versuch ermittelt werden. Dazu gehört unweigerlich eine Spritzdüse, deren Größe – mindestens für Serienmotoren – zunächst unkritisch ist, bei der es aber sehr auf die richtige Stellung bzw. Mündungshöhe in der Mischkammer ankommt.
Da stand vorhin ein winziger Zwischensatz: bei Verwendung eines Bremsluftsystems sei „für die Kraftstoffdüse jetzt eine viel größere Öffnung nötig als ohne Bremsluftsystem". Darauf baut sich wieder eine ganze Vergasergruppe auf, die insbesondere bei frommgläubigen Laien ein beträchtliches Ansehen genießt:

Der altbekannte Luftschieber ist ein viel zu grober Holzhammer, wenn es auf sportliche Leistungen ankommt.

Die TT-Vergaser

Es ist bekannt, daß im hohen Sommer ein Motor sehr deutlich zu ziehen anfängt, wenn man aus heißem, offenem Gelände in den Waldschatten, womöglich an einem Flußufer, hineinfährt. Besonders Zweitakter sind da sogar kritisch: Wenn man den Motor auf einer sonnigen, glühheißen Landstraße wunderbar genau reguliert hat, daß er optimale Geschwindigkeit gibt, dann ist die Hauptdüse ja bekanntlich ziemlich knapp. Es genügen wirklich nur zwei Zeitminuten Fahrt im Waldschatten an einem Flußufer, um den Kolben kreischend klemmen zu lassen.

Ganz ähnlich geht das auch bei der TT zu, man weiß nie, auf was man auf der Isle of Man eigentlich regulieren soll, auf den Streckenteil in Meereshöhe oder auf die Bergstrecke, da sind Luftdruckunterschiede von 10–12 % vorhanden. Deshalb reguliert man auf die „magere" Strecke und wenn man fürchtet, der Motor sei dadurch auf den kritischen Strecken gefährlich mager, dann betätigt man eine Vorrichtung, mit der die Einstellung um den notwendigen geringen Betrag „angefettet" wird.

Ein solches überaus grobes Mittel wäre der altbekannte „Luftschieber" – für ein Sportfahrzeug infolge Grobheit aber völlig undiskutabel, kostet außerdem enorm Strömungswiderstand, der Motor würde eher gebremst, bevor sich eine Anfettung bemerkbar machte. Was man brauchte, mußte sehr viel feiner sein und durfte vor allem die Hauptströmung nicht stören.

Was lag da näher, als die Bremsluft zu steuern? Es war zu erwarten, daß da eine Änderung die erwünschte geringe Anfettung geben würde, also steuerte man die Bremsluft eben mit einem kleinen Kölbchen ab. Natürlich durfte man nicht die ganze Bremsluft absteuern, das hätte eine viel zu grobe Anfettung gegeben – man ließ, wie in der Zeichnung zu sehen, eine zweite Luftbohrung ungeschoren. In der Tat – siehe wieder mal die Fotos – hat jeder TT-Vergaser zwei Bremsluftöffnungen, von denen nur eine abgesteuert werden kann. Und da beginnt der Irrtum der meisten Fahrer: Diese abzusteuernde Bremsluftöffnung hat Schlitzform und erweckt den Eindruck, daß da etwas zu regeln sei. Warum das ein Schlitz ist, weiß nicht mal der liebe Gott, es ist eben eine freundliche alte Gewohnheit, denn in der Tat gibt es für das Stellkölbchen da drin nur ein „Offen" oder „Zu", es gibt keine Mittelstellung, wenigstens keine, die der Fahrer reproduzierbar herzustellen vermöchte.

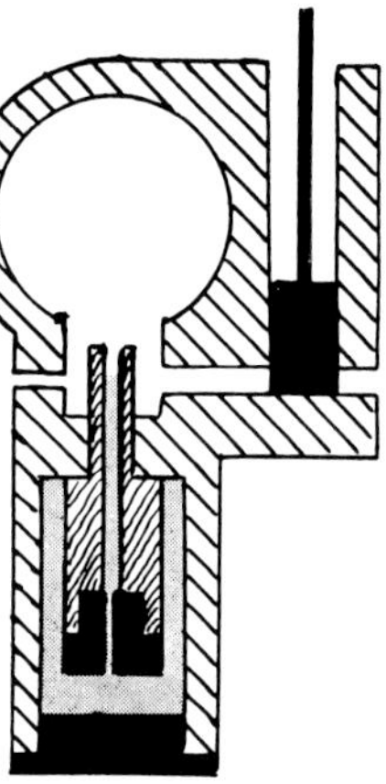

Daraus resultiert auch der Umgang mit TT-Vergasern:
Es wird mit voll offenem Luftschieber auf der „mageren" Strecke die optimale Hauptdüse gesucht, bei der größte Leistung da ist, also draußen in der Sonnenglut oder auf der Hochfläche. Dann weiß man, daß im Waldschatten oder im Tal nur der Luftschieber zugemacht zu werden braucht, um die nötige Anfettung zu bekommen. Über die Einsatzmöglichkeit eines TT-Vergasers soll man sich aber keine falschen Vorstellungen machen:
Ich wüßte außer der Isle of Man keine europäische Rennstrecke, auf der ein TT-Vergaser effektiv auszunützen wäre, zumindest nicht bei einem Viertakter. Auch bei Zweitaktern ist es immer noch dringend wichtig, erst mal zu probieren, ob das Schließen des Luftschiebers nicht so viel Überfettung bringt, daß der Motor lahm wird – dazu gehören also auf der „fetten" Teilstrecke sehr genaue Tachometerbeobachtungen. (Wer sich auch noch auf teilweises

Bild linke Seite außen: Die MV-Leute wußten, was sie taten, als sie dem nun einmal vorhandenen TT-Luftschieber einfach keinen Bedienungszug mehr gaben. Geht so viel besser, wenn ein Narrischer nichts mehr dran vermauern kann.

Zeichnung links: Das Prinzip des TT-Vergasers. Ein Teil der Bremsluft läßt sich mit einem Hilfskolben absperren, dadurch wird die nötige Anfettung des Gemisches erzielt.

Linke Seite, unten links: Die TT-Schieberkammer bei Dellorto, der lange Schlitz ist reine Gewohnheit.

Linke Seite, unten rechts: Die Gegenseite bei Dellorto – die eigentliche Bremsluftöffnung deckt ein Minimum an Bremsluftbedarf und macht den Vergaser wenigstens halbwegs narrensicher.

Rechts: Das ist ein original-englischer TT-Vergaser, auch er hat diese narrensicher machende Minimalbohrung für Bremsluft.

Öffnen des Luftschiebers einläßt, darf sich nicht mehr wundern, wenn er darüber verrückt wird, weil dann gar nichts mehr stimmt.)

Also: Um glücklich zu werden, bedarf es auf keiner normalen Rennstrecke eines TT-Vergasers. Sehr im Gegenteil. Wenn man nun aus irgendwelchen Gründen einen Vergaser mit diesem tückischen Luftschieber hat, dann benützt man ihn besser nicht und läßt ihn entweder stets offen oder stets zu. Erst wenn man seinen Motor so genau kennt, daß man genau weiß, welche Hauptdüse er auf Sonnenstrecke und welche er im Wald braucht – also erst, wenn man in der Lage ist, das mit Tachometer oder der Stoppuhr des Helfers auf einer Meßstrecke mit tödlicher Sicherheit zu ermitteln, dann kann man versuchen, vom Luftschieber Gebrauch zu machen. Das geht dann unweigerlich so zu, daß man den Luftschieber ganz aufmacht und so auf der Sonnenstrecke die optimale Hauptdüse sucht. Auf der Waldstrecke wird zugemacht, und wenn dabei die Leistung nicht abfällt, läßt man zu, bis man wieder in den Sonnenbrand hinausfährt. (Wenn das jemanden wieder mal zu radikal erscheint, möge er ruhig tun, was er selber für besser hält, ich will niemanden gegen seinen Willen glücklich machen – das geschilderte Verfahren ist nichts weiter als meine Erfahrung.) Schließlich wäre da aber auch noch das Foto der MV-Agusta: Die haben den Luftschieber kurzerhand gar nicht angeschlossen. Sie wußten, warum.

Da inzwischen zwei Jahre vergangen sind, seit dies zum erstenmal im MOTORRAD stand, sind seitdem etliche Erfahrungen gemacht worden: Etliche Wettefahrer haben heftig bestritten, daß es bei einem TT-Vergaser für den Luftschieber nur ein „auf" oder „zu" gebe und keine Mittelstellung. In drei Fällen konnte ich dem nachgehen, jedesmal war auch ein Effekt unverkennbar, es *gab* also eine wirksame Mittelstellung. *In allen Fällen war aber eine falsche Hauptdüse verwendet* – Rennfahrer haben bekanntlich den Kopf, um darauf zu fallen, und nicht, um damit zu denken. Diese Denkkünstler hatten die Hauptdüse nicht auf Grund eines Höchstgeschwindigkeitsversuches ausgewählt, sondern durchweg um zwei bis drei Nummern zu hohe Düsen drin, weil die Maschinen „damit weit besser beschleunigten". Und das taten diese Maschinen wirklich, aber nur weil eben diese Denkkünstler *die Schwimmerkammern hinter den Mischkammern* angeordnet hatten. Als wir die Schwimmerkammern *neben* die Mischkammern setzten, war die Regulierung plötzlich gehorsam und die Düse für höchste Spitze gab auch optimale Beschleunigung. (Ist jetzt klar, warum da über die Schwimmerkammeranordnung so viele Worte gemacht worden sind?) Im dritten Fall war auch noch eine total falsche Leerlaufeinstellung da –

und obwohl das in allen Lehrbüchern bestritten wird, sah man auch hier, daß die Leerlaufeinstellung sich sehr weit hinauf, bis ziemlich zu Vollgas hin, immer noch bemerkbar macht. Man handle also erbarmungslos nach der alten Grundregel:

Die Hauptdüse wird so ausgesucht, daß man auf ebener Strecke die größtmögliche Geschwindigkeit erhält.

Man nimmt keinerlei Rücksicht auf Beschleunigung, auf Ziehen am Berg oder sonst etwas – wenn sich dabei ungünstiges Verhalten herausstellt, wird das anderweit abgestellt, keinesfalls mit der Hauptdüse.

Die Nadeldüse

Wir haben bislang nur von der Wirksamkeit der Hauptdüse gesprochen und in der Kapitelüberschrift ausdrücklich vermerkt, „Vergaser nur für Vollgas". Das ist sehr wichtig, denn wir haben auch gesehen, daß es genug Mühe macht, mit Hilfe der Bremsluftsteuerung den Vergaser so hinzubekommen, daß der Motor bei zwar voll offener Drossel, aber stark unterschiedlicher Drehzahl das richtige Gemisch bekommt. Wenn man sich einfallen läßt, den Schieber auch nur ein bißchen zu senken, sagen wir mal auf $\frac{4}{5}$ der Vollgashöhe, daß also wirklich nur ein winziges Schiebersegment in die kreisrunde Mischkammer einschneidet, dann gibt das schon eine so gewaltige Steigerung des Unterdrucks, daß selbst die Bremsluftsteuerung versagt und eine hoffnungslose Überfettung eintritt. Um das zu verhindern, erfand man – es muß in den frühen zwanziger Jahren gewesen sein – die Düsennadel. Ihre Funktion ist einfach:

Die ohnedies nötige Spritzdüse, die aus der Hauptdüse beliefert wird, macht man so eng oder meinetwegen so weit, daß man da einigermaßen zentrisch eine Nadel hineinhängen kann und daß dennoch so viel Sprit herauszusprühen vermag, wieviel die Hauptdüse zu liefern bereit ist – unsere Schemazeichnung zeigt das ja zur Genüge. Diese Nadel ist konisch – wenn sich der Schieber senkt, fängt die konische Nadel an, den Spritstrom zu bremsen: Es kommt dann weit weniger Sprit heraus als die Hauptdüse liefern würde.

Das ist die Wirkung der Nadeldüse bzw. der Düsennadel: *Sie soll bei teilweiser Schieberöffnung den Kraftstoffzufluß energisch bremsen, weil die Hauptdüse das nicht mehr kann.*

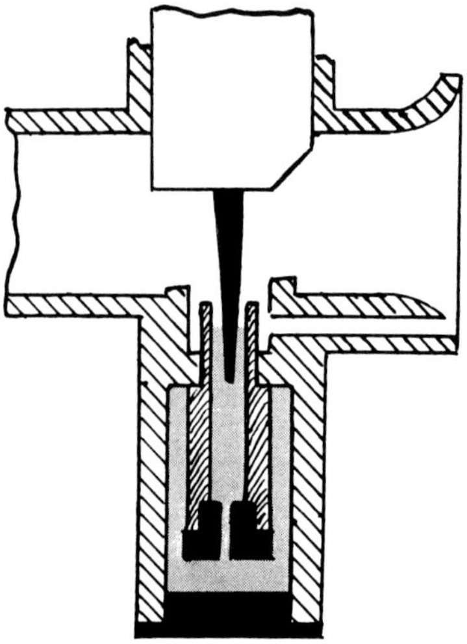

Bild links: Das Arbeitsprinzip der Düsennadel. Je weiter der Schieber sich senkt und der Unterdruck sich erhöht, desto mehr wird die Nadeldüse durch die konische Nadel verengt.

Bild unten: Die übliche Nadeldüse hat keine Querbohrungen und nur eine Weitenangabe – hier ist zufällig noch oben die Einsatz-Halteschraube aufgesteckt und unten die Hauptdüse eingeschraubt.

Bild rechts: Das ist eine Bing-Nadeldüse mit Bremsluftbohrungen, gibt es für bestimmte Motoren, speziell Zweitakter, da ist es besonders wichtig, genau dieselbe Nummer wiederzukriegen, wenn man mal auswechseln muß.

Bild unten links: Eine gute Führung der Düsennadel im Schieber ist nicht zu verachten, scheint doch weniger leicht die Nadeldüse auszuklappern (Bing).

Bild unten Mitte und rechts: Bei den Dellortos ist die Nadel in einer langen Buchse im Schieberboden sehr gut geführt, das ist da alles sehr sauber und gar nicht billig, selbst die Geradführung mit dem langen Bolzen – umständlich einzufädeln – hat Vorzüge gegenüber der üblichen Nasen-Nuten-Führung.

Jetzt ist es Zeit, einer alten Volksweisheit zu Leibe zu gehen, die jeder Motorenschreiber aus alten Betriebsanweisungen von Amal treu und brav abschreibt und der Nachwelt überliefert – ich habe das auch sehr lang getan, so lang eben, wie meine höchste Achtung noch anderen Leuten galt, wahrscheinlich steht es auch noch in „Besser fahren auf NSU" und ist also immerhin noch 1953 nicht herausgestrichen worden. Da steht also, bei der Vergasereinstellung regiere von ¼ voll bis ¾ voll die Düsennadel, und für das oberste Viertel sei die Hauptdüse maßgebend. Das ist ein gemeiner Grubenhund, und ich möchte nur einen Pfennig für jeden Kolbenklemmer und jede Sparbüchse haben, die zu Lasten dieses Grubenhundes geht!

Außer diesem Grubenhund, dem schon ganze Generationen von Einstellern und Schreibern aufgesessen sind, soll aber noch eine Schmeißfliege aufgespießt werden, die ich erst in diesem Winter in einer sehr guten Zeitung fand. Da stand wörtlich:

Das Amal-System: Schlackerige, leicht ausschlagende Nadelaufhängung, breiter Führungsschlitz für den Kolben, etwas antiquiert.

Bei den Flachschiebern der MZ-Vergaser hat die Nadel keine eigentliche Führung, ist nicht leicht einzufädeln, schlackert stark aus, muß häufig erneuert werden – ist dafür billig.

Gibt die Düsennadel die Nadeldüse vollständig frei, was bei einer gewissen Höhe des Schiebers eintritt, so – – – *richtet sich die Gemischbildung ausschließlich nach der Größe der Hauptdüse.*

Und das nüchtern! Dabei hat der Verfasser dieser Weisheit mindestens ebensolang mit den Urformen der Düsennadel zu tun gehabt, wie man diese noch mit Madenschrauben in den massiven Schieberkolben festklemmte und das herausragende Ende auf Viertelmillimeter genau mit der Schublehre einstellte. Er müßte ja wohl wissen, daß die Düsennadel auch bei der höchsten Stellung des Gasschiebers die Nadeldüse nie, nie, nie verläßt.

In Wirklichkeit reagiert die Düsennadel fast bis auf den letzten Millimeter Schieberhubhöhe und kann einem da noch böse Streiche spielen. Wie man dem begegnet, wird aber im Schlußkapitel über das Einstellen behandelt. Vorderhand genügt es zu wissen, daß Düsennadel und Nadeldüse von ungefähr ¼ voll bis nahezu voll für die richtige Gemischzusammensetzung verantwortlich sind. In der Vorkriegszeit mit den geringen Literleistungen und engen Vergasern war die Aufgabe noch weit einfacher als bei unseren heutigen Stiefelrohrvergasern, und der aufmerksame Leser findet im wissenschaftlichen Schrifttum alle paar Jahre einen gelehrten Artikel, wie bei irgendeinem Hochschulinstitut ein Professor seine Studenten auf die Untersuchung eines Schiebervergasers ansetzte und dabei herauskam, daß die Düsennadel eigentlich nicht linear konisch sein dürfte, sondern mindestens in drei Steigungsstufen, tunlichst aber nach einer bestimmten Kurve konisch sein müßte. An diesen Artikeln ist nicht das mindeste auszusetzen, das stimmt alles prima und bestens, nur steht dem die Praxis entgegen: Kein Vergaserfabrikant läßt sich auf kurven-konische Nadeln ein, weil diese Leute um die *praktischen* Schwierigkeiten wissen – es gibt bis dato also nur geradlinig konische Nadeln. Für Motoren, die damit nicht ganz zufrieden sind, macht man lieber besondere Nadeldüsen, zuweilen sogar mit einer oder gar mehreren Bremsluftbohrungen. (Sollte es doch irgendwo eine kurven-konische Düsennadel geben, wird um Nachricht gebeten, vielleicht hat doch jemand herausgefunden, wie man so etwas fabrikationssicher und einstellsicher hinkriegt. Könnte ja sein!) *Für fast alle Nachkriegsmotoren ist deshalb die Kenntnis der Nadeldüsennummer enorm wichtig, eine falsche Nadeldüse kann einem schweren Kummer machen, weil es sehr umständlich ist, durch Fahrversuch eine bessere Düse zu finden.* Jede andere Einstellung ist demgegenüber leicht selbst zu finden, nur die Nadel-

Rechts: Zwei Möglichkeiten seitlicher Anbringung der Düsennadel, um den Luftstrom in der Mischkammer nicht zu behindern, anscheinend nie so recht in Aufnahme gekommen.

Die drei Bilder unten: So sieht das in Wirklichkeit aus, wenn die Düsennadel im Gasschieber seitlich aufgehängt wird, entspricht also der Skizze oben rechts. Gab es mal bei Engländern, ist aber nicht das, was sich der Wandersmann verspricht.

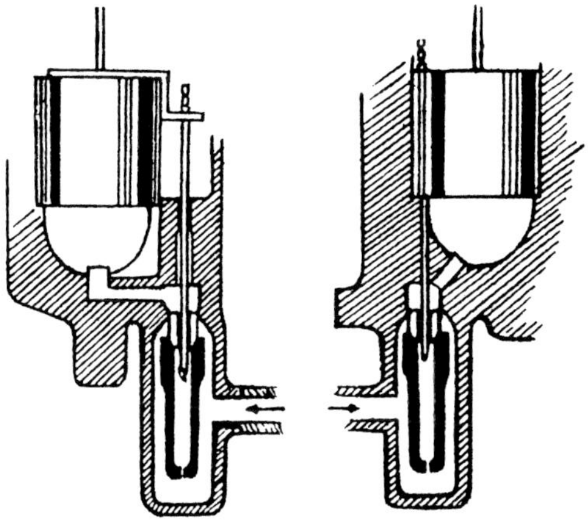

düse hat es in sich. (Deshalb kann der Übergang auf ein anderes Vergaserfabrikat gelegentlich gefährlich werden.) Bezeichnend ist, daß die schnellen Leute und Viertaktfahrer mit der richtigen Nadeldüse kaum Kummer haben, die fahren ja entweder voll offen oder fast zu, dazwischen gibt es kaum etwas. Bitter wird es bei Zweitaktern, die nach dem alten Sparrezept vom leicht zurückgenommenen Gas gefahren werden. Ein solcher Vergaser kann nach allen Regeln der Kunst im Leerlauf, bei Halblast und für Vollgas primissime eingestellt sein, aber beim langzeitigen „sparsamen“ Fahren auf der Autobahn fabriziert er die bekannten Dreiviertelgas-Klemmer am laufenden Band. Wir werden im Einstellkapitel noch darauf zurückkommen.

Nicht sehr bekannt – außer bei alten MOTORRAD-Lesern – ist die Tatsache, daß Düsennadel und Nadeldüse sich gegenseitig ausschlackern. Es kommt dabei sehr auf die Bauart des Schiebers an – es gibt da Schieber mit sehr sicherer Nadelführung, bei denen die Nadeldüse kaum mehr ausschlackert. Man tut aber bei der Neueinstellung eines hergerichteten, womöglich alt gekauften Motors gut, sowohl Nadeldüse wie Düsennadel zu erneuern, das sind nun mal Abnützungsteile und außerdem Pfennigware.

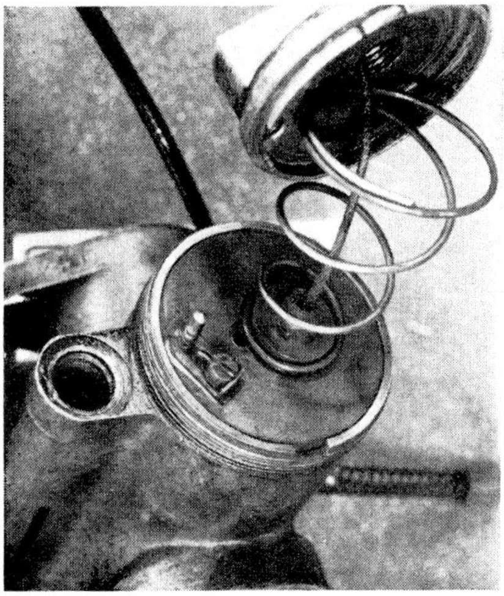

  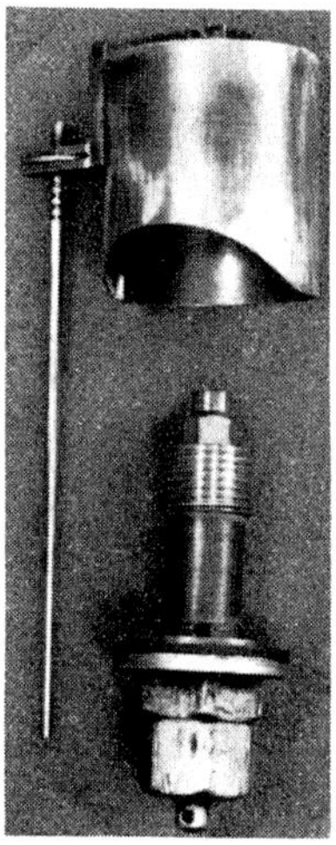

Der aufmerksame kleine Moritz hat nun schon längst eine Frage auf der Pfanne: „Da brecht ihr euch einen ab mit der strömungshindernden Wirkung von Nuten und winzigen Dichtungsüberständen, könnt alles nicht glatt genug kriegen, und da hängt ihr mitten in den Strom eine bessere Zaunlatte – hindert denn die nicht?"
Moritz hat recht – die Düsennadel hindert, sehr sogar. (Ganz zu schweigen vom Kummer, den die Düsennadel vor Jahren bei Moped-Vergasern machte.) Das hat schon vor dem Kriege die Vergasermacher nicht ruhen lassen, und sie erfanden die Schiebervergaser mit seitlich angebrachter Düsennadel, wie unsere Bilder zwei Ausführungen zeigen. Diese Modifikation ist unstreitig sinnvoll – hier wäre man in der Tat befugt, von „Renn"-Vergasern zu reden. Zu meiner Schande muß ich aber gestehen, einen solchen Vergaser noch nie selber richtig durchexerziert zu haben – die Bilder hier stammen von Vergasern, die mir ein MOTORRAD-Leser freundlicherweise zum Knipsen überlassen hatte. Aus den beiden Schemazeichnungen Seite 45 und den beiden Bildergruppen Seite 45 unten und hier oben ist eigentlich ohne viel Erklärung zu sehen, was es mit diesen Vergasern auf sich hat. Der Vergaser mit der seitwärts gerückten Düsennadel hat im Durchgang immer noch den schrägen Stummel der Spritzdüse, während der ganz radikale Vergaser mit dem völlig selbständig herausgebauten Nadeldüsenaggregat scheinbar einen völlig glatten Durchgang aufweist. Das sieht aber nur so aus – in den Mischkammerwänden befinden sich notwendig immer noch die Durchführungsnuten für die Zylinderschieber und damit nicht unbeträchtliche Wirbelquellen. Niemand kann einem genau sagen, wie der Liefergrad dieser Vergaser nun tatsächlich aussieht – ob es also nutzbar-greifbar etwas ausmacht, daß die Düsennadel aus der Mischkammer verschwunden ist. Man kann nicht so recht widersprechen, wenn einer sagt, es sei doch witzlos, sich mit herausgebauten Düsennadeln groß umzubringen, wo ein auch nur um 1 mm weiterer Vergaser drei- bis fünfmal so viel bringt. Und in der Tat – sooo überwältigend sind die Resultate mit diesen Sondervergasern offenbar doch auch nicht. Man sieht sie kaum einmal angewendet. (Ich habe in zehn Nachkriegsjahren keinen solchen Vergaser angewendet gesehen, was allerdings nur zum Teil stichhält, da ich mich um Bahnrennen nie gekümmert habe. Vielleicht verwendet man sie dort.) Andererseits kosten sie ungefähr zweieinhalb mal so viel wie ein normaler Vergaser, und wer einmal so viel Geld ausgegeben hat, wird auf eine Frage nach dem Erfolg niemals zugeben, daß kein eigentlicher Erfolg zu merken war. Also

Wer nicht ganz auf den Kopf gefallen ist, erkennt in allen diesen vier Bildern hier den Vergaser, der zu der linken Skizze auf der vorigen Seite oben gehört. Ein MOTORRAD-Leser hat mir diese alten (und darum schon kostbaren) Stücke überlassen. Aber auch hier gilt ganz generell, daß der Aufwand und die Mühe sich nicht lohnen, ist ohne weiteres durch moderne Bings oder Dellortos zu ersetzen. Es steht nicht dafür, hinter Ersatzteilen herzulaufen.

bleibt wieder mal nur der eigene Verstand übrig und damit der vorhin gezogene Schluß: Es ist auf Grund Überlegung nicht zu erwarten, daß der Herausbau der Nadel viel bringt, einfach weil viel wesentlichere Strömungshindernisse in Gestalt von Nutenkanten immer noch drinbleiben. Es bringt bestimmt viel mehr ein, den Vergaserdurchmesser um 1 mm zu vergrößern.

Irgendein Wurm ist da also drin – und wenn das ganz kleine Würmchen, daß der erzielbare Nutzen dem Fertigungsaufwand nicht entspricht. Immerhin – in einem gelehrten Vergaserkapitel soll diese Bauart wenigstens nicht übergangen werden. Es könnte ja sein, daß mal jemandem so ein Ding in die Hand gerät.

Damit wären wir ja nun glücklich bis auf ¼ voll heruntergekommen, und wenn man den alten Meistern und Verfassern von Einstellanweisungen folgt, beginnt von ¼ voll bis herunter zum Leerlauf die Herrschaft des Leerlaufsystems. Schön wär's ja – und als wir nur Enzetten und OSLs einzustellen hatten, ging das auch prima. Seit es aber Maxen gibt und Adlers und SGS-Püche, ist das Leben ungleich schwerer geworden – da unten ist es heutzutage fürchterlich. Das gibt ein ganz neues Kapitel:

Das Leerlaufsystem

Schon bei der Erörterung der Vollasteinstellung haben wir gefunden, daß die Bemessung eines Kraftstoffstromes durch eine Bohrung nicht unbedingt leicht ist. Sobald es sich um besonders kleine Mengen handelt, wird die Einstellung des Flüssigkeitsstromes immer schwieriger. Sie ist dann so kritisch und wird vor allem durch Temperatur usw. so überraschend beeinflußt, daß man auf die Kraftstoffsteuerung besser verzichtet bzw. sie nur in ganz groben Stufen vornimmt. Wie das zugeht, zeigt wieder das Schemabild: Da ist hinter der Mischkammer – die ja durch den Schieber fast völlig verschlossen ist – eine Nebenbohrung, die hinter dem Schieber in das Ansaugrohr mündet und durch ein besonderes, kleines Düschen ihren Sprit erhält. In diese Nebenbohrung mündet noch eine Luftbohrung, die nicht viel anders als die große Bremsluftbohrung vorn im Vergaser, nur daß diese Luftbohrung mit einer konischen Schraube regelbar verschlossen werden kann.

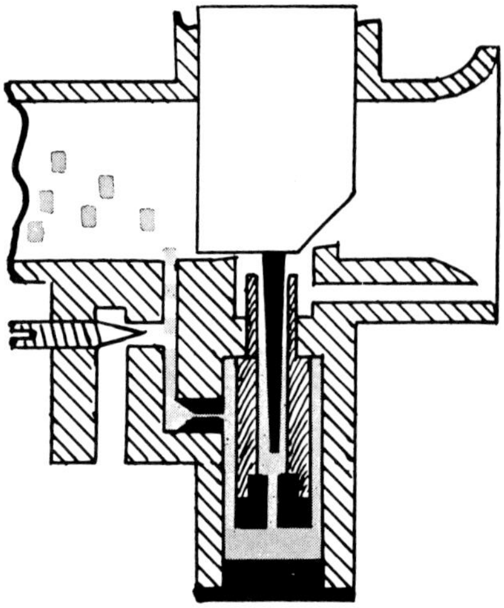

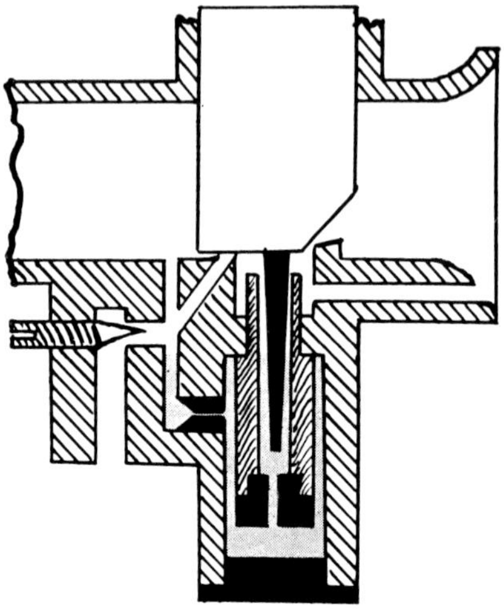

Das Leerlaufsystem ist also nichts weiter als ein winziges Vergaserchen, zu klein, als daß man den Spritzulauf einstellen könnte, also macht man den Spritzulauf eben ziemlich dick, bremst ihn durch Bremsluft ab und macht die Menge dieser Bremsluft durch eine Stellschraube regelbar. Das ist alles. Bei den ganz alten Amals war der Spritzulauf überhaupt nicht regelbar, das war eben ein Bohrloch im Spritzgußmaterial. Bei den Fischer-Amals hatte man wenigstens nach dem Kriege noch ein Messingdüschen eingesetzt, aber auch nicht auswechselbar, erst bei den Bings wurden in der Nachkriegszeit auswechselbare Düsen für den Leerlaufsprit verwendet – und keineswegs bei allen Vergasern. Genau eingestellt wird, wie gesagt, mit der Luftschraube für die Bremsluft – je weiter man die herausdreht, je mehr Bremsluft zuströmen kann, desto magerer wird das Gemisch. Es gibt auch einige ganz wenige Vergaser, so etwa die vorhin gezeigten Sondertypen mit herausgebauten Düsennadeln, in deren Leerlaufsystem der Kraftstoffzufluß mit der Stellschraube geregelt wird – schön ist das nicht, geht reichlich grob, auch bei sehr schlanker Spitze der Stellschraube. Wir zeigen wieder einen Haufen Bilder von Leerlaufsystemen – bei deutschen Vergasern wird die Leerlaufluft grundsätzlich auch hinter dem Luftfilter, also vorn an der Vergasermündung, geholt. Von wegen Staub – und Wasser im Gelände. Bei Vergasern für Sport- und Straßenmaschinen bringt man sich da nicht groß um, denn da ist ja sowieso kein Filter

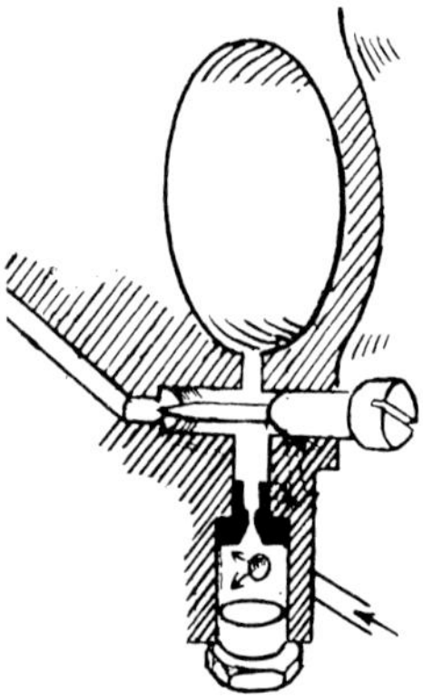

Bild oben links: Das Leerlaufsystem ist ein richtiger zweiter Vergaser, nur kleiner, es ist auch hier eine Kraftstoffdüse und eine Bremsluftschraube da. Rechtes Bild: Bei manchen Vergasersystemen geht unter dem Gasschieber noch eine zweite Bremsluftbohrung ab.

Bild links außen: Hier wird die Zusatzluft reguliert, geht sicher mit grober Schraube, stimmt immer.

Bild links innen: Hier wird der Leerlauf-Kraftstoff reguliert, bedingt sehr feine Schraube und ist trotzdem unsicher, außerdem schmutzempfindlich. Eben altenglisch.

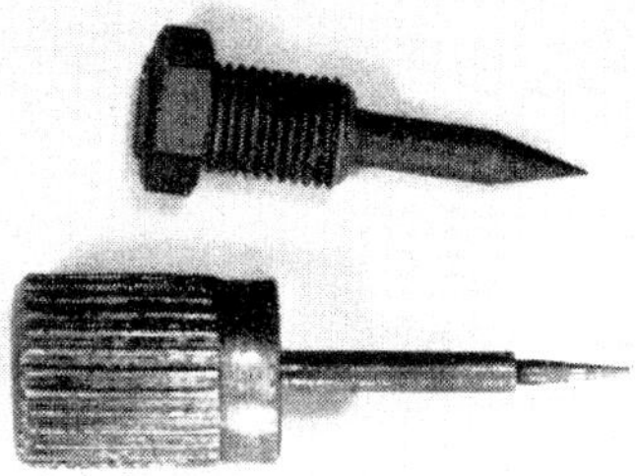

Oben: Leerlauf*luft*schraube und Leerlauf*kraftstoff*schraube, der Unterschied ist klar.

Rechts: Der Zutritt der Leerlaufluft bei Dellorto – weder staub- noch spritzwassersicher, Schönwettervergaser.

vorhanden, also fährt man mit der Eintrittsöffnung für die Leerluft auf dem kürzesten Weg ins Freie, wie es eben gerade trifft.
Leider sind hier auch wieder ein paar üble Haken, die weit nicht so schön funktionieren, wie das im Lesebuch steht.
Mehr am Rande interessiert auch die Feststellung, daß nicht alle Leerlaufsysteme so einfach funktionieren, wie das die Schemazeichnung Seite 48 zeigt. Meist ist da außer der eigentlichen Leerlaufluft, die von außen geholt und mit der Luftschraube genau eingestellt wird, noch eine zweite Bremsluftführung da, die ihre Luft aus der Mischkammer holt, wenn

Rechts: Zum Leerlaufsystem bei Dellorto gehört diese Kraftstoffdüse – sieht mehr nach verzweifelter Bastelei als nach klarer Überlegung aus. (Vergaserkonstruktion ist weitgehend Empirie!)

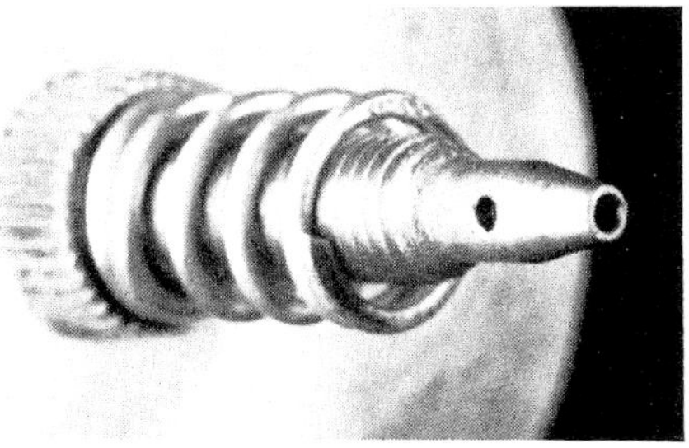

Unten: Leerlaufluftschraube der Dellortos – siehe oben!

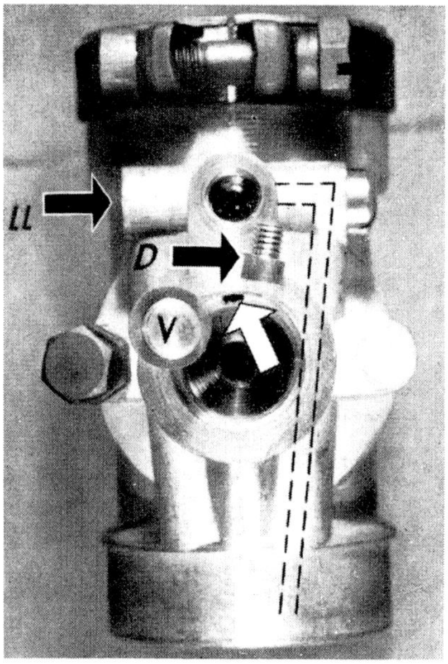

Bild links oben: Leerlaufsystem beim Bing-Schrägdüsenvergaser. Die Leerlaufluft kommt durch den langen Kanal vom Filter, drecksicher, wassersicher. LL ist die Leerlauf-Luftschraube, D die Leerlaufdüse, V das Verschlußdeckelchen dazu, der weiße Pfeil zeigt auf den Kraftstoffzutritt zum Leerlaufsystem.

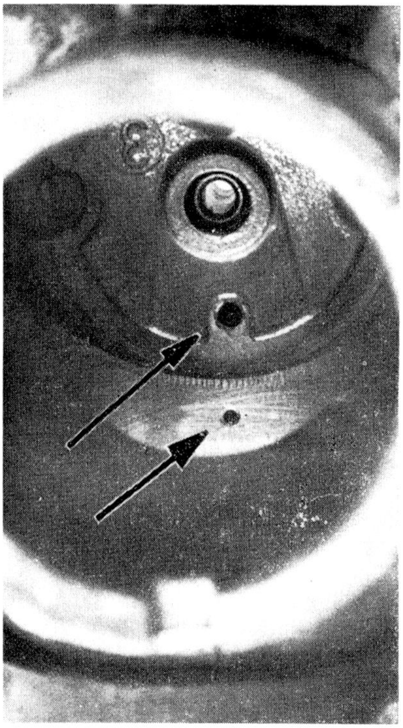

Bild ganz oben: Das ist die Mischkammer eines 32er Bing, man erkennt gerade noch die winzige Leerlaufbohrung (nicht etwa Bremsluft!), durch die eine feine Kupferborste gesteckt ist, um sie überhaupt sichtbar zu machen. Reiner Sportvergaser, von dem niemand besonders hervorragenden Leerlauf verlangt.

Bild hier links: Normale Bing-Mischkammer von oben. Der untere Pfeil zeigt auf die Leerlaufbohrung, der obere auf die berühmte besondere Bremsluftbohrung, siehe rechte Skizze auf der Seite 49 oben.

Bild rechte Seite innen: Leerlaufbohrung und Bremsluftbohrung beim Dellorto.

Bild rechte Seite außen: Da sitzt die Leerlaufbohrung in der Ausdrehung für den Schieber, dafür ist noch ein richtiges Luftkanälchen angefräst – Motorseite im Bild unten. Ganz alter Bing.

auch *vor* der Hinterkante des Schiebers, wie dies die rechte Zeichnung zeigt. – Wenn man einen Vergaserschieber untersucht, dann ist das ein Stück Rohr – wie bei Amal und Dellorto – oder gar ein U-förmig gebogenes Blech wie bei den Flachschiebern der MZs. Bei den Bings haben die Schieber zwar einen stabilisierenden „Boden“, da steht aber an der Hinterkante ein beträchtlicher Kragen über. Ist nun so ein Schieber bis auf den winzigen Spalt gesenkt, der für Leerlaufdrehzahl nötig ist, dann ist wirklich nur noch die Schieberhinterkante für die Druckausbildung im Vergaser wirksam. Hinter der Hinterkante ist natürlich voller Unterdruck da, vor der Hinterkante, wo diese zweite Bremsluftleitung abgeht, ist aber schon ganz normaler Außendruck da. Erst wenn man den Schieber sachte weiter öffnet, wandert der Unterdruck um die Kante herum weiter nach vorn, bis er das Hauptdüsensystem erreicht, das von nun an mit zu fördern beginnt.
An dieser Stelle des Vergasers hat die Wissenschaft längst nichts mehr zu sagen – da herrscht die reine Empirie, das Geschick und die Erfahrung der Vergasermacher. Die soeben vorgetragene Theorie von dem Unterdruck, der um die Schieberhinterkante herumwandert, hat einiges für sich, vor allem werden dadurch tatsächliche Beobachtungen ganz gut erklärt, ob das aber wirklich so ist, hat bis jetzt noch niemand bewiesen. (Wozu sich auch die Arbeit machen, schließlich geht ja alles prima!)
Diese schräge Bremsluftbohrung in die Mischkammer hinüber ist zwar meistens da, ist dann auch nicht zu vernachlässigen, sie braucht aber nicht unbedingt zu sein, bei dem auf Seite 50 gezeigten 32er Bing fehlt sie in der Tat.
Ziemlich untrennbar verbunden mit der Wirkung des Leerlaufsystems ist nun noch diese merkwürdige Auskehlung der Vorderseite jedes Vergaserschiebers, „Ausschnitt“ genannt. Vorderseite: das ist die Seite, die der Außenluft zugewendet ist. Man merke sich, daß der Ausschnitt immer nach vorn gehört, also vom Zylinder abgewendet sein muß. Mancher hat schon minutenlang geprümelt, weil er den Schieber nicht hineinbrachte – der war nur um 180 Grad verdreht. Schlimmer, wenn ein Schieber verkehrtrum überhaupt einzubauen geht – da haben etliche von den besagten „manchen“ schon stundenlang Kerzenversuche gemacht und sich mit Leerläufen totreguliert, bis sie entdeckten, daß nur der Schieber verkehrtherum saß. Der Schieberausschnitt hat zweierlei Wirkung:

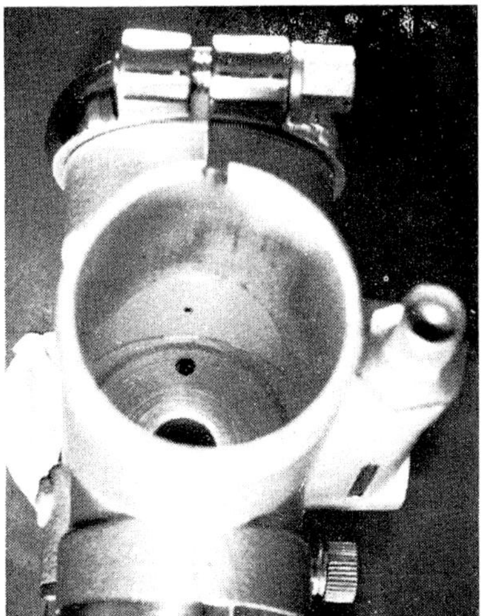

Unterrand der Bing-Schieber, man erkennt den „Ausschnitt" und den überstehenden „Kragen" am motorseitigen Schieberrand.

Wenn man aus einem Vergaserschieber den Luftschieber als überflüssig ausbaut, muß diese Führung möglichst tief unten dicht verschlossen werden, weil sonst die Wirkung des Ausschnittes völlig zerstört würde.

1. Die sozusagen legitime Wirkung – legitim, weil sie schon in den urältesten Amac- und Amal-Einstellanweisungen zu finden ist – des Ausschnittes ist da vorhanden, wo zwar kein absoluter Leerlauf mehr steht, der Schieber aber auch noch nicht ausgesprochen weit aufgezogen ist, so ungefähr bei 1/10 bis 1/5 der maximalen Hubhöhe. Da ist ein Kraftstoffbedarf vorhanden, der vom Leerlaufsystem nicht mehr gedeckt werden kann, das Hauptdüsensystem muß schon kräftig mitliefern – und da fängt schon wieder eine Gemeinheit an: In diesem Übergangszustand muß das Hauptdüsensystem zwar Sprit liefern, aber bei weitem nicht so viel, wie die Nadel in der Nadeldüse das zulassen würde. Hier wirkt der Ausschnitt – er setzt den Unterdruck an der Nadeldüsenschnauze so weit herab, daß da nicht mehr überflüssig viel gefördert wird. Das heißt: Kleiner Ausschnitt gibt fetten Übergang im Bereich von Leerlauf bis Fünftellast, großer Ausschnitt gibt mageren Übergang. Deshalb gab bzw. gibt es bei den Amals Schieber mit verschiedenen Ausschnitten. Heute ist man z. T. wieder davon abgekommen.

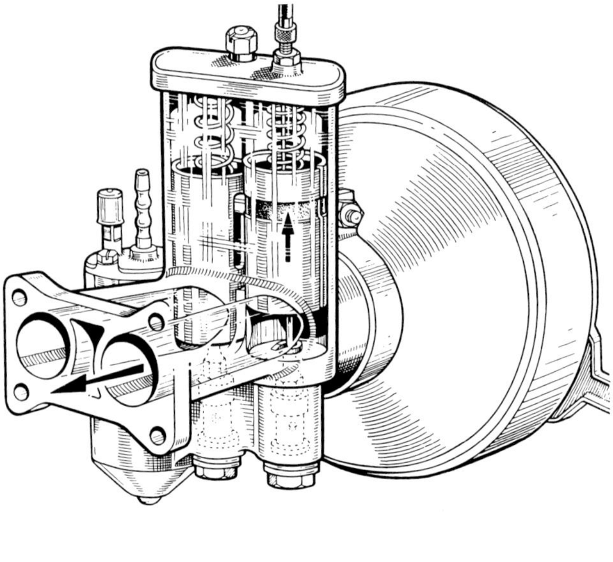

Auch das hielt man einmal für wichtig: Erst zieht der im Bild rechte Vergaser auf, der das Leerlaufsystem und die Düsennadel enthält. Wenn dieser Vergaser voll offen ist, zieht erst der zweite Vergaser auf, der nur für Vollast bestimmt ist. Darum herum hat man einmal viel Musike gemacht – erschütternd war die Wirkung nicht, man hätte das einfacher haben können.

2. Die zweite Wirkung: Die findet ganz oben bei Vollgas statt. Wenn der Schieber um ein Weniges gesenkt wird, bildet sich der Stau-Unterdruck hauptsächlich hinter dem Schieberende aus und beeinflußt das Hauptdüsensystem noch nicht – der Ausschnitt unterstützt so die Wirkung der Hauptdüsen-Bremsluft.

Bleiben wir aber bei der legitimen Ausschnittwirkung im Bereich von $^1/_{10}$ bis $^1/_5$ Vollast: Als 250er noch 18er Vergaser hatten, war das alles schön einfach, seit sie 31er und 32er Vergaser haben, ist das aber böse. Versuch: Fahre einmal mit einer modernen 250er mit 26er oder gar 32er Vergaser im Dritten mit ungefähr 50 – also so, wie man das im Stadtverkehr gemeinhin tut. Stelle die Drehgriffbremse etwas stramm, damit der Vergaser nicht von selbst zugehen kann. Stelle die 50 im Dritten schön genau ein und schalte die Zündung ab, bis die Kiste steht. Luftfilter runter – und nun sieh, wie weit der Schieber überhaupt auf ist: Du wirst dich wundern! (Ich schreibe das nicht zum Spaß hin, um die Zeilen zu füllen – es ist notwendig, das einmal gesehen zu haben, dieses ganze Vergasergeschwätz hier bekommt dadurch erst seinen begrifflichen Hintergrund!)

Wer nicht ausgesprochen Langstrecke auf schneller Straße fährt, der bringt den größten Teil seines Lebens bei Schieberöffnungen bis höchstens ¼ zu, *wo Gemisch* – also Zugkraft und Kerzengesicht – *und Verbrauch hervorragend durch die Leerlaufeinstellung beeinflußt werden.* Das war früher nicht so ausgeprägt wie heute bei den Stiefelrohrvergasern, und das war auch schon immer der Anlaß, warum selbst harmlose Motoren – wie etwa die letzten Zündappen der Derby-Reihe und die Triumph-Boß – mit Doppelvergasern ausgerüstet wurden. Der zuerst öffnende Fahrvergaser war klein genug, um einen sauberen und sicheren Übergang erzielen zu lassen, die Spitzenleistung wurde durch den zweiten Vergaser geholt. Nun hatten diese Motoren aber nur 40 – 50 PS/l. Eine Puch SGS holt aber ihre 70 PS/l aus nur *einem* großen Vergaser. Damit kann man wohl ermessen, daß das Übergangsverhalten eines Hochleistungsmotors ausschließlich dadurch diktiert wird, wie der Fahrer die Übergangseinstellung behandelt. (Die Schilderung des Einstellverfahrens kommt später und wird viel Platz benötigen.) Vorderhand müssen wir noch eine andere Vergaserart behandeln:

Der Pumpenvergaser

Im Volksmund heißt er vielfach auch „Einspritzvergaser“ und es sind nicht wenige harmlose, wenn auch sonst ganz ehrbare Mitbürger, die sich darunter so etwas vorstellen wie eine Art Einspritzmotor. Die Wirklichkeit sieht anders aus:

Wenn ein Motor im großen Gang mit wenig Gas schön langsam geht, so schön tucketucke-grade-noch-rund, etwa mit 40, wo die Maschine sonst 110 bis 120 geht, und man reißt auf einen Ruck das Gas auf, dann beschleunigt der Motor keineswegs, er patscht, schießt Feuer aus dem Lufttrichter und legt nur ganz langsam unter heftigem Niesen Drehzahl zu. Wenigstens war dies früher so, als 250er noch 20er Vergaser und 500er Einzylinder noch 28er Vergaser hatten. Heutige Motoren, die auf 250 ccm schon 28er und gar 32er Vergaser haben, bleiben unter ebendemselben Gekotze schlicht stehen.

Erklärung: Beim Langsamfahren mit kleiner Drehzahl war der Schieber weit zu, die Gemischbildung da unten war korrekt, der Motor lief sauber. Wird auf einen Ruck aufgerissen, dann bricht das ganze Unterdruckgebiet um das Leerlaufsystem zusammen, und nicht nur das, wegen der noch sehr niedrigen Drehzahl ist auch um das Hauptdüsensystem herum noch kein nennenswerter Unterdruck da – es wird viel zu wenig Kraftstoff gefördert, schlechte Verbrennung, daher die Patscherei, und im Extremfall gar keine Verbrennung mehr, der Motor bleibt stehen.

An sich ist diese Wissenschaft uralt: *Einen Vergaser soll man nicht aufreißen, sondern aufziehen.*

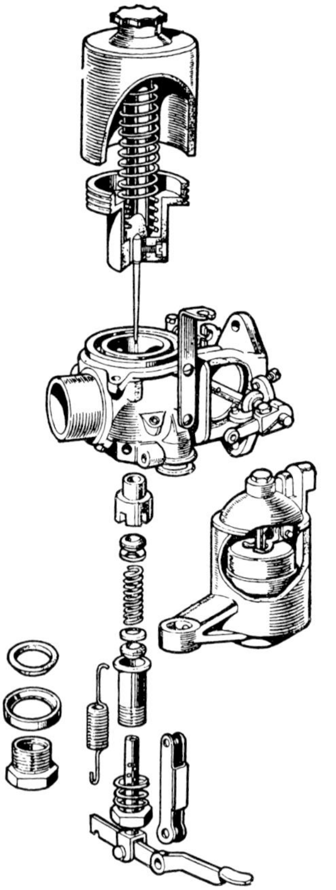

Dieses Bild ist nur da, damit ja jeder Leser sieht, wie ungeheuer gelehrt der Verfasser ist, wahrscheinlich laufen in Deutschland keine fünf Maschinen mit diesem englischen SU-Vergaser! Im Prinzip: Drosselklappe mit Startpumpe. Der seltsame Kolben im Oberteil funktioniert automatisch, er öffnet den Vergaserdurchgang nur langsam und sinnig, auch wenn ein Simpel die Drosselklappe aufreißt. Das Ding ging schön, ist aber aufwendig und entsprechend empfindlich, für Leute mit Verstand sowieso überflüssig.

Aber nur die wenigsten Leute wissen davon. Bei englischen Motorrädern findet man zuweilen den SU-Vergaser – bei dem wird der Gasschieber gar nicht vom Gaszug angehoben, da dreht man mit dem Handgriff eine ganz normale Drosselklappe und davor hängt, sozusagen am Unterdruck aufgehängt, erst der eigentliche Gasschieber. Die Klappe eines solchen SU-Vergasers kann man natürlich beliebig aufreißen, der Gasschieber öffnet unterdruckgesteuert erst in dem Maße, wie der Motor das mit zunehmender Drehzahl diktiert. Weit einfacher ist aber dieses Aufreißen-können mit einem Pumpenelement zu erzielen. Das Schema zeigt, wie das vor sich geht: Der untere Teil der Nadeldüse ist zu einer Art Pumpenzylinder erweitert, in dem sich ein regelrechter Pumpenkolben bewegt. Der Kolben hängt an der Düsennadel, und wenn man den Schieber und damit die Nadel hochzieht, dann fördert der Pumpenkolben ersichtlich eine erkleckliche Menge Kraftstoff aus der Nadeldüse hinaus, jedenfalls bedeutend mehr als durch den einfachen Unterdruck angesaugt worden wäre. Der Pumpenkolben sitzt nun keineswegs völlig dicht im Zylinder, der hat da beträchtlich viel Spiel, und weil selbst das im allgemeinen immer noch nicht ausreicht, sind da zuweilen noch regelrechte Längsbohrungen im Zylinder. Der Zweck dieser Undichtigkeiten ist wohl überlegt: Wenn nämlich der Schieber und damit die Nadel *langsam* herausgezogen werden, dann genügen diese Undichtigkeiten, daß die Pumpe *nichts* fördert. Bei langsamem Gasaufziehen ist es also genauso, als sei die Pumpe überhaupt nicht vorhanden. Erst wenn man *schnell* aufreißt, geht infolge der Trägheit durch die Undichtigkeiten kaum mehr Kraftstoff verloren, alles, was sich oberhalb des Pumpenkolbens befindet, wird mit Gewalt durch die Nadeldüse hinausbefördert.

Bei sinnigem Fahren wirkt diese Kraftstoffpumpe also überhaupt nicht, sie fördert nur beim Aufreißen die dann notwendige Zusatzmenge an Kraftstoff.

Vor dem Kriege hat man nun über Nutzen und Schaden dieser Einspritzpumpe beziehungsweise Beschleunigerpumpe seitenlange Artikel geschrieben, man hat ihr vor allem vorgeworfen, sie triebe den Kraftstoffverbrauch bis in alle Wolken hinauf. Ich habe nun in damaliger Zeit nahezu ausschließlich große Einzylinder gefahren – deshalb ist auch meine BMW-Erfahrung mit Vorkriegstypen recht bescheiden geblieben – und habe alle diese großen Einzylinder meist schon nach wenigen Tagen mit Pumpenvergasern versehen. Ich kann nicht sagen, daß mir dabei der Kraftstoffverbrauch weggelaufen wäre, er war keineswegs höher als vorher auch, nur erzielte ich damit eben ganz hervorragende Beschleuni-

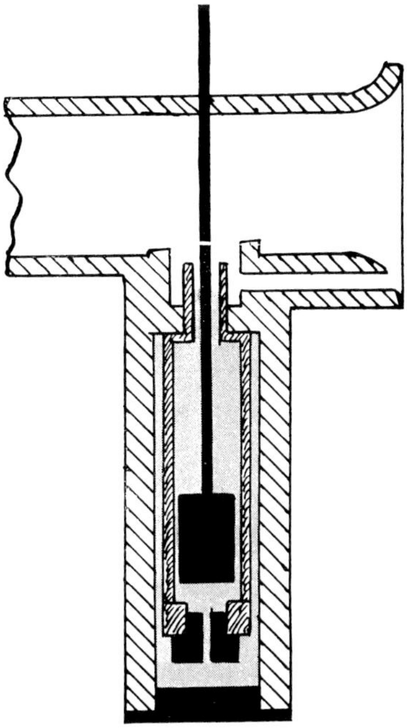

Wirkungsschema des Pumpenvergasers, daneben das Pumpenelement, der in der Zeichnung eng schraffierte Teil.

Rechts: Die Pumpenteile von Bing, man erkennt den Stärkeunterschied der Pumpenfeder und der Schieberfeder.

gungen. Ich habe dabei nicht etwa ausgenützt, daß man aus 40 im großen Gang heraus bis auf 120 hinauf beschleunigen konnte, im Gegenteil, ich habe damals schon die Gänge so hoch wie nur möglich ausgefahren, aber gerade eben bei diesem Ausfahren machte sich die Pumpwirkung überaus vorteilhaft bemerkbar: Wenn man in irgendeinem Gang auf Spitzendrehzahl angelangt ist, dann muß man ja kurz Gas zumachen, um den nächsten Gang schalten zu können. Ist der größere Gang erst drin, dann wird naturnotwendig sofort wieder aufgerissen, man hat dabei ja einfach keine Zeit, um langsam aufzuziehen. Zwar ist die Motordrehzahl von vielleicht 5000 auf nur 3000 abgesunken, aber gerade wenn man aus 3000 heraus aufreißt, ist der Motor für das bißchen Zusatzsprit aus der Pumpe äußerst dankbar.

Ich will nicht abstreiten, daß ein nicht mal besonders schneller Narr unter Umständen mit einem Pumpenvergaser 10 Liter durch einen Motor jagt, der unter einem ausgesprochen schnellen Mann sonst vielleicht nur 9 Liter gebraucht hätte, aber wenn jemand von Haus aus mit Verstand schon sehr schnell fährt, dann wird er mit einem Pumpenvergaser kaum mehr einen Mehrverbrauch feststellen, wohl aber wird er noch etwas schneller sein und reichlich Anlaß haben, sich bei unzähligen kritischen Überholvorgängen über die gute Beschleunigung zu freuen, die mit einem Pumpenvergaser zu erzielen ist.

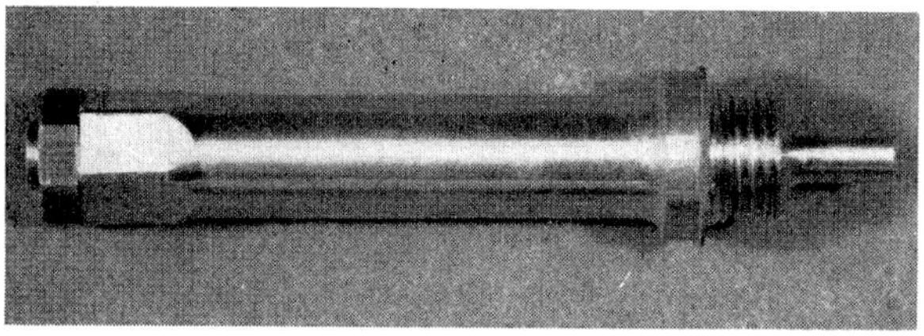

Das ist die Bing-Pumpe, sie steht hier eigentlich nur noch einmal zum Vergleich mit der Amal-Pumpe, unten.

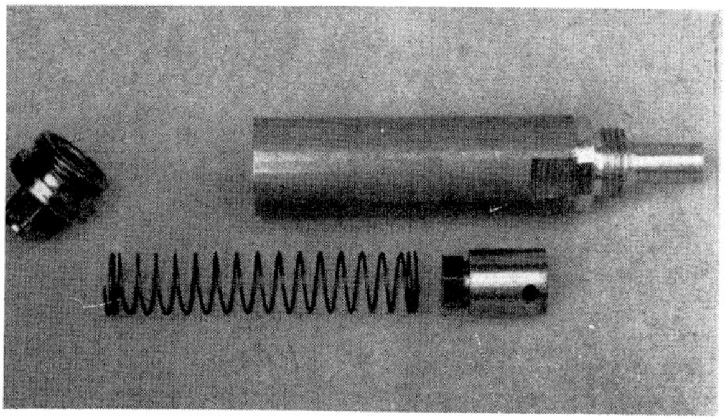

Das ist die Fischer-Amal-Pumpe, die viel in den Reginas verwendet wurde, so lange Fischer noch produzierte – ich glaube bis 1953. Die Hauptdüse steckt auch hier im Bodenverschluß des Pumpenzylinders.

Hier ist wahrscheinlich auch die Stelle, wo noch einer Laienmeinung entgegengetreten werden muß:
Ein Pumpenvergaser verändert die Spitzengeschwindigkeit einer Maschine in keiner Weise, er sichert lediglich eine optimale Beschleunigung, aber auch nur in den Fällen, wo die Maschine gleichermaßen hart, aber auch mit Verstand gefahren wird.
Es ist nun ziemlich gleichgültig, wie man das Pumpenkölbchen mit der Düsennadel koppelt, bei den vor dem Kriege noch vielfach verwendeten Graetzin-Vergasern *hing* das Kölbchen buchstäblich mit einer Kupplungskugel an der Düsennadel. Bei den Amals und heute bei den Bings ist die Düsennadel mit dem Pumpenkölbchen nicht mehr fest verbunden, vielmehr wird durch eine verhältnismäßig schwache Feder das Pumpenkölbchen stets in die oberste Stellung gedrückt. Erst wenn man den Schieber senkt, drückt die Düsennadel das Kölbchen gegen die Wirkung der schwachen Feder nach unten. (Dadurch, daß sich hier zwei Federn entgegenwirken, wird die Kraftwirkung der eigentlichen Schieberfeder teilweise herabgesetzt und man braucht schon einen hervorragend laufenden Gaszug, der nirgendwo klemmen darf, wenn man irgendwo einen Pumpenvergaser verwenden will. Leichte Klemmerei im Gaszug, die sonst vielleicht unbemerkt bleibt, kann die Wirkung eines solchen Pumpenvergasers absolut stören, der Motor folgt dann nicht mehr dem Gasgriff.)
Die heutigen Pumpenzylinder sind gegenüber früher ein bißchen kurz, das Pumpenkölbchen ist in seiner obersten Stellung angelangt – wo die Nadel abhebt –, wenn der Schieber erst halb aufgezogen ist. Anscheinend reicht der so geförderte Sprit auch schon. Den letzten Pumpenvergaser hatte ich an einer 350er Regina, es war ein Amal, den man bedenkenlos aus jeder Gangart aufreißen durfte, sie spuckte nie. (Man hätte nun noch Beschleunigungsmessungen mit einem alten Graetzin machen müssen – man sollte ja überhaupt viel genauer sein, aber heute ist eben keine Liebe mehr unter den Menschen.)
Wie schon gesagt, beschränkt sich meine eigene Erfahrung mit Pumpenvergasern auf große Einzylinder, ich hätte also höchstwahrscheinlich hier mein Manuskript beendet, vielleicht sogar noch dazugeschrieben, Pumpenvergaser seien nur von 250 ccm aufwärts sinnvoll,

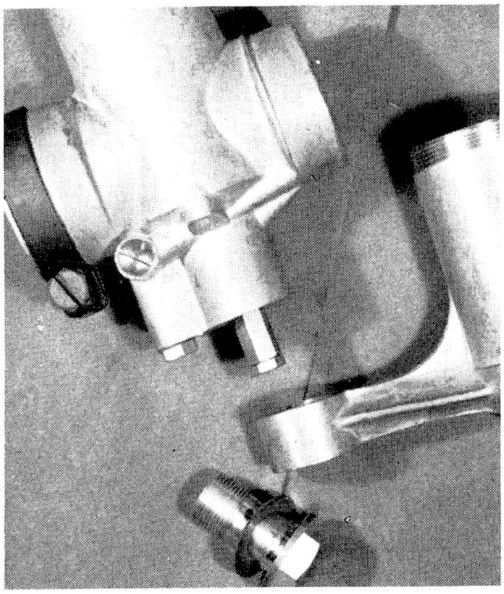

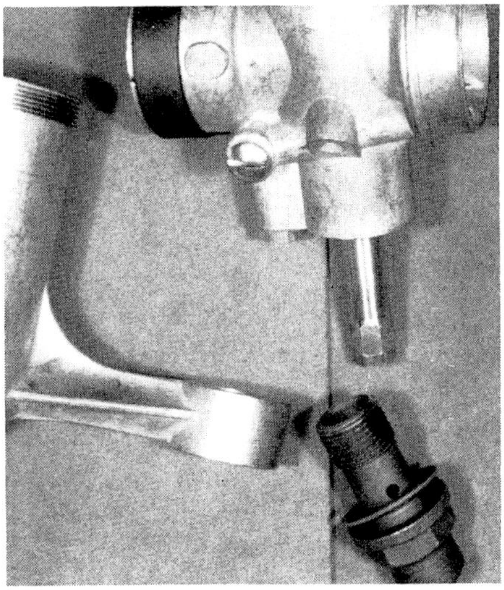

wenn mir nicht dieser Tage der Brief eines Lesers auf den Tisch gekommen wäre, den ich statt weiterer Erklärungen lieber gleich wörtlich abdrucke:

„Seit etwa einem Jahr fahre ich diese Pumpe in meiner Gelände-Superfox und ein Freund in der Max. Die Vorteile sind folgende: Die Superfox und die Max waren im Leerlauf reichlich fett eingestellt, um das „Loch" beim Aufreißen des Vergasers einigermaßen zu überbrücken. Dennoch blieb gerade meine Superfox, besonders bei kaltem Motor, sofort stehen, wenn man den Drehgriff aufzog. Bei Startprüfungen natürlich recht peinlich. Nach Einbau der Pumpe war dieser Mangel sofort behoben und die Beschleunigung größer geworden. Der Vergaser wurde entsprechend dem Vergaser-Artikel von 1953 im MOTORRAD neu eingestellt. Dabei ergaben sich folgende, von der Serieneinstellung stark abweichende Werte: LD 35 (vorher 45), Luftschraube 2 (1,5), Düsennadel oberste Kerbe (3. Kerbe von oben), Hauptdüse 85 (80). Die Vergrößerung der HD hat allerdings mit der Pumpe nichts zu tun, sondern erfolgte wegen der höheren Viskosität von Aral, da der Motor mit der HD 80

Oben links: Fußende des normalen Bing, der Düsenkörper ragt nur wenig weit heraus, da kann aber jederzeit der Pumpenkörper rein.

Oben rechts: Der Pumpenkörper ragt wesentlich tiefer, mit einem längeren Schraubnippel ist das aber zu bewältigen, gibt es zum Pumpenkörper gleich mit dazu.

Rechts: Beim MZ-Vergaser guckt der Düsenkörper so weit heraus, daß man schon annehmen könnte, es gäbe dazu auch passende Pumpenkörper.

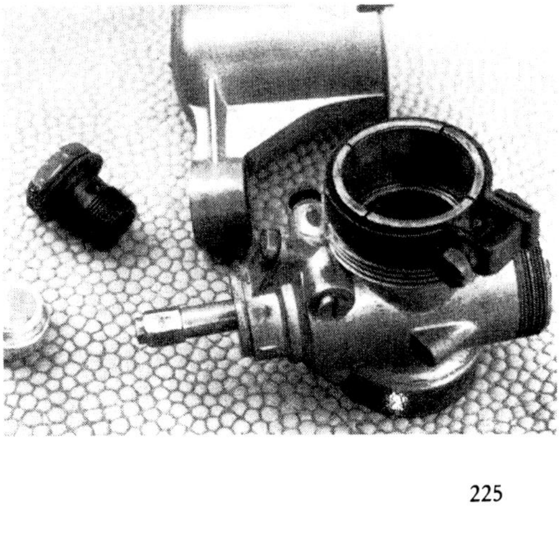

War mal eine erstklassige Starthilfe im Winter, Taschentuch überm Ansaugtrichter. Heute nur noch in bösartigen Fällen nötig, da muß ein Motor schon sehr krank sein.

mehrfach leicht abgebremst hatte. Der Verbrauch ist durch den Einbau der Pumpe nicht angestiegen. Allerdings liegen meine Verbräuche über den Werten der Test-Superfox, da ich einen Geländelenker montiert habe und mit meinen 1,85 m mehr Hauptspantfläche mitbringe als Klacks oder Hahmeyer. Außerdem dresche ich den kleinen Motor sehr hart (als Beispiel: Rückfahrt Garmisch – Hamburg nach den Six-Days einschließlich Tankpausen mit 72 km/h Schnitt bei 125 ccm!)"

Die Starthilfen

Die allereinfachste Starthilfe ist der sogenannte Tupfer im Deckel des Schwimmergehäuses. Wenn man ihn niederdrückt, wird das Schwimmerventil geöffnet, der Brennstoffstand in der Schwimmerkammer steigt, er steigt so hoch, bis aus der Nadeldüse flüssiges Benzin ganz von selber herausläuft und in der Mischkammer eine Pfütze bildet. Diese Pfütze sitzt hervorragend da, wo der Schieber spaltbreit offen ist, die beim Starten angesaugte Luft kann also von der Oberfläche der Pfütze weg hinreichend viel Kraftstoff mitreißen.
Damit ist auch erklärt, was der Tupfer soll: Es genügt, still und friedlich solange daraufzudrücken, bis eine Kraftstoffpfütze im Vergaser vorhanden ist, was man spätestens daran merkt, daß der Vergaser nach außen trieft und auch Sprit aus der Belüftungsöffnung im Schwimmerkammerdeckel heraussprudelt. (Es ist nicht gesagt, daß es gut ist, so lang zu drücken, das kann schon wieder zuviel des Guten sein, verständige Fahrer wissen aus Erfahrung, wie lang sie drücken dürfen, daß der Motor sicher kommt, aber Sprit noch nicht überläuft.) Es ist also völlig witzlos, auf dem Tipper lang herumzuhämmern, das bringt nichts. Auf die Gefahr hin, daß es einer jetzt schon zum dreizehnten Male liest, sei es *noch* einmal gesagt: Am besten erfaßt hatte das noch der uralte Auto-Union-Sachse, der einmal schrieb „Man dubfd den Vergaser".
Nächste Starthilfe ist der auch heute noch nicht völlig ausgestorbene Luftschieber, der bei manchen Vergasern noch anzutreffen ist. Dieser Luftschieber ist an sich ein grausiges Ding, er tut in keiner Weise das, was man sich vor 30 Jahren einmal davon versprochen hat,

er ist überhaupt nur zu rechtfertigen, wenn man ihn rein als Starthilfe benützt. Das geht dann so vor sich, daß der Luftschieber völlig gesenkt, also *in seine tiefste Stellung* befördert wird, wenn der *kalte* Motor gestartet werden soll. Ersichtlich bringt der Luftschieber in der Nadeldüsengegend einen gewissen Unterdruck, der allerdings nicht besonders hoch ist, aber gelegentlich ausreicht, ein entsprechend fettes Startgemisch herzustellen. Ist der Motor einmal angesprungen, dann kann es auch sein, daß der Luftschieber für die nächsten 300 bis 400 m noch unten bleiben kann, von da ab muß er aber spätestens gezogen werden, und zwar bis in die alleroberste Stellung, er würde sonst jede Vergaserregulierung glatt umschmeißen.

Einfach ausbauen kann man aber einen etwa vorhandenen Luftschieber auch nicht, das heißt, man kann es schon, muß dann aber die Führung, in der sich der Luftschieber innerhalb des Gasschiebers bewegte, durch eine eingelötete Messingplatte dicht verschließen, man darf die Führung also nicht etwa völlig offenlassen, weil dadurch wieder die Wirkung des Ausschnittes umgeworfen würde. Das im Mischkammerdeckel für den nicht mehr benötigten Luftzug vorhandene Bohrloch mit Gewinde ist aber kostbar, wir können es zum Einsetzen einer Anschlagschraube ausgezeichnet gebrauchen, die wir wiederum zum Einregulieren der richtigen Nadelstellung benötigen. Davon mehr aber später im Einstellkapitel.

Eine geläufige Starthilfe ist auch die Luftblende über dem Luftfilter, über die ich hier ja nichts Besonderes mehr zu sagen brauche. Die Tatsache allerdings, daß Mopeds in Millionenstückzahlen an Leute zu verkaufen waren, die mit der Sachkunde Null an die Dinge herangingen, hat eine Anzahl von Starthilfseinrichtungen mit sich gebracht, die zu beschreiben wirklich uferlos wäre, weil es einfach zu viel verschiedene Systeme davon gibt. Andererseits hat nichts davon für ehrliche Motorräder Bedeutung, abgesehen von einem Grenzfall: Es gibt eine kleine Zahl Mopedfahrer, die von alters her noch MOTORRAD-Leser sind, und nicht nur das, die sogar den Vergaserbandwurm mit Überlegung zu lesen begonnen haben. Nachstehend der Brief eines solchen Mannes – als Beispiel dafür, wie man „mit Verstand" vorgeht.

„Ich bin stolzer Besitzer einer nunmehr vier Jahre alten Zündapp-Combinette. Der Motor dieses Mopeds hatte nun seit einiger Zeit die Angewohnheit, bei Vollgasfahrten um die 40 herum in den Viertakt zu fallen. Entsprechend wurde er dann müde und zog nicht mehr richtig, abgesehen von dem damit verbundenen rauhen Lauf. Ich habe nun alles mögliche ausprobiert. Zündung hin- und hergestellt, Unterbrecher ausgewechselt, als das nichts half, neue Zündkerze gekauft, alles umsonst. Da fiel mir der Artikel über den Kondensator ein. Also den Kondensator ausgewechselt, trotzdem der meßtechnisch vollkommen in Ordnung war. Dann kam die Enttäuschung, alles nicht das richtige. Den Vergaser hatte ich natürlich auch schon von hinten nach vorne und wieder zurück gereinigt. Jetzt hatte ich endlich die Zeit gefunden, das letzte Heft und vor allem den Artikel über das Vergaser-Grundwissen zu lesen. Da ich Kaufmann bin, wollte ich beim Anblick der Skizzen das Heft schon weglegen. Bis ich auf den Punkt „Unterdruck" kam. Nichts wie runter in den Keller, den Vergaser abbauen und reingucken war eins: Ich hatte den Übeltäter! Der Schieber für die Starthilfe im Bing-Vergaser hing nur eine kleine Idee zu tief und ragte somit in den Ansaugstrom hinein. Ich wollte erst den Schieber ausbauen, habe dann aber dem Vergaser etwas mehr Luft gemacht, so daß nach meiner technisch nicht vorbelasteten Meinung die Sache bei Vollgas wieder hinhauen mußte. Das Resultat ist mehr als erfreulich, sowohl im Durchziehen als auch nach oben hin. Wahrscheinlich brauche ich in Zukunft auch nicht mehr so viel Sprit, denn Vollgasfahrten sind jetzt selten geworden. Bei 40 genügt eine Schieberöffnung von etwa 1/3. Wenn Ihr Artikel also nicht gewesen wäre, hätte ich wahrscheinlich nacheinander alle in Frage kommenden Teile ausgewechselt, trotzdem alle noch vollkommen in Ordnung waren, nur den Übeltäter hätte ich mit ziemlicher Sicherheit nicht gefunden. Erklären kann ich mir die Sache übrigens nur so, daß der Haltedraht für den Schieber

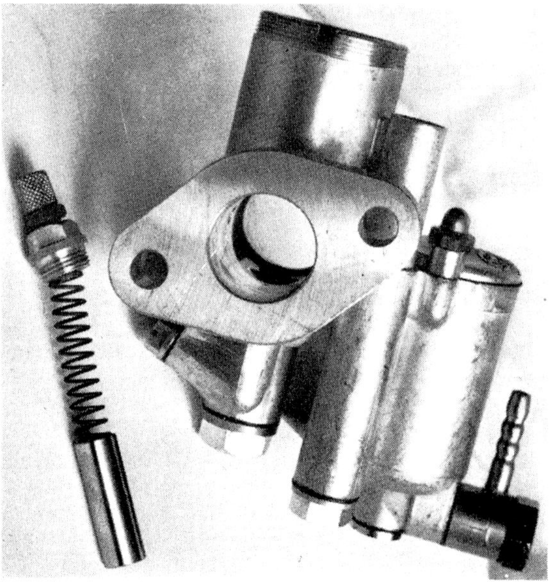

mit der Zeit nicht mehr ganz so fest sitzt und der Luftschieber dadurch etwas „Bewegungsfreiheit“ erhalten hat. Eine Kleinigkeit nur, die aber teuer werden kann, wenn man sie nicht findet. Also nochmals meinen herzlichsten Dank. H. F. in O.“

Etwas wie diesen Vergaserbandwurm zu schreiben ist ja ein steter Kampf mit sich selbst, man weiß nie so recht, wieviel Einzelheiten man eigentlich noch breitwalzen soll, wie weit man eine theoretische Überlegung wiedergeben soll und wo man zu schreiben aufhören soll, weil da vielleicht die Banalität anfängt. Ich bin jetzt einigermaßen beruhigt, denn dieser Mann hat den zunächst ja etwas abseitigen Fehler in seinem Vergaser nur entdeckt, weil er die „abseitigen“ Strömungsgeschichten genau gelesen und dabei mitgedacht hatte.

Eine der überhaupt wirksamsten Starteinrichtungen hat Bing mit dem Startvergaser geschaffen, der seine Entstehung allerdings nicht der Motorradtechnik verdankt, sondern der Roller-Technik. Man wollte bei Rollern und erst recht bei den ersten kleinen Mobilen das Tupfenmüssen vermeiden, irgendwelche Klappengeschichten kamen erst recht nicht in Frage, man wollte etwas haben wie den „Choke“ bei den Wagenvergasern, und so machte man bei Bing eben den Startvergaser. Wie unsere Bilder zeigen, ist das ein regelrechter kleiner Schiebervergaser neben dem eigentlichen Fahrvergaser. Dieser kleine Vergaser hat einen eigenen Schieber, der vom Lenker bzw. vom Fahrersitz aus mit einem Zug bedient wird. Allerdings *gibt es für diesen Schieber nur ein Auf oder ein Zu.*

Die Arbeitsöffnung des Startvergasers liegt hinter dem Hauptschieber, also auf der Motorseite, und vor allem in halber Höhe des Ansaugquerschnittes. Unsere Bilder zeigen ja zur Genüge, was da gemeint ist. Beim Start saugt also der Motor zwar durch den vom Hauptschieber offengelassenen Schlitz an, wobei der Kraftstoff durch das Leerlaufsystem geliefert wird, nur ist das eben zu wenig, als daß der kalte Motor damit anzuspringen vermöchte. Wird nun der Schieber des Hilfsvergasers gezogen, dann wird dadurch dessen Arbeitsöffnung freigegeben, so daß sich der Motor daraus ein entsprechend fett eingestelltes Gemisch ansaugen kann. Wenn nach dem Anspringen der Hilfsschieber wieder geschlossen wird.

Das da rechts ist der Bing-Startvergaser, wie er in nahezu allen Rollern, Messerschmitts und derlei drin ist. Man erkennt neben der Mischkammer eine dünnere zweite Kammer mit Drahtzug oben dran.

Links drüben ist der Startvergaser zerlegt, der Schieber aus der kleinen Kammer herausgezogen. Ganz außen ist das Wirkungsschema gezeichnet, über der Starter-Hilfsdüse ist ein rundes Luftloch angedeutet, der Kreis, man begegnet ihm wieder im oberen Bild auf Seite 62.

dann wird dadurch auch die Arbeitsöffnung abgesperrt und der Hilfsvergaser stellt seine Tätigkeit fortan ein. Vergißt man, nach dem Anspringen den Hilfsvergaser wieder zu schließen, so wird man nach einigen hundert Metern darauf aufmerksam gemacht, weil der Motor ausgesprochen faul geht, Zweitakter kommen überhaupt nicht mehr aus dem Viertakt heraus, man wird also unmißverständlich daran erinnert, daß der Hilfsvergaser jetzt wieder zugemacht beziehungsweise eben ausgeschaltet werden möchte.

Dieser Startvergaser hat wie gesagt seine eigentliche Bedeutung nur für Roller und für Mobile, bei Motorrädern ist er mir bis jetzt erst an der heute nicht mehr gebauten DKW RT 350 begegnet, und ich muß sagen, daß ich ihn eigentlich recht nett fand. Anlaß dazu war aber die damalige Sucht, siehe Maico-Taifun, Victoria-Parilla, Zündapp-Elastic, auch Motorräder bis zur Unkenntlichkeit und bis zur fast völligen Unzugänglichkeit zu verschalen, eine ansteckende Geisteskrankheit, von der in unseren Tagen gerade die Engländer heimgesucht werden. (Die ja wahrscheinlich auch noch merken werden, was man sich damit für Läuse in den Pelz setzt.) Auch der schönste Startvergaser bewahrt einen nämlich nicht davor, daß unausweichlich einmal der Tag kommt, an dem die Kiste nicht will, einfach weil mit dem Spritzulauf irgend etwas nicht stimmt. Dann steht man da mit seiner Weisheit und statt daß man sich mit dem im Vergaserdeckel gar nicht mehr vorhandenen Tipper überzeugen könnte, ob überhaupt Sprit da ist oder nicht, darf man das Werkzeug herauskramen, muß Verkleidungen abbauen und kann dann anfangen zu schlossern und sich dreckige Hände holen. Sowohl bei der 350er DKW wie bei all den alten Rollern, die ich lästigerweise oft monatelang fahren mußte, habe ich infolgedessen die tupferlosen Deckel heruntergeschmissen und statt dessen wieder meinen eigenen Tupferdeckel draufgemacht, so daß ich mich wenigstens im Notfall überzeugen konnte, ob Sprit in der Schwimmerkammer war, wobei sich immer viel und lästige Montiererei sparen ließ. (Bis natürlich auf das Abnehmen der Verkleidung, das ich in jedem Fall verflucht habe.) Ich habe also zwar nichts gegen Startvergaser, würde aber dennoch bei meiner eigenen Maschine nie auf einen „dennoch“-Tupferdeckel

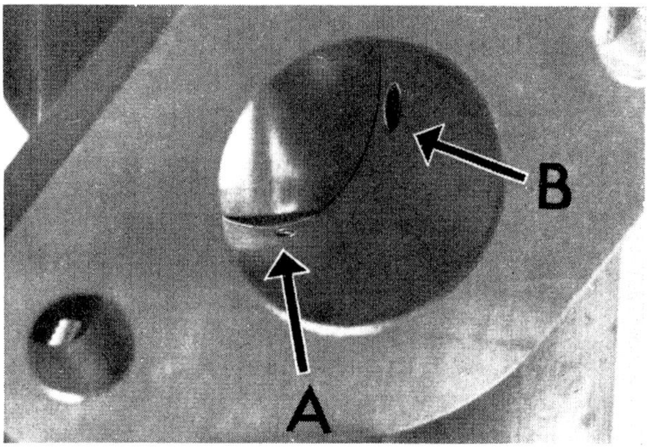

Das ist also die Motorseite des Startvergasers. A ist die Leerbohrung, B ist die Öffnung des kleinen Hilfsvergasers.

auf der Schwimmerkammer verzichten. Noch ein möglicher Vorzug des Startvergasers sei nicht übersehen: Weil der angebliche Verbrauch eines Motorrades und erst recht eines Rollers ein gewichtiges Verkaufsargument ist, hat sich die diesbezügliche Industrie seit vielen Jahren bis heute dazu verleiten lassen, ihre Motoren grundsätzlich viel zu mager zu regulieren. Natürlich ist das purer Unsinn, weder gewinnt man damit einen wirklich niederen Verbrauch, noch sonst etwas, die einzige absolut sichere Folge einer zu mageren Einstellung sind unweigerlich Kolbenklemmer. (Soweit lassen sich also sonst ganz vernünftige Leute bringen, durch nichts weiter als durch panische Verbrauchsangst.) Wenn man nun mit einem so mager eingestellten Vergaser etwa eine längere Autobahnsteigung hinauffahren will, bei der sich das Herunterschalten noch nicht lohnt, wohl aber der Motor bei Vollgas und verhältnismäßig niedriger Drehzahl schuften muß, dann macht sich Magereinstellung erst recht bemerkbar und da haben nun Leute herausgefunden, daß man bei solchem Zustand lediglich den Startvergaser zu ziehen braucht, der bringt dann bei Vollgas gerade die milde Anfettung, die man bei vernünftiger Vergasereinstellung mit ausreichend großer Hauptdüse auch gehabt hätte.

Das ist nicht etwa eine Bastlermaschine, das war mal eine „Werks"-Rennmaschine von Mondial. Mit Frischölschmierung! Aus dem Öltank führt ein Schlauch zu einer nachträglich eingesetzten Hilfsdüse im Ansaugtrichter. Funktionierte ausgezeichnet.

Wie man Vergaser richtig einstellt

Die Grundsätze

Hinsichtlich der Vergasereinstellung gibt es zwei Sorten Aberglauben:

1. *Man könne einen Vergaser nach den Angaben der Betriebsanleitung einstellen oder man könne gar in Stuttgart über Postfach 1370 nach der richtigen Vergasereinstellung fragen.*

2. *Man könne mit einer Vergasereinstellung auf der Straße in längstens einer Stunde fertig werden.*

Was nun die Handbuchwerte oder unsere eigene Funktion angeht, so teilen wir zwar seit vielen Jahren auf Anfrage Einstellwerte mit, setzen aber stur jeweils dazu, daß diese Werte nur als annähernd betrachtet werden dürfen, also als Ausgangsstellung für eigene Versuche, daß also auf der Straße nachgeprüft werden muß, was der jeweilige Motor tatsächlich verlangt.
Es ist nun keineswegs nur an dem, daß die einzelnen Motoren einer Serie unter sich so weit differieren, daß da von Stück zu Stück unterschiedliche Vergasereinstellungen herauskommen würden – das ist vielleicht bei jedem zwanzigsten oder jedem dreißigsten Motor der Fall. Viel schlimmer ist aber etwas anderes, nämlich die Tatsache, daß die Handbuchangaben über die Vergasereinstellung zum großen Teil *radikal* falsch sind. So ist z. B. seit ungefähr 5 Jahren bei allen deutschen Motorradfabrikanten eine geradezu hysterisch zu nennende Magereinstellung zu beobachten: Diese Magereinstellung wurde aus einer ebenso panischen Verbrauchsangst heraus diktiert, die Entwicklungsabteilungen bekamen von der Geschäftsleitung eben den Auftrag, den Verbrauch unter allen Umständen zu drücken. Also hat man den Verbrauch gedrückt, indem man an die untere Einstellungsgrenze heranging, man hat seinen Auftrag gegenüber der Geschäftsleitung erfüllt und eine Maschine mit niedrigem Verbrauch hingestellt. Daß diese Maschine nachher hundertstückweise festgegangene Kolben lieferte und so das Garantiekonto belastete, war ja nicht von der Entwicklungsabteilung zu vertreten, dazu hatte man eine Reklamationsabteilung, außerdem konnte man sich ja immer noch mit dem Kolbenmacher streiten. *Man kann also ruhig sagen, es sei ein Ausnahmefall, wenn ein Motor mit den offiziellen Einstellwerten zufrieden ist.*
Leider kann man nun die richtige Einstellung nicht mit einigen wenigen Probefahrten hinzaubern, selbst ein routinierter Mann braucht dazu mit einer tadellos in Ordnung befindlichen Maschine – die also keinerlei verborgene Mängel mehr hat, so daß sich wirklich alles schulbuchmäßig abspielt – so ziemlich einen vollen Arbeitstag, der sich meist noch beträchtlich bis in den Abend ausdehnt. Mindestens braucht man dazu aber mehrere Nachmittage. Was man sonst dazu braucht, ist ein ungefähr 2 km langes Stück Straße, das wenigstens bis auf die letzten 300 – 400 m einigermaßen eben sein müßte. Dieses letzte Stück braucht nicht absolut eben zu sein, es darf ruhig ein bißchen steigen, soll aber wenigstens *gleichmäßig* steigen, also nicht hohl oder bucklig sein. Solange man nach diesem Straßenstück Ausschau hält, sieht man sich auch gleich nach einer Steigung um, die so ungefähr bei 5 – 6% liegen soll, tunlichst aber 2 – 3 km lang ist – Autobahnsteigungen sind dazu hervorragend geeignet. Die 5 – 6% Steigung sind deshalb nötig, weil dabei ein Motor schuften muß, ohne daß sich aber ein Herunterschalten in den 3. Gang schon lohnen würde, der Motor läuft

Wenn ein Narr eine Verschraubung angeknallt hat – oder wenn Schrauben keine genauen Schlüsselweiten haben –, dann nicht mit dem Schlüssel würgen, sondern Schraube einspannen und mit durchgestecktem Holz losdrücken.

dann so 20 – 25% unterhalb seiner Höchstdrehzahl. Sowohl das ebene Probestück wie die Steigung in ganzer Länge möchten feststehende Marken haben, da müßten also Bäume, Kilometersteine oder sonst etwas sein, die man sich als Anfangs- und Endpeilung merken kann. Es kommt nämlich sehr darauf an, daß man bei stehendem Start immer vom gleichen Punkt ab losfährt oder daß man den Anfangspunkt jeweils mit gleicher Geschwindigkeit überfährt, um dann erst voll aufzuziehen. Es ist gut, auch gewisse Unterwegsmarken zu haben, bei denen man immer wieder den Tachometer ablesen kann, denn nur auf diese Weise bekommt man ein wirklich klares Bild des Motorverhaltens. Allein etwa die simple Feststellung „damit zieht er bedeutend besser ab" ist solang dummes Geschwätz und frommer Selbstbetrug, wie man sich nicht die Tachometerstände bei solchen Unterwegsmarken merken und nachher aufschreiben kann.
Überhaupt aufschreiben: Die allerwichtigste Gerätschaft beim Vergasereinstellen ist ein Notizbuch und Bleistift, wo wirklich jeder Dreck aufgeschrieben wird. Es ist schon unwahrscheinlich, wie schlecht auch das beste Gedächtnis arbeitet, und niemand, der es nicht schon gemacht hat, vermag zu ermessen, wie zuweilen 20 Minuten nachdenklichen Vergleiches der in 8 Stunden gewonnenen Zahlen diese ganzen 8 Stunden zuweilen als nutzlos erscheinen lassen, so daß noch einmal ein Tag Versuchsarbeit draufgesetzt werden muß. Wer ohne Notizbuch probiert, hätte wahrscheinlich nicht einmal diese 8 nutzlosen Stunden aufgewendet, sondern wäre schon nach einer Stunde nach Hause gefahren mit einer Einstellung, die er zwar für richtig hielt, die aber später eben denselben Verdruß gegeben hätte, den man gewöhnlich auch mit der Handbucheinstellung bekommt.
Ich sagte soeben Notizbuch: Man sollte sich die gewonnenen Aufschriebe unbedingt aufbewahren, denn es kommt ganz bestimmt der Tag, an dem sich die Notwendigkeit weiterer Versuche ergibt und man ist dann heilfroh, in den Aufschrieben von vor 3 Monaten oder von vor einem Jahr allerhand Anhaltspunkte zu finden. Ich nehme es bestimmt niemandem übel, wenn er das, was hier steht, für Zeilenschinderei und pedantisches Gequatsche hält. Ich habe es auch mal dafür gehalten. Bis ich gemerkt habe, daß ein aufbewahrter Notizzettel, zu dessen Auffindung man unter Umständen sogar 2 Stunden suchen mußte, einem einen ganzen Tag nutzlose Probiererei zu ersparen vermag. Ich bin bestimmt kein gewissenhafter Buchhalter, noch viel weniger gern hocke ich aber tagelang am Rande einer Probierstrecke und suche mühsam Ergebnisse zusammen, die alle schon einmal da waren und bloß wieder vergessen worden sind.

Mit diesem Gaszug regulieren zu wollen, ist ziemlich hoffnungslos – muß ersetzt werden.

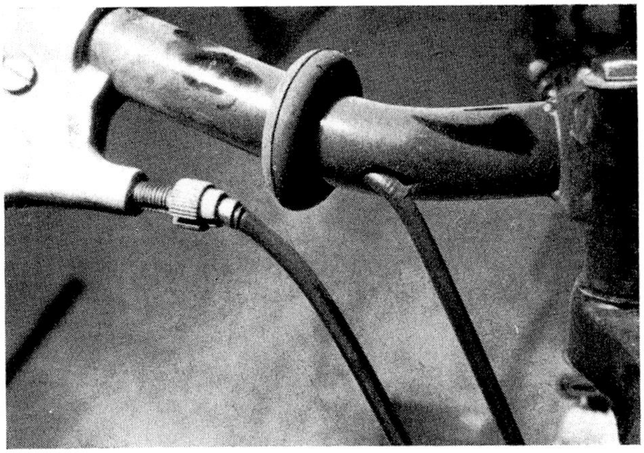

Die äußere Ordnung

Bevor man an die Einstellarbeit herangeht, muß außer dem Motor natürlich auch der Vergaser in tadelloser Ordnung sein. Man muß also sicher sein, daß das Schwimmerventil absolut dichtet, d. h. also gegebenenfalls neue Schwimmernadel und auch neuen Schwimmerkammerdeckel. Daß man sich eine neue Nadeldüse und ebenso eine neue Düsennadel leisten sollte, wenn der Motor so seine 15 000 bis 20 000 herunter hat, versteht sich wohl am Rande. Schließlich sind das nun einmal vier Abnützungsobjekte, die zwar etwas kosten, aber noch lange nicht ins Geld laufen.

Die verborgenen Schwierigkeiten beginnen aber schon bei der Hauptdüse, man besorgt sich auf jeden Fall auch von der vorhandenen Düsengröße ein neues Exemplar. Dazu noch die nächst kleinere Nummer und die beiden nächst größeren Nummern.

Warum man sich eine nagelneue Düse der vorhandenen Größe noch einmal besorgen soll: Man weiß nie, ob die vorhandene Größe noch stimmt! Möglicherweise hat niemand daran herumgeputzt, sie also bei dieser Putzerei auch nicht versehentlich erweitert, es gibt aber Hauptdüsen, die im Laufe der Zeit *enger* werden. Man erlasse mir die Begründung dafür, es ist aber so.

Vielleicht wäre es zu pedantisch, die neu gekauften Düsen zunächst einmal auf ihre Durchlaßwerte zu prüfen, soweit es nämlich Bing-Düsen sind, werden diese tatsächlich sehr genau auf ihren Durchlaßwert hin geprüft und sortiert. Das gilt auch noch, soweit diese Düsen wirklich neu gekauft sind und in einem deutlich nach Petroleum duftenden Papier eingewickelt waren. *(Bei Bing wird nämlich in der Fertigung jede Flüssigkeitsprüfung mit Petroleum vorgenommen, der Petroleumgeruch ist deshalb bestimmend dafür, daß es sich um einen Bing-Teil im Originalzustand handelt, der noch nicht in irgend jemandes Maschine mit Benzin in Berührung gekommen ist.)* Zu meiner eigenen großen Überraschung habe ich unlängst festgestellt, daß Düsen, die immer nur zehnminutenweise zu Probezwecken in Gebrauch waren, aber 4 Jahre lang im Aufbewahrungsblock gesteckt haben, wahrscheinlich durch Korrosion auch wesentlich engere Durchflußwerte zeigten, als der aufgestempelten Nummer entsprach.

Wenn nun doch einmal Not am Mann ist und Zweifel in der Richtigkeit einer Düsengröße bestehen, dann kann man da einigermaßen genau selber nachkontrollieren, wie das Jürgen Göbel hier auf Seite 88 und 89 beschreibt. Man braucht einen Trichter mit einem kurzen

Stückchen PVC-Schlauch, das man einerseits über das Trichterrohr schieben kann, in das man andererseits die zu untersuchende Düse hineinschieben kann. Mit einem Meßglas wird sehr genau eine bestimmte Benzinmenge abgemessen, in den Trichter gefüllt, Papierblatt darüber, damit nichts verdunsten kann, die Düse wird unten mit dem Finger zugehalten. Dann drückt man auf die Stoppuhr, nimmt den Finger weg und beobachtet jetzt, wieviel Sekunden vergehen, bis aller Saft aus dem Trichter und durch die Düse gelaufen ist. Es muß sich dann bei verschieden großen Düsen eine Sekundenreihe ergeben, die der Reihe der Düsennummern ziemlich genau entspricht. Düsen mit „falscher" Stempelung oder vielmehr falsch gewordener Weite fallen dabei sofort auf.

Vorhin war von einem Notizbuch die Rede: Da muß auch drinstehen, *mit was für einer Spritmarke* die betreffenden Versuche gefahren worden sind. Wenn man schon Anlaß hatte, sich den ganzen Trichterzauber aufzubauen und Düsen nachzumessen, dann kann man ja vielleicht auch einmal nicht nur mit *einer* Spritmarke probieren, sondern sich bei den beiden zunächstgelegenen Konkurrenz-Tankstellen je einen Liter von deren Sprit besorgen und damit ebenfalls Durchlaufversuche machen. Man wird sich vielleicht über die Zeitunterschiede wundern! (Kerzenfachleute brauchen heutzutage mit irgendeinem Fahrzeug höchstens eine Tankfüllung Sprit zu verfahren, um einem aus dem Kerzengesicht auf den Kopf zusagen zu können, was für eine *Marke* Sprit da drin war.)

Wir lachen zwar alle über die Produkte einer um Argumente und Ideen verzweifelten Benzinreklame, wo auf Plakaten etwa Männerchen zu sehen sind, die mit begeistert pfiffiger Miene feststellen, dieser Wundersprit zöge eben doch besser als alle anderen Spritfabrikate. Dennoch begegnen uns laufend Fälle, wo eine Maschine ganz auffällig besser oder auch ebenso auffällig schlechter zieht oder gar klingelt, wenn durch irgendeinen Zufall einmal die bis dahin gefahrene Spritsorte gewechselt worden ist. Das ist sehr einfach dadurch zu erklären, daß die ursprüngliche Vergasereinstellung eben an irgendeiner oberen oder unteren Grenze lag, so daß eine nur geringfügige Änderung irgendeiner Kraftstoffeigenschaft (Wichte, Heizwert, Zähigkeit) genügte, um diese Grenze vollends ganz zu überschreiten und so eine hinreichend große Änderung des Betriebszustandes zu erzielen, daß der Fahrer diese zu bemerken vermochte.

Ganz links: Da ist nicht nur ein neuer Zug fällig, da gehört auch ein Krümmer-Rohr hin. Die Stellschraube dient übrigens nicht der Leerlaufeinstellung, sie soll ca. 1–2 mm Längsspiel im Drahtzug sichern.

Links: Dagegen ist dieses hier die Anschlagschraube, von der fortwährend die Rede ist.

So einfach diese beiden Führungsschlitze aussehen, so sorgfältig muß das Schieberblech darauf ausgerichtet werden. MZ.

Hier kann man vielleicht auch gleich die zwar uralte, aber dennoch wenig bekannte Tatsache hereinnehmen, daß der Zähigkeitsunterschied von gewöhnlichem Fahrbenzin zu Aral-Super* so beträchtlich ist, daß man ohne Umregulierung nicht auskommt. – Wer Aral-Super* fahren will (und es gibt gute Gründe dafür, die mit Snobismus nichts zu tun haben, aber mit sauberen Motoren), *muß* umregulieren, ob er will oder nicht, denn Aral-Super* fließt zäher aus den Düsen und braucht (trotz höheren Heizwertes!) etwas größere Düsen – der Kilometerverbrauch wird aber trotzdem zurückgehen! Umgekehrt: – Wenn man einen Zweitakter auf normales Fahrbenzin tadellos eingestellt hatte, also auf Vollgas-Höchstleistung, dann braucht man nur einmal Aral-Super* zu tanken, um den Motor binnen der ersten drei Vollgasminuten festgehen zu lassen. Und wenn wir schon dabei sind, dann können wir auch

* Lesen Sie wegen „Aral-Super" unbedingt auf Seite 89 nach.

Dieses Bild ist nur gedruckt worden, weil da so schön viel Dreck drin ist – ein uralter Graetzin, als er noch nicht mal Bing hieß. Solcher Dreck kann jede Einstellarbeit bis zur Hoffnungslosigkeit stören – es ist Rost aus dem Tank. Natürlich rosten nur leere Tanks, also überwintert man eben mit vollem Tank, dem Sprit passiert ja nichts, der stinkt bloß, fährt aber anstandslos.

Links: Da reden wir immer so viel von Nebenluft – und da drin ist gar ein veritables Loch! Scheint mit der Nebenluft also gar nicht so wild zu sein. (Das Loch dient dem Abfluß übergelaufenen Benzins, Versaufsicherung.)

Rechts: Flanschanschlüsse werden über weichen Dichtungen krumm gezogen, also auf Ebenheit kontrollieren und plan feilen.

Rechts außen: Beim Bing-Schrägdüsenvergaser hat die Leerlaufluftschraube auch eine Feder statt einer Konterung, aber man sieht sie nicht, wie Mackie Messers Messer. Irgendwer kann eine falsche Feder hineingesetzt haben, deshalb erst mal Kontrolle.

gleich auf den etwa 1959 eingeführten Reklamegag von BP zu sprechen kommen: An den BP-Tankstellen kann man eine Mischung von Fahrbenzin und Super nach Wunsch tanken, und es geht die Sage, bei Wagenmotoren sei ein Effekt zu bemerken. Gewiß, die meisten Wagenfahrer sind nicht viel weniger hysterisch als ältere Witwen und pflegen, all das überzeugt zu bemerken, was man ihnen genügend überzeugend einredet. Andererseits besteht aber auch keinerlei Zweifel daran, daß Wagenmotoren gemeinhin noch viel ungenauer reguliert zu sein pflegen als Motorradmotoren – es ist durchaus möglich, daß das BP-Rezept mit unterschiedlichen Super-Beimengungen zum Fahrbenzin die Düsendurchlässe so beeinflußt, daß dadurch eine falsche Regulierung „richtiger" wird, und das kann ein Fahrer zuweilen sogar bemerken. Wenn 9 von 10 Fahrern BP-Mix tanken, dann tun sie das bestimmt auf Grund einer Einbildung, ebenso sicher ist aber, daß der zehnte Fahrer tatsächlich eine Wirkung bemerkt. Gleich noch ein Rat: Es ist augenscheinlich richtiger, sich die Mühe zu machen, den Vergaser *für eine bestimmte Kraftstoffsorte genau* einzuregulieren, als der vorhandenen, ungenauen Regulierung mit Mischkunststücken auf die Beine helfen zu wollen.
(Ist es übrigens nicht bezeichnend, wieviel Zeilen schon wieder geschrieben werden mußten, nur um zu begründen, daß man zu einer vorhandenen, schon längere Zeit gefahrenen Hauptdüse eine nagelneue Düse gleicher Größe besorgen soll? Dabei könnte man über die hier angeschnittenen Probleme mühelos ein Buch schreiben und hätte damit ebenso mühelos eine ganze Anzahl der Benzinmacher im Genick.)

Fahren wir aber fort im löblichen Werke:

Die Leerlaufluftschraube wird auf jeden Fall einmal völlig herausgedreht und untersucht – korrodierte und zerdrückte Spitzen sind nicht gerade selten, entsprechend sieht dann auch die Gegenbohrung aus, schwergehende Schrauben lassen sich meist durch einen Tropfen Kolloidgraphit oder Molybdänschmiere leichter gangbar machen. Vor allem überzeuge man sich, daß die Leerlaufluftschraube sich auch tatsächlich bis auf ihren Sitz hinunterdrehen läßt. Vor allem, wenn da ein Druckfederchen ist, das als Rückdrehsicherung wirken soll, ist diese Überzeugung notwendig: Nicht nur einmal ist einer fast des Teufels geworden, weil die Luftschraube sich zwar nicht mehr drehen ließ, aber dennoch nicht dicht auf ihrem Sitz

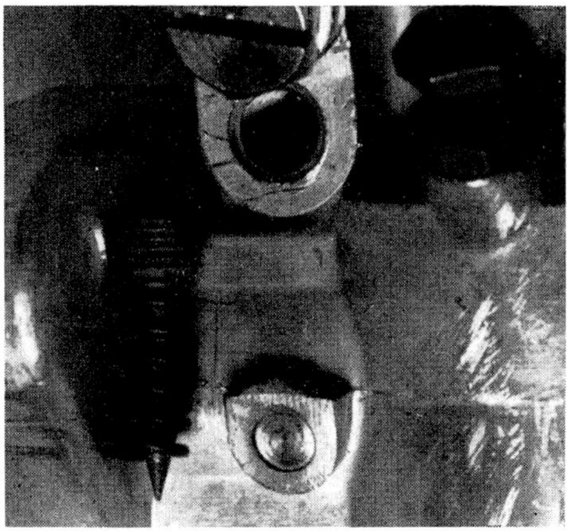

saß, nur weil eben dieses verdammte Federchen schon vorher Gang auf Gang zusammengedrückt war.

Die Leerlaufdüse selbst ist bekanntermaßen wesentlich enger als Hauptdüsen zu sein pflegen, kommen doch hier Weiten von 35, 40 und 45 in Frage. Dementsprechend drastischer wirkt hier die schon erwähnte Korrosion, am besten leistet man sich gleich eine neue Leerlaufdüse. Ob man auch noch andere Leerlaufdüsengrößen braucht, wird sich im Laufe der Versuche noch früh genug herausstellen.

Neue Dichtungen sind Pfennigartikel, sie genau passend zu haben kann gelegentlich auch wichtig sein, vor allem untersucht man den zerlegten Vergaser auf Bohrungen, die von der Hauptdüsenkammer etwa ins Leerlaufsystem hinüber abgehen. Solche Bohrungen dürfen durch überstehende Dichtungen, Unterlagsscheiben und derlei nicht etwa versperrt werden, und schon mancher hat sich über mangelnde Regulierfähigkeit seines Vergasers gewundert, nur weil eine solche nicht genau passende und etwas überstehende Dichtung irgendeinen Kraftstoffzufluß behinderte.

Was es mit der Belüftungsöffnung für die Schwimmerkammer auf sich hat, mag im zuständigen Kapitel über Schwimmergehäuse nachgelesen werden, das haben wir ja dort wahrhaftig genügend plattgetreten. Damit bleiben nur noch die letzten Banalitäten zu erledigen: *Der Gaszug* muß natürlich absolut einwandfrei sein, eine auch nur leicht angeknickte Hülle oder eine Drahtseele, bei der nur ein einziger Teildraht aufgefusselt ist, kann jede Einstellarbeit illusorisch machen, nur weil bei jedem einzelnen Drehen am Gasgriff der Schieber sich wieder anders einstellt. Bei Viertaktern sitzen die Vergaser ja sehr hoch unter dem Tank, die Züge werden scharf abgeknickt, und nicht jeder Motorradfabrikant war anständig genug, für die Erzeugnisse seines Gewerbefleißes bei Bing auch den richtigen Mischkammerdeckel zu kaufen. Dort gibt es ein halbes Dutzend verschiedene Mischkammerdeckel, die gleich angegossene Krümmer für den Gaszug haben, so daß also dieser Zug nicht geknickt zu werden braucht.

Die Gaszugspedanterie ist bei der Leerlaufregelung enorm wichtig, da aber bei heutigen Maschinen die Leerlaufeinstellung für mindestens 80% der Reisefahrstrecke maßgebend ist, sollte man sich wirklich um diese Zugbanalitäten kümmern. Das erstreckt sich sogar auf die einwandfreie Lötung des unteren Nippels, an dem der Vergaserschieber aufgehängt wird. Wenn da ein Tropfen Zinn dranhängt, kann das genügen, daß nach einem zufälligen Aushängen und Wiedereinhängen des Schiebers die frühere, tadellose Leerlaufeinstellung einfach nicht mehr stimmt und der Motor wild losrast: Der Schieber sitzt jetzt vielleicht nicht mehr auf der Anschlagschraube auf, er hängt oberhalb des Nippels, um einen Viertelmillimeter zu hoch, weil der Nippel nicht mehr ganz drin ist, und das genügt wieder, den Leerlauf völlig umzuschmeißen.

Der Gasschieber selbst bedarf auch vorheriger Kontrolle, er muß tadellos leicht und klemmfrei gehen, was keineswegs selbstverständlich ist. Insbesondere bei Bing legt man in der Fertigung großen Wert darauf, die Schieber in der Mischkammer sehr satt, also sehr dicht gehen zu lassen. Das ist zweifellos erfreulich, denn je dichter ein solcher Schieber von Anfang an paßte, um so länger dauert es, bis er eines Tages dann doch ausgeschlagen ist und ersetzt werden muß. Andererseits kommt es bei dieser genauen Arbeit aber doch vor, daß mal ein besonders dicker Schieber auf eine besonders enge Mischkammer trifft und infolgedessen ein bißchen stramm geht. Da kann es dann schon passieren, daß die Schieberfeder nicht mehr ausreicht und der Schieber immer ein bißchen hängenbleibt, so daß der Motor beim Gaswegnehmen weiterjubelt oder mindestens keinen regelmäßigen Leerlauf hat. Es ist ein rauhes Mittel, mit dem ich mir aber gelegentlich in der Verzweiflung auch schon geholfen habe, den Schieber mit einem Streifen ganz feiner Schmirgelleinwand einfach abzuschmirgeln. Als anständiger Mensch müßte man es vorher mit einem Tropfen Kolloidgraphit oder einer Spur Molybdänpaste versuchen und den Schieber damit einreiben. (Daß man Führungsnuten und Kanten auf Ecken und Grate untersucht, dürfte sich ja doch wohl am Rande verstehen.) Man überzeugt sich eben, daß der Schieber in der Mischkammer tadellos läuft, nicht im geringsten eckt und daß er vor allem minutiös dem Drehen des Gasgriffes folgt. Die langgeschlitzten Amal- und Dellorto-Schieber werden immer mal verdrückt und laufen dann nicht mehr, einen MZ-Flachschieber braucht man nur streng anzugucken, dann erschrickt er, knickt zusammen und klemmt auch. Muß man aber nur wissen, dann paßt man auf und es passiert nichts mehr.

Soll ich jetzt auch noch lange schreiben, daß auch Langzug-Gasgriffe keineswegs immer so sauber laufen, als daß sich dabei nicht gelegentlich ein unsauberer Leerlauf ergäbe, der allein einem ausgeschlackerten und in der Endstellung deshalb klemmenden Drehgriff zuzuschreiben ist? Fangen wir lieber mit der eigentlichen Einstellarbeit an:

Die Vollgaseinstellung

Es ist eigentlich nur eine alte Gewohnheit, bei der Regulierung mit der Vollgaseinstellung zu beginnen. Man braucht dazu auf Anhieb mindestens vier verschiedene Hauptdüsengrößen, in Ermangelung von Werks- oder Handbuchangaben sogar noch mehr, wie aus untenstehender Aufstellung zu ersehen ist, in der wir versucht haben, einmal die bei den verschiedenen Vergaserweiten für verschiedene Motoren notwendigen Hauptdüsengrößen zusammenzustellen. Mit diesen Düsen ausgestattet begibt man sich zunächst einmal auf die Versuchsstrecke, es kommt dabei auch nicht so sehr auf eine absolut genaue Zündeinstellung an, *diese braucht nur ganz ungefähr dem Handbuchwert zu entsprechen.* Das heißt also, daß es witzlos ist, sich mit einer genauen Zündeinstellung die Beine zu brechen und da mit Gradscheibe, Meßuhr und derlei groß zu operieren, es genügt vollkommen, die Vorzündung zunächst nach Schnauze und über den Daumen einzustellen. Bis man auf die Meßstrecke kommt, ist der Motor höchstwahrscheinlich schon brauchbar warm geworden, man fährt also zunächst auf der Prüfstrecke einfach los, schaltet in üblicher Weise hoch bis in den

Ansaugweiten mm	16-18	20	22	24	26	28-30
Hauptdüsenweiten	70 / 90	80 / 95	85 / 110	100 / 125	100 / 125	105 / 130

Vierten und läßt die Kiste nun mit Vollgas – bis dahin wird man bei stehendem Start ungefähr 500 m gebraucht haben – ungefähr 1 km weit laufen. Natürlich hört man dabei zunächst nach dem Motor hinunter, man achtet auf den Tacho und nun möchte man an der vorerwähnten, schönen und ebenen Strecke angelangt sein, wo man den Tacho endgültig ablesen kann. Wenn der tanzt, ist es natürlich übel, dann ist der Tacho mit Sicherheit ein Stück, an dem der Motorradfabrikant so lange herumgefeilscht hat, bis die Tachometerfabrik eben einen Pofel geliefert hat. Zuweilen und sehr viel seltener hilft es aber auch, den Tachometer in einer Spezialwerkstatt auf saubere Spitzenlager nachsehen zu lassen, zuweilen hilft es sogar, die Antriebswelle nachzuschmieren. Jedenfalls kommt es eben darauf an, eine möglichst ruhige Tachometeranzeige zu haben. Es kommt aber ganz und gar nicht darauf an, daß der Tachometer auch tatsächlich stimmt, der kann irgendwelche Phantasiewerte anzeigen, *die Anzeige muß eben ruhig sein, weiter gar nichts.*

Auf jeden Fall wird diese Anzeige einmal aufgeschrieben. Wenn man jetzt Gas wegnimmt, und zwar zunächst ganz wenig, dann darf die Maschine dadurch nicht schneller werden. Bei Handbucheinstellung der weitaus meisten Motorräder ist dies aber der Fall, wenn man da das Gas nur ein bißchen zurücknimmt, daß also der Schieber im Vergaser ungefähr ⅕ des Durchlaßquerschnittes absperrt, dann werden diese Maschinen nicht nur *nicht* langsamer, sondern gelegentlich sogar *deutlich* schneller. Das ist ein untrügliches Zeichen dafür, daß die Hauptdüse noch zu niedrig ist, also Rückfahrt bis an den Ausgangspunkt und alsbald die nächste größere Hauptdüse rein.

Mangels besonderer Übung beschleunigt man wieder stur hoch, läßt einen knappen bis ganzen Kilometer laufen und liest wieder die Endstellung des Tachometers am Ende der Prüfstrecke ab. Ist der Motor vorhin, also bei der kleineren Hauptdüse, auf leichtes Zudrehen hin schneller geworden, dann wird man jetzt eine deutlich höhere Tachometerablesung erhalten. Beim Zudrehen wird die Maschine vielleicht nicht mehr langsamer, man wird aber wahrscheinlich immer noch ein ganzes Ende zudrehen können, ohne daß sie deutlich langsamer wird. Das ist das Indiz dafür, daß man eine noch größere Hauptdüse braucht, die genauso wieder mit einer eigenen Kontrollfahrt geprüft wird.

Wir sagten soeben, bei diesem Zurückdrehversuch dürfte der Vergaserschieber nur sehr wenig geschlossen werden. Man macht sich am besten auf den Drehgriff eine Marke, an der man genau sehen kann, ob der Schieber nun tatsächlich um höchstens ¼ seiner Hubhöhe zurückgegangen ist, daß also der Vergaser zumindest für ¾ der Hubhöhe offen ist. Hier, in diesem Bereich, spielt sich nämlich dieser Effekt des Schnellerwerdens bei leichtem Zurückdrehen ab.

In ganz groben Fällen fängt der Motor bei Vollgas sogar an zu patschen, dann ist die Hauptdüse natürlich ganz gewaltig zu klein, allerdings darf man da dann auch nicht bloß an der Hauptdüse suchen, vor allem, wenn die Patscherei bleibt, auch wenn die Hauptdüse um 2 – 3 Nummern vergrößert worden ist. Dann liegt nämlich eine Behinderung im Kraftstoffzufluß vor, die man sehr genau suchen muß, und zwar beginnend buchstäblich an der Hauptdüsenöffnung. Es ist nämlich gar nicht gesagt, daß die Verbindung zwischen Schwimmerkammer und Düsenkammer ungestört ist, schon da kann eine Zuflußbehinderung sein, ganz zu schweigen von einem etwas zu engen Durchtritt des Schwimmerventils – dies mit Begeisterung dann, wenn die beiden Vergaser eines Twins aus einer einzigen Schwimmerkammer gespeist werden sollen. Das hat zwar einiges für sich, es erspart einem vor allem etwaigen Verdruß mit unterschiedlich hohen Brennstoffständen bei beiden Vergasern, nur muß man eben wissen, daß die Weite des Schwimmerventils vom Fabrikanten für den Kraftstoffbedarf einer einzigen Mischkammer bemessen wurde und nicht immer für die Versorgung von zwei Mischkammern ausreicht, vor allem dann, wenn dieser Motor auch noch den Durst eines Sportmotors entwickelt.

Es ist gut, wenn man diese Probierfahrten nicht nur einmal macht, sondern mit jeder Düsengröße zwei oder gar dreimal fährt. Auf diese Weise bekommt man nämlich einen Begriff von der Reproduzierbarkeit der Tachometerablesungen, man gewöhnt sich dann daran, *genau* abzulesen, also nicht etwa 90 aufzuschreiben, wenn der Tachometerzeiger zwischen 88 und 90 pendelt oder zwischen 90 und 92. Man wird dann auch entdecken, wie sehr es auf genaue Körperhaltung ankommt, *es ist deshalb witzlos, da besondere Haltungskunststücke zu machen, sich lang zu legen und derlei.* Denn gerade diese verkrampfte Sitzhaltung ist bei jeder Fahrt wieder anders und man kommt zu Tachometerablesungen, die überhaupt in keinem Zusammenhang zur Hauptdüse mehr stehen. Schließlich ist es ja völlig wurscht, wie schnell man bei diesen Probefahrten fährt, man hockt sich also so gemütlich wie möglich hin, nur weil man dann die Garantie hat, jedesmal genau gleich zu sitzen und nicht den Widerstand zu ändern. Im Bereich um 100 km/h bedeuten 2 – 2,5 km/h eine Zeigerbreite, auf die also schon genau abgelesen werden muß. Diese 2% mögliche Geschwindigkeitsänderung setzen aber 5% Leistungsänderung des Motors voraus, die wiederum durch weniger als eine Hauptdüsengröße hervorgerufen ist. Bei jeder Probefahrt möglichst genau dieselbe Sitzhaltung einzunehmen ist also eminent wichtig, schon deshalb empfiehlt es sich, jede Messung 2- bis 3mal zu wiederholen, denn nur daran erkennt man die berühmten Streuwerte, die zu erzielen schon ein „ausgekommener" Mantelzipfel ausreicht. Wenn es bei mir darum geht, für irgendeinen Motor mit auch nur einem einzigen Vergaser die richtige Hauptdüse festzustellen, dann brauche ich selber dazu an die 20 einzelne Meßfahrten, eine Meßfahrt samt Aufschrieb und Düsenänderung ist selbst bei konsequenter Arbeit unter 7 Minuten nicht zu machen, macht 140 Minuten, da hat einer zwischen Frühstück und Mittag schon zu tun.

Wiederholte Fahrten auf derselben Strecke fördern noch eine andere Übung: Man lernt, ruhig zu beobachten und sich Beobachtungen zum späteren Aufschrieb systematisch zu merken. Deshalb die vorhin erwähnten Landmarken, es fällt einem da auf, ob man an solchen Unterwegsmarken etwa mit größerer Schnelligkeit vorbeifährt, ob man sie früher erreicht oder sonst etwas. Alles das wird jeweils auch notiert, ich notiere sogar unmittelbar am Ende der Meßstrecke und fahre nicht etwa erst zu dem Ausgangspunkt zurück, weil man dabei schon wieder viel vergißt.

Man wird bei diesem Verfahren, wenn man also bei der mageren Seite beginnt, so ungefähr beim zehnten Aufschrieb eine Düsengröße finden, von der ab die erzielbare Höchstgeschwindigkeit nicht mehr steigt.

Bei Viertaktern kann man noch 2 – 3 Düsengrößen weitergehen, die einmal erreichte Höchstgeschwindigkeit bleibt erhalten.

Bei Zweitaktern braucht man über die einmal erreichte optimale Hauptdüsengröße nur um eine einzige Nummer hinauszugehen, damit die erzielte Höchstgeschwindigkeit wieder sehr deutlich und sehr hart abfällt.

Daraus ergibt sich für Viertakter die Regel, die Hauptdüse zu nehmen, die eine Nummer höher ist als die Größe, von der ab die konstant gebliebene Höchstgeschwindigkeit erzielt wurde. Mit dieser um mindestens eine Nummer größeren Hauptdüse erkauft man sich nämlich Vollgassicherheit auf der Autobahn, man ist damit sicher, auch dann nicht in einem armen Bereich zu fahren, wenn man einmal unterwegs eine andere Kraftstoffsorte tanken mußte als die, mit der man die Einstellfahrten machte.

Bei Zweitaktern weiß man nicht so recht, was man selber machen oder was man gar anderen Leuten empfehlen soll: Da ist nämlich die Wirkung der optimalen Düsengröße enorm ausgeprägt, es ist also eine sehr deutliche Geschwindigkeitsspitze vorhanden, bei der nächstgrößeren Hauptdüse sinkt diese Geschwindigkeit energisch wieder ab. Wohl jeder, der sich schon einmal mit dem Trimmen von Zweitaktern auf Höchstgeschwindigkeit befaßt hat, ist schon daraufgekommen, daß es eigentlich Zwischengrößen für die Hauptdüse geben müßte, also nicht nur 100 oder 105, sondern auch noch 102,5. Jürgen Göbel hat dem schon einmal

abgeholfen, siehe MOTORRAD Nr. 6/56, nur ist dieses Verfahren eben für verständige Leute, die genau im Bilde sind, was von Fall zu Fall zu tun ist.
Ich selbst habe mich in langen Fahrjahren damit abgefunden, daß ich gerade bei Zweitaktern auch die nächste Hauptdüse fahre, die oberhalb der optimalen Düse liegt, *auch wenn mich das Spitze kostet.* Wenn also eine anständige 250er mit mir aufrecht sitzend solo 105 geht, wenn sie ferner mit der nächst größeren Hauptdüse nur noch knapp über 100 geht, möglicherweise gar bei 100 hängenbleibt, dann lasse ich dennoch diese nächstgrößere Düse drin!
Mir ist es nun einmal wichtiger, absolut klemmfrei fahren zu können, als immer dann, wenn es auf die Wurscht ankommt und es sowieso brennt, mit einem Klemmer rechnen zu müssen. Schließlich kann ich mir ja bei langen Autobahnfahrten nicht nach Lust und Laune die Spritsorte aussuchen und muß immer einrechnen, daß ich gelegentlich einmal einen magergehenden Sprit erwische und wer denkt da immer daran, wenn es mal brennt?
Übrigens: Wir brauchen uns hier über die notwendigen Einstelländerungen in dem Dreieck Fahrbenzin – normaler Supersprit – Aral nicht mehr den Mund zu zerfransen, wir brauchen auch nicht lang nach Erklärungen zu suchen, man braucht nur hinzugehen und dieses Einstellverfahren bei Vollgas durchzuexerzieren, um bestens im Bilde zu sein. Als ordentlicher Mensch müßte ich jetzt noch sagen, wie man durch ändern des Kraftstoffniveaus durch unterschiedlich schwere oder belastete Schwimmer die fehlenden Zwischengrößen bei Hauptdüsen weitgehend ersetzen kann, für rezeptsüchtige Wunderknaben ist das aber sowieso nichts und verständige Leute brauchen es wieder nicht, die können selber soweit denken. Gehen wir also gleich zum nächsten Schritt über:

Die Zündkontrolle

Wir sind bisher mit einer nur ungefähr richtigen Zündeinstellung gefahren, denn erstens kommt es auf die ganz genaue Zündeinstellung zunächst noch nicht an, zweitens kann wegen der relativ kurzen Vollgasstrecken dem Motor bis jetzt auch noch nichts passiert sein. Nachdem wir aber nun aus unseren bereits zahlreich gewordenen Aufschrieben erkennen können, welches die optimale Hauptdüse ist, setzen wir jetzt nicht die für Dauergebrauch empfohlene nächstgrößere Düse ein, sondern noch einmal die Optimaldüse. Jetzt wird aber der Zünder geöffnet, die vorhandene Zündeinstellung, also meistens die Stellung der Lichtmaschinengrundplatte, wird mit einem Meißelhieb oder zwei Körnerschlägen markiert. Dann stellt man frei nach Schnauze ein bißchen früher und fährt wieder los. Man erkennt jetzt schon bei der ersten Fahrt, ob dieses Früherstellen etwas genützt hat, nicht zuletzt deswegen habe ich vorhin empfohlen, pedantisch jeden Dreck aufzuschreiben und sich jede Tachometerstellung auf eine Zeigerbreite genau zu merken. Hat man bei diesem ersten Früherstellen noch nichts Besonderes bemerkt, dann stellt man *noch* ein bißchen früher, so lang, bis der Motor entweder zu klingeln anfängt oder die erzielte Höchstgeschwindigkeit deutlich wieder absinkt. Wahrscheinlich wird es aber so sein, daß man vor einem deutlichen Absinken der *Höchst*geschwindigkeit schon merkt, daß man an etlichen Unterwegsmarken deutlich später vorbeikommt als früher, der Motor zieht also jedesmal nach dem Schalten mühsamer in hohe Drehzahl hinauf.

(In diesem Buch und auch im „KUPFERWURM“ ist des öfteren die Rede davon, daß man Meßwerte verschiedener Tage nicht unmittelbar miteinander vergleichen darf, ja nicht einmal immer Meßwerte vom frühen Vormittag mit denen vom heißen Nachmittag. Bevor man also diese Zünd-Einstellfahrten macht, legt man einen dafür gültigen Ausgangswert fest,

indem man mit der vorhandenen Zündeinstellung und der vorgesehenen Hauptdüse zwei bis drei Meßfahrten macht – dann erst beginnt man, mit geänderter Zündeinstellung zu messen.)

Im Gegensatz noch zu den Jahren bis 1952 ist bei heutigen Kraftstoffen mit ihrer hohen Klopffestigkeit dieses mühsamere Beschleunigen bei etwas zuviel Frühzündung schon zu beobachten, *lang* bevor der Motor zu klingeln anfängt. (Wird jetzt klar, warum ich vorher diese vielen Meßfahrten und die Beobachtung von Unterwegspunkten empfohlen habe?)

Von alters her ist nun eine wohlgepflegte Tendenz, die Zündung *so früh wie möglich* einzustellen, eben so früh, daß man noch keine Nachteile in Gestalt von mühsamen Beschleunigungen oder gar abgesunkener Höchstgeschwindigkeit und Klingelei feststellt. Es gilt als erwiesen, daß ein Motor mit dieser frühen Zündeinstellung am kühlsten geht, also Ventile, Kerze, Kolbenboden usw. am niedrigsten belastet sind. (Er geht so auch am leisesten!)

Im übrigen ist das die Art der Zündeinstellung, die wir auch schon seit vielen Jahren stur empfehlen, denn es hat sich immer wieder herausgestellt, daß die Handbuchangaben auch über die Zündeinstellung nur so ganz obenhin stimmen und im Einzelfall recht erhebliche Abweichungen möglich und sogar nötig sind.

Infolgedessen halten wir auch heutzutage eine Gradscheibe für die Zündeinstellung für minder wichtig, denn man weiß ja nie, ob der damit eingestellte supergenaue Wert auch noch wirklich richtig ist, *entscheidend ist letztlich nur der Straßenversuch.*

Die beim Höchstgeschwindigkeitsversuch gefundene beste Zündeinstellung wird mit einem weiteren Körnerpunkt markiert, sie ist aber noch keinesfalls endgültig, es ist durchaus möglich, daß sie später beim speziellen Versuch am Berg noch ein bißchen korrigiert werden kann. Davon aber später in einem besonderen Abschnitt.

Die Nadeleinstellung

Die Vollgaseinstellung beziehungsweise die Größe der Hauptdüse hätten wir ja jetzt, wenigstens mit großer Näherung, nunmehr wird die genaue Einregelung der Nadelstellung wichtig, die noch einmal ebensoviel Umstände macht. Vor allem müssen wir dafür sorgen, daß unser Vergaserschieber jetzt nur noch zur Hälfte aufgezogen werden kann, ein 24-mm-Vergaser muß also beispielsweise genau 12 mm aufgezogen werden können. Es wäre witzlos, das mit einer Marke am Drehgriff bewerkstelligen zu wollen, das wäre weitaus zu ungenau. Die gewerbsmäßigen Vergasereinsteller, etwa bei Vergaserfabriken, machen das so, daß sie sich aus dem Material der Schieberrohre Abschnitte zurechtsägen, die oberhalb des Schiebers in die Mischkammer eingesetzt werden, so daß der Schieber sich eben nur zur Hälfte aufziehen läßt. Mangels geeigneten Materials können wir das nicht, ich helfe mir da mit einem Messingbolzen, den ich in den Mischkammerdeckel einsetze. Zwar hat der Ring den Vorteil, daß man ihn heute herausnehmen und übermorgen wieder einsetzen kann, wobei genau dieselbe Schieberstellung wieder erzielt wird, mit der Schraube geht das aber nicht. Die sitzt natürlich jedesmal ein bißchen anders, einfach, weil man die Einstellung der beiden Muttern nicht mehr so hinkriegt, wie sie am vorhergehenden Tag war. Ich bin aber bisher mit solchen Nadeleinstellungen immer an einem halben Tag zu Rande gekommen, ich habe also diese Reproduzierbarkeit von einem Tag zum anderen noch nicht vermißt.

Wer es noch nie gemacht hat, wird maßlos verblüfft sein, wie schnell die Maschine immer noch geht, obwohl sich der Vergaser nur noch halb öffnen läßt. Es ist schon viel, wenn eine Maschine dabei 15% ihrer Höchstgeschwindigkeit verliert, meist sind es nur 10%, eine ursprünglich 115 gehende Maschine wird also mit halboffenem Vergaserschieber mindestens noch 100 und sehr oft noch 105 gehen.

Man hat jetzt nichts anderes zu tun, als bei verschiedenen Fahrten mit unterschiedlichen Nadelstellungen eben die Nadelstellung herauszufinden, bei der die Maschine am schnellsten geht.

Bei den Bings sitzt der Gaszug so schön auf der Seite, da ist es einfach, in den Schieberkammerdeckel ein zweites Loch zu bohren, Bild ganz links außen. Loch für M 4 oder M 5 genügt. Im mittleren Bild ist der Anschlagstift eingesetzt und sicher gekontert, rechts sieht man den Stift selbst.

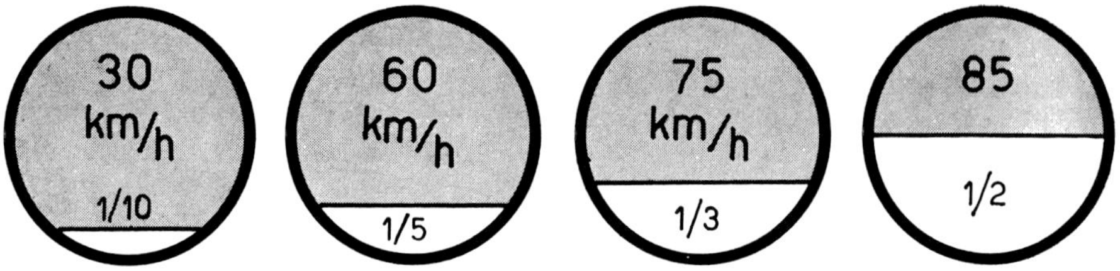

Solche Fahrgeschwindigkeiten sind bei den gezeichneten Schieberstellungen zu erwarten – man sieht, welchen Einfluß die Leerlaufeinstellung auf das Fahrverhalten bei den allermeisten Fahrzuständen hat.

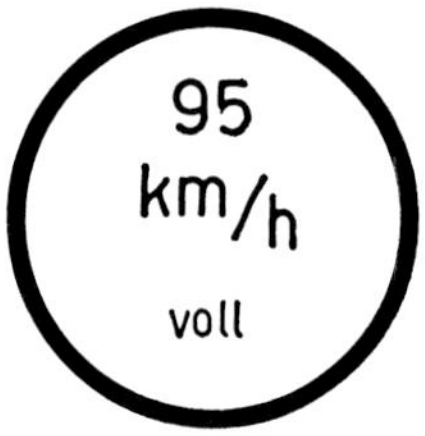

Bild Seite 77: Ein hochmoderner englischer Vergaser mit einer Schwimmerkammer, die das Schiebergehäuse umgibt. Hier ist die Düsennadel mit Drahtzug verstellbar – als ob man in Fahrt nach Gefühl und Schnauze die Nadelstellung bestimmen könnte! Aber wenn es englisch ist, glauben die Leute dran.

Es sind nicht viele Leute, die diese Arbeit jemals schon gemacht haben, wer sie aber gemacht hat, ist um zwei Erfahrungen reicher wieder nach Hause gegangen:

Der Reiseverbrauch eines Motorrades wird nun einmal weitgehend nicht durch die Hauptdüse, sondern durch die Nadelstellung bestimmt, man wundert sich da auch nicht mehr, warum die Industrie seit Jahren (wenn auch nur scheinbar) straflos viel zu kleine Hauptdüsen vorschreibt. Die allermeisten Motorradfahrer fahren nur ausnahmsweise einmal im Hauptdüsenbereich, wo also deren Größe wichtig wäre, so daß sich schon die Meinung festsetzen kann, diese zu kleinen Hauptdüsen seien ungefährlich. Bezahlt dafür wird aber in Gestalt von typischen Klemmerunfällen und von Reklamationen, die entweder der betreffenden Fabrik einen Kunden kosten oder das Reklamationskonto derart in die Höhe treiben, daß das auch einem gut fundierten Werk an die Nieren geht.

(Was da so intern gemogelt und geschoben wird, bis so ein Laden endgültig kaputtgeht, wissen bis jetzt auch nur die Kundigen, immerhin möge man einmal unsere ganzen alten Einfahr- und Kolbenartikel nachblättern, da steht schon so einiges drin von schwarzen Beständen an Kolben und Zylindern.)

Weil der Streckenverbrauch durch die Nadelstellung noch weit energischer beeinflußt wird als durch die Hauptdüsengröße, braucht man sich vollends nicht zu wundern, wenn die in den Handbüchern angegebenen Nadelstellungen gemeinhin erst recht viel zu mager sind. Ich wüßte auch keinen werksmäßig eingestellten Zweitakter zu nennen, vor allem bei heutzutage üblichen Zweitaktmobilen, den man auf der Autobahn nicht lediglich mit konstantem Halbgas oder Dreiviertelgas für länger als 5 Minuten zu fahren bräuchte, damit er schreiend festgeht.

Jetzt muß ich offen zugeben, daß ich diese Nadeleinstellerei im geschilderten System ganze viermal in meinem Nachkriegsdasein gemacht habe. Vor dem Kriege wußte ich überhaupt nichts davon. In diesen vier Fällen hat die Sache schulmäßig funktioniert, ich fand also eine Nadeleinstellung, die sich durch ein deutliches Geschwindigkeitsmaximum auszeichnete. Bei Zweitaktern ging ich getreu meinem geschilderten Hauptdüsenprinzip auch um eine Stufe höher, stellte also etwas fetter ein, als es der erzielten Maximalgeschwindigkeit entsprach. Bei diesen Motoren – drei davon waren ausgesprochen klemmempfindliche Zweitakter –

habe ich auch nie die berühmten Halbgas- beziehungsweise Dreiviertelgasklemmer gehabt, von denen der Anfänger insbesondere auf der Autobahn immer so maßlos überrascht ist. Wenn man die optimale Nadelstellung gefunden hat, auch wenn man diese mit voller Absicht nach der fetten Seite korrigiert und die Nadel um eine Stufe höher gehängt hat, empfiehlt sich auf jeden Fall eine nochmalige Kontrolle der Hauptdüseneinstellung. Man macht also ein paar Kontrollfahrten mit Vollgas und vergleicht die Ergebnisse mit den Aufschrieben der ersten Vollgasfahrt, es ist nämlich durchaus möglich, daß man auf Grund der neu gefundenen Nadeleinstellung wieder eine andere Hauptdüse braucht. Dabei ist „brauchen“ nicht mal das richtige Wort, vielmehr kann jetzt eine andere Hauptdüse zulässig sein. Man braucht ja nur daran zu denken, daß die Nadel bei den allerersten Hauptdüsenversuchen etwas zu tief hing, infolgedessen mußten zwangsläufig alle Hauptdüsengrößen, die jenseits einer bestimmten Größe lagen, in ihrem Einfluß wirkungslos bleiben. Es ist nun eben einmal nicht an dem, daß der Bereich zwischen Dreiviertelvoll und Voll ausschließlich von der Hauptdüse beherrscht würde, da oben hat auch noch die Nadeldüse sehr viel zu sagen.

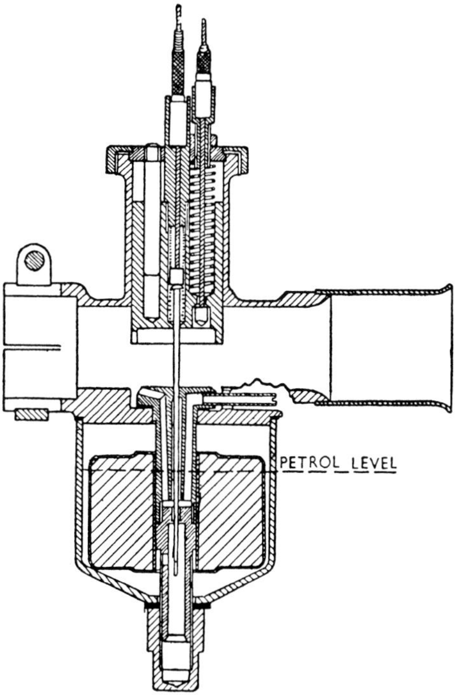

Im umgekehrten Fall, daß nämlich eine Nadel bei den eigentlichen Nadelversuchen mit halber Schieberöffnung so tief hätte gehängt werden müssen, daß sich daraus eine denkbare Beschneidung der vorher gefundenen optimalen Hauptdüse ergab, daß also die Wirkung etwa einer 120er Hauptdüse allein durch diese Nadeleinstellung auf die Wirkung einer 115er oder gar 110er Hauptdüse beschränkt worden wäre, habe ich selbst noch nicht erlebt. (Man merkt dabei, wie wenig weit doch die Erfahrung eines einzelnen Mannes bestenfalls reichen kann und wie sehr man auf die Miterfahrungen anderer Leute angewiesen ist, bei denen man aber bekanntlich wieder nie weiß, *wie* diese erzielt worden sind.) Wer diesbezügliche Erfahrungen hat, daß tatsächlich einmal die Wirkung einer Hauptdüse in der Vollgasstellung durch zu tiefe, aber im Mittelbereich richtige Nadelstellung reduziert worden ist, erwirbt sich ein Verdienst, wenn er uns diese Erfahrung mitteilt.

(So stand das seinerzeit in der Vergaser-Serie im MOTORRAD, ein einziger Mann wußte dazu etwas zu sagen – und der war obendrein Puch-Spezialist. Er macht das so: Die Hauptdüse wird durch Vollgas-Meßfahrten ermittelt, dann geht er nach Drehgriffmarke auf etwa ¾ Schieberöffnung, was ungefähr 10 % Geschwindigkeitsverlust ergibt. So fährt er eine Weile und dreht dann die Zündung ab – wenn der Motor „dieselt“, also weiterläuft, hängt die Nadel zu tief. Bei den Puchen kann man das, vor allem, wenn man den Dreh so raus hat wie dieser Mann – wenn es einer noch nie gemacht hat, fällt es aber nicht ganz leicht und nicht jeder Motor kommt überhaupt ins dieseln. Es hat also durchaus Vorteile, die Nadelstellung bei halber bis ²/₃ Vollgas-Stellung bzw. Schieber-Hubhöhe in der geschilderten Weise mit Anschlagschraube festzulegen und dann, wenn die Nadelstellung einwandfrei stimmt, noch ein paar Meßfahrten mit Vollgas anzuschließen und nachzuprüfen, ob die vorhandene Hauptdüse noch stimmt. Muß man jetzt eine andere Hauptdüse verwenden – es wird sich höchstens zeigen, daß man jetzt eine kleinere Hauptdüse verwenden

kann –, dann nimmt man diese, man ist damit aber auf jeden Fall die Gefahr der berüchtigten „Dreiviertelgas-Klemmer" mit Sicherheit los.)

Nach meinem bisherigen Wissen ist es auch nicht nötig, bei der Nadeleinstellung mit unterschiedlichen Zündungswerten zu probieren, das macht man besser nachher auf der Bergstrecke.

Die Leerlaufeinstellung

Wenn man nach der klassischen, uralten Anweisung für die Einstellung von Amalvergasern verfährt, auch wenn man sich an die Anweisungen praktisch aller englischen Handbücher hält, worunter selbst so berühmte Sachen wie „Motor Cycling Manual" oder „Speed and how to obtain it" sich befinden, dann ist die Einstellung eines Leerlaufes überaus einfach: Man bockt die warmgefahrene Maschine auf, dreht den Gasgriff ganz zu und stellt mit der Schieber*anschlag*schraube eine mäßig schnelle Leerlaufdrehzahl des Motors ein. Daraufhin dreht man an der Leerlauf*luft*schraube so lang hin und her, bis man bei der einstweilen festgehaltenen Stellung der Schieberanschlagschraube die höchstmögliche Drehzahl erhält. Wenn einem dabei der Motor wieder ins Rasen gerät, wird er durch Nachstellen der Anschlagschraube abermals auf manierliche Drehzahl heruntergebracht und das Spiel mit der Luftschraube wiederholt, *bis man eben die Luftschraubenstellung heraus hat, bei welcher der Motor die höchste Leerlaufdrehzahl bei gleichzeitig niedrigster Einstellung der Anschlagschraube hat.*
Dieses Verfahren hat tatsächlich einmal funktioniert, noch an 1939 konnte man damit *jeden* Motor zur Vernunft bringen. (Mit Ausnahme ganz schneller Außenborder, man nahm solches aber nur kopfschüttelnd zur Kenntnis und machte sich weiter keine Gedanken darüber, damals wurden ja Außenborder nur an Fachleute verkauft, die ihre Berufsehre dareinsetzten, auch mit noch so bockigen Motoren fertig zu werden.)
Heute funktioniert dieses Einstellverfahren für den Leerlauf bei weitem nicht mehr, und selbst wenn ein heutiger Motor bei Standlaufdrehzahl überhaupt noch auf eine Veränderung der Luftschraubenstellung anspricht, reicht das bei weitem nicht aus, es ist dann immer noch möglich, daß er beim Beschleunigen viel zu langsam kommt oder gar kotzt, oder daß er umgekehrt im Stadtbetrieb Verbräuche zeigt, die auch einem toleranten Mann etwas zu hoch erscheinen.

Wir haben zu Beginn von einer ausgesprochenen Verbrauchshysterie bei der Industrie gesprochen. Es wird nun zugegeben, daß sich der Motorradhandel lange Jahre nicht anders zu helfen wußte, als daß er bei seinen Verkaufsgesprächen auf dem Verbrauch herumritt. Das war insofern auch Hysterie, als schon seit vielen Jahren bei allen Motorradmotoren, auch den antiquiertesten Möbeln vom Schlage einer 125er Ilo bis hinauf zu einer 500er Konsul, zu gleichen PS-Zahlen auch weitgehend gleiche Verbräuche gehörten. Man konnte also noch nie sagen, daß irgendein bestimmtes Motorenfabrikat besonders sparsam oder besonders versoffen gewesen sei. Wenn also bei uns Leserbriefe eintrudeln, in denen Leute Verbrauchsfragen stellen oder gar bei einer 500er an einem Verbrauch von 5,5 Litern herummeckern, dann sind diese Frager einer freundlichen Antwort nicht immer gewiß. Meist landen diese Briefe erstmal für ein paar Tage oder gar Wochen in den diesbezüglichen Nervtöter-Mappen, bis endlich mal jemand in einem Anfall von Aufräumewut auch diese Briefe beantwortet. Etwas anderes ist es natürlich, wenn jemand bei einer 125er im Stadtverkehr auf 6 Liter Verbrauch kommt, dazu muß entweder der Motor grob in Unordnung sein – was aber der Mann an anderen Anzeichen gemerkt hätte – oder aber ist das ein Fall, wo Leerlauf und Übergang total falsch reguliert sind. In diesem Sinne ist es also zu verstehen, daß hier in diesem Regulierartikel plötzlich das Wort „Verbrauch" vorkommt.

Schieber einer SGS – so wenig wird der im Stadtbetrieb geöffnet, daß sich der Ansaugkanal darauf abzeichnen kann. (Zweitakter spucken zurück und zeichnen die Rückseite des Schiebers.) Das war unsere Testmaschine, von der wir überzeugt waren, sie stets schwer gejagt zu haben.

In Wirklichkeit darf der Verbrauch bei der Regulierarbeit überhaupt keine Rolle spielen. Wenn etwa gar jemand seine Regulierarbeit durch Verbrauchsrücksichten beeinflussen läßt, dann verdient er auch nichts Besseres, als was die Industrie dabei geerntet hat: Die ist darüber kaputtgegangen. Mit Verbrauchsrücksichten bei irgendeiner Regulierarbeit gewinnt man nicht nur nichts, man macht sich bestenfalls den Motor kaputt.

Um nun eine einwandfreie Einstellung nicht so sehr des Leerlaufes, als vielmehr für niedrige Leistungen zu bekommen, muß man radikal anders vorgehen, man braucht hierzu wieder dieselbe Anschlagschraube, mit der wir schon die Nadelstellung reguliert haben. Nur muß man diese Anschlagschraube jetzt so einstellen, daß der Schieber sich zunächst nur um ungefähr $^1/_{10}$ seiner maximalen Hubhöhe hochziehen läßt.

Und damit wird wieder gefahren!

Wer das zum erstenmal liest, wird erstaunt sein und sagen, daß man damit ja gar nicht fahren könne. Eine 200er, die einen 24er Vergaser hat und damit bei Vollgas 95 geht, kommt bei buchstäblich $^1/_{10}$ Schieberhub, also nicht ganz 2,5 mm freier Öffnung, auf mindestens 30 km/h. Eine Max mit 26er Vergaser braucht man auch nur um 2,5 mm zu öffnen, damit sie an die 50 km/h geht. In den meisten Fällen ist man dabei nicht einmal auf den 1. Gang angewiesen, auf absolut ebener Strecke kann man meist in den zweiten gehen, der dabei naturgemäß nicht voll ausgefahren werden kann, der Motor hat also im zweiten Gang zu schleppen, dreht aber ausgesprochen schön rund und man kommt bei mehreren Meßfahrten in überzeugender Weise zu immer wieder denselben Höchstgeschwindigkeiten.
Man hat nun nichts anderes zu tun, als die Einstellung der Leerlaufluftschraube so lang zu ändern, bis wieder eine optimale Höchstgeschwindigkeit herauskommt. Man ändert die Schraubenstellung von 90 zu 90 Winkelgraden, weil sich das am besten merken läßt. Im

Früher war man geneigt, so etwas der Kerze zuzuschreiben – heute bin ich ziemlich sicher, daß das nur eine Folge zu magerer Einstellung ist.

übrigen geht man genauso vor, wie das in „Besser machen I“ bei der Ventileinstellung geschildert wurde, es muß eben immer dann, wenn die Konterung einer Schlitzschraube gelöst wird, die Stellung der Schlitzschraube mit einem Schraubenzieher genau festgehalten werden, dann wird die Schlitzschraube um den notwendigen Winkelbetrag gedreht, wieder hart festgehalten und dann erst gekontert. Wenn man dabei nicht sehr genau vorgeht, kommt man sehr leicht ins Schwimmen und dann ist die ganze Einstellarbeit witzlos. Die hier verlangte Einstellarbeit bei $^1/_{10}$ Schieberöffnung liefert nur mittels der Luftschraubeneinstellung eine sehr deutliche Geschwindigkeitsspitze, die noch deutlicher ist als die Spitze etwa der Höchstgeschwindigkeit. Kommt man dabei allerdings zu extremen Luftschraubenstellungen, also unterhalb einer vollen Umdrehung auf oder oberhalb von drei vollen Umdrehungen auf, dann stimmt die Leerlaufdüse nicht und muß sinngemäß geändert werden. Bei zu niedrigen Schraubenstellungen muß sie also größer werden, bei zu weiter Öffnung muß sie kleiner werden. Der eigentliche Regelbereich einer Luftschraube sollte zwischen einer Umdrehung auf und zwei vollen Umdrehungen auf liegen. Wenn – wie bei TT-Vergasern – die Stellschraube nicht den Luftzutritt, sondern den Kraftstoffzutritt regelt, gilt das „Auf“ und „Zu“ natürlich umgekehrt.

Zu seiner eigenen großen Überraschung wird man merken, daß der eigentliche Leerlauf, also der unbelastete Lauf im Stand, schon bei einer ganz winzigen Spaltöffnung vorhanden ist. Diese Spaltöffnung wird wie gesagt mit der Leerlaufanschlagschraube eingestellt. Selbstverständlich kann man auch dabei Fehler machen:

Zu den Zeiten der großen Einzylinder, also der 500er und 600er, gab es so verschiedene Liebhabereien, etwa die Startwette, daß eine solche Donnerbüchse mit dem ersten Tritt auf den Starter käme. Man setzte damals auch zuweilen seine Ehre darein, einen ganz niedrigen Leerlauf zu haben, womöglich noch langsamer als der eines Lanz-Bulldog. Das war an sich nicht unvernünftig, denn um einen so niedrigen Leerlauf zu erzielen, mußte ein Motor schon hervorragend in Ordnung und tadellos ausgewuchtet sein, der Ventilkram mußte stimmen, es mußte hinten und vorn eben alles stimmen. Nur deshalb galt es als vornehm, einen niedrigen Leerlauf zu haben. Wir, die wir vor dem Kriege dieser Angeberei frönten, wußten allerdings auch, was es damit auf sich hatte: Es war eine reine Biertischangabe, man baute sich so etwas hin, wenn man es mal darauf anlegte, irgendwen damit zu ärgern. Es fiel uns aber nicht im Traume ein, mit so langsam eingestelltem Leerlauf uns etwa im Verkehr zu bewegen. Zu verkehrsmäßigem Fahren hatten wir immer ziemlich schnelle Leerläufe, um ein erkleckliches Maß schneller, als diese Motoren schon damals in den sogenannten Fachwerkstätten eingestellt wurden. *Nur ein schneller Leerlauf sichert auch schnellen Start bei Grün, er sichert ein annehmbares Herunterschalten und ist auch beim Hinaufschalten außerordentlich nützlich.*

Nun waren diese damaligen Motoren ja noch Gaspumpen, wie sie heute bestenfalls noch im Lesebuch stehen, die heutigen Motoren sind daneben die reinen Strömungsmaschinen und *vertragen noch viel weniger einen langsamen Leerlauf.* Es ist absoluter Unsinn, beispielsweise eine Max auf langsamen Leerlauf bringen zu wollen, obwohl das an sich ohne weiteres möglich ist. Eine gebrauchsfähige Max braucht nun einmal einen ausgesprochen „eiligen" Leerlauf, den die meisten Leute als zu schnell bezeichnen – ich nicht. Dasselbe gilt für hochgetrimmte Zweitakter, man muß also sowohl eine Puch SGS wie auch eine auf 18, 19 oder gar 20 PS gebrachte Adler im Leerlauf immer ziemlich schnell gehen lassen. Außerdem ist zu beachten, daß natürlich die *Stellung* der Maschine auf den Leerlauf auch nicht immer ohne Einfluß ist, vor allem, wenn das Schwimmergehäuse weit vor oder weit hinter der Mischkammer liegt. Man darf dann zum Einstellen der eigentlichen Leerlaufdrehzahl die Maschine nicht aufbocken, sondern muß sie auf den Rädern stehen und von einem Helfer in dieser Stellung festhalten lassen.

Die wirklich kritische Prüfung kommt aber erst jetzt:

Nachdem bei $^1/_{10}$ Schieberöffnung alles in bester Butter ist, verdoppelt man diese Öffnung, geht also auf $^1/_5$, indem man die Anschlagschraube entsprechend anders einstellt. Damit wird der Apparat schon verdammt schnell fahren, man kommt fast immer aus dem Zweiten heraus und wird finden, daß der Dritte dafür genau der richtige Gang sei. Mit dieser Schieberstellung macht man wieder seine Versuchsfahrten, probiert also, ob sich durch veränderte Einstellung der Leerlaufluftschraube eine andere Spitze erzielen läßt.

Wohl dem, der auch bei ⅕ Schieberöffnung keine andere Luftschraubeneinstellung braucht als bei $^1/_{10}$ Öffnung!

Wenn man aber für $^1/_5$ Öffnung die Luftschraube anders einstellen muß, wird langsam guter Rat teuer: Solange es sich nur um ¼ oder ½ Umdrehung handelt, mag das noch hingehen, vielleicht genügt es, bloß gewisse Schwierigkeiten im Standlauf in Kauf zu nehmen, immerhin kann diese notwendige Schraubenänderung aber auch so groß werden, daß die für ⅕ Öffnung günstige Schraubenstellung bei $^1/_{10}$ Öffnung völlig undiskutabel ist und der Motor dabei weit überfettet läuft, im Standlauf sogar nach wenigen Sekunden mit schwarz gewordener Kerze stehenbleibt.

Geht man in solchem Fall auf die für $^1/_{10}$ Öffnung korrekte Einstellung zurück, dann kann es sein, daß der Motor auch beim langsamen Aufziehen schießt. Um nun dem begegnen zu können, gab und gibt es bei Englisch-Amal Schieber mit verschiedenen Ausschnitten. Im vorliegenden Fall, wenn also der Vergaser sich auf $^1/_{10}$ Schieberöffnung richtig einstellen läßt, um dann bei $^1/_5$ bis $^1/_3$ Schieberöffnung Patscher zu geben, würde man nach der alten Amal-Regel den Schieber mit dem nächstkleineren Ausschnitt nehmen, der einen fetteren Übergang ergibt.

Soweit nun die alte Regel. Wir haben das alle in der Vorkriegszeit exerziert, und wir sind auch alle überzeugt, daß das immer prächtig funktioniert habe. Ich wage aber zu fragen, ob damals jemand die Nadelstellung anders ausprobiert hat, als ich das getan habe, nämlich nach Schnauze und nicht etwa mit konstantem Anschlag. Wir Alten sind da fest überzeugt, etwas hervorragend genau gemacht zu haben, *was gar nie genau war,* wir werden daraus heute also schwerlich Schlüsse ziehen dürfen. Bei Bing kommt man nämlich seit Jahr und Tag mit einem einzigen Gasschieber-Ausschnitt aus, und ich kenne keinen Motorrad-Motor der Nachkriegszeit, bei dem man die Einstellung nicht prima auch ohne anderen Schieberausschnitt hinbekommen hätte, wenn man dabei halbwegs sinnvoll verfuhr. Was ich soeben über unterschiedliche Luftschraubeneinstellung für $^1/_{10}$ Öffnung und für $^1/_5$ Öffnung schrieb, habe ich vorsichtshalber geschrieben, falls sich das bei jemandem doch einmal ereignen könnte – *bei mir hat es sich überhaupt noch nie ereignet!* Ich bin allerdings bei dem beschriebenen Einstellverfahren immer „von oben" gekommen, habe also zuerst die Hauptdüse eingestellt, dann die optimale Nadelstellung bei halber Schieberöffnung gesucht, Leerlauf und Übergang stellten sich dann sozusagen von selber mit der Leerlaufluftschraube ein. Ich kenne also bei den Bing-Vergasern, einmal richtig eingestellt, weder magere Zonen, die sich in Gestalt von Patscherei äußern, noch überfettete Zonen, die sich etwa bei Zweitaktern in Form von Viertaktlauf äußern würden.

Als Beurteilungsmaßstab dient mir dabei keineswegs ein simpler Schnauzenbefund bei gutem Wetter auf Autobahnbeton, für einen sauberen Leerlauf und vor allem für einen sauberen Übergang gibt es ein nicht zu übertreffendes Kriterium: Glatteis! Vielleicht erinnert man sich an den jahre- und jahrzehntelang kolportierten Grubenhund, daß bei Glatteis in einem möglichst hohen Gang zu fahren sei, weil dabei angeblich der Motor viel schöner „am Gasgriff hängt". Das ist sogar nicht mal sehr falsch beobachtet, denn wenn man einen Motor mit falsch eingestelltem Übergang in einem zu hohen Gang ziehen läßt, dann gehört dazu eine Schieberstellung, die bereits jenseits des zweifelhaften Überganges ist, der Motor wird also in diesem Fahrzustand vom Vergaser bereits wieder anständig bedient. Etwas anderes ist es natürlich mit dem stampfenden Gang, der gerade auf Eis alles andere als angenehm ist. Mich hat dieser stampfende Gang schon immer dermaßen gestört, daß ich entgegen dieser alten Schofförweisheit auf Eis immer in einem möglichst kleinen Gang gefahren bin. Hat man da allerdings einen schlecht eingestellten Vergaser, dann pendelt der Motor dauernd zwischen Absterben und Losbrausen hin und her, die Fahrerei wird deswegen unangenehm, nur war ich eben auch immer brutal genug, das mit Kupplung und sanfter Hinterradbremse herauszufangen. Hat man aber einen Motor einmal anständig hinreguliert, daß er von Leerlauf bis ungefähr $^1/_5$ Voll richtig „steht", dann zieht er derart sanft an, *daß er gerade im kleinsten Gang auf Glatteis optimale Eigenschaften zeigt,* also wunderschön sanft und stoßfrei angeht und sich ebenso wieder drosseln läßt, daß er also nicht pufft, wenn man das Gas schnell wieder zumacht. *Die Glatteisbrauchbarkeit eines Motorrades ist zum weitaus größten Teil Sache einer sauberen Vergasereinstellung,* aber welche handbuchmäßige Einstellung bei welchem Motor wird dieser Forderung schon gerecht?

Hier ist auch der Punkt erreicht, wo ich auf eine Ungereimtheit eingehen muß, die ich im Mai 1958 geschrieben habe: Da steht im Bericht von der Schottischen Sechstagefahrt, es gebe anscheinend eine optimale Übersetzung für Trialzwecke in dem Sinne, daß man nicht beliebig *hoch* übersetzen dürfe. Ich stützte mich dabei auf die Äußerungen unserer Fahrer, die behaupteten, mit hoher Übersetzung, also kleinen Ritzeln, seien ihre Maschinen schlechter zu fahren als mit knapper Übersetzung, weil sie mit der hohen Übersetzung „zu wild anzögen". Ich setzte zwar Zweifel in die Richtigkeit des Gedankenganges, aber ist es einem Zeitungsschreiber erlaubt, an den Äußerungen von Leuten zu zweifeln, die immerhin zu Bundesdeutschlands erster Geländegarnitur gehören?

Heute weiß ich es besser: Auch für Trialzwecke ist eine zu reichliche Übersetzung besser als eine zu knappe Übersetzung, die Maschine zieht damit nicht nur mit mehr Kraft, sondern auch *viel weicher an.*

Ist er aber im Übergang und Leerlauf mangelhaft eingestellt, dann kann man das Gas ziemlich weit aufziehen, ohne daß etwas geschieht – ein halber Millimeter mehr genügt aber, daß der Motor plötzlich wild losgeht. Vor allem, wenn während dieses halben Millimeters womöglich noch der Übergang vom zylindrischen Teil zum konischen Teil der Düsennadel aus der Nadeldüse austaucht. Eine knappere Übersetzung vermag aber dieses abrupte Loslegen des Motors zu dämpfen und so kann ein Mann schon zur Meinung kommen, die knappere Übersetzung sei besser.

Diese Überlegung setzt voraus, daß unsere deutschen Maschinen damals in Fort William schlecht eingestellt waren. Kann man das voraussetzen? Nun, ich habe mir danach bei der Alpenfahrt und bei den „Sechs Tagen" unsere deutschen Maschinen besonders daraufhin angehört. Fast alle Privatfahrermaschinen und auch etliche Werksmaschinen zeigten deutliche Anzeichen, die gemeinhin nur bei mangelhafter Vergasereinstellung auftreten. Man kann ruhig sagen, daß unsere deutschen Maschinen im Durchschnitt *überhaupt keinen Übergang* haben – sie sind simpel vorbeireguliert und brauchen weiter nichts als eine anständige Vergasereinstellung, um alsbald und ohne jeden weiteren Getriebezauber voll trialbrauchbar zu sein. Man sollte das aber weder den Fahrern noch ihren Werksbetreuern ankreiden – die wissen nichts davon, weil es bei der stumpfsinnigen Bolzerei, die das sportliche Niveau der internationalen Sechstagefahrt kennzeichnet, darauf bisher nicht ankam.

Schon gleich zu Anfang sagte ich, daß es keinen besonderen Sinn habe, einen extrem langsamen Leerlauf einzustellen. Im Verkehr braucht man einen ziemlich schnellen Leerlauf, zu wettbewerbsmäßigem Fahren erst recht, ganz abgesehen davon, daß moderne Hochleistungsmotoren einen langsamen Leerlauf überhaupt nicht mehr zulassen, weil sonst die Spülung umfällt und der Motor schlicht stehenbleibt. Auch noch in einer anderen Beziehung muß man etwaige Vorkriegsmaßstäbe zurückschrauben: Bei unseren damaligen Literleistungen war ein Motor entweder warm oder kalt, die Temperaturspanne, in der er arbeiten mußte, war relativ schmal. Bei heutigen Literleistungen ist die Temperaturspanne ganz wesentlich größer, man kann also nicht mehr schlicht sagen, daß der Leerlauf nur im „betriebswarmen" Zustand einzustellen sei. Man wird also den Motor vor der Leerlaufeinstellerei über mindestens 10 km sehr schnell fahren, daß nicht nur der Zylinderkopf so obenhin ein bißchen warm ist, die Wärme muß Zeit haben, bis ins Kurbelgehäuse hinunterzukriechen und einen etwaigen Ölvorrat gründlich aufzuwärmen. Dann kann es aber immer noch sein, daß der auf diese Weise eingestellte schöne Leerlauf nach einer mehrstündigen Autobahnjagerei oder nach 10 km scharfer Paßfahrt in den Gängen empfindlich zu schnell ist. Das bedarf aber zur Korrektur nur einer winzigen Drehung an der Leerlauf*anschlag*schraube, die Luftschraube kann glatt in Ruhe gelassen werden, und im Laufe der Zeit kriegt man ja heraus, ob der jeweilige Motor in seinem Wärmezustand einen Unterschied zwischen Stadtverkehr und Autobahnjagerei macht. Wenn er es tut, läßt sich dem ja Rechnung tragen.

Ich gebe nun ohne weiteres zu, daß dieser Abschnitt über die Leerlaufeinstellung sich einigermaßen kompliziert liest, das geht nun einmal nicht nach dem Rezept „man nehme –" und so weiter. Es bleibt also nicht viel anderes übrig, als bei der eigenen Maschine zu versuchen, streng nach dem hier geschilderten Verfahren vorzugehen – man wird dann schon sehen, daß die Dinge in Wirklichkeit sich etwas übersichtlicher abspulen lassen, als das in Worten geschildert werden kann. Wenigstens dann, wenn man eine noch halbwegs serienmäßige Maschine hat. Vor allem: *Auf diese Weise ist auch noch jede der modernen Hochleistungsmaschinen, etwa Max und Puch SGS, auch Horex Resident,* hinzukriegen. Wenigstens dann, wenn man einen ziemlich schnellen Leerlauf toleriert.

Einzelne Exemplare dieser drei Typen stehen aber nun im Geruch, „Kerzenfresser" zu sein, brauchen etwa alle 2000 km neue Kerzen. Angeblich. Wenn man die Fahrer so hört. Wenn man diesen Fahrern aber zusieht, kommt etwas anderes dabei heraus: Krawall-Auguste! Also Würstchen, die zwar rund um den Häuserblock gewaltig angeben, auch mal ab und zu sich den Hirnkasten einrennen, im übrigen aber mangels Fahrkönnen ziemlich erbärmlich rumkriechen. Also noch länger den Vergaser in Leerlaufstellung haben, als jeder Durchschnittsfahrer. Und wenn dann der Leerlauf noch ein kleines bißchen schief reguliert ist, rußt die Kerze schön allmählich voll und der Heini sagt „verbraucht" dazu. Ich habe mir solche angeblich verbrauchte Kerzen immer schicken lassen – sie waren jedesmal nur hauchdünn verrußt, zündeten in einem bereits warmen Motor anstandslos und waren nach fünf Vollgasminuten wieder tadellos saubergebrannt. Ich gebe es abermals zu: In meiner KS fahre ich nun jahrelang schon Kerzen (225er und 240er), die andere Leute aus ihren Maxen und derlei als „verbraucht" ausgebaut haben und die sie mir „zur Prüfung" sandten. (Wer nicht lernen will, soll sich ruhig neue Kerzen kaufen, geschieht ihm ganz recht.)

Letzte Schwierigkeit: Wenn man einem Motor, der früher einen 25er Vergaser hatte, einen 28er verpaßt, ist das nicht schlimm, der gehorcht noch den geschilderten Regelkünsten. Wenn man aber einer 125er mit früher einem 18er Vergaser nach entsprechender „Kanalarbeit" einen 28er Vergaser aufpackt, weil das Loch inzwischen groß genug ist, dann kann es durchaus sein, daß die geschilderte Leerlaufeinstellung nicht mehr hinhaut. Dann besteht zwischen der Luftschraubenstellung für $^1/_{10}$ Schieberhub und der für $^1/_5$ Schieberhub eine unüberbrückbare Differenz. Gewöhnlich ist es so, daß man entweder bis $^1/_{10}$ Hub korrektes Gemisch hinkriegt, der Motor aber bei $^1/_5$ Hub laut kotzt, oder daß man bei fast völlig hineingedrehter Luftschraube bei $^1/_5$ Hub gerade noch fahren kann, die Kerze aber bei $^1/_{10}$ Hub binnen zwanzig Sekunden zurußt:

In solcher Lage kann man nur versuchen, den Schieberausschnitt zu ändern. Auch bei Bing! (Man könnte auch eine andere Nadel machen, aber das wage ich hier schon gar nicht mehr zu schildern!) Normalerweise braucht man einen Schieber mit kleinerem Ausschnitt, kaufen kann man den nicht, aber man kann ihn machen: Man feilt grob einen Apfelschnitz aus Messing zurecht, der auf den Schieberausschnitt paßt und ihn zu einem annähernden Vollzylinder ergänzt. Sowohl der Schieber wie auch der Messingschnitz werden mit Äther oder Tri gewissenhaft entfettet und dann wird der Schnitz mit UHU-Plus (gibt es in zwei Tuben, ist etwas radikal anderes als normales UHU) auf den Schieberausschnitt geklebt. Härtet in der Wärme (etwa 60 – 70 Grad) in etwa 24 Stunden voll aus. Man kann danach genau die Rundung nachfeilen und kann auch jede Ausschnittschräge hinfeilen, die man nur will.

Einstellung auf Ziehen

Noch bei der Nadeleinstellung mit halber Schieberöffnung kommt man mit der ebenen Prüfstrecke ganz schön aus. Zuweilen stellt man aber dabei schon fest, daß die Nadelstellung kein ausgesprochenes Optimum zeigt, daß es also für 2 – 3 Löcher egal zu sein scheint, wo man die Nadel hinhängt. Man kommt dabei auch regelmäßig aus dem dritten Gang heraus, fährt also die Vergleichsfahrten immer im vierten Gang. Wenn nun diese stumpfe Einstellung der Nadel da ist, gehen wir an die Bergstrecke. Es müßte wie gesagt etwas mit 5% Steigung und wenigstens 2 – 3 km Länge sein, im allgemeinen kann man auch da bei halber Drosselöffnung noch im Vierten fahren. Man kann es auch in Prozenten der Geschwindigkeit ausdrücken: Wenn eine Maschine in der Ebene mit Vollgas 100 geht, dann geht sie an diesem 5%-Berg mit Vollgas vielleicht 80. Mit Halbgas wird sie entweder 70 gehen oder auf 65 abfallen und Anstalten machen, stehenzubleiben, wenn man nicht schnell in den Dritten herunterschaltet. Gerade das ist der Zustand, den wir brauchen: *Wir suchen die Nadelstellung, bei der man vielleicht noch nicht zu schalten braucht, oder aber, wenn man an die Schaltgrenze sowieso nicht herankam, an diesem Berg die höchstmögliche Geschwindigkeit bekommt.* Man wird finden, daß die Nadeleinstellung jetzt plötzlich viel schärfer ist, daß also irgendeine Kerbe sich deutlich vor den übrigen Kerben auszeichnet. Weil man nun bei großen Motoren mit 1/5 Schieberöffnung schon beträchtlich schnell ist, aber gewöhnlich nicht mehr in den Vierten hinaufkommt, weil aber ferner auf ebener Bahn weder der Dritte noch der Zweite eine richtige Übersetzung ergeben, um auf einen stabilen Fahrzustand zu kommen, bei dem sich eine Reaktion auf unterschiedliche Luftschraubeneinstellungen erzielen läßt, braucht man dazu erst recht den Berg. Es läßt sich da immer eine mindestens 1 km lange Steigung finden, in der sich bei 1/5 Schieberöffnung in irgendeinem Gang ein fahrerischer Beharrungszustand ergibt, *wo der Motor mit zweidrittel bis zu ungefähr voller Höchstdrehzahl* läuft. Darauf kommt es an, wir müssen also einen Berg finden, den das Motorrad entweder im zweiten Gang oder im dritten Gang bei 1/5 Gasschieberöffnung so schnell hinauffährt, daß ein maximal 6000 U/min drehender Motor wenigstens auf 4000 U/min kommt. Bei diesem Fahrzustand bekommt man eine ziemlich scharfe Reaktion auf das Verstellen der Luftstellschraube, *es bleibt also nichts anderes übrig, als diesen Berg mit seiner gerade geeigneten Steigung zu suchen.* Wenn der genau richtige Berg sich übrigens nicht finden läßt, kann man ihn auch nachahmen: Man hängt mit der Schleppleine ein anderes Motorrad an, das ist für den eigenen Motor genauso, als führe man einen steileren Berg hinauf. Diese künstliche Belastung durch ein geschlepptes Fahrzeug funktioniert übrigens nur am Berg, sie funktioniert nicht in der Ebene, weil da die Last zu unstabil ist.

Der kleine Moritz wird jetzt fragen, woher man das wisse, wann ein Motor etwa im zweiten Gang bei 4000 U/min angelangt sei. Dafür gibt es eine ganz einfache Rechnung, wir brauchen dazu allerdings auch das Handbuch der Maschine, in dem die Übersetzungen in den einzelnen Gängen enthalten sind. Ebenso ist darin angegeben, bei welcher Motordrehzahl die Maschine ihre Höchstleistung hat. Nehmen wir mal an, für diese Höchstleistung seien 6000 U/min angegeben, schenken wir ferner der Angabe des Handbuches Glauben, daß die Maschine dabei eine Höchstgeschwindigkeit von 110 km/h erreicht. (Möglicherweise tut sie das ja sogar.) Wir stellen ferner fest, daß das Getriebe im vierten Gang 1:1 übersetzt, im dritten 1:1,3 und im zweiten 1:2,1. Wir dividieren jetzt einfach die 110 km/h durch 1,3 – dabei erhalten wir 84 – 85, so viele km/h darf also die Maschine im Dritten gehen, damit der Motor auf 6000 U/min kommt. 4000 U/min sind zwei Drittel von 6000, zwei Drittel von 84 sind 58, wenn wir also einen Berg haben, der so steil ist, daß unsere Maschine im Dritten mit 58 hinaufgeht, dann wissen wir, daß der Motor dabei 4000 U/min dreht. (Dabei ist vom Schlupf abgesehen, der ist zwar da, aber nach meiner Erfahrung bei weitem nicht so groß, vor allem bei kleinen Geschwindigkeiten, wie man das in Lehrbüchern anzunehmen pflegt.) Die Rechnung für den zweiten Gang verläuft genauso, wir nehmen an, der Zweite sei mit 1 : 2,1 übersetzt, also Division 110 : 2,1, ergibt rund 52, wenn also die Maschine mit diesen 52 im zweiten Gang einen Berg hinauffährt, dreht dabei der Motor 6000 U/min. Nach dieser Rechnung müßte ja nun wohl jeder zurechtkommen, wir haben uns dabei nur wieder einen Satz zu merken:

Eine bei Höchstdrehzahl gewonnene Vergasereinstellung wird bei zwei Drittel der Höchstdrehzahl auf ihre Richtigkeit hin kontrolliert, dabei ergibt sich nur im äußersten Fall die Notwendigkeit, die für Höchstdrehzahl günstigste Einstellung etwas nach der fetten Seite zu verschieben, daß sie für zwei Drittel der Höchstdrehzahl genau richtig wird.

Bei einer größeren Drehzahlspannweite einstellen zu wollen ist witzlos, denn dieser größere Laufbereich ist praktisch nicht vorhanden, weil diese Laufzustände im tatsächlichen Betrieb mit der Getriebeschaltung überdeckt werden.

Andererseits muß natürlich auch verlangt werden, daß mit einem Vergaser eine solche Einstellbreite zu erzielen ist, daß die einmal gefundene Einstellung sowohl für Höchstdrehzahl wie für zwei Drittel der Höchstdrehzahl gilt.

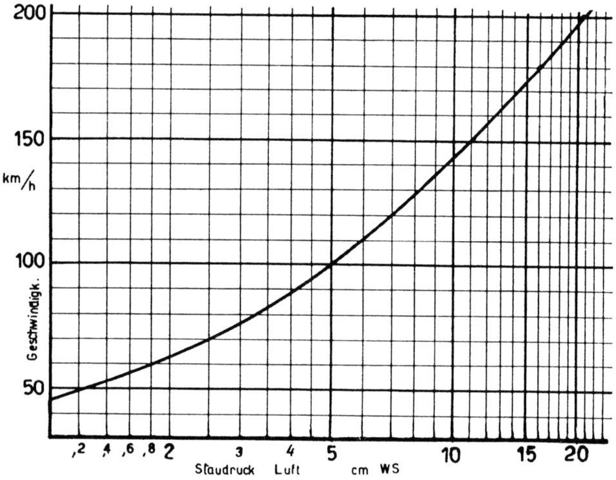

So hängt der Staudruck der Luft von der gefahrenen Geschwindigkeit ab – für die Füllung macht das nicht mehr aus als veränderter Barometerstand. Daß man bei 150 km/h aber Mühe hat, etwa den Arm wieder nach vorn und an den Lenker zu kriegen, hängt nicht mit dem Staudruck zusammen, sondern mit den Wirbeln hinter dem Arm.

Dieser Weg ist kein Weg

und wer es dennoch tut, bezahlt zwar keine Strafe, ruiniert aber seinen Motor. Immer und immer wieder taucht die alte Laienidee auf, die Ansaugöffnung des Vergasers gegen die Fahrtrichtung zu stellen und so den Staudruck des Fahrwindes zu einer Aufladung auszunützen. Erst dieser Tage hat uns ein Mann – ein sehr ernsthafter Mann, der sehr viel Nützliches mitzuteilen wußte – von selbsterlebten Wunderwirkungen dieses Verfahrens berichtet. Es konnte nur nicht weiter ausprobiert werden, weil der Motor einstweilen kaputt ging!

Also: Selbstverständlich ist der Staudruck da, das ist keinesfalls abzustreiten. Ich habe dazu sogar das Diagramm gemalt. Wie man sieht, gehört zu 150 km/h Geschwindigkeit ein Staudruck von knapp 11 cm Wassersäule. Das entspricht 8,5 mm Quecksilbersäule – mithin einer Änderung des Barometerstandes, wie sie bei den meisten simplen Wetteränderungen in unserem Lande auftritt. (Sommergewitter bringen *größere* Änderungen mit sich!) Noch ein Vergleich: Es ist nicht mehr als die Luftdruckänderung, die 100 (nur hundert!) Metern Höhendifferenz entspricht. Könnte man diesen Überdruck ausnützen – er bringt tatsächlich höhere Leistung – dann brächte er eine Geschwindigkeitsverbesserung von einer reichlichen Zeigerbreite auf dem Tachometer, wäre also gerade erkennbar. (Deshalb schrieb ich ja, man solle beim Einstellen jeden Dreck aufschreiben. Sobald man Einstellergebnisse von verschiedenen Tagen vergleichen will, sind die Barometerstände unentbehrlich. Zur gleichen Einstellung gehören an verschiedenen Tagen auch verschiedene Geschwindigkeiten, ja nach Luftdruck. Zwar werden die Einstellungen selbst *nicht* beeinflußt, was bei 740 mm Barometerstand richtig war, ist bei 748 mm noch genauso richtig, aber einmal geht die Maschine eben nur 104 km/h, beim hohen Stand geht sie dagegen 106 km/h, also Zeigerbreite.

Wenn nun auch eine Luftdruckänderung die Leistung beeinflußt, *ohne* die Vergasereinstellung irgendwie zu beeinträchtigen, so gilt dies *nicht* für die besagte Anordnung des Ansaugtrichters nach vorn. Das wirft restlos jede Vergasereinstellung um! Denn: Die gesamten Druckverhältnisse außerhalb der Mischkammer und an allen Brems- und Korrekturluftöffnungen bleiben konstant und entsprechen dem äußeren Atmosphärendruck. Nur ausgerechnet der Unterdruck in der Mischkammer sinkt, weil ihm ja diese paar Zentimeter Wassersäule Staudruck überlagert werden – *das gibt eine lebensgefährliche Gemischabmagerung!*

Wenn jemand seinen Motor vorsichtig fett reguliert hatte, womöglich schon in dem Bereich, wo er ganz leicht faul zu werden beginnt, und dann auf Trichter-nach-vorn umbaut, dann kann er durchaus 5 – 7 km/h gewinnen – *für zwei Minuten.* Weil der Motor jetzt im mageren, gefährlichen Bereich geht, kann es schon mal geschehen, daß er zwar an die 15% Überleistung hergibt, sich aber dabei so hochheizt, daß da kein Kolbenmaterial und erst recht kein Öl mehr mitmacht.

Also: Dieser Weg ist kein Weg. Den Trichter läßt man besser nach hinten oder sonstwohin zeigen, keinesfalls aber nach vorn. Jedenfalls muß er dem Staudruck entzogen werden.

Einige tröstliche Worte zum Ende des Vergaserkapitels

Zum Schluß noch eine Ergänzung, auf die jeder Besitzer einer Einvergaser-Zweizylinder sicher gewartet hat, nämlich die Anweisung, wie man eine solche Zweizylinder richtig einstellt:

Das kann offensichtlich nicht mal der liebe Gott!

Ich kenne keine Zweizylinder mit einem einzigen Vergaser, sei es Zweitakt oder Viertakt, die irgendein lebender Mensch jemals hätte einwandfrei regulieren können. Hier hilft nur radikaler Umbau, also völlige Trennung der Ansaugkanäle und für jeden Ansaugkanal ein eigener Vergaser. Es ist seltsam, *bei genau symmetrischen Motoren brauchen die Vergaser lediglich auch genau symmetrisch eingestellt zu werden* – dann ist alles ganz von selbst in Ordnung, nur der *gemeinsame* Vergaser für beide Zylinder war *nie* einwandfrei hinzukriegen. (Bis auf die Adler-Twins: Da sind die beiden Kurbelwellenhälften unsymmetrisch, deshalb haben die beiden Vergaser ungleiche Leerlaufeinstellungen, Nadelstellungen und Hauptdüsen sind aber schon wieder symmetrisch.

Bei frisierten Zweitaktern kann es viel bringen, wenn man statt eines überweiten Vergasers irgendwo anders auf den Zylinderumfang einfach einen zweiten Vergaser setzt. Zweckmäßig verfährt man da so, daß man den ursprünglichen Serienvergaser nur zur Leerlaufregelung benützt, was anstandslos geht, wenn man dafür sorgt, daß der zweite Stiefelrohrvergaser fest geschlossen bleibt – da kommt es also auf Dichtigkeit zwischen Gasschieber und Gehäuse an, das ganze Leerlaufsystem wird zweckmäßig totgelegt (Leerlaufdüse durch Stopfen ersetzt). Der zweite Vergaser darf nicht früher öffnen, bis der erste, enge Vergaser nicht *wenigstens zur Hälfte* geöffnet ist. Auf diese Weise kriegt man auch für die wildesten Rennmotoren einen lammfrommen Leerlauf hin, ohne jedes Ruß-Risiko für die Kerze.

Düsen prüfen - Düsen ändern

Noch an 1959 bekam man selbst zu seltenen englischen Vergasern von den Importeuren jede gewünschte Düse. Heute hat man Schwierigkeiten. Früher galt es als Barbarei, eine Düsengröße mit einer Meßnadel zu messen und gar mit einer Düsenreibahle drin herumzufummeln – damals sagte man „kauf neu!"

Diese Zeiten sind vorbei. Man kriegt einfach nicht mehr. Also macht man selbst, indem man – und wenn beim Ausschlachter – irgendwelche (aber natürlich mit Gewinde usw. passende) Düsen kauft, auf denen also irgendwas gestempelt sein kann, meinetwegen 35 statt 180. Diese falschen Düsen kontrolliert man zunächst auf ungefähre Weite, mit Spiralbohrer oder so. Dann lötet man sie zu. Tunlichst mit Reinzinn – weil das härter ist als Lötzinn. (Aus Reinzinn sind die besseren Kunstgegenstände „Erinnerung an Hinterposemuckel".) Und nun bohrt man neu, etwas kleiner als voraussichtlich nötig – es gibt Spiralbohrer dieser Größen von 0,1 zu 0,1 mm steigend im Eisenladen zu kaufen. Hat man zu groß gebohrt, lötet man eben noch mal zu. Hat man nur wenig zu klein gebohrt, wird mit eben der „Düsenreibahle" – die steht nach wie vor in den Listen großer Werkzeugfabriken, Belzer, Hazet, Dowidat und so – vorsichtig aufgeweitet, bis die gewünschte Menge durchläuft. Am besten macht man sich gleich einen Satz Düsen, etwa zwei Werte unter und über dem voraussichtlich richtigen Wert. Wobei es sich um die effektive Durchflußmenge handelt – die wird festgestellt, wie das Jürgen Goebel auch schon im MOTORRAD beschrieben hat. Hat noch einen Vorteil: Die ausprobierten und mit der Durchflußzahl gezeichneten Düsen bewahrt man in einem Kunststoffbeutelchen unter Luftabschluß auf. Ändert sich dann die Betriebsdüse durch Oxydation, Korrosion oder Auflagerung, bzw. hat man den Verdacht, daß das geschehen sein könnte, dann prüft man an einem stillen Abend mit diesem Meßtrichter – und weiß genau, was los ist. Diese Prüf- und Vergleichsmethode geht so, wie das Jürgen Goebel seinerzeit beschrieben hat:

Die im fabrikneuen Motor eingebauten Düsen stimmen zwar meist, da eine schlechte Düse beim Bremslauf auf dem Prüfstand auffallen würde. Aber schon bei solchen Düsen, die im Laden gekauft werden, vor allem bei anomalen Größen, ist Vorsicht am Platze. Als ich meinem Motor seine (schon beim Kauf der gebrauchten Maschine gehabte) Klingelei abgewöhnen wollte (es stellte sich hinterher heraus, daß es am Unterbrecher gelegen hatte), ersetzte ich die Original-Düse 140 durch eine vom Werk bezogene Düse 145. Das Klingeln war zwar weg, aber die Vergasereinstellung war so viel fetter, daß im 3. Gang glatt 10 km/h fehlten. Also wurden jetzt erst mal alle vorhandenen Düsen (140, 145 und 150) untersucht, und zwar mit einer Vorrichtung, die sich jeder selber machen kann. Ein etwa 5 cm langes und etwa 12 bis 15 mm dickes Rohr wird unten mit einer Mutter zugelötet, welche das Düsengewinde (die kleinen Bing-Düsen haben M 4, meine Puch-Düsen haben M 6) hat. Die zu prüfende Düse wird von innen eingeschraubt und ein Sieb, etwa von einem alten Benzinhahn, darübergestülpt. Das Rohr wird mittels einem Schlauch geeigneten Durchmessers mit dem Ausfluß eines mittelgroßen Trichters verbunden, den man irgendwie an einer Tischkante oder im Schraubstock festklemmt. Man braucht noch eine Konservendose zum Drunterstellen und ein Meßgefäß, mit dem sich genau 400 oder 500 cm^3 abmessen lassen*. Da die Benzinpantscherei einige Zeit dauert, ist es gut, das Ganze nicht in Mutters Küche, sondern am besten im Freien oder einer Garage mit Durchzug zu machen. Es ist nun am einfachsten, die Zeit zu messen von dem Augenblick, in dem man die ganze Menge in den Trichter schüttet, bis zu dem, wo das Benzin im Ausflußrohr des Trichters verschwindet. Zum Vergleichen genügt das; um sicher zu gehen, werden alle Messungen dreimal gemacht.

* Ein richtiger Mensurzylinder aus dem Labor- oder Medizinfachgeschäft muß es schon sein, ein Küchen-Meßglas ist zu ungenau.

Zum Beispiel hatte ich folgende Resultate:

Düse 150	.....	127 Sekunden	
			Differenz 4 sec
Düse 145	.....	131 Sekunden	
			Differenz 19 sec
Düse 140	.....	150 Sekunden	

Man sieht gleich, daß zumindest mit der 140er-Düse etwas nicht stimmt. Der Unterschied zwischen 140er und 145er scheint doch zu groß zu sein. Ich weiß nicht, nach welchem System die Vergaserhersteller ihre Düsen numerieren und welche Toleranzen dort üblich sind. Feststehen dürfte aber außerdem, daß es Motoren gibt, denen zur Erzielung der höchsten Leistung die Stufung der Düsennummern von fünf zu fünf zu grob ist. Meinem 175er-Sachs mit Gegenstromspülung war die Düse 115 zu wenig (er klemmte und klingelte bisweilen), während bei der 120er schon die Leistung etwas abfiel. Solche Düsenempfindlichkeit dürfte vor allem bei sehr hoch drehenden und leistenden Motoren, aber wohl auch bei solchen mit zu schwach ausgelegter Zündanlage zu finden sein. Besonders, wenn es auf höchste Leistung ankommt und bei Zweitaktern Kolbenklemmer vermieden werden sollen, scheint es angebracht, sich selber zu überzeugen, wie groß der Durchfluß einer neuen im Vergleich zur vorher benutzten Düse ist.

Das ist Jürgen Goebels Meßtrichter, dabei ist fast alles unwichtig bis auf eins: Man darf sich die Arbeit nicht leicht machen wollen und die zu prüfenden Düsen „verkehrtrum" einsetzen wollen. Die Düsen müssen im Meßtrichter in genau derselben Richtung durchflossen werden wie im Vergaser – das ist bei manchen Düsenfabrikaten enorm wichtig, die geben bei verkehrter Flußrichtung ganz andere Durchflußwerte.

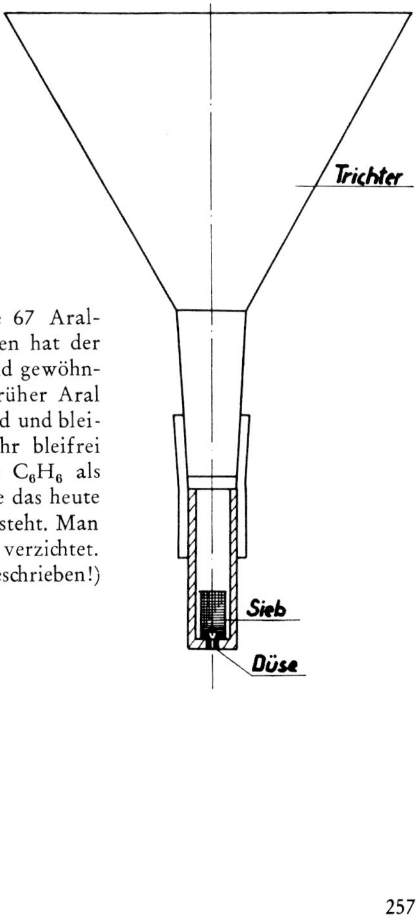

Wer aufmerksam war, bemerkte, daß auf Seite 67 Aral-Super steht, wo 1959 noch Aral stand. Inzwischen hat der BV nämlich umgetauft, was früher Aralin hieß und gewöhnliches Fahrbenzin war, heißt heute Aral, was früher Aral hieß und zu wesentlichen Teilen aus Benzol bestand und bleifrei war, heißt heute Aral-Super, ist nicht mehr bleifrei und enthält keineswegs nur mehr das klassische C_6H_6 als aromatischen Bestandteil. Ich weiß auch nicht, wie das heute mit der kinematischen Zähigkeit und der Wichte steht. Man hat beim BV auf die Bleifreiheit klammheimlich verzichtet. (Diese Ergänzung wurde September 1963 niedergeschrieben!)

Frage: Super oder Fahrbenzin?

Das ist überhaupt keine Frage. Man fährt zunächst gemeines, billiges Fahrbenzin, das billigste, das man kriegen kann. – Wenn das klingelt, vor allem beim Beschleunigen und beim Ziehen am Berg (Kopf ein bißchen aus dem Wind drehen, ganz genau runterhorchen, sagt leise pink-pink-pink), geht man vorläufig mit dem Gas etwas zurück und anschließend auf (irgendein) Super über. – Wenn man später Zeit hat, stellt man aber Vergaser und Zündung genau nach – dann geht der Motor wahrscheinlich wieder mit billigem Fahrbenzin. Man fährt Super nur, wenn der Motor mit Fahrbenzin und bei Vollgas klingelt und ihm das Klingeln anders nicht abzugewöhnen ist. Andere Vorzüge hat Super n i c h t! Es ist also nicht „besser". Auch nicht schneller. Früher war Aral aber tatsächlich „besser", da war es v ö l l i g bleifrei. Heute ist im Aral Super aber auch Blei drin, wenn auch (1963) nur wenig. Unbedingt zu mißtrauen ist aber jeglichem weiteren Zauberzusatz, wie er auch immer heißen möge – alles, was da als „Additive" segelt, grenzt an Haarwuchsmittel, bloß daß die eben k e i n e Rückstände hinterlassen. Sehr wohl aber viele Additives. Der Motor wird davon innen unsauber, Kerzen verschmutzen – siehe Kerzenkapitel im KUPFERWURM.

Nicht mit Klingeln zu verwechseln ist das „Nachlaufen". Das zeigen heutige Benzine wieder, wie schon mal um 1950 herum. (Dazwischen war Ruhe.) Nachlaufen sieht so aus: Manchmal nach Kolonnenbummelei auf der Autobahn (da besonders), manchmal nach scharfem Jagen (da seltener) zieht man den Zündschlüssel, der Motor läuft aber schüttelnd und stoßend weiter, manchmal drei Takte, manchmal dreißig. Hört sich entsetzlich an. Ist aber harmlos. Bloß bei Gelegenheit gut hinhören, ob der Motor am Berg nicht doch klingelt. – Wenn er früher nicht klingelte und auch nicht nachlief, ist dann eine innere Reinigung fällig, Kolbenboden und Kopf. Bloßes Nachlaufen ohne Klingelei bei Vollgas und bei noch erhaltener hoher Leistung ist harmlos.

Vom Schneller machen

Mit dem Schnellermachen ist es wie mit Frauen – das kann einen Mann faszinieren. Man muß dazu auch sehr viel wissen und sehr behutsam vorgehen - mit Patentrezepten geht es nicht, in beiden Fällen. Und hier steht auch „Mann“ und nicht Möchtegernheini. Die Wahrscheinlichkeit, daß aus einem Möchtegern doch noch ein Könner wird, ist in beiden Fällen auch wieder ungefähr 1:10 — also letztlich eine Intelligenzfrage, und Intelligenz ist Mangelware, „noch nie so wie heute“!

Warum und wieso

Mit der Ablösung des Industriesportes durch den Amateursport, mit den – hoffentlich in großer Zahl kommenden – Roten Rennen, mit der steigenden Zahl von reinen Amateur-Trials wird das Schnellermachen von Serienmaschinen über Nacht wieder aktuell. An 1952 brachte das MOTORRAD über das Schnellermachen von Zweitaktern eine Serie von Ulrich Pohl, die von ihrer Gültigkeit bis heute nichts verloren hat, und seither keinen Buchstaben mehr. Hatte mehrere Gründe: Angesichts des reinen Industriesportes bestand in der Rennerei für den Privatmann mit selbstgetrimmter Maschine sowieso keinerlei Aussicht auf Erfolg, wozu also dieses hoffnungslose Schlossern? Im Gelände war die Sache sowieso gegenstandslos, da ging es ohnedies um ganz andere Dinge, und zudem holten die ganz serienmäßigen Alltagsmotoren von 40 PS/l auf über 70 PS/l auf. Wer da an der Schnellermacherei interessiert war, der war normalerweise ein ahnungsloser Außenseiter. Da kamen beispielsweise simple Postkarten „Meine Kollegen fahren mir mit ihren 250ern immer davon, schreiben Sie mir kurz, wie ich meine 200er frisieren kann."
Man brauchte kein Graphologe zu sein, um auf den ersten Blick zu sehen, daß dieser Mann ein Rezept erwartete, so mit drei Eiern, einem Dellorto-Vergaser, einem Löffel Mehl, drei Tropfen Bardahl, gut umrühren, und dann müßten die 25 PS da sein. Allein die Tatsache, daß so ein Mann in einem simplen Brief eine „Frisier"-Anleitung erwartete, war ja charakteristisch dafür, daß ausgerechnet *dieser* Mann selbst mit der gründlichsten, buchdicken Anweisung nichts anfangen würde. Aus reiner Ahnungslosigkeit.
Wir haben da auch immer entsprechende Antworten gegeben – weil Pohls Artikelserie längst vergriffen ist, haben wir aber in ernster scheinenden Fällen Fotokopien angeboten, von denen ein Satz rund 10 Mark gekostet hätte. Nicht *eine* von diesen Nervensägen hat aber jemals einen solchen Satz bestellt – denen waren sichtlich die zehn Mark zu teuer. Woraus ja wieder rückzuschließen ist, wie ernst es diesen Brüdern war. Wenn einer schon keine zehn Mark über hat für eine erschöpfende Anweisung, dann kann man sich ja ausrechnen, wie ernst es solchem Knaben vollends mit der Arbeit wäre. Schneller fahren, angeben wie die Biesenknaben möchten natürlich alle – aber arbeiten und gar Geld ausgeben?

Totenköppe sind nun mal billiger. Denn eben nicht, liebe Tante, soll sich der Knabe auf eigene Faust den leeren Schädel einrennen, niemand soll sagen können, wir seien mit unserer „Frisier“-Anweisung da mitschuldig gewesen.
Noch so ein Ding: Die zahllosen Mopeds und vor allem die Angebermopeds. Es wäre leichtgefallen, da ganz schnell eine Frisieranweisung zusammenzunageln und lukrativ zu verkaufen. (Sogar ohne sich dabei in einen Konflikt mit dem geheiligten Gesetz zu begeben, wie das manche Werkstätten taten.) Statt dessen machten wir immer friedlich darauf aufmerksam, der Anfrager müsse erst mal sein Moped als Kleinstkraftrad zulassen und sich einen Führerschein 4 besorgen, dann bekäme er gerne seine Anweisung – nicht ein einziger hat sich jemals wieder gemeldet.
Heute ist das schon etwas anderes: Mit Roten Rennen am Horizont, mit Fünfziger-Derby und so haben wir reelle Aussicht, daß das eine Betätigung für zielbewußte Leute gibt, also nicht bloß Vorstadtkino-Angeberei bleibt.
Wir bringen deshalb hier eine ziemlich lückenlose Anweisung, was zum Schnellermachen alles getan werden kann. Es wird kein Kochrezept sein – das kann nämlich kein Mensch geben. Weil es das gar nicht gibt. Wohl aber tragen wir hier einmal wieder alles zusammen, was auf irgend eine Art in Frage kommt – jeder muß dann selbst entscheiden, was er bei seiner Maschine davon anwenden kann.
Gleich die erste Warnung: Nur Laien sprechen von „frisieren“ oder „kitzeln“ und derlei.

Einen Motor auf höhere Leistung zu bringen, ist harte, sehr viel Zeit raubende und obendrein nicht billige Arbeit,

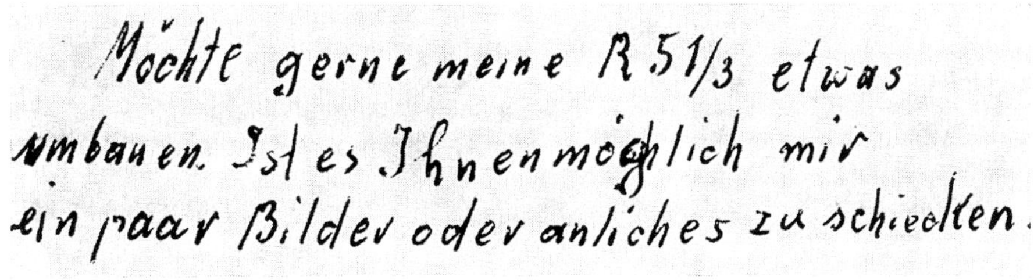
Möchte gerne meine R 51/3 etwas umbauen. Ist es Ihnen möglich mir ein paar Bilder oder anliches zu schiecken.

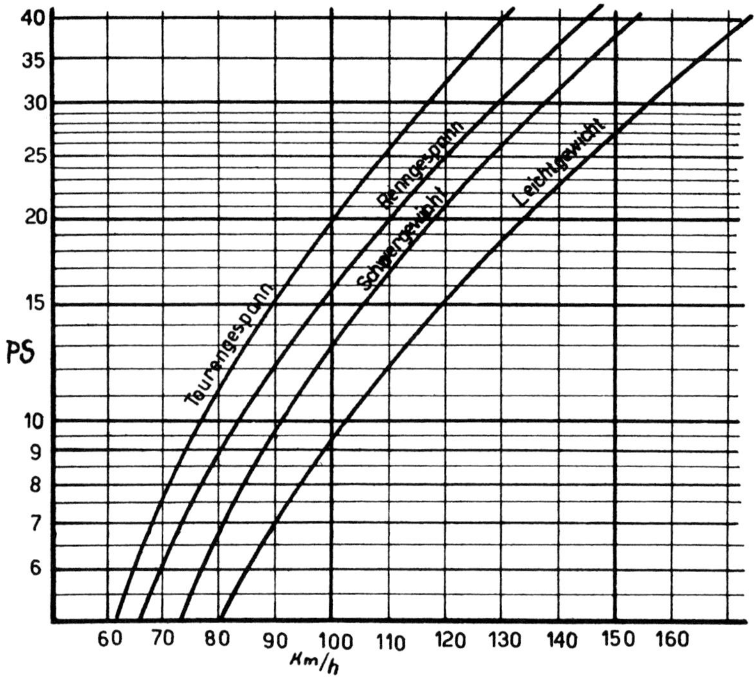

Auch das einfachste Gemüt müßte an diesem Diagramm sehen können, daß man immer gleich s e h r viele PS braucht, um erstaunlich wenige km/h zu gewinnen, man sollte also zuerst überlegen, ob das die Mühe lohnt. Diese PS-Zahlen hier stimmen übrigens, und wenn ein Zweizentnermann mit 15 PS doch 120 gefahren sein will, dann ging sein Tacho falsch oder war seine Uhr mit Heißlagerfett geschmiert.

bei der man nicht in den Irrtum verfallen soll, diesen zu trimmenden Motor während der ersten acht oder zehn Wochen jemals fahren zu können. Man wird ihn zwar zehn- bis zwanzigmal auseinander- und wieder zusammenbauen, in das Fahrwerk hängen, auf die Versuchsstrecke gehen und stoppen – aber fahren? Nein, zum Fahren kommt man ganz und gar nicht.

Das ist wie mit den Eisenbahnen: So ein Ding frißt jahrüber 400 bis 500 Arbeits-, um nicht zu sagen Ingenieurstunden, und an Weihnachten spielt man eine Stunde damit. (Wenn man jahrüber etwa von Motorrädern lebt. Wer jahrüber von Eisenbahnen lebt, wird wahrscheinlich Motorradbastelei ähnlich anziehend finden.) Im Ernst: Motoren herrichten ist eine ungeheuer faszinierende Beschäftigung, vor allem, wenn sich schon mal die ersten Resultate einstellen.

Wir kennen einige Leute – durchweg nicht vom Fach, sondern Holzwürmer, Nudelfabrikanten und Seifenvertreter – mit solchen sehr beachtlichen Erfolgen, und fast alle sind nach einem Jahr durchaus erfolgreicher Arbeit bei dem Rezept des *zweiten Motors* gelandet. Alle haben sie sich aus Unfallmaschinen oder sonstwie zu Schrottpreisen einen zweiten Motor besorgt, der in Ruhe bearbeitet wird. Der kann beliebig lang daliegen, bis etwa die neue Kurbelwelle drin ist – fahren kann man inzwischen mit dem anderen Motor. Dann wird in ein bis zwei Stunden der Motor umgehängt, die nötigen Fahrversuche gemacht, Rückmontage – und man hat wieder ein alltagsfahrbares Motorrad. Zwar entwickelt sich der Alltagsmotor meist auch mit hinauf, weil man ja doch nicht gleich wieder rückmontiert und dem Alltagsmotor, wo er doch schon mal raus ist, auch gleich einen größeren Vergaser verpaßt, aber im ganzen hat sich das angesichts der geringen Preise für Gebrauchtmotoren als ein sehr guter Weg entpuppt. Man kann dann in Ruhe arbeiten, und vor allem unterbleibt mancher Murks, der sonst in der Eile begangen worden wäre. Schon das Hockenheimer Rote Rennen hat gleich bei mehreren Teilnehmern zu einem solchen Schluß geführt: Der zweite Motor wird eingepackt und per Bahnkiste ins Fahrerlager geschickt. Dann kann er im Rennen sogar zwei Beine durch den Kurbelkasten stecken, er kommt nachher wieder in die Kiste, und zur Heimfahrt hat man den intakten Alltagsmotor. Diese Jungen sind nicht dumm!

Und die zweite Warnung: Das Trimmen von Moped-Motoren ist eine ungewöhnlich leichte und ungewöhnlich „fruchtbare" Arbeit, hat ja doch ein Mopedmotor nur 25 PS/l und ist anstandslos auf 60–70 PS/l zu bringen, das „flutscht" also. Ein Moped mit solchem Motor ist aber kein Moped mehr.

Wer nach den hier geschilderten Methoden einen Moped-Motor auf Leistung bringt, darf das Ding dann nicht mehr als Moped fahren.

Es wird dadurch zum 50-ccm-Kleinstkraftrad, muß als solches zugelassen werden, und der Fahrer muß mindestens einen Führerschein 4 erwerben. Dann erst darf er damit auf „öffentlichen Wegen" fahren.

Womit wir zur Sache selbst kommen können: Der Erfolg jeder Trimmarbeit ist vom Objekt abhängig. Eine uralte 125er, die ihre 65 ging, ist von ihren ursprünglich vielleicht 4 PS leicht auf etwa 7 PS zu bringen und geht dann unter einem leichten Mann schon ihre 90 km/h. Das sind immer noch erst 56 PS/l. Eine 250er mit 15 PS aus dem Jahre 1955 hat aber schon 60 PS/l, und ihr auch nur 3 PS mehr beizubringen, sie also auf 72 PS/l zu bringen, ist ganz und gar nicht leicht. Während sie mit 15 PS unter Ausnützung jeglichen Kleinmachens 120 ging (unter einem Zweizentnermann ging sie nie über 105), geht sie mit 18 PS und derselben Raffinesse so 127 bis 128. (Unter dem Zweizentnermann 111 bis 112.)

Gerade das haben wir unseren angebebedürftigen Frisieranfragern immer mitgeteilt – kann sein, daß sie deswegen so ausnahmslos die Lust verloren haben. Sobald eine Maschine jenseits 115–120 km/h gehen soll, sind nicht nur die PS ungewöhnlich mühsam hereinzuholen, sie sind da oben auch enttäuschend wenig wert – enttäuschend für einen Angeber, der auf der Straße bloß andern dummen Jungen davonfahren möchte. Der Sportsmann allerdings – ich meine damit sogar den ganz normalen Roten, und führe er gleich sein erstes Rennen – wird gerade auf dieses mühsam zu gewinnende halbe PS losgehen, das er etwa über 18 PS hinaus zu erarbeiten hofft. Es bringt den einen winzigen Stundenkilometer, es bringt 130 statt 129 km/h, die den Sieg entscheiden. Dieses halbe PS ist auf der Straße gar nichts, auf der Bahn bedeutet es Sieg oder Fünfter. *Die Früchte der Trimmarbeit werden nicht auf der Dorfstraße geerntet, sondern auf der Rennpiste.* Die soeben genannten Zahlen wirken sicher auf viele Leser erschreckend. Zumal in jüngeren „Fach"-Kreisen ganz andere Zahlen im Schwange sind. (Die übrigens von Außenseitern des Motorrad- und Zubehörhandels fleißig genährt werden, bei denen fahren 10-PS-Maschinen immer noch nicht unter 135 km/h.

Wir setzen deshalb zuerst mal wieder unser uraltes Widerstandsdiagramm her, das sich in Dutzenden von Streitfällen immer wieder bewährt hat – also bitte keine Phantasiezahlen glauben, sondern im Diagramm nachsehen, niemand kann mit 10 PS schneller fahren als so 103–104 km/h, und bei vielen Leuten ist es schon bei 92–93 zu Ende. (Man hat uns aber schon Testmaschinen unter die Hose geschoben, die mit 12 PS ausgewiesen waren und dennoch 115 gingen – da stellte sich dann auch immer heraus, daß die keine 12 PS hatten, sondern 14. Es gibt nun einmal keine Hexerei.) Dieses Diagramm soll also dazu verhelfen, mit den Füßen hübsch auf dem Teppich zu bleiben.

1.) Ich möchte meine Maschine frisieren, was Raten Sie mir was ich machen soll? Lohnt es sich zu frisieren, ohne das später Schwierigkeiten auftreten (Heiß laufen, überdrehen usw.)

Noch ein wichtiges Bedenken: Die Haltbarkeit getrimmter Maschinen. Zum Glück setzt auch der nicht sehr Weise ganz von selber voraus, daß eine hochgetrimmte Maschine weniger lang halte, also schneller ausklappere und zu Bruch gehe als die Serienmaschine kleiner Leistung. Stimmt genau. Sofern man die erhöhte Leistung *dauernd* ausnützt. Ich würde mich aber gar nicht genieren, auch eine Alltagsmaschine so hoch zu trimmen, wie das nur möglich ist, nur hätte ich dann eine rote Marke auf dem Tacho bei der früheren Höchstgeschwindigkeit. Und würde über diese Marke nur mit weiser Beschränkung und nur dann hinausgehen, wenn es wirklich dafürsteht. Oder anders gesagt: Wer mit einer getrimmten Maschine im Jahr drei oder vier Rote Rennen fährt und sie im übrigen nur so hoch ausnützt, wie er das vor der Trimmarbeit auch nur tat, wird kaum auf eine kürzere Lebensdauer kommen, denn die ungefähr vier bis fünf Vollgasstunden, die in drei Roten Rennen samt Training höchstens zusammenkommen, spielen wirklich keine Rolle. (Madiges Material allerdings bricht schon in der ersten halben Vollgasstunde.)

Bis auf Moped-Motoren: Dank der allgemeinen Klapprigkeit jeglicher Moped-Bauteile sind auch Mopedmotoren auf einem Qualitätsstand angelangt, der zum Weinen ist – Kurbelwellen-Lebensdauern der Normalmotoren von 7000 bis 8000 km sind ziemlich die Norm. (Keine Kunst, ein Moped fährt im Mittel nur 2000 im Jahr, hält damit also mindestens 3 Jahre, und reklamiere mal nach drei Jahren eine Kurbelwelle!) Getrimmte Mopedmotoren laufen zwar herrlich, wenn aber da ein Pleuellager nach dem ersten Rennen schon rasselt wie eine Dreschmaschine, darf man sich nicht wundern. Dafür sind die Dinger ja auch viel billiger als etwa eine Max-Kurbelwelle. (Zwei-Motoren-System ist da schon angebracht.)

Nun ist wahrhaftig wieder so viel gequatscht, daß es höchste Zeit wird, mit den Rezepten zu beginnen. (Aber hätte man diesen ganzen Grundsatzzimt etwa nicht schreiben sollen? Was wäre dann bei Fritzchen Müller alles schiefgegangen?)

Der größere Vergaser

Zuerst und grundsätzlich zu merken: Es gibt keinen Rennvergaser.

Es ist ganz und gar wurscht, was für ein Vergaser auf einem Motorradl sitzt, entscheidend ist die Ansaugweite. Sonst gar nichts.

(Wir waren manches Mal zu Testfahrten auf dem Ring, und wenn es dann auf Einstelländerungen hinausging, dann hieß es meistens: „Ja, wenn unsere verdammten Vergaser so übersichtlich zu regulieren wären wie eure deutschen Bings!" So sieht es nämlich dann aus, wenn es wirklich mal um die Wurscht geht.)

Wer Fumus' Artikel über die Sachs Anfang 1959 gelesen hat, der bekam eine gewisse Ahnung davon, wie hohe Leistung nur teelöffelweise zusammengeholt wird – Hauptmittel der Leistungssteigerung war eigentlich nur der größere Vergaser.

Allererste Arbeit bei jeglicher Leistungssteigerung beginnt beim Einlaß, es muß entschieden werden, ein wie großer Vergaser überhaupt unterzubringen ist, denn hinterher kann ja immer nur das verarbeitet werden, was ganz vorn der Vergaser lieferte. Es gibt Anhaltspunkte für die Höchstweite von Vergasern, nämlich diese Tabelle:

ccm	50	100	125	150	175	200	250	300	350	500
Viertakt	15,4	19,5	21	22,3	23,5	24,6	26,4	28,2	29,6	33,3
Zweitakt	16,5	20,9	22,5	23,9	25,1	26,3	28,3	30,2	31,7	35,7

Das sind wie gesagt keine Rezeptwerte, sondern Anhaltspunkte – es sind schlicht (daher diese kniffligen Kommastellen!) die für FIM-Sportmaschinen zugelassenen Höchstwerte. Sie zu überschreiten dürfte kaum mehr rentabel sein, denn da ist wirklich nicht mehr viel zu holen. Andererseits bringt, etwa bei einer Zweitakt-125er, ein 20er Vergaser kaum merklich weniger als der theoretisch mögliche Vergaser mit 22,5 mm Ansaugweite.

Außer diesen Tabellenwerten gibt es aber auch eine materielle Grenze für die maximale Vergaserweite: Der vorhandene Kanalquerschnitt.

Bei Zweitaktern muß also erst mal das Einlaßfenster im Zylinder gemessen werden. Ein beliebtes Maß bei 125ern ist beispielsweise 16 mm Höhe bei 25 mm Breite. (Als Sehnenlänge im runden Zylinder gemessen.) Das sind laut Rechenschieber 400 Quadratmillimeter. Da drauf soll ein 22er Vergaser. Hat 11 mm Radius, Quadrat davon ist 121, mal 3,14 gibt 380 Quadratmillimeter Ansaugquerschnitt – au fein, das paßt ja prima! Und es paßt eben *nicht!* Denn jetzt kommt eine andere Rechnung:

Ein Kreisquerschnitt hat das günstigste Verhältnis zwischen reibender Wandfläche und freiem Durchlaß, ein Rechteck-Querschnitt wie unser Einlaßschlitz ist viel ungünstiger, noch ungünstiger sind zwei Kreisquerschnitte gleichen Durchlasses – in der Übersichtstafel

So verhalten sich die Förder-Widerstände verschiedener Querschnitts f o r m e n bei gleichen Querschnitts f l ä c h e n.

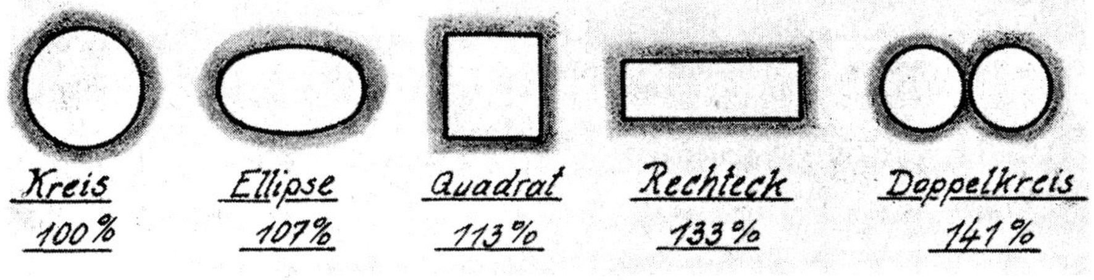

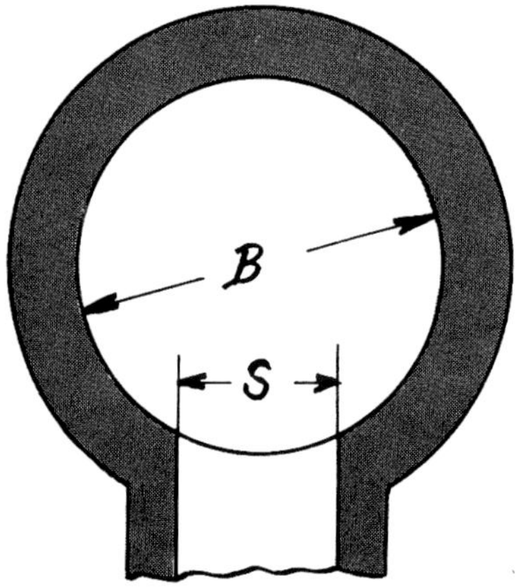

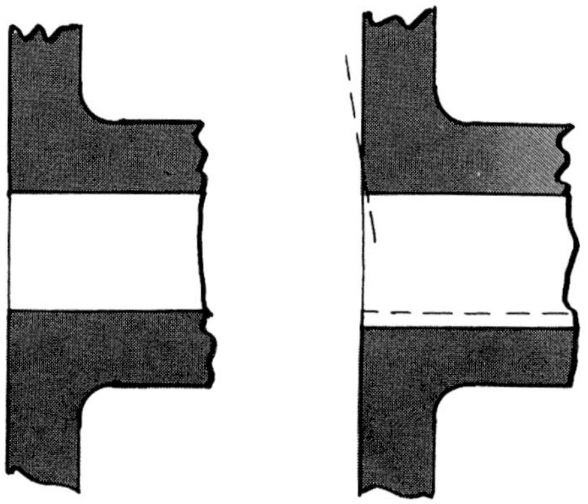

Bild links: Die Bohrung B ist ja wohl klar, unter S versteht man die Sehnenlänge des Schlitzes.

Bild rechts: Nach unten, in Richtung Kurbelwelle, wird der Einlaß zunächst erweitert, die obere Kante wird in der angedeuteten Richtung sanft angeschrägt – aber noch viel weniger, als sich hier zeichnen ließ, 1 mm Höhe ist schon viel.

ist das zusammengestellt. Es ist aber nicht so, daß man bei den 380 mm² des Vergasers nun auch auf 30% mehr Schlitzquerschnitt, also auf annähernd 500 mm² gehen müßte, so groß ist der Reibungseinfluß auch wieder nicht, man tut aber gut daran, mit der Schlitzgröße auf etwa 110 % der Vergaserweite zu gehen, das wären also 420 mm², als Mindestwert.

Unmittelbar hinter dem Schlitz ist der Einlaßkanal auch noch rechteckig, um dann in ein Oval und von da in einen Kreisquerschnitt überzugehen – und da sind Haken. Noch vor fünf Jahren war es üblich, auf diese 125er einen 16er Vergaser zu setzen, der Vergaserstutzen war selten weiter als 17 mm. Wir müssen aber auf mindestens 22 mm kommen, der Sicherheit halber auf 23 mm. Es muß jetzt durch Augenschein entschieden werden, ob von der Innenwandung des Stutzens diese 2,5 bis 3,0 mm Wandstärke herausgefräst werden können, ohne daß der Stutzen in sich zusammenbricht. Die Schlitzvergrößerung im Zylinder ist meist kein Problem, ein desto größeres ist aber diese Kanalerweiterung. Am Beginn jeder Trimmarbeit steht also der Zylinder vor einem auf dem Tisch, und man braucht meist eine ziemlich lange Zigarre, bis völlig klar ist, wo und wieviel erweitert werden kann.

Die Praxis: Früher machte man das mit Feilen – d. h. ich habe das auch nie selbst gemacht und schon ziemlich früh nicht mehr geglaubt, was die Leute da schrieben. (Ich bin heute sicher, daß auch Zenco das damals bloß so hingeschrieben hat. Die älteren Leute wissen noch. War so um 1932 herum.) Für diese erheblichen Materialentnahmen kommt nur noch ein Kugelfräser in Frage, und man hat Glück, wenn dazu der Bosch-Handmotor ausreicht und man keine biegsame Welle braucht. Ich müßte jetzt erst schreiben, wie man mit so einem Handmotor umgeht, dadurch würde aber der Artikel gesprengt. (Im Selber-mach-Bandwurm hätte ich diese Bosch-Handbohrmaschine auch schon beschreiben müssen, es ist schon ein enormes Werkzeug, ohne das ich heute nicht mehr existieren könnte, von der Eisenbahn bis zur KS hinauf, aber dann hat man doch wieder Gewissensbisse, etwas so Teures und Abseitiges zu beschreiben.) Ich muß mich also auf den Hinweis beschränken, daß ein Kugelfräser kein Füllfederhalter ist – das bleibt trotz Motor ein saures Stück Arbeit, bis man da irgendwo einen Millimeter Material in breiter Fläche weggenommen hat. Wenn der Fräser nämlich „packt" und zerspant, dann muß man kräftig gegenhalten – geht nur mit fest

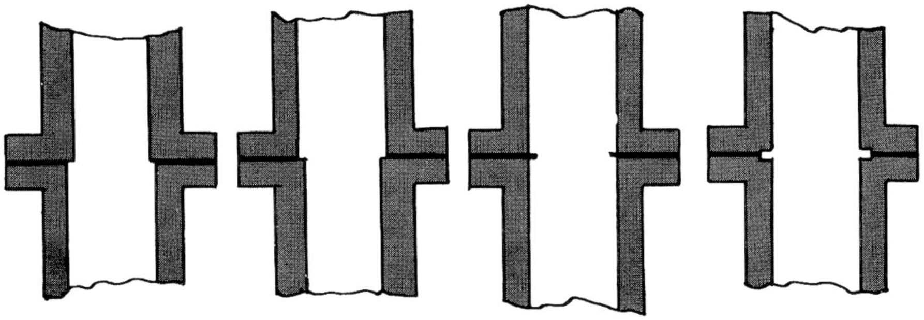

eingespanntem Zylinder, Maschine gegen die Schulter gepreßt, Ellbogen aufgestützt, der ganze Kerl muß sich gegen Tisch und Stube verkeilen – es sind schon Umstände. Und wenn man nur mal eine Zehntelsekunde locker läßt, dann haut der Fräser ab, zerschrammt dabei alles mögliche und wenn alles fertig ist, hat man blaugekniffene Arme und dichtverpflasterte Hände.

Und doch – feilen möchte ich nicht müssen, ohne diesen Handmotor könnte ich nicht mehr bestehen.

Also egal wie – der ganze Einlaßkanal muß bei unserer 125er auf mindestens 22, tunlichst 23 mm Kreisdurchmesser erweitert werden, das geht einfach nicht anders.

Manchmal macht der Einlaßkanal einen S-Schlag – dann ist zu erwägen, ob man das S nicht irgendwo absägen kann. Damit steht dann der Vergaser schief – aber das tut ja nichts, der dafür zu verwendende Sportvergaser hat sowieso ein getrenntes oder mindestens neigbares Schwimmergehäuse.

Mancher wird jetzt denken „aha, Fallstrom!" Nein, Fallstrom ist Grubenhund, von „Fall"-Wirkung kann wirklich keine Rede sein – man spart durch das Absägen der zweiten S-Krümmung verlustbringenden Umlenkwinkel. Je gerader das Gas in den Kurbelkasten hineinplautzen kann, desto mehr kriegt man hinein – es geht darum, sogar einzelne Grade Krümmungswinkel herauszugeizen.

Bilder oben: Die Todsünden bei Kanälen und Rohrstößen: Überstände sind unabhängig von der Stromrichtung stets übel, vorstehende Dichtungen vernichtend, und selbst Eindrehungen – ganz rechts – wirbeln und bremsen fast wie Blenden.

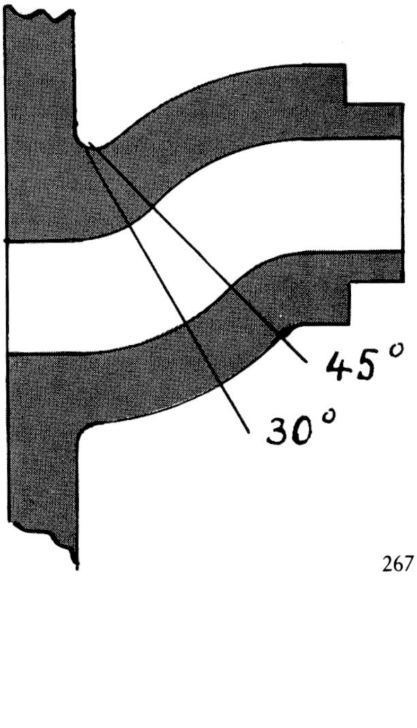

Bild rechts: Schwanenhälse werden so abgesägt, lieber unter 30 Grad als unter 45 Grad.

Bei abgeschnittenen Schwanenhälsen haben weder Flansche noch Klemmstutzen Platz, also erfindet man Spannschrauben, Spannkragen und Angelhaken, bis der Vergaser wieder sitzt – Vorbild Pohl, helfe, was da helfen mag (Bild oben und rechte Seite oben).

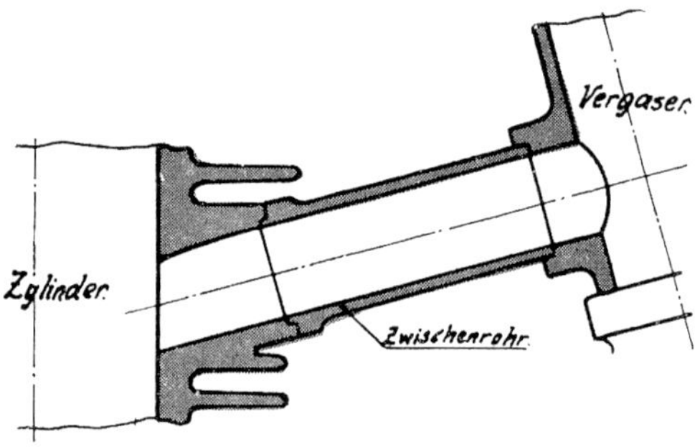

Vorhin haben bestimmt welche gelacht, als von der langen Zigarre die Rede war – denen vergeht aber das Lachen, wenn sie erst den abgesägten S-Stutzen vor sich sehen. Wie bammelt man da den Vergaser dran? Klemmstutzen is nich, Flansch is nich, dran muß er aber – vielleicht begreifen jetzt einige Leute, warum sie auf eine Dreizeilenpostkarte hin von uns keine „Frisier"-Anleitung bekamen. Hier ist erstmals ein Punkt erreicht, von dem ab die geistige Leistung des Trimmers entscheidet, was überhaupt getan werden kann. Motorentrimmen ist Ingenieurarbeit, man braucht dazu mehr Verstand als zum Glossenschreiben. Wir bringen hier ein paar alte Bilder von Pohl als Anhaltspunkte, wie so etwas gehen kann. Wenn jemandem diese Anregungen nicht genügen, wäre dieser Mann nur zu warnen – dann soll er lieber die Finger davon lassen. (Es kommen noch öfter solche Aufgaben, die nur mit eigener Erfindungsgabe zu bewältigen sind.)

Vorbehalt: In den Bildern sind lange Zwischenrohre zwischen Zylinder und Vergaser zu sehen, wohl jeder hat auch schon von Abstimmung dieser Rohre gehört. Werden hier aber noch nicht behandelt, kommt später. Jetzt ist lediglich die Aufgabe zu bewältigen, den weiten Vergaser überhaupt dranzukriegen.

(Hat jemand bemerkt, daß schon im Zigarrenstadium ein Tastzirkel und eine Schublehre unentbehrlich sind? Sind im Selbermachbuch bei den Werkzeugen nicht aufgeführt. Man kommt aber nicht drum herum.)

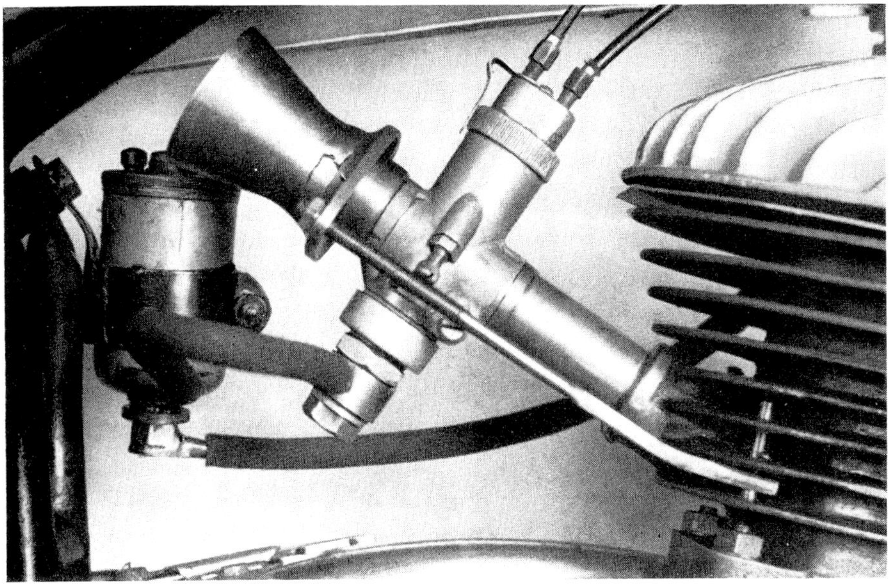

Zwei Beispiele vom Hockenheimer Junioren-Derby, noch nicht ideal, aber immerhin beachtlich – so kann man sich auch helfen.

Bild oben: Noch 1950 waren bei den Guzzis solche Ansaugrohre üblich, bis 1951. Bild links: Bei Lorenzettis Guzzi 1952 war dieses völlig gerade Ansaugrohr entscheidend. Man vermeidet Krümmungen, wo man nur kann.

Wir sind vorhin davon ausgegangen, daß die Schlitzöffnung im Zylinder nur unbedeutend erweitert werden müsse. Eine ausreichende Erweiterung ist meist schon da, wenn man die Schlitzhöhe – also in Laufrichtung des Kolbens gemeint – vergrößert. Man feilt bzw. fräst an der Kante, die der Kurbelwelle zugewandt ist. Da sind 2 mm mehr Höhe immer zu verantworten, deswegen sackt der Motor noch nicht zu sehr zurück.
In alten Büchern und Artikeln – hab selber welche geschrieben – steht auch, man solle lieber in die Breite feilen, also in Umfangsrichtung des Zylinders. Da gibt es aber Grenzen, die man ungestraft nicht überschreiten darf: In einen zu breit gefeilten Schlitz federt der Kolbenring naturgemäß tief hinein und knallt dann gegen die Schlitzkante. (Nicht sehr oft, dann bricht er lieber.) Faustregel: Sehnenlänge des Schlitzes tunlichst nicht größer als die halbe Bohrung. Bei z. B. 52 mm Bohrung darf die Sehnenlänge höchstens 26 mm betragen. Da ist man einigermaßen sicher vor Ringbrüchen. Ich selber lasse aber auch da die Schlitzkanten nicht scharf, sondern breche mit dem scharfen Schaber, wie im Bild angedeutet. Schon $^2/_{10}$ Fase auf längstens 1 mm Höhe genügen vollauf.
Bis jetzt ist auch noch nicht die Rede von verlängerter Einlaßzeit – die 2 mm mehr Schlitzhöhe bringen das zwar, spielen aber noch keine große Rolle. Kommt auch später. Natürlich kontrolliert man gelegentlich, ob im OT die untere Kolbenkante den Einlaßschlitz voll freigibt – wenn nicht, wird eine Stufe in die Kolbenkante gefeilt. Hat auch noch nichts mit verlängerter Einlaßzeit zu tun, ist nur Ordnungsarbeit. Muß also gemacht werden. Weil das Grundlage und Ausgangsposition für die eigentliche Trimmarbeit wird.
Bevor wir hier weitermachen können, muß erst eine Zwischenbemerkung gemacht werden: Wir hatten vorhin gesagt, daß die völlige Freigabe des Einlaß-Schlitzes durch den

Fehler, die sich forterben wie Hexenglauben: Die albernen „Erleichterungs"-Löcher überall, die gar nichts bringen, aber zuweilen tragende – und hier leitende – Querschnitte gefährlich schwächen, und die großen Abstände zwischen Mischkammer und Schwimmerkammer. Gehören so eng zusammen, wie überhaupt nur möglich.

unteren Kolbenrand kontrolliert und der Kolbenrand gegebenenfalls nachgefeilt werden müsse, das gebe noch keine unzulässige Veränderung der Steuerzeit. Ich ging da von meiner bisherigen, eigenen Erfahrung aus, wozu auch die Erfolgsberichte von Lesern gehören, denen ich diesen Kniff bei Motoren mit unzulänglicher Leistung angeraten hatte. Die Ursache ungenau sitzender Schlitze sind nun eben einmal „verrutschte" Kerne in der Sandform. Natürlich hat das die Motorenmacher auch gestört, denn die Folge ungenauer Schlitze sind Minderleistungen bei einzelnen Motoren. Und das wiederum hat manche Motorenmacher veranlaßt, den Zylindergießern eine „einseitige" Genauigkeit in der Kernlage vorzuschreiben, die wesentlich leichter einzuhalten ist. Danach braucht also beispielsweise nur die Unterkante des Einlaßschlitzes genau zu sein, die Oberkante kann getrost ungenau gegossen sein, hier liefert die Kolbenunterkante die nötige Genauigkeit. Wenn ein solcher Zylinder vorliegt, dürfte man also an eben diesem Kolbenrand nicht ohne weiteres herumfeilen. In der Praxis ist die Sache aber noch weit komplizierter: Man weiß ja nie, ob der eigene Zylinder um einen verrutschten Kern gegossen wurde oder ob da absichtlich nur eine Kanalkante genau gegossen wurde. Man müßte schon die Sollzeiten des betreffenden Zylinders kennen, wie sie im Werk festgelegt worden sind. Da die meisten Motorradmacher nicht mehr existieren und bei den überlebenden Motorenmachern sich kein Mensch mehr auskennt, ist da schwer zu helfen. Also auf gut Glück probieren. (Schön, wenn man da einen zweiten Motor hat!)

Das volumetrische Grenzproblem

Das ist eine furchtbar gelehrte Überschrift, hinter der sich sehr viel journalistisches Nichtwissen verstecken ließe. Ich will dennoch versuchen, von diesem Problemknäuel wenigstens so viel abzuwickeln, wie der Praktiker braucht, der seine Maschine für ein Rotes Rennen herrichten will. Also: Wenn man aus einem Motor viel Leistung herausholen will, muß man viel Ladung hineintun – eine Binsenweisheit. Um diese viele Ladung hineinzutun, hat man aber nur sehr wenig Zeit, nur so 5 bis allerhöchstens 15 Millisekunden. Wenn man in kurzer Zeit irgendwo viel hineintun will, braucht man dazu eine große Füllöffnung – auch eine Binsenweisheit. Daher der Zwang, große Vergaseröffnungen zu verwenden. Wie schon praktisch festgestellt. Ebenso haben wir auch schon festgestellt, daß man den Vergaser etwa bei einem Zweitakter wieder nicht beliebig groß machen kann, weil man den Ansaugschlitz im Zylinder nicht beliebig groß machen kann. (Mindestens bräuchte man dann Stege mitten im großen Schlitz, um die Kolbenringe am Hineinfedern zu verhindern.) Beim Viertakter hat man zwar nicht das Schlitzproblem, findet sich aber alsbald durch die mögliche Ventilgröße behindert – die Ventilgröße wird durch die Kopfgröße begrenzt. Wir sehen: Beim Zweitakter Begrenzung der Einlaßgröße durch die verfügbare Zylindermantelfläche, beim Viertakter durch die Kopffläche – *Flächen,* durch die *Mengen* hindurch sollen. Man wittert da einen mathematischen Zusammenhang, der in der Tat gegeben ist: Wenn irgendwelche Dinge kleiner werden, dann wächst bekanntlich deren Oberfläche im Verhältnis zum Rauminhalt sehr schnell. Ein faustgroßer Kohlebrocken fällt schnell genug, um jemandem ein Loch in den Schädel zu hauen, derselbe Kohlebrocken in Staubkörner zerteilt kann tagelang in der Luft schweben. Mit Motorenzylindern ist es genau so. Wir haben zu diesem Zweck die nachstehende Tabelle aufgemacht:

	Bohrung mm	Hub mm	Kopffläche cm²	Zu wechselnde Gasmenge cm³	Volumetrische Belastung cm³/cm²
Alter, klassischer Einzylinder 1938	80	90	50	500	1
Moderner Kurzhuber von 1951	90	78	60	500	0,83
Moderne Kurzhub-250er (Max)	69	66	37,5	447	0,66
125er	54	54	22,8	124	0,54
100er	50	50	19,8	100	0,51
Einzelzylinder einer 500er-Achtzylinder	43	43	14,6	62,5	0,43
50er	40	39	12,6	50	0,4

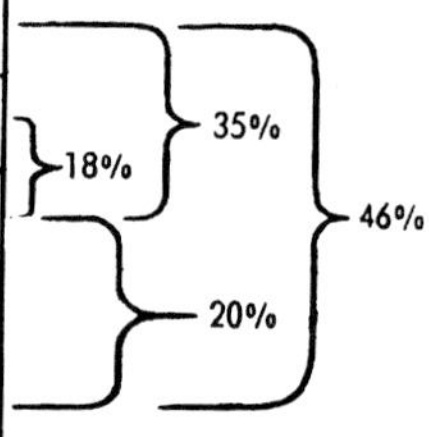

Der alte, klassische 500er Einzylinder, die Puff-Puff-Maschine der Vorkriegszeit, hatte eine Kopffläche von 50 cm², in der zwei Ventile unterzubringen waren, durch die (theoretisch wenigstens) 500 ccm Gas hindurchzubringen waren. Diese 50 cm² standen zur Unterbringung von Ventilen zur Verfügung, können also zu den 500 ccm in Bezug gesetzt werden und wir dürfen willkürlich dieses Verhältnis von Fördermenge zu verfügbarer Querschnittsfläche mit 1 ansetzen, wie in der Tabelle geschehen. (Es ist uninteressant, ob man diese 50 cm²

Fläche mit 2 oder 3 oder 4 Ventilen besetzt, was ja alles schon gemacht worden ist, es ist auch uninteressant, ob man den Kopf flach macht oder kugelig wölbt, man hat es immer mit *Flächen* zu tun, durch die *Mengen* durch müssen. Man braucht nur darauf zu achten, daß Zweiventiler eben nur mit Zweiventilern usw. verglichen werden. Im übrigen ist der Gewinn bei einem Vierventiler gegenüber einem Zweiventiler verschwindend gering – weil zwei kleine Löcher strömungstechnisch ungünstiger sind als ein großes Loch. Es war nicht nur der konstruktive Aufwand, der Dreiventiler und Vierventiler nie richtig hochkommen ließ.) Soweit es nach dem Kriege noch große Einzylinder gab, wurden sie als „Kurzhuber" gebaut. (Abgesehen von überalterten, aber noch weiterproduzierten Vorkriegs-Langhubern.) Man hat so zwischen 1950 und 1952 viel gelehrte Zeilen über Langhub–Kurzhub geschrieben, die Quintessenz geht aber auf eine einzige Zahl in unserer Tabelle zusammen: Beim Kurzhuber ist das Verhältnis der durchzusetzenden Ladung zur möglichen Durchlaßfläche nur noch 0,83. Man hat beim Kurzhuber die Möglichkeit, 17% mehr Durchlaßquerschnitt für die Ladungsmenge unterzubringen als beim Langhuber.

Nun ist die Änderung des Hubes gegenüber der Bohrung nur beschränkt möglich, man kann schließlich keinen Suppenteller statt eines Kolbens verwenden. Also eben Verfahren Kohlen*staub* statt Kohle*brocken,* die Stücke kleiner machen. Finden wir in der nächsten Zeile am Beispiel der Max – obwohl deren Hub-Bohrungsverhältnis viel weniger unterquadratisch ist als das des modernen 500er Kurzhubers, finden wir das Verhältnis von verfügbarer Durchlaßfläche zu Durchlaßmenge weiter auf 0,66 verbessert. Das ist das ganze Geheimnis der hohen Leistung der englischen Twins und der deutschen Boxer, die Erklärung dafür, daß die großen Einzylinder verschwunden sind. (Mit allem wäre fertig zu werden gewesen, mit der Stampferei, mit der Wärme, mit allem – aber die Zweizylinder bekamen wegen des über 30% besseren Querschnittverhältnisses eine weit höhere Leistung.)

Natürlich ist man damit nicht am Ende, jetzt fängt es sogar erst richtig an: Unterteilt man eine 250er in zwei 125er Zylinder, so hat man erneut einen Querschnittsgewinn zu verbuchen: Die 250er-Twin ist gegen die Einzylinder abermals um 18% begünstigt. Deshalb wurde die 250er NSU-Rennmaschine – obwohl Rennmax geheißen – als Zweizylinder gebaut, deshalb hat es auch keinen Sinn, einen Einzylinder-Zweitakter etwa für ein Rotes Rennen herrichten zu wollen, wenn er gegen Zweizylinder gleichen Hubraums antreten soll. (Ausnahme Puch – die hat aber als Doppelkölbler die Flächen einer Zweizylinder verfügbar!) *Die Zweizylinder sind wegen dieser 10% besseren Gaswechselmöglichkeit überlegen.*

Man sieht in der Tabelle auch, warum etwa bei den 500er Rennmaschinen die gute alte Norton keine Chance gegen die Vierzylinder mehr hatte – diese sind ladungsmäßig um 35% besser daran. Die sagenhaften Achtzylinder wären um 46% besser daran, auch gegen die Vierzylinder hätte die Achtzylinder immer noch 20% Vorsprung – genügend viel, um einen Konstrukteur zu locken, auch wenn der noch so gut um die Schwierigkeiten der Vergaser-Synchronisierung, um Zündprobleme und mechanische Sandflöhe weiß. Da ist nämlich noch eine böse Sache: Diese ganze Erörterung über cm^2 und cm^3 ist so lang eine Milchmädchenrechnung, wie man mit den Problemen des Mehrzylinders nicht fertig wird. Das hat dazu geführt, daß selbst im Industriesport bis vor ganz wenigen Jahren einige alte, hoch ausentwickelte Einzylinder noch durchaus mit Mehrzylindern mithielten – bis eben die Mehrzylinder mit ihren Synchronisier- und Einstellproblemen fertig wurden. Für uns ist die Folgerung bedeutsam, daß es zwar aussichtslos erscheint, eine Einzylinder-250er für ein Rotes Rennen herzurichten, daß es aber völlig offen ist, wie eine Puch gegen eine Adler zu bestehen vermag.

Vielleicht ist jetzt manchem Leser klargeworden, um was für simple Überlegungen es in der so geheimnisvollen Rennentwicklung geht. Heute sieht das natürlich sehr einfach aus und ich nehme es niemandem übel, wenn er mich höhnisch fragt, warum ich diese Simplizität denn nicht schon vor fünf Jahren niedergeschrieben habe. Nun, ich habe eben bis heute gebraucht, um an Hand dieses lausigen Frisierartikels diese Tabelle zu errechnen. Aber: Hat etwa sonst jemand darauf aufmerksam gemacht? Und wenn jemand aus dieser Rechnung und aus dem derzeit erreichten Stand der Beherrschung mechanischer Schwierigkeiten den Schluß zieht, das Heldenzeitalter der Rennmaschinenentwicklung sei definitiv vorbei, dann kann ich ihm das gar nicht verdenken. Vielleicht gehört es nicht unmittelbar hierher, sei aber doch nicht übergangen: Schon 1957 hat Dr. Froede-NSU in der ATZ aus allen nur denkbaren Aspekten nachgewiesen, daß eine Schiebersteuerung gegenüber einer Ventilsteuerung keine grundsätzlichen volumetrischen Vorteile mehr aufweise. Genauso geht es mit einer Reihe anderer Bauelemente – etwa mit der heute durch alle Zeitungen geisternden „desmodromischen", ohne Ventilfedern arbeitenden Ventilbetätigung. Man sieht, unter welchen Bedingungen und wieviel bestenfalls sie bringen können, man kann das ziemlich genau vorausberechnen, und man kann vor allem ebenso genau abschätzen, unter welchen Fahrbedingungen, über wie viele bzw. wie wenig Meter einer Rennstrecke wie viele Prozent herauskommen können. Der Zeitpunkt wäre abzusehen, von dem ab die Laufschuhe der Leichtathleten größere technische Unterschiede aufweisen als Rennmotorräder. (Weil die Theorie der Laufschuhe weniger genau erforscht ist als die der Rennmotoren.) Die Entwicklung der letzten acht Jahre hat es ja gezeigt: Wenn man irgendwo in der Welt zwei Ingenieurstäbe mit gleichen Mitteln ausstattet, dann kommen die unweigerlich zu den gleichen Ergebnissen, sogar unterschiedliche konstruktive Phantasie, konstruktiver Witz, vermag nur ganz kurzfristig ganz geringe Leistungsspitzen hervorzubringen, die von den fleißigen Ameisen der Konkurrenz bald auch zusammengetragen werden.

Man wird da sicher fragen, warum ich trotz dieses weltflüchtigen Pessimismus immer noch einen Schnellermach-Artikel schreibe: Die soeben genannten „gleichen Mittel" sind beträchtlich, man denke nur an die unterschiedlichen Aufwände NSU – Auto Union – Horex, um die nächstliegenden Beispiele aufzuführen. Sobald sich eine Industrie aus dem Sport zurückzieht und Maschinen eines bestimmten Standes hinterläßt – etwa die Maxen und die Adlers –, bekommt man eine Nivellierung auf der Aufwandsmöglichkeit des Amateurs, hier wetteifern auf einmal wieder vierzig Einzelgehirne und nicht zwei Kollektive von je zwanzig Gehirnen in zwei konkurrierenden Konstruktionsbüros.

Weil die Vierzig wieder Spaß an ihrem Tun haben können, wird dieser Artikel geschrieben – weil der Industriesport, Gott sei Dank, tot ist.

Die Ventile beim Viertakter

Die Tendenz jeder Leistungssteigerung beruht unausweichlich auf dem möglichst weiten Einlaß – auf dem weiten Vergaser. Die Grenze nach oben wird durch die Möglichkeit gezogen, wie sich der weite Einlaß bis in den Zylinderraum hinein halten läßt. Der Engpaß, der Flaschenhals, findet sich beim Viertakter am Ventil. Dessen Größe wiederum – wie wir ja sahen – durch das Hub-Bohrungsverhältnis wesentlich diktiert wird. Heutzutage sind nun die Kopfflächen ziemlich radikal ausgenützt, bei 250ern findet man Ansaugeventile von 37 – 38 mm Durchmesser, während etwa die gute alte OSL mit 28 mm ausgestattet war. Bei jeder Erwägung, einem Viertakter zu größerer Leistung zu verhelfen, steht vornean die Kontrolle, ob die Möglichkeiten zur Ventilvergrößerung schon ausgenützt sind. Man kann sagen, daß bei 50 PS Literleistung des Serienmotors im allgemeinen noch sehr wohl größere Ventile möglich sind, bei 70 PS Literleistung ist ebenso gemeinhin nicht mehr viel zu machen. Man braucht da nicht viel herumzufragen und kann sich selbst ein verläßliches Bild verschaffen:
Alle „Friseure“ brechen sich mindestens fünf Finger ab, um das Verdichtungsverhältnis ihres Motors in komplizierter Weise mit unglaublicher Ölschmiererei zu ermitteln. Obwohl es darauf im Grunde gar nicht ankommt. Also erst mal Kopf runter. Innenfläche hübsch mit dem Pinsel einölen, Kolben ganz genau in den OT stellen, Kolbenboden und den schmalen, noch sichtbaren Zylinderrand auch mit dem Pinsel einölen. Kopf wieder drauf, nur leicht anziehen, keinerlei Ventilantriebskram einstellen, nur eben den Kopf so draufsetzen. Motor so kippen, daß das Kerzenloch annähernd höchster Punkt wird – annähernd braucht keineswegs supergenau zu sein. Modellgips anrühren, ins Kerzenloch laufen lassen, Gipsbecher

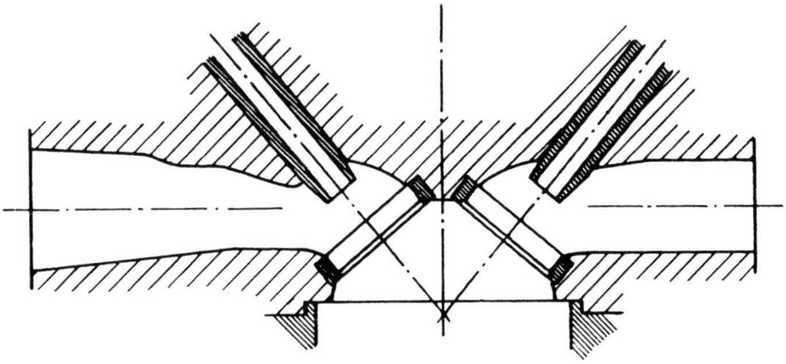

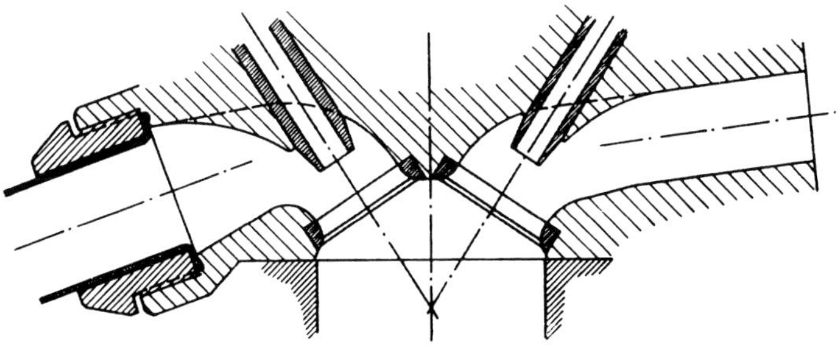

Eine solche Querschnittszeichnung mindestens im Maßstab 1:1 ist Voraussetzung für jede Trimmarbeit an einem Viertakter. Oben Schnitt der BMW R 25, unten Schnitt des Max-Kopfes. Was es mit diesen Ventilwinkeln und Kanalführungen auf sich hat, wird im Verlauf des Abschnittes noch gründlich behandelt.

säubern, einstweilen Brotzeit machen. Nach einem Leberkäs und einer Weißen kann der Kopf wieder runter und was zum Vorschein kommt, ist ein hinreichend (!) genaues Modell des Kopfraumes. Vielleicht voller Lunker und Blasen, vielleicht sind auch Dellen drin, weil die Höhlung nicht ganz ausgelaufen ist, das tut aber alles nichts, selbst zerbrechen darf der Gipsbrocken – auch der Zahnarzt klebt ja seine Bröckerln kunstreich wieder zusammen. Jedenfalls kann man ihn nach gründlicher Durchtrocknung äußerlich mit einem billigen Lack tränken, damit er nicht ganz so grausam abkreidet, und dann durch die Mittelebene, von Mitte Ventilsitz zu Mitte Ventilsitz, aufsägen. Man kann ihn sogar ganz in Scheiben sägen, jedenfalls gewinnt man so Schnittbilder von viel größerer Genauigkeit, als man sie auf dem Reißbrett mittels am Kopf selbst genommener Maße rekonstruieren könnte. Da ist nämlich die genau markierte Kolbenfläche als Bezugsebene, und die Ebenen der Ventilteller sind so sauber markiert, daß man danach die Schaftrichtungen viel genauer konstruieren kann, als dies nach Messung am Kopf mangels Richtplatte, Anreißstativ usw. möglich wäre, die der Amateur ja nicht hat. Liegt aber erst mal der Kopf mit den Ventilen im Längsschnitt auf dem Papier fest, dann kann man den Ventilhub einkonstruieren und weiß, wann die Ventilteller mit dem Kolben kollidieren – oder untereinander. (Darüber später mehr.) Jedenfalls bekommt man dabei eine ganz klare Vorstellung davon, was passiert, wenn man ein Ventil größer macht. Zunächst wenigstens. Denn jetzt ist die nächste Kontrolle dran: Jetzt muß wieder der Kopf selbst her, Ventile raus, an Hand der bisherigen Zeichnung des Verbrennungsraumes kann man den Verlauf der Kanäle ausmessen und auch noch einzeichnen. (Auch da sind Gipsmodelle gar nicht schlecht, man braucht einen Kanal ja nur zur Hälfte vollaufen zu lassen, gerade so weit, daß man den Gipsabguß zerbrechen, in Teilen herausbefördern und wieder zusammensetzen kann.) Diese Mühe ist nötig, weil man nur so sieht, wie die Kanäle bis jetzt strömungstechnisch gestaltet sind – darauf kommt es an, wie die Vergleichsbilder zeigen. Angenommen, da wäre ein 35er Einlaßventil vorhanden und der Einlaßkanal liefe schön verrundet auf den Ventilrand zu. Es ist auch hinreichend viel Platz da, um sogar ein 38er Ventil unterzubringen. Das wäre eine Einlaßverbreiterung um 18%, also schon ein Wort. Wenn aber dieser größere Ventilkreis einen scharfen Knick im Kanal mit sich bringt, läuft man Gefahr, daß ganz einfach ein Wirbel eben den Raum ausfüllt, den man eben noch mühsam von Metall und Eisen freigeräumt hat.

Die Zeiten, da ein Viertakter eine gemütliche Pumpe war, sind vorbei. Auch Viertakter sind heute Strömungsmaschinen geworden und müssen deren Gesetzen gehorchen.

Man kann es noch deutlicher sagen: Wenn die gute alte OSL das Hub-Bohrungsverhältnis der Max hätte, also liefergradmäßig gleichgestellt wäre, bekäme man sie mit gleich großen Kanälen und gleich großen Ventilen anstandslos von ihren herkömmlichen PS auf 15, vielleicht sogar 16 PS. (Da sind Bastler trotz ungünstigen Hub-Bohrung-Verhältnisses immer schon herangekommen.) Man wird sie aber nicht auf die 17 – 18 PS der Max bringen, weil hier die Wirkung der bei OSL noch strömungsungünstigen Kanäle einsetzt. (Die sagenhafte Ultramax-Steuerung war weiß Gott nicht die Ursache der enormen Max-Literleistung. Das war die Folge einer strömungsgünstigen Kanalführung – *das und nichts anderes ist die Ursache der Max-Leistung.* Aber kann man mit Strömungsgelehrsamkeiten werben? Also erfand Westrup die Ultramax-Masche, die hinsichtlich ihrer „Erfindungshöhe“ mindestens so hoch einzustufen ist wie die strömungsgünstigen Kanäle und der Schubstangentrieb.) Hier fangen nun eben mal die Strömungsgesetze an – nach denen ein enger Kanal mit sanften Übergängen zuweilen mehr durchläßt als ein weiter Kanal mit scharfen Knicken. Es erfordert nicht wenig Nachdenken und zeichnerisches Probieren, zu entscheiden, ob man auf größere Ventile losgehen soll. (Bis 70 PS/l kann man fast blind auf größeres Ventil tippen, jenseits 70 PS/l wird es dann kritisch. Auch diese Zahl ist mit Vorsicht zu genießen, man

Das ist absolut unerläßlich: So wird erst mal mit der Meßuhr die Ventilerhebungskurve des eigenen Motors festgestellt und mit den hier gezeigten Kurven verglichen. Vorher hat es gar keinen Sinn, am Nocken und am Ventiltrieb irgend etwas zu machen.

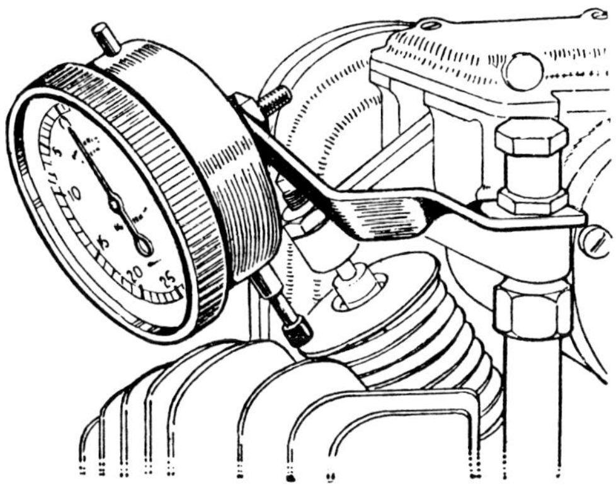

kann ebensogut 65 oder 80 PS/l sagen, scharfe Grenzen gibt es da nicht. So etwas genau zu ermitteln gehörte zu den Aufgaben eines der besagten Ingenieurstäbe.)

Vielleicht hält man die eben getroffene Feststellung – daß ab 70 PS/l die Raterei anfange – für ein Armutszeugnis. Meinetwegen. Wer es besser weiß, hat ja die Chance, gegen andere Leute zu gewinnen und so den Rennsport interessant zu halten. Andererseits bin ich überzeugt, daß wir in den nächsten Jahren einen ausgedehnten Sport mit Viertakt-Fünfzigern und Roten 100ern bekommen werden. Bei diesen Spielzeugmotörchen ist der Eigenentwurf eines Kopfes, Modellfertigung und Guß samt Bearbeitung durchaus im Machtbereich eines geduldigen Bastlers und einer „mobilen" Küchentisch-Drehbank. Sonst würde ich nicht so viele Druckzeilen für diese „blutlosen" Erwägungen verschwenden.

Es kommt nun nicht nur auf den Ventildurchmesser an, sondern auch auf den Hub. Der Gedanke liegt nahe, den Durchtrittsquerschnitt durch Hubvergrößerung zu erweitern. Ganz logisch. Zu OSL-Zeiten waren nun 7 mm Hub bei einer 250er ein traditioneller Wert, den wahrscheinlich schon die Lehrbuben auf der Berufsschule lernten. Aus dieser Zeit datiert auch ein gangbarer, keineswegs erfolgloser Frisier-Trick: Der Nockengrundkreis wird abgeschliffen. Man kann da schon 1–1,5 mm abnehmen, das gibt einen ebensoviel größeren Hub und damit war bei der OSL ein Leistungsgewinn von immerhin einem, wenn nicht gar anderthalb PS verknüpft. Aber nur gegenüber den sonst vorhandenen 10,5 bis 14 PS. Eine Max hat 8 mm Ventilhub – da wäre erst mal genau auszuprobieren, ob 9 mm überhaupt noch etwas bringen, denn *sicher ist das keineswegs.* Obwohl es Motoren mit 10 mm Ventilhub gibt – die auch keine höhere Leistung als ihre Konkurrenten mit 8 mm Hub geben. Hubvergrößerung ist also eine Maßnahme, die man so weit zurückstellt, bis alle anderen Maßnahmen ausgeschöpft sind. Vorderhand erscheint es besser, Hubkunststücke zu vermeiden zugunsten der Tatsache, daß kleiner Hub das Ventil vom Kolbenboden fernhält oder gar einen um 1 mm höheren Kolbenboden erlaubt, der vielleicht durch erhöhtes Verdichtungsverhältnis mehr Leistung bringt als der größere Hub bringen würde.

Wenn man mit dem Hub experimentieren will, geht man nicht auf die Nockenwelle los, die ist zu kostbar, sondern auf die Kipphebel, wo man – je nach Bauart und handwerklicher Möglichkeit – den Angriffspunkt der Stoßstange in Richtung zur Welle so weit versetzt, daß ein um 1 mm höherer Hub am Ventilschaft herauskommt. Wenn das nichts bringt, kostet die Rückkehr zum Originalzustand allenfalls ein Paar neue Kipphebel, die erschwinglich sind.

Eine Nachrechnung des Durchtrittsquerschnittes am Ventilteller aus Umfang und Hubhöhe ergibt immer einen Querschnitt, der fast doppelt so groß ist wie bestenfalls ein Vergaser

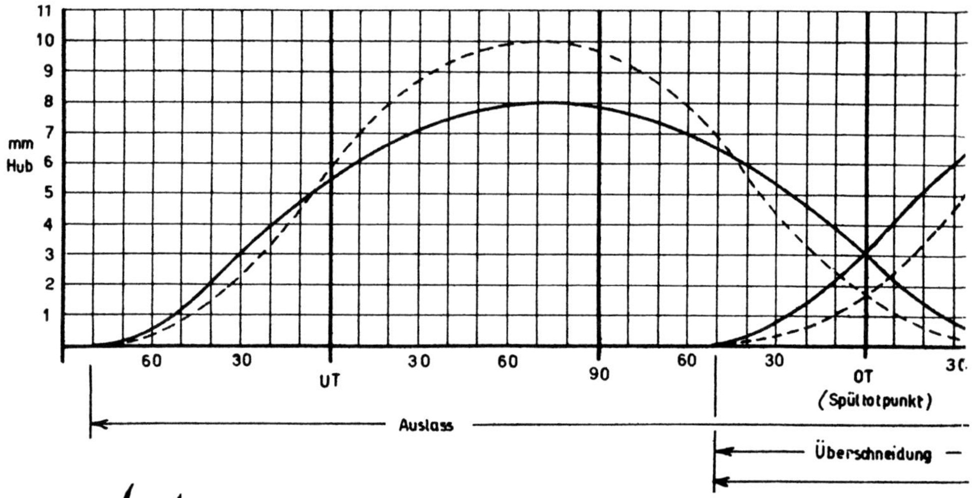

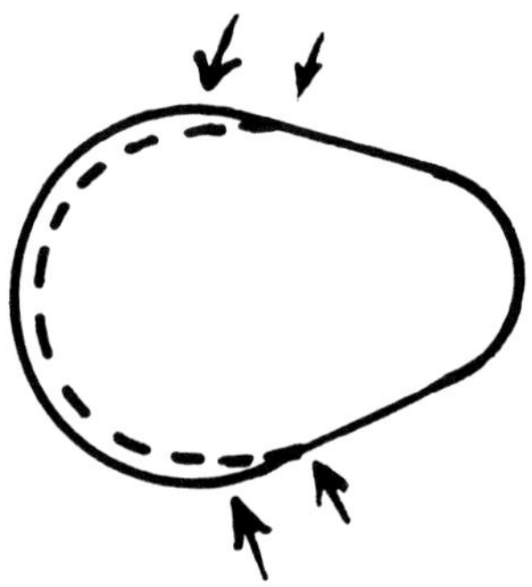

Bild oben: Ventilerhebungskurven zweier 250er mit gleichen Steuerzeiten, ausgezogene Kurve über 100 PS Literleistung, gestrichelte Kurve knapp 80 PS/l, man sieht, wie sich die fülligen – aber auch den Ventiltrieb beanspruchenden – Kurvenflanken auswirken.

Bild links: Nach der gestrichelten Linie kann ein Nocken-Grundkreis abgeschliffen werden, es entstehen aber kritische Stellen, die durch die Pfeile bezeichnet sind.

untergebracht werden kann. Das kommt auch nicht von ungefähr: Dieser Durchtrittsquerschnitt ist strömungstechnisch miserabel. Erstens wegen der Umknickung der Stromrichtung und zweitens wegen der wirbelnden Kanten. Da gibt es zwei Faustwerte: Zu einem freien Durchtritt im Sitzring von 35 – 36 mm Durchmesser ohne besonders strömungsgünstige Ausführung dürfte 28 mm die größtmögliche Kanal- bzw. Vergaserweite sein. Natürlich wird man danach streben, den Kanal auf 30 oder noch mehr mm zu bringen, um auch mal probeweise einen 30er Vergaser dranzuhängen. *Es ist aber nicht gesagt, daß dieser 30er dann auch eine Mehrleistung bringt.*

Bei strömungsgünstiger Durchbildung von Ventil und Kanal kann der freie Durchtritt im Sitzring aber auch 32 – 34 mm betragen und ein 30er Vergaser kann dennoch einen merklichen Fortschritt gegenüber einem 28er bringen. Die Schnittzeichnung des Max-Kopfes zeigt deutlich, was in Richtung der strömungsgünstigen Formung getan werden kann. Natürlich ist hier nur von 250ern die Rede, weil deren Abmessungen bekannt sind – grundsätzlich dasselbe, nur in anderen Proportionen gilt aber auch für kleinere Volumina, wenn diese eines Tages aktuell werden.

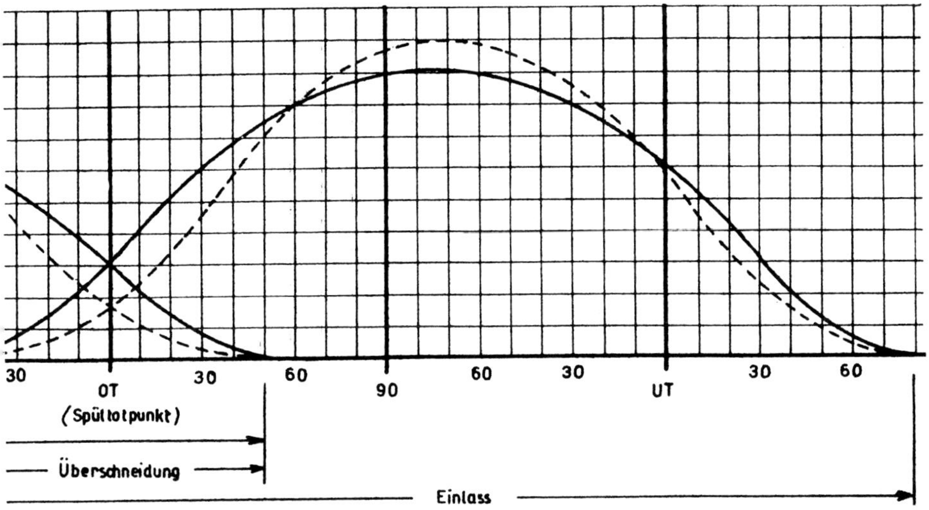

Die sagenhaften „scharfen“ Nockenwellen

Für die besseren Sachen unter den Viertaktern hat es schon immer besondere Nockenwellen gegeben, meist als „scharf“ betitelt. Man hat von solchen Wunderwellen auch die einigermaßen unklare Vorstellung, dabei käme zwar ein Wunder an Leistung heraus, es würden aber auch die Ventiltriebe zerdroschen und die Ventile fielen reihenweise in den Keller. Was an solchen Nockenwellen eigentlich „scharf“ ist, kann zuweilen nur der Preis sein, wie dieses Faksimile einer tatsächlich geschriebenen und bezahlten Rechnung zeigt.

Im Sportladen von NSU gab es bei Auflösung eben dieses Sportladens an die 100 besonderer Nockenwellen für die Max, die an einige wenige Werksfahrer mit eigenen Werkstätten abgegeben wurden, die natürlich diese Wellen entsprechend ihrem Seltenheitswert weiterverkauften. Schließlich ist es ja egal, ob man Nockenwellen oder Briefmarken verkauft, der Preis einer Sache ist nun mal das, was der eine dafür geben und der andere dafür nehmen will.

RECHNUNG

Wir sandten Ihnen heute lt. Ihrer
Bestellung vom 20.ds.Mts.

Satz Sportmaxteile, bestehend aus:

Nockenwelle, Schlepphebel, Ventilfedern
Ventilfederhalter unten und oben, Ventilfederteller, Ventile sowie Ansaugstutzen
für Vergaser

zum Preise von DM. 400.-

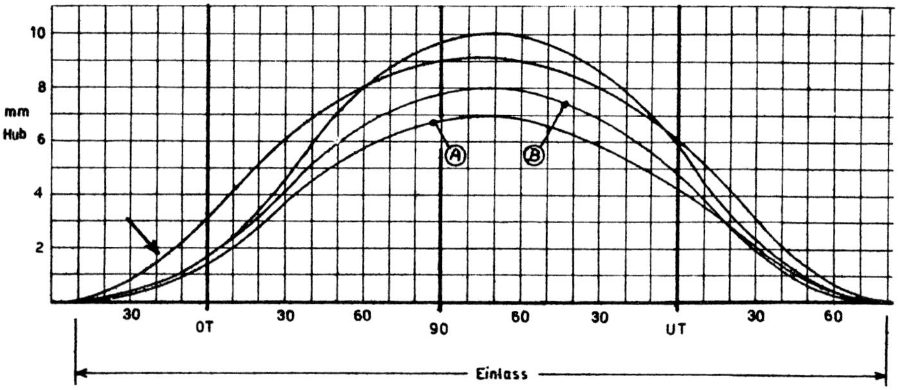

So zeichnet man beim eigenen Motor die Ventilerhebungskurven mit unterschiedlichen Hebeln, Pilzen und Nocken erst mal auf.

Die praktischen Erfahrungen mit besonderen Nockenformen sind aber – milde gesagt – sehr uneinheitlich. Es kommt eben ganz auf den jeweiligen Motor an. Ein sehr friedlicher Motor wie die OSL im Urzustand reagiert natürlich gewaltig auf eine andere Nockenform, sowohl auf größeren Hub wie auf längere Öffnungszeit und steileren Anstieg. Noch ein Beispiel dafür ist die KS 601, bei der eine wirklich winzige Nockenänderung gleich an die 6 PS bringt – diese Motoren sind aber selten und grundsätzlich in der Urform zahm, also unter 50 PS/l. Dann gibt es wieder Motoren, vornehmlich solche mit zwar großen, aber strömungs*un*günstigen Ventilen, bei denen andere Nocken so gut wie gar nichts bringen. Und dann gibt es wieder die *sehr* strömungsgünstigen Motoren, bei denen die „scharfe" Nockenwelle gerade wahrnehmbar etwas bringt – aber nur so wenig, *weil eben auch die Seriennockenwelle schon sehr gut war.* Insgesamt kann man sagen, daß auch die wunderbarste Wundernockenwelle gar nie so wunderbar sein kann, daß man damit einen ungünstig konstruierten Motor konkurrenzfähig machen könnte, und daß sie auf der anderen Seite bei einem gut konstruierten Motor wieder um so weniger bringen kann, je besser dessen ursprüngliche Nockenform war. Noch klarer: *Bevor ich mich umbrächte und jemandem drei Hunderter für eine Wunderwelle auf den Tisch legte, ginge ich zwei Tage lang mit drei Auspuffrohren und einer Eisensäge nach Hockenheim, malte mir drei Striche auf die Bahn und probierte Rohrlängen aus. Da ist mehr zu holen.* Ganz abgesehen von einer anderen Methode, die später drankommt.

Wobei der kleine Moritz fragt, warum man denn „zahme" Nockenwellen überhaupt noch macht. Nun, früher hatte man zahme Nockenwellen mit mäßigem Hub und schlankem Anstieg, weil man den ganzen Ventiltrieb nicht hoch belasten wollte – man scheute die Belastung der Nockenflächen durch hohe Beschleunigungs- und Federkräfte, man wollte den

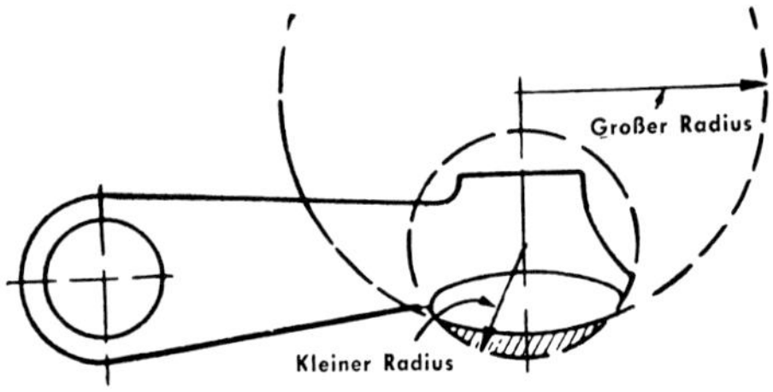

Ein großer Radius, also eine flache Kuppe des Schlepphebels, gibt ein steileres Anheben des Ventils als ein kleiner Radius, also eine stärker verrundete Kuppe – und das bei gleicher Höhe der Kuppe. So kommen die verschiedenen Kurven der vorhergehenden Bilder a u c h zustande, mit den g l e i c h e n Nocken!

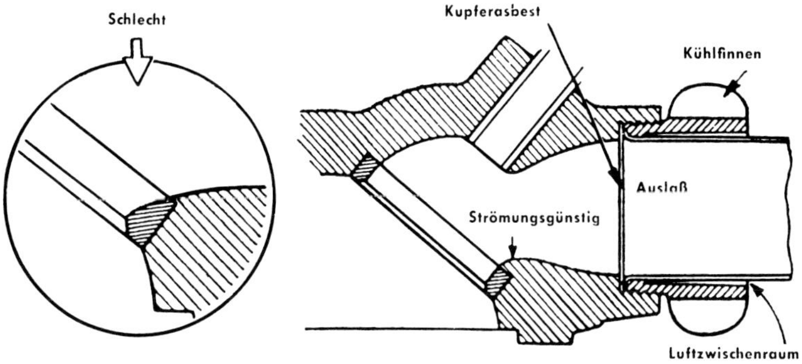

Stoßstangen nicht viel aufladen, die Ventile wenig belasten, mit geringen Federdrucken auskommen. Man ist da heute etwas weiter, obenliegende Nockenwellen ersparen viele Schwierigkeiten, man entwirft da von vornherein die Nocken so, daß für einen Wundernocken kaum mehr etwas übrigbleibt. Unsere beiden Diagramme zeigen, wie viel oder wie wenig besondere Nocken zu bringen vermögen.
In diesen Zeichnungen kommt noch etwas zutage: Die geringe Verschiedenheit der Steuerzeiten. Die längst kein Kriterium für die Motorleistung mehr sind. Die zahme OSL hat fast dieselben Steuerzeiten – öffnet und schließt bei ähnlichen Winkelstellungen der Kurbelwelle wie die Sportmaschine. Nur ist eben die im Laufe dieser gleichen Zeiten offene Durchtrittsfläche ganz erheblich verschieden.
Nun glaubt man zu wissen, daß ein steil öffnender Nocken Leistung bringt – wie aus unseren Ventilerhebungskurven hervorgeht, scheint eine steile Öffnung noch wichtiger als ein besonders großer Hub. Der Grund dafür ist aber weniger in der Größe des insgesamt geöffneten Querschnittes zu suchen als *in der Größe und zeitlichen Dauer der gleichzeitigen Öffnung von Auslaß und Einlaß im Spültotpunkt!* Da fängt nämlich der Kolbenmotor an, eine Strömungsmaschine zu werden, an dieser Stelle der Ventilüberschneidung.

Bilder oben: Im Kreis ungünstige Kanalgestaltung beim Auslaß, rechts strömungsgünstige Führung – hier ist Form wichtiger als Querschnitt, da kann sogar Materialauftrag etwas bringen.

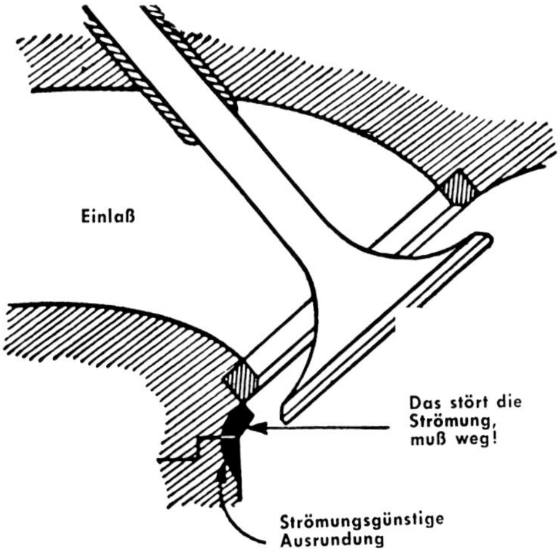

Rechts: Wenn man einen Einlaß vergrößert, ergeben sich im Kopf leicht Überstände, die abgearbeitet werden müssen.

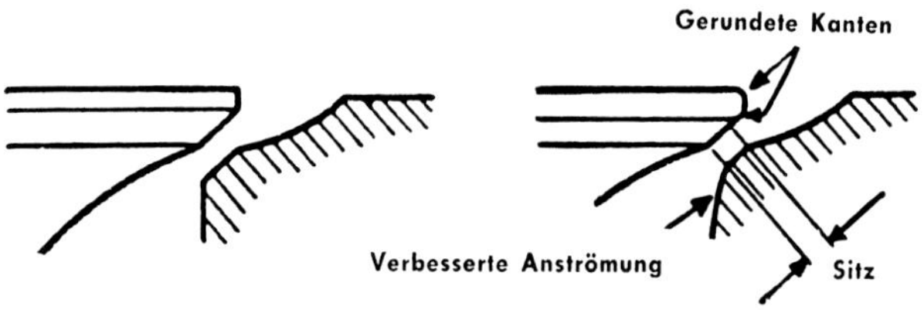

Scharfe Kanten sind überall von Übel, ausrunden lohnt sich immer.

Um niemanden zu verwirren, soll hier noch nicht erklärt werden, was das für Strömungsvorgänge sind, kommt später, vorderhand merken wir uns nur den wichtigen Grundsatz, daß es darauf ankommt, im Spültotpunkt eine möglichst große, gleichzeitige Öffnung beider Ventile zu haben. Der Einlaßnocken muß steil anheben, der Auslaßnocken muß noch hoch offengehalten werden, was wieder bedingt, daß das Ventil hart herabfällt.

Damit sind wir wieder bei einer Mühseligkeit gelandet: Es ist hirnlos, nach Zaubernocken herumzulaufen, solange man nicht weiß, wie das tatsächliche Öffnungsdiagramm des eigenen Motors aussieht. Gehe hin, tüchtiger Friseur, und kaufe dir eine Meßuhr und eine Gradscheibe. Ist zu teuer? Dann bleibst du auch ein Friseur und verdienst nie den Ehrentitel eines Trimmers. Gradscheiben aus Blech gibt es bei den Kundendiensten der besseren Motorenfabriken, auch bei Matra. In guten Zeichengeschäften gibt es aber auch große Gradscheiben aus Astralon, Meßuhren gibt es in jedem besseren Werkzeugladen. An einem stillen Tag wird von 10 zu 10 Grad der Ventilhub aufgeschrieben und nach dieser Tabelle in genau das gleiche Koordinatennetz wie bei unseren Öffnungsdiagrammen die Ventilerhebung des eigenen Motors eingezeichnet. Dann sieht man ja, wo man zu Hause ist. Vor allem kann man bei groben Abweichungen auf Abnützungen untersuchen, an Schlepphebeln und Pilzen. Unsere Bilder zeigen ja, worauf es ankommt. Man kann sich vor allem Schlepphebel – nur so zur Probe aus dickem Flacheisen herausgebrannt, gebohrt und zurechtgefeilt – anfertigen, deren Finger anders profiliert sind, man kann sich auch Stößel – selbst aus Messing – mit anderer Kuppenform zurechtdrehen, diese einsetzen und erneut die Hubkurven aufnehmen. Da wird sich dann schon zeigen, wie erstaunlich weit man die Flanken so einer Hubkurve „verbeulen" kann, ohne die Nockenform zu ändern. Natürlich ließe sich das auch zeichnerisch lösen – wenn man das aber noch nie gemacht hat, ist für die meisten Leute ein Probe-Schlepphebel nach Schnauze schneller gemacht und der Versuch überzeugender.

Hier liegt wieder mal eine reelle Chance für den denkfähigen Bastler: Mit geänderten Schlepphebelkuppen und anderen Pilzkuppen läßt sich eine viel weitergehende Verformung der Hubkurve erzielen als mit einer Zaubernockenwelle. Hier stehen gegebenenfalls drei Hundertmarkscheine auf dem Spiel, die man für den Zaubernocken nicht ausgibt und lieber in selbstgemachte Schlepphebel oder Pilze steckt. Die sogar zu einem mehrstündigen Versuch gar nicht mal gehärtet zu sein brauchen. Hat man dann die richtige Form, dann läßt man im Einsatz härten und hat für weniger Geld meist viel mehr, als die Zauberwelle gebracht hätte.

Sollte nun jemand den Eindruck gewonnen haben, daß das hier Geschilderte eines forschen jungen Helden nicht würdig sei, daß das Pusselkram für Stubenhocker sei – bitte, er irrt sich nicht, das ist es. Sie sind tatsächlich Pusselkrämer und Stubenhocker, das war früher ein Marchand, ein le Vack, ein Meister Brumm und das ist noch eine Friedel Münch. Alle diese Leute sitzen länger vor der Richtplatte und am Reißbrett als im Rennsattel – und es gäbe heute noch viel mehr davon, wenn es keinen Industriesport gegeben hätte. Vielleicht wird es wieder mehr geben in dem Maße, wie es neue, industriefreie Rennkategorien geben wird. Ich jedenfalls kann mir für ein Mannsbild keine faszinierendere Beschäftigung denken als die mit einem Rennmotor – der hochgeistige abendländische Schreibtischhocker würde ja wohl etwas von „schöpferisch“ daherquasseln, ich möchte aber doch feststellen, daß diese Arbeit – so viel Voraussetzungen und so viel Mühe sie macht – von denen, die sie tun, als ausgefuchste Ingenieurarbeit für gestandene Männer gewertet wird. Man ist auch versucht, von einer Elite zu sprechen – ich hasse feierliche Worte, aber wieviel Friedel Münchs gibt es denn eigentlich? Muß es nicht einen Mannskerl mit Kopf reizen, in diese Konkurrenz einzusteigen?

Stärkere Ventilfedern

Man ist grundsätzlich daran interessiert, einen möglichst geringen Federdruck zu haben. Er frißt nämlich Leistung (weil er die Auflagedrucke an den Reibstellen vergrößert) und er bringt entsprechende Abnützung mit sich. Wenn man aber schwachen Federdruck hat, dann folgt das Ventil nicht genau genug dem steilen Abschwung auf der Nockenrückseite, es hebt von der Nockenrückseite ab und schließt später, als es soll. Das ist gefährlich, denn 20 – 30 Winkelgrade sind schnell beisammen. Ein zu spät schließendes *Auslaß*ventil gibt Frischgasverlust, da pfeift zuviel davon durch den Auspuff. Ein zu spät schließendes *Einlaß*ventil gibt auch Gasverlust, weil Frischgas wieder zurückgeschoben wird. Ob die Ventile aber wegen zu geringen Federdruckes abheben, läßt sich äußerlich kaum feststellen – in groben Fällen verhakt sich ja das Auslaßventil mit dem Einlaß, dann weiß man's natürlich genau, ein zu spät schließender Einlaß läßt sich aber im einfachen Fahrversuch als solcher nicht feststellen. Da bleibt nur eines: Fahrversuch zuerst mit einfacher, normaler Feder, *genaue* Ermittlung der Höchstleistung. Dann Demontage, stärkere Feder rein oder Unterlagsplatte, zweiter Fahrversuch. Wenn jetzt eine höhere Spitze herauskommt, war die ursprüngliche Feder zu schwach, das Ventil schloß verzögert. Man macht *also Ventilfedern nicht stärker, als man unbedingt muß.* Vor allem dürfte klargeworden sein, daß die stärkere Feder von sich aus noch gar nichts bringt – sie bringt erst etwas, wenn das Ventil mit der schwachen Feder der Nockenrückseite nicht mehr folgt.
Man soll über diese Feststellung nicht einfach so hinweglesen, zumal in allen Friseurblättchen von stärkeren Ventilfedern die Rede ist. Die Wirkung der steiferen Federn beginnt ja überhaupt erst bei den höchsten Drehzahlen, also jenseits 6500 bis 7000 U/min, bei jeder darunterliegenden Drehzahl sind steife Federn nicht nur wirkungslos, sie belasten im Gegenteil den Ventiltrieb in sehr unangenehmer Weise. Das wiederum ist der Grund, aus dem manche Fabrikanten ihre Gebrauchsmotoren mit ausgesprochen schwachen Federn montieren – der Ventiltrieb geht dann leiser und lebt länger. Ein solcher Motor wird aber wahrscheinlich schon bei 6000 anfangen, mit den Ventilen zu lärmen – das wieder veranlaßt den Benützer, Platten unterzulegen oder steifere Federn einzusetzen und weil damit der Motor auch noch bis 6500 ruhig bleibt, u. U. statt 110 nunmehr 115 geht, weil der Dritte

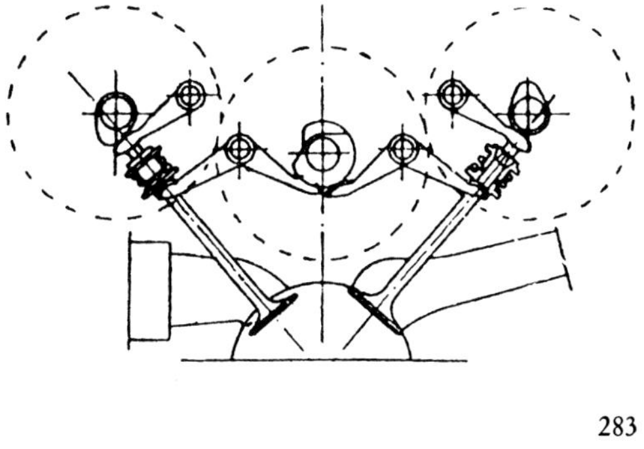

Das versteht man unter einer desmodromischen Ventilsteuerung. Die Ventile werden von den mittleren Nocken auf die Sitze zurückgebracht, die kurze Feder dient nur noch dem Spielausgleich.

nicht mehr bei 80, sondern erst bei 90 zu Ende ist, behauptet dieser Mann mit gutem Gewissen, stärkere Federn brächten eine Mehrleistung. An sich stimmt das natürlich nicht, die stärkeren Federn bringen keine Leistung, sie gestatten nur, eine Drehzahl auszunützen, bei der erhöhte Leistung von Hause aus vorhanden ist. Das trifft auch nur bei Motoren zu, deren Hersteller bei der Bemessung der Federkraft absichtlich an der unteren Grenze geblieben sind. (Ich bliebe auch darunter und hätte stärkere Federn lediglich in der Zubehörliste!)

Etwas anderes ist es bei Hochleistungsmotoren, die von vornherein bei Drehzahlen zwischen 8000 und 12 000 U/min arbeiten sollen. Weil man da zu Federhärten käme, die aus dem Nockentrieb eine Art Schmiedepresse machen würden, hat man den „desmodromischen" Ventilantrieb erfunden – da wird das Ventil nicht mehr von einer Feder in die Schließstellung zurückbefördert, sondern von einem zweiten Kipphebel mit eigenem Nocken, hierzulande sagt man dazu „zwangsgesteuertes Ventil". Die möglichen Bauarten sind zahlreich, wir setzen nur eine her, als Beispiel. Kennzeichnend für jede Zwangssteuerung ist aber immer auch noch eine Feder, die aber nichts mit der Ventilrückführung zu tun hat, sondern nur noch für den Ausgleich unvermeidlichen Spieles bzw. toten Ganges zu sorgen hat. Eine solche Zwangssteuerung kommt mit recht niedrigen Betätigungskräften aus, sie braucht ja nur noch die Beschleunigungskraft für die Ventilmasse aufzubringen und keine Federkraft mehr zu überwinden, selbst die für die Rückführung nötigen Kräfte sind mäßig im Vergleich zu den Kräften, die bei Federventilen nötig wären.

Noch etwas: Vor dem Kriege galten „Haarnadel"-Federn als letzter Schick. Sie ließen zwar in manchen Fällen ein paar 100 U/min mehr zu als schlecht konstruierte Schraubenfedern, in der Hauptsache lag aber ihr Vorteil in der besseren Kühlung und damit längeren Lebensdauer. Damals! Heute ist das kein Problem mehr, mit entsprechend viel Öl bleiben auch Schraubenfedern kühl genug. Und wenn wirklich die obere Grenzdrehzahl wichtig wird, kommt man mit der Zwangssteuerung sehr viel weiter – womit man aber wieder weit jenseits der Möglichkeiten eines Amateurs gelandet wäre.

Die Ansaugpumpe

So lang der Bandwurm nun auch war – bis jetzt wurde nur erörtert, wie man eine möglichst große Ladungsmenge an das Einlaßventil bzw. an den Einlaßschlitz beim Zweitakter *heran*bringt, die Ladung *hinein* zu bringen ist eine zweite Aufgabe. In der Fahrschule lernt man, die Ladung werde vom Kolben hineingesaugt – und das ist nicht mal falsch. Bei Literleistungen bis etwa 40 PS/l spielt in der Tat die Pumpwirkung des Kolbens die größte Rolle. Je höher aber die Literleistung steigt, desto geringer wird der Anteil der Kolben-Pumpwirkung, desto höher steigt der Anteil einer anderen Pumpwirkung, die von der Trägheit strömender Gasmassen ausgeübt wird – darauf gründet sich der schon einige Male erwähnte Befund, eine moderne Kolbenmaschine hoher Leistung sei bereits zur Strömungsmaschine geworden. Aber auch bei den ganz hohen Leistungen, die über 80–90 PS/l liegen, ist trotz des großen Einflusses der Strömungswirkung die reine Kolbenpumperei keinesfalls zu verachten. Es ist also nicht so, daß man einen guten Kolben-Pumpwirkungsgrad vernachlässigen dürfte – dessen Einfluß reicht sogar beträchtlich hoch hinauf und mit grober Näherung kann man sagen, daß bei einer Maschine mit 90 PS/l, die ihre Maximalleistung bei 9000 U/min hergibt, die Leistung bis zu 7000 U/min überwiegend von der Pumpwirkung des Kolbens bestritten wird und erst von 7000 U/min ab die Strömungswirkung maßgebend wird.

Alle die alten Rezepte, den Pumpwirkungsgrad des Kurbelkastens zu erhöhen, sind nach wie vor wirksam und unentbehrlich – das muß treu und brav alles gemacht werden Grundrezept: Totraum verringern! Mit allen Mitteln.

Das ist ein gutes altes Stück, aber ein Musterfall für auszufüllende Kurbelwangen, die da ein gutes PS bringen – die alte 100er Sachs hatte eine ebensolche Kurbelwelle.

Ein ungewöhnlich wirksames Mittel ist die räumliche Vergrößerung der Kurbelwellenhälften. Ich weiß nicht, ob es heute überhaupt noch Zweitakt-Kurbelwellen in der Urform mit einfachen Gegengewichten gibt, wie sie in der Vorkriegszeit die Regel waren. Ich habe diese Kurbelwellenhälften mit Preßkorkplatten zu Vollscheiben ergänzt, wie das die Bilder zeigen. Die Korkplatten wurden mit Stahlblechstreifen fixiert, nachdem sie ausgiebig mit stark verdünntem Nitrolack getränkt und nach mehrtägigem Trocknen noch einmal mit unverdünntem Lack überlackiert worden waren. Ich kann nur sagen, daß mir kein Korkstück und kein Stahlband weggeflogen ist und daß die Wirkung beträchtlich war.

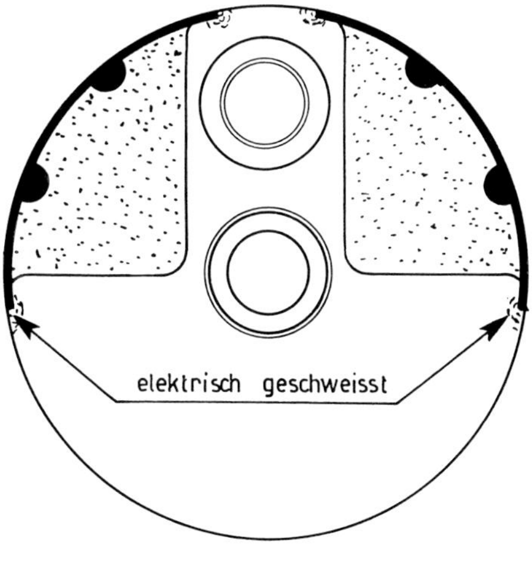

So habe ich früher Korkfüllungen befestigt, die Blechstreifen wurden elektrisch geschweißt, weil da keine Hitze bis ins Pleuellager gelangte.

Heute verwendet man wohl durchweg Vollscheiben-Kurbelwellen, die aber zwangsläufig mehr oder weniger große Aussparungen aufweisen, weil ja der Massenausgleich zum Kolben hergestellt werden muß. Es wäre jetzt billig, wenn ich Ulrich Pohls alte Bilder hervorholte, die er 1950 für seinen damaligen Trimm-Artikel machte. Da sieht man eine Kurbelwelle mit sehr tief ausgeschmiedeten Wangen, die sich mittels Blechscheiben herrlich abdecken lassen, schön wie im Schulbuch. Aber was Pohl da hatte, war eine 125er DKW der Vorkriegszeit mit runden 35 PS Literleistung – es wird heute wohl niemanden geben, der bei seiner Trimmerei von einem solchen Grundmodell ausgeht. Die heutigen kleinen Zweitakter haben alle nicht mehr unter 50 PS/l, und um das zu erzielen, hat der Konstrukteur schon von sich aus auf eine Kurbelwelle mit möglichst wenig Hohlraum geachtet. Wenn ein Zweitakter vollends nach 1955 konstruiert worden ist, dann wird man an der Kurbelwelle nur

Bild oben und links: Das ist Pohls alte DKW-Kurbelwelle, bei der Aussparungen mit Blechscheiben abgedeckt wurden, die inneren Scheiben sind ziemlich mühevoll zuzupassen.

Oben links: Bei dieser Kurbelwelle ist mit einem Verdrängerring natürlich nichts zu wollen, da kann man nur noch rund um den Pleuelkopf herum Füllstücke einsetzen.

Oben rechts: Dieses Bild gehört eigentlich schon in die nächste Fortsetzung, man sieht aber, daß da ein bescheidener Verdrängerring möglich wäre. Dennoch sind innen auch noch Füllungen möglich.

Bild rechts: Modernere Kurbelwelle, bei der man eigentlich nur noch Schaumstoff-Füllungen anbringen kann – die so weit reichen dürfen, daß der Pleuelkopf gerade noch durchgeht.

noch winzige Räume finden, die ausgefüllt werden könnten. Schon der erste Blick zeigt, daß da mit den großzügigen Blechscheiben vergangener Jahre nichts mehr zu holen ist. Es sind eben zu wenige und zu zerklüftete Kubikzentimeter, die da noch überdeckt werden könnten. Man kann nur daran denken, diese paar kleinen Dellen ganz auszufüllen, und da bietet die moderne Kunststofftechnik allerdings phantastische Möglichkeiten – mit den starren Kunstschäumen.

Im seinerzeitigen MOTORRAD-Artikel stand hier nun etwas von „winzigster Porengröße", und das sei Styropor bzw. Iporka. Nun, damals war ich im Irrtum, ich bezeichnete etwas kurzerhand als Styropor, was in der Tat ein hitze- und ölbeständiger sogenannter „Hartschaum" war. Diese Hartschäume stehen bei Temperaturen bis 150° C und sind öl- bzw. lösungsmittelfest und sind mit dem Taschenmesser zu bearbeiten. Hier einen Fabrikanten zu nennen hat nicht viel Sinn, die verkaufen das Zeug bloß waggonweise. Aber man kann ein Telefonbuch nehmen, hinten im Branchenteil bei „Kühlanlagen" und bei „Klimatechnik" nachsehen und aufschreiben, wer da die größeren lokalen Firmen sind: Die müssen dann der Reihe nach abgeklappert werden. Irgend einer wird schon „Hartschaum" haben und genau wissen, daß das etwas ganz anderes als Styropor ist. Kritische Probe: Unter ein paar Tropfen Aceton oder Lackverdünnung darf das Zeug sich nicht verflüch-

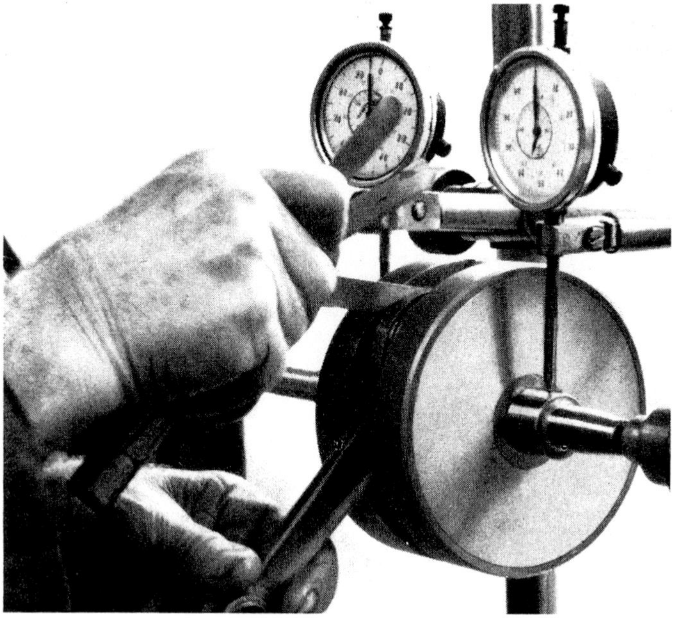

Daran denkt – meist mangels Masse – kein Motorenfriseur: Die Hälften einer „gebauten" Kurbelwelle auf minimalen Schlag auszurichten, eine äußerst mühevolle Arbeit, die heute kaum mehr bei professionellen Reparaturen genau genug gemacht wird.

tigen. Gerade bei Hartschäumen sind die Poren geschlossen, sie saugen sich nicht mit Öl an, dennoch tut man gut, die eingeklebten Füllstücke noch mit einer schützenden Haut zu überziehen. Als solche gab es früher nur Kunstharzlack, der weitgehend ölfest war. Heute gibt es aushärtende sog. Zweikomponentenkleber, die frisch gemischt ungefähr so konsistent wie dicker Lack sind, aber binnen Stunden, in der Wärme binnen halben Stunden zur glatten Kunstharzhaut aushärten. Als Privatmann mit Winzigbedarf kommt man am besten mit einem Epoxy-Kleber aus, den es unter der Bezeichnung UHU-Plus gibt – das „Plus" ist wichtig (Papierläden wissen nicht, aber Bastlerläden.) Gibt es grundsätzlich in zwei Tuben – überhaupt sind alle solchen Kleber gut, die man in Gestalt von zwei zu mischenden Substanzen bekommt.

Für jegliche Kleberei gibt es zwei Regeln:

Alle Zweikomponentenkleber härten wohl bei Raumtemperatur aus, brauchen dazu aber 6 – 24 Stunden und kommen damit auf Zugfestigkeiten von 2 bis 2,5 kg/mm². Sie härten warm – kann bis zu 100° C sein – binnen 10 bis 30 Minuten aus und erreichen dann Festigkeiten bis und über 3,5 kg/mm². Das gilt ziemlich einheitlich für alle Kleber, ganz gleich auf welcher Basis.

Für die Güte der Verklebung wichtig ist die absolute Fettfreiheit der Klebflächen. Gründlich wirkt eine Mischung von Brennspiritus und Benzol, mit der nicht etwa nur abgerieben, sondern abgewaschen wird. (Brennspiritus mischt sich willig mit Benzol, man nimmt ungefähr gleiche Teile.)

In dem besagten MOTORRAD-Artikel stand es auch noch anders – man könne Trichloräthylen usw. nehmen. Manchmal geht's damit. In den letzten Jahren habe ich etliches dazugelernt und bin da, wo es auf völlige Freiheit von organischen und Mineralfetten ankommt, reumütig zum alten Hausmittel Alkohol + Benzol zurückgekehrt. Angesichts der winzigen Gewichte der Hartschaumstückchen wird die Haftfähigkeit der Zweikomponentenkleber entfernt nicht ausgenützt, selbst wenn man mal in Zugrichtung stumpf auf stumpf kleben müßte.

Wer der Sache nicht traut – das sei niemandem übelgenommen, erst recht keinem gelernten Schlosser – und Klebung für Murks hält, der kann die Füllstücke ja noch anschrauben, wozu es M-3-Schrauben vollauf tun. Aber: Man kann eine Schraube nicht gegen den Schaumstoff anziehen. Man muß die Schraube entweder durchgehen lassen und von hinten kontern, auftreiben oder verlöten, oder man muß ein Sackloch bohren und später die Schraube so auf Länge feilen, daß sie sowohl gegen den Grund des Sackloches angeknallt werden kann, wie sie auch oben den Schaumkörper mit ihrem Kopf und einer möglichst breiten Unterlagscheibe gerade unter Druck setzt. Das Problem dabei ist gar nicht so sehr die Befestigung des Füllstückes, denn die auftretenden Fliehkräfte sind ja winzig, als vielmehr die zuverlässige Fixierung der Schraube, daß die sich nicht zu lockern und selbst Unfug zu stiften vermag. (Wenn Sie mich fragen: Ich klebe!)

Einen nicht zu übersehenden Grundvorzug hat der Schaumstoff: Wenn es doch einmal wegfliegt, stiftet es keinen Schaden, es wird bis zur Unkenntlichkeit zermanscht und durch den Auspuff geblasen, da geht garantiert nichts anderes dabei kaputt. Man wundert sich höchstens, wo plötzlich die Leistung geblieben ist und findet bei der Demontage keine Füllstücke mehr, das ist alles.

Eine genaue Untersuchung der Kurbelwelle zeigt zuweilen, daß der Pleuelkopf radial nicht so dick ist, wie er entsprechend dem Durchmesser der Kurbelscheiben sein dürfte. Da läßt sich in den Kurbelkasten ein Verdrängerring einsetzen, wie das unser Bild zeigt. Es kann sein, daß da beträchtlich viele ccm zu gewinnen sind. Ein ehrbarer Mensch fertigt einen solchen Verdrängerring aus Massivmaterial auf der Drehbank an und schneidet ihn zum Schluß da auf, wo der Zylinder ansetzt und also Kolben und Pleuel Platz brauchen. Ein weniger ehrbarer Mensch macht auch den Ring aus Hartschaum, aus zwei Hälften, die auf eine selbstgemachte Kurbelkastendichtung aufgeklebt werden.

Nun sind das nur die hauptsächlichen Möglichkeiten, schädlichen Raum auszufüllen – natürlich wird man einen Motor sehr genau untersuchen, ob nicht da oder dort doch noch ein paar ccm Leerraum sind, die sich ausfüllen lassen. Die letzten ccm sind dabei sogar wertvoller als die ersten, denn je weniger Leerraum überhaupt noch da ist, desto schwerer fällt auch ein einzelner ccm ins Gewicht. Was da zu tun ist, kann nur der eigene Augenschein am Objekt selbst zeigen.

Vielleicht wird man sich wundern, daß hier gar nichts über Drehschieber gesagt wird, wo doch sowohl die MZs wie auch viele Bastelmaschinen mit Drehschiebern ganz beträchtlich rennen. Mancher wird auch mit dem Finger gerade auf mich zeigen, der ich doch in den dreißiger Jahren alle Zeitungen mit gewaltigen Drehschieberartikeln gefüllt habe. Nun, damals schrieb man auch 1937, da hatte ein 175er Außenborder schon seine 10 PS und ein

An dieser Kurbelwelle sind erhebliche Ausfüllungen möglich, es ist sogar ein Musterfall für das Klebeverfahren, da sind große haltende Flächen da.

Übergänge bei Serienmotoren sind immer stufig und müssen glattgefeilt werden, Ausschnitte werden genau deckungsgleich gefeilt, freie umströmte Kanten werden strömungsgünstig verrundet.

gleichgroßer Motorradmotor bestenfalls fünfeinhalb. Damals *war* ein Drehschieber noch eine Konstruktionsmöglichkeit, weil er Leistungen brachte, die man mit Dreikanalern nach dem damaligen Wissensstand eben nicht hinbekam. Heute gibt ein Dreikanaler mit 175 ccm seine 15 PS, und das obendrein im Alltagsgebrauch, der steht dabei 400 – 500 Stunden, wenn nicht das Pleuellager vorher kaputtgeht. Man bekommt heute auch in einen Dreikanaler die Füllung für 85 PS/l hinein, so daß ein Einlaß-Drehschieber nicht mehr viel Verlockendes an sich hat. Zwar läßt der Schieber unsymmetrische Steuerzeiten zu, aber erstens scheinen selbst diese heute nicht mehr so wichtig zu sein, wie wir sie vor zwanzig Jahren für wichtig hielten, und zweitens ist da eine weitere Grundsatzfrage: Beim Dreikanaler plauzt die Frischgasladung oberhalb der Kurbelwelle direkt in den Zylinder – genau dahin, wo sie gebraucht wird. (Das scheint mir ziemlich wichtig, ich glaube sogar, daß von der Frischgasladung sich nur kleine Teile hinunter zwischen die Kurbelwangen begeben!) Beim Drehschieber, selbst beim heute einzig diskutablen Scheibenschieber, tritt das Frischgas tief unten im Kurbelkasten ein und hat stark gestörte und ebenso verwinkelte Wege vor sich, bis es endlich oben in den Zylinder hinaufgespült werden kann. (Von den Kurbelzapfenschiebern und den Walzenschiebern wie bei den Triumphs und den Ladepumpen-DKWs reden wir schon gar nicht, das sind keine Steuerelemente, sondern Strombremsen.) Ein hochtouriger Kolben-Motor ist nun eben einmal in wesentlichen Teilen zur Strömungsmaschine geworden, bei der Strömungswiderstände schon von Zentimeterlänge verheerend wirken. Um es unverblümt zu sagen: Ich würde heute keine Drehschiebermaschine mehr zu bauen versuchen und statt dessen lieber einem Dreikanaler einen riesigen oder gar zwei Vergaser verpassen – auf die Gefahr hin, dazu den Zylinder durchlöchern zu müssen wie einen Käse, bis da gar keine eigene Festigkeit mehr drin ist und ich diese kunstreich von außen mit Zugankern und sonstigen Armutskrücken wieder herstellen müßte.

Zum Abschluß dieses Kapitels noch ein wichtiger Punkt: Bis jetzt war nirgendwo die Rede von Polieren. Denn es wäre nutzlos.

Nicht beseitigte Kanten sind viel schlimmer! Es ist wichtig, überall sanfte Übergänge, keine Kanten, keine Nuten, keine Unebenheiten zu haben. Es hat zur Not Sinn, die sanft gänsehäutige Oberfläche von Sandguß zu glätten – aber nur bis zu einer Oberflächengüte,

Das ist mit dem „strömungsgünstigen Ausrunden“ eines Überströmkanals gemeint.

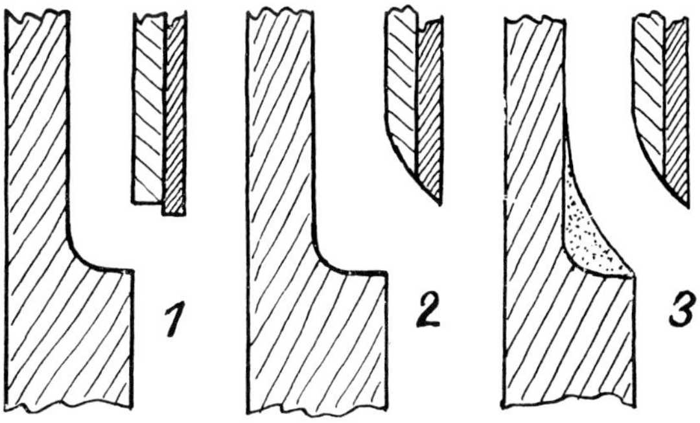

die man gemeinhin als „geschlichtet“ bezeichnet. Schmirgel Nr. 1 bzw. Körnung 90 ist schon das Äußerste der Gefühle – von Polieren ist keine Rede. Man muß sich darüber klar sein, daß eine winzige Nut im Verlaufe eines Gasweges – entstanden dadurch, daß eine Papierdichtung auch nur um 0,2 mm hinter den Flanschkanten zurücksteht – ein größeres Strömungshindernis bedeutet als eine nur geschruppte Kanalwandung. Ganz zu schweigen von einer herausgedrückten Träne Dichtungskitt. Hat man irgendwo ein Rohr aufgesetzt, zwischen Vergaser und Zylinder etwa, oder einen hübschen, langen Ansaugtrichter auf den Vergaser gesteckt, dann wird man natürlich die Übergänge an den Stoßstellen sehr schön glätten, bis von einem Stoß kaum mehr etwas zu sehen ist – nur muß dann der aufgesetzte Teil mit einem Meißelhieb oder so markiert werden, damit man den Stoß nach einer Demontage genauso wieder hinkriegt – ein Rohr etwa um 180 Grad zu verdrehen

Dieses Bild steht nur hier, weil kein anderer Platz dafür zu finden war: Das sind Thermochrom-Stifte, macht Bleistift-Faber. Die Zahlen bedeuten Temperaturen, bei denen die Farbe umschlägt. Damit zieht man Striche z. B. auf Kühlflächen, dann weiß man nach der Versuchsfahrt, wie weit die Wärme etwa in einer Rippe gekommen ist – bis zur Umschlaglinie! Sind billig und sparen blutleere Spekulation, danach weiß man es ganz genau, was mit der Kühlung los ist.

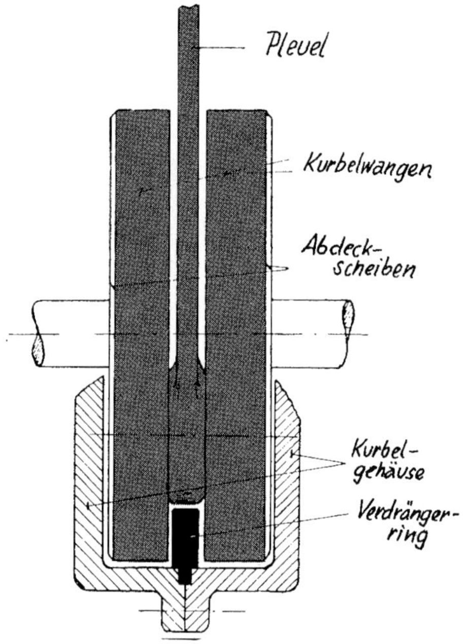

Das ist Pohls alter, bewährter Verdrängerring bei der DKW. Voraussetzung dafür ist eine Teilung des Kurbelkastens in der Kurbelwellen-Mittelebene. Wenn die Teilungsebene anders liegt, gibt es Befestigungsschwierigkeiten, und man ist dann froh, den Ring aus Hartschaum machen zu können, da genügt zur Befestigung die Festigkeit eines Papierblattes.

Bild rechte Seite: Auch an einem Kolbenschaft lassen sich die Steuerkanten so verrunden, daß keine unnötigen Wirbel entstehen, schließlich pumpt ja das Kolben-Innere mit. Den Raum über dem Kolbenbolzen hat Chrius mal – mit nachgewiesenem Erfolg! – mit Kork ausgefüllt. Der Kork verkohlte im Laufe der Zeit, hier ist auch mit Hartschaum nicht zu landen, zu heiß.

kann an der Stoßstelle wieder Überstände von 1 – 2 Zehnteln hervorbringen, die für die Strömung schädlicher sind als eine noch so rauhe Gußhaut.

Polieren um der Leistung willen ist nutzlos, es bringt nichts. Wenn man irgendwo poliert, dann an Stellen hoher Belastung.

So ist es unbedingt sinnvoll, ein Pleuel von oben bis unten liebevoll auf Hochglanz zu polieren, ebenso poliert man die „Tulpe" von Ventilen – nicht der Leistung wegen, sondern weil man dabei Schmiederisse entdeckt und das Ding wegschmeißen kann, bevor es bricht und andere Dinge zertrümmert. Auch entdeckt man dabei eventuelle tiefe Kratzer von irgendeiner Bearbeitung, die zuweilen wie Anrisse wirken – die werden natürlich auch gleich herauspoliert und so beseitigt.

Da wir gerade vom Gastransport ab Drehschieber bzw. Kurbelkasten bis hinauf in den Zylinder sprachen, vor allem, wie wichtig da einwandfreie Strömungsverhältnisse seien, kümmern wir uns gleich um die Überströmkanäle. Meist ragt vom Zylinder noch eine Art Kragen in den Kurbelkasten hinein. Dieser Kragen hat meist Ausnehmungen mit ziemlich scharfen Kanten, die sich mit eingegossenen Kanälen im Oberteil des Kurbelkastens decken sollen, desgleichen hat wohl auch der Kolbenrand Ausschnitte, die sich auf der Innenseite mit den Zylinderausnehmungen decken sollen. Nur selten sind zudem diese Überströmkanäle symmetrisch in bezug auf die Laufebene der Kurbelwelle bzw. zur Zylindermittelebene – da wird man also erst mal sehr genau die Zylindermittelebene bzw. die Rotationsebene der Kurbelwelle am Oberrand des Zylinders anreißen und sie auf den Unterrand übertragen, desgleichen wird man mit dem Tiefmaß der Schublehre sehr genau den unteren Kolbentotpunkt feststellen. Damit kann man den Kolben wenigstens so wieder in den Zylinder schieben, wie er im unteren Totpunkt steht und zunächst die beider-

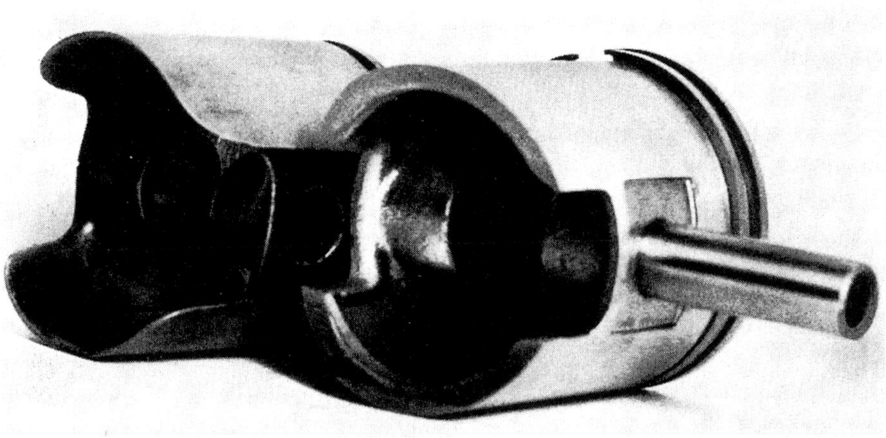

seitigen Ausnehmungen in Kolben und Zylinderkragen zu späterer Egalisierung anzeichnen. Danach wird der Zylinder in jede Kurbelwellenhälfte gelegt und ebenfalls kontrolliert, was da zu egalisieren und zu verrunden ist. Immer nach dem Grundsatz, daß nirgendwo eine Kulisse in einen Strom hineinragen darf und daß unvermeidliche Umlenkungen mit großem Radius zu versehen sind. Gerade das ist so eine Sache: Da ist Seite 123 oben der Kanalübergang mit Zylinderkragen und Kolben gezeichnet – daß 1 zwar serienmäßig billig, aber auch strömungsungünstig ist, leuchtet wohl ein. Ebenso verfällt wohl jeder darauf, den Zylinderkragen und Kolbenmantel nach 2 zu bearbeiten. Ich habe das nun zwar noch nicht mit Versuch und Gegenversuch ausprobiert, aber ich halte 2 für unzulänglich, ich würde den Kanal auch noch so ausfüllen, wie in 3 angedeutet.

Es kommt eben darauf an, vom Kurbelkasten bis hinauf zur Schlitzmündung in den Hubraum alle Strömungsbremsen zu beseitigen – was zu tun ist, muß jeweils der Augenschein zeigen. Nur vor einer früher sehr beliebten Maßnahme muß heute dringend gewarnt werden: Der Schlitz in den Zylinder hinein wird keinesfalls bearbeitet, vor allem dann nicht, wenn es sich um einen modernen Motor von mehr als 60 PS/l handelt. Früher feilten wir ja die Überströmschlitze sofort und bedenkenlos um 2 und 3 mm höher, straflos und erfolgreich, ohne lang hinzusehen. Heute geht das nicht mehr. Manche Motoren sind nämlich so ausgeklügelt, daß der Überströmkanal mit einem ganz bestimmten Winkel in den Hubraum münden muß, etwa mit einem Schwupp nach oben oder gar nach unten, der nicht geändert werden darf, weil sonst die ganze Leistung weg ist. Wenn man sich also einen zweiten Zylinder leisten kann, mag man ruhig auch die Schlitze bearbeiten – man muß eben damit rechnen, daß man da u. U. eine wichtige Wandneigung und damit Strahlführung zerstört.

Dasselbe gilt für den Auslaßschlitz – auch der bleibt zunächst unberührt, alle anderen Nacharbeiten sind bedeutend wichtiger. Sowohl Überström- wie auch Auslaßschlitze dürfen erst angegriffen werden, wenn alle anderen Möglichkeiten gänzlich ausgeschöpft sind und der Reservezylinder in Seidenpapier gewickelt zwischen Mutters guten Kristallgläsern steht. So gut wir nun die überall und in jedem Kindergarten bekannte Poliererei in wenigen Worten als das abtun mußten, was sie ist – ein wenig wirksam und maßlos überschätzt, kommen wir jetzt zu der zweiten Laienoperation ähnlicher Bedeutung, der

Kompressionserhöhung

Was wir bisher getan haben, kam ja alles einer Füllungsverbesserung zugute, wir haben eben getan, was geeignet war, mehr Substanz in den Zylinder zu packen. Allein dieser Vorgang bedeutet bereits eine beträchtliche Erhöhung dessen, was man Verdichtung nennt. Rechnen wir mal:
Im oberen Totpunkt sei die Gasladung auf einen Raum von 15 ccm zusammengepreßt, der Kolben durchstreicht einen Hubraum von 100 ccm, dann gibt das ein Verdichtungsverhältnis von $\frac{100 + 15}{15} = 7{,}7$, ein Wert, der einen heute nicht erschüttern kann – der aber auch rein gar nichts besagt. Zwar hat der Kolben 100 ccm Raum durchstrichen – ob er dabei 100 ccm Gas vor sich herzuschieben hatte, ist *sehr* fraglich. Sehr wahrscheinlich war es weit weniger. Weil nun die meisten frisierwütigen Bastler immer erst mal auf den Zylinderkopf losgehen und die Verdichtung hochtreiben, weil damit auch immer eine wenigstens merkbare Leistungssteigerung verbunden ist, konnte sich die Meinung festsetzen, diese Verdichtungserhöhung sei ein „prima" Mittel zur Leistungssteigerung. *Aber gerade bei einem strömungsmäßig ungünstigen Motor bringt sie am wenigsten* — wenn nicht viel da ist, kann man auch nicht viel verdichten. *Es ist viel wichtiger, erst mal für größtmögliche Füllung zu sorgen* – erst muß mal so viel Stoff hinein, wie man nur hineinkriegen kann. Nehmen wir an, die 100 ccm Hubraum seien mit einem (durchaus üblichen) Spülwirkungsrad von 80 % ausgenützt, dann kommen wir auf eine *tatsächliche* Verdichtung von $\frac{80 + 15}{15} = 6{,}35$. Durch Verbesserung des Einlasses und der ganzen Gasführung ist auf einen Spülwirkungsgrad von 1 zu kommen – bei Rennmotoren liegt er bei 1,2 bis 1,3 – und dann erst stellt sich die *errechnete* Verdichtung von 7,5 ein.
Wahrscheinlich wird der Motor damit noch nicht klingeln, es ist aber auf jeden Fall eine Leitsungssteigerung um glatte 20 % da. Hätte man aber bei einem Pumpwirkungsgrad von 80 % an diesem nichts geändert und nach Piesepampel-Methode einfach den Kopf abgedreht, bis auch wieder eine tatsächliche Verdichtung auf 7,5 dagewesen wäre, dann hätte das nicht mehr als 6 bis 7 % Leistungssteigerung gebracht, also höchstens 3 % Geschwindigkeitsgewinn – eine Zeigerbreite auf dem Tachometer. Während zu 20 % Leistungsgewinn schon 7 bis 8 % Geschwindigkeitsgewinn gehören, also schon eher etwas, was man auf dem Tachometer sehen kann.
So also liegen die Verhältnisse — simple Verdichtungserhöhung bringt nur gerade feststellbar etwas und lohnt meist nicht die Mühe. Verbesserung der Füllung bringt viel mehr. Ist erst mal verbesserte Füllung da, mit zugehöriger grober Leistungsverbesserung, dann steht man abermals vor der sehr schwierigen Entscheidung, ob man jetzt schon Kubikzentimeter aus dem Kopf herausgeizen soll oder ob man nicht besser noch wartet, bis erst die ganzen Abstimmversuche durchexerziert sind: Das mühsame Suchen der günstigsten Auslaßrohrlänge und der günstigsten Einlaßlänge. *Hier, in dieser Rohr-Abstimmerei können nämlich noch mal 20 bis 25 % Pumpwirkungsgrad oder vielmehr Spülwirkungsgrad drin sein.* (Und sind bei Rennmaschinen drin, daher beziehen die ja ihre enorme Literleistung.) Nach all dem, was man im Laufe der Zeit an einem Redaktionstisch so zusammenhört, sind auch bei einer auspuffgedämpften Straßenmaschine mit ausprobierten Rohrlängen etwa 10 % Mehrleistung zu erzielen und damit kann man trotz unveränderten Zylinderkopfes schon beträchtlich nahe an die Klingelgrenze herankommen. Vor allem bei Doppelkölblern. Es wäre also witzlos, am Kopf herumzuschrapen oder überhöhte Kolben einzubauen, um damit 5 % Leistung zu gewinnen, wenn außer den 20 % Gewinn durch einwandfreie Gaswege noch mal 10 bis 20 % oder gar mehr % Gewinn durch Rohrsägerei gewonnen werden können.
Man sollte wirklich erst mal alle diese Mittel erschöpfen – jedes für sich kann schon an

Doppelzündung bei einer Serienmaschine, Puch SGS. (Zwei in Serie geschaltete Zündspulen für je 3 Volt Nennspannung.)

die Klingelgrenze heranführen –, bevor man als allerletztes Mittel auch noch die landläufige, schlichte Verdichtungserhöhung versucht. Vor allem halte man sich vor Augen, daß alle bisher geschilderten Mittel geeignet sind, die Leistung sowohl im Drosselbereich wie auch in niedrigen Drehzahlen bei Vollgas kräftig zu steigern – die bloße, sture Verdichtungserhöhung wirkt sich im Drosselbereich gar nicht aus, bei Vollgas und hoher Drehzahl so gut wie gar nicht, wohl aber kann so ein Motor beim schweren Ziehen bei Vollgas sehr wohl klingeln wie wild. Der nur gut gespülte Motor wird bei mäßiger Verdichtung nicht klingeln, wohl aber auch bei Höchstdrehzahl seine gute Spülung behalten und schneller sein. Ich erwarte nicht, daß eifrige Bastler und erprobte Fachmänner mir das so glatt abnehmen, widerspricht es doch allen im Schwange befindlichen Meinungen. (Den Ingenieuren allerdings erzähle ich damit gewiß nichts Neues.) Falls aber jemand bereit ist, mir zu glauben, kann ich ihm nur empfehlen, den Verdichtungsraum erst mal unverändert zu lassen.

Eine landläufige Verdichtungserhöhung kommt erst in Frage, wenn sämtliche nur denkbaren Mittel zur Leistungssteigerung gänzlich ausgeschöpft sind.

Erst wenn der Motor dann immer noch nicht klingelt, fängt man mit höheren Kolben und kleineren Köpfen an – und bewahrt die alten Teile genau auf, um sie jederzeit wieder reumütig einbauen zu können, wenn mit den neuen Teilen Klingelei losgeht.

Wenn nun trotz aller Warnung es jemand doch nicht lassen kann und um die Kapitelüberschrift auszunützen, sei gleich noch auf die typischen Erscheinungen bei übermäßiger, also zu hoher Verdichtung hingewiesen. Der Motor klingelt – das kann ebensogut ein blechernes keck-keck-keck sein wie ein helles, weihnachtsengeliges pink-pink-pink. Es ist in jedem Fall vom Übel. Dann Nachdenken:

Jedes Klingeln kommt daher, daß eine Gasladung ja nicht sofort durchbrennt, sondern erst mal am gezündeten Ende zu brennen anfängt. Davon steigt natürlich der Druck, und bevor die Flamme noch ganz durch die Ladung gewandert ist, kann der Druck schon so gewachsen sein, daß die Gasladung an irgendeinem entfernten Punkt ganz von selber, rein infolge der Drucksteigerung losgeht – mit diesem Pink.

Wie wir schon früher feststellten, hat man also ein Interesse daran, die Gasladung nicht in Form eines Pfannkuchens oder gar einer Hantel (wie bei Viertakterkolben mit dickem

Knubbel in der Mitte!) zusammenzupressen und sie dazu noch an einem Ende anzuzünden, man muß wohl oder übel den Verbrennungsraum zu einem möglichst unzerklüfteten Knubbel ausgestalten und die Ladung in der Mitte anzünden. Woran einen beim Viertakter die Ventilwege und beim Doppelkölbler der Mittelsteg hindern. Es gilt da als legaler Kunstgriff, die Gasladung von zwei Seiten her anzuzünden, so daß zwei Flammenfronten aufeinander zulaufen. Diese Doppelzündung steht zu Unrecht im Ansehen, hohe Leistung zu bringen – mitnichten bringt sie das. Es ist lediglich ein Mittel, einen sonst klopfend gehenden Motor mit unglücklich geratenem Verdichtungsraum halbwegs klopffrei zu betreiben. Weiter nichts, wenn auch insofern sehr wirksam. Wohl aber kann es sein, daß bei mäßigeren Graden der Klingelei auch schon eine andere Kerzenbauart hilft – ich sage bewußt nichts von anderem Wärmewert, sondern von anderer Bauart. *Es kommt ganz darauf an, wo der Funke übergeht!* Man kann sich wohl ohne Mühe vorstellen, daß ein Funke, der weit vorn in der Kerze in gutem Gas übergeht, die Ladung schneller durchbrennen wird und nicht zum Klopfen kommen läßt, als ein Funke, der tief im Innern einer hoch wärmefesten Kerze in einer lorkigen Gasjauche übergeht, die nur langsam und mühsam anbrennt.

Für meine Person – es könnte ja sein, daß mir einer glaubt! – bin ich schon seit Outbord-Vorkriegszeiten von hohen Kerzenwerten wieder abgekommen. Ich fahre die niedrigsten Wärmewerte, mit denen ein Motor gerade noch keine Vollgas-Aussetzer gibt! Lieber schmeiße ich die Dinger öfter weg, wenn sie zu patschen anfangen oder die „Gummiseile“ auftreten. Denn bei diesen niedrigen Kerzen sind die Elektroden weit vorgezogen, ragen in gutes Gas hinein und zünden intensiv, so daß die Flamme schnell durch die Ladung wandert, bevor etwas klingeln kann.

Der aufmerksame Leser wird hier zweifellos einen Widerspruch zu dem feststellen, was in den Einfahr- und Kolbenkapiteln von „Besser machen I“ über hohe Kerzen gesagt wurde. Hier ist aber nicht der rechte Platz, das aufzuklären – das läßt sich viel besser begründen, wenn man von der elektrischen Seite her anfängt.

Übrigens: Diese Feststellung, daß bei „niedrigen“ Kerzen die Elektroden weit vorn säßen, gilt für deutsche Kerzen. Ab und zu legt man uns irgendwelche fremden Wunderkerzen auf den Tisch – vielfach haben sie dann niedrige Wärmewerte bei tief im Kerzenkörper sitzenden Elektroden: Das ist natürlich Mist, das ist hier nicht gemeint.

Grundsatz ist eben, daß man an einem Funken interessiert ist, der im eigentlichen Verbrennungsraum übergeht und nicht etwa irgendwoanders (Siehe vor allem das Buch DER KUPFERWURM, da steht das alles genau drin.) Soviel ich bis jetzt sehen konnte, gilt auch bei Motorradmotoren immer noch unser alter Außenbordergrundsatz, daß man mit „niedrigen“ Kerzen meist ein paar hundert Umdrehungen mehr oder daß man sie mindestens gerade noch klingelfrei holen kann, wenn die Kerze nagelneu ist. Sie steht dann meist auch ihre dreißig Minuten Vollgas durch, bis sich Patscher oder Gummiseile einstellen – kann also für ein Ausweisrennen gerade reichen. Dann ist die niedrige Kerze allerdings wegschmeißreif, sie tut es dann auf keine Art mehr.

Wenn nun auch diese Kerzenabschweifung nur nötig war, um zu zeigen, daß Klingelei nicht ganz gleich Klingelei ist, wenn man ferner auch sagen kann, daß die Klingelei eines thermisch verkorksten oder durch Bummelfahrerei völlig verdreckten Motors etwas anderes sei, als die sozusagen „ehrliche“ Klingelei infolge zu hoch gewordener Verdichtung, können wir den ganzen Komplex der Kompressionserhöhung in wenigen Sätzen zusammenfassen:

1. Die Kompressionserhöhung findet ihre natürliche Grenze bei der Klopfgrenze, die einesteils vom zugelassenen Kraftstoff abhängt, und andererseits von etwaigen thermischen Mängeln des gerade vorhandenen Motors.

2. Man hat grundsätzlich ein Interesse daran, mit der Verdichtung so nahe an die Klopfgrenze heranzugehen, wie sich dies als gerade noch möglich herausstellt, vorausgesetzt, daß man den Verbrennungsraum überhaupt so klein machen kann, ohne daß man mit dem notwendigen Bewegungsraum für die Ventile usw. in Konflikt kommt. Jedenfalls wäre es falsch, bei der notwendigen Verkleinerung des Verbrennungsraumes eine zerklüftete Form desselben in Kauf zu nehmen, weil dadurch erst Klopfursachen geschaffen würden.
3. Eine Verdichtungserhöhung bringt auf jeden Fall *etwas*, das kann aber im Einzelfall *so wenig* sein, daß es nur bei sehr kritischer Messung überhaupt bemerkt wird. Die Verdichtungserhöhung bringt um so weniger, je schlechter der Spülwirkungsgrad eines Motors ist, je mehr schwache Stellen er also sonst hat.
4. Es ist grundsätzlich besser und bringt sehr wesentlich mehr, einen Motor mäßiger Leistung erst einmal durch Füllungsverbesserung mit allen Mitteln auf das überhaupt erreichbare Leistungsmaximum zu bringen und die Verdichtungserhöhung als letztes Mittel zu betrachten, obwohl gerade bei einem optimal gespülten Motor eine Verdichtungserhöhung den relativ höchsten Leistungszuwachs bringt.

Noch einmal Vergaserweiten

An sich wäre jetzt die Rohrsägerei dran, ich muß aber vorher wohl oder übel noch einmal auf die Vergaserweiten zurückkommen, falls sich da inzwischen Zweifel bei einigen Lesern ergeben haben: Etliche Seiten zuvor habe ich einige Vergaserweiten und zugehörige Hubräume aufgeführt. Ich tat das damals vor allem im Hinblick auf die mögliche Verbesserung älterer Serienmotoren bezüglich deren Straßenbrauchbarkeit. Sobald man natürlich auf Maximalleistungen zusteuert, wie sie etwa bei Ausweisrennen gebraucht werden, sieht die Sache ganz anders aus, da kann man noch wesentlich größere Vergaserweiten verwenden. Erinnert sei hier nur an die Puch SGS, die als ganz gewöhnliche Gebrauchsmaschine schon zwei Vergaser mit je etwas über 30 mm Weite aufweist.

Wenn man es richtig macht, wenn man vor allem auf allerkürzeste Ansaugwege geht, wenn man ferner auf Rohrabgleichung verzichtet, ist in übermäßigen Vergaserweiten tatsächlich eine ganze Menge drin. Man muß sich aber klar darüber sein, daß es hier wieder eine Überschneidung gibt:

Am Anfang dieses Schnellermach-Bandwurmes stellte ich fest, daß ein weites Rohr von kreisförmigem Querschnitt strömungsgünstiger sei als zwei Rohre von jeweils halbem Querschnitt. An sich gilt dieses Gesetz unbeschränkt, es ist also strömungstechnisch weit günstiger, einen Vergaser von 42,5 mm freier Öffnung zu nehmen als zwei Vergaser von je 30 mm Öffnung. Leider ist es aber so, daß diesem Riesenvergaser keine einwandfreie Leerlauf- und Übergangsregelung beizubringen ist, das hält schon mit zwei 30er-Vergasern schwer genug, obwohl man da einen Vergaser ganz zumachen und sich auf die Leerlauf- und Übergangsregelung des anderen Vergasers beschränken kann.

(Allein diese Regulierprobleme waren es, die vor einigen Jahren einmal Zündapp veranlaßten, den doch weiß Gott überaus harmlosen alten Derby-Motor mit einem Zwillingsvergaser zu versehen, wie auch etwas später Triumph bei der ebenso harmlosen Boss auch einen Zwillingsvergaser verwendete.)

Da man auch in den Schlitzmaßen in einem Zweitaktzylinder empfindlich beschränkt ist, sofern man nicht unnötig die Kolbenringe gefährden will, kommt man zwangsläufig dazu, den für den Einlaß verfügbaren Zylinderumfang mit zwei Vergasern zu besetzen. Dabei ergibt sich eine Beschränkung des Vergaserquerschnitts nach oben lediglich durch den Schlitzquerschnitt, den man sich in der Zylinderwand unterzubringen und den Kolbenringen zuzumuten traut. Gerade hinsichtlich der zulässigen Schlitzbreite bin ich noch immer überaus vorsichtig gewesen, in der Erkenntnis, daß man einen kleinen Schlitz größer machen kann, aber nicht umgekehrt. Inzwischen bin ich von einem sehr glaubwürdigen Mann darauf hingewiesen worden, daß es möglich sei, auf eine Schlitzbreite von 65 bis 70 % der Bohrung zu gehen. (Natürlich ist man in der Schlitzbreite unbeschränkt, wenn der Schlitz nicht von einem Kolbenring überstrichen wird – die Motoren sind aber selten, bei denen nicht wenigstens der unterste Kolbenring den Einlaßschlitz im unteren Totpunkt mindestens zum Teil überstreicht.)

Danach müßte ein vernünftiger Mensch sich jetzt selber ausrechnen können, was bei seinem Motor an Schlitzgröße möglich ist, ebenso, welche Vergaserquerschnitte auf diese Schlitze gesetzt werden können.

Die Rohrsägerei

Das ist eine sehr unseriöse Überschrift, eigentlich hätte hier das Wort „Abstimmung" hergehört. Es gibt nun aber einmal Worte, die mir Brechreiz verursachen, so zum Beispiel „betreuen" oder gar „durchführen". (Wieviel kleine und große Bonzen haben uns nicht in den letzten 25 Jahren zu betreuen versucht, wieviel eitle Gschaftlhuber haben nicht schon durchgeführt, und wieviel ahnungslose „Fach"journalisten, denen es an Wissen gebrach, wußten beispielsweise über Radfederungen nichts anderes zu sagen, als daß diese „abgestimmt" seien. Außer dem „Drehmomentverlauf" ist in der diesbezüglichen Presse noch kein Wort so genotzüchtigt worden wie die „Abstimmung".)

Es geht also sachlich darum, daß ein Motor, der auf maximale Leistung gebracht werden soll, dies nicht allein auf Grund seiner Funktion als Pumpeinrichtung zu tun vermag, sondern daß sich dabei Strömungseffekte bemerkbar machen, die eine akustische Grundlage haben und mithin durch Rohre passender Länge erheblich gefördert werden können. Man stelle sich einen Kessel vor, in Größe eines Motorzylinders, in dem ein beträchtlicher Druck herrscht, immerhin sind das bei Öffnung etwa eines Auslaßschlitzes noch so zwei bis vier atü – und der plötzlich in ein Rohr hinein geöffnet wird. Ein beträchtlicher Teil der vorhandenen Gasmenge, um so mehr, je größer der Anfangsdruck war, schießt in das Rohr, nimmt dabei eine Geschwindigkeit an und verhält sich fortan wie ein geworfener Stein, ist also bestrebt, diese Geschwindigkeit zunächst beizubehalten. Inzwischen ist aber, weil ja schon viel abgeflossen ist, der Druck in der Kammer stark gefallen, von hinten wird nichts mehr nachgeschoben. Wohl aber ist die bislang ausgetretene Gasmenge noch gewaltig in Fahrt, die jagt weiter und genau wie ein geworfener Stein – den man zuvor an eine Strippe gebunden hatte – in diese Strippe mächtig einruckst, sie einem gar aus der Hand reißt, zieht die in Fahrt befindliche Gasmenge aus der Kammer mehr Gas durch Unterdruckbildung heraus, als sonst freiwillig herausgekommen wäre. Damit ist eigentlich auch schon der Rohreffekt vollständig geschildert: Während man bei freiem Auspuff, wenn man also den Zylinderschlitz direkt ins Freie münden lassen würde, im Zylinder bestenfalls Atmosphärendruck bekäme, ist die in einem Auspuffrohr

Schieberohre können unwirksam werden, wenn das Innenrohr scharf abgesetzt ist, eine Konizität von rund 1:10 müßte aber für eine Wirksamkeit ausreichen.

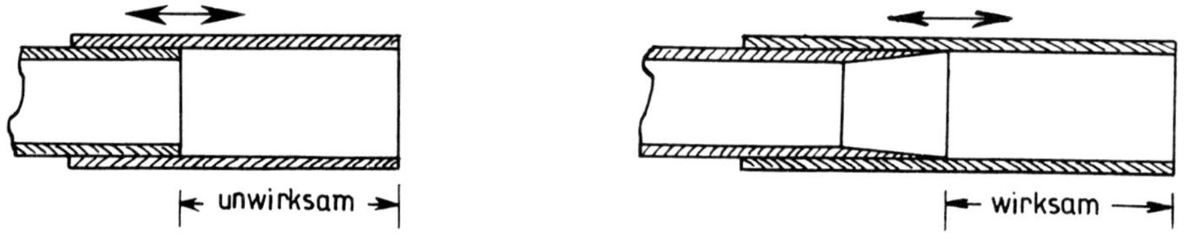

Eine wunderschöne Bastelarbeit, zwei obenliegende Nockenwellen. Man hat aber Zweifel, ob die Rohrlänge wirklich abgeglichen ist. Der Ansaugtrichter ist bei NSU abgesehen und nicht resonanzfähig.

Bild unten: Wenn ein auf Länge genau abgeglichenes Rohr hart abgesetzt in eine Dämpferkammer ragt, kann man den Dämpfer an einen äußerlich passenden Ort schieben, ohne den Abgleich wesentlich zu stören.

entlangjagende Gasmenge durchaus imstande, in der Kammer nicht nur Atmosphärendruck, sondern noch einen Unterdruck hervorzurufen. Dieser Unterdruck ist natürlich wieder seinerseits in der Lage, eine auf der Einlaßseite wartende Gasmenge anzureißen. Es leuchtet wohl auch ein, daß die das Rohr entlangjagende Gasmenge dies nicht auf unendliche Zeit und auf unendlichem Weg tun wird, schließlich erfährt sie ja an den Rohrwänden eine Reibung, sie wird gedämpft, sie kühlt in dem Rohr auch ab und zieht sich zusammen, sie muß außerdem die früher im Rohr gewesene kalte Luft auch noch vor sich herschieben, irgendwann einmal wird der Zustand erreicht sein, in dem die strömende Gasmenge zur Ruhe kommt, wo sie sogar wieder versuchen wird, in die Kammer zurückzufedern. Es dreht sich also darum, den Augenblick abzupassen, in dem die strömende Gasmenge den größten Unterdruck in ihrer Kammer erzeugt hat und sie dann daran zu hindern, langsamer zu werden oder gar wieder zurückzufedern, sie muß in diesem Augenblick ins Freie regelrecht hinausfallen, um so für den Motor schlicht nicht mehr vorhanden zu sein. Wenn man nun etwas von wandernden Gassäulen, von Überdrucken und Unterdrucken in einem Rohr hört, dann schaltet man auch mit den Physikkenntnissen eines normalen Volksschülers doch unfehlbar auf den Begriff „Orgelpfeife“. In der Tat ist das Auspuffrohr eines Verbrennungsmotors nicht viel anders als eine Orgelpfeife beschaffen, aus der in genau dem Augenblick am unteren Ende ein vorhandener Überdruck herausfällt, in dem am oberen Ende größter Unterdruck vorhanden ist. Wie man auch weiß, ist der Orgelbau ein uraltes Handwerk, in dem seit Jahrhunderten jede gewünschte Tonhöhe in notwendigen Pfeifenlängen auf den Millimeter genau festliegt. Dennoch hat auch die

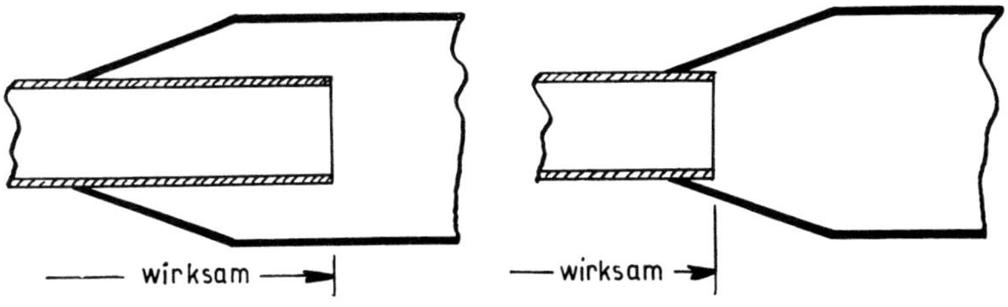

Rohr zwischen Vergaser und Zylinder nicht in Resonanz, dafür Ansaugrohre vor den Vergasern in der Länge abgeglichen, siehe vor allem auch Seite 130.

kleinste Orgelwerkstatt einen Intonierraum, in dem gewöhnlich ein alter, sehr ruhig und sehr weise gewordener Papa sitzt, der die Pfeifen anbläst und durch überaus behutsames Nachschnippeln die genaue Tonhöhe herausholt.
Ersichtlich ist das bei einem Motor nicht viel anders zu machen, es kommt auf die Rohrlänge an, damit man den Zylinder richtig ausgeräumt kriegt. Dieser Satz möchte gut bedacht werden, weil sich daraus gar vielerlei folgern läßt.
Erstens einmal ist zu folgern, daß Drehzahl und Rohrlänge *engstens* miteinander verkoppelt sind. Zweitens ist zu folgern, daß es auch Drehzahlen gibt, die zu niedrig sind, als daß sich dazu eine Rohrlänge finden ließe, bei der dieser Unterdruckeffekt noch auftreten würde.
Drittens kann man sich an den Fingern abzählen, daß es sich um ganz enge Drehzahlbereiche handeln muß, in denen überhaupt eine Wirkung festzustellen ist. Dieser Bereich ist so schmal, daß er fast nur in einem einzigen Gang ausnützbar ist und daß man u. U. sogar mit der Gesamtübersetzung darauf Rücksicht nehmen muß. Es ist also besser, vor Beginn der Rohrsägerei eine etwas zu reichliche Übersetzung zu haben als eine zu knappe Übersetzung.
Dabei wird vorausgesetzt, daß es Leute gibt, die überhaupt fähig sind, auf der Straße eine Rohrlänge zu bestimmen. (Ich baute mir lieber einen Prüfstand dazu, und wenn nur einen schäbigen Windflügel mit Drehzahlmesser. Wahrscheinlich ist es billiger, einen ¾ PS Elektromotor mit Gebläse zur Motorkühlung zuzukaufen, als Tage um Tage auf der Probestrecke zu liegen und sich totzuversuchen.) Angeblich kommt es bei der Rohrsägerei darauf an, den richtigen Millimeter zu erwischen, und angeblich kann man auch nicht mit Teleskoprohren probieren, sondern muß buchstäblich sägen. Was da zuviel gesägt ist, wird irreparabel und muß erneuert werden. Ich glaube aber nicht an diese angebliche Unbrauchbarkeit eines Teleskoprohres, scheint nur schlecht beobachtet zu sein. Natürlich darf das engere Rohr nicht glatt abgesägt sein – es muß mindestens 10:1 im Verhältnis zur Wandstärke zugeschärft sein und muß sehr dicht im Außenrohr sitzen. Dann muß sich auch mit Schieberohren die günstigste Länge finden lassen.
Woraus zu ersehen ist, daß ich selber diese Arbeit noch nicht gemacht habe, ich wüßte es sonst besser. Wohl aber habe ich -zig Leute genau gefragt, die es angeblich schon gemacht haben. Um mit ziemlicher Regelmäßigkeit recht windige Antworten zu erhalten. Das heißt also, daß es auf dem Gebiet der Rohrsägerei sehr viel Selbsttäuschung gibt – es sind ganz wenige Leute (und dann eines ganz bestimmten Typs), auf deren Angaben

Verlaß zu sein scheint. Es bleibt nichts anderes übrig, als sich da selbständig forschend zu betätigen – dazu wieder ist ein optimal hergerichteter Motor Voraussetzung. Ich halte es für sinnlos, auf einen normalen Serienmotor mit der Rohrsäge loszugehen in der Hoffnung, sich damit andere Trimmarbeiten ersparen zu können.

Es soll hier nur ein Grundgesetz für Rohre angeführt werden: Es ist keinesfalls nötig, daß ein Rohr überall gleich weit sei, wenn nur die Übergänge zwischen Weit und Eng schlank genug sind. Es scheint, daß ein Verhältnis der Erweiterung zur Länge von 1:10 in diesem Sinne als schlank genug gelten kann.

Soll ein Rohr bei einer bestimmten Länge aufhören, kann man da die Mündung aber nicht brauchen, dann läßt sich anstandslos ein weiteres Rohr darüberstecken, ohne die Abstimmung zu verändern, wenn man das kritische Rohr abrupt, mit einer Stufe, enden läßt. Es ist dann auch gleich, ob man ein Zylinderrohr daraufsetzt oder ein Kegelrohr, man kann die Austrittsöffnung nach Belieben da hinlegen, wo man sie haben möchte, wenn man für abrupten Übergang vom abgestimmten Rohr zum Hüll- bzw. Transportrohr sorgt.

Es soll auch noch an eine Möglichkeit gedacht werden, von der gesprochen wird, die ich selbst aber noch nicht überprüft habe: Angeblich ist es möglich, bei einem Zweitakter auch dann noch die günstigste Rohrlänge zu suchen, wenn man einen sehr großen Dämpfer aufsteckt. Wäre immerhin möglich. Ich wage aber, die Konsequenz der meisten behaupteten Versuche und Erfolge zu bezweifeln. Nur weil ich weiß, welchen Selbsttäuschungen auch erfahrene Renningenieure zu erliegen pflegen. Siehe etwa die berühmten Windhutzen.

Eines allerdings ist todsicher: Selbst ganz mäßige Beulen in abzugleichenden Rohren bedeuten derartige Strömungswiderstände und bringen damit so starke Dämpfung ins System, daß mit Resonanzen kaum mehr zu rechnen ist. Auch rauhe – schon sacht angerußte – Rohre bringen resonanzzerstörende Dämpfung.

In Summa ist also die Rohrsägerei ein böses Kapitel, das ganz bestimmt nicht nach Schnauze zu erledigen und nur von einem sehr ruhigen Experimentator zu bewältigen ist, der sehr genau zu beobachten und zu messen versteht. Die Rohrsägerei hängt mehr als jede andere Trimmarbeit an genauester Beobachtung und gewissenhaften Aufschrieben.

Außerdem war bisher nur die Rede von Auslaßrohren, die zuerst und ohne Rücksicht auf den Einlaß für sich ausprobiert werden. Erst wenn man die Auslässe sicher hat, geht man auf den Einlaß los. Denn der Auslaß ist es ja, der den Einlaß – beim Viertakter direkt, beim Zweitakter indirekt – anreißt. Man kann sich ausrechnen, daß dazu beim Einlaß recht beträchtliche Rohrlängen gehören, und es fragt sich höchstens, wohin da der Vergaser soll. Jedenfalls nicht in die Mitte!

Der Vergaser stellt eine beträchtliche Dämpfung dar, kann also nur am Ende oder am Anfang einer abgeglichenen Strecke liegen, damit überhaupt etwas herauskommt, was man als Resultat oder gar als Resonanzschärfe bezeichnen kann. (Der Selbsttäuschung sind Tür und Tor geöffnet und manches Rohr bleibt trotz fehlenden Effektes dran, weil es eben gar so romantisch aussieht! Man sollte so etwas ja nicht unterschätzen!)

Man wird also entweder durch stufenweise geänderte Rohreinsätze zwischen Vergaser und Zylinder einen Erfolg suchen oder den Vergaser ganz dicht an den Zylinder setzen und dann nach außen unterschiedlich lange Rohre aufsetzen. Ebenso gilt als Grundsatz, daß es sich dabei um zylindrische Rohre handeln muß – Trichter sind nicht resonanzfähig.

Es soll aber noch einer Sache gedacht werden, die Tatsache zu sein scheint, weil sie von diesbezüglich vertrauenswürdigen Leuten berichtet wird: Danach steht die Totraumausfüllung in einem Zweitakt-Kurbelkasten in direktem Zusammenhang mit der Abgleichfähigkeit der Ansaugseite. In dem Sinne, daß ein kleines Ansaugvolumen – also radikal ausgefüllte Toträume – Resonanzen gibt, die nur schwer zu finden sind und vor allem sehr scharf sind, sich also auf engste Drehzahlbereiche erstrecken. Vielleicht nützt dieses Wissen jemandem.

Dagegen ist hier offensichtlich das Rohr zwischen Vergaser und Kurbelkasten auf Länge bzw. Resonanz abgeglichen, der Ansaugtrichter ist resonanzfrei, ob die Kühlrippen auf dem Rohr nützen, ist zweifelhaft. (Ein kluger Mann nimmt Frischöl-Schmierung! Steht ganz bestimmt dafür!)

Schließlich noch einmal zurück zum Einlaß-Drehschieber: Ich habe darauf hingewiesen, daß einem Drehschieber heute nicht mehr die Bedeutung zukäme wie noch vor zehn Jahren. Das gilt vor allem für Konstruktionen, bei denen der Schieber lange Gaswege oder starke Umlenkungen im Gasweg ergibt – die er gemeinhin sogar erzwingt. Bis jetzt ist die Frage noch offen, ob ein Schieber mit seiner strömungsungünstigen und zeitlich günstigen Gasführung mehr bringt oder der Einlaß des Dreikanalers mit zeitlich beschränkter, aber strömungsmäßig günstigster Gasführung.
Ich bin nun sicher, daß die meisten Leser dieses Kapitel für besonders unbefriedigend halten – und ich kann da nicht widersprechen. Hier wird so entsetzlich viel gequatscht und so sehr wenig gewußt. Und alles, was gesagt wird, muß sehr kritisch gewertet werden und ist wertlos ohne Ansehung dessen, der es sagt. Wir sind da eben in einem Gebiet angelangt, in dem das sichere Wissen längst aufgehört hat.

Die längst fällige Zwischenbemerkung

Der kritisch-aufmerksame Leser wird eine Behauptung nur mit Protest zur Kenntnis genommen haben: Ich habe geschrieben, die Wirkungsweise genau abgeglichener Auspuffrohrlängen bestehe darin, daß am Auslaß des Zylinders ein Unterdruck erzeugt werde, der in der Lage ist, die Frischgasladung in den Zylinder hineinzusaugen. Diese Feststellung scheint ein klarer Widerspruch zur uralten Lehre zu sein, daß der Zweitakter einen gewissen Rückstau brauche, weil er sonst „nicht ziehe“ und der Verbrauch dennoch gewaltig ansteige. Dabei wissen das die Verfechter dieser Anschauung sogar sehr plausibel zu machen, sie erinnern daran, daß der Unterdruck im Auspuffrohr ja geeignet sei, erhebliche Teile der Frischgasladung durch den Auslaßschlitz hinauszuziehen, bevor dieser wieder geschlossen ist, so daß also tatsächlich ein Gasverlust stattfindet.
Was hier ein Widerspruch zu sein scheint, ist in Wirklichkeit gar keiner, denn nach allem,

was man weiß und was man beobachten kann, stimmen beide Meinungen, es kommt nur eben wieder einmal darauf an, in welchen Bereichen.
Überschlagen wir einmal die Drehzahlbereiche gangbarer Gebrauchsmotoren, dann sind diese alle bei 5000 bis 6000 U/min am oberen Ende ihrer Arbeitsfähigkeit angelangt. Diese Maschinen können ab 2000 U/min bereits mit Vollgas gefahren werden, sie haben dabei noch ganz beträchtliche Leistungen und ganz manierliche spezifische Verbräuche, das sind eben die Zweitakter, die wir aus eigener Erfahrung im Straßengebrauch kennen. Wenn man nun 5000 U/min Maximaldrehzahl zugrunde legt, dann stehen bei einem solchen Motor für die Durchspülung des Zylinders 3 – 4 Millisekunden zur Verfügung. (Wenn da zur Durchspülung des Zylinders ein Teil der Ladung 9 – 10 cm Weg zurücklegen muß, dann entspricht das immerhin einer Gasgeschwindigkeit von 70 – 80 km/h). Wenn man nun einen solchen Motor höher drehen zu lassen versucht, wenn man also Last wegnimmt, dann dreht er natürlich anstandslos auch auf 8000, 9000 und 10 000 U/min hinauf, bloß muß man dann so sehr viel Last wegnehmen, also das Drehmoment herunterfallen lassen, daß überhaupt keine ins Gewicht fallende Leistung herauskommt. (Diesen Zustand hat man übrigens beim sogenannten Überdrehen in den Gängen auch erreicht, der Motor dreht dann zwar heulend hinauf, gibt aber keine nennenswerte Leistung mehr ab.) Wenn man umgekehrt stärker belastet, den Motor also schleppen läßt, dann sinkt er zwar in der Drehzahl ab, gibt aber anstandslos das etwas höhere Drehmoment her, das der stärkeren Belastung entspricht. Bei halber Drehzahl, also etwa 2500 U/min, steht eine Spülzeit von 6 – 8 Millisekunden zur Verfügung, diese lange Spülzeit ist in der Tat kritisch. Würde man einem solchen Motor ein glattes Auspuffrohr geben, dann pfiffe bei Vollgas und halber Drehzahl die Frischgasladung zum allergrößten Teil direkt wieder durch den Auspuff hindurch, die Motorleistung würde glatt auf Null herunterbrechen. In der Tat passiert das auch, man braucht nur irgendeinem beliebigen Motorrad-Zweitakter den oder die Schalldämpfer wegzunehmen, damit die Leistung ganz empfindlich sinkt, vor allem bei niedrigen Drehzahlen. Ein Motor, der mit Vollgas aus 2000 U/min herauszieht und anständig hochbeschleunigt, würde ohne Schalldämpfer aus 2000 U/min bei noch so vorsichtigem Gasaufziehen einfach langsamer werden und stehenbleiben.

Wir können uns jetzt wieder einmal eine Grundregel merken:

Bei Drehzahlen unter 5000 – 6000 U/min kommt es in der Tat auf einen gewissen Rückstau gegen Ende der Spülzeit an, damit ein solcher Motor auch noch bei halber Höchstdrehzahl, also zwischen 2000 und 3000 U/min noch ein brauchbares Vollgasverhalten zeigt und vor allem aus dieser niedrigen Drehzahl heraus wieder hochbeschleunigen kann.

Würde man bei 6000 oder 7000 U/min die Schalldämpfer durch glatte Rohre ersetzen, dann würde in der Mehrzahl der Fälle überhaupt nichts passieren, sofern der Motor eben diese 5000 – 6000 U/min drehen kann. Die Maschine wäre höchstwahrscheinlich gleich schnell, sie hätte auch höchstwahrscheinlich genau denselben spezifischen Verbrauch, nur dürfte man es sich eben nicht einfallen lassen, diesen Motor nennenswert unter 4000 U/min abfallen zu lassen, er würde dann wahrscheinlich immer langsamer werden, ganz zu schweigen vom Wieder-hochbeschleunigen.
Auf der anderen Seite gelingt es auch weder mit Dämpfer noch mit freiem Auspuff, den Motor dazu zu bewegen, daß er nennenswert über 6000 U/min hinaufdreht. Man kann da noch soviel Übersetzungsänderungen versuchen, der Motor wird zwar auf 7000 oder auch auf 8000 U/min hinaufdrehen, wird aber dabei einen ganz empfindlichen Leistungsabfall zeigen. Die hier für die Spülung zur Verfügung stehenden Zeiten sinken jetzt wesentlich unter 3 Millisekunden, und *diese Zeiten sind wieder kurz genug, daß dabei das Gegenteil von vorhin eintritt, der Zylinder wird nicht mehr voll durchgespült, es bleiben noch beträchtliche Altgasreste drin.*

Über die Wärmeführung in so einem guten Stück kann man sehr viel gelehrte Sch . . . e reden und für jede Theorie die gegenteiligsten Beweise anführen, systematisch probiert haben nicht mal Werks-Entwickler. Das schreit danach, mit Thermochromstiften bemalt zu werden, dann weiß man wirklich, was los ist.

Hier beginnt die Wirksamkeit der Rohrsägerei, das passend abgeglichene Rohr ist in der Lage, in genügend kurzer Zeit einen so hohen Unterdruck herzustellen, daß das Frischgas schnell genug in Fahrt kommt, um in 1 – 2 Millisekunden den ganzen Zylinderraum tatsächlich durchzuspülen.

Da das Frischgas eine feste, unveränderliche Masse hat, da ferner die Gaswege durch die Zylindergröße festgelegt sind, kann man von vornherein abschätzen, in welchen Drehbereichen es darauf ankommt, den Auslaß durch einen im Auspuffrohr sich aufbauenden Überdruck wieder zu verschließen, bevor Frischgas verloren wird, und in welchen Bereichen es umgekehrt wichtig ist, nicht nur jeden Rückstau in der Auspuffleitung zu verhüten, sondern auch noch in Schlitznähe einen Unterdruck zu erzielen, damit die Frischgasladung innerhalb der verfügbaren, außerordentlich kurzen Zeit überhaupt Gelegenheit findet, den ganzen Zylinderraum auszufüllen.

Und nun kommt das Allererstaunlichste:

Es ist gar nicht gesagt, daß ein resonanzfähiges Auspuffrohr unter allen Umständen ins Freie münden muß, allwo der Auslaß naturgemäß gewaltig Krach macht. Man kann am Ende eines auf genaue Länge abgeglichenen Auslaßrohres wieder einen Schalldämpfer anbringen, der natürlich den meisten Krach beseitigt, der auch wieder etwas leistungsmindernd wirkt, der aber zunächst einmal den gewaltigen Vorzug hat, die Wirkung des auf genaue Länge abgesägten Rohres auf einen viel größeren Drehzahlbereich zu verbreitern. Bei einem völlig freien Rohr ist es durchaus möglich, daß der Motor nur in einem ganz engen Drehbereich, sagen wir einmal zwischen 7500 und 8000 U/min, eine sogar erhebliche Leistungsspitze zeigt, daß er aber nicht nur jenseits 8000 U/min wieder ganz unvermittelt herunterbricht, sondern daß er auch unterhalb 7000 U/min nur ganz faul zieht. (Daher kommt nämlich z. T. auch die uralte Sage, daß hergerichtete Motoren „unten nichts drin hätten“.) Sobald man nun einen Schalldämpfer aufsetzt, kann derselbe Motor, der unterhalb 7000 U/min überhaupt nicht mehr brauchbar war, nun auch noch bei 6000 oder gar bei 5000 U/min beachtlich ziehen. Mancher erklärt das dann mit der Wirkung des berühmten Rückstaues, das ist es aber nicht, sondern lediglich eine Resonanzverbreiterung durch Dämpfung.

Es hat also auch bei solchen Maschinen, die im Verkehr mit Schalldämpfer gefahren werden sollen, durchaus Sinn, wenn man bei Übersetzungen, die Drehzahlen über 6000 U/min zulassen, einmal unterschiedliche Rohrlängen ausprobiert, wobei als Rohrende die

Stelle gilt, an der sich das bislang glatte und gleichmäßig weite Auspuffrohr zu einem Trichter erweitert, der in der diesbezüglichen Branche stolz als Diffusor bezeichnet wird. Wenn man den Gedanken der Orgelpfeifenwirkung eines auf genaue Länge abgesägten Auslaßrohres noch etwas weiter ausspinnt, dann kommt man schnell dazu, daß der Unterdruckzustand, der kurz nach Beginn der Spülung am Auslaßschlitz vorhanden ist, am Ende der 1 – 2 Millisekunden Spülzeit auch schon *nicht* mehr vorhanden ist, aus dem anfänglichen Unterdruck ist bereits wieder Druck geworden, der zu diesem Zeitpunkt der mit Wucht eindringenden Frischgasladung mindestens so gewaltsam gegenübertritt, wie das nur ein Ventil oder ein Absperrschieber könnte. Nur auf diese Weise läßt es sich auch erklären, daß die heutigen kompressorlosen Motoren auf Spülwirkungsgrade über 1 und bis zu 1,2 und sogar 1,3 kommen können. Man kann diesen Spülmitteldurchsatz ja nicht nur mit der Gasuhr bestimmen, man kann ihn auch aus der erhaltenen Leistung, der Drehzahl und dem Kraftstoffverbrauch berechnen, denkbar ist gerade dieser Spülmitteldurchsatz über 1,0 nur dann, wenn man in der Mitte der Spülzeit einen auf akustischem Wege erzeugten Unterdruck zugrunde legt, der sich gegen Ende der Spülzeit wieder in einen Überdruck verwandelt hat.
Obzwar hier immer nur von Auslaß*schlitz* gesprochen wurde, gilt das aber keineswegs nur für Zweitakter, man findet genau dieselben Effekte auch schon bei Viertaktern, die ja heutzutage schon in Gebrauchsausführung ihre 7000 U/min drehen, während Rennviertakter auf 10 000 bis 12 000 U/min hinaufreichen. Sobald es einmal über 8000 U/min hinausgeht, kommt es auch beim Viertakter darauf hinaus, daß schwingende Gassäulen den Gaswechsel im Zylinder genauer und noch wirksamer zu steuern vermögen, als das die Ventile tun. Man kann sogar ruhig sagen, daß ein Viertakter unter 6000 U/min im wesentlichen mit den Ventilen läuft, daß aber über 6000 U/min die Ventile eigentlich nur lang genug offenbleiben müssen, damit das Spiel zwischen Druck und Unterdruck der Gassäulen in den Auslaßrohren und den Einlaßrohren stattfinden kann, auf dem allein die Leistungsabgabe oberhalb von 8000 U/min beruht.

Einer weiß es aber genau:

Es hat sich nun ergeben, daß zu gleicher Zeit, als dieser Text geschrieben wurde, Christian Bartsch eine Adler herrichtete. Ein Mann mit klarem Verstand, der nichts tut, was er nicht vorher klar überlegt hätte. Außerdem beobachtet er so kritisch, daß er hinterher tatsächlich merkt, wenn er sich in den Annahmen geirrt hatte. Man kann sich also auf das verlassen, was er sagt. Deshalb kommt auf den nächsten Seiten die Beschreibung dieser Herrichte-Arbeit, sie gibt vor allem einen Begriff davon, wie mühsam jede Herrichterei ist.

Die Adler bekommt Flügel

Neben der Gewinnung zusätzlicher Leistung sollte der Umbau von einem auf zwei Vergaser eine Reihe von „Randproblemen" lösen. Es sollte durch größeren Gasdurchsatz die Schmierung und Kühlung vor allem der Pleuellager verbessert werden, außerdem sollten die separaten Vergaser endlich eine Synchronisation der beiden Zylinder ermöglichen. Auch wußten wir durch frühere Erfahrungen, daß man mit großen Vergasern und Beibehaltung des alten Vorverdichtungsdruckes im Kurbelgehäuse recht gut die Leistung steigern kann, ohne mit der Drehzahl in die Wolken zu geraten.

Bevor wir mit der Säge an den Motor gingen, wurde gemessen und ein bißchen gerechnet. Es ergab sich, daß ein Vergaserdurchmesser von 28 mm unterzubringen war. Erst dann wurden alle notwendigen Neuteile besorgt: 2 Vergaser Bing 28 mm, eine separate Schwimmerkammer dazu mit zwei Ausgängen (gibt es von der Boß), Schlauchanschlußstücke für die Mischkammern, ebenfalls von der Boß, diese Dinger haben von der Seite einzuschraubende Hauptdüsenträger, die den Düsenwechsel sehr erleichtern. Gekauft wurde auch ein 2-Zug-Gasdrehgriff (geht ebenso mit einem Verteilerstück von einem auf zwei Züge, dann kann man den alten Drehgriff verwenden). Ein Flacheisen (30×10×180 mm) als gemeinsamer Flansch für beide Vergaser, kurze Rohrenden sowie Schrauben und Muttern fanden sich in der Bastelkiste.

Nun erst wurde der Motor ausgebaut, das Kurbelhaus „entleert" und das Getriebe gut abgedeckt (braucht nicht ausgebaut zu werden). Das Gehäusestück mit der Saugrohrgabel wurde direkt hinter den Zylinderfußflanschen senkrecht zu diesen abgesägt und mit der Feile die Schnittfläche gut planiert. Ebenso wurde der Kragen entfernt, der den alten Vergaser umgab, so daß über dem Getriebe nur noch eine Art Wanne zurückblieb. Die Einlaßschlitze wurden auf je 42,5 mm verbreitert, was bei den Adler-S-Motoren ohne Bedenken geht, da der untere der beiden Kolbenringe im UT noch einige Millimeter über der Oberkante des Einlaßschlitzes bleibt. Man achte nur darauf, daß man nicht die seitlich

Äußerlich sieht man der hergerichteten Maschine kaum etwas an, so etwas ist immer gut – schon weil die Maschine wieder mal bei einer §-29-Untersuchung vorgeführt werden muß. Da bei den Prüfern Sachkunde und Eifer einander umgekehrt proportional zu sein pflegen, gilt hier der alte Kommißgrundsatz vom „ja nicht auffallen!".

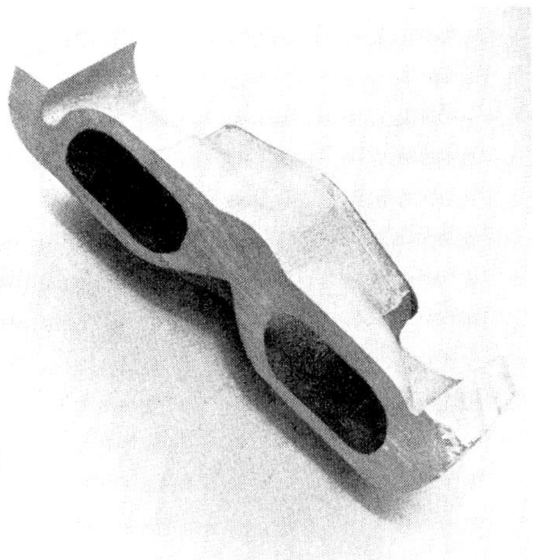

vom Schlitz eingeschraubten Zylinderstehbolzen freilegt! – Wie die Breite, muß auch die Höhe der Einlaßschlitze nachgearbeitet werden. Normalerweise ist die untere Schlitzkante 18 mm vom unteren Kolbenrand entfernt (Stellung des Kolbens in OT), wir erweiterten den Schlitz um 3,5 mm nach unten, so daß der Abstand mit 21,5 mm noch unter dem Wert der RS-Motoren blieb (dort 22,5 mm). Die Oberkante läßt sich in der Kanaltiefe nicht erhöhen, da sonst der für die Zylinderfußabdichtung notwendige Gehäusestreifen zu dünn wird, also wurde die Oberkante im Zylinder nur stark verrundet. Man bleibt bei dieser Schlitz-Bearbeitung am besten etwas unter den angegebenen Werten, damit man noch „Fleisch" für die gemeinsame Bearbeitung von Kanal und Flansch übrigbehält. Dieser Flansch wird nun hergestellt, eine genaue Beschreibung der Arbeitsgänge spare ich mir. Die Anpasserei kostet einen ganzen Haufen Zeit und die Feilerei dabei viel Schweiß.

Bild oben links: Das ist der abgesägte Ansaugstutzen, im Bild rechts erkennt man, wo der Stutzen abgesägt wurde – man hat jetzt zwei Vergaseröffnungen.

Bild rechts: Da stecken ungezählte Arbeitsstunden in der Herstellung dieser beiden Übergangsstutzen für die Vergaser. Heute tut man sich damit viel leichter: Man modelliert den Kanal, also die „Luft" aus Holz und über das geölte Holz wird mit Devcon und Glas-Roving freihändig der Stutzen modelliert. Für diese Temperaturen ist Devcon genügend wärmefest.

Die beiden Vergaser sitzen etwas unsymmetrisch, macht aber nichts, man muß da nur rechtzeitig dran-denken.

Zu beachten ist, daß der rechte Vergaserstutzen etwas nach innen gerückt werden muß, weil sonst das Mischkammerunterteil des Vergasers, wenn dieser senkrecht neben seinem Bruder stehen soll, nicht mehr in die „Wanne" über dem Getriebe paßt.
Bevor die Schwimmerkammer angebracht wird, montiert man am besten die fertigen Teile (nach gründlichster Säuberung) und baut den Motor wieder in den Rahmen. Der mittlere der drei Vergaserflanschbolzen bekommt einen Streifen Blech zu tragen, auf den die Schwimmerkammer aufgeschraubt wird. (Das Schwimmergehäuse der Boß hat zu diesem Zweck ein M 12-Gewinde auf der Unterseite.)
Damit waren die groben Arbeiten abgeschlossen. Es wurde jedem Teil sein Platz zugewiesen (nur die Dämpferkammer, ein unhandliches Aluminium-Gußstück, zu dessen Demontage man den Motor aus dem Rahmen heben muß, hatten wir fortgelassen) und wir starteten zur ersten Probefahrt. Ergebnis: Beschleunigung unheimlich, Spitze wie vorher. Aber: Motor patscht bei Vollgas. Konnte nur Spritmangel sein. Es wurde also der Benzinweg kontrolliert und der Engpaß am Schwimmerventil gefunden. Um 0,5 mm größer gebohrt, war der Schaden behoben. Motor ging sauber Vollgas, war aber auch nicht schneller geworden. Nächster Schritt: knappere Übersetzung. Dazu wurde das Kettenrad am Hinterrad (35 Zähne) gegen eins mit 30 Zähnen ausgewechselt. Ergebnis: Spitze um 10 km/h höher als vorher, aber Motor zieht im 4. Gang nicht durch.
Und nun begann der Sport mit der Abstimmung, es wurden lange, mittlere und kurze

Siehe auch Bild rechte Seite oben: Es ist genügend Platz da, um die Ansaugrohre auch sehr lang machen zu können, wichtig sind die stark aufgestülpten Trichter, die für einen guten Fördergrad auch bei abgestimmten Rohren sorgen müssen.

Saugrohre probiert, schlanke Trichter, weite Trichter, lange Saugrohre mit schlanken Trichtern, mit weiten und ganz ohne, Luftfilter, Ansaugevorkammern usw. usw. Dann wurden Millimeter für Millimeter die Auspuffrohre gekürzt, wobei peinlich darauf geachtet wurde, daß immer beide Rohre genau gleich lang blieben. Die Dämpfereinsätze wurden geändert, die Verdichtung von 9,25:1 auf 10:1 erhöht, die Zündung früher oder später gestellt und – über alles genau Buch geführt! Das mag manchem Bastler ein mitleidiges Lächeln entlocken, dafür kann ich heute die Maschine in kürzester Zeit mit den serienmäßigen Auspuffschalldämpfern auf eine Höchstgeschwindigkeit von etwa 150 km/h bringen! (Rezept Crius!)

Mit der augenblicklichen Einstellung läuft sie – selbstredend nach der Stoppuhr, der Tachometer läge vermutlich an 165 km/h – 145 km/h, die geht sie aber schon 8500 km im Berliner Stadtverkehr, ohne mit der Leistung nachzulassen. Dazu wurden die Auspuffrohre bis 40 mm vor dem Knick abgeschnitten, so daß die Überwurfmuttern der

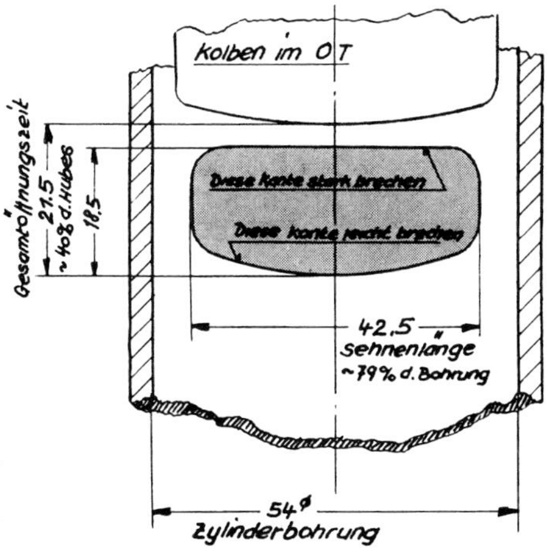

Bild rechts: Zwar werden die meisten Leser das als Kochrezept nehmen und nur die Maße kopieren – aber man sollte sich jeden Zweitaktzylinder erst mal genau aufzeichnen, bevor man daran zu feilen beginnt. Dasselbe gilt auch für die Zeichnung auf der nächsten Seite.

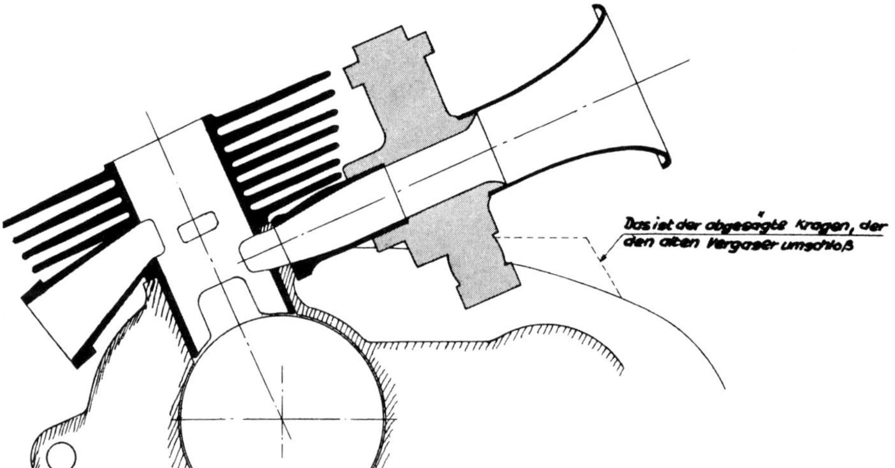

Schnitt durch einen der beiden Zylinder mit dem neuen Ansaugetrakt. Gesamtlänge von Schlitz-Innenkante bis Trichtermündung = 220 mm.

Dämpfer genau im Knick liegen. Die Dämpfereinsätze sind serienmäßig, bis auf den Durchgang von der letzten Kammer ins Freie, der vergrößert wurde. Verdichtung ist 10:1, Kerzen Beru 310, Zündpunkt serienmäßig, d. h. 20° vor OT. Auslaßschlitze serienmäßig, ebenso Überströmschlitze und Kanäle. Ansaugeschlitze siehe oben. Vergaser 28 mm ⌀, Hauptdüsen bei Fahrt mit offenen Trichtern (siehe Zeichnung) 125 (Bing), mit vorgeschalteter Ansaugkiste und Luftfilter 115 (Bing). Leerlaufdüse 35, Nadeldüse 270, Mischkammereinsatz 5, Nadel in Loch 2 von oben. Beste Trichterlänge 85 mm, Durchmesser der Trichtermündung 85 mm. Motordrehzahl bei Höchstgeschwindigkeit (145 km/h) ist etwa 6500 U/min. Selbstredend wird normaler Tankstellensprit gefahren – kein Super! Benzin-Öl-Gemisch 25:1, normales („offenes") Motorenöl SAE 40.

Ein Hinweis für alle Twin-Fans: Im Motorrad wurde mehrfach die „Synchronisation" von Mehrzylindermotoren erwähnt. Das bedeutet ja nichts anderes, als daß (beim Twin) beide Zylinder genau gleiches Gemisch bei jeder Drehzahl erhalten müssen. Geht der eine Zylinder sehr fett, der andere sehr mager, sieht man das an den unterschiedlichen Kerzengesichtern. Im Extrem führt das zum Fressen des mageren Zylinders, bedeutet aber immer Leistungsabfall. Das unterschiedliche Kerzenbild ist ein recht grobes Merkmal der Unsymmetrie, sehr viel genauer bringt man die Synchronisation hin, wenn man sich nach dem Ton (oder Gesang) der Auspuffmündungen oder – falls vorhanden – der Ansaugtrichter richtet. Da kommen nämlich bei unsymmetrischer Abstimmung gemeine Mißklänge zustande. Abhilfe: Auspuffrohre genau gleich machen, ebenso Trichterlängen. Kommen immer noch Mißtöne (der Ton des einen Auspuffs liegt eine Kleinigkeit höher als der des anderen, bei den Ansaugtrichtern ist es ebenso), dann Schalldämpfer auf dem einen Auspuff verschieben, damit das Auspuffrohr kürzer oder länger wird. Es handelt sich bei dieser Schieberei nur um 2 oder 3 Millimeter – wenn die Zylinder sonst völlig gleich sind! Man sollte bei diesen Arbeiten sowieso nur immer kleine Schritte machen, damit man sich nicht von vornherein alle Wege verbaut. Ach so, ja: Die „Töne" hört man natürlich nicht im Leerlauf, dazu setzt man sich am besten auf den Soziussitz und überläßt einem Kameraden den Lenker. Bei Vollgas im Vierten hat man am ehesten die Möglichkeit, verschiedene Tonhöhen der beiden Töpfe festzustellen.

Andere Leute sehen's anders!

Vorhin war schon in einer Bildunterschrift die Rede davon: Jede zugelassene Maschine muß mindestens alle zwei Jahre beim TÜV vorgeführt werden. Die TÜV-Prüfer sind nun zwar Ingenieure, aber durch ihren Dienst zu Routiniers geworden, die nicht mehr mit Verstand denken, sondern gezielt auf alles Nichtnormale reagieren – mit Zurückweisung! Das soll nicht heißen, daß die Prüfer schwachsinnig seien, sie unterliegen nur dem unvermeidlichen psychologischen Effekt der Routinearbeit. Wahrscheinlich ginge es mir auch nicht anders, wenn ich tagtäglich nur mehr oder weniger verkommene Fahrzeuge prüfen müßte. Außerdem: Was den TÜV-Leuten als „nicht normal" unterkommt, sind doch zu 90% nur verwahrloste, auf Angabe zurechtgemachte Krachtüten von Lederwestenheinis. Sich auf eine Diskussion einzulassen ist völlig sinnlos, die Prüfer schalten da einfach auf stur, und man hat unendlichen, monatelangen Verdruß. Also uralter Kommißgrundsatz: Ein Kamm zum Kämmen, einen zum Vorzeigen! Geht auf Motorrad übersetzt so: Wenn man einen neuen großen Tank aufbaut, bewahrt man den alten kleinen auf. Wenn man abgestimmte Ansaugrohre mit einem noch so wirksamen Riesendämpfer anbaut, bewahrt man die alten Ansaugrohre und das alte Popelsfilterlein auf. Kurz – *alles, was abgebaut und durch Besseres ersetzt wurde, wird peinlich aufbewahrt.* Am Tage der Vorführung kommt alles Nichtserienmäßige weg und der alte Serientinnef wieder drauf. Die Maschine darf mit dem alten Kram ruhig wesentlich lauter und schlechter sein als mit den neuen Sachen, macht gar nichts, sie ist aber streng serienmäßig, und der Prüfer kann seine sogenannte Pflicht mit reinem Abhaken im Formular tun, ohne irgend etwas denken zu müssen – das ist wichtig, Dienstgrade müssen ihre Pflicht ohne Nachdenken ausüben können, dann stimmt alles bestens. Da jetzt bestimmt wieder wer beleidigt ist und mir wieder Aufforderung zu einer strafbaren Handlung unterstellen möchte: Ich gehe davon aus, daß die nicht serienmäßigen Teile entweder keiner Zulassung bedürfen oder sogar zugelassen sind. Der durchschnittliche Prüfer weiß aber längst nichts mehr davon. Man könnte ihn also zwingen, die Maschine mit diesen Teilen abzunehmen – mit einigen Monaten Papierkrieg. Den der Privatmann mangels Regelkenntnis gar nicht führen kann. Also vermeidet man das, indem man die Serienteile dranbaut, die der Prüfer in seiner uralten Typenbeschreibung auf jeden Fall drin hat. Wer also dies gelesen hat und dann mit einer DKW auffällt, weil da ein Dellorto dran ist, verdient es nicht besser.

Kleinigkeiten, die zu wissen nicht schaden kann

Auch hier war zu überlegen, ob das noch in dieses Buch herein soll. Noch um 1958 herum hätte man im Zweifel sein können, aber inzwischen hat sich doch gezeigt, daß das auch noch wichtig ist, daß also kaum mehr jemand richtig um diese Dinge Bescheid weiß. Deshalb stehen sie hier drin.

Vom Brennen und Verbrennen

Das Motorrad, das hier ausbrannte, ist ja nun ein hoffnungsloser Fall – da lief nach dem Unfall Benzin aus dem Tank, das fing erst nachher an zu brennen, und dann war es eben aus! Eigentlicher Anlaß zu diesem Artikel ist aber ein Fall vor unserem Hotel in Bad Aussee. Da ist einem armen Jungen die Maschine für mindestens zwei Hundertmarkscheine angekokelt, nur weil der so ein paar Grubenhunde im Kopf hatte. Wär gar nicht nötig gewesen. Nachdem nun auch noch in einem Motor-Drogistenblättchen wieder das uralte Tanksieb ausgegraben wird und selbst der „Bosch-Kurier" sich nicht zu schade ist, den schimmligen Witz vom *nicht* leeren Benzinfaß und dem Streichholz zum zehntausendstenmal aufzuwärmen, schien es doch an der Zeit, mal richtigzustellen, was da über brennendes und knallendes Benzin als garantiert richtig in den Köpfen spukt.

Bei dem Jungen in Aussee war eigentlich nichts weiter los, als daß der Motor beim Antreten zurückspuckte und der Vergaser brannte. Darauf ließ er sie erschreckt umfallen, hüpfte davon und rannte nach einem Feuerlöscher. Weil inzwischen der Sprit oben aus der Tanköffnung lief, lag die Maschine alsbald in einer brennenden Pfütze, die zwar gelöscht wurde, aber Sitzbank, Lackierung und Kabelei waren doch bis zur Unbrauchbarkeit hinüber.

Es kann nun immer mal passieren, daß ein Motor beim Antreten zurückhaut und dabei Benzin zu brennen anfängt, das beim Tupfen übergelaufen ist.

Erster Grubenhund dabei:

Man nennt es zwar „Vergaserbrand", da brennt aber keineswegs der Inhalt der Schwimmerkammer – der kann nämlich wegen Luftmangels gar nicht brennen –, sondern nur zuvor übergelaufenes Sabberbenzin. Manchmal allerdings ist das ziemlich viel, ist schon ziemlich breitgelaufen und gibt deswegen gleich eine Mordsflamme. Davon darf man sich aber nicht bluffen lassen, die Flamme ist zwar groß, aber es steckt nicht viel dahinter. Je größer sie ist, desto schneller fällt sie auch wieder zusammen. Wenn man nicht gerade eine kurze Wichs anhat, daß einem die Flammen gleich auf die blanke Haut schlagen, hat man immer Zeit, die brennende Maschine erst mal aufzubocken, damit sie nicht umfällt. Denn wenn sie umfällt – siehe oben.

Zweiter Grubenhund:

Bei Vergaserbränden soll man losfahren, weil sie dann angeblich von selber ausgehen.

Aber erstens ist das ja kein Vergaserbrand, sondern brennendes Sabberbenzin, und zweitens fahr mal mit einem Motor, der gar nicht ansprang, weil er zurückschlug und dabei zu brennen anfing! Möglicherweise ist es schon vorgekommen, daß jemand mit Flammen um den Vergaser fuhr und dabei die Flammen ausgingen. Dann aber bestimmt nicht des Fahrens wegen, sondern weil das Sabberbenzin eben völlig verbrannt war.

Dritter Grubenhund:

Benzinbrände soll man mit einer Decke oder einer Jacke ersticken.

Tut mir leid, aber das geht nicht. Mindestens nicht bei einem Motorrad-Motor. Dabei verbrennt man sich bloß auch noch die Jacke und muß obendrein warten, bis der Sabber völlig ausgebrannt ist.

Vierter Grubenhund:

Benzinbrände kann man nur mit Erde oder Sand löschen.

Gewiß, ich will das nicht unbedingt bestreiten, dazu tut es aber nicht eine und tun es auch nicht zehn Schaufeln voll Sand, dazu muß man schon mit einem Bagger die ganze Maschine mit Dreck zudecken.

Fünfter Grubenhund:

Wasser macht Benzinbrände noch schlimmer, als sie so schon sind.

Auch das will ich nicht unbedingt bestreiten, sofern es sich dabei um Ölquantitäten von einem halben Kubikmeter aufwärts handelt. Ich verpflichte mich aber, ein Motorrad, das sogar schon in einer brennenden Benzinpfütze liegt, mit *zwei* Eimern Wasser zu löschen. Mit dem ersten Eimer, den man *unter* die Maschine schwenkt, wird das auf dem Boden brennende Benzin fortgeschwemmt, das dann im Abstand – wenn überhaupt – weiterbrennt, und der zweite Eimer wird *über* die Maschine geworfen. Dann ist das Feuer garantiert aus. Sobald man *viel* mehr Wasser als Benzin hat, ist Wasser *immer* das radikalste Löschmittel, vor allem, wenn es sich um Benzinmengen von nur 10 – 20 Litern handelt. Einen Grenzfall habe ich sogar selbst erlebt: Beim Nachtanken eines Außenbordmotors habe ich mal im Seegang Motor und Bootsheck reichlich mit Benzin besabbert, da mögen gut zwei Liter nebenbeigegangen sein, hinten ums Heck war eine viele Meter breite schillernde Ölpfütze, und beim Andrehen brannte dann das Biest auch richtig. Das ganze Hinterdeck brannte lichterloh. Was hätte ich anders tun sollen, als wie ein Irrer mit beiden bloßen Händen Wasser aus dem Bach auf Hinterdeck und Motor schmeißen? So mal hüben und mal drüben. Nun ja, geschmissen hab ich, ging wie's Katzenmachen, aber das Feuer ging auch aus, nur an ganz wenigen Stellen hatte der Lack Blasen gezogen, sonst war gar nichts passiert. (Seither bin ich vorsichtig mit Sabberbenzin und schippe *vorher* Spülwasser, bevor ich andrehe.)

Sechster Grubenhund:

Ein brennendes Motorrad ist furchtbar gefährlich, weil gleich der Tank explodieren wird.

Jetzt tut es mir wirklich leid, daß ich unbedingt widersprechen muß, aber der denkt nicht im Traume daran, zu explodieren. Wie schon gesagt, brennt da erst mal Sabberbenzin, man hat also zunächst Zeit, die Maschine auf den Ständer zu stellen, anzulehnen oder sonstwie vorm Umfallen zu bewahren. Man hat auch garantiert Zeit, den Sprithahn zuzumachen. Selbst wenn man dazu erst den Handschuh anziehen müßte, um durch das Feuer durchfassen zu können. Selbst wenn das Feuer zunächst noch zunimmt, weil aus dem inzwischen vielleicht heiß gewordenen Schwimmergehäuse Vorrat nachsprudelt, braucht man sich nicht aufzuregen und kann nach Wasser oder Feuerlöscher laufen. Erst mal erzeugt so eine offene, flackernde Benzinflamme gar nicht viel Wärme, zweitens dauert es eine ganze Weile, bis der Sprit im Tank so warm ist, daß er nennenswert Dampfdruck liefert. Dieser Dampfdruck pfeift zunächst durch die Belüftung im Tankdeckel, und bevor der Tank reißt, verbiegen sich erst mal die Haltenasen des Tankdeckels. Ich habe das zwar bislang weder selbst erlebt noch verbürgt gehört, daß der abblasende Benzindampf von der Flamme um den Vergaser Feuer gefangen hätte – die war offenbar immer viel zu früh schon von selbst wieder ausgegangen –, aber ich würde mich auch davon nicht verblüffen lassen und da erst mal einen ganz dick zusammengeknüllten patschnassen Hadern draufklatschen. Dennoch dürfte das schon in den Bereich der sehr theoretischen Erwägung gehören, denn wenn jemand versucht – gar noch in einem geschlossenen Raum –, eine Maschine anzutreten, bei der *viel* Benzin übergelaufen ist, das also länger als eine halbe Minute brennen würde, dann gehört es dem nicht besser, als daß er sich dabei die Nase ankokelt.

Das ist überhaupt die Grundregel: Wenn wo mehr als ein Schnapsglas Benzin verschüttet wurde, schiebt man die Maschine ein paar Meter weiter oder macht erst mal Durchzug, bevor man antritt.

Überhaupt keinen Rat wüßte ich mir dagegen, wenn ich einen Tankriß hätte und die Maschine dann zu brennen anfinge. Wahrscheinlich kann man die Maschine nur noch aufbocken – hoffentlich sinkt sie dabei nicht ein – und geduldig hoffen, daß aus dem Riß nicht mehr rausquillt, als außen wegzubrennen vermag. Man hätte dann Aussicht, daß nur der Tank, das Rahmenrohr und die Kabelei verkokelt. Wenn aber doch mehr rausquillt, als wegbrennen kann, dürfte die Sache hoffnungslos sein. Wer weiß etwas anderes oder hat gar etwas anderes schon erlebt?

Damit sind wir eigentlich mitten drin in den wilden Sagen von explodierten Tanks – ist alles Mumpitz. Wenn irgendwo ein Fahrzeug brennt und Verunglückte Hilfe brauchen, dann nischt wie ran, da kann wirklich nichts weiter passieren, als daß man sich selber den Hintern ein bißchen ansengt. Bei der möglichen Rettung eines anderen muß das aber drin sein. Ist die Flamme schon sehr groß, dann weiß man sicher, daß der Haupttank schon gerissen ist und daß das brennende Zeug bestenfalls *langsam* weiterläuft. Ist dagegen die Flamme noch klein und deutet vor allem kein Flammenwerferstrahl darauf hin, daß schon der kochende Tankinhalt aus dem Einfüllstutzen schießt – was noch ziemlich gefahrlos wäre –, ist es schon ein bißchen haariger: Da kann es natürlich sein, daß der Tank reißt oder der Tankdeckel abfliegt und man den ganzen brennenden Sabber auf den Balg kriegt – da hat man dann böses Pech gehabt. Nach etlichem Umgang mit Feuer in Krieg und Bombenkrieg bin ich aber zu der Meinung gekommen, daß selbst rumspritzendes schlichtes Feuer doch nicht ganz so gemein sei wie ein Blechfetzen, der einem in den Balg geschossen wird. *Den* gibt es bei brennenden Fahrzeugen aber garantiert nicht, denn explodieren kann da wirklich nichts mehr, wenn es erst mal brennt.

Wann kann Benzin überhaupt explodieren?

Flüssiges Benzin kann schon mal gar nicht explodieren, sondern nur Benzindampf. Der allerdings ist allgegenwärtig, wo flüssiges Benzin ist. Dafür hat aber auch Benzindampf die angenehme Eigenschaft, nur dann mit richtigem Bumsknall zu verbrennen, wenn ein ganz enges Mischungsverhältnis mit Luft eingehalten wird. Es dürfen nämlich nur 6 – 15 Gewichtsteile Benzindampf in 100 Gewichtsteilen Benzin-Luft-Gemisch enthalten sein. Ist es weniger als 6, dann passiert gar nichts, ist es mehr als 15, dann wandert eine träge Flamme mit Blubbern oder Pfeifen durch den Raum oder den Tank, und danach findet dann garantiert nichts mehr statt, denn von jetzt an ist nur noch sauerstofffreies, inertes Gas in dem Raum. Nur zwischen 6 und 15 Gewichtsprozenten knallt's eben, weder drüber noch drunter.

Damit ist auch der Russenwitz erledigt: Wäre nämlich Benzin in dem Faß gewesen, in das der Mann mit dem Streichholz reinleuchtete, dann hätte das im Höchstfalle leise blupp gesagt, es wäre auch ein warmer – nicht heißer! – PFFFFF aus dem Spundloch geweht, aber bestimmt nicht mehr. Wäre das Faß aber „leer“ gewesen, dann allerdings hätte es dem Muschik gut und gern um die Ohren fliegen können. Denn dann wäre etliche Aussicht gewesen, daß da gerade noch eine knallfähige Mischung vorhanden war. Wollen mal

Kurz und prägnant

„Mit einem Streichholz“, so war kürzlich in einer Moskauer Zeitung zu lesen, „wollte Genosse P. L. im Benzintank seines neuen Autos nach dem Spritvorrat sehen. Die Beerdigung des Genossen P. L. findet morgen um 15 Uhr statt.“ (Aus „Bosch-Kurier“)

Werkzeitschriften werden von Berufswerbern oder Berufsjournalisten gemacht, deren naturwissenschaftliches Fundament naturgemäß sehr schmal ist. Die merken es deshalb nicht, wenn so uralte Gammelwitze mal wieder aufgewärmt werden. Dem hier bin ich zuerst 1923 begegnet, möchte aber bezweifeln, ob er damals noch neu war – wahrscheinlich war er auch bloß für mich neu.

nachrechnen, wie so etwas bei einem „leeren“ Faß aussieht, das gemeinhin 200 Liter Inhalt aufweist: 200 Liter Luft wiegen 258 Gramm, man braucht also für knallfähige Mischung mindestens 15,5 Gramm bzw. 19 ccm und ja nicht mehr als 39 Gramm bzw. 50 ccm Benzin. Das sind Mengen zwischen einem weiblichen und einem männlichen Steinhägerquantum, davon wird das Faß innen noch nicht mal rundum naß.

Damit wird klar, warum nicht volle, sondern gerade „*leere*“ Kanister und Tanks doch ziemlich bösartig werden können. Will man einen gerissenen Tank schweißen oder mit der Flamme weichlöten (manchmal hält eine Weichlötung mit Kupferlasche definitiv, während eine Schweißung immer wieder reißt!), dann reicht es nicht, den Tank zu entleeren, bis keinerlei Tropfen mehr drin sind. Es hilft auch keineswegs, den Tank mit Wasser zu füllen in der Erwägung, daß das Wasser vorhandene Reste von Kraftstoff aufschwimmen läßt, vor sich hertreibt und ausfließen läßt, denn da sind immer Flansche, Überstände und derlei, hinter denen Kraftstoff tropfenweise hängenbleibt und *nicht* abschwimmt. (Einfaches Ausspülen hätte natürlich erst recht keinen Sinn.) Garantiert frei von Spritresten kriegt man einen Tank nur mit dem Staubsauger, den man auf Blasen gestellt hat. Schlauch möglichst tief in den Tank hinein, und dann wenigstens eine Viertelstunde blasen lassen. Staubsauger ist auch zuverlässiger als Preßluft – die macht zwar gewaltig Krach und sieht imposant aus, ist aber der Menge nach bestenfalls ein Zehntel so viel wie beim Staubsauger. Hier kommt es eben auf die vielen Liter an, nicht auf den Druck. (Ja nicht vergessen: Staubsaugerschlauch vorher im Freien gründlich leerblasen! Da ist Dreck in rauhen Mengen drin!)

Wenn man aber keinen Staubsauger hat und Wasserspülung zu unsicher erscheint, dann nimmt man eben das, was man hat, nämlich Benzin! Zunächst mal einen Viertel- bis halben Liter in den Tank – so wenig, weil aus dem zum Schweißen zurechtgelegten Tank der halbe Liter wahrscheinlich nicht aus dem Einfüllstutzen laufen kann. Der Tankdeckel wird mit Klebeband gedichtet, wenn man gar nichts anderes hat, auch mit einem Kragen aus Abschmierfett, damit durch die Belüftungsöffnungen keine Luft *rein* kann. Dann wird der Sprit mächtig umgeschüttelt, damit das Tankinnere mit Benzindunst übersättigt ist, und jetzt streicht man auf dem zurechtgelegten Tank mit der Schweißflamme erst mal über den Riß – da wird eine fette, überaus träge Benzinflamme kokeln, von der alsbald die Schweißraupe nichts mehr übrigläßt. Nur bei sehr langen Rissen wird der Tank so warm, daß sich ein gewisser Überdruck von Benzingas im Tank bilden kann. Der drückt dann erst mal durch das Klebeband oder den Fettkragen. Wenn man in der Werkstatt aber vorher Durchzug macht, dürfte da kaum etwas passieren können, schließlich ist ein handelsüblicher Tankriß auch längst zu, bevor auch nur der Lack in mehr als 10 cm Entfernung von der Schweißraupe hochgeht.

Das berühmte Tanksieb

Das war bis 1937 ganz strenge Vorschrift – ein ziemlich feinmaschiger Siebkorb, der in der Tanköffnung zu stecken hatte. So, wie heute Papiere kontrolliert werden und „blenden Sie mal ab“ probiert wird, ließ sich damals jeder Polizist den Tankdeckel öffnen, und wenn *kein* Sieb drin war, dann war man ein obstinater Gesetzesbrecher und bekam einen Strafzettel über fünf Mark zuzüglich einsachtzig Gebühren. Denn es war aufs höchste explosionsgefährlich, *kein* Sieb drin zu haben, und es gab keinen Ministerialdirektor, keinen Amtsrichter und keinen Staatsanwalt, dem es eingefallen wäre, an der Wirksamkeit des Tanksiebes zu zweifeln. Wer keins hatte, galt als ebenso strafwürdig verantwortungslos wie einer, der rohes Nitroglyzerin in einem – vielleicht sogar noch runden statt sechseckigen – Medizinfläschchen mit Korkstopfen in der Hosentasche trug. Denn es war wissenschaftlich verbürgt, daß ein Drahtnetz – bei Grubenlampen ausgenützt – imstande war, das

Der Motor-Tip (verantwortlicher Redakteur Wolfgang G. Kölbach), schreibt:

Nicht das Sieb entfernen

Im Einfüllstutzen des Benzintanks befindet sich ein Sieb, das vor Bränden schützt. Leider kann man immer wieder sehen, daß beim Tanken trotz aller Verbote geraucht und das Sieb herausgenommen wird. Das ist bei der Feuergefährlichkeit von Benzin fahrlässig und leichtsinnig. Bleibt aber das Tanksieb an seinem Platz, so kann nichts passieren, weil es, ähnlich wie die Grubenlampen der Bergleute, verhindert, daß die Flamme durchschlägt.

Es kommen immer wieder Leute auf die Idee, für irgend etwas mit kostenlosen „Zeitschriften" werben zu wollen, man kriegt sie beim Drogisten, beim Grünkrämer und beim Friseur. Auch bei Tankstellen. Und weil auch das von Berufsjournalisten gemacht wird, steht dann solche Weisheit drin. Das hier war 1958 – vielleicht ist das Papierl inzwischen eingegangen.

Fortschreiten einer Flamme in explosionsträchtiger Atmosphäre zu verhindern. Aber in einen Tank, in dem auch nur noch so viel Kraftstoff drin ist, daß gerade eben die Wände naß aussehen, schlägt schon keine Flamme mehr hinein, und wenn in diesem Tank mehr oder gar viel Kraftstoff drin ist, kann der oben herausbrennen, ob da nun ein Sieb drin ist oder nicht. Deswegen hat man seit 1937 keine Tanksiebe mehr.

Auch andere Säfte können knallen

Hinsichtlich Knallerei ist Benzin ziemlich harmlos, weil die Zündgrenzen für explosive Verbrennung sehr eng sind. Etwas weiter sind die Grenzen für Benzol, und zwar das reine C_6H_6 aus dem Schulbuch. Bei Benzin reichen die Grenzen von 1,4 bis 7 Raumteilen Dampf in Luft, bei Benzol von 0,8 bis 8,6 Raumteilen.

Ausgesprochen böse ist aber Äther, der knallt von 1,2 bis zu 51 Raumteilen! Deswegen nimmt man ihn ja auch als Anlaßhilfe, ein Ersäufen des Motors durch versehentlich zu reichliche Anwendung ist da kaum möglich. Methanol zündet von 5,5 bis 36,5, ein Bereich, der einem bei Rekordmaschinen in den Schoß fällt – die würden mit Benzin noch schwerer anspringen als mit Alkohol. Daß Azetylen von 1,5 bis zu 80 Raumteilen bitterbös knallt, lernt man, glaube ich, heutzutage in der Berufsschule, daß aber Leuchtgas noch zwischen 6,5 und 54 Raumteilen knallt, wissen die wenigsten Leute – das macht Leuchtgas-Selbstmorde für die Unbeteiligten so gefährlich. Erstaunlich enge Zündgrenzen hat Propangas, zwischen 1,9 und 9,5 Raumteilen. Wenn die Leute dennoch ihre Wohnwagen und Wochenendhäuser mit Propankochern in die Luft jagen, dann liegt das wahrscheinlich an der Geruchlosigkeit, man merkt Undichtigkeiten nicht so leicht wie bei Leuchtgas. (Meines Wissens bleibt das absichtlich ungereinigt oder wird sogar künstlich mit Gestank angereichert, damit man es wenigstens riecht.)

Im übrigen ist bei weitem nicht jeder Knall ein wirklicher Knall, denn genau wie in einem Motorzylinder zuweilen die Verbrennung „kraftlos" abläuft, weil das Gemisch an der oberen oder unteren Zündgrenze liegt, läuft sie glücklicherweise auch in Tanks und in Werkstatträumen in den weitaus meisten Fällen sehr faul genau an der Zündgrenze ab. Dabei fliegen dann zwar die Fenster raus, es ist aber sehr selten, daß mehr passiert und etwa einer der beteiligten Leute umgehauen wird. Fälle wie das völlig „pulverisierte" Frankfurter Mietshaus sind überaus selten. Umgekehrt habe ich einen seltenen Grenzfall nach der milden Seite selbst erlebt: Da brannte in einem Laboratorium an einem Ende eines nicht ganz fünf Meter langen Arbeitstisches vergessen ein kleingestellter Bunsenbrenner, am anderen Ende stand neben einer zwei Liter haltenden, geschlossenen Ätherflasche ein halbvolles Becherglas mit Äther. Friedlich. Schon lange. Ich saß ein Stück davon ab und brütete über irgendeiner verzwickten Sache, als ich eine ungefähr halbmeterhohe blaue Flamme sichtbar langsam vom Brenner längelang über den Tisch zum Becherglas wandern sah, das danach friedlich mit blauer Flamme weiterbrannte. Ich brauchte vermutlich mehrere Sekunden, bis ich den Mund wieder zubrachte.

Auch „explodierte" Tanks und Fässer sind meist nicht ganz das, was man sich darunter vorstellt. Die sind zwar aufgerissen, aus einem Faß fliegt auch mal der Boden raus, und wer so einen Fetzen direkt auf die Knochen kriegt, bleibt natürlich liegen, aber dazu muß man schon genau in der schmalen Schußlinie gestanden haben – Handgranaten sind ganz bedeutend häßlicher. Im Grunde genommen ist angesichts der meist faulen Verbrennung die vorhandene Energie nicht sehr hoch, zumal nichts nachschiebt. Dampfkessel oder Flüssiggasgefäße können da enorm viel häßlicher sein, und seit ich beim Barras mal erlebt habe, wie eine ganze Werkstatt samt drei Wagen und Besatzung zu einem Häufchen Schlacke buchstäblich verglühten, weil eine Sauerstoffflasche vermutlich umgefallen und hochgegangen war, graule ich mich vor nichts so wie vor Sauerstoff. Und weil wir schon bei den erstaunlichen Dingen sind: Die Fett-Klübers, die da die erstaunlichen Drahtzug- und Nabenfette machen, haben jetzt ein sauerstoffsicheres Schmiermittel für Sauerstoff-Armaturen!

Wenn man selber die Finger verbrannt hat

Da gibt's auch Grubenhunde auszuräumen, medizinische obendrein. Man weiß doch, daß man vor 1941 Leute, die sich Erfrierungen geholt hatten, durch Abreiben mit Schnee definitiv beschädigte oder gar vollends vom Leben zum Tode brachte, nur weil eben seit Generationen von Lehrbuch zu Lehrbuch der Grubenhund mitgeschleppt wurde, man müsse mit Schnee abreiben. Inzwischen macht man es mit warmen Bädern, und die Leute bleiben am Leben. Ganz ähnlich ist das mit Verbrennungen – da rennt jeder gleich nach Öl und Salbe und Puder und Brandbinden, und dann wird so ein armer Hund eingewickelt, schön warm, auf daß er vor gemeinem Schmerz vollends ganz tobsüchtig werde. Verbrennungen tun ja so gemein weh. Durch Zufall kam ich schon in meiner Schlosserpraxis dahinter, daß weder Öl noch Schmiere noch Puder nützen, sondern *Kühlung*, sonst nichts. Wenn also Öl, dann *viel* und *kaltes* Öl, hinein mit der Pfote, oder über die Verbrennung laufen lassen, immer neu in geschlossenem Strom, es kommt wirklich nur auf die Flüssigkeitskühlung an. Ob Mineralöl oder Salatöl, völlig wurscht, nur kalt muß es sein, muß immer wieder gekühlt werden, wenn eine Portion warm geworden ist. Vor allem ist dann schon in der ersten Minute Kühlung der Schmerz weg, und wenn man vier bis fünf Stunden ununterbrochen kühlen konnte, kommt der Schmerz auch nicht wieder!

Das ist ausprobiert, sogar bei Verbrennungen, bei denen – glühender Nietenkopf! – die Haut wie eine angebrannte Bratenkruste brüchig schwarz brannte.

Die Grenze für Öl: Etwa vom Dieseltreibstoff abwärts in Richtung Benzin, diese leichten Mineralöle gehen ihrerseits auf die Haut los und würden die Sache verschlimmern. Auch die modernen, hoch legierten Schmieröle und Schneidöle gehen nicht, sind für manche Leute sogar auf der gesunden Haut mit deutlicher Giftwirkung behaftet. Also weder Dieselkraftstoff noch HD-Öl, das gute alte Zweimarköl ist auch hier wieder mal am verläßlichsten.

Langzeitig tiefgekühlte Verbrennungen geben auch nicht diese wüsten, kissendicken Blasen wie unter Brandbinden – nur muß man eben wenigstens vier bis fünf Stunden bzw. bis zur Schmerzfreiheit kühlen. Nach solcher Erfahrung kam es mir bald auch nicht mehr darauf an, über eine Verbrennung einfach kaltes Wasser laufen zu lassen – tut genau denselben Dienst, seitdem setze ich mich mit verbrannter Hand eben vor das Waschbecken und lasse Wasser drüberlaufen, unentwegt, die Helfer brauchen mir dann nur noch genügend viel Zeitungen und Zigarren zu holen.

Wenn man natürlich statt Wasser eine physiologische Kochsalzlösung hätte, wäre das noch schöner. Unser Hausmediziner meint: Solange die erste Zigarre dauert, kann man sich einen Riesenpott Kamillentee kochen und abkühlen lassen, mit dem wird dann weiter gekühlt, ist besser als reines Wasser.

Ich bin überzeugt, daß man mit dieser Gewaltkühlung – und wenn mit Wasser – so manchen armen Teufel noch retten könnte, der jetzt im Bett warm zugedeckt streng nach Lehrbuch umkommt. Alles, was kalt macht, scheint wirksam zu sein, wahrscheinlich würde schon Kühlung mit der Werkstattpreßluft oder Verdunstungskälte aus der Kohlensäureflasche oder Äthersprühen aus dem Parfümzerstäuber genauso hinhauen – ausprobiert habe ich es noch nicht, weil ich mir immer mit Öl oder Wasser helfen konnte.

Nur zwei Bedingungen gibt es:

1. Sofort und sehr energisch kühlen und 2. mindestens vier Stunden ununterbrochen kühlen. Man darf sich nicht zum Aufhören verleiten lassen, auch wenn es nach einer Stunde Kühlung scheinbar nicht mehr weh tut. Das wär's – ich verlange nicht, daß alles geglaubt wird, dafür ist aber alles selber ausprobiert. Feuer ist nicht ganz so schlimm, wie es aussieht, man muß eben wissen, wie man damit umgeht.

Bis hierher war das 1958 schon geschrieben und galt damals in der Schulmedizin als ganz dumme Ketzerei, als Scharlatanerie. So um 1961 herum tauchte aber plötzlich ein Amerikaner auf, der Verbrennungen bis einschließlich Verkokelung auch mit Wasser und Eis behandelte, auch praktisch schmerzfrei. Weil das aber ein Amerikaner war, wurde er mit Ehrfurcht behandelt und seitdem wird in einigen deutschen Uni-Kliniken – es gibt natürlich auch konservative Kliniken, wo man die Leute in wissenschaftlich gesicherter Weise vor Schmerzen draufgehen läßt – die Kältemethode angewendet. Mit denkbarem Erfolg. Außerdem gibt es inzwischen noch etwas:

In sehr guten Sportgeschäften mit Camping-Ausrüstung bekommt man die Coleman-Eisbeutel zu kaufen, so etwa 10 x 15 cm große Kunststoffkissen, gefüllt mit angedicktem Wasser. Werden im Kühlschrank zu Eis gefroren und dienen dann in transportablen Isolierkisten als trockener Eisvorrat. Sind ausgezeichnete Kompressen auf selbst großen Verbrennungen, sie gefrieren zwar langsam, tauen aber auch langsam und erkälten die Verbrennung nicht. Ich selbst habe mir bei einer Verpackungsfirma, die alle möglichen Pulver und Pasten auf Automaten in Folienbeutel packt, einige Dutzend durchsichtige Folienbeutel von etwa 8 x 12 cm Größe zu 4/5 mit Wasser füllen und rundum dicht verschweißen lassen. Davon liegen ständig einige gefroren im Kühlschrank. Damit kann man eine Bowle „von innen" energisch kühlen, ohne sie zu verdünnen, damit kann man auch Verbrennungen kurieren – alles hübsch trocken und sehr wirksam.

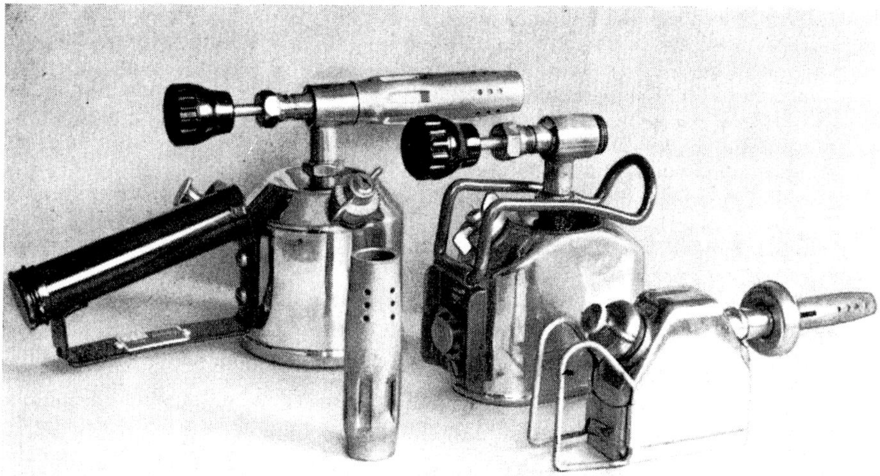

Weichlöten - aber richtig

Das Weichlöten gilt in der gesamten Kraftfahrzeugtechnik als eine inferiore, im Grunde genommen gar nicht handwerksgerechte Tätigkeit. Wenn deshalb ein zunftgerechter Kraftfahrzeughandwerker einmal weichlöten muß, ist das Arbeitsergebnis auch danach, und wenn man sich gar nach mehreren solchen Arbeitsergebnissen richtet, dann wundert es einen wiederum nicht mehr, daß die ganze Weichlöterei sich in der Kraftfahrzeugtechnik eines so schlechten Rufes erfreut. Damit ist auch schon alles gesagt: Man braucht eigentlich nur richtig löten zu können, damit das Ergebnis etwas taugt, und unter dieser Voraussetzung kann man mit Weichlötung doch eine ganze Menge schaffen, öfter sogar mehr, als es mit dem für handwerksgerechter gehaltenen Schweißen zu schaffen wäre. Ich nehme es niemandem übel, wenn er glaubt, ich hätte mit diesem letzten Satz den Mund doch ein bißchen voll genommen – ich gebe aber gerne zu, daß ich selber erst dadurch richtig löten gelernt habe, daß die Schweißkünste anderer Leute versagten. Man wird sich wohl noch daran erinnern, daß so im 28er und 29er Jahr die Widerlager der Lenkungsdämpfer kurzerhand auf der Tankoberseite befestigt wurden. Dadurch wurde natürlich am Tank mächtig gerüttelt, und es war unausweichlich, daß jeder solcher Tank an der Unterseite, wo er am Rahmenrohr befestigt war, zu reißen anfing, sei es, daß die in den Tank eingenieteten bzw. eingeschweißten Pilze ausrissen oder daß der Tank entlang der Tunnelnaht auf mehrere Zentimeter Länge aufriß. Wir hatten damals alle eine beträchtliche Übung im Tankabnehmen und im Tankschweißen, nur hielt so etwas selten mehr als 1000 km, bis die Undichtigkeit wieder da war. Aber selbst wenn man dieses Widerlager für den Lenkungsdämpfer anderswo hinlegte, daß der Tank förderhin entlastet blieb, ging die Reißerei lustig weiter, wenn auch in größeren Abständen – das Tankmaterial war einfach spröde geworden und riß jetzt aus weit kleineren Anlässen. Dabei habe ich gelernt, wie man große Flächen Stahlblech gründlich saubermacht, dick verzinnt, wie man große Kupferblechplatten und breite Kupferblechstreifen verzinnt

und in der Verzinnung der Tankbleche einbettet, so daß das weiche Kupferblech die vorhandenen Spannungen aufnimmt. Damit ist es gelungen, auch die zähesten Tankrisse doch endgültig dicht zu bekommen, und so mancher Tank hat danach noch 50 000 bis 80 000 km ohne weiteren Riß überlebt, bis er dann im Krieg den Weg alles Irdischen ging.
Weichlöten ist also eine durchaus brauchbare Handwerkskunst, man muß es nur erst einmal können.
Es ist immer gut, wenn man zuerst einmal genau festlegt, was unter einem bestimmten Wort verstanden werden soll. Deshalb die etwas schulmeisterlich klingende Begriffsbestimmung:
Wenn man zwei Teile aus gleichem Material miteinander verbinden will, dann kann man sie schweißen. Man kann beispielsweise zwei Blechkanten nach Bild 1 so zusammenstoßen, daß man sie vorher ein bißchen aufbördelt und dann mit der Schweißflamme den Bördel herunterschmilzt, bis das Ganze aussieht wie Bild 2. Dieses Schweißen ist also ein Verschmelzen, das Material wird über seinem Schmelzpunkt erhitzt, bis es „läuft", und die Kunst des Schweißers besteht darin, das angeschmolzene Material weder teigig zu lassen, so daß es nur unvollkommen und mit allerhand Einschlüssen zusammenläuft, noch es so sehr zu erhitzen, daß es in größerer Ausdehnung zu schmelzen beginnt und ein Loch hineinbricht. Es ist auch nicht nötig, daß man lediglich vorhandenes Material zerschmilzt, zumal ja bei verhältnismäßig dickem Material die Herstellung eines solchen Bördels gar nicht möglich ist. Man geht dann nach Bild 3 umgekehrt vor, indem man die Blechkanten sogar anschrägt, damit ein möglichst tiefer Graben entsteht. Dieser Graben wird dann in der Schmelzflamme mit Zusatzmaterial angefüllt, wobei es wieder darauf ankommt, nicht nur das Zusatzmaterial zu schmelzen und in den Graben hineinlaufen zu lassen, sondern die Grabenwände soweit mit anzuschmelzen, daß deren Material mit dem Zusatzmaterial gut flüssig zusammenläuft. Eben diesen Vorgang, bei dem der vorhandene Werkstoff angeschmolzen und gleichartiger Zusatzwerkstoff noch hineingeschmolzen wird, bezeichnet man als Schweißen. Da so gut wie immer Stahlteile zusammengeschweißt werden müssen, sind Temperaturen von 1450–1550^0 erforderlich, zu deren Herstellung es eines Schweißbrenners bedarf, den man nicht nur haben, mit dem man auch umgehen können muß. Damit ist das Verfahren gewöhnlich auch schon weit außerhalb der Bastelmöglichkeit gerückt.
Das Löten nun geht grundsätzlich anders vor sich, da bleiben nämlich die miteinander zu verbindenden Teile wärmemäßig fast unangetastet, also weit unterhalb ihrer Schmelz-

Einfachste Art einer Blechschweißung.

Die Schweiße stammt aus dem Blech selbst.

Dicke Bleche werden angeschrägt und der Graben mit Zusatzmaterial ausgefüllt.

Beim Löten bleibt das Blech unangetastet, das Lot läuft dazwischen.

Man kann auf den Stoß auch eine Lasche auflöten, ist manchmal bequemer.

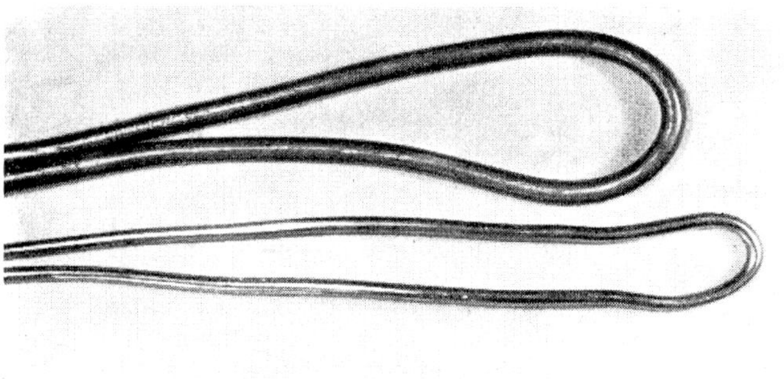

Vorsicht bei solchem „Röhrchenzinn", enthält (im Eisenladen gekauft) fast durchweg saures Flußmittel. Reines Kolophoniumzinn kriegt man nur im Radioladen oder bei Telefonern – und dann muß es dick draufstehen!

punkte. Zur Verbindung dient ein besonderes Metall, dessen Schmelzpunkt mehr oder weniger weit unterhalb dem der zu verbindenden Teile läuft und ähnlich wie Leim deren Verbindung herstellt. Beim Löten werden also nicht die zu verbindenden Teile angeschmolzen, lediglich das Lot wird geschmolzen, das die glückliche Eigenschaft besitzt, nicht nur den Zwischenraum zwischen den zu verbindenden Teilen auszufüllen, sondern sich auch noch mit deren Oberflächen mehr oder weniger intensiv zu verbinden, diese also oberflächlich anzulegieren. Man verlangt also von einem Lot, daß es weit früher schmilzt als die zu verlötenden Materialien, daß es sich mit deren Oberflächen möglichst homogen verbindet und daß es endlich seinerseits eine Festigkeit habe, die derjenigen der zu verbindenden Werkstoffe nicht allzusehr nachsteht.

Die Lote

Die Zahl der Metalle, die als Lote in Frage kommen, ist nicht einmal gering, obgleich die Forderung, daß das Lot sich mit den zu verlötenden Materialien gut verbinden, sich sozusagen in sie hineinfressen müsse, doch ziemliche Schwierigkeiten bereitet. Im allgemeinen benutzt man deshalb als Lote auch keine reinen Metalle, sondern Legierungen, von denen zunächst einmal das Woodmetall zu nennen wäre. Es besteht aus 50% Wismut, 25% Blei, Rest zu gleichen Teilen Zinn und Kadmium. Der Schmelzpunkt ist 60°, man benützt das Zeug also praktisch nur in der Elektrotechnik als Lot, wo es darauf ankommt, durch die nötige Lötwärme irgendwelche empfindlichen Umgebungsteile nicht zu stören. Man kann sich ausrechnen, wie selten das der Fall ist, und in der Tat hat Woodmetall auch die größte Bedeutung für Scherzartikel, etwa die berühmten, beim Umrühren schmelzenden Teelöffel.
Weit mehr Bedeutung hat das eigentliche Lötzinn, das es in verschiedenen Legierungen zu kaufen gibt. Heute schon nicht mehr sehr geläufig ist eine Legierung, die aus 60% Zinn, 37% Blei und zum Rest aus Antimon besteht. Diese Legierung schmilzt bei 185° und ist wegen des hohen Zinngehaltes nicht gerade billig, wird aber wegen des niedrigen Schmelzpunktes insbesondere in der Elektrotechnik ausgedehnt verwendet. Dort braucht man ja nicht viel, es sind immer nur kleinste Tröpfchen, aber gerade der niedere Schmelzpunkt ist wichtig, damit die benachbarten Isolationsteile nicht angeschmurgelt werden. Außerdem hat diese Legierung noch die Eigenschaft, sehr dünnflüssig zu werden und gut zu „laufen". Wenn wir also etwas zu löten haben, wo es darauf ankommt, daß das Zinn tief in eine Muffe hinein, in einen langen Nippel hinein oder unter einem ausgedehnten Blech gut läuft, lohnt es sich schon, die paar Pfennige mehr für ein solches hochprozentiges Lötzinn auszugeben.
In den Gewerben, die viel Lötzinn verbrauchen, also etwa Bauklempner und derlei, gilt dieses hochprozentige Material natürlich als Luxus, man benützt da allenfalls eine Legie-

rung aus 40% Zinn, 58% Blei, Rest Antimon, deren Schmelzpunkt bei 225° liegt. Diese Schmelztemperatur ist an sich kein Problem, sie ist ohne weiteres auch mit einfachen Mitteln herzustellen, vor allem dann, wenn nicht auf die unmittelbare Nachbarschaft von wärmeempfindlichen Dingen Rücksicht genommen werden muß, die nicht anschmurgeln dürfen. Diese Legierung fließt schon *merklich* weniger leicht als die vorhin genannte hochprozentige Legierung, man muß also ein bißchen länger die Flamme dranhalten, darf auch mit Flußmitteln nicht ganz so sparsam sein, wenn man es aber weiß, lassen sich auch damit schwer zugängliche Stellen gut fließend durchlöten. Hier beginnt aber auch schon eine weitere angenehme Eigenschaft: Dieses etwas strenger fließende Material läßt sich kurz vor dem Erstarren schön verschmieren, man braucht auf der Lötstelle nicht wüste Batzen sitzen zu lassen und kann überschüssiges Material mit einem Lappen oder mit einem Holzspan richtig modellierend verstreichen, so daß man hinterher kaum etwas nachzuputzen braucht.
Wenn man also im Eisenladen „Stangenzinn" kauft, dann wird ein tüchtiger Verkäufer fragen: „Mit wieviel Prozent Zinn?" Und wenn ein weniger tüchtiger Verkäufer nicht selber fragt, muß er eben darauf aufmerksam gemacht werden, wenn man 60%iges Material haben will.
Außer der 40%igen Legierung gibt es aber auch eine noch ärmere Legierung, die nur 15 – 20% Zinn enthält und vielfach als „Schmierblei" bezeichnet wird. Dieses Schmierblei ist bereits kein Lötmaterial mehr, sondern ein ausgesprochenes Modelliermaterial für Karosseriefritzen. Bei der Neufertigung von Automobilkarosserien hat es eine gewaltige Bedeutung, ohne dieses freundliche Schmierblei wäre die heutige Karosserietechnik überhaupt nicht denkbar, nur damit lassen sich nämlich die Übergänge an Fensterpfosten und derlei sauber herausarbeiten. Für uns hat solches Schmierblei auch eine Bedeutung, wenn nämlich mehr oder weniger sauber zurechtgeklopfte Dellen im Blech wieder unsichtbar egalisiert werden sollen. Man könnte so etwas zwar mit Lackspachtel machen, da aber jeder Spachtelauftrag nur dünn sein kann und mindestens einen Tag durchtrocknen muß, ist das außerordentlich zeitraubend, mit Schmierblei geht das viel schneller: Da wird die betreffende roh zurechtgeklopfte und mit Schlagnarben übersäte Stelle mit Schaber und Drahtbürste tadellos blank gemacht, danach bringt man mit einer Lötlampe Schmierblei auf, nicht zu knapp, und dieses Schmierblei wird dann mit der Lötlampe eben gerade dickflüssig erhalten und mit einem Holzspachtel sauber verstrichen. Selbst wenn man die Technik des Bleischmierens erst lernen muß, lassen sich damit in einer Arbeitsstunde Schäden unsichtbar ausbessern, zu deren Ausbesserung mit Spachtel Tage und Wochen nötig gewesen wären. Der Schmelzpunkt von Schmierblei liegt bei ungefähr 250°, in diesem Falle erwünscht, weil sich auf diese Weise immer nur so wenig anschmelzen läßt, wie man gerade verstreichen kann, größere Mengen laufen einem nicht unversehens weg. Dieses Schmierblei gibt es gemeinhin nicht im Eisenladen, man muß dazu schon einer Karosseriewerkstatt gute Worte geben. (Dazu gehört meist nicht viel, denn die reißen sich ja nicht darum, Reparaturen an Motorradkotflügeln und an Seitenwagen machen zu dürfen. Die haben anderwärts genug zu tun und lassen einem schon einmal zwei oder drei Stangen Schmierblei ab.)
Alle die bis jetzt genannten Lote sind hinsichtlich Schmelzpunkt und Wärmebedarf so anspruchslos, daß man mit Lötkolben und Lötlampe ohne weiteres hinkommt, auch wenn es sich um sehr ausgedehnte Lötstellen handelt. Des technischen Interesses halber sei hier nun auch noch das Kadmiumlot erwähnt, das aus 17,5% Kadmium, 82% Blei und 0,5% Zinn besteht und das bei 250° schmilzt. Es wird in der Hauptsache zum Löten von Zink gebraucht, mit dem es sich besser verbindet als ein Zinnlot, nur hat es eben für uns keine besondere Bedeutung. Ebenso können die zahlreichen Aluminiumlote übergangen werden, Aluminium zu löten ist für uns uninteressant, weil die dazu nötigen Einrichtungen mit Bastelmitteln ohnedies nicht darzustellen sind. Ebenso nur am Rande interessant ist Silberlot, das bei 780° schmilzt und damit ebenfalls die Temperaturgrenzen weit überschreitet, die dem Bastler

gesetzt sind. Hier beim Silberlot beginnt aber auch der Lötkomplex, der mit „Hartlöten" bezeichnet wird, weil die dazu verwendeten Lote eine weit größere Festigkeit haben als die bis jetzt geschilderten Weichlote. Zum Hartlöten selbst gibt es besondere, ähnlich wie Messing zusammengesetzte Lote, wenn man nicht überhaupt Kupferdraht oder Kupferabfälle als Lot verwenden will, es kommen dabei aber immerhin Temperaturen von 1050 und 1100° in Frage.

Hartlötungen haben in allen den Fällen eine Bedeutung, wo man das Schweißen nicht etwa mangels der nötigen Handfertigkeit zu fürchten braucht, sondern wo das Schweißen werkstoffmäßig zu gefährlich wäre. So würde ich zum Beispiel als Bastler bei Arbeiten an einem Rahmen, etwa beim Umbau auf Schwinge, Schweißstellen umgehen, wo ich nur könnte, auch wenn ich einen erstklassigen Schweißer zur Verfügung hätte. Ich würde mir Muffen und Schellen so konstruieren, daß ich mit einer Hartlötung auskäme. Die dazu nötigen 1100° entsprechen einer nicht einmal sehr hellen Rotglut und verändern das Gefüge der zu lötenden Stahlteile überhaupt nicht. Schweißtemperaturen dagegen liegen alle über 1450° und greifen in jedem Fall das Gefüge der verschweißten Teile an, so daß die Schweißstelle unumgänglich mehrere Minuten lang auf dunkler Rotglut gehalten werden muß, damit kein bruchempfindliches Gefüge zurückbleibt. Natürlich kann man heutzutage die tollsten Konstruktionen schweißen, dazu muß aber der Schweißvorgang nach Temperatur, nach Zeit und nach Nachglühen genau festgelegt sein, so etwas kann man keinesfalls nach Schnauze machen. Es ist deshalb grundsätzlich besser, ein sicheres Verfahren zu nehmen, auch wenn die Konstruktion dadurch etwas umständlicher und weniger elegant wird, man weiß dann wenigstens, daß die Geschichte hält.

Die Flußmittel

Unerläßlich zum Löten sind auch die Flußmittel. Gleich bei der Begriffsfestsetzung sagten wir ja, daß ein Lot nicht nur flüssig zwischen die zu verbindenden Teile hineinlaufen, sondern daß es sich auch noch in deren Oberflächen hineinfressen, diese anlegieren müsse. Man kann nun ein Metallteil so tadellos metallblank machen wie man will, bis es auf die Löttemperatur gekommen ist, hat der Luftsauerstoff die anfänglich noch so blanke Oberfläche wieder oxydiert, wenn auch nur hauchdünn, und eben diese hauchdünne, meist nur zwei bis drei Moleküle starke Oxydschicht muß beseitigt werden, damit das Zinn sich am reinen Metall festfressen kann.

Das älteste Flußmittel, das wahrscheinlich schon Noahs Archen-Klempner benutzt hat, ist Lötwasser, das in ebenso klassischer Weise aus Salzsäure gemacht wird: Man kauft sich in der Drogerie 100 g Salzsäure, gießt diese zu Hause in eine Kaffeetasse und legt da kleine Stückchen von reinem Zinkblech hinein. (Im Laden gibt es das natürlich nicht, das bekommt man in Form von Abfallschnipfeln in einer Bauklempnerei.) Man darf nicht allzuviel auf einmal hineinschmeißen, weil die Säure gewaltig aufkocht, da geht nämlich eine mächtige Wasserstoffentwicklung los und daneben erwärmt sich die Säure auch noch beträchtlich. Man gibt hübsch langsam soviel Zinkschnipfel dazu, bis sich nichts mehr löst, das dauert immerhin eine Stunde. Während dieser Stunde sprüht um die Kaffeetasse herum aber ein erheblicher Säurenebel, man sollte das also möglichst nicht in der Guten Stube und auf der besten Tischdecke machen. Wenn sich dann kein Zink mehr löst, wird die vorhandene, ziemlich harmlos gewordene Flüssigkeit wieder in die Flasche zurückgefüllt, man hat jetzt das gebrauchsfähige Lötwasser. (Eine simple Chlorzinklösung.) Die Verwendung ist einfach und kompliziert zugleich:

Auf jeden Fall müssen die zu verlötenden beziehungsweise zu verzinnenden Stücke mechanisch tadellos blank gemacht werden. Gerade an der mechanischen Reinigung hängt jeder Erfolg der Weichlöterei, man soll sich ja nicht einbilden, daß ein nicht ganz blankes Fleckchen vom Lötwasser ja schon noch saubergefressen werde. Das frißt eben nicht sauber, man schmiert vielleicht nur eine Zinnhaut *über* diese nicht blanke Stelle und wundert sich nachher, wenn die Geschichte trotz allem nicht hält. Es wird also in Ruhe tadellos sauber gemacht und erst wenn zum Löten restlos alles vorbereitet ist und man schon den Kolben oder die Lötlampe in der Hand hat, wird mit einem Pinsel das Lötwasser über die zu verzinnenden Flächen gestrichen. Natürlich zischt und kocht das, das Zeug wird auch auf die Umgebung versprüht, und nachher sitzen Überreste an den unmöglichsten Stellen. Eine Lötwasserlötung erkennt man geradezu daran, daß nach einigen Tagen der Werkstoff rund um die Verzinnung herum rot angerostet, bei Kupfer und Messing grün angefressen recht übel aussieht. Man kann eine solche Lötstelle, solange sie noch warm ist, so sauber wischen, wie man will, das ist alles witzlos, nach ein paar Tagen ist die Umgebung der Lötstelle eben wüst korrodiert. Deshalb sollte man sich als Bastler die Mühe machen – die sich allerdings kein gelernter Handwerker macht – und einen gelöteten Gegenstand mindestens mit sehr viel Wasser abspülen. Ich habe mir nach vielerlei schlechter Erfahrung sogar noch eine ganz andere Pedanterie angewöhnt: Ich habe auch ein Fläschchen mit Salmiakgeist, mit dem die Lötstellen nach Fertigstellung reichlich abgepinselt werden. Dieser Salmiakgeist hat nämlich den großen Vorzug, daß er vorhandene Säurereste neutralisiert, daß aber der überschüssige Ammoniakanteil, der zum Neutralisieren nicht mehr gebraucht wird, sich wirklich spurlos verflüchtigt. Man kommt sich dabei zuerst schulmeisterhaft stieselig vor, seit ich das aber pedantisch so mache, habe ich auch auf die Dauer saubere Lötstellen und es kommt auch nicht mehr vor, daß etwa ein Drahtzugkabel im Laufe der Zeit unmittelbar hinter dem tadellos aufgelöteten Nippel einfach glatt abbricht.

Zum Löten von Stahlblech bzw. überhaupt von Eisen und Eisenlegierungen ist Lötwasser ziemlich unerläßlich, die harmloseren Flußmittel hauen da nicht so recht hin. Solange es sich aber um Kupfer und Messing handelt, braucht man nicht unbedingt Lötwasser, da tut es auch Lötfett, das es in Schachteln zu kaufen gibt. Auch Bowdenzüge lassen sich noch ganz gut mit Lötfett löten, ich ziehe da sogar das Lötfett dem Lötwasser vor, weil es in einen langen Nippel besser hineinläuft, ohne schon auf halbem Wege zu verzischen. Lötfett ist nicht ganz so wirksam wie Lötwasser, andererseits aber auch weit nicht so harmlos, wie es betrachtet wird. Nach entsprechend langen Zeiten findet man auch an Lötfett-Lötstellen nicht unerhebliche Korrosionsspuren. Wenn es sich vollends um Lötungen irgendwo an der Elektrik handelt, ist sogar vor Lötfett dringend zu warnen. Es hat zudem die unangenehme Eigenschaft, auch noch etwas zu sprühen, obwohl das dem ungeübten Auge zunächst gar nicht auffällt. Man wundert sich nur nach einigen Wochen, wieso da in der Umgebung einer solchen Lötstelle alles mit grünen Tüpfeln übersät ist. Lötfett-Lötstellen müßte man als gewissenhafter Mensch nach der Fertigstellung mit ein paar Pinseln voll Benzin von Fettresten wieder säubern. Von ähnlicher Wirkung ist das im Laden erhältliche „Röhrchen-Zinn“, das an Bastler in rauhen Mengen verkauft wird, weil es so bequem aussieht. Das sind tatsächlich Zinnröhrchen, die mit dem Flußmittel angefüllt sind, entweder in Fettbindung oder in Harzbindung. Je besser nun solches Röhrchenzinn auf einer nicht oder unzulänglich blank gemachten Lötstelle zu haften scheint, desto gefährlicher ist das Zeug – nur ein sehr aggressives Flußmittel kann ja so wirksam sein, und weil auch dieses Zeug sprüht, werden auf die Dauer die Lötstellen korrodiert. Diesbezügliches Mißtrauen ist also gerade bei dem schön laufenden Röhrchenzinn auch angebracht. Nur die Fernmeldetechniker pflegen über reines Kolophoniumzinn zu verfügen, bei dem also das Zinnröhrchen nicht mit saurem Flußmittel, sondern mit reinem Kolophonium gefüllt ist. Diese Kolophoniumzinne sind absolut harmlos, bedingen aber wieder ein tadelloses Blankmachen der Lötstellen. Wenn aber eine Kolophoniumlötstelle einmal erstarrt ist, bedarf sie auch keiner Aufmerksamkeit mehr, sie ist unbedingt korrosionssicher. In Ermangelung von reinem Kolophonium-Röhrchenzinn tut es Stangenzinn am Kolben und Geigenharz (Musikladen!) an der Lötstelle.

Auch dieses hat so schon im MOTORRAD gestanden, an 1958. Daraufhin meldeten sich zwei aufmerksame Leser, die mehr von Löten verstanden als ich, und deren Rezepte führe ich deshalb im Wortlaut hier noch an:

Lötwasser - ganz spezial

Zu Ihrem Lötartikel möchte ich Ihnen noch ein Rezept für ein Lötwasser mitteilen, welches keine korrosiven Eigenschaften besitzt und trotzdem eine ziemlich gute Wirkung zeigt. Es besteht aus einem Raumteil gesättigter Ammoniumzitratlösung und einem Raumteil Glyzerin. Zu dieser Mischung fügt man ferner einen halben Kaffeelöffel Salizylsäure und läßt das Ganze etwa eine Woche lang stehen. In dieser Zeit verestert sich die Salizylsäure mit dem Glyzerin zu Glyzerinsalizylat. Diese Verbindung und auch das vorhandene Ammoniumzitrat haben ebenfalls die Eigenschaft, Metalloxyde aufzulösen. Da man Ammoniumzitrat manchmal schlecht bekommt, kann man sich in der Weise helfen, daß man käuflichen Salmiakgeist so lange mit Zitronensäurelösung versetzt, daß der Geruch gerade verschwindet. Ich habe mit diesem Flußmittel von jeher meine ganzen Lötungen ausgeführt, wobei sich sehr anständige Resultate ergaben. Vor allem für die Verlötung von Kabelenden ist es sehr geeignet, da die Anwendung von Kolophonium etwas unbequem ist. W. B. in M.

Und der Nächste:

Beim nochmaligen Studium Ihres interessanten weichgelöteten Bandwurms bin ich über eine schlecht gelötete Stelle gestolpert: Die Anweisung zur Herstellung bedarf einer Korrektur. Sie empfehlen reines Zinkblech in Salzsäure zu lösen. Nun wird aber gemeines verzinktes Eisenblech meist auch Zinkblech genannt, und damit kann sich mancher harmlose Bastler die ganze Freude an der Löterei verderben.

Das passiert sogar Fachleuten: In dem Werk, in dem ich arbeite, wird viel weichgelötet, große Wärmeaustauscher zur Luftverflüssigung und andere Apparate. In den Jahren nach dem großen Kladderadatsch, so um 1946, gab es Schwierigkeiten, das Lot wollte nicht richtig laufen. Ich kriegte das Lötwasser zur Untersuchung – es bestand vorwiegend aus Eisenchlorid. Die Leute hatten statt richtigem Zinkblech eben „Zinkblech“ genommen, so alte Regenrinnen, die vom Bombenangriff her herumlagen. Daraufhin habe ich mich näher mit dem Problem der Lötmittel befaßt und möchte Ihnen gern die Erkenntnisse vermitteln. Vielleicht können Sie diese verwerten.

Unter den Lötmitteln gibt es reine „Abdeckmittel“ wie Kolophonium, Vaseline, „Lötfett“. Sie schützen die metallisch sauberen Lötstellen vor der Oxydation während des Lötvorganges. Dann gibt es die ätzenden Lötmittel wie Oxalsäure, Glykolsäure, „Lötwasser“. Sie *lösen* etwa vorhandene Oxydschichten und verhindern weitere Oxydation durch Abdecken. Chlorzink schmilzt bei 283° und löst die Metalloxyde unter Bildung von Schlacken, und das Lötzinn kann unter der Schmelze laufen. Nun ist aber eine Temperatur von 283 ° zu hoch, das Zinn ist schon längst flüssig und könnte abtropfen, ohne richtig zu „laufen“. *Daher setzt man der Lösung von Chlorzink noch Salmiak* (Chlorammonium) *zu.* Es bildet mit dem Chlorzink ein komplexes Salz, das schon bei 179° schmilzt.

Bestes Rezept für Lötwasser: 90 Gramm Chlorzink und 30 Gramm Salmiak werden in 1000 ccm heißem Wasser gelöst. Fertig. Man nehme am besten destilliertes Wasser oder Regenwasser.

Chlorzink und Salmiak bekommt man in der Drogerie oder einer Chemikalienhandlung. Wer das Chlorzink unbedingt selber herstellen will, der nehme wirklich reine Zinkabfälle,

z. B. die traurigen Reste von Trockenbatterien, und vergesse nicht den Zusatz von Salmiak. Für Lötungen an Stellen, die nicht abgewaschen werden können, verwenden wir „Econ“-Lötpaste. Nach unseren Erfahrungen verursacht dieses Lötfett keine Korrosion. Ich persönlich habe auch gute Erfahrungen mit einer Lösung von Kolophonium in Äther gemacht.
Übrigens soll man das Lötwasser nicht in Metallgefäßen aufbewahren und auch keine alten Nägel, die man etwa zum Auftragen des Lötwassers benützt hat, drin stehenlassen. Das Eisen geht teilweise in Lösung und versaut das Lötwasser restlos. Durch den Eisengehalt bilden sich schwer schmelzende Schlacken, welche das Fließen des Lotes verhindern.
Ich hoffe, daß Ihnen mein Schrieb von Nutzen ist, falls Sie ihn entziffert haben sollten, und daß Sie vielleicht einem armen Bastler helfen können, bei dem das Lot nicht laufen will.

Baron v. G. in M.

Die Lötlampen und Lötkolben

Fangen wir schon gleich mit den Lötlampen an, die haben nämlich den großen Vorzug, daß man damit von einer Steckdose oder gar vom heimatlichen Küchengasherd nicht mehr abhängig ist. Außerdem sind sie erstaunlich billig.
Bei mir wird sehr ausgedehnt eine kleine Spirituslötlampe benützt, wie sie sich in allen Löt-Bastelkästen für kleine Jungen befindet, und die wahrscheinlich nur deshalb nicht so recht ernstgenommen wird. Zwar ist meine Lötlampe um etwa einsfuffzig teurer gewesen, dafür ist sie aber auch insbesondere beim Nippellöten von einer Wirksamkeit, daß ich an eine Kolbenlötung bei Nippeln überhaupt nicht mehr denke. Hinzu kommt noch, daß der

Das ist die richtige Spiritus-Lötlampe zum Nippellöten, mit der Spitze des waagerechten Stichflämmchens wird gearbeitet. (Lötapparatefabrik Ernst Hähnel GmbH, Lüdenscheid.)

Das ist die pumpenlose Benzinlampe, klein, einfach, aber erhebliche Heizleistung, senkrecht gestellt wird sie angewärmt und entzündet.

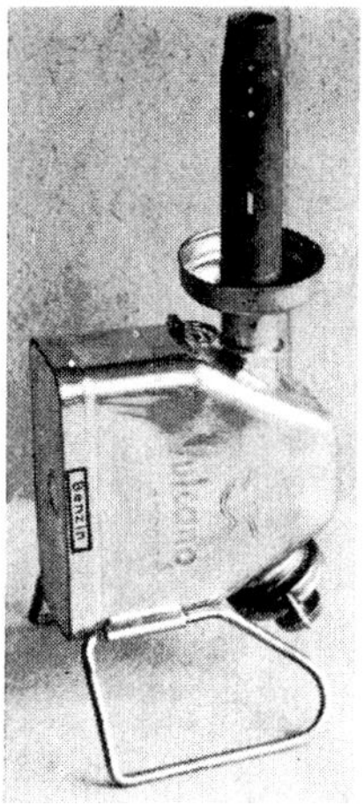

Brennspiritus rußfrei brennt und bei weitem nicht so stinkt, wie Benzin das zu tun pflegt. Das Stichflämmchen, das die Spirituslötlampe liefert, sieht ungewöhnlich harmlos und spielerisch aus, damit hat man aber auch den größten Nippel in Sekundenschnelle auf Löttemperatur, auch dicke Gegenstände, etwa Messing- und Kupferrohre, werden rundherum gut durchgeheizt, so daß auch diese großen Lötstellen schön durchfließen, sehr im Gegensatz zu einer Kolbenlötung. In der Zeit, in der man etwa bei einem Elektrokolben auch nur auf das Warmwerden wartet, ist man mit der Spirituslötlampe mit der ganzen Lötung schon fertig, nur daß man eben die Garantie hat, daß auch eine ausgedehnte Lötstelle gut durchgelötet wurde. Ein solches Lötlämpchen ist eine Affäre zwischen fünf und acht Mark, das kann man sich also immer leisten, und es ist beileibe keine Kinderei, die Wärmeleistung entspricht ungefähr einem Elektrokolben von mindestens 150, wenn nicht gar 200 Watt. Die nächste Stufe wäre eine Klein-Benzinlötlampe ohne Pumpe. So eine Kleinlampe wird erst mal gefüllt und dicht verschraubt, dann auf den Handgriff gestellt, damit das Brennrohr senkrecht steht, und nun gießt man in das den unteren Teil des Brennerrohres umgebende Schälchen flüssigen Brennspiritus oder nimmt zwei halbe Tabletten Esbit. Wenn der Spiritus oder das Esbit verbrannt ist, hat das Benzin im Lampenbehälter durch die Hitze hinreichend viel Druck erzeugt, daß das Gas oben aus dem Brennerrohr ausströmt und sich entzündet. Die Flamme ist blau und rauscht, nach ein bis zwei Minuten wird auch die Spitze des Brenners rotglühend, und dann kann man die Lötlampe in beliebiger Stellung benützen, also beispielsweise auch schräg nach unten pusten lassen. Kritisch bei diesen kleinen Lötlampen ist lediglich das Wiederabstellen nach beendeter Löterei: Dazu wird die Luftschraube im Verschlußstöpsel oder gar die Verschlußschraube selbst geöffnet. Da zischt das Benzingas hinaus und vorn am Brennerrohr geht die Flamme aus. Wenn man das im Freien oder in einer zugigen Garage macht, hat das gar nichts auf sich, immerhin könnte ich mir aber vorstellen, daß jemand dumm genug ist, das in einem kleinen, geschlossenen Raum zu tun, wo dann das der Verschraubung entströmende Benzingas mit einem mehr oder weniger großen Feuerteufel leise Puff sagt. Vielleicht gibt es sogar Leute, die dumm genug sind, um damit einen richtigen Knall fertigzubringen, der eine Fensterscheibe hinausfegt. Man möchte also mit diesen kleinen Dingern schon Bescheid wissen, sie sind aber auch noch erstaunlich billig und um 10–12 Mark zu haben.

Die Heizleistung selbst dieser Miniaturlämpchen ist so groß, daß man beispielsweise beim Nippellöten schon vorsichtig sein muß, man darf da nur am Rande der Flamme arbeiten, damit Nippel oder Drahtzug nicht verschmurgelt und angeglüht werden. (Dabei macht sich schon bemerkbar, daß die Temperatur einer solchen Benzinflamme wesentlich höher ist als

Rohrnippel innen drin und Rohrende außen müssen vorher gut verzinnt werden, bevor man den Nippel an die richtige Stelle schiebt und endgültig lötet.

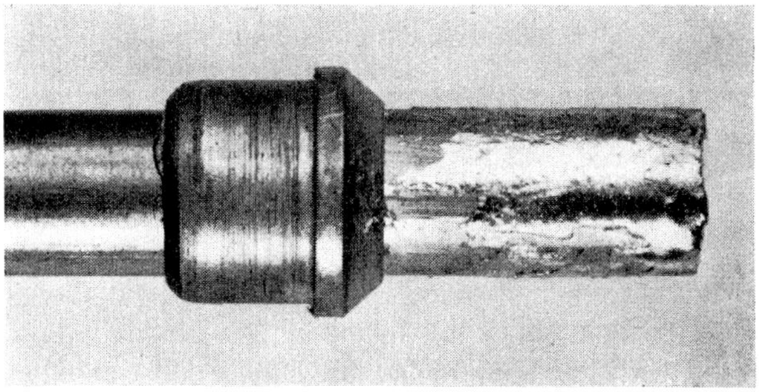

die einer frei brennenden Spiritusflamme.) Wohl aber reicht die Heizleistung selbst dieser kleinen Lötlämpchen schon aus, ausgedehnte Blechlötstellen zum Fließen zu bringen, die schon so 40 bis 50 cm^2 groß sein dürfen, wenn es sich nicht um allzu dickes Blech handelt. Zum Ausbessern von Blechschäden mit Schmierblei sind diese kleinen Lämpchen insofern sogar hervorragend, als man damit langsam genug arbeiten kann, sie sind also die gegebenen Lampen für Anfänger in dieser Tätigkeit. Auf den Zeitverbrauch kommt es ja nicht an, man schmilzt also in Ruhe erst mal einen Haufen Schmierblei über die auszubessernde Stelle und kann dann dieses Schmierblei Zentimeter für Zentimeter aufweichen und verstreichen, ohne daß einem unversehens eine größere Fläche wieder wegläuft. Auch zum Erwärmen eines großen Lötkolbens ist so eine Kleinlampe schon hervorragend geeignet, sie ist vor allem klein genug, daß damit nur der rückwärtige Teil des Kupferkolbens beheizt wird, so daß also dessen Spitze oder Schneide nicht unnötig verbrennt.
Aus eigener Erfahrung möchte ich für Lötlampen noch eine Pedanterie empfehlen: Nach Beendigung der Arbeit kippe ich aus der Lampe das nicht verbrauchte Benzin wieder heraus. Weniger aus Ordnungsliebe als in der vagen Hoffnung, dabei auch etwaigen Dreck mit herauszuschlackern. Ebenso verwende ich für die Lötlampe niemals Sprit aus annähernd leeren Kanistern, sondern entweder direkt aus dem Tank der Maschine oder aus einer Glasflasche. Ich fürchte nichts so wie die berühmten letzten Benzinreste aus einem nahezu leeren Kanister. Man braucht das nur einmal zu tun, um fortan mit ewig verstopfter Düse zu verzweifeln. Es ist auch etwas daran, wenn die Leute warnen, zum Anwärmen einer Benzinlampe nicht Benzin zu verwenden, sondern in pedantischer Weise Brennspiritus oder Esbit. Ist eine Düse einmal verstopft, kann man sie zwar provisorisch mit der dazu eigens mitgelieferten Drahtnadel säubern, nur hält das eben nicht vor, man muß Glück haben, wenn man die laufende Arbeit überhaupt fertig bekommt, ohne die Lampe vorher stillsetzen zu müssen. Gewöhnlich ist nämlich die Verstopfungsursache irgendein Dreckflitter, den man zwar mit der Drahtnadel nach innen wieder wegschiebt, der aber über kurz oder lang doch wieder vor dem Loch sitzt. Da hilft es dann nur, die Düse herauszudrehen und von innen her mit einem scharf gespitzten Streichhölzchen zu reinigen, bis man den Dreckflitter erwischt und herausbefördert hat.

Nicht vorbeigehen wollen wir auch an den „richtigen" Lötlampen, zumal es davon bei Hähnel ein sehr handliches Exemplar mit ganz flachem Tank gibt. Diese „richtigen" Lötlampen zeichnen sich durch eine Pumpe aus, ebenso durch ein Stellventil, und seit ein paar Jahren entfällt bei diesen Lampen sogar das Problem mit der ewig verstopften Düse, da hat nämlich die Stellschraube eine aufgesetzte Nadel, die ganz von selbst die Düse sauber hält. Etwaige Dreckflocken werden beim Zuschrauben des Ventils schlicht zerquetscht, und beim Aufschrauben ist alsbald wieder Dampf da, der mit dem Streichholz wieder entzündet werden

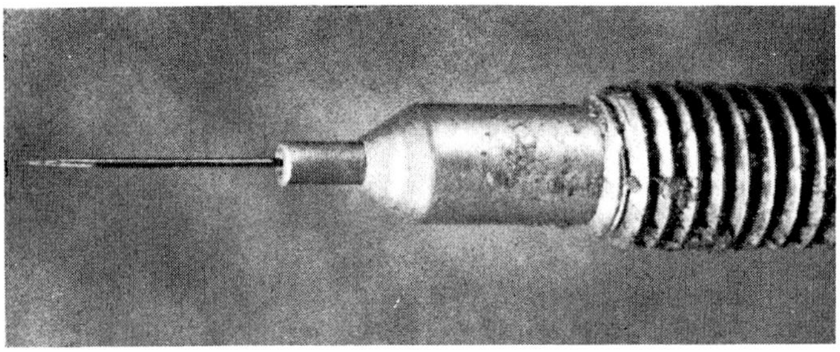

So sieht die Ventilschraube mit selbstreinigender Düsennadel aus.

kann. Diese Lampen mit selbstreinigender Düse mag man getrost mit Benzin vorwärmen, das eben ein bißchen rußt, aber seinen Dienst tut. Die Leistung dieser großen Lampen ist für unsere Verhältnisse enorm, man kann damit ausgedehnte Tankschäden reparieren, ja, man kann es sich sogar einfallen lassen, im Besitz einer solchen Lampe eine Tankvergrößerung zu versuchen, bei der die notwendigen Blechstreifen einfach mit großer Überlappung weich eingelötet werden. (Es hat schon etwas für sich, wenn man eine Arbeit in Ruhe in der eigenen Garage machen kann, als wenn man womöglich in fremder Werkstatt unter den Augen irgendwelcher Zuschauer etwas schweißen müßte.) Meine erste derartige Lötlampe, die damals 18 gute Vorkriegsmark kostete, habe ich mir anläßlich der chronischen Tankreißerei an der Imperia gekauft. Dabei ließen sich Lötstellen von 50 – 60 mm Breite und 15 – 20 cm Länge anstandslos in Fluß halten. Eine solche Lampe kostet heute 28 – 30 Mark, die dann vertretbar erscheinen, wenn es darum geht, einen chronisch reißenden Tank, bei dem alle Schweißerei auf die Dauer nichts genützt hat, wegzuschmeißen oder durch eine ausgedehnte Weichlötung mit kraftverteilenden Metalleinlagen für die nächsten 50 000 km endgültig zu retten. Für alle kleineren Arbeiten ist eine so große Lampe naturgemäß nicht erforderlich, es ist sogar ein besonderes Kunststück, mit dieser mächtigen Flamme kleine Sachen wie Nippel und derlei zu löten, weil diese nur allzuleicht verbrannt werden. Wohl aber ist so eine große Lampe wieder unbezahlbar, wenn es darum geht, Feilenangeln in die Hefte einzubrennen oder Schraubenzieher und kleine Meißelschneiden zu härten. Die Wärmeleistung reicht auch aus, um Flach- und Bandeisen bis zu 20 mm Breite und bis zu 4 mm Stärke soweit warm zu machen, daß man es im Schraubstock scharfkantig abbiegen kann, etwa um Schellen und derlei daraus zu machen. Erst recht reicht die Wärmeleistung aus, um solche Biegestelle oder evtl. kaltgebogene Teile nachzuglühen, um damit Brüche in der Biegestelle zu verhindern. Wenn man also so eine große Lampe erst einmal hat, dann ergeben sich ganz von selbst die vielfachsten Verwendungsmöglichkeiten dafür, es ist also kein weggeschmissenes Geld, wenn man sich selber eine große Lötlampe schenkt.

Diese große Lampe zahlt sich spätestens dann aus, wenn man glücklicher Besitzer eines Motorrades ist, dessen Fabrikant pleite ging oder sich ins Privatleben zurückgezogen hat. – Hilf dir selbst, dann hilft dir Gott! Festsitzende Kolbenbolzen kriegt man ohne Auspreßwerkzeug heraus, ohne den Kolben zu zerschlagen, wenn man den Kolbenboden *gut* anwärmt – *mehr* als nur spuckheiß. Ventilführungen in Leichtmetallköpfen gehen bei entsprechendem Anheizen heraus, ohne ganze Aluminiumschuppen mitzunehmen, und Dinge, die so fest auf Konen sitzen, daß man daran schon Abzieherklauen zerbrach, ohne daß sie „kamen“, pflegen loszugehen, wenn man sie eine Viertelstunde lang schön scharf anheizt. Von wegen „schön scharf“ – natürlich richtet man die Flammenspitze so, daß möglichst nur die gefressene Stelle angeheizt und in der Nachbarschaft nichts verbraten wird, andererseits ist aber die Lötlampenflamme im Vergleich zu einer noch so zahm gestellten Schweißflamme auch wieder so manierlich, daß man die Lötlampe mit Bauklötzern hindirigieren und sie zehn Minuten sich selbst überlassen kann – zehn Minuten sind lang, wenn man die Lampe in der tiefen Hocke von Hand halten will –, ohne daß dabei viel passiert. Wenn so eine Schwungscheibennabe mal über 300 Grad gekommen ist, geht sie auch ab, sie ist aber höchstens oberflächlich blau geworden und dem Wellenstumpf ist garantiert nichts geschehen.

Der Salmiakstein ist nicht dazu da, einen drekkigen Kolben zu säubern – das macht man mit Feile und Drahtbürste –, sondern um die strengflüssig gewordene Verzinnung wieder leichtflüssig zu machen. Ein bißchen Salmiak gehört auch ins Lötwasser – Zinn fließt dann leichter, ohne „Haut".

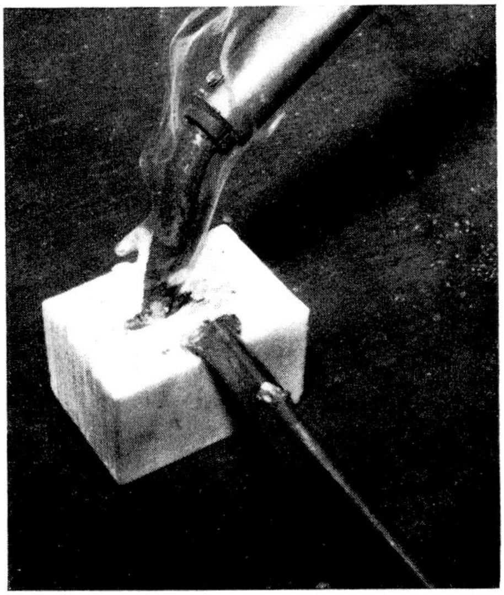

Wenn man die richtige Lötlampe besitzt, ist ein Lötkolben eigentlich für die Arbeiten am Motorrad überflüssig. Ich kann das insofern beurteilen, als bei mir nicht nur eine Sammlung von Lötlampen, sondern auch der verschiedensten Lötkolben vorhanden ist, von denen eigentlich nur das kleinste Exemplar mit 50 Watt Stromaufnahme für Elektroarbeiten benutzt wird. Sowohl für diese Elektrikarbeiten wie auch zum Nippellöten reicht ein elektrischer 50-Watt-Kolben schon völlig aus, den es in den verschiedensten Ausführungen zwischen 10 und 15 Mark zu kaufen gibt. Ohne nun den Fabrikanten anderer Lötkolben zu nahe treten zu wollen, muß ich doch sagen, daß bei mir von Beginn der Radiobastelzeit ab 1924 die verschiedensten Ersa-Kolben in Gebrauch sind. Neuerdings ist da sogar noch ein 30 Watt Miniaturding vorhanden, der größte hat 500 Watt und wird angesichts der vorhandenen Lötlampen am wenigsten benützt.

Wichtig bei jeder Kolbenlöterei ist es, die Kolbenschneide möglichst breit verzinnt zu halten. Man findet zwar in gelehrten und ungelehrten Lötanweisungen immer den Hinweis, heiße Lötkolben müßten auf einem Stück Salmiak abgerieben werden, bis die Schneide schön verzinnt sei – gilt vielleicht für die erste Gebrauchsstunde, aber dann auch schon nicht mehr! Bei mir gehört zum Lötkolben auch eine Drahtbürste und für die größeren Exemplare eine alte Feile, die zu nicht mehr viel anderem taugt. (Nicht umsonst ist „Lötfeile" ein urschwäbisches Schimpfwort und bezeichnet ein mittel- bis ganz besonders doofes Individuum.) Es scheint einfach unvermeidlich zu sein, daß das Kupfer der Kolbenspitze unmittelbar an die Verzinnung anschließend ganz besonders stark zundert, wobei die verwendeten Flußmittel auch nicht so ganz unschuldig zu sein scheinen. Diese Zunderung frißt sich nicht nur immer tiefer in das Kupfer hinein, sondern auch in Richtung auf die Schneide zu in die Verzinnung, die so immer schmaler wird. Man braucht aber eine möglichst große verzinnte Fläche, weil ja nur diese erstens Zinn aufnehmen und zweitens durch das Zinnbad hindurch die Wärme auf das zu lötende Objekt übertragen kann. Anfänglich ist man nun zu bequem, immer auf eine schön breite Verzinnung zu achten, denn irgendwie wird die Lötstelle ja schließlich auch dann warm, wenn auf der Kolbenschneide höchstens strichbreit noch blankes Zinn zu sehen ist, zumal man ja Zinn auch auf die heiße Lötstelle draufschmieren kann, ohne es

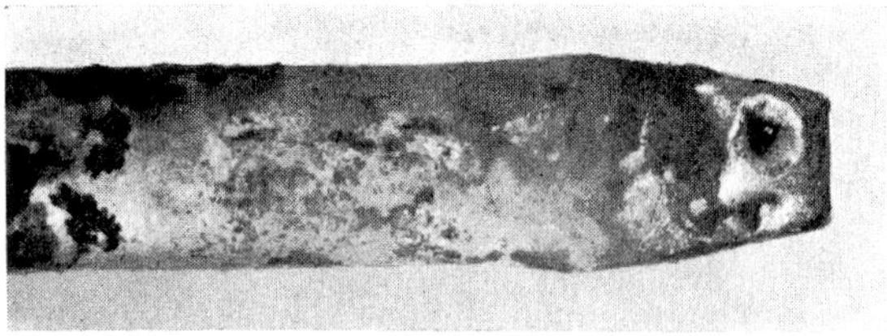

Der Kolben ist noch gut verzinnt, vor allem lang genug, aber da vorn geht so ein Pickel Kupferdreck los, muß mit der Bürste gesäubert werden.

Das da wird gemeint mit „strengflüssig gewordener Verzinnung" – das wird im Salmiakstein wieder glatt.

kunstreich erst mit dem Kolben hin zu übertragen. Das sieht dann zwar aus wie gelötet, es braucht aber meist nicht mehr als ein paar Wochen, bis der Tag kommt, an dem man erkennt, daß ein dicker Zinnpapp noch lange keine einwandfreie Lötstelle ausmacht. (Man braucht nur einmal zu sehen, wie die Lötkolben in Kfz-Werkstätten aussehen, dementsprechend sind auch die Lötstellen, und es ist tatsächlich kein Wunder, daß Weichlöten in der Kfz-Technik nicht als einwandfreie Handwerksarbeit gilt.)
Wenn man die Löterei bis dahin also nicht aufgegeben hat, wird man doch auch dazu kommen, den Kupfereinsatz des Lötkolbens so häufig wie nur möglich immer wieder glattzufeilen und auf möglichst großer Fläche wieder lückenlos zu verzinnen. Schließlich kosten ja solche Kupferspitzen kein Vermögen, und es wäre wirklich falsche Sparsamkeit, sich nicht ab und zu eine neue Kupferspitze zu leisten.
Die großen, eigentlichen Klempnerlötkolben haben für uns so gut wie keine Bedeutung, sie werden nicht einmal mehr von den Klempnern benützt, die statt dessen längst benzinbeheizte Lötkolben verwenden, wo Netzstrom nicht zur Verfügung steht. Immerhin hat ein solcher Kupferklotz auch seine Vorzüge: Wenn er nämlich genügend groß ist, kann man damit recht beträchtliche Lötstellen bewältigen, wie das ja unsere Bilder zeigen, ohne daß in unmit-

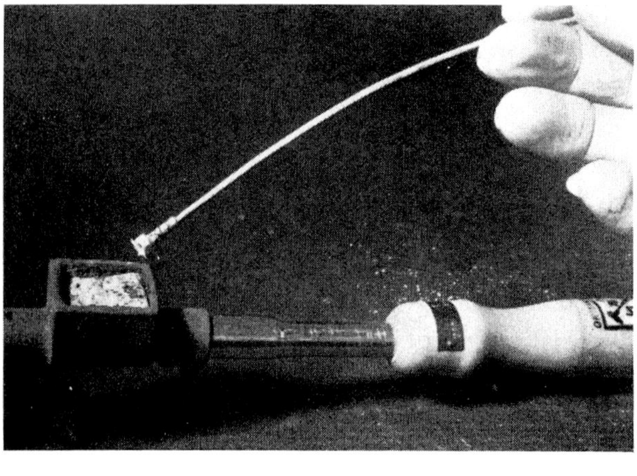

Uiiiih – sieht ungeheuer fachmännisch aus und gibt in Wirklichkeit gerade die Lötungen, die äußerlich gut aussehen und innen drin nicht halten. Ist bei weitem nicht, was sich der Wandersmann verspricht. Professionalmurks.

telbarer Nähe dieser Lötstellen etwas verschmurgelt wird. Der Trick dabei ist ja, daß so ein Kolben bestenfalls 400 oder 450° hat, wobei genügend Wärme in die eigentliche Lötstelle hinüberfließt, diese Kolbentemperatur reicht aber noch nicht aus, in der Nähe befindliche, wärmeempfindliche Dinge wie Lack und derlei anzuschmurgeln. Mit der freien Flamme einer Lötlampe lötet es sich natürlich bequemer, nur ist die aber eben viel heißer, und entsprechend muß man darauf aufpassen, nichts Fremdes anzuschmurgeln. Gerade bei diesen großen Kupferklötzen kommt es aber darauf an, die Schneide immer gut und vor allem breit verzinnt zu halten, das bißchen Rumreiben auf dem Salmiakstein reicht da erst recht nicht aus, zumal meistens die Schneide in irgendeiner behelfsmäßigen Heizflamme erheblich verbrannt wird.

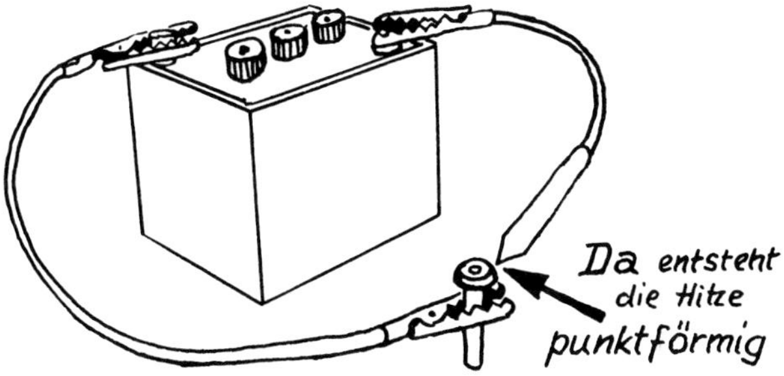

Batterie und Kohlestift

Viel zu wenig bekannt ist noch eine behelfsmäßige Lötart, nämlich mit Batteriestrom und Kohlestift. Man braucht dazu den Kohlestift aus einer verbrauchten Taschenbatterie, der da vorsichtig herausgeschnitten wird. Man sorgt dafür, daß das Messingkäppchen sitzenbleibt, und das andere Ende wird mit der Feile angespitzt. Wenn man mit dieser Kohlenspitze einen Gegenstand berührt, dann ist der Widerstand der Berührungsstelle so hoch, daß da eine beträchtliche Hitze sogar bis zu punktförmiger heller Rotglut entsteht, die auch in größerer Entfernung zum Löten völlig ausreicht. Als Stromquelle genügt dabei eine normale

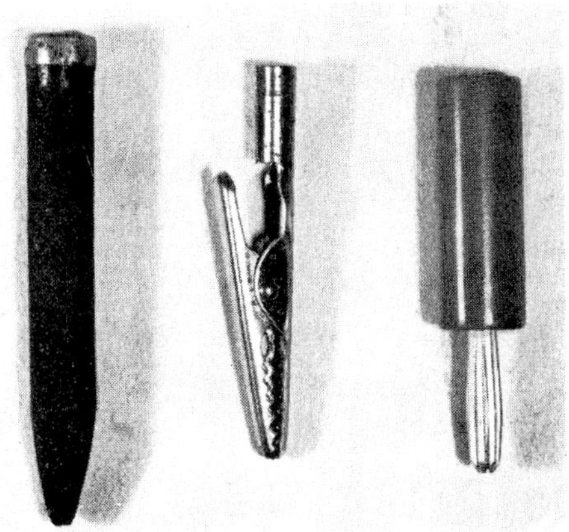

Das braucht man: Ein paar Kohlestifte (sind billig und zerbrechen leicht), vier Krokodile und vier Büschelstecker – die gibt es inzwischen auch trittsicher.

Eigentlich überflüssig – aber das Kapperl muß auf dem Kohlestift sicher sitzen, Krokodil auf Kohle tut's nicht.

Motorradbatterie von 6 Volt, ganz gleich, ob Bleibatterie oder Nickelbatterie, 12 Volt sind für diese Art zu löten schon ein bißchen giftig, am schönsten geht es tatsächlich mit 6 Volt. Man muß es nur richtig machen, man darf also beileibe nicht den Strom durch die Lötstelle hindurchlassen, insbesondere beim Nippellöten wird also der Nippel mit einem Batteriepol fest verbunden, die mit dem anderen Pol verbundene Kohlenspitze berührt ebenfalls den Nippel, so daß nur dieser erhitzt wird. Der Nippel wirkt dann als eine Art Lötkolben, in dem auch das Ende des Drahtseiles verzinnt wird. Nur bei den winzigen Nippelchen der Vergaserzüge erhitzt man das Drahtseil selbst, indem man es an beliebiger Stelle mit dem einen Batteriepol verbindet und mit der Polspitze das äußerste Ende des Drahtseiles berührt, so daß die Hitze von dieser Drahtseilspitze bis auf die eigentliche Lötstelle zurückwandert.

Früher hatte ich im Bordwerkzeug zwei Drähte mit Steckern und Krokodilen, das unterblieb dann durch die ewige Testmaschinenfahrerei – heute ist das in der eigenen KS aber wieder drin. (Anstoß: Immer wieder bildet man sich ein, daß einem Nippel in einer Werkstatt gelötet werden könnten. Seit ich beim letzten Seilbruch zum x-tenmal dem Lehrling zeigen mußte, wie man lötet, habe ich wieder zwei Lötkabel mit. Es steht nicht dafür, immerzu anderer Leute Lehrlingen kostenlosen Lötunterricht zu erteilen, hier kriege ich wenigstens mein Zeilenhonorar.)

Falls jemand das Bild Seite 167 für doof gehalten hat: Es kommt tatsächlich auf diese „Büschel"-Stecker und deren sehr gute Kontaktgabe an. Man kriegt sie in (größeren!) Radio-Bastlerläden, normale Radioläden haben das nicht. (Fabrikat Hirschmann, gibt es seit einigen Jahren auch mit „trittfesten" PVC-Hüllen) Auch von den Krokodilen nimmt man die stärksten, die man kriegen kann. Drähte: Meine haben nur 0,75 mm^2, tun es gerade, dicker wäre besser.

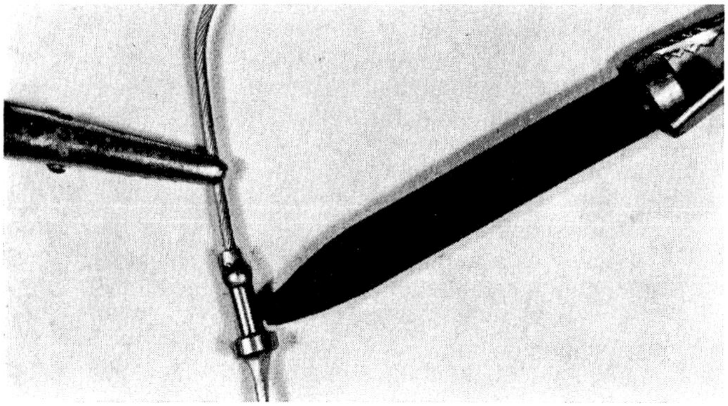

Soll man nur bei den ganz kleinen Nippelchen an Vergaserschiebern machen. Größere Nippel werden mit dem „Masse"-Krokodil direkt angefaßt – man sieht übrigens, wie sauber das Zinn gelaufen ist, wie Wasser.

Große Lötstellen

Wenn man irgendwelche Konstruktionsteile zu löten hat, also Dinge, auf denen nachher Kraft steht, dann hängt der Erfolg der Weichlötung daran, daß man die Lötnaht genügend breit macht – so ist eine Weichlötung vollgültiges Konstruktionsmittel. Man muß auch dafür sorgen, daß die Naht nicht an einer Kante an- und dann brav allmählich weiterreißen kann. Ich habe gefunden, daß man lange Nähte, also jenseits etwa 100 Millimeter Länge, besser nicht überlappt macht, da weiß man nie, wie weit eine solche Naht tatsächlich zuläuft. Ich stoße da lieber stumpf und lege eine schön breite Lasche darüber – da sieht man dann beiderseits, wie das Lot „läuft" und kann nach Bedarf noch Lot zugeben. Laschen haben noch den Vorteil, daß sie kurz sein können: Man denke sich einen aufgeschnittenen Tank, in den zur Vergrößerung ein Blechstreifen eingelötet werden soll, das ist über ein Meter Nahtlänge mit Kurven und Krümmungen und selbst wenn man als Lasche ein Dünnblech von 0,5 mm Stärke nimmt, was festigkeitsmäßig völlig genügt, dann kriegt man das in ganzer Länge nie drauf. Also schneidet man in 10-cm-Stücke, auch noch in kürzere, die man einzeln zurechtbiegt, in Reih und Glied legt und hintereinanderweg auflötet. Damit sind ganz wilde Sachen möglich, vor allem, wenn man Kupferblech zu den Laschen nimmt – so habe ich meinen Imperia-Tank gerettet. Arbeitsgang: Erst mal dick verzinnt, dann an die Tunnelwand die 0,8 mm Kupferblechstreifen gelötet. Diese Stück für Stück mit dem Hundertgrammhammer herumgeklopft und jedes Stück einzeln, nachdem es zurechtgebogen war, in Zinn eingebettet, nur die jeweilige Vorderkante, an die der nächste Streifen geklopft werden sollte, mit dem Lappen von Zinn freigewischt. Der Tank blieb drei Jahre damit dicht und war auch dann noch nicht undicht, sondern wurde endlich weggeschmissen.

Es kommt immer darauf hinaus, nicht zwei Teile *auf*einander zu löten, das ist der Ausnahmefall, sondern zwei Teile zu stoßen und darüber eine Lasche in Lot einzubetten. Manchmal geht das nicht, etwa wenn man zwei Blechkörper gegeneinanderstoßen will. Da wird dann erst mal rundum dünn durchgelötet, daß so viel Lot stehen bleibt, wie eben von selber nicht wegläuft. Dann wird in den Winkel auf der zugänglichen Seite ein Draht gelegt und der auch in Zinn gebettet, bis er rundrum porenfrei zugelaufen ist – ganz zum Schluß kann man rundrum ja noch 40er-Zinn oder Schmierblei aufbringen und die Kehle glätten. Eine solche Naht hält mindestens so gut wie eine Schweiße und hat den Vorzug, daß man niemanden um einen Schweißapparat zu bitten braucht.

(Wenn jetzt die gelernten Spengler grinsen, sollen sie das tun, ich bin bloß Schlosser, aber bei mir hält's und sieht sauberer aus als eine Schweiße – die man auch mit Schmierblei verputzen müßte.)

Für jede Lötung – jetzt werden die alten Klempnermeister nicht mehr grinsen – gilt als eisernes Gebot, daß die Lötflächen bis zum äußersten Maß *metallblank* sein müssen. Nicht bloß so ein bißchen mit der Bürste drauf 'rumgekratzt – das geht bei Kupfer und Messing –, sondern ganz tadellos blank, dazu braucht man schon Feile und Schaber. Zwar ist in meiner Lötkiste auch eine der kotzvornehmen Feilenbürsten von Belzer, die wird aber eigentlich nur für die diversen Lötkolben gebraucht. Erst wenn man sich mit schlechten Lötstellen genug geärgert hat, ringt man sich zu mönchischer Askese durch und reinigt alle Lötstellen mit Feile und Schaber, bis sie spiegeln, um sie dann ohne Zeitverlust zu verzinnen – so können sie dann getrost wochenlang liegenbleiben, bis man die Konstruktion zusammenlöten kann.

Falls man eine der modernen Handbohrmaschinen hat, Bosch, Wolf, Metabo, Fein und derlei: Auch da bin ich von der Bürsterei wieder abgekommen, so verlockend das zunächst aussieht. Man bürstet eine Ewigkeit 'rum und richtig sauber wird Stahlblech davon doch nicht. Ich gehe da sofort mit dem Fräser dran und wo man mit irgendeinem der drei Allerweltsfräser nicht hinlangt, kommt man mit der Gummischmirgelscheibe hin – eine große und ziemlich dünne

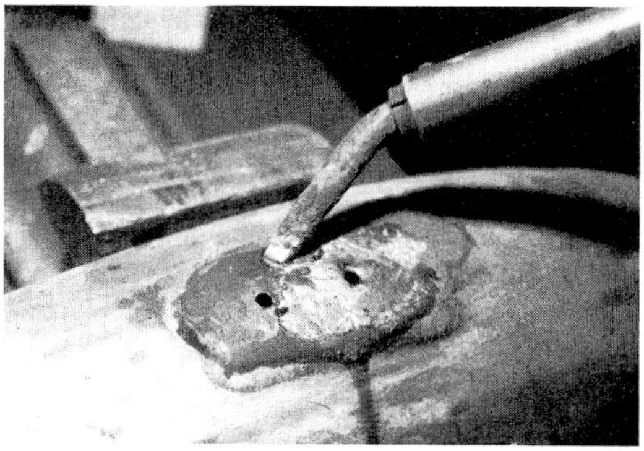

Ein 200-Watt-Kolben reicht für so etwas an einem Kotflügel, man verzinnt Millimeter für Millimeter.

Die Flickstelle wird ziemlich dick mit Zinn bekleistert, was zuviel ist, läuft von selber weg, wenn nachher der Flikken kommt, Zinn kostet Pfennige.

So wird der vorher auch verzinnte Flikken stückweise fortschreitend aufgeschmolzen – es ist gut, wenn ein zweiter Mann hinterdreinschreitend das aufdrücken kann, was man vorn mit dem Kolben angeschmolzen hatte.

Scheibe aus Gummi, belegt mit einem Blatt Schmirgelleinen. Während man mit den Fräsern aufpassen muß, daß einem der Fräser die Maschine nicht aus der Hand reißt, kann man die Gummischmirgelscheibe fast wie die Füllfeder dirigieren. (Von der Schleifschmirgelscheibe ist hier nicht die Rede, deren Rundlauf wird für Schleifarbeiten am Bock geschont – eine freihändig gefahrene Schmirgelscheibe verliert alsbald ihren Rundlauf, damit kann man dann noch bestenfalls Schienenstöße verputzen, aber keine Bohrer mehr schleifen.)

Die blanke Stelle wird mit Lötwasser bestrichen und verzinnt, mit Kolben oder mit Flamme. Nicht zuviel auf einmal anpinseln, auch keine zu große Fläche auf einmal mit der Flamme anheizen wollen, immer nur ein paar Quadratzentimeter, dann erst neu bestreichen und weiterverzinnen.

Wie dick man verzinnt, hängt von den Umständen ab – wenn Laschen und derlei eingebettet werden sollen, verzinne ich dick in der Meinung, daß ein Zuviel sich ganz von selber 'rausquetscht, aber ein Zuwenig von außen sich schlecht auffüllen läßt. Dünn verzinnt werden eigentlich nur Buchsen und Nippel innen. Die dafür sehr gewissenhaft.

Desgleichen werden aufzubringende Laschen vorher verzinnt, dann dünn mit Lötfett überwischt, auf die Lötstelle gelegt und aufgeschmolzen, buchstäblich, bis die Lasche richtig saftig schwimmt. Dann hält sie auch. Vorhin empfahl ich Messing oder Kupfer als Laschen- bzw. Flickenmaterial – das verteilt die Lötwärme schön und gibt homogene Lötstellen. Im Notfall mag man Konservendosenblech verwenden, das ist verzinnt und lötet an sich sehr gut, verteilt aber in größeren Flächen die Wärme schlecht, ist als Flicken nur im Notfall zu gebrauchen, wenn etwas anderes nicht da ist.

Nippellöten

Nippellöten wird allüberall, wo Papier bedruckt wird, so häufig beschrieben, daß ich ernstlich überlegt habe, hier darauf zu verzichten. Bei genauer Betrachtung stellten sich dann aber doch ein paar Dinge heraus, die sonst nirgends beschrieben werden und deretwegen auch heute noch Wettbewerbsmaschinen mit Reservezügen fahren – nur weil Nippellöten offenbar doch eine Kunst ist. Also:

Ein alter Nippel ist ein Dreck, man sollte ihn nur wiederverwenden, wenn man keinen neuen kriegen kann. Der neue Nippel wird erst mal *innen* verzinnt und mit einem Zahnstocherschnipfel sauber gewischt, da dürfen natürlich keine Zinntränen drin hängen. Dann wird der Nippel über das Drahtzugende gefädelt und erst mal außer Reichweite geschoben. Es soll ein *neuer* Drahtzug sein, ein alter Zug, der lang im Fett war, lötet sich *nie* mehr sauber. Wegschmeißen, neuen nehmen. Die äußersten Borstenenden werden mit einer scharfen, schlanken Zange – siehste jetzt, was die Universalkombibordwerkzeugpatentzangen für ein trauriger, klobiger Dreck sind? – ganz kurz umgebogen, daß da ein Borstenpuschel draus wird. Und dann wird das verzinnt, nicht sehr dick, wichtig ist nur, daß das Lot schön fließt, und daß *nicht zu weit* verzinnt wird. Höchstens 2 mm weiter als der Nippel reicht, jeder Milli-

Ein professionell gelöteter Nippel – zwar ein schöner Bommel dran, aber Zinn ist nicht durchgelaufen.

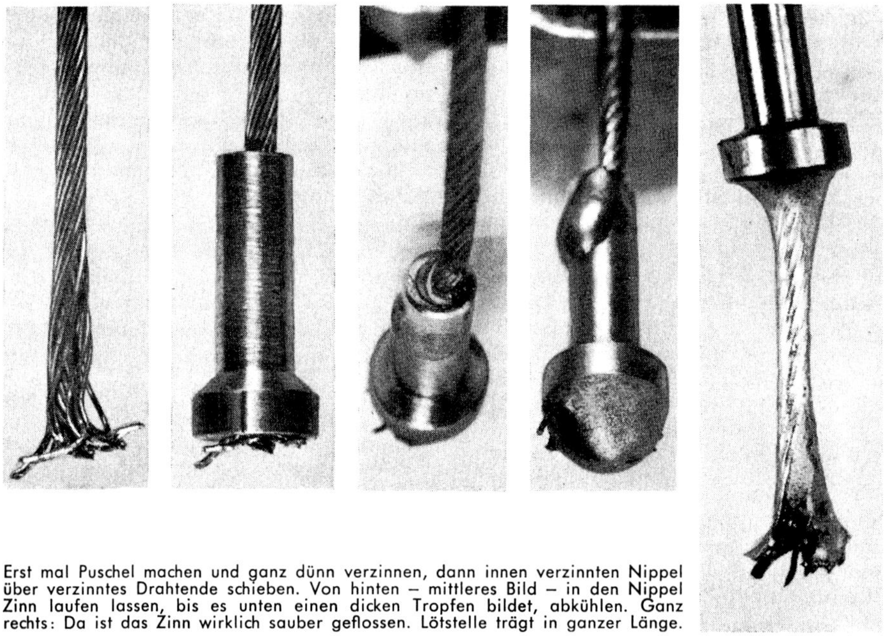

Erst mal Puschel machen und ganz dünn verzinnen, dann innen verzinnten Nippel über verzinntes Drahtende schieben. Von hinten – mittleres Bild – in den Nippel Zinn laufen lassen, bis es unten einen dicken Tropfen bildet, abkühlen. Ganz rechts: Da ist das Zinn wirklich sauber geflossen. Lötstelle trägt in ganzer Länge.

meter zuviel steigert die Bruchgefahr. Dann wird der Nippel über das verzinnte Ende gestreift, bis der Bürstenpuschel richtig in der Ausnehmung des Nippels sitzt. Dann wird der senkrecht gehaltene Nippel noch mal erwärmt und am dünnen Ende Zinn angegeben. Das läuft dann in den Nippel hinein, wird durch Kapillarwirkung hineingezogen wie Wasser, bis sich unten am Puschel ein dicker Tropfen Zinn sammelt. Dann weiß man, daß es durch den Nippel durchgelaufen ist, daß da innen also alles im Zinn schwimmt – die Lötung ist tadellos gelaufen. Und jetzt nicht am Nippel wackeln! Behutsam ruhig halten und allenfalls draufspucken, zum abkühlen. Lötungen werden meist nur durch Ungeduld verdorben – wenn man dran wackelt, bevor das Zinn völlig fest ist. Ein Becher Wasser ist immer gut – siehe Kapitel Flußmittel! Bei den berufsmäßigen Nippellötern macht man bewundernswerte Kunststücke mit der Puschelbildung – also bei den Drahtzugmachern, bei denen die Motorradindustrie die fertig angepaßten Züge bezieht. Nur sehen die dann öfter mal so aus wie das Ding auf unserem Bild. Andererseits konnte ich nicht immer einen Puschel machen und habe den Zug nur ganz glatt in den Nippel gelötet – „zu Hause kann man ja wieder auflöten und den Puschel nachträglich machen". Bis jetzt habe ich schlampigerweise noch nie wieder aufgelötet, es ist aber seltsamerweise auch noch nie einer dieser Nippel wieder aufgerissen. (Allerdings wurde immer auf meine Art gelötet!)

Wozu schon wieder etwas zu sagen ist: Mindestens eine Lötstelle an einem ausgewechselten Zug kann ja erst gemacht werden, wenn die Seele durch die Hülle geschoben und genau auf Länge abgezwickt ist. Wenn man die alte Hülle wieder verwenden muß, wird die blanke Seele beim Einfädeln erst mal schmierig. Besonders gewissenhafte Lehrjungen (sagte jemand Meister?) wischen das Ende wieder sauber und fangen dann an zu löten. Das freilich gibt allenfalls einen Zinnbatzen, aber keine Lötung. Denn in den Keepen zwischen den Drähten sitzt noch Fett, das verschmurgelt und verdirbt die Lötung. Also rein mit dem Ende in den

Tank, selbst wenn da Zweitaktsprit drin ist, aber mit viel Benzin wiederholt abwaschen und mehrmals sauberwischen, und wenn zuletzt mit dem Taschentuch. (Der Zank zu Hause geht vorbei, aber der Bumser bei einem ausgerissenen Bremsnippel kann Wochen dauern!) Das Ende muß eben völlig frei von Fett sein, nur dann verzinnt es einwandfrei.

So ist das also: Wegen dieses popligen Weichlötens sind 20 Druckseiten und 26 Bilder draufgegangen. Wundert es noch jemanden, wenn die Lehrjungen in den Werkstätten alle nicht mehr löten können?

Eigentlich ist dieses Lötkapitel hier zu Ende. Zwar habe ich regelmäßig da, wo es angebracht schien, immer darauf hingewiesen, daß die empfohlene Sorgfalt keine (womöglich abgeschriebene) Pedanterie sei, sondern eben notwendig. Mancher glaubt aber nicht an die Notwendigkeit, vielleicht sagt ihm dann diese Geschichte etwas, die 1963 im MOTORRAD stand (ich habe den Verdacht, daß es mein alter Kollege Büttner war, der sie erzählte – der ist nämlich zuverlässig). Sie geht so:

Ort der Handlung: das Fahrerlager beim Großen Preis in Hockenheim. Die 350er ziehen zum Start vor, und das Fahrerlager leert sich; nur an einer Maschine wird, drei Mann hoch, noch fieberhaft gearbeitet: die Verkleidung und der Tank sind runter, die Vergaser ausgebaut. Grund: beim Warmlaufen sind beide (!) Gaszüge aus den Nippeln gerissen ...! Man sucht in einem Fach des Werkzeugkastens zwischen Schrauben, Muttern und Kettenschlössern nach neuen Nippeln, findet welche – zu groß, sucht weiter, findet welche – zu klein, nur keine passenden sind aufzutreiben. Fertige Reservezüge sind auch nicht vorhanden – aus der Traum, denn inzwischen steht das Feld drei Minuten vor dem Start.

„Könnte mir kaum passieren", werden jetzt wohl die meisten denken, „und das noch bei einem Weltmeisterschaftslauf". Wenn Sie mich fragen, ich hätte den Krach zu Hause auch nicht haben mögen. Aber Sie werden es nicht für möglich halten: das Mißgeschick widerfuhr nicht etwa einem unbedarften Privatfahrer – nein, es traf die schnelle Werks-Jawa des Tschechoslowaken Stastny!

Was werden da wohl die Herren Direktoren daheim gesagt haben ...?

Ganz egal, was die Herren Direktoren gesagt haben – es waren bestimmt keine Serienzüge, die da ausrissen, und wer die 99,99999prozentige Zuverlässigkeit der tschechischen Wettbewerbsmonteure kennt (wenn in einer Sechstagefahrt alle tschechischen Bewerber mit Gold davonkommen, ist das von den Schlossern mit verdient!), wird da doch wohl nachdenklich – der Teufel ist nun mal 'n Eichhörnchen!

Die modernen Zweikomponentenkleber

Früher konnte man ja nur löten oder schweißen, und es ist nicht verwunderlich, daß beim Wort „kleben" jeder ehrliche Mensch erst mal drei Schritte rückwärts macht. Mit dem Begriff „kleben" verbindet man ja immer den gedanklichen Inhalt des Unzulänglichen, Kümmerlichen, des Murkses. Vielleicht kann man da einen anderen Begriff dagegensetzen: Piccards Tiefsee-Tauchkugel (10 000 m Wassertiefe, entsprechend etwas mehr als 1000 atü, in modernen Hochdruck-Hydrauliken des Maschinenbaues sind 200 atü normal, 600 atü werden mit viel Umständen gerade noch beherrscht) wurden aus drei Stücken angefertigt, die stumpf aufeinander geklebt wurden, mit Araldit, also auf deutsch mit UHU-Plus! Kleben ist also kein Mist mehr, man muß es freilich können.

Schon im Schnellermachen-Kapitel haben wir auf Seite 120 die Kleberei gestreift. Man hat eigentlich nicht viel mehr zu tun, als die dort genannten Zahlen und Bedingungen sinngemäß anzuwenden. Im Grunde heißt das, daß man nur genügend breite Überlappungen vorsehen muß, um genügend große Kräfte übertragen zu können. Es hätte nun keinen Sinn, hier noch mal ein Buch über Metallkleben zu schreiben, dazu gibt es genügend viel hinreichend gut gemachte Fachbücher, die meist noch etwas billiger sind als dieses Buch hier: Etwa:

Deva-Fachverlag, Stuttgart, DIE METALLVERKLEBUNG, von F. K. Trietsch
Hanser-Verlag, München, KUNSTSTOFF-KLEBSTOFFE von Dr. O. Jordan
Schließlich auch noch, weil es doch ins Fach schlägt:
Hanser-Verlag, München, GLASFASERVERSTÄRKTE KUNSTSTOFFE von W. Beyer

Insbesondere in der Karosserie-Reparatur (nach Maschinenbauerbegriffen ja so 'n bißchen ein Zigeunerhandwerk – aber Köpfchen haben sie dort!) spielt dieses Zeug heute eine Rolle. Das fängt an bei „gefülltem" Polyester, eine Kunstharzsorte, deren einer Teil mit Kreide, Glasfaserflocken oder sonstigem neutralem Zeug stark eingedickt ist. Der andere Teil wird kurz vor Gebrauch dazugerührt, und das Ganze wird auf einen z. B. notdürftig ausgebeulten und sehr sorgfältig (siehe Seite 120) entfetteten Kotflügel aufgespachtelt und sofort in die gewünschte Form modelliert. Das hat gegenüber bekanntem Spachtel den großen Vorzug, auch in (buchstäblich) zentimeterdicker Schicht binnen Stunden (in der Wärme binnen einer Stunde) vollständig auszuhärten, gibt einen massiven Harzblock. Wird dann nur noch überschliffen und zulackiert. Auch ausgedehnte Löcher, die herausgeschlagen wurden oder herausgerostet sind, lassen sich so ausflicken: Man drückt oder klopft die Bruchränder ganz wenig nach innen resp. nach der Rückseite um und unterlegt von innen mit ganz gemeiner Pappe. Da drauf kommt ein dicker Strich Polyester, eine Lage Glasmatte – wenn man keine kriegen konnte, tut's ein Fetzen Segeltuch, wieder Polyester, und anschließend weitere Lagen Glaszeug oder gefüllte Polyester, bis man das Loch zu und mit der unbeschädigten Fläche eben hat. Nachher wird die Pappe innen auch noch abgerissen, fertig zum Schleifen und Lackieren. Auf diese Weise kann man nicht nur andere Leute betrügen, es ist vielfach die einzige Möglichkeit, Veteranen wieder technisch einwandfrei auf Glanz zu bringen.

Polyester in Verbindung mit Glas ist dagegen ein sehr reelles Konstruktionsmittel, man kann damit Zugfestigkeiten von Stahl erreichen – mehr darüber steht aber in den besagten Handbüchern. Nur auf einen Umstand sei hier noch hingewiesen: Glasfaserverstärkte Kunststoffe, ob nun Polyester, Epoxy oder sonst etwas, erreichen zwar stahlähnliche Festigkeiten, sie zeigen aber enorme Elastizität. Eine selbsttragende Karosserie aus Glasfaserzeug ist „lappig wie Gummi". Das kann Vorzüge haben, kann aber auch peinlich werden. Zweitens sind Glasfasergegenstände zwar durchaus fähig, gewaltige Verformungen schadlos zu vertragen – etwa ein Bootsrumpf im Seegang. Sie vertragen aber keinerlei höherfrequente Vibration. Ein Kotflügel aus Polyester kann also aus seinen Befestigungen einfach herausvibrieren, das Harzzeug liegt dann wie ausgestanzt unter den Unterlagsscheiben der Befestigungsbolzen. Wo ein Stahlblechflügel unter einem M-6-Bolzen mit Unterlegscheibe anstandslos hielt und bloß durchrostete, muß in den Harzkotflügel eine wenigstens handgroße zurechtgeklopfte Platte aus Karosserieblech mit eingegossen bzw. eben eingelegt werden. Diese Platte braucht an sich keine Verbindung mit der Befestigungsschraube zu haben, sie verteilt nur die Vibrationsspannungen über eine größere Fläche. Wenn man also größere Sachen aus Glasharz machen will, tut man gut, das erste Stück noch nicht als endgültig zu betrachten. Es wird keine Form und kein Zubehör weggeschmissen – es könnte sein, daß man es – sinngemäß abgeändert – für ein zweites Stück ohne Fehler noch mal braucht.

Nächste Kunstharzverwendung: Es gibt seit geraumer Zeit sogenanntes „Kaltmetall", eine in Tuben oder Büchsen verkaufte, beschränkt haltbare Paste, die man etwa in falsch gebohrte Löcher in einem Alu-Gehäuse einfach hineinschmiert und die da drin aushärtet. Man kann sie dann „kaum" vom Grundmaterial unterscheiden und die Flickstelle glatt überarbeiten. Allerdings: Die Festigkeit ist durchaus mäßig, und man soll sich nicht einbilden, ein um 2 mm falsch gebohrtes Loch von 8 mm Durchmesser damit ausfüllen und darüber ein neues Loch an der richtigen Stelle bohren zu können, der Bohrer verläuft todsicher. Es gibt aber ein Material, das etwas höheren Ansprüchen genügt, nennt sich DEVCON (Weidling & Co., Münster/Westf., Engelstraße 9) und ist in größeren Werkzeugläden oder bei Ersatzteilgroßhändlern zu bekommen. Das ist im Gegensatz zu den eben genannten Flickpasten auch ein Zweikomponentenharz, das vor Gebrauch mit dem Härter zusammengerührt und dann in die Flickstelle geschmiert (und notfalls modelliert) wird. Gibt es mit Eisen oder mit Aluminium als Füllmetall, Grundlage ist natürlich auch hier das Kunststoff-Polymer. Hier kann man mit einer Festigkeit rechnen, die zwar auch noch nicht ausreicht, das um 2 mm falsch gebohrte 8er Loch neu zu bohren, aber wenn dieses 8er Loch um 5 mm falsch saß, kann man das schon mit Devcon ausschmieren und dann neu bohren. Devcon-Formlinge dürfen auch ziemlich warm werden, man kann damit bei Zweitaktern wenigstens Zylinderfüße ausflicken, auch die ausgebrochenen Hälse von Kurbelkästen, man kann Ansaugkrümmer neu formen – man kann ziemlich wilde Sachen damit machen. Bevor man etwas Zerbrochenes mit einem ungekonnten Schweißversuch endgültig ruiniert, sollte man versuchen, an das größte Trümmerstück mit Hilfe der anderen Trümmerstücke das Fehlende mit Devcon anzuformen. Was nicht heißer als spuckheiß wird, geht immer. Man muß nur der naturgemäß weit geringeren Zugfestigkeit im Vergleich mit „richtigem" Metall Rechnung tragen, Sacklochgewinde und überhaupt Gewinde darin sind mit Vorsicht zu genießen, dagegen ist die Druckfestigkeit beträchtlich – es gibt Leute, die machen Tiefziehformen daraus! Steht aber in den diesbezüglichen Drucksachen.

Hier Bezugsquellen für die verschiedenen Zweikomponentenharze zu nennen wäre ziemlich zwecklos – wer damit handelt, will das Zeug ja kannenweise verkaufen, und wer es macht, rechnet mit Waggons. Wenn man also nur ein Kilo oder so braucht, kauft man sich am Kiosk ein Heft SELBST IST DER MANN oder sonst so eine Bastlerzeitschrift, da inserieren immer Leute, die sich ein Geschäft daraus machen, sowohl Harzzeug wie Glasgewebe und -rovings in Kleinstmenge zu verkaufen.

Leicht fließende Schweißen

Schließlich noch etwas, wovon professionelle Motorenleute keine Ahnung zu haben pflegen, was aber im allgemeinen Maschinenbau zuweilen kleine Vermögen rettet (es gehört eigentlich nicht hierher, denn es hat mit Kunststoffen überhaupt nichts zu tun, es ist ehrliches Schweißerhandwerk) und gar nicht zu verachten ist:

Speziell niedrig schmelzendes Schweißmaterial, in Urzeiten (also in den späten Zwanzigern schon) bekannt als „Gussolit". Wird mit dem Autogenbrenner verarbeitet und „haftet" auch auf Grauguß, ohne daß das Gußstück vorher auf Rotglut gebracht werden müßte. Mit Gussolit kann man grobe Zylinderschäden zumauern, es muß nur so viel Substanz am Zylinder dran gewesen sein, daß noch Fleisch zu einem Ausschleifen vorhanden ist. Erst recht kann man damit abgeschlagene Kühlrippen Schicht für Schicht neu draufmodellieren und nachher mit Feile oder besser Schleifscheibe unsichtbar glattbearbeiten. Weil es sich um einen ehrlichen, metallurgischen Vorgang handelt, sind solche Flickstellen für die in unseren Motoren vorkommenden Temperaturen auch unbeschränkt wärmefest, man kann damit also auch in verkorksten Zylinderköpfen herummauern. Dieses Flickmaterial in der äußeren Gestalt von Schweißdraht gibt es bei zwei Konkurrenzfirmen, dies sind:

Gussolit – Hajek u. Co., München, Dachauer Straße 123

Deutsche Castolin Schweißmaterial GmbH, Frankfurt 30, Niederkirchweg 7

Diese Firmen verkaufen die Schweißstäbe und das Flußmittel natürlich nicht in der Tüte, man muß also schon normale Gebinde abnehmen, meist viel zu viel – aber große Eisen- und Werkzeughandlungen haben es zum Kleinverkauf.

Vom Abschleppen

Ich wünsche ausdrücklich keinem, daß er je nötig habe, sich abschleppen zu lassen. Wenn es aber soweit ist, muß man es können, und hier steht, wie man es richtig macht. Dabei ist nicht nur die Technik wichtig, oder die berühmten Verkehrsgefahren – damit ist leicht fertig zu werden. Schlimmer sind die Vorschriften. Dafür gibt es nur ein Mittel: Der Gefahr aus dem Wege gehen. Indem man die Vorschriften genau auswendig lernt. Und sich daran hält.

Erst mal die Vorschriften

Wenn ich daran denke, daß bei mir keine größere Fahrt vergeht, ohne daß ich irgend jemanden am Straßenrand aufpicke und auf den Haken nehmen muß, dann dürfte es sich schon lohnen, einmal wieder alles das zusammenzutragen, was beim Schleppen überhaupt nur wichtig sein könnte. Hinzu kommt noch, daß der Ausbildungsstand eifriger junger Polizisten im allgemeinen nicht zur Beurteilung eines Schleppzuges ausreicht, diese auch noch Supereifrigen pflegen ihre Vorschriften durchaus nicht vollständig zu kennen, und selber hat man nachher die Sache auszubaden, wobei dann nur auch noch der Richter gesetzesunkundig zu sein braucht, damit ein ganz schöner und ziemlich teurer Apparat fertig ist. *(Natürlich gibt es auch andere Polizisten, die beispielsweise an Kreuzungen den Querverkehr ein bißchen früher als sonst stoppen, wenn sie einen solchen Schleppzug ankommen sehen, die vielleicht auch den Längsverkehr noch nicht wieder stoppen und noch durchlassen, bis der langsame Schleppzug auch vollends durchgekrochen ist, nur damit er nicht anzuhalten und wieder anzufahren braucht. Leider gibt es von der Sorte nicht allzuviele, die meisten können sich ja gar keine Vorstellung davon machen, auf was es bei einem solchen Schleppzug tatsächlich ankommt.)*

Zunächst wichtig ist der § 5 der StVZO, wo in Ziffer 2 geschrieben steht:

Beim Abschleppen eines Kraftfahrzeugs genügt die Fahrerlaubnis für die Klasse des abschleppenden Fahrzeugs.

Mit diesem scheinbar so kurzen Satz ist sehr viel ausgedrückt und vorweggenommen: Hier steht nämlich ausdrücklich „genügt". Das heißt zunächst, daß jemand mit dem Führerschein II oder III und dem zugehörigen Zugfahrzeug ohne weiteres ein Fahrzeug abschleppen kann, das etwa den Führerschein I braucht, also eine Solomaschine oder ein

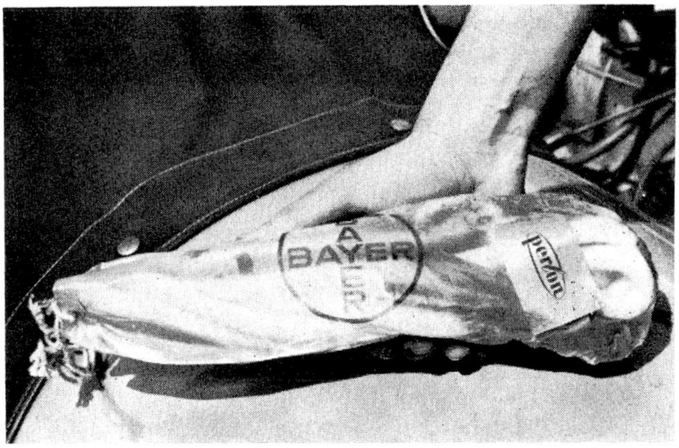

So kriegt man Auto-Abschleppleinen im Laden zu kaufen, für uns gemeinhin zu viel, geht kleiner zusammen.

Gespann. Umgekehrt besagt diese Formulierung aber auch, daß man mit einem Motorrad beispielsweise ohne weiteres einen Pkw abschleppen kann, wenn das Motorrad nur genügend viel Zugkraft entwickelt. Nirgendwo in der gesamten StVO und StVZO ist verboten, mit einem kleineren Fahrzeug ein größeres abzuschleppen, es kommt also ausschließlich darauf an, ob der kleine Schlepper überhaupt in der Lage ist, den größeren Anhang wegzuziehen.

Es ist auch nirgendwo etwas darüber gesagt, welche Art Fahrerlaubnis der Mann haben muß, der die Bedienung des abgeschleppten Anhanges übernimmt. Dieser Bedienungsmann braucht also keineswegs einen Führerschein zu besitzen, und wenn er ihn besitzt, dann braucht er ihn nicht bei sich zu haben. Man kann also auf den Anhang irgend jemanden draufsetzen, von dem man mit *einiger Sicherheit* annehmen kann, daß er imstande sein wird, den Anhang zu lenken und zu bremsen. Hier liegt auch die einzige Einwirkungsmöglichkeit für einen eifrigen Polizisten: Man wird auf den Anhang also weder einen Zehnjährigen, noch einen Betrunkenen, noch eine uralte Oma draufsetzen, der Bedienungsmann des Anhanges muß eben sicher damit umgehen können, ganz gleich, ob er einen Führerschein hat oder nicht.

Nächst wichtig ist § 18 StVZO, wo unter Ziffer 1 steht, daß betriebsunfähige Fahrzeuge, die abgeschleppt werden, keine Anhänger sind und mithin weder eine Betriebserlaubnis noch ein Kennzeichen brauchen. Ein abgeschlepptes Fahrzeug – *sofern es nur betriebsunfähig ist* – brauchte also theoretisch weder versichert noch zugelassen zu sein. Immerhin würde ich aber doch empfehlen, es ausgerechnet darauf nicht ankommen zu lassen, der Transport einer nicht zugelassenen, nicht versteuerten und nicht versicherten Ruine läßt sich ja schließlich auch anderweit organisieren. Wichtig ist nur, daß betriebsunfähige

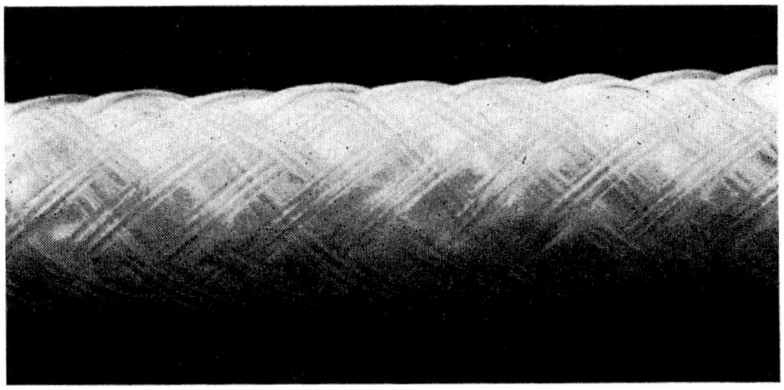

Das wird unter der „Umspinnung mit Perlon-Draht" verstanden – ist sehr wichtig als Scheuerschutz.

Diese Ketten-Enden sind bequem für Autofahrer, aber schwer und klobig und unfreundlich – nichts für uns.

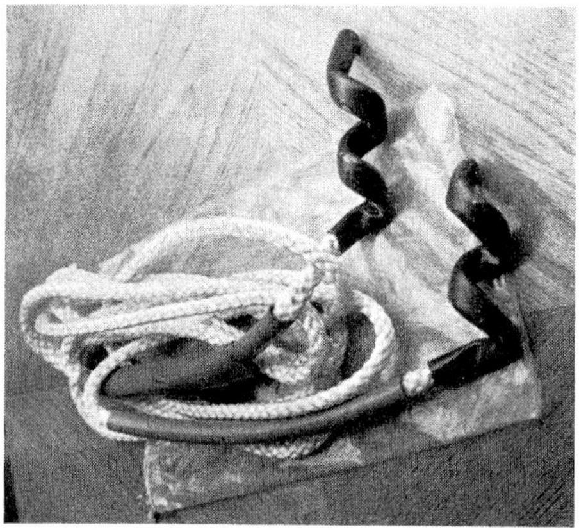

Das hier hat wieder einer zierlich für Motorräder ausgedacht, diese „geschneckelten" Enden sollen auch die sonst nötigen Knoten ersetzen – sie tun das schlecht. Besser, man lernt die zwei Knoten, auf die es ankommt. Außerdem – eine Motorradleine muß an einem Ende ja glatt sein, man muß sie auslaufen lassen können.

Kraftfahrzeuge, die abgeschleppt werden, eben nicht als Anhänger gelten und deren Betriebsbedingungen nicht zu erfüllen brauchen. Das ist wichtiger als man zunächst denkt, denn dadurch fällt auch die Gewichtsvorschrift für Anhänger fort, die ja bekanntlich sehr eng gefaßt ist. Man kann demnach nicht nur ein gleich schweres Fahrzeug in aller Gemütsruhe abschleppen, der Anhang darf sogar schwerer sein als der Schlepper.

Die dritte ausdrücklich formulierte Vorschrift für das Abschleppen befindet sich in § 43 StVZO unter Ziffer 3, die folgendermaßen formuliert ist:

Bei Verwendung von Abschleppstangen oder Abschleppseilen darf der lichte Abstand vom ziehenden zum gezogenen Fahrzeug nicht mehr als 5 m betragen. Bei einem Abstand von mehr als 2,75 m sind Abschleppstangen und Abschleppseile ausreichend erkennbar zu machen, z. B. durch einen roten Lappen.

Für unsere Zwecke kommen ja nun ausschließlich Abschleppseile in Frage, und da zeigt die Erfahrung, daß die vorgeschriebenen Maße tatsächlich wichtig sind. Für eine schnelle Autobahnfahrt, wo man ja anstandslos mit 70 – 80 km/h schleppen kann, sind 5 m allerdings ein bißchen kurz, da muß der Schlepper schon sehr gleichmäßig fahren, darf also keinesfalls mit dem Gas spielen, ebenso muß der Geschleppte aufpassen wie ein Schießhund, darf also keineswegs pennen. 10 m Leine für so schnelles Schleppen wären schon besser, mindestens wegen der vergrößerten Elastizität der Leine, man muß es eben darauf ankommen lassen, daß etwa auftauchende Autobahnpolizei vernünftig ist und sich an den mehr als 5 m Leinenlänge nicht stört. In der Stadt sind wiederum 5 m ausgesprochen viel, man kann ruhig sagen oberste Grenze. Wenn irgend möglich, begnüge ich mich in der Stadt mit nur 3 m Leine, man braucht dann beim Abbiegen, etwa gar nach rechts,

Das hier ist Hanf, mit PVC umpreßt, gibt es als Wäscheleine 3,5 mm stark und genügt zum Abschleppen einer Solomaschine, ist sauber und klein aufzurollen. Gibt es auch 6 mm stark und genügt dann, doppelt genommen, zum Schleppen eines Kleinwagens.

bei weitem keinen so gewaltigen Admiralsbogen zu fahren und kann viel kürzer herumgehen, ohne daß man dem Geschleppten das Vorderrad wegzieht oder ihn gar umreißt. Wir werden später noch sehen, was es mit dieser Art Um-die-Ecke-Fahren auf sich hat. Die vollen 5 m Leinenlänge sind in der Stadt auch deshalb etwas kitzlig, weil es unverhältnismäßig viel Fußgänger gibt, die durch intensive Verkehrserziehung hinreichend verdummt sind, um die Schleppleine überhaupt nicht zu sehen. Diese dummen Hühner drängeln sich dann ganz hart hinter dem Schleppfahrzeug vorbei in der Meinung, der lächerliche Solofahrer da hinten könnte ja langsam fahren und sind maßlos erstaunt, wenn sie dann über die Schleppleine fallen. (Gerade dieses Nicht-ernst-Nehmen eines in 5 m Abstand mit eigener Kraft folgenden Solomotorrades hat eine ganze Menge Unfälle zur Folge, die alle dem „rücksichtslosen" Motorradfahrer in die Schuhe geschoben werden, obwohl der dusselige Fußgänger daran schuld ist, dessen Dusseligkeit ja immer erst dann zutage kommt, wenn er über die Schleppleine fällt.) Die roten Lappen sind also keinesfalls unwichtig, so lästig sie auch sind, es lohnt sich schon, daran zu denken. Mindestens ist man damit bei einem Unfall aus der Verantwortung heraus, auch wenn die Lappen nichts genützt haben.

Viel wichtiger ist, daß der Schlepper die Augen aufmacht und ungeniert und wegen jedem Dreck schön lang auf die Hupe drückt. Lärm ist nun einmal geeignet, auch die Ganz-Doofen aufzuwecken, und im allgemeinen pflegt jemand, der sich gerade über die schöne Hupe geärgert hat, auch die nachfolgende Schleppleine zu bemerken. Auch der Geschleppte darf nicht pennen – leider kann er meist nicht die Zündung eingeschaltet lassen, damit das Horn benützbar bleibt, weil der gesteckte Zündschlüssel im Scheinwerfer die Schleppleine behindern würde, die dann nicht mehr frei nach rechts und links gleiten kann. Wenn man sich nicht traut, ein Stück Kabel von Batterie-Plus an die „heiße" Hornklemme zu ziehen – wobei natürlich das vorher drinsteckende Kabel rausgenommen wird, weil sonst das rote Licht brennen und die Zündspule Strom verbrauchen würde –, dann muß der Fahrer des Anhanges bereit sein, ohne Verzug lautstark loszuschimpfen, wenn irgendeine Schlafmütze sich anschickt, über die Schleppleine zu stolpern.

Damit ist auch schon alles erschöpft, was an ausdrücklichen Vorschriften über das Abschleppen überhaupt aufzufinden ist. Manche Gerichte haben sich nun schon bemüßigt gesehen, nach dem Grundsatz „hat man keins, dann macht man eins" für ihre Urteile Grundsätze aufzustellen, die es bis zu diesem Urteil noch nirgendwo gab und die nur um dieses Urteils willen zusammengebastelt wurden. Darauf kommen wir aber später noch zu sprechen, vorderhand können wir uns der zuwenden. Genau wie man das Würstchen an den geflochtenen Achselstücken und am angeleimten Sturzhelm erkennt, so erkennt man den erfahrenen Mann daran, daß er irgendwo an oder in seinem Schlitten ein Trumm Schleppleine hat, tunlichst so 6 – 7 m lang. Ist die Schleppleine für einen selbst bestimmt, damit man sich also selbst abschleppen lassen kann, dann genügt eine ganz dünne Strippe, 5 – 6 mm Hanf reichen für eine Solomaschine schon vollkommen aus und beanspruchen zusammengelegt in der Tasche oder sonstwo nur sehr wenig Raum. Hanf ist auch das Mindeste, was man haben müßte, denn es kommt wirklich auf die Elastizität der Schleppleine an. Noch schöner ist natürlich Perlon, weil das ausgesprochen hochelastisch ist, mit einer doppelt genommenen, 6 – 7 mm starken Perlonleine kann man sogar einen VW abschleppen, wenn der Führer des Anhanges darauf achtet, daß die Leine immer möglichst straff bleibt und nicht in einer großen Bucht auf den Boden fällt. Wie man die Schleppleine am Zugfahrzeug befestigt, hängt von den Umständen ab, man wird also darauf achten, die Schleppleine nicht über die scharfen Kanten von Stoßstangen und derlei zu knoten. Nun hat man ja sowieso auch immer ein oder zwei Putzlappen mit, die werden dann eben um die scharfkantige Stoßstange gewickelt und darüber wird die Schleppleine geknotet.

Käufliche Schleppleinen haben Ketten-Endstücke, wie im Bild gezeigt, nur sind die eben für wagenfahrende Nullen mit fünf Daumen an jeder Hand berechnet. Wir werden uns hüten, diese schweren Kettentrümmer mit herumzuschleppen, ein anständiger Mensch knotet seine Leine sachgemäß. Wie man den Knoten nicht macht, zeigt das Bild unten, zwar sind das zwei an sich völlig einwandfreie „halbe Schläge", nur zieht sich dieser Knoten im Laufe der Zeit so entsetzlich fest, daß man ihn kaum mehr aufbringt, ganz egal, ob das nun Hanf oder Perlon ist.

Genau dieselben zwei „halben Schläge" zeigt das unterste Bild, nur mit dem Unterschied, daß um das Rohr oder um die Stoßstange oder was da immer vorhanden ist, ein sogenannter „Rundtörn" genommen wird. Dieser Rundtörn verhindert, daß der Knoten sich allzufest zusammenzieht, er ist immer wieder gut zu öffnen. Außerdem ist so ein Rundtörn hervor-

Das sind zwei „halbe Schläge", die einfachste Art eines Knotens. Wenn man ihn so macht wie hier, zieht er sich aber bombenfest und ist nur schwer zu lösen.

So ist es viel besser: Immer erst mal einen Rundtörn nehmen, notfalls zwei, und dann die zwei halben Schläge machen. Hält auch bombenfest, zieht sich aber nicht zu und ist wieder gut zu lösen.

ragend geeignet, einen etwa als Scheuerschutz herumgelegten Putzlappen absolut sicher festzuhalten.

Wenn man die Leine nicht an einem bestimmten Punkt festmachen muß, wo sie unverrückbar sitzen soll, wo sie im Gegenteil leicht beweglich sein soll, dann kann man auch einen „Palsteek" machen, den die Bilder hier unten zeigen. *(Da hilft nun nichts: Suchen Sie sich ein Stück Strippe und versuchen Sie, genau diesen Palsteek zu legen, es ist weit einfacher, als es auf den ersten Blick hin aussieht. Wenn Sie es können, dürfen Sie furchtbar stolz darauf sein; in den Augen derer, die es wissen, verschafft einem so etwas ganz ungewöhnliche Achtung.)* Zugezogen sieht dieser Palsteek aus wie im mittleren Bild, und auf einem solchen Palsteek kann auch wochenlang noch soviel Kraft gestanden haben, er kann unzählige Male naß und wieder trocken geworden sein, er läßt sich immer wieder leicht lösen, indem man die Knotenschlinge einfach mit dem Daumen aufschiebt.

Es ist, wie gesagt, nicht ganz gleichgültig, was für eine Art Leine man nimmt, am besten wäre schon eine Perlonleine, die es meines Wissens ausschließlich von vornherein schon

Man muß das nach dem oberen Bild eben üben – so macht man einen Palsteek, bei dem immer eine große, feste Bucht entsteht, die man etwa über die Schulter nehmen kann. Der eigentliche Knoten zieht sich zwar unverrückbar fest, ist aber auch nach Monaten noch gut zu lösen, man kann ihn buchstäblich mit dem Daumen aufdrükken wie im unteren Bild gezeigt.

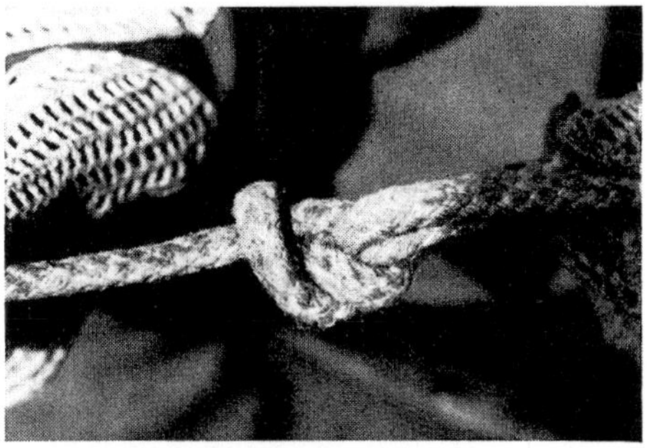

(Man muß das tatsächlich üben – wenn man es einmal kann, vergißt man es nie wieder, und wenn man es braucht, ist man heilfroh, daß man es kann. Zumal es immer wo Leute gibt, die einen danach beurteilen, ob man das kann, ob man mit einem verknüpperten Kuhstrick ankommt oder mit richtig belegten Leinen.)

Die klassische Baurats- und Schreibtischsitzer-Erfindung! Der Mann, der das erfand, wußte zweierlei nicht: Daß man den Lenker einer S o l o maschine nicht mit einer Hahnepot fassen darf, weil der frei beweglich bleiben muß, und dann wußte er nicht, daß dieser Ring eben n i c h t gleitet. Es war aber ein Mann von Rang und Würde, und deshalb vertraute der Richter diesem „Sachverständigen"-Gutachten.

(Merke: Je höher die Position und das Ansehen eines Würdigen, desto mehr ist seinen Äußerungen zu mißtrauen.)

geklöppelt gibt. Was eine geklöppelte Leine ist, zeigen unsere Bilder, sie hat, auch wenn sie aus Hanf ist, die angenehme Eigenschaft, bei Nässe nicht zu vertörnen. Bei geschlagenen (gedrehten) Leinen ist das entsetzlich lästig, die sind eigentlich immer vertörnt und man hat regelmäßig eine ganze Weile zu tütern, bis die längere Zeit verpackt gewesene Leine wieder gebrauchsfähig ist. Die teureren Abschleppleinen aus Perlon pflegen auch noch eine Art Schutzpanzer aus sogenanntem Perlondraht zu tragen, wie das Bild zeigt. Dieser Perlondraht ist erheblich scheuersicher und sein Geld schon wert. Das nächste Problem ist, wie man die Leine am geschleppten Fahrzeug anbringt. Obwohl ich selbst noch keinerlei Schwierigkeiten gehabt habe, könnte ich mir doch vorstellen, daß es für den Geschleppten irgendwann einmal wichtig sein kann, die Schleppleine ganz schnell loszuwerfen, ohne dazu auf den Schlepper angewiesen zu sein. Man wird also die Schleppleine an einer geschleppten Solomaschine nicht *fest* anbinden, sondern immer so, daß der Geschleppte die Leine bloß loszulassen braucht, damit sie ausrauscht und das geschleppte Fahrzeug frei vom Schlepper wird. Es war ein TÜV-Beamter, der seine profunde Sachkenntnis dazu benutzte, eine Schleppanordnung wie hier oben zu empfehlen. Wie man sieht, ist das beinahe eine sogenannte „Hahnepot", deren eines Ende fest am Lenker befestigt ist, nämlich da, wo die Handbremse bedienbar sein muß, und deren anderes Ende mit 2–3 Windungen um das linke Lenkerende gelegt und dort festgehalten wird. Da kann man ruhig festhalten, weil ja die Kupplung nicht bedient zu werden braucht. Wenn man die linke Hand öffnet, rauscht das Ende aus, schlüpft durch den Ring und der Geschleppte ist wieder frei von der Schleppleine. Leider funktioniert das nur in der Theorie, denn so eine Hahnepot zwingt den Anhang geradezu, exakt hinter dem Schlepper dreinzulaufen, der Geschleppte kann also kaum nach links oder rechts ausscheren, um sich seinerseits einen Überblick über die Fahrbahn zu verschaffen oder sich etwa beim Kurvenfahren seinen eigenen Weg zu suchen. Dem Ring fällt es nämlich gar nicht ein, auf der Hahnepot zu rutschen! Und wenn er bei kräftigem Ausscheren doch einmal verrutscht ist, dann geht er beim Geradeausfahren nur sehr schwer wieder in die Normalstellung zurück. So schön, wie diese Hahnepot auf dem Papier aussieht, ist sie in der Praxis bei weitem nicht, ich wage das deswegen zu behaupten, weil ich es mehrfach ausprobiert habe.

Viel besser ist es, wenn man die Schleppleine ganz oben um den Steuerkopf legt und sie einfach festhält. Leichte Fahrzeuge brauchen nicht viel Zugkraft und sind auf diese Weise ohne weiteres zu halten. Auch wenn dabei die Leine vom Scheinwerfer etwas nach oben gedrückt wird, hat das nicht allzuviel zu sagen, jedenfalls rutscht die Leine

So bleibt die Lenkung beweglich, das Leinenende wird festgehalten, mit einem oder zwei Rundtörns vorher ist praktisch keine Kraft mehr auf dem Tampen, man braucht gar nicht verkrampft festzuhalten.

beim seitlichen Ausscheren über den glatten Scheinwerferrand viel leichter hin und her als etwa der Ring bei der Hahnepot. Meist genügt es, wenn der freie Tampen 2 – 3mal um den Lenkergriff genommen wird, wie dies das Bild zeigt, man kann das erstens ganz gut festhalten, ohne dabei auf die Dauer zu ermüden, zweitens rauscht ein solches Ende ohne weiteres aus. Man wird natürlich dafür sorgen, daß der freie Tampen ganz klar läuft und nicht von irgendeinem Lufthebel, Bremshebel oder Lichtschalter eingeklemmt werden kann. Viel Kraft fängt auch ein Rundtörn nach dem unteren Bild heraus, den man insbesondere dann anwenden wird, wenn man wegen irgendwelcher möglicher Einklemmerei den freien Tampen nicht um den Lenkergriff *wickeln,* sondern bloß festhalten will.

Fahren und Anhalten

Zuerst wird immer der Geschleppte fahrbereit gemacht, und solange der Schlepper seinen Motor antritt und in den Sattel steigt, schiebt der Geschleppte sein Fahrzeug mit dem Fuß zurück, bis die Schleppleine gespannt ist. *Es darf überhaupt nie anders als mit schon gespannter Schleppleine angefahren werden.* Wenn der Schlepper nicht sehr erfahren ist, wenn er also noch nicht gelernt hat, völlig stoßfrei und mit stark schleifender Kupplung hinaufzuschalten, so daß also Schaltstöße vermieden werden, muß der Geschleppte um so

Ist besonders einfach – man glaubt nicht, was so ein Rundtörn Kraft aufnimmt, man könnte den Tampen mit zwei Fingerspitzen halten.

So nicht! Erstens immer etwas einseitiger Zug, zweitens verklemmt sich die Leine und rauscht nicht aus, wenn es doch mal brennt und man gerne loswerfen möchte. Lieber oben rum um den Lenker!

mehr aufpassen und muß ganz sanft anbremsen, wenn er zu bemerken glaubt, daß der Schlepper hochschalten will.

Wenn man sich selber von Leuten abschleppen lassen muß, die das noch nicht können, muß man da schwer aufpassen – die denken natürlich nicht daran, wie wichtig es ist, ganz gleichmäßig Fahrt zu halten und nie abrupt Gas wegzunehmen. Natürlich ist es keine besondere Kunst, dabei nicht gerade auf den Schlepper aufzufahren, aber wenn der genauso dusselig wieder anfährt, wie er vorher Gas weggenommen hat, gibt das böse Rucke in die Leine, viel böser, als daß sie durch Federn oder Gummistrippen aufgefangen werden könnten. Eine andere kritische Sache sind lange Gefälle – wie in jedem Gefälle muß sich da der Schlepper an die Bremse des Geschleppten hängen. Ich ziehe es deshalb vor, in langen Gefällen den Anhang für sich rollen zu lassen, ich fahre da lieber hinterdrein und nehme ihn unten im Auslauf wieder auf den Haken. Bei kurzen Gefällen macht man das so, daß der Schlepper ganz oben, aber jedenfalls schon eindeutig im Gefälle, *halbwegs schnell* das Gas wegnimmt – der einzige Fall, wobei er überhaupt Gas wegnehmen darf. Das läßt die Leine durchhängen und ist Signal für den Geschleppten, seinerseits in die Bremsen zu steigen. Der Schlepper merkt bei entsprechender Aufmerksamkeit, daß die Leine wieder steifkommt und rollt einfach weiter, ohne Gas und ohne Bremse. Natürlich darf man das nicht kommißmäßig stur machen, schließlich muß der Schlepper eine Vorstellung davon haben, was die Bremsen des Anhanges noch können – man kann also einen VW, der eine RT 125 schleppt, in 10 % Gefälle nicht an deren Bremsen hängen, umgekehrt kann eine geschleppte KS ein Goggomobil auch bei 60 und in 20 % glatt halten. Auch der Geschleppte selbst kann da unvorstellbare Fehler machen: Ich hatte – selbst fuhr ich ein Goggomobil – so einem Heinerich eingeschärft, in allen Gefällen ganz sachte und abwechselnd die Bremsen zu benützen, nach 10 Kilometern gab es aber von hinten Notsignal. Hatte doch dieser Moppel die Hose so voller Angst gehabt, daß er unentwegt auf den Bremsen gestanden hatte, die in der Tat rauchten und stanken, alles Lagerfett war ausgeschmolzen und hineingelaufen. Schließlich sind wir hier aber keine Nachhilfeschule, so daß ich mich wohl auf den Hinweis beschränken darf, bei der ganzen Schlepperei sei Verstand wichtiger als fromme Regeln. Man muß immer damit rechnen, daß der andere ein Würstchen ist und muß sich eben entsprechend einrichten. Nur einen Trick will ich noch verraten:

Wenn es nicht gerade auf der Autobahn und nicht für sehr lange Strecken ist, dann binde ich als Schlepper die Leine nicht an meiner Maschine fest, sondern mach mit einem Palsteek eine weite Bucht, die ich mir um den Leib oder schräg über die Schulter lege. So spüre ich unmittelbar, was mit meinem Anhang los ist, jedes Losewerden der Leine und jedes noch so sanfte Anbremsen ist sofort zu spüren, es ist ziemlich die sicherste Art, ein Solofahrzeug abzuschleppen. Als Schlepper kann ich mir das schon leisten, mich zieht man ja nicht so ohne weiteres von der KS runter – Voraussetzung ist natürlich, daß der Geschleppte die Leine nicht fest belegt hat, sondern wirklich nur in der geschilderten Weise mit zwei oder drei Rundtörns festhält. Sobald er aus irgendeinem Grunde fliegt, läßt er ja ganz von selber los und die Leine ist frei, so daß mir die umgefallene Maschine nicht noch an der Schulter hängt.

Bliebe noch die Frage aller Fragen: Wie schnell? Gott sei Dank gibt es dafür nicht auch noch Vorschriften, so daß man sich da nach Bedarf einrichten kann. Es kommt eben ganz auf die Beteiligten an – ein Motorrad mit einem guten Mann drauf kann man auf der Autobahn schon mit 100 schleppen, ein Roller – vor allem noch mit Sozia – hört schon bei 40 die Engel singen. Man muß sich als Schlepper da eben seine Kundschaft ansehen, was das für Heilige sind – notfalls hält man nach einem Kilometer noch mal an und fragt, wie es da hinten geht. Hat der Geschleppte eine Sozia mit, dann läßt man die nur da hinten auf dem Anhang, wenn es gar nicht anders geht, eigentlich gehört sie auf den Schlepper.

So ist es besser – das rauscht garantiert glatt aus. Natürlich: Man kann zehnmal die Leine sogar fest anbinden und es passiert nichts – aber irgendwann ist eben doch mal der Teufel los und dann ist man froh, in Nullkommanix loswerfen zu können.

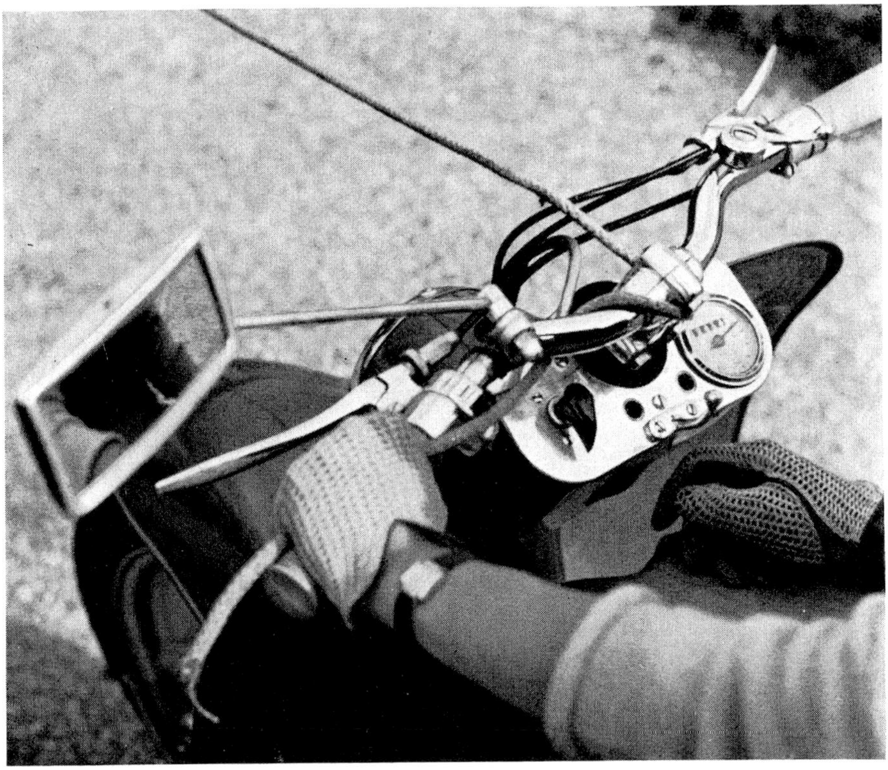

Muß man umgekehrt selber einen fremden Schlepper in Anspruch nehmen, den man nicht kennt, dann darf man sich jeden Unheils versehen – eine solche Schleppfahrt wird einem lebenslang in Erinnerung bleiben, dabei lernt man nämlich blitzschnell in jeder Abstufung zu bremsen, wenn man es bis dahin noch nicht konnte.

Um die Ecke schleppen

Da ist hier unten Bild 1: Da bringt einer den andern um die Ecke, treu und brav, eine ganz gewöhnliche Ecke mit dem üblichen 2,5 m breiten Gehweg, auf ganz gewöhnlichem Kurs, einen Meter von der Bordsteinkante. Weil die zwei keine Schleppleine hatten, haben sie die Hosenträger zusammengeknüppert und sind so auf ziemlich zweifuffzig Leinenlänge gekommen – also das, was wir Seite 181 unter einer „kurzen" Schleppleine verstanden. Wie man sieht, geht das schlecht und recht, zwei Doofies finden da nichts weiter dabei, und die Polizei hat auch nichts dagegen. Immerhin ist der Winkel, unter dem die Schleppleine am Anhang angreift, peinlich groß, größer, als daß man ihn einem geschleppten Doofy nun immer zumuten könnte. Das geht neunundneunzigmal gut und im hundertsten Fall paßt Klein-Doofy nicht auf, und dann fangen Polizei und Sachverständige und Gericht und Versicherung an, sich zur Sache zu äußern.

Wenn einer der beiden eine hübsche Fünfmeterleine mit noch hübscheren roten Fähnchen dran besaß und wenn er die nun freudig bewegt zum ersten Male ausprobiert, dann kommt Bild 2 heraus – das geht mit einiger Bestimmtheit bei der zehnten Ecke schief. Deshalb haben wir Seite 181 vor der Fünfmeterleine im Stadtbetrieb gewarnt. Es gibt eben nichts, was zwei Doofies nicht gefährlich falsch machen könnten. In aller Vorschriftentreue. Wieso gefährlich? Fünf Meter sind doch ausdrücklich erlaubt und es ist nicht nur eines, es sind sogar fünf rote Fähnchen dran? Wie man richtig um eine scharfe Ecke oder in den Bergen um eine Kehre fährt, zeigt nun Bild 3: Schon lange bevor der Schlepper an der Ecke ist, schert der Anhang nach der Kurvenaußenseite heraus, so weit, wie er sich das sich und dem schiefen Leinenzug eben zutraut – im Grunde also möglichst weit. Sobald dann der Schlepper mit Einbiegen anfängt, kann der Anhang wieder aufsteuern, er hat ja jetzt nach rechts viel Freiheit, und so kann der Leinenzug gar nicht mehr schiefer werden, als der Anhang dies durch sein Ausscheren vorher bestimmt hat. Wir können daraus eine Schleppregel machen:

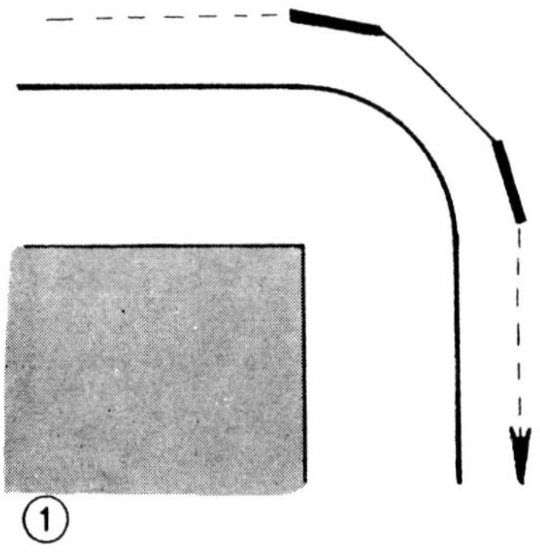

①

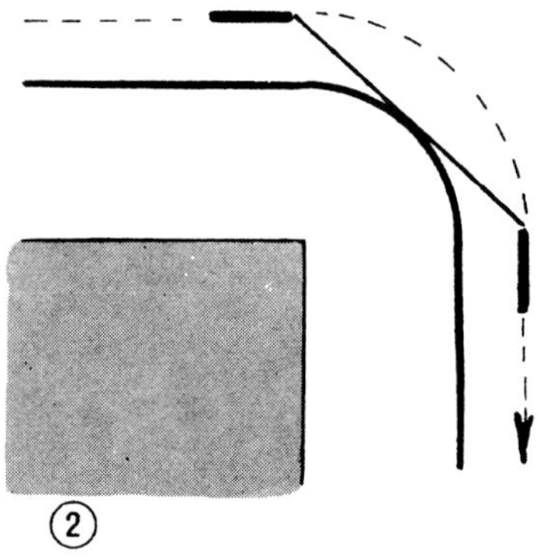

②

Vor einer Kurve setzt sich der Anhang frühzeitig nach der Kurvenaußenseite so weit heraus, wie er das bei der vorhandenen Leinenlänge nur immer fertigbringt.

Wenn ich nun irgend jemanden zu schleppen habe, der das zum ersten Male erlebt, dann sage ich dem davon n i c h t s – der ist allein durch die Schlepperei als solche aufgeregt wie eine Jungfrau und würde sich im richtigen Augenblick doch nicht mehr daran erinnern. Also biege ich als Schlepper auch schon sehr früh und sehr weit aus, der Anhang wird das schon irgendwie merken, nachmachen und auf den richtigen Kurs kommen – natürlich muß ich dafür sorgen, daß verschlafene Hintermänner, die den Schleppzug nicht erkannt haben, das nicht als die Absicht zum Linksabbiegen deuten und nun glauben, rechts vorbeizischen zu können, wo ich doch mit meinem Zug gerade hin will.

Hinter der Ecke geht es genau andersrum weiter, wie in Bild 4 zu sehen: Der Schlepper – ganz gleich, ob er sich vorher auch herausgesetzt hatte oder gleich innen anfuhr, bleibt jedenfalls bis zum Kurvenscheitel innen. Dann fängt er aber an, nach der Außenseite zu ziehen, weil dadurch der Leinenzug am Schlepper den kleinstmöglichen Angriffswinkel bekommt. Daraus machen wir die zweite Schleppregel:

Hinter der Kurve setzt sich der Schlepper so weit nach der Kurvenaußenseite, wie die Verhältnisse das zulassen, bis der Anhang auch um den Kurvenscheitel herum ist.

In solchem Falle bleibt der Anhang dann ganz von selbst innen, mehr ist dazu wirklich nicht zu sagen. Da Linkskurven bei Rechtsverkehr sowieso große Radien haben, ist darüber auch nichts zu sagen – es sei denn, man fährt auf schmalen Karrenwegen in den Bergen. Eine solche Linkskurve auf sehr schmalem Weg kann man sich erleichtern, wenn der Schlepper *ganz außen* herumgeht und der Anhang *ganz innen*. Der Anhang muß so schneiden, daß er mit größtmöglichem Radius herumgeht, also nicht im Kurvenscheitel doch noch einen Knick fahren muß, weil er zu früh zu schneiden anfing – dann schon lieber versuchen, der Spur des Schleppers genau nachzufahren, man sieht dann immer noch früh genug, von wo ab man dem Leinenzug nachgeben und schneiden kann.

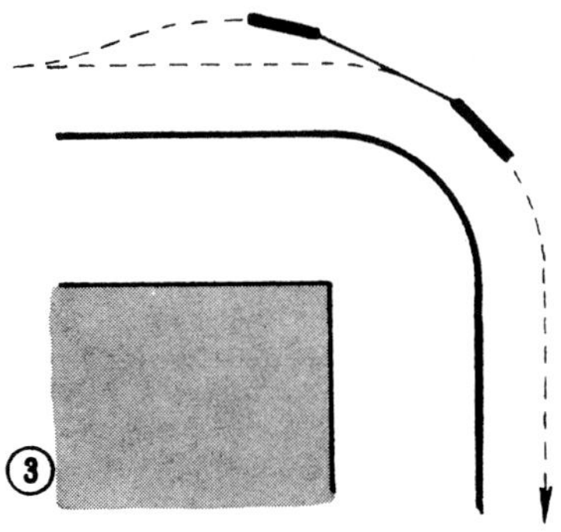

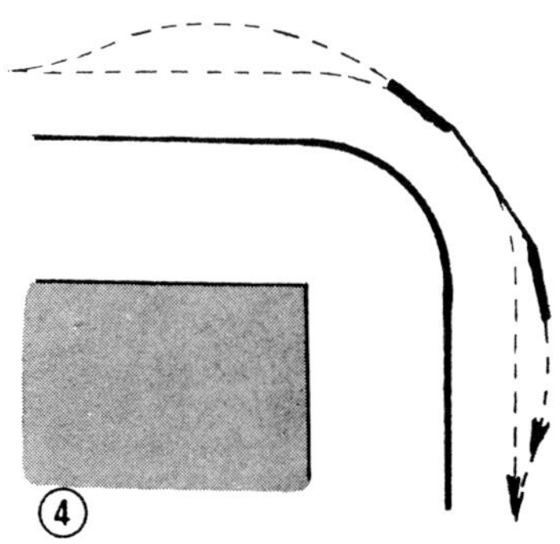

Noch ein bißchen sogenannte Rechtsprechung

Wir können nun nicht schließen, ohne an ein Mittelding zwischen Schleppen und Verladen zu denken – wenn ein Motorrad, etwa eine Wettbewerbsmaschine, mit ausmontiertem Vorderrad mit den Gabelfäusten in eine Kupplungsvorrichtung an einem Wagen gehängt wird. Auch da gibt es Polizisten, die daran Anstoß nehmen.

Hätte nun ich es zu tun, dann wäre die so transportierte Maschine immer und in jedem Fall „betriebsunfähig", der Fall fiele unter die Abschleppvorschriften, und niemand hätte eine Handhabe, diese Art des Abschleppens zu beanstanden.

Wird die Maschine aber aus irgendeinem unglücklichen Grund als „betriebsfähig" deklariert, fangen die juristischen Schwierigkeiten an, weil es sich dann um kein Schleppen mehr handelt, sondern um einen „Transport", der als Schleppzug in der gesamten Verkehrsordnung nirgendwo vorgesehen ist. Das OLG Stuttgart hat daraus – m. E. aber zu Unrecht – gefolgert, daß allein deshalb der Transport eines an sich betriebsfähigen Fahrzeuges im Schleppzug verboten sei. (Es geht wohl doch zu weit, etwas, was nicht ausdrücklich geregelt ist, als schlechthin verboten anzusehen.) Man hat auch sonst noch die Logik schwer strapaziert, wie Nichttechniker und Nichtpraktiker das am Schreibtisch eben für richtig halten.

Man formulierte ferner folgenden Satz:

--- darf ein Kraftfahrzeug, wenn es nicht auf anderen Fahrzeugen verladen wird, nur mit eigener Kraft im Straßenverkehr bewegt werden. Gewiß, man kann einen solchen Satz zwar hinschreiben, er entbehrt auch nicht einer gewissen Schlüssigkeit – aber er geht entschieden zu weit. Die Verkehrsordnung sagt davon kein Wort, schließlich ist ein betriebsfähiges Kraftfahrzeug auch kein Anhänger im Sinne von § 26 StVG, der die Anhängerbestimmungen erfüllen müßte. Für das Schleppen eines betriebsfähigen Kfz gibt es nun eben mal keine besondere Vorschrift, es ist deshalb keineswegs verboten und kann nur untersagt oder bestraft werden, wenn es unsachgemäß, also behindernd oder gefährlich ausgeführt wird.

Genauso gut, wie hier Zweifel in die sachliche Richtigkeit der Entscheidung des OLG Stuttgart gesetzt werden, war zuvor schon ein Amtsgericht der gleichen Meinung gewesen und hatte nichts Verurteilenswertes am Schleppen eines betriebsfähigen Kfz gefunden.

Wenn nun, wie in unserem Fall, das motorisch betriebsfähige Fahrzeug nicht geschleppt, sondern in der geschilderten Art teilweise verladen wird, dann fällt es garantiert auch nicht unter die Bestimmungen für Anhänger, und auch das OLG Stuttgart wird es schwerlich noch als „geschleppt" bezeichnen können – es ist eben mindestens teilweise verladen. Es ist immer gefährlich, wenn Nichttechniker und Nichtpraktiker so lapidare Sätze aufstellen – wie man sieht, wäre das OLG Stuttgart doch wohl zu einer anderen Formulierung gelangt, wenn die Herren etwas von dieser Transportart gewußt hätten – der Praktiker weiß es aber!

Wenn man sich also nicht auf lange Erörterungen mit drei bis vier Instanzen einlassen will, ist es schon besser, ein geschlepptes Fahrzeug als „betriebsunfähig" zu deklarieren, dann gelten auf jeden Fall die brauchbar formulierten Regeln für das Abschleppen betriebsunfähiger Kfz. Der Nachweis der Betriebsunfähigkeit dürfte kaum schwerfallen. *Meine Anhänge sind also grundsätzlich immer betriebsunfähig,* um dem Gesetz Genüge zu tun. (Wenn das jemand nicht begreift, kann ich ihm nicht helfen.) In manchen Polizistengehirnen spukt aber noch etwas von abschleppen „nur bis zur nächsten Werkstatt": Tut mir leid, davon steht in keiner Vorschrift etwas. Abgeschleppt wird eben so weit, bis eine Instandsetzung möglich ist – die Entscheidung, welcher Werkstatt meine Maschine anvertraut werden soll, liegt letztlich bei mir und nicht bei einem Polizisten, und wenn ich beispielsweise im Salzburgischen anfange zu schleppen und einen so gutmütigen Schlepper gefunden habe, daß er mich bis Stuttgart schleppt, dann lasse ich die Maschine nicht in München, nur weil dort auch eine Werkstatt ist, an der ein Kundendienstschild meiner Marke hängt. Es geht also niemanden etwas an, wie weit eine betriebsunfähige Maschine geschleppt werden muß.